中国建筑艺术史

【上卷】

中国艺术研究院
《中国建筑艺术史》编写组 编著

萧　默　主编

中国建筑工业出版社

图书在版编目（CIP）数据

中国建筑艺术史 / 中国艺术研究院
《中国建筑艺术史》编写组编著；萧默主编 . —北京：
中国建筑工业出版社，2011.8
ISBN 978-7-112-13343-7

I . ①中… II . ①萧…②中… III . ①建筑艺术史-中国
IV . ① TU-092

中国版本图书馆 CIP 数据核字（2011）第 129556 号

责任编辑：徐 冉 王莉慧
书籍设计：付金红
责任校对：张 颖 陈晶晶

中国建筑艺术史

中国艺术研究院《中国建筑艺术史》编写组 编著
萧默 主编
*
中国建筑工业出版社出版、发行（北京西郊百万庄）
各地新华书店、建筑书店经销
北京嘉泰利德公司制版
北京雅昌艺术印刷有限公司印刷
*
开本：880×1230 毫米 1/16 印张：80¼ 插页：1 字数：1986 千字
2017 年 2 月第一版 2017 年 2 月第一次印刷
定价：660.00 元（共三卷）
ISBN 978-7-112-13343-7
　　（20838）

中国古代建筑是世界三大建筑体系之一，取得过辉煌的艺术成就。

本书论述内容包括城市、宫殿、坛庙、陵墓、寺观、佛塔、石窟、衙署、民间公共建筑（宗祠、先贤祠、神祠、会馆、书院和景观楼阁）、王府、民居、园林、长城、桥梁和牌坊等诸多建筑类型。全书由引论和五编——萌芽与成长、成熟与高峰、充实与总结、群星灿烂（少数民族专编）、理性光辉（理论专编）——共十八章组成。上起史前，下迄清末。

本书注重对象的文化与艺术层面，除注目于创立建筑艺术史体制外，在中国建筑艺术的起源、发展及历史分期，建筑艺术的中国特色、时代风格、地域风格、各民族风格的不同特征、产生的原因和发展过程，传统文化如儒法诸子、释、道、风水理论及民间风俗等对建筑艺术的作用及其合理内核，建筑空间与形体构图及环境艺术手法，建筑装饰及建筑色彩史，家具艺术史，中外建筑文化交流史，比较研究，传统文化的决定性作用及传统的继承等方面，都作了重要探讨。重视理论阐释，史论结合，论从史出，系统深入总结了中国建筑艺术的发展历程，是学术研究的重大成果。

本书可供艺术史家、文化史家、建筑师、建筑历史与文物工作者、建筑院校师生、美学家、美术工作者和广大青年读者阅读。

中国艺术研究院

《中国建筑艺术史》编写组

（以提供文图数为序）

萧　默　王贵祥

刘大可　程建军

陈增弼　吴庆洲

常　青　王其亨

张十庆　何　捷

王　暎　刘彤彤

杨昌鸣

序

吴
良
镛

吴良镛，中国科学院院士，中国
工程院院士，清华大学教授。

如果按照中国传统概念，以三十年为一代，那么可以说，对于中国传统建筑的研究，已经凝聚了三代人的努力，经历了三个历史阶段。

第一个阶段，一些先驱者，以一种"中国人研究中国建筑"、"中国建筑教学不能只用外国教材"的历史使命感和民族自豪感，奋起从事中国传统建筑研究，振兴民族学术。他们以深厚的国学根基，吸收西方科学方法，深入实地调查研究，从史料的收集、艺匠的寻访到制度的探索、"天书"的"破译"等，都追根溯源，做了了不起的工作，基本上将中国建筑历史理出了头绪，建立了中国建筑史的学科体系，成就非常伟大。前辈朱启钤、梁思成、刘敦桢及其同事等，都是中国建筑研究的拓荒者、播种者、奠基者和大厦的构筑者，功不可没，永垂青史。这是早有定论的，无需多说。

第二个阶段是他们的传人和私淑者继承先师的研究，展拓成果，并向纵深发展。回想起来，这一阶段的特点是逐渐由通史的研究进入到专题研究。其实，这项工作在 20 世纪 50 年代以前就已开始，取得了较大进展，后来经过"文革"时期的一段沉寂，70 年代末以后又得以继续，并广为开拓。例如，在专史研究方面，有技术史、断代史、城市史的研究；在类型研究方面，有对民居、园林、宗教建筑、民族建筑、书院建筑及长城的研究，还有对存在于石窟、壁画、古代绘画中的建筑资料的研究、重要遗址的复原研究，以及重要建筑的调查等；在专题方面，如文物保护、防灾、"风水"、装饰、匠师的传记等，还有对中国近代建筑的调查及其历史的研究等。从个人建树来说，由于历史条件的不同，这些中国建筑的研究者或许未能达到前辈的高度，但他们的总和与每一领域的成就，则已大大超越了第一阶段，十分引人注目。特别要指出的是，他们在研究经费、人员条件十分困难的情况下，仍然兢兢业业，辛勤工作，不能不引起我们的敬意。

我个人有一个看法，中国建筑的研究在达到一定的广度之后，需要逐步地、更为自觉地进入一个新的阶段，即理论研究阶段，也可以说是第三个研究阶段。在这个阶段，除了继续对前人业已开始的工作进一步展拓外，迫切需要的就是努力把对中国建筑的研究进一步上升到较为系统的理论高度。我这样说，并不意味着前人的工作没有理论上的思考，因为中国建筑的本身就涵盖理论。在理论研究上，远如明末计成的《园冶》，这是一本设计理论的巨著，可以与文艺复兴的阿尔伯蒂（Alberti）的《建筑十论》交相媲美；近如梁思成先生、刘敦桢先生、童寯先生等人的思想、文章，也都有自己的理论体系。例如，梁思成、林徽因早于 1932 年在《中国营造学社汇刊》上发表的"平郊建筑杂录"一文，就提出了"建筑意"（Architectursque）的命题，比诺伯格·舒尔兹（Norberg-Schulz）提出的"场所精神"（genius loci）早了几十年。可惜前者未有后续研究。这里要特别强调，我们一定要提高对中国建筑的理论研究的自觉性，即有意识地、敏感地、创造性地探索与发展中国建筑的理论。必须深入研究理论才能更深刻地理解中国建筑，因为"感觉了的东西不一定能理解它，只有理解了的东西才能更深刻地感觉它"。并且，也只有更好地掌握中国建筑的历史和理论，才有可能更好地追根溯源，根据实际情况，结合新的发展，触类旁通，发挥创造，提高现代中国建筑的创作水平。

当然，理论的研究总是很难的。在历史上，有关建筑的记录、评论和文学叙述可以说丰富至极，就以过去国文课本上所选的课文来说，如《滕王阁序》、《阿房宫赋》、《醉翁亭记》、《黄州新建小竹楼记》等等，这些闪闪发光的文献，精彩之至，若有所得，受惠无穷，但有关中国建筑思想的专门理论著作还远远不能满足要求。系统地研究中国建筑的理论，需要经过十分艰辛的工作，除了史料的梳理、实物的考察外，还必须具备一定的基础条件：既要对中国的思想、文学、哲学和文艺理论等有广泛的了解，又必须有西方文化理论的根基，并能够对西方史学方法有所借鉴。若能结合创作的心得，则更能自觉地以锐利的眼光发挥中国建筑的创作论。

可庆幸的是，这方面的工作已不是没有人在做。例如，傅熹年对中国建筑和建筑群构图规律的研究，侯幼彬的《中国建筑美学》，汪德华的《中国古代城市规划文化思想》和现在放在读者面前的这本由萧默主编的《中国建筑艺术史》，都是注重理论并采取史论结合写法的比较重要的成果，从不同侧面对理论问题作了可贵的尝试。还有一些在此不能一一枚举的其他著作。至于陈明达用模数制来分析古代木结构造型规律的《营造法式大木作研究》，是作为第二代人在这方面做出的重要成果。另如李允鉌的《华夏意匠》，比较早地运用了一些西方建筑理论，进行中国建筑类型等的整理，读之颇为清新。可以说，中国建筑的研究已经逐步进入了第三阶段，我们期待着一个发挥中国传统学术"史"与"论"相结合方法的建筑理论研究高潮的到来。

二

我还想强调，建筑除了物质使用功能及科学技术等方面外，还有艺术的方面。法国作家雨果曾经满怀深情地赞颂巴黎圣母院说："这个可敬的建筑物的每一个面，每一块石头，都不仅是我们国家历史的一页，并且也是科学史和艺术史的一页。"此语明确说明了建筑中科学和艺术的综合性。至于科学与艺术相结合的道路，我还非常欣赏法国作家福楼拜的话："越往前进，艺术越要科学化，同时科学也要艺术化，两者从基底分手，回头又在塔尖结合。"现在，我们都期望建筑创作质量的提高，这就不止需要提高科学技术的水平，同时也需要提高艺术的水平。最终，两者在建筑、建筑群、园林景观、城市以至工艺美术等等的"塔尖"上结合。

要做到这一点，必须从多方面着手，这里只谈其中的一个方面，即中国建筑历史遗产的继承、借鉴与发展的问题。在发展中国家，人们现在已从过去亦步亦趋地向西方国家学习，开始转而寻找自己的道路。一些有识之士明确指出，自己的国家虽然在经济上仍处于发展中状态，但在传统文化上却是富有的。在发达国家，人们也纷纷将注意力转向发展中国家，在建筑文化方面尤为明显。虽然随着国际间交往的频繁发生，社会的非地方化和经济、文化的世界性日益增强，世界各地的文化发展呈现出某种"趋同现象"。但另一方面，面对不断增长的世界化和个体、集体精神状态统一化的压力，个性的觉醒也成为一种迫切的需要。在世界各地都可以看到，人们已越来越有目的地、自觉地去发展带有自身特点的文化，追求文化的民族特性。所以，世界正处于文化的多元与共生之中，趋同现象下对民族特色和地方特色的追求、现代化的巨浪与继承本国文化的呼吁和努力同时存在，这是研究现代世界文化包括建筑文化不可忽略的重要趋势。

当今，一些发展中国家的建筑师正满怀解脱殖民地束缚的豪情，对具有民族特色、乡土风情和新时代气息的建筑文化孜孜探求，努力从受"国际式"建筑思想影响而造成的建筑文化的单调贫困中摆脱出来。然而，当前的某些中国建筑师却往往并不认真讲求民族和地方固有的文化内容的表现，也不讲求在与周围自然和人工环境的文脉继承协调下的创造。建筑与城市的创作，似乎受一种流行的、先验的、由建筑师个人的喜好而定的某种形式的支配，浅薄地追求某些时髦手法。设计者仿佛可以为所欲为，从而造成了建筑特色的丧失。这已不仅是"特色危机"的问题了，正如西方某杂志所批评的，我们的某些新建筑失去了自己优秀的传统，却为"舶来的二流货"所充斥，这很值得我们思考。

建筑师具有多重任务，可以说其最终目的就是要创造出具有良好的空间组织形式和完美的艺术形象的人居环境。优秀的建筑物和它构成的艺术环境，拥有长远的甚至是永恒的感染力，这无疑是一种别具一格的艺术创造。芒福德 (L. Mumford) 也说："建筑，一方面存在技术性问题，同时另一方面，也存在着'表现'这一领域，即把建筑物的意义传达给观赏者和使用者的方法。"[①]要取得具有表现力的形式，设计者除了要掌握对功能技术处理与驾驭的能力以外，还必须具备一定的美学修养和艺术创作的激情，从设计伊始的意境酝酿、高超的形象思维，直至高境界的内容与完美的形式的统一，杰出的设计作品才得以最终完成。在这种创造中，传统建筑文化显

---

① (美) 芒福德.1951 在哥伦比亚大学的讲演 // (日) 矶村英一主编.城市问题百科全书 [M].王君健等译.哈尔滨：黑龙江人民出版社，1988.

然具有重要的地位。

在中国某些建筑师中，之所以至今还存在某种忽视中国传统的倾向，我想，至少是由三个障碍造成的：一是对中国传统建筑艺术的丰富性和它们的卓越成就缺乏深入的甚至基本的了解（这有其历史原因，1955 年以后，中国建筑史的教学就已被削弱。改革开放以来，极大提高了对西方建筑文化了解的兴趣，但含而不化，反而相应地对中国传统的学习更加忽视了）；二是对中国传统建筑中深蕴的文化内涵缺乏深入的探究甚至探究的兴趣；三是对西方的理解也不够系统不够深刻，不能与对中国自己的认识结合起来。例如关于梁思成、林徽因的"建筑意"一说，过去我虽有同感，但对其理解不深，当进一步学习美学，特别是王国维的"意境"论，并读到宗白华先生在"中国艺术意境之诞生"一文中的发挥以后，才有了较深入的理解，对此有了进一步的体会。后来我又读了诺伯格·舒尔兹的《场所精神》，这是根据罗马人的信仰，认为每一种"独立"的本体都有自己的"灵魂"（genius）守护，这种灵魂赋予人和场所以生命，决定它们的特性和本质。这是西方的理论，对照中国建筑来说，可以称之为"场所意境"。这又加深了我对"建筑意"的认识。强调"意境"，更切合中国的文化和美学精神，特别诗词、书画的意境，更与建筑的意境关联，这样的一种

新的理解当更具有中国特色。所以，我认为就"场所"的研究来说，一方面，诺伯格·舒尔兹的《场所精神》一书和以后其他人这方面的论述，都很值得我们认真学习和借鉴；另一方面，我主张学习西方要含而有化，将它与中国自身结合起来。

当然，传统建筑文化不能全盘照搬，所以我早就提出过"抽象继承"的设想。[①] 所谓"抽象继承"，第一，是指将传统建筑的设计原则和基本理论的精华部分（设计哲学、原理等）加以发展，运用到现实创作中来；第二，是把传统形象中最有特色的部分提取出来，经过抽象、集中、提高，作为母题，蕴以新意，以启发当前设计创作的形象创造。既有创作原理的继承和发展，又有形象的借鉴与创造，过去所谓对传统的"形似"还是"神似"之争，也可以在一定程度上得到解决了，即既求神似，也并不排斥某种程度、某一细节的形似。这是经过再创造的继承，而不是抄袭。

三

正因为如此，我对中国传统建筑的研究向深度与广度发展，有了更高的期望。在这种心情下，我看到了萧默等以中青年为主的学者们编著的国家重点项目《中国建筑艺术史》。我阅读了作者们的撰写设想，他们给自己这一开创性的工作，规定

① 吴良镛.广义建筑学 [M]. 北京：清华大学出版社，1989.

了奋斗目标，即除了创立建筑艺术史体制，包括内容、关注的中心、陈述的方式和体例外，还应该有以下一些新的进展：(1) 中国建筑艺术的起源与发展过程、发展规律和历史分期；(2) 建筑艺术的中国特色、时代风格、地域风格、各民族风格以及按其他实际情况（如类型、阶级或阶层、材料或结构）划分的不同风格的特征、产生的原因和过程；(3) 传统文化与哲学如儒、法诸子，释、道和风水理论等对建筑艺术的作用及其合理内核；(4) 建筑形体、空间及环境艺术构图手法；(5) 建筑装饰和建筑色彩史；(6) 家具艺术史；(7) 中外建筑文化交流史，特别是中国与近邻地区的交流；(8) 比较研究，如中西比较、中国与相邻地区建筑艺术的比较、建筑艺术与其他艺术的比较，同一性与特殊性；(9) 传统对现代的意义及传统的继承。他们希望变描述式史学为阐释式史学，即通过对建筑作品的艺术分析，发掘出深蕴于其中的文化内核，在研究中特别关注创作主体的文化心态，关注此心态在艺术创作中的决定性作用。可以看出，这都是些很高的要求，是一个浩大的工程。在研究方法上，作者们摆脱了欧洲中心论和纯技术主义的种种观念与偏见，以大范围文化环境的视野探求建筑，思想上可能要宽松得多，效果也可能显著得多，问题当然也可能严峻得多。

我还未能仔细阅读全书，粗粗翻阅之下，从书中洋洋洒洒写到的包括城市、宫殿、坛庙、陵墓、宗教建筑、园林、民居、民间公共建筑等十几种类型的大量实例，以及在专编中对各少数民族建筑的叙述和阐释，难能可贵的还有阐述传统建筑理论的专编，可以看得出作者们在长达五六年的工作中，付出了自己的努力。这本书的问世，可以给人们一个宏观的、总体的概念，不但对于建筑界是有意义的，而且对于文化史界、美学界或其他艺术史的研究，也有着重要的参考价值。文化史的研究可以从中得到启发，找到文化体现的无数生动例证。而各门类艺术之间，本来就有着很大的相通性。

萧默 17 岁进入清华大学学习，以后又两次在清华攻读学位，我们有长达几十年的师生之谊，知道他是一位事业心很强、态度认真的学者，本书的其他 12 位作者也都是学有所成的中青年专家，大都有专著发表。诚如作者们自己所认为的，他们的工作仍然是一个阶段性成果，虽然这本书充分吸取了老一辈学者的成果，并补充了 20 世纪 60 年代直到 90 年代中期新发现的大量资料和研究成果，但事物的发展永无止境，随着新资料的不断发现，认识不断深入，这项研究还应该继续进行下去。西方不少的建筑史书常常是一版再版，历久弥新。我希望中国的这一类书籍也学习这种持之以恒的精神，锲而不舍，精益求精。

总目录

序 吴良镛

引论

第一编 萌芽与成长

第一章 史前建筑

第二章 夏商周建筑

上卷目录

引论^①

① 本文是在萧默所著的「『白马非马』及其他——『建筑艺术』的概念及其属性」（《华中建筑》1993 年 02 期）、『当代史学潮流与中国建筑史学』（《新建筑》1989 年第 3 期）、『建筑艺术在中国美术史中的地位』（《美术》1987 年第 5 期）、《世界建筑》中『绪论』（长沙：湖南出版社，1991）、《中国建筑史》中『引言』（台北：文津出版社，1994）、『建筑的艺术语言』（《美术史论》1988 年第 3 期）等论文基础上综合重写而成。

① (意) 布鲁诺·赛维 (Bruno Zevi) . 建筑空间论——如何品评建筑[M]. 张似赞译 . 北京：中国建筑工业出版社，1985.

历史上每一个民族的文化都产生了它自己的建筑，随着这文化而兴盛衰亡……中华民族的文化是最古老、最长寿的。我们的建筑同样也是最古老、最长寿的体系……四千余年，一气呵成。

——梁思成

含义最完满的建筑历史，几乎囊括了人类所关注事物的全部。若要确切地描述其发展过程，就等于是书写整个文化本身的历史。

—— [意大利] 布鲁诺·赛维①

传说两千多年前，魏襄王要造一座高当天之半的中天之台，决心已下，下令有敢谏者死。许绾荷锸见王，说：老臣虽已乏力，总还可以帮您筹划一下。我听说天高一万五千里，一半也有七千五百里，中天之台的基地宽广至少得有八千里，尽魏国之地也不够呀！所以要造台必先伐灭诸侯，再征服四夷，这也才刚够基址之用。但造台之人当以亿计，材料还不知要用

掉多少，所以还得……许绾还在那里认真计算，魏王却早就不做声了，造台之事也就不再提起（西汉·刘向《新序》）。

无独有偶，两千年前希伯来也有一个类似的故事，说那时天下人都说着同一种语言，思想感情相通，为了"传扬我们的名"，要建造一座通天大塔。不料这件事让天神耶和华知道了，于是施展神力，变乱了人们的口音，言语不通，主张不同，结果各行其是，塔也就造得乱七八糟，终于没能建成（《旧约全书》创世纪第十一章）。这座塔叫作巴别塔。"巴别"就是混乱的意思（图0-1）。

这两座通天的巨大建筑物当然都不可能建成，但我们感兴趣的是，为什么几千年前不论中外不约而同都出现了这样的故事？从这种狂想，除了它的不切实际以外，人们还可以得到一些什么正面的启示？

图0-1　希伯来传说中的通天大塔（油画）

启示之一就是：富于创造力而从不安分的人类，从很早以前就已经不满足于自身的物质局限性，而力求在精神上超越它。这不只可以由人类最古老的一批艺术创作如口头文学（神话）、舞蹈、音乐、绘画和雕塑得到证明，在同样被认为是人类最早艺术的建筑中，也当然得到了体现。上面所谈到的故事也许是过于极端了，但其中所包含的那种强烈的"欲与天公试比高"的精神，却具有重要的意义。挣脱了关于建筑"辟湿润，围风寒"的单纯物质性要求，升华到实现人自身力量的超越意识，体现为思想、情感、观念、意绪等精神性要求，对于建筑艺术的出现与发展具有非凡重要的意义：它促动了多少艺术杰作的出现！开辟了一个多么令人神往的美的天地！所有动物都有趋利避害的本能的物质需求，只有人类才具有美的超越。这种超越，不但直接推动了艺术的出现与发展，也使之成为社会精神文明的最重要的成分之一，参与承担了推动整个社会前进的重任。

在这本书里，我们将全面展现世界文明古国、巍然屹立在东亚的伟大国家——中国的传统建筑艺术，她的光彩照人的美丽风神，她的波澜起伏的发展历史和蕴藏于其中的中国传统文化精神。

第一节　中国传统建筑艺术

中国是一个伟大的国家，拥有九百六十万平方公里的广袤国土、占世界总数五分之一以上的人口、五十六个民族和超过三千年有文字记载的历史，创造了独具特色的中华优秀传统文化。中国建筑艺术就是整体中华文明之树上特别美丽的一枝。

笼统而言，古代世界曾经有过大约七个主要的独立建筑体系，其中有的或早已中断，或流传不广，成就和影响也就相对有限，如古埃及、古代西亚、古代印度和古代美洲建筑等，只有中国建筑、欧洲建筑、伊斯兰建筑被认为是世界三大建筑体系。其中又以中国建筑和欧洲建筑延续时代最长，流域最广，成就也更为辉煌。

中国最早的史前建筑诞生于距今约一万年的旧、新石器时代之交，即原始农业开始出现，人们的定居要求开始增强的时候。而最早显现出初步的广义的艺术要求的建筑，则出现于公元前4000年新石器时代中期。就一种结构体系而言，中国传统建筑终结于20世纪初。在漫长的发展过程中，中国建筑始终完整地保持着体系的基本性格。从其全部历史可以分出几个大的段落，如商周到秦汉是萌芽与成长阶段，秦和西汉是发展的第一个高潮；历魏晋经隋唐而宋，是成熟与高峰阶段，唐宋的成就更为辉煌，是第二次高潮，可认为是中国建筑的高峰；经过元代短短的过渡，至明清是充实与总结阶段，明至盛清以前是发展的第三次高潮。可以看出，每一次高潮的出现，都相应地伴有国家统一繁荣、长期安定和文化交流等社会背景。例如，秦汉的统一加速了中原文化和楚越文化的交流，隋唐的统一增强了中国与亚洲其他国家以及中国内部南北文化的交流，明清的统一又加强了中国各民族之间并开始了中西之间建筑文化的交流。与其他艺术例如诗歌常于乱世而更见其盛的情况不同，可以认为，统一安定、经济繁荣和文化交流，正是建筑艺术得以发展的内在契机。

中国传统建筑以汉族建筑为主流，主要包括如城市、宫殿、坛庙（礼制建筑）、陵墓、寺观、佛塔、石窟、园林、衙署、民间公共建筑（宗祠、先贤祠、神祠、会馆、书院和景观楼阁）、王府、民居、长城、桥梁等大致十几种类型，以及如牌坊等建筑小品。它们除了有前述基本共通的发展历程以外，又有时代、地域和类型风格的不同。

如果把中国建筑与西方建筑比较，且不止于"器"或"式"的层次，而侧重于"道"或"法"的深度，可以大致见出中国建筑艺术的几个显著的文化特点：

1. 以弘扬君权的人本主义为核心的指导思想。
2. 原始自然神崇拜和祖先崇拜的深远作用。
3. 宗教精神之弱化。
4. 天人合一，顺应自然。
5. 执两取中，温柔敦厚。
6. 重视现实的理性精神。

具体说来，上述的总体精神有以下的表现。

中国是一个早熟的社会，当其进入文明社会之初，源于原始社会的许多观念如自然神崇拜和祖先崇拜被保留了下来，以后被儒家接受并按儒学精神加以改造，而流传久远。秦汉专制制度的确立和强化，更加进了巩固专制政权的因素，形成为中国长期的宗法社会土壤。中国建筑以宫殿和都城规划的成就最高，突出了皇权至上的思想和严密的等级观念，体现了古代中国占统治地位的政治伦理观，而与欧洲、伊斯兰及其他建筑体系以神庙、祭坛、教堂和礼拜寺等宗教建筑成就更高明显不同。宫殿从夏代已经萌芽，隋唐达到高峰，明清更加精致。西周形成了完整的都城规划观念，宫殿居于都城中央，显现了规整对称的格局和城市对宫殿的衬托；在"礼崩乐坏"的春秋战国，规整式格局有所破坏，汉代又开始向规整的复归，至隋唐完成，元明清则更加丰富。隋唐长安、元大都和明清北京，是中国历史上最负盛名的三大帝都。

中国的宗法伦理观念，也影响及于其他几乎所有建筑类型，如祭祀自然神的准宗教建筑坛庙，和体现泛祖先崇拜的先贤圣哲以及在特别强调血缘宗亲关系、特别重视"慎终追远"、"事死如生"等观念的文化背景下发展的帝王陵墓等，它们几乎是中国特有的建筑类型，以规模之隆重、气氛之肃穆而令人瞩目。

基于关注现世的清醒的儒学理性，使中国文化历来缺乏严格的宗教观念，即使在宗教建筑中，也充溢着一种人间的气息。中国主要流行从印度传入的佛教。佛教建筑包括佛寺、佛塔和石窟，还有石幢、石灯等建筑小品。佛教建筑在初期受到印度影响的同时，很快就开始了中国化的过程，体现了中国人的审美观和文化性格，充满了宁静、平和而内向的氛围，而与西方宗教建筑那种外向、暴露、气氛动荡不安完全不同。道教是中国本土宗教，道观向佛寺学习，同样具有安详的风韵。大致而言，佛道寺观可分为敕建寺观和山林寺观两类，前者更接近宫殿，严谨壮丽；后者更接近民居，自由灵巧。佛塔在中国建筑艺术史中占有重要地位，类型多样，形式丰富，发展脉络历历可寻，时代特色和地域特色也体现得更加鲜明。石窟的窟形多半是佛寺佛殿的表征。

基于与自然高度协同的中国文化精神，热爱自然、尊重自然，中国建筑镶嵌在自然中，仿佛大自然的一个有机组成，而与其他建筑体系更强调建筑与自然的对比有所不同。这在各建筑类型中都有明显的反映，如城市、村镇、陵墓或住宅的选址和布局等。若上升到理论，则以"风水"学说最有代表性。注重与自然高度协同的观念在园林中更有突出的表现，属于自然式，而与欧洲或伊斯兰的几何式园林有别。中国园林主要有皇家园林和私家园林两大类，两汉时以前者为主，成就高于后者，唐宋以后私家园林的水平渐高，到了清代，皇园转而要向私园学习了。它们虽具有共通的艺术性格，但私家园林更多体现了文人学士的审美心态，现存者以江南地区成就更高，风格清新秀雅，手法更为精妙；皇家园林主要在华北发展，现存者以北京一带最集中，规模巨大，风格华丽。中国园林在世界上享有崇高的声誉，被欧洲人誉为"世界园林之母"。

种类繁多的民间公共建筑如宗祠、先贤祠、神祠、会馆、书院和景观楼阁等,以明清留存最多,也无不深深浸染着传统文化精神。衙署留存较少,现存较完整的只有清代的几座,在规定的布局模式前提下各有不同;为示清廉,风格也都比较朴素。属于居住建筑的王府和各地民居现存者也多是清代所留,其中民居尤其值得注意,不但种类繁多,形式十分多样,而且更直接更真切地面对普通人生,所体现的群体文化心态特别率真而质直,反映的地域特色也更加突出,其特有的体现为朴质明智之美的美学价值,有时并不亚于皇皇巨构。

作为一种军事建筑,长城的建造本没有特意注重其艺术性,但时至今日,军事上的实用功能已经不存在了,而其雄伟壮丽的美却长存下来,成为中国人民坚忍不拔的民族性格的象征。

中国建筑有一个重大的特点,即特别重视群体组合的美。群体组合常取中轴对称的严谨构图方式,但有些类型如园林、某些山林寺观和某些民居则采用了自由组合的构图。不论哪种组合,都十分重视对中和、平易、含蓄而深沉的美学性格的追求,温柔敦厚,体现了中国人的民族审美习惯,而与欧洲等其他建筑体系突出建筑个体的放射外向性格和体形体量的强烈对比有明显差别。

中国建筑与世界其他所有建筑体系都以砖石结构为主不同,是唯一的以木结构为主的体系,独具风姿。中国人更重视一种本体精神的不朽,对于"身外之物"包括建筑,也总是持以一种相当现实的理性态度,不追求永恒。结构不但具有工程技术的意义,其机智而巧妙的组合所显现的美,本身也具有艺术的意义,尤其木结构体系,其复杂与精微都为砖石结构所不及,体现了中国人的智慧。对有机的结构构

件的进一步加工,形成了独特的中国建筑装饰,有十分丰富的手法和生动的发展过程。此外,对室内环境的独特观念及其具体艺术手法,以及作为室内环境重要组成的中国家具,也都各显异彩。中国家具在世界上占有重要地位,既是一种实用的器具,又以其合理而隽永的形式美,给人以艺术享受,其大雅端庄,同样深蕴着中国文化的内涵。

中国境内各少数民族建筑大大丰富了中国建筑的整体风貌。藏族建筑深植于独特的藏民族文化土壤之中,虽吸收了汉族建筑的一些形象和手法,却自成体系,非常富有特色,规模宏大,色彩鲜明,性格粗犷伟丽,其代表性杰作甚至不愧为世界级的建筑艺术精品。维吾尔族建筑以伊斯兰教建筑成就最大,属于世界伊斯兰建筑体系,造型浑朴含蕴,性格静穆沉思,其民居也与汉族民居显著不同。傣族信奉上座部佛教,建筑受同为上座部佛教流行地区的泰、缅等国影响较大,除富于特色的干阑式民居外,以妩媚玲珑的佛寺佛塔更具风韵。侗族建筑受汉族影响很大,又以其鼓楼和风雨桥闻名中外,艺术性格质朴古拙。此外,如回族伊斯兰建筑、纳西族和白族民居,也都各具特色。这些民族建筑艺术作品,像闪现在天空的点点明星,与汉族建筑一起,织成了中华建筑的整体灿烂。

中国建筑以中国为中心,流波泛及于朝鲜半岛、日本、古代琉球、越南和蒙古国等广大东亚地区,对之产生了强大的影响,形成了以中国建筑为核心的东亚建筑。各国又各有不同的创造。简言之,中国可称为大陆风格,庄敬雄浑;朝鲜可称为半岛风格,庄雅相融;日本可称为岛国风格,雅致而精细;越南和蒙古国则分别受中国岭南建筑和藏蒙(内蒙古)建筑地方或民族风格的影响较著。明清时期,中国建筑特别是与西方完全不同的园林艺术,又开始为欧洲所知,并产生了实际影响。另一方面,

中国建筑早在汉晋时代已接受了主要来自南亚和中亚的影响，这些影响在历史的长河中都被融化成了中国建筑的有机组成。

由于历史的原因，中国古代并没有给我们留下有关建筑理论的系统专著，但中国建筑的高度成熟及其伟大成就，证明中国建筑实际仍拥有高度发展的建筑艺术理论，包括一整套建筑哲理，也包括建筑或环境的空间和形体构图方法。它们散见在各种文史典籍之中，而且采取了"中国式"的阐述方式。有的虽然还没有被古人总结为文字，但从大量的建筑作品中，人们仍有可能读懂深藏其中的信息。

对于以上提到的一切，本书都将一一涉及。全书共分五编十八章。前三编"萌芽与成长"、"成熟与高峰"、"充实与总结"将分别以秦汉、唐宋、明清这三个发展高潮时期为中心，对于中国建筑的发展历程和作品进行系统而具体的阐述。第四编"群星灿烂"为少数民族建筑专编，结合各民族文化特点，集中进行介绍。第五编"理性光辉"将力所能及地对中国建筑艺术理论作出概括。本书特别重视建筑的文化与艺术层面，所以在前四编各章，除了对对象的具体描述，着重点还是在分析与阐释，其中夹叙夹议，虽也发掘出古人的某些具有理论意义的观点，但鉴于中国文化之博大精深，自成体系，有必要在此之外再加以系统化的努力，故特设第五编。本书虽仍是一部史学著作，但艺术史的发展，离不开理论的指导，所以，传统艺术理论也理应包括在艺术史的关注范围之中。

需要说明，所有这些工作都还是探索性的，尤其中国以前缺乏建筑艺术史专著，除了借鉴诸多前辈的建筑通史类著作以外，许多问题包括如写作体例、章节布局、研究方法、关注的重点、论述的方式以至文字风格，在很大程度上都需要独辟蹊径。更由于中国古人特别擅长的整体思维习惯，古代文献所述所论都带有颇

大的模糊性、会意性，虽独具其意深旨微之美，却往往似可意会而难以言传，给我们的分析与表述带来了不少困难，因此，我们所做的梳理就更有待于读者的检验了。

第二节　中国建筑史学

一、中国建筑史学回顾

中国建筑虽取得过足以夸示世人的伟大成就，而且从来就受到了上至帝王将相下至士人庶民的实际重视，但作为一种学术或艺术的事业，直到近代以前，却因于中国传统文化的负面影响，士大夫们广务宏言而疏于实学，错误地视建筑为"匠人"的形而下之作，以致盲目鄙视而不屑语及，只是靠匠师的师徒授受、薪火相传才得以延续。

把建筑事业当作一项值得尊重的学术和一门重要的艺术来看待，在欧洲却开始得很早且一直受到特别的重视。在古希腊瓶画中已出现艺术之神缪斯给建筑师戴上光荣花冠的画面，在几乎所有的艺术史、美术史著作中，都将建筑艺术列在首位，甚至对中国传统建筑的介绍也开始于欧洲。早在1685年，英国的一位学者兼政治家坦伯尔（William Temple）就写过文章，赞扬中国园林。1757年，曾经到过中国南方，以后成为英国皇家总建筑师的苏格兰人钱伯斯（Chambers）写了一本名为《中国房屋、家具、衣服、机械和用具设计》的书，1773年又出版了《论东方的园林》，都对中国建筑和园林表示出极大兴趣与肯定。此后到19世纪末、20世纪初，介绍者颇不乏人，对中国建筑进行了测绘，出版过多种书籍，有的一种即达七八册之多，收入大量图片。比较有名的像林百利（J. Lamprey）的《论中国建筑》、汉学家艾金斯（Edkins）的《中国建筑》和《中国的桥梁》，

康巴斯（Gisbert Combaz）先后用法文出版过七本有关中国建筑的书，德国人鲍希曼（E. Boerschman）记载中国建筑和园林写了十本书，还有瑞典美术史家喜仁龙（Oswald Siren）的多种有关中国建筑的著作如《北京的城墙和城门》等。但综观欧洲人的著作，除许多图录或猎奇性报导外，一些由学者进行的"研究"却很成问题，甚或有持相当鄙视而不负责任的观点者。一直到近六七十年以前，是欧洲人最看不起中国人的时代，往往摆出一副"欧洲中心论"的高傲姿态，对中国妄行诋讥，殊乏学术价值。1896 年英国人弗莱彻（B. Fletcher）在其《比较法世界建筑史》中，竟将中国建筑列为"非历史的"也即无历史价值的一类。在其"建筑之树"插图中，中国建筑和与之同一体系的日本建筑被列在最底层之边侧。同年英国人弗格森（James Fergusson）出版《印度及东洋建筑史》，更是口出狂言，妄称"中国无哲学、无文学、无艺术，建筑中无艺术之价值，只可视为一种工业耳。此种工业，极低级而不合理，类于儿戏"。对于受中国建筑影响的日本古代建筑，也贬为"日本之建筑，程度甚低，乃拾取低级不合理之中国建筑之糟粕者，更不足论"。[①]对于此类"论点"，日本学者伊东忠太已斥其为"实所谓盲者不惧蛇之类，殊无批评之价值"。当然，对于此等十足儿戏的"学术研究"，实在没有认真对待的必要，此处提及，不过略示其迹罢了。直到近几十年来，包括新版《比较法世界建筑史》在内，欧洲人才逐渐改变了态度。英国著名学者李约瑟（Joseph Needham）1954 年后陆续出版的《中国古代科学技术史》中对中国建筑有客观的评价，其中并有涉及建筑艺术价值的论述。作者曾在中国长期居住，收集了相当多的资料，从其所论，对中国文化已有相当深度的了解。1962 年，波依德（Andrew Boyd）出版了《中国古建筑与都市》（1987 年在台湾

再版，谢敏聪、宋肃懿编译），也肯定了中国古典建筑在世界上的地位。日本古代虽然也和中国一样，对建筑的学术与艺术的层面甚少言及，但明治维新以后已经改变，对中国建筑的态度也比较客观，工作作风较为认真。在 20 世纪三四十年代先后出版了伊东忠太的《中国建筑史》（仅至隋代）、关野贞的《支那的建筑与艺术》等著作，此外，如伊藤清造、村田治郎、藤岛亥次郎、田边泰和冢本清等人都有论著和调查报告发表。有人统计，至 1944 年为止，从事过中国建筑研究的日本人竟有四百一十五人之多。[②]但因为学术发展的阶段性，以及各种原因，这些著作大多仍属资料收集性质，不够深入且时有错误，不完整而缺乏系统，还算不得可信的史学著作。1991 年在日本出版了青年学者田中淡的博士论文《中国古代建筑研究》，以其资料收集之勤、考订之详，某些方面已经超过前代日本学者。

真正开创中国建筑史学科的还是中国人自己。1929 年，曾担任过北洋政府内务总长的朱桂辛（启钤）创办中国营造学社。自此以后，中国建筑史研究才纳入轨道。学社的成果主要反映在历年出版的七卷共二十余册《中国营造学社汇刊》中，梁思成和刘敦桢对于创立中国建筑史学科作出过很大贡献。

梁思成，广东新会人，1901 年即其父梁启超在戊戌政变失败后亡命日本的第三年出生于东京；11 岁回到北京，入清华学堂；1924 年到美国，先后在宾夕法尼亚大学和哈佛大学学习建筑；1928 年回国创办东北大学建筑系，时年 27 岁，任系主任；1930 年参加中国营造学社，任法式部主任，1932 年开始发表论著，其第一篇论文为《我们所知道的唐代佛寺与宫殿》，主要形象资料来源于法国人伯希和拍摄的敦煌壁画。抗日战争时期梁思成坚持在西南继续学社研究工作；1944 年写成第一部具有真正学术价

① 引见（日）伊东忠太. 中国建筑史[M]. 上海：商务印书馆，1937.
② 引见徐苏斌. 中日建筑史学研究之关系[C]// 第二届中国建筑传统与理论学术研讨会论文集. 1992.

图 0-2-1 梁思成

图 0-2-2 刘敦桢

值的《中国建筑史》（约17万字）；抗日战争后于1946年赴美国讲学，获普林斯顿大学名誉文学博士学位，回国后长期担任清华大学建筑系主任直至1972年逝世。生平著书多种，除前举《中国建筑史》外，尚有如《清式营造则例》、《营造法式注释》、《图像中国建筑史》等，发表学术论文数十篇。[1]主持和参加多项建筑设计，如北京人民英雄纪念碑（1955）、扬州鉴真和尚纪念堂（1973）等（图0-2-1）。

刘敦桢，湖南新宁人，1897年生，青少年就学于日本；1923年回国，先后在苏州、长沙、南京从事教育工作；1927年，中国第一个建筑系——苏州高等工业学校建筑科创立，刘为主要创始人之一；1930年参加中国营造学社，任文献部主任，抗日战争时期也在西南坚持学社工作；1944年以后主要从事建筑教育，抗战胜利后任南京中央大学（现东南大学）建筑系主任，1968年逝世。先后撰写或主编的著作如《中国古代建筑史》（约13万字，集二三十位学者之功，易稿八次，1966年成稿，1978年出版）、《苏州古典园林》等多种，发表学术论文数十篇（图0-2-2）。[2]

梁思成、刘敦桢和其他十余位研究人员一起，在十几年的学社工作中取得的主要成果是：（1）调查、测绘、研究了大量古代建筑实例，遍及十六个省、二百多个县，工作内容二千余项，主要是古代建筑，也涉及其他文物项目，发表了数十篇科学调查报告包括图纸。有关实例上至南北朝，下逮明清，其中如北魏嵩岳寺塔、唐佛光寺大殿、辽金独乐寺、广济寺、华严寺、善化寺和释迦塔等，都是十分重要的发现；资料收集和研究更由南北朝上溯，为建筑史积累了一批翔实可靠的证例。（2）细致研究了宋《营造法式》和清工部《工程做法则例》两部中国古代典籍，整理了不少有关古代建筑的文献及匠师抄本，为后人的研究清除了障碍。

（3）培养了一批人才，如单士元、刘致平、莫宗江、陈明达、罗哲文等，以及众多后起之秀，为中国建筑史研究打下了智力的基础。

此外，稍晚于营造学社的创办，1933年在贵州还出版过一本名为《中国建筑史》的个人著作。作者乐嘉藻，曾任贵州教育总会会长，六十岁后整理平日所积集而成书。此书石印，插图均为毛笔绘制，而篇幅甚小，缺乏实例的调查与分析，多是综合有关建筑的古代文献敷演成篇，还算不上系统科学的著作，影响亦不大。但在当时缺乏研究手段的条件下，以一人之力完成斯作，也属不易。由此也可见20世纪三四十年代国人对建筑历史已有所重视的情况（图0-2-3）。

关于中国建筑史，迄今为止由学术前辈完成的比较重要的著作除前举梁思成和刘敦桢的著述外，尚有梁思成与刘致平合编的多卷本《中国建筑设计参考图集》（20世纪40年代出版）和一些专题性著作，如《中国住宅概说》（刘敦桢），《中国建筑类型及其结构》、《中国居住建筑简史》（刘致平），《应县木塔》、《营造法式大木作制度研究》、《中国古代木结构建筑技术（战国-北宋）》（陈明达），《江南园林志》（童寯），《中国古塔》（罗哲文）及罗哲文关于长城、桥梁的一些著作等。20世纪50年代末出版了姚承祖原著、张至刚增编的《营造法原》。

图 0-2-3 乐嘉藻《中国建筑史》插图

（按：图中将普陀宗乘之庙误为普宁寺）

① 其论文及《中国建筑史》均收入《梁思成文集》[M]. 北京：中国建筑工业出版社，1982.
② 其论文均收入《刘敦桢文集》[M]. 北京：中国建筑工业出版社，1982.

在短短三十多年时间里，前辈学者披荆斩棘，发蕴钩沉，已经做了如此大量的工作，开创了建筑史学科，令人肃然起敬。

从20世纪60年代后半期到几乎整个70年代，由于"文革"的干扰，中国建筑史的研究几乎完全中断。在此期间，台湾学者黄宝瑜于1973年出版了《中国建筑史》。20世纪70年代末，研究工作开始恢复，此后成果连绵不断，人才辈出。八九十年代以来，有关中国建筑史和中国传统建筑美学的著作，陆续有贺业钜《考工记营国制度研究》，陈从周《说园》，王世仁《理性与浪漫的交织——中国建筑美学论文集》，杨鸿勋《建筑考古学论文集》和《江南园林论》，香港学者李允鉌《华夏意匠——中国古典建筑设计原理分析》，萧默《敦煌建筑研究》、八卷本《中国美术通史》中的建筑艺术史和在台湾出版的《中国建筑史》，台湾学者李乾朗《台湾建筑史》和《中国建筑》，周维权《中国古典园林史》，冯仲平《中国园林建筑》，程建军《中国古代建筑与周易哲学》和《风水与建筑》，何晓昕《风水探源》，常青《西域文明与华夏建筑的变迁》，王其亨主编《风水理论研究》、张十庆《"作庭记"译注与研究》、郭湖生主编《东方建筑研究》和何重义、曾昭奋合著《圆明园园林艺术》，以及侯幼彬《中国建筑美学》等。此外，还有如王振复《中国古代文化中的建筑美》、汪正章《建筑美学》、邓焱《建筑艺术论》、王鲁民《中国古建筑文化探源》、汪德华《中国古代城市规划文化思想》等着重研究中国传统建筑思想的著作。后期出版的还有傅熹年《中国古代城市规划、建筑群组布局、单体建筑设计手法和构图规律研究》、罗哲文《古建筑文集》、陈明达《古建筑与雕塑史论》、傅熹年《古建筑论文集》、柴泽俊《古建筑文集》、王贵祥《文化、空间图式及东西方的建筑空间》……应该提到的还有1989年出版、获得联合国教科文

组织奖项的吴良镛《广义建筑学》，虽不是专论传统建筑，但关于传统与现实的关系，也提出了许多指导性见解。还有几种有关园林文化的著作，如金学智《中国园林美学》、王毅《园林与中国文化》等。侧重建筑技术方面的则有中国科学院自然科学史研究所主持的《中国建筑技术史》，以及吴庆洲《中国古代城市防洪研究》、马炳坚《中国古建筑木作营造技术》、刘大可《中国古建筑瓦石营法》、王璞子《工程做法注释》、傅熹年《中国科学技术史·建筑卷》等。这些成果，或重于宏观文化和艺术的侧面，或专就某一领域，或专注于某一重要对象，从多方面大大丰富了中国建筑史的研究内容。

还要提到，从20世纪50年代开始，经过60年代中到70年代的一段沉寂，80年代重新活跃的诸如《文物参考资料》、《文物》、《考古》、《考古学报》、《考古集刊》、《中国建筑史论文集》，80年代新出现的《古建园林技术》、《建筑历史研究》、《建筑历史与理论》、《圆明园》、《科技史文集·建筑史专辑》，还有虽不是专属于建筑史却也刊载建筑史论文的刊物，包括各建筑院校学报，对于中国建筑史学也作出了很大贡献，发表了数以千计的论文和调查报告。80年代以后还出版了众多图录性书籍，如《中国古建筑》、六卷本《中国美术全集·建筑编》、十卷本《中国古建筑大系》；多种包含有古建筑内容的专题性著作，如多卷集《中国石窟》中的《敦煌莫高窟》、《天水麦积山》，又如《承德古建筑》、《曲阜古建筑》、《繁峙岩山寺》、《朔州崇福寺》、《四川汉代石阙》、《西夏佛塔》、《布达拉宫》、《山西琉璃》、《中国古建彩画》、《陈氏书院》；各种民居和地方性民间建筑的研究成果，如《浙江民居》、《云南民居》、《新疆民居》、《福建民居》、《山西古建筑通览》、《湖南传统建筑》、《四川古建筑》和关于徽州民居等多种调查图集；诸多辞书如《中国大百科全书》城市规划、建筑与

园林卷、美术卷和考古卷,《中国艺海》建筑艺术编;此外还有多种史话性著作。由汪坦主持,还出版了一系列有关中国近代建筑史的论著和资料集。所有这些成果,对于丰富建筑资料、深化理论思考和普及建筑史知识,都起了不小的作用。总之,20 世纪 80 年代至 21 世纪初二十余年的成果,已不是 20 世纪三四十年代个别研究机构所能做到的了。

现在放在读者面前的这本字数达 240 余万(含图照 2500 余幅),所含资料包括直到 20 世纪 90 年代中期研究成果在内的《中国建筑艺术史》,就是在所有以上成果的基础上完成的。以上提到的所有重要的作品,都是本书写作的参考。没有数十上百位建筑历史学者和考古工作者几十年辛勤的学术积累,很难想象此书能够得以完成,尤其工作量极其庞大的古建筑测绘图纸和照片的拍摄工作,更非几人数年之功可得而就。所以,在颇大程度上也可以说,《中国建筑艺术史》并不仅属于署名的几位作者,它是更多的建筑史工作者和考古工作者的集体成果,作者们只是做了一些归纳性的工作而已(还要提到,略晚于本书初版出版的五卷本《中国古代建筑史》,也是总结性的重要建筑史著作)。

但本书作者也并不低估自己的创造性劳动,这是因为我们在面临这个课题时,都深深感到了今天中国建筑史学正面临着的巨大挑战,以及这一挑战提出的新的要求和任务。

二、中国建筑史学的新任务

要弄清挑战的性质,不妨对 20 世纪 50 年代以来世界范围内一般史学面临的问题及史学新潮流作一番概览。

英国史学理论家杰弗里·巴勒克拉夫(Geoffrey Barraclough)在 1978 年出版的《当代史学主要趋势》中说:"对于在 20 世纪上半叶支配历史学家工作的基本原则提出怀疑的趋势,是当前历史研究中最重要的特征。"他认为,过于强调对个别的表面现象的详细描述,认为历史就是"经验所揭示的记录或事实",以实证主义的方式对待史料,以直觉的方式处理资料,试图在它们(和只在它们)之间推导出一串逻辑严密的因果关系链,而相当忽视整体的、一般的、宏观环境的理性分析,并认为这就是历史学所能做的一切,这些,都已被怀疑为是否完全正确。[①]

在传统史学观念占统治地位的时候,"史料"曾被抬到至高无上、唯我独尊的地位。法国历史学家朗格诺瓦和瑟诺博司的《史学原理》就说:"历史由史料构成……无史料则无历史矣。"傅斯年也说:"史学便是史料学。"蔡元培在《明清史料序》中同样主张"史学本是史料学"。历史学家几乎众口一词,强调让史实或史料说话。历史学应当建立在坚实的史料基础之上,这本是天经地义之事,但主张史学就是史料学,除了史料就没有别的,实际上导致了以史料取代史学家对宏观规律的探讨局面的长期存在。历史学家"对确定新的事实非常热衷,而对发现规律之事却少有问津,除了发现事实之外,历史学家根本不对事实提出问题"。[②]

实际上,早在一百多年前,马克思主义的历史哲学就对历史学领域的这种现象发起了冲击。它关于社会发展和经济过程的论述,阶级结构和历史规律性等观念的提出,都强调应当从理论上对"事件"进行宏观的、整体的科学阐释。但在以后一些受第三国际影响的史学家当中,一度出现的过分僵化的意识形态考虑,压倒了真正的论述。到了 20 世纪 50 年代,东西方史学家都迫切期待着新的推动,乃迎来了史学新潮流的崛起。新潮流在单个的"事件"、一群事件显示的"事态",以及整体的"结构"这三者中,更关心的是结构和事态。此种结构

① (英)杰弗里·巴勒克拉夫. 当代史学主要趋势 [M]. 杨豫译. 上海:上海译文出版社,1987.
② (英)柯林武德. 历史的观念 [M]. 北京:中国社会科学出版社,1989.

"意味着一种集合，一种构造，它是一种在相当长的时间内变化甚少而延续力很强的特别的实在"。① 新史学认为："一种因素的本质就其本身而言是没有意义的，它的意义事实上是由它和既定情境中的其他因素之间的关系所决定。总之，任何实体或经验的完整意义除非它被结合到结构（它是其中的组成部分）中去，否则便不能被人们感觉到。"②

在新潮流中，历史实际上有两种，即一种"引人注目的历史和另一种深藏的、沉默的并且常常是隐秘的历史，前者以它频繁的戏剧性的变化抓住我们的注意力，而后者实际上无论是它的观察者还是它的参加者都没有察觉到它的历史，它很少为时间的持久侵蚀所触动"。③ 把注意力从独特性、个别和具体引向制约个体自觉选择的结构和事态、群体和普遍规律，认识到历史不仅如传统史学所理解的那样是由一个个单独事件连成的"逻辑严密"的事件串，而且是一个连续的结构模式演化的进程，这是新史学的巨大贡献。新史学对理论的重视，也达到了传统史学不可企及的高度。总之，史学正在从传统的描述式转向为阐释式，那种在传统史学中显现的线性的、串珠式的、微观的研究方法，正在向立体的、构架式的、宏观的史学转化。

所以，如果缺乏提出问题的兴趣，过于注重"本专业"的事件，而对于与影响建筑发展的宏观社会因素尤其是人的心态的联系缺乏兴趣，没有把真正直接决定建筑进程的文化纳入视野，融入原本非常生动的建筑历史的活的躯体之中，就既无法找到决定建筑发展的深层文化基因，也不能得出关于建筑自身发展的科学认识。以致对历史的发展进程提不出更多具有深度的阐释，更不用说对中国当代建筑创作道路等问题作出自己的有力回答了。

以上关于史学新潮流的种种论述，主要是西方史学理论家针对西方史学提出来的，但在中国建筑史学已发展到当前这一阶段的时候，对我们显然也具有很大的借鉴意义。所以，正是受到上述史学发展态势的促动，经过深刻认真的反思，本书的作者们认为，今天的中国建筑史学应当对自己提出以下几个问题。

确立文化整体观念

可能有两个原因妨碍了建筑史学的发展。一个是在学科越分越细的情况下，所谓"专业思想"的过于强化。人们已习惯于只注意"本专业"的对象，对似乎"无关的"却不感兴趣，由此而引发思维的浅层化。第二是由于长期以来对马克思历史哲学关于"经济基础决定上层建筑"这一命题的扭曲，导致对创造历史的真正主体——人的忽视。这样的自我封闭，势必造成思想的干涸和想象力的泯灭，造成固守线性思维的习惯。

只有把建筑历史和文化整体联系起来，才能克服以上的弊端。

建筑无疑是文化的一种形态。就建筑的实体而言，它本身就是物质文化的一部分，体现了人在与自然的斗争中取得的进步；就建筑的精神意义而言，它又是人类精神文化的鲜明而生动的反映，是后者的物化形态。显然，如果要得到深刻的认识，就应该暂时放弃狭隘的"专业"，把对象置回到它的文化整体环境之中，站在更高处去俯瞰它，站在更远处去统摄它。

在与文化整体联系的过程中，应当更重视建筑文化的精神的即"心"的层面，这主要是由于精神文化具有一种相对稳定的比较长期的影响，其意义更重在它无形的或隐形的构架，从底部指导着人们的思考、行为、创造以及情感的形成及其表现方式。"心灵致动"，精神文化一旦形成，它的一些根本的方面甚至可以转化为一种"集体无意识"或潜意识，长久地发挥作用，这就是所谓"积淀"。不管人们是否理解或是否同意，这是一个客观事实，"积淀"总

① （法）布罗代尔．历史与社会科学／／（法）布罗代尔．资本主义论丛[M]．北京：中央编译出版社，1997．
② （瑞士）皮亚杰．结构主义[M]．倪连生、王琳译．北京：商务印书馆，1984．
③ （法）布罗代尔．地中海[M]．北京：商务印书馆，1994．

是要时时闯入现实生活之中。

"心"又是由什么决定的呢？作为一种观念形态，心当然是从经济结构中生发出来的，后者对心有着宏观的制约。但这并不像"经济决定论"所理解的那样，似乎"经济"对于心的物化形态（在此即指建筑）有着直接的、机械的联系。实际上，经济对心的物化形态所起的作用，只能是通过积累，引起社会经济结构的改变，从而促使心的演化，并通过中层文化即创作方法、法式、法则等为中介，才能间接而曲折地达到。心的构架一经成立，就具有相对的独立性，开始了自己的逻辑生命。这是一个遵循经济基础决定上层建筑原理的复杂过程。

对于当代史学新潮流起过很大作用的法国年鉴学派史学家马克·布洛赫说：在史料面前，"只有人们开始向它提出问题，它才会开口说话"，历史研究的"第一个必要前提就是要提出问题"。[①]因为事实上，"说话的并不是那种未经区别的事实，而是历史学家的理解"。[②]

如果我们把建筑史学和与建筑密切相关的人的精神文化层面联系起来，就将会面临无穷多的问题。我们当然不可能完全解答它，甚至还会作出错误的解答。但只有这种研究方法，史学才会是富于启发性的和充满趣味的。

开展建筑艺术史研究

对于古代建筑，当然也可以从科技史或物质文明史的角度进行研究。人类学家就曾经认真研究过钻木取火和敲制石器的各种方法，但那多半只是为了证明这些方法在以前确实存在过，并不在于要给现代物质文明增添一些什么。现代物理学、材料学和结构学的精密化，早已使中国古代木结构朴素直观的技术原则失去了大部分现实的价值。而对于精神文化方面的研究，却正如前述，具有更大的意义。所以，古代建筑留给现代的最大价值正在于其艺术的侧面，其蕴含的精神文化涵义，正是由这一侧面发射出来的。

雨果在《巴黎圣母院》中曾对此有过精辟的判断，他说："人民的思想就像宗教的一切法则一样，也有他们自己的纪念碑，人类没有任何一种重要思想不被建筑艺术写在石头上。"建筑通过平面、体形、体量、群体、空间和环境等多种艺术语言，构成美好的形象，的确能够表达出人类的丰富思想和情感。如果我们把上面那段话中的"思想"二字，换成既包含精神文明又包含物质文明的"文化"，即"建筑是人类文化的纪念碑"，或许会表述得更加完整，这正是本书主编在1987年提出的口号。

以美的形象来表达情感，这就是艺术。

爱美是人之天性，马克思说，人不仅按照客观规律来创造，而且也按照"美的规律"来创造。高尔基说："人都是艺术家，无论在什么地方，总是希望把'美'带到他的生活里去"，说的就是这种人类共性。所以，只要求所谓"美观"的广义的建筑艺术几乎无所不在，但进一步要求建筑体现出某种情绪的倾向性的狭义的建筑艺术并不随处可见。一般来说，大量的一般性的以解决实际功用问题为主的建筑，就基本属于广义建筑艺术的范畴。但就建筑历史的整个进程而言，那种投入的智力和物力最多的，被人倾注以极大热情的，即主要注目于精神或艺术意义的，历史上多半为统治阶层所拥有的建筑如宫殿、坛庙、寺观、陵墓、园林等，始终占据着历史的主导地位，就更多地处于狭义建筑艺术领域。它们的文化信息最强，是建筑艺术史研究的主要对象。当代美术史家简森（H.W.Janson）在他的已有14种文字译本、行销数百万册的《西洋艺术史》中就这么认为："当我们想起过去的伟大文明时，我们有一种习惯，就是应用看得见、有纪念性的建筑作为每个文明独特的象征。"他所列举可以作为某一文明"独特的象征"的欧洲建筑，几乎全都是教堂。

① （英）杰弗里·巴勒克拉夫．当代史学主要趋势[M]．杨豫译．上海：上海译文出版社，1987．
② （美）贝克．人人都是他自己的历史学家[J]．中学历史教学，2005（11）．

他称这些作品是"巅峰性的艺术成就"。

但即使对于那些处于较低的艺术层级、多半属于民间文化的建筑，也不应忽视它们的艺术性。虽然上层社会形诸为文表诸为艺的东西，体现了占统治地位的社会文化，我们还是不能把它就当作是它们所从属的文化整体的全部，真正的文化将存在于更多的人群，上至贵族官绅，下至庶民皂隶的行为准则、思维方式、风俗习惯和审美趣味之中，建筑恰恰就是这些方面最坦率最少矫饰和几乎无所不包的涵括者。何况创作者的艺术水平对于某一具体作品的艺术价值也有极大影响，即往往按其性质通常本应归于主流的建筑，实际上却做得平庸不堪；倒是一些一般性建筑，反而造得亲切多情。

其实，中国建筑史学科的开拓者们早已注意到了建筑的艺术问题。1932 年，梁思成、林徽因在《平郊建筑杂录》中就提出了"建筑意"的用语。他们说：

这些美的存在，在建筑审美者的眼里，都能引起特异的感觉，在"诗意"和"画意"之外，还使他感到一种"建筑意"的愉快……无论哪一个古城楼，或一角倾颓的殿基的灵魂里，无形中都在诉说，乃至于歌唱，时间上漫不可信的变迁；由温雅的儿女佳话，到流血成渠的杀戮。他们所给的"意"的确是"诗"与"画"的。但是建筑师要郑重郑重地声明，那里面还有超出这"诗"、"画"以外的"意"的存在。

"建筑意"的提出，显然具有非常重要的意义。它提醒人们，建筑并不是砖瓦灰石等物无情无绪的堆砌，不仅是一种物质产品，同时也是一种艺术产品，其中自蕴有深意。就如同"诗情"、"画意"一样，只是它的表达方式采取了建筑特有的艺术语言而已。它还启发我们，建筑艺术家在创作的时候，应以立意为要，意在笔先，由意生情，移情入景；欣赏者在体察的时候，应该从建筑形象（包括空间）入手，以"建

筑意"的赏鉴眼光，方能触景生情，由情及意，得意忘形。所以清人王夫之才说："景者情之景，情者景之情"，景而无情不能成为人的审美对象，情而无景则情无所寄，终于踏空。

然而，"建筑意"的词语并没有流行开来，这一方面固然由于学术发展的阶段性，前辈学者没有来得及对这一重要课题进行深入的探讨与阐发，更重要的却可能是受到强固的传统思维习惯的笼罩。古来文人，一向视匠作为末流。直到现在，建筑师们有时仍不能理直气壮地为自己苦心经营的建筑意匠辩护，常常在为"优化"创作环境而苦恼，因为人们并不都能理解"建筑艺术"或"建筑意"为何物。所以，我们必须面对关于建筑艺术的课题。

建筑艺术的时代风格

当代史学潮流的一个重要特点就是把对个别"杰出"人物内心的过分关心转移到对"群体心态"的重视上来。所以，当代史学趋势认为："把个别人物的行为当作自己的主要研究对象，这种历史学……不可能是科学的。以社会的人为研究对象的历史学则必定是科学的。"而所谓"社会的人"，也就是纳入于"群体"的人。关于"群体"，可以有多种分法，按纵向即可分为各个时代。建筑艺术的时代风格，就是各时代人群创造的建筑之时代性的表现。

虽然总的来说中国历史的发展进程比较缓慢，但那种认为缓慢就是停滞的观点是站不住脚的。甚至有的外国历史学家都已经看到："所谓的'封建'时期是中国历史上充满活力的时期。"仅以思想史为例，在中国长期以儒学为主要思想武器的背景下，仍有战国的百家争鸣，秦代之崇尚法家，汉初黄老为著，同时盛行神仙家言，两汉虽独尊儒术、罢黜百家，而仍有谶纬、阴阳、五行之并盛，六朝隋唐佛道盛而儒衰，宋以后的理学则以儒为表、释道为里，汇三者为一，都有丰富的内容。李泽厚在《美

的历程》的开篇中，对中国古代艺术的时代面貌有生动的描写。他说：

> 那人面含鱼的彩陶盆，那古色盎然的青铜器，那琳琅满目的汉代工艺品，那秀骨清像的北朝雕塑，那笔走龙蛇的晋唐书法，那道不尽说不完的宋元山水画，还有那些著名诗人作家们屈原、陶潜、李白、杜甫、曹雪芹……的社会画像，它们展示的不正是使你可以直接感触到的这个文明古国的心灵历史吗？时代精神的火花在这里凝冻，积淀下来，传留和感染着人们的思想、情感、观念、意绪，经常使人一唱三叹，流连不已。

既然是这样，作为文化之显现的中国建筑艺术，当然会有时代风格的不同；与欧洲建筑相比，或许节奏感不那么强烈，风格的延伸性比较显著，但秦汉的豪放朴拙、隋唐的雄浑壮丽、明清的精细富缛，仍凸显了不同时代的精神和风貌。

建筑艺术的地域风格

"群体"可按横向分为不同地域，这种划分，即表现为一个个大小和层级不同的文化圈。各文化圈之间可能存在着重合包容和交叠等复杂情况，也可能互相独立。即使是后者，它们之间也常发生交流。为了深入研究，在注意它们联系的同时，也有把每一个体现为地域的文化圈作为一个相对独立的整体加以认识的必要，因而就有了关于建筑艺术地域风格的研究。

风格的地域性不完全是自然"地理"造成的，更是一个文化模式和导出这个模式的社会结构的概念，否则我们便会跌入所谓"地理决定论"的陷阱。不能只满足于关于气候、地形、物产等对于建筑影响的描述，以为这就是有关建筑地域风格的全部工作。全世界地理条件相似的地区甚多，建筑风格却很不相同，可见地理条件不是唯一的，甚至对于高层级的建筑来说也不是重要的因素。即使地理条件差异甚大，不同地域建筑风格的不同也不能完全以地理来解释。比如华北建筑，风格趋向于严谨、沉实和雄壮，江南建筑则倾向于灵巧、轻盈和秀美。这种不同，就不是或不单纯是自然地理条件直接作用的结果。地理只是告诉我们哪些事不可以做，哪些事可以做，但对于什么民族在什么时代、什么地方究竟会做出些什么事，地理却什么也说不出来。换句话说，地理只供给我们"材料"，而对于使用这些"材料"干出些什么事，却完全不闻不问。总而言之，地理不是决定性的因素。地理条件在建筑内容的诸因素包括物质目的、精神目的、物质条件和社会条件之中，主要属于物质条件的一部分，当然也会与其他因素一起，形成合力，对建筑产生作用（在史前时代，也许会有更多的影响），但一旦人类进入文明时代，文化的和社会的作用就上升了。我们的工作就在于在指出地域风格差异的同时，揭示出形成这些差异的文化根源，说明地域文化发生的改变是如何反照到建筑上去的，以及地域文化的交流与建筑的时代性、地域性、民族性的相互关系。

建筑艺术的民族风格

对"群体"的另一种横向的划分就是民族。民族是一个客观的存在，在不同民族文化圈的人群，由于其一系列文化观念的不同，以及所面临的历史条件和社会因素的不同，其建筑观念和对建筑的处理方式也必然会有所不同，使建筑具有显著的民族特性。

民族和种族有关，但所有的人类种族全都属于同一物种，他们的生理差别也没有明确的界限，所以，艺术的民族风格不能主要由生理来解释，同样也应由不同的社会经济结构产生的文化模式来决定。

以上由时代、地域和民族来分析艺术风格的方法，由于它们的叠合关系，并不是绝对的。例如，中国境内各民族建筑风格的差异可能存在于不同地域的不同民族之间，如西藏地区、新疆地区和傣族聚居的滇西南地区，这些地区建筑的民族风格和就全国来说的地域风格实际上就是一回事。一种民族风格也可能存在于同一地域的不同民族之间，如同在新疆的维吾尔族和回族伊斯兰建筑。如果这些地域足够广大，在同一民族中，又会产生次一个层级的地域风格，如新疆维吾尔族建筑就有东疆、南疆和北疆的差别。

1869 年，法国美学家丹纳在他的《艺术哲学》中完成了他严密而完整的艺术社会学理论，提出了时代、环境、种族三大文化要素的概念，与我们的时代、地域、民族的提法有着一定的对应关系，但并不完全相同，其区别主要在于丹纳未能把社会经济结构和由此引出的文化特质这一前提更多地纳入视野。

建筑的风格，按实际情况还有更多的划分方法，如依宗教或社会阶层，这仍是文化圈区划的不同尺度，还可按功能或结构作出划分。总之，中国建筑的艺术风格十分丰富，有待我们去深入分析。中原建筑与西藏建筑的差异就不见得比英国建筑与东欧建筑的差异为小，同样，华北园林与江南园林的差异也不见得比法国花园与意大利花园的差异为不显著。诚然，中国建筑在某些方面各类型的相通性较大，时代的延续性和单体的重复性也较高，这必然有其文化上的深刻根据，是以个体建筑的个性牺牲来换取整体的和谐，也是一种价值的取向。

比较建筑学

在学术领域内运用比较的方法是一种有效的手段。马克思、恩格斯在评述比较解剖学、比较植物学、比较语言学时曾说："这些科学正是由于比较和确定了被比较对象之间的差别而获得了巨大的成就。"但是，应该区分简单的几乎是本能的那种"比较"（严格说来只能算是类比）与马克思所称道的科学的比较。它们的最

大不同是前者只停留在事物的表面，只注意现象的"是什么"，并缺乏系统；后者更及于社会历史和文化心态的深度、实质和"为什么"，以及整体性和系统性。作为研究方法的科学的比较，只是在近代才逐步形成的。

由于当代史学潮流由描述式向阐释式的转化，科学的比较研究已日益为学界所重视。关注于从文化整体视野进行研究的新史学，必然要把研究者"逼"到比较研究中去。因为，从孤立事件的个别描述中是不可能得出整体的结论的，巴勒克拉夫甚至这样断言："如果我们把比较史学说成是历史研究未来最有前途的趋势之一，恐怕没有什么过错"。[①]

比较可以是多角度、多方面、多层次的，例如，在前述依不同尺度划分的各风格之间，就可以进行比较。目前更需要重视的是以世界的眼光对中国建筑体系与其他体系进行比较，中国与近邻国家建筑的比较等。

比较研究有可能引发出非常有意思的问题。例如，如果我们只是孤立地描述江南私家园林和华北皇家园林，至多只能得出一些关于它们的艺术形式的概念，若纳入比较的眼光，就可能从它们的类同中引发出中国古典园林的总的美学思想，又从它们的差异中引发出这两大园林流派不同的社会美学基础。在把它们作为一个整体与西方园林进行比较时，从令人惊异的巨大差异中将促发我们对中西体系根本性的文化观念的探究。从中国对宫殿的重视和西方对教堂的热情，也会激发我们从不同的文化结构中寻求答案。

比较研究还可能触发新思路的产生。例如，从对于在垂直体量中强调横向分割的中国式塔和一味强调尖瘦高直的西方塔式建筑的比较中，从中国恢宏阔大的大陆风格和日本倾向于玲珑精巧的岛国风格的比较中，都可能触发出许多甚至从未考虑过的文化问题。

① （英）杰弗里·巴勒克拉夫．当代史学主要趋势[M]．杨豫译．上海：上海译文出版社，1987.

关于建筑史学的发展，我们提出了以上六个问题。它们也是本书研究的核心课题。但我们并不希望读者对这本书的期望过高，因为提出问题并不表明问题已经解决，甚至在我们试图探讨这些问题的时候还会出现新的错误，所以，充其量也只能说，我们不过是开始注意到这些问题而已。何况，正如本书引论题头所引赛维所说的那种最"完满"的建筑史，恐怕是除了"历史"本身以外，是谁也"写"不出来的。但解决问题的第一步正是提出问题，"历史学家工作的好坏同提出问题的质量高低有直接关系"。[①]如果说本书还有些什么意义，那就是在继承前人已有的丰硕成果的基础上的一种试探性发展，为后来者提出了一个更高的目标而已。

第三节　建筑艺术的特性

我们既然已经为自己确立了一个新的目标，就有了对我们的研究对象——建筑艺术进一步认识或定义的必要。我们认为，如果在阅读本书以前能够对此有一定的把握，将有利于我们的交流。

正如本书引论开篇所强调的，人类的超越意识，是一切艺术得以发生和发展的前提。这种在一定程度上与物质性结合的，同时又超越于物质性的对美的不懈追求，在建筑中的存在，即人自身精神状态的物化，就是最广义的"建筑艺术"。"建筑艺术"是一个外来词，它的概念的明确提出，或许与18世纪西方美学的发展有些关系，但"建筑艺术"这个事物的出现，却绝对远远早于18世纪，甚至也远远早于中天之台、通天大塔传说出现的时代。恩格斯说过，"作为艺术的建筑术的萌芽"，至迟从新石器时代晚期以前就已经出现了。根据中国考古学，现在已知的具有明显的艺术美加工的最早建筑，是新石器时代中期距今五六千年前原始村落中

① （英）杰弗里·巴勒克拉夫．当代史学主要趋势[M]．杨豫译．上海：上海译文出版社，1987．

的公共建筑"大房子"。战国时人说的"高台榭，美宫室"，汉初萧何营造未央宫"非壮丽无以重威"的建筑思想，证明至迟到战国秦汉时代，人们已有了关于"建筑艺术"的理性自觉。

这说明建筑确实具有属于如快感、意味、情感等精神领域的属性，这是所有艺术的共性，或谓一般性。建筑还具有不同于其他门类艺术的个性，或谓特殊性。

一、建筑艺术的层级性

作为一种现实的存在，建筑具有精神性的一面，同时更具有物质性的一面，而且绝大多数建筑还是以其物质性为第一要义的。建筑毕竟要依靠实际的物质材料和物质手段才能实现，所受到的物质的制约比起其他艺术门类更为显著。所以，像中天之台和通天大塔那样的意念，由于与物质性的完全脱节，终于也只能是幻想了。除此以外，更重要的是绝大多数建筑都有实际的物质性的使用目的，要满足一定的物质功能要求，建筑与其他门类艺术的最本质的差别就在于此。因此，一般即以建筑的"双重性"来表述。但具体来说，在不同的建筑物中，其精神属性与物质属性的"比例"关系并不相同。随着这些不同，建筑艺术就呈现出层级性。一般可以分为三个层级。

第一个层级最低，但几乎在所有建筑上都有体现，艺术性与物质功能紧密结合在一起，体现为创造出一种心理上的舒适感与安全感。生理上的舒适与安全是物质性的，心理上的舒适感和安全感则是精神性的。一般来说，实际的舒适与安全，也就会产生相应的舒适感与安全感，但有时却不然，此时，对建筑就需要进行一些处理，使人"感到"更加舒适更加安全，以利于生活和劳动质素的优化。这些处理，就体现为最初级的建筑艺术。

第二个层级在精神的品位上有所提高,体现为两点。其一是对一般形式美的追求,简言之就是"美观",即运用所谓形式美的构图法则,对建筑作更多符合其具体使用功能及材料和结构本性的形式美加工。其二是与此建筑物的物质性实用目的相匹配的、对一般的情绪氛围的追求。

以上两个层级的美,使建筑达到了形式与其物质性的目的性和规律性的和谐,具体说就体现为建筑的功能美、材料美、结构美和施工工艺的美,重在通过形式美的创造,引起人的美的愉悦,可纳入于广义的建筑艺术。

建筑艺术的最高一个层级则是在以上两个层级所主要追寻的"美观"和一般的情绪氛围的基础上,更创造出某种超脱于物质性的目的性和规律性而与其精神性的目的性和规律性相统一的富于意味的形式,以渲染出某种相当强度的情感、情趣,富于表情和感染力,具有亲切或雄伟、优雅或壮美、宁静或动荡、轻灵或沉重,必要时甚至神秘与恐怖等情绪环境,最后喻示出相当深度的与某种思想观念如自然观、伦理观、宗教观和审美趣味等相关的倾向性,以陶冶和震撼人的心灵。它的精神文化的意义更强也更深刻。如果说前两个层级是重在"悦目"的美观之美和浅层愉悦,最后这个层级则重在"赏心"的意境之美,重在心的震动的更丰富、更深刻的那些真愫。这样的美与"美观"的美有关,但也可能颇有不同,甚至为了这个"赏心",有时还可能是"不美观"的。它们是超愉悦的,甚至还可能是"不愉悦"的。

达到这一层级的建筑艺术,实际上已进入了狭义的、纯粹的或谓"真正的"艺术的领域,显然早已超越了"美观"的定义域。20世纪20年代,西方"现代主义建筑"四位大师之一德国人密斯就说过:"建筑艺术本质上是植根在实用基础上的,但它越过了不同的价值层次,到达精神王国,进入理性王国,纯艺术的王国。"

但我们在此也只是说这一类的"建筑艺术"已进入了纯艺术的领域,并没有说这些"建筑"在整体的意义上就已经和音乐、绘画、雕塑等一样,也成为纯艺术作品了。虽然"建筑艺术"作用于纯精神的领域,产生纯精神的作用,但无论如何,"建筑"(不是"建筑艺术")这个事物的整体,仍始终具有物质的和精神的双重性。在高层级建筑中,甚至具有更复杂、更高级的物质功能、物质条件和物质手段等课题。只有极少数建筑如金字塔、纪念碑、天坛、凯旋门、牌楼等才几乎不再具有物质性的实用功能,它们的物质条件与物质手段等课题也比较单纯,大约正与其他艺术所面临的同类课题相当。只有它们,才整个地成了纯艺术。其实,把它们径直称为雕塑也未尝不可,这些"建筑"不过是雕塑所采用的某种题材(和体裁)而已。

所以,除了可作为雕塑视之的上述特殊"建筑"以外,即使是其"艺术性"已进入到纯艺术领域的建筑物,也还得在取得形式与精神的目的性、规律性高度和谐的同时,取得与物质的目的性、规律性的高度和谐。

本书中关于"建筑艺术"的用语,一般来说都是广义的,也就是说,我们的研究对象涵括了所有艺术层级的建筑。

虽然如此,我们还是认为至少有两点应该提及。第一点是为了精神性的美情、美思、美意的高扬,建筑通常是不可能完全避免"违反"某些物质性的"合理"规定的,有时甚至非违反不可。这种违反即使在中低层级的建筑中也会经常出现。所以,物质性不是在任何情况下,即在任何矛盾的解决过程中或对于任何具体建筑而言,都永远居于绝对的统治地位,艺术性并不注定永远是从属的。建筑创作的工作就在于妥善地协调这些矛盾,把各方面的损伤减至最少。第二个重要之点是必须强调建筑艺术在全部艺术系列中的特殊的崇高地位。杰出的建筑艺术作品巨大的文化价值，往往是许多其他即使是最杰出的纯艺术作品也不可企及和替代的。它们作为文化的最典型、最鲜明的代表，享有其他任何艺术无法取代的地位。

二、建筑艺术的表现性

建筑艺术的另一个重要特性就是它的表现性。不管艺术家自觉意识到没有，所有艺术创作都不是与生活绝缘的孤立现象，总是在表达着艺术家对生活的判断，最终都是表现艺术家的情感，所以从归根结底的意义来说，所有艺术都是表现的。但在表现的方式这个层次上，由于各门类艺术在掌握的物质材料和创作方式上的不同，就显出区别：一种是直抒胸臆的直接表现，一种是通过对客观生活的再现为手段的间接表现，前者就称为表现性艺术，后者就是再现性艺术。例如音乐（乐曲）和写实性绘画，后者要呈现具体事物的形象，擅长于精确地描绘对象，表叙情节，塑造人物性格或再现景物的神貌形态，具有再现的、叙事诗般的性质；音乐就刚好相反，不能要求它像绘画那样具象地再现对象，它的根本任务是通过"音乐形象"来直接表现情感，具有表现的、抒情诗般的性质。虽然绘画也有强烈的表现意识，但那仍是一种既通过画面又超出画面的间接表现；音乐也可能有一定的再现的或模仿的成分，但那已不是再现性的模仿，而是音乐化了的表现性的模仿，而且只作为情感表现的点示而存在。这些，都不足以推翻写实性绘画是再现性艺术，音乐是表现性艺术的结论。

显然，从本质上来说，建筑艺术接近于音乐，是一种表现性艺术。所以，早在公元前就已经流行了建筑产生于音乐的古希腊神话；① 19 世纪时，德国哲学家谢林说出了"建筑是凝固的音乐"这句名言（也可能是贝多芬说的）；歌德特别赞赏这句话，他自己也说过：在罗马圣彼得教堂的柱廊里散步，就好像是在享受音乐的旋律。以后，音乐家豪普德曼又加了一句"音乐是流动的建筑"。这些形容，不但说明了建筑与音乐在诸如旋律、节奏、复现、和声等许多艺术手段上的相似，更表明了它们都同属于表现性艺术。

表现性艺术和再现性艺术都各有其优势，都有其存在的价值而不能互相代替。后者的优势在于可以直接再现生活，说明事理，但在表现情感时却是间接的，必须通过一些文学性因素作为中介，即使不带情节的风景画或静物画，也带有诗的色彩；前者不能明白表述情节，却能直叩人的心扉，使心灵直接迎受情感的撞击，迅速激起强烈的情感火花。所以美学家都一致推崇音乐。贝多芬说："音乐应从男人心中烧出火来，从女人眼中带出泪来"，它的最适宜表现情感的优势使它在艺术中占据了重要地位。建筑艺术也居于崇高的地位，尤其是在西方，早就被认识到了。

三、建筑艺术的抽象性

建筑艺术还有一个十分重要的特性，就是它的抽象性。建筑和音乐一样，所表现的情感只是情感本身，也即是一种抽象的情感，而不是具体的这一个人或那一个人因着这一件或那一件具体的事而触发的具体的情感。所以有人说过："我有我自己的哀伤、爱情与喜悦；而你也有你的……音乐便是使我们共同感觉这些情感的唯一方法"（奥佛史崔特）。这种抽象的性质使它们反而可以挑动更多人的心弦，拥有跨时空的巨大优势，所以，"音乐是世界的共同语言"（威尔逊），"音乐是人类共同的语言"（郎弗罗）。把这些话用来指称建筑，也是完全适宜

① 古希腊神话说，太阳神阿波罗弹奏着文艺女神缪斯送给他的七弦琴，琴声是那么美妙；小鸟全都飞来，小河也不再流动，停下来倾听；石头则随着琴声跳舞，当琴声终止时，这里出现了一座美丽的建筑，就是那些舞动的石头按着音乐的旋律和节奏堆成的。从此人们就说，建筑是从音乐产生的。

的。建筑可以通过雄伟和壮丽激发起豪放振奋的热情，通过粗犷和沉重造成压抑沉闷的心境，通过精致和华丽形成高贵典雅的格调，通过对称构图渲染出庄重严肃的氛围，而形体的自由组合则散发出轻快活泼的情绪。它们可以为任何一个人所感受。

这是怎么造成的呢？却是千百年来美学家们都在试图解释而不容易说清楚的一件事情。有人认为，对此作了一些接近合理解释的要算格式塔心理学创立者阿恩海姆的理论了。这种理论认为，建筑的这些形式的因素之所以能打动人心，是由于它们所具有的"力的模式"与人的大脑力场之间有着基本相同的结构，即所谓"心物异质同构"造成的。当前者通过感觉传入审美主体时，就激活了主体相对应的那部分大脑结构，产生了对应的电脉冲，因而发生共鸣，引出相应的情感。比如一座建筑之所以会给人以庄严或轻快的感受，就是由于这座建筑本身的"力的结构"模式（庄严的建筑一般是对称的、沉重而稳定的、巨大的和简洁的；轻快的建筑则是自由多变的、空灵开敞的、体量较小而颇有装饰的）与人类经过千百万年的实践活动所沉积下来的关于"庄严"或"轻快"的大脑力场结构的相同而造成的。电脉冲是一种生理现象，但人类长期的实践活动却包括了心理活动在内，它是一种"种的属性"，所以最后体现为个体的结果便是先天无意识的。人类接受这种抽象情感刺激的能力是人类与生俱来的本能，但需要后天的培养和深化。

还需要补充，强调建筑表现情感的抽象性，是从情感信息的发射源这一方面而言的，而从接受者方面，由于人的后天修养，也由于某一建筑物明确而具体的使用性质和它的环境（自然的与人文的）及其附属艺术的点示，一般来说，建筑艺术的目的性并不会因此而产生含混，它所传达的抽象情感最终仍将获得归宿，可以

为具有体验力的人本能地接受到。因此，虽同为抽象艺术，建筑艺术与当代某些往往过于强调创作者的"自我表现"，而不大顾及接受者的所谓前卫艺术有很大不同。

由此可以更引申一步，即建筑所表现的情感将会升华为情理。在杰出的建筑作品中，情和理的交融使它具有巨大的教育力量，可以能动地陶冶人的性情，从而具有深刻的思想性，如民族的自豪、时代的前进、神性的安慰、皇权的恣肆等。这也就是为什么某些建筑可以上升为真正的、严格意义上的"艺术"的原因。

但也必须指出，比起具象艺术来，建筑的艺术意境毕竟比较朦胧，要求审美主体更多的主观参与和更为精微的体验能力，比较不容易得到完全的领悟。但只要不是无所用心的匆匆过客，一旦得到理悟，境界就会显得更加晶莹，更为动人。

第四节　建筑的艺术语言

对某一门艺术的艺术语言的认识，是欣赏和分析此门艺术的必要前提。

艺术语言与此门艺术在艺术分类学中的位置有关。如音乐属于音响艺术、时间艺术、表现性艺术和抽象艺术；写实性绘画属于造型艺术、二度空间艺术、再现性艺术和具象艺术。由此即可以得知它们艺术语言的大致特点。建筑类似音乐，是一种表现性艺术和抽象艺术；但又类似美术，是一种造型艺术；同时又接近实用艺术或工艺美术，是一种与物质因素紧密结合的艺术。建筑又是一种空间艺术，但人们欣赏建筑空间时不是静态的，而是一个走出走进的动态过程。运动离不开时间，所以建筑又有时间艺术的性质，可以称之为空间—时间艺术，照建筑学家的比喻性说法则称为"四度空间"艺术。此外，建筑还具有环境艺术的特性，

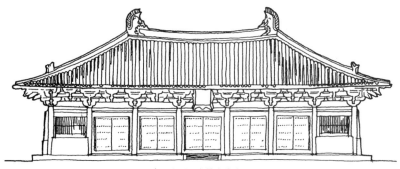

中国山西五台佛光寺大殿

希腊雅典帕提农神庙

图 0-4-1　建筑立面构图（萧默）

它是环境艺术的主体。

所以，我们只能得出这样的结论："建筑艺术就是建筑艺术，"它是一门独立的艺术，不包含在任何其他艺术门类之内。虽然它往往被纳入于广义的"美术"，但至少应提醒读者，要用不同于欣赏绘画或雕塑的鉴赏观念来看待它。

作为造型艺术，建筑有着"面"和"体"（体形和体量）的形式处理的艺术语言；作为空间艺术，它拥有空间（或在室内，或在许多建筑单体围合成的室外）构图的艺术语言；作为时间艺术，又拥有群体组合（多座建筑的组合或一座建筑内部各部分的组合）的艺术语言；建筑还可以结合其他艺术形式，如壁画、雕塑、陈设、山水、植物配置以至文学（匾额、楹联），共同组成为环境艺术，所以又拥有环境艺术的语言。总之，建筑拥有丰富的艺术语言。

面

建筑物由各个面围合而成，以一座最简单

的房屋为例，在室外是外墙面和屋面，室内则是内墙面、顶棚和地面。所有这些面尤其是墙面一般都有所分划。墙面用实墙、柱子、线脚、凹廊和门、窗来划分，形成许多不同形状、比例的凹凸块。各块采用不同的材料，呈现不同的质感、不同的色彩，凹凸起伏则形成阴影。这种划分首先有使用上的要求，如在需要开窗的地方开窗，需要设门的地方安门，而在造型意义上，则主要按照形式美的规律来处理，如主从、比例、尺度、对称、均衡、对比、对位、节奏、韵律、虚实、明暗、质感、色彩和光影等构图规律，综合运用，造成多样统一的完整构图，显示图案般的美和有机的组织性，形成某种风格（图 0-4-1）。

体形

对建筑的"面"的欣赏有些类似于对绘画构图的欣赏，而对"体形"的欣赏则类似于欣赏雕塑。稍微复杂一些的建筑都不是一个简单的立方体，而是由许多体块组接起来的，例如一座庑殿顶（四坡顶）殿堂，就是由一个横放着的四棱柱体和一个两端被斜削而横放着的三棱柱体组合而成；一座方塔，是由许多立方体和四棱台相间重叠而成。

体形的组合原则也符合形式美的规律，构成为体形美。体形美在建筑艺术中的作用并不亚于面的处理甚至可能更加重要。它决定着建筑物的整体轮廓，表现力很强，是人感受建筑的第一印象。有些建筑几乎就是完全依靠体形来显示性格的。如古埃及金字塔，没有面的分划，只是一个非常稳定的正四棱锥体，却给人以深刻印象。中国密檐式塔的轮廓线微微膨出，圆和饱满，柔韧有力，大大软化了竖高体形一味升腾的动势，且富于韵律。现代建筑美国建筑师赖特设计的流水别墅也有丰富的体形：下面的平台向左右方向水平伸展，上面的平台向前后方向伸出，后面用块石砌筑的柱形体则向上延伸，构成丰富的景观，而面的处理却十分简洁（图0-4-2）。

体量

相对于所有人类产品包括各种艺术产品而言，无可比拟的巨大体量是建筑的一个显著特点，很难想象如果没有适当的体量，建筑还会有什么表现力。金字塔高达数十至一百多米，巨大的物质堆造成了一种咄咄逼人的气势。"精神在物质的重量下感到压抑，而压抑正是崇拜的起始点"（马克思谈建筑语）。如果没有这么巨大的体量，它们将被淹没在沙漠旷野之中，只是一堆堆不引人注意的小石丘而已。欧洲的石头教堂也都十分巨大，远远超出了物质功能的实际需要，显示了人对上帝的无限崇拜，是人类创造的伟大奇迹。但体量之大并不具有绝对的意义，不同性格的建筑应当有不同规模的体量，体量的适宜才是最重要的。中国古代建筑的体量相对来说就不太大。中国建筑强调向水平方向伸展，与人的尺度对比不太悬殊的建筑体量使人很容易衡量和理解，显示出中国哲学的理性精神与人文主义。至于园林和住宅，更是着意于追求小体量造成的优雅、亲切和平易（图0-4-3）。

群体

建筑常常不是以单幢出现而是组合成群的（即使是建筑单体，也由各个房间组成）。中国古代建筑群体组合常采取院落方式，扩而大之，村镇和城市是更大范围的群体组合。单幢建筑就像是一首诗、一篇散文，可以集中而明确地表达一个主题，它的单纯和凝炼更具纪念性，所以多用在纪念性建筑中，如纪念碑、纪念堂、塔和凯旋门，以及祈年殿等。但如果要表达更复杂更精微的思想，像长篇小说那样的鸿篇巨制的群体组合就是必要的了。

建筑的群体组合使它具有了远远超过其他造型艺术的结构的复杂性，这本身在艺术上就很有意义。如果这个复杂性不是多余的和杂乱

埃及吉萨金字塔群

中国河南登封法王寺塔

美国宾夕法尼亚州熊跑溪流水别墅

印度阿格拉泰姬·玛哈尔陵

图0-4-2 建筑体形（萧默）

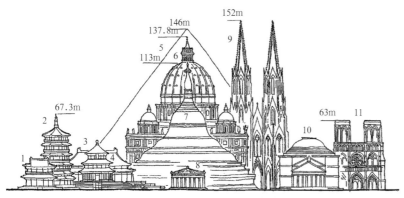

1.天津蓟县独乐寺观音阁；2.山西应县释迦塔；3.北京天坛祈年殿；4.北京紫禁城太和殿；5.埃及库夫金字塔；6.罗马圣彼得大教堂；7.仰光大金塔；8.希腊帕提农神庙；9.德国科隆大教堂；10.罗马万神庙；11.巴黎圣母院

图0-4-3 建筑体量（萧默）

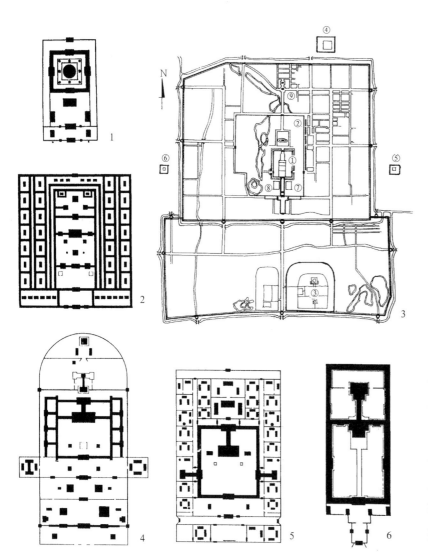

1.河北承德普乐寺；2.唐·道宣《戒坛图经》绘唐代大寺；3.明清北京城（①紫禁城②皇城；③天坛；④地坛；⑤日坛；⑥月坛；⑦太庙；⑧社稷坛；⑨鼓楼与钟楼）；4.山西汾阴金代后土祠庙貌图碑绘后土祠；5.太原崇善寺明代寺貌图绘崇善寺；6.北京东岳庙

图0-4-4 建筑群体组合（萧默）

的，而是通过群体的内容与形式的和谐，通过各种造型美的手段有机地组织起来的，它就会具有一种结构简单的 艺术品所不大可能具有的深刻性，使人们仅凭着对这个复杂结构本身的"领悟"，就可以获得深刻的心理效应。例如，整个一座北京城就是高度有机组合的群体，表现了封建社会一整套社会和自然观念：皇宫位居轴线中段，前面有长段铺垫，后面是气势的收束，太庙、社稷坛分列宫前左右，显示着族权和神权对皇权的拱卫；城外四面分设天、地、日、月四坛，与高大的城墙城楼一起，成为皇宫的呼应；大片矮小的民居则是皇宫的陪衬。全体一气呵成，强烈显示了中国古代以皇权为中心的向心意识。这样的艺术效果，只有依托群体的复杂组织才能实现。中国坛庙、庙宇、陵墓和园林也都十分重视群体组合。比起西方来，群体组合在中国有更多的采用，也取得了更高的成就(图0-4-4)。

空间

我们在日常生活中看到的"建筑"都是建筑的实体部分，但真正被使用的却只是由这些实体围合和分割的空间。今人一般都引用老子的话来说明古人对空间的自觉，他说："埏埴以为器，当其无，有器之用。凿户牖以为室，当其无，有室之用。故有之以为利，无之以为用"（《道德经》）。意思是，糅合黏土做成陶器，真正有用的只是它空虚的部分；建造房屋，开门开窗，有用的也只是空间。所以实体只用来围合，空间才是被使用的。空间不但是被使用的，同时也有很大的艺术表现力，这也是建筑艺术不同于绘画、雕塑的重大区别和优势之一。甚至有人强调说，空间就是建筑的一切，虽不免有些绝对化，却道出了建筑艺术有别于其他门类艺术的一个重要的本质属性。

空间的形状、大小、方向、开敞或封闭、明亮或黑暗，都可以对情绪产生直接的作用。例如，一个宽阔高大而明亮的大厅，会使人觉得开朗舒畅；一个虽广阔但低压而且昏暗的大厅，会使人感到压抑沉闷甚至恐怖；一个狭长而其高无比的哥特式教堂中厅，将使人联想到上帝的崇高，人性的渺小；一个狭长而并不高的长廊会使人产生期待感，起到引导的作用；一般住宅的室内空间都不太大，令人感到温馨、亲切。室外空间也是这样，开阔的、宏大的广场总令人振奋；四围高墙封闭而不大的广场使人压抑……如此等等，都证明了空间的艺术感染力。如果把室外和室内的许多不同性格的空间按照一定的艺术构思串联起来，互相交融和渗透，再加上建筑实体的不同处理，人们行进在其中，就会产生一系列的心理情绪变化。建筑艺术家就好像是一场戏剧的导演，由他来安排这条系列的开头、引导、高潮、延续、收束和尾声，观众则通过感情记忆和感情沉积，完成建筑艺术体验的全过程（图0-4-5）。

环境

从空间的观念再推进一步，就可以发现建筑的环境艺术特质。"环境"一词中国早已有之，但和现在指称某一范围内的自然和社会境况的概念有所不同。环境艺术作品古代也早已存在，但"环境艺术"一词及其系统观念却是现代才出现的。

环境艺术是一个融时间、空间、自然、社会和各相关艺术门类于一体的综合性艺术。一般来说建筑就是环境艺术的主角，但建筑不能只是完善自己，还要从系统的概念出发，充分发挥自然环境（自然物的形、体、光、色、声、嗅）、人文环境（历史、乡土、民俗）以及环境雕塑、环境绘画、工艺美术包括家具陈设，还有书法和文学的作用，统率并协调各种因素。

其实，建筑艺术语言还不止这些，比如材料和装饰的适当运用，也是造型的重要手段。材料不但为构成建筑实体所必需，它的质感、力感、色彩、光泽、纹脉、肌理，以及与人的

亲和度，都具有不同的表现力，熟练掌握它们，恰当地把它们有机地施用在建筑的不同部位，也需要高超的技巧。直接附丽在建筑上的装饰如雕刻（浮雕、圆雕、透雕）、彩绘、涂饰、装修，它们的部位、形式，以及它们与建筑性格的协调，也都须匠心独运，方能锦上添花。

综合以上一切，我们将会看到，要对建筑艺术进行鉴赏，一定先要建立一个有别于其他艺术的观念，也即相对于"诗情"、"画意"而言有所不同的"建筑意"的目光。建筑艺术观念的建立和建筑艺术感受能力的普及与提高，是建筑艺术得以发展的群众基础和必要前提。

现在，就让我们循着时代的脉络，去追踪中国建筑艺术发展的历史足迹。

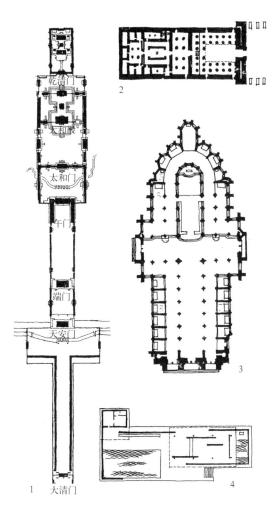

1.北京紫禁城中轴线；2.埃及卡纳克孔神庙；3.法国亚眠教堂；4.西班牙巴塞罗那世界博览会德国馆

图0-4-5 建筑的外部与内部空间（萧默）

第一编

萌芽与成长

第一章 史前建筑

小引

根据考古学的材料，人类学家一般认为，从类人猿转化而来的最原始的人类，大约诞生在离今天二三百万年以前的遥远时代。从那时开始以迄于今，人类绝大部分时间都是在原始状态中度过的。人脱离开原始状态，进入到有文字出现的文明时代不过三四千年而已。要形象地体会到这一点，不妨做这样一个比喻：如果把宇宙的150亿年压缩为一年，那么，地球大概出现在这一"年"的九月初（大多数地质学家相信地球已有46亿年以上的历史），人类则出现在这一"年"的十二月三十一日半夜十点半，而人脱离开原始状态的历史只不过是这一"年"的最后不到十秒钟而已。也就是说，自打最初的人类出现开始，人，在将近百分之九十九点九的时间里都是在原始阶段生活和奋斗过来的。

我们现在研究的史前建筑，即原始时代人类的建筑活动。原始时代又称石器时代，这是因为当时人类使用的生产工具（包括武器）主要是石器，也有少量骨器。也许在使用石器的同时还曾使用过木器，但木质易朽，经过这么漫长的年代，现在已经很难得再有直接的证据了，只能根据现在仍处于原始阶段的极少数部落人群的生活状态约略推知。在原始时代，除了在进入文明时代前夜那段相对极短的时期产生了最原始的铜器外，绝对没有使用过像铜、铁这样坚韧的金属工具。由此我们可以得知原始人生产力的极端低下和生活的极端困苦。

再细分一下，整个石器时代又可分为旧石器时代和新石器时代，前者占绝大部分时间，后者只不过在距今约一万年前才出现。旧石器时代约与摩尔根[①]所说的"蒙昧时代"相当，经济方式属渔猎和采集等攫取经济，石器相当粗糙简陋。新石器时代相当于摩尔根所说的"野蛮时代"，原始农业和畜牧业等生产经济代替了攫取经济，对石器普遍进行了磨制，加工水平提高，类型也更丰富了，同时出现了主要用作贮藏器的陶器。大约三四千年以前，青铜器取代了石器，生产力大大提高，人类才进入了摩尔根所说的"文明社会"，历史的发展速度也大大加快了。

相对于人类进入文明社会以后建筑的加速发展而言，史前建筑包括其前建筑活动，几乎是微不足道的。它们既谈不上什么雄伟或秀丽，也够不上什么精细和严整，大多只不过是一些聊可遮风避雨的暗黑矮小的栖身之所而已。但是，建筑在文明社会的加速发展，却正是在史前建筑的基础上生发出来的。这个生发要以在此以前长以万年计的技术手段的积累为基础，也要以建筑造型手法的积累，以及人类祖先对建筑和建筑艺术的逐渐自觉为基础。

在这一章里，我们将描述史前建筑发展的大致历程，先从前建筑活动开始，然后着重论述新石器时代建筑的两大系列即穴居和干阑，最后还要谈到原始社会晚期出现的祭坛和巨石建筑，以及人们对环境的选择。

[①]（美）摩尔根(1818~1881)，美国民族学家和原始社会历史学家，著有《古代社会》。

第一节 前建筑活动——创造力的闪烁

在整个漫长的旧石器时代，包括新石器时代早期，是人类先祖把自己从自然中分离出来的时代，是人在与自然搏斗的同时也改造自己，最终使自己脱离动物的时代。这个历程既艰苦又漫长，它正是通过先祖们创造力的点点闪现而终于完成的。创造力是人与动物的根本区别，在人类文化黎明前的朦胧黑暗中，它仿佛是天外的群星，闪烁着熠熠微光，催促着光明的到来。

一、自然掩蔽所

人类最初的栖止之所，有的是自然存在的大树、崖下凹入的地方和岩洞，有的是人工构筑的"巢"、风篱、原始窝棚和原始窑洞。前者当然不能称之为"建筑"，后者也不过是对于前者的无意味的模仿或改善。它们合在一起，充其量也只能算是人类的前建筑活动。

树居

栖身在大树上是最原始的居住方式之一。类人猿本来就是常年生活在大树上的，为了获取食物和获得全新的发展契机，其中一部分下到地面。它们也真的得到了发展：学会了直立行走，大脑、声带和咽喉得到锻炼，前肢获得解放并进化为手，使它们可以最终转化为人类。而那些仍然保留原先大树生活方式的就只能归于绝灭，或适应于大树生活的器官进一步特化而演化为现代猿类。但这并不排斥那些已下到地面并正在向人类进化的类人猿，甚至已完成了这个过程的最初的人类，在遇到危险时或夜间栖息，仍会回到大树上去。也许这对于他们来说正是必要的。恩格斯认为，在人类蒙昧时代的低级阶段即旧石器时代初期，人类至少是部分地生活在热带或亚热带丛林中的大树上的，

"只有这样才可说明为什么他们在大猛兽中间还能生存"。[①] 这种依靠大树的住居方式，就是我们所说的树居。大概已懂得用火的元谋人是中国境内发现的最早猿人，距今已有约170万年，我们虽不能确知它们的居住情况，但可以估计就是采取树居方式。现代澳大利亚土人，仍然能够非常灵巧地迅速爬上光滑的树干。

崖下居

侧身崖下凹入的地方也是最早的居住方式之一，古文称这样的地方为"厂"（音汉）。《说文》云："厂，山石之崖岩，人可居，象形。"在欧洲，曾在这样的障壁下发现过莫斯特人和奥瑞那人的住居痕迹，他们属于所谓"下部旧石器时代"之末和"上部旧石器时代"之初，距今约4万年。实际上，崖下居的出现应远比这个时代为早，相信与树居是同时的。

岩洞居

比起树居和崖下居，岩洞居应该说是最好的了，但出现较晚，应该和人类已学会了用火有很大关系。北京周口店的猿人洞是已知中国最早的猿人居住遗址，已经能够控制火和保存火种的北京猿人从50万年前到20万年前在这里断断续续地居住了30万年之久。火对于岩洞居有很大意义，它帮助人类把岩洞从诸如洞熊、狮子和鬣狗等野兽的盘踞下夺取过来，也可以驱除岩洞的潮湿和阴暗。在中国南方和北方，包括北京猿人洞在内，现在发现的旧石器时代早期的人类文化遗址有二十余处，多数都是岩洞居。旧石器时代中期，广东马坝人、山西垣曲人、贵州桐梓人、湖北长阳人和北京猿人的后裔新洞人（早期智人），旧石器时代晚期的广西柳江人、来宾人、北京周口店龙骨山山顶洞人（晚期智人）等，也都是在岩洞里发现的。龙骨山山顶洞长约12米，宽约8米，洞口向东，洞内高处是居住的地方，低凹处除居住外还埋葬过死者（图1-1-1～图1-1-4）。山顶洞人

① （德）恩格斯.家庭、私有制和国家的起源[M].中共中央马恩列斯著作编译局.北京：人民出版社，2003.

图1-1-1 火的发明促进了原始人洞穴居的生活（《人类文明史图鉴》）

图1-1-2 北京猿人（右）和山顶洞人（左）（萧默摄）

时属18000年以前，已发明了取火技术，相信他们就是现代包括中国人在内的蒙古利亚人的直接祖先，而此前的猿人或早期智人都已经灭绝了。在河南安阳小南海的一处岩洞中，虽然没有留下人类遗骨，却遗有人工打制的石片和石器，可以断定也是人类居址。已知的欧洲岩洞居遗址都远比周口店北京猿人为晚，最早大约只见于莫斯特期，尼安德特人的遗骨通常都是在岩洞中发现的，到奥瑞那期以后就更多了。欧洲岩洞居址多发现于沿地中海一带和法国南部，其他地区也有分布。有迹象可以证明，比利时的一些岩洞初为鬣狗盘踞，后来是熊，最后才是人。

树居、崖下居和岩洞居之间并没有传承关系，都是原始人的最初栖止之所，此外，在不得已的时候，最早的人类当然也免不了露宿之苦（图1-1-5）。

经常是不友好的大自然和艰苦的生活，使原始人时时充满着恐惧和不安，人类的生物性本能促使他一定会寻找一些可以依傍的角落，把自己和可怕的大自然暂时地隔离开来，以躲

图1-1-3 北京猿人洞（《中国的世界文化和自然遗产》）

图1-1-4 山顶洞人洞（《中国的世界文化和自然遗产》）

避狂风暴雨、雷霆闪电、洪水和野兽的威胁。岩洞当然是当时可能的最好地方，大树和障壁也是聊可充任的保护神，它们是人与大自然之间的第一道屏障。我们的祖先就是这样在这些地方忧心忡忡地瑟缩着，度过了成百万年。他们可能对这些自然掩蔽所进行过一些修整，例如填平岩洞里的某个凹坑，折去大树上一些碍手碍脚的枝杈。这些虽然还远远谈不上是什么建筑活动，却是人类改造自然的初步尝试，是人区别于动物的创造力的萌动，广义而言，也是以后建筑得以产生的第一个契机。虽然这类"居所"是如此的不完善，毕竟也能得到差强人意的安全和适意，由此又带来了类似愉悦的感受。可以想象，与自然的各种凶险搏斗了一整天而筋疲力尽的原始人回到这些掩蔽所时，精神得到暂时的舒展，集团的关怀给了他们很大的慰藉，火的使用使他们温暖，这些可贵的生活乐趣必定会使得他们对这些掩蔽所充满了依恋之情。这些就是美感得以萌动的温床。它是如此地使人难忘，以至于很久以后，人们还常常通过各种方式来纪念它。①

以上，人类都是利用自然存在之物作为自己的栖身之所。进一步，人类要开始自己动手来构筑居所。这样的最初居所有"巢"、风篱、窝棚和窑洞。

二、创造的愉悦

在大树上构筑居巢，在平地架设风篱和窝棚，在土崖一侧挖掘窑洞，是人类进一步改造自然，独立地为自己营造掩蔽所的重要步骤。这一过程始于何时已不可确知，但至迟在旧石器时代晚期已经出现则是可以肯定的。

巢居

居巢古又称"橧巢"，显然是树居的发展。韩非《五蠹》追述了它的情状："上古之世，人

图 1-1-5　云南沧源崖画中的岩洞居（左）与树居（右）（《沧源岩画》）

民少而禽兽众，人民不胜禽兽虫蛇。有圣人作，构木为巢以避群害"。《礼记·礼运》说"昔者先王未有宫室，冬则居营窟，夏则居橧巢"，汉代的郑玄释"橧巢"为"聚柴薪，居其上"，《尔雅·释兽》又说"橧"是"豕所寝"，解释为一种猪圈的垫草，可能都是以后的引申。其实其初义是指在大树上以树枝搭建的人的居所。开始可能没有顶盖，像个鸟巢，只是后来才会想到搭造顶盖。鸟类通常都要营巢，有的有顶盖，有的没有。大多数鸟类都属于晚成雏，即雏鸟孵化以后还要经过一段时间才能羽翼丰满，为了护理幼鸟，营巢实有必要。岩燕的巢用唾液凝成，像一只半透明的杯子，粘附在岩侧。织布鸟是营巢的能手，用草叶编成球形，入口在底部，悬吊在树上。一般来说，人类最初的创造活动大多与自然的启示有关，由于原始人思维受到的限制，他们多半只能从已有的经验中获取模式，从陶器的产生过程就可以了解到这种模仿式的创作情况。可以设想，当初最先构筑橧巢的"圣人"们，很可能真的是从鸟巢得到启发。佤族的创世纪传说《司岗里》就正好反映了这个情况。它说：神创造了人以后，先把人放到石洞里，后来人从石洞里出来，看见岩燕筑巢，人也学着做，这才有了房子。关

① 对于大树的崇拜习俗起源很早，周代以大树为"社"（土地之神），称为社树。西南少数民族如傣族、景颇族、哈尼族、侗族，以及受他们影响的苗族，还有西藏的门巴族，至今仍保存大树崇拜的习俗，村寨旁常有"保寨树"，这些民族多住在下部架空的干阑式建筑里。下面将要谈到，干阑建筑正是从树居经过巢居发展来的。傣族干阑屋的中柱很神圣，不许背靠和挂物。在侗族村寨中每寨必有的"鼓楼"，被称为"播顺"，意即寨之魂，传说就是照着"杉树王"的样子建造的，建寨前必先建鼓楼，一时来不及建造，也必先立一株杉树以为代替，都是大树崇拜的遗迹。

①牟永抗. 绍兴306号越墓刍议 [J]. 文物,1988 (1).

于人是从石洞里出来的传说也流行于崩龙族、景颇族和壮族,而关于人是从鸟学会造房子的传说在傣族中也可以听到,只不过傣族把岩燕换成了织布鸟。还有一些文物和民俗现象也反映出人们对于此事的纪念。例如绍兴306号战国越墓出土的一座小铜屋,在方形平面四坡攒尖顶的屋尖上竖立着一根柱子,柱顶卧有一鸟,可能就是对于"从鸟学会"造房子的巢居生活的纪念。①云南石寨山M 12：1 贮贝器所刻的一座干阑式仓房,屋脊上也立有三只鸟。云南沧源岩画干阑屋脊两端各有一鸟。至今云南佤族人的干阑住房屋顶上还以木头削成的鸟为饰(图1-1-6)。这些,实际上都是人们对于远古先民的岩洞居、树居以及由树居发展而来的巢居的朦胧回忆。至今新几内亚和印度尼西亚一些原始部落还有每年定期爬上大树,在有顶盖的居巢里居住一段时间的风俗。

风篱和窝棚

风篱和窝棚则是对于厂和岩洞的模仿。风篱用树枝搭建,平面弧形或一字形,铺覆草叶或兽皮,只能一面挡风。风篱的延伸围合就是窝棚,.在现代原始部落中还经常可以看到它们。不久以前中国东北鄂伦春人名为"仙人柱"的窝棚,中心立一柱,或以一树代替,用许多细长树干以绳索绑在柱顶,架成圆锥形支架,盖覆树皮或兽皮,一面留门洞,尖顶上留出采光出烟口。现代原始人仍在使用的窝棚如北美平

原印第安人的住所与此也十分相像,有的则用石块垒砌。非洲现代原始部落布须曼人在他们的临时宿营地也建造窝棚,棚顶是圆滚滚的。风篱与窝棚都是原始猎人在暂时离开自己相对固定的基地外出渔猎时临时搭建的。它们是从利用自然物作居所向真正的房屋发展链条上的过渡环节。风篱和窝棚最早出现在何时已不能确知。在非洲坦桑尼亚奥杜威峡谷发现过一处月牙形熔岩堆,是人类始祖在约170万～200万年前堆成,当时这里可能是一片分散着沼泽和湖泊的平原。但熔岩堆是风篱的遗迹,还是狩猎的隐蔽所或武器堆?现在已不能肯定了(图1-1-7、图1-1-8)。比较确切的资料是法国西南海边发现的尼安德特人建造的窝棚遗迹,属旧石器时代中期,距今15万年。旧石器时代晚期的遗址在俄罗斯、捷克和欧洲其他地方都发现过不少,多数平面是不规则的圆形或椭圆形,直径4～6米,用猛犸的长牙或骨作支架或柱,可能蒙覆兽皮。有的平面是由几个圆形接成的不规则条形。中国的情形或许也差不多,不过可能是用植物搭成的,所以很难得留下痕迹(图1-1-9)。

窑洞

窑洞也是可信的最早出现的人工掩蔽所。营造窑洞简便易行,隔绝条件也好,居住舒适而安全。但窑洞必须以深厚的黄土地貌为前提,原始窑洞可能只存在于中国西北黄土高原一带。

图1-1-6 沧源崖画和云南铜鼓干阑屋顶上的鸟饰(《沧源岩画》)

现代塔斯马尼亚人的风篱　　安达曼岛现代原始人的风篱

图1-1-7 风篱

图1-1-8 非洲现代布须曼人的风篱

据现代窑洞的情况,窑洞可有三种形式,即崖窑、地窑和箍窑。崖窑是在黄土崖壁的一侧横穿为窑,显然是洞穴居的直接模仿;地窑是挖地成坑,再在坑壁即人工崖壁上横穿而成;箍窑严格来说其实不能算是窑洞,是以土坯或砖模仿窑洞砌筑成的。原始窑洞必然十分简陋,只可能是崖窑,因为不易保存,现在所发现的都是晚至新石器时代的遗存。

原始人的创造虽然大半是模仿式的,但毕竟是自己的劳动成果,人们从中得到了鼓励和锻炼,于是,当新的要求产生的时候,人的创造力就会更加汹涌地迸发出来。

三、创造力的突进

大约距今一万年,在旧石器时代与新石器时代之交,原始社会经历了一场经济革命,称为新石器革命,在中国长江流域和黄河流域广大地区,原始农业的生产经济逐步取代了采集和渔猎的攫取经济。农业生产要求定居,人们产生了进一步改善自己住所的愿望,需要使之更坚固一些也更舒适一些。生产力的发展,使人们更有时间来从事这一费心劳力的工作。于是,比较固定的从而也更加能激起人们热情的、按当时的标准来衡量的"正式"的房屋就出现了。

不过定居与农业的关系并不一定是绝对的,此前的采集和渔猎经济以及以后的游牧经济,也可能有相对的定居。北京猿人的岩洞就是一个定居点。现代非洲布须曼人仍是采集和狩猎部落,也有自己比较固定的居住地。相反,最原始的火耕农业并不一定要求人们永远定居在一地。但采集和狩猎的定居点只具有基地的性质,而农业毕竟要求一定长的生产周期,随着耒耕逐步取代火耕,土地的使用年限延长了,长期定居也就越来越成为必要和可能。所以,

1.捷克沃斯特腊伐城郊旧石器时代窝棚复原;2.乌克兰旧石器时代窝棚复原;3.苏格兰蜂巢形石屋;4.树枝棚;5.美洲平原印第安人窝棚;6.中国东北鄂伦春人"仙人柱"

图1-1-9 窝棚

从本质上说,新石器时代的原始农业和定居是联系在一起的,正式住房的出现正是农业生产催化的果实。此外,新石器时代还产生了陶器。可以想象,不断迁徙的生活,是不可能发明和使用这种容易破碎的器物的。

这时的房屋按构筑的方式可分为两种,即穴居(包括半穴居)和干阑。前者从地面窝棚发展而来,后者是巢居的演化。此外,作为一种不多见的形式,窑洞仍为人们所利用。

窝棚实际上没有墙壁,棚内边缘一带活动不便,隔绝性能也很不理想。此时,人们给它增加了"墙壁",但并不是筑在地面上,而是向下挖一个圆坑,以坑壁充任的,这就是穴居。穴居有深有浅,较浅的可称为半穴居。巢居在大树上架构,相信先是在一株大树上,为了扩

① 徐中舒.巴蜀文化初论[J].四川大学学报(社会科学),1959(2);徐氏认为"象依树构屋以居之形";又见安志敏."干阑"式建筑的考古研究[J].考古学报,1963(2).

② 庆阳地区博物馆.甘肃宁县阳坬遗址试掘简报[J].考古,1983(10).

③ 中国社会科学院考古研究所山西工作队.山西石楼岔沟原始文化遗存[J].考古学报,1985(2);中国社会科学院考古研究所山西工作队,山西省临汾地区文化局.陶寺遗址1983~1984Ⅲ区居住遗址发掘的主要收获[J].考古,1986(9);中国社会科学院考古研究所泾渭工作队.陇东镇原常山遗址发掘简报[J].考古,1981(3).

大面积,后来发展为在相邻几株大树上共构一巢。四川一件传世青铜器錞于上的象形文字,可能就是它的写照(图1-1-10、图1-1-11)。①下一步就是干阑的出现了。干阑又称阁阑、高栏或麻栏,是在地面上竖立或打入许多椿柱,柱上端用横木组成楞格,铺木板成平台,再在台上建屋居住,台下空敞。干阑使人最终脱离了大树,可以建在任何适宜的地方,面积也更扩大了。

如果说此前所有最原始的居住方式,在中国南方和北方都可能存在过的话,那么,根据文献和考古资料,至迟在新石器时代中、晚期,

1. 沧源崖画;2. 新几内亚现代原始人树上屋
图1-1-10 树上屋

图1-1-11 四川青铜器錞于上的象形字"巢居"

中国的史前建筑已发展为两大体系,即黄河流域的穴居系列和长江流域的干阑系列。这完全是由北、南自然条件的不同和两种建筑自身的物理性能决定的,并不含有精神方面的因素。穴居隔绝性能较好,但"润湿伤民",宜用在冬天、较寒冷地带和陵阜高处。干阑隔绝性能较差,但较少潮湿之虞,可用在夏天、较炎热潮湿地带或沼泽低洼之处。古代文献对此有颇多追述,如前引《礼记·礼运》已说过:"冬则居营窟,夏则居橧巢";《孟子·滕文公》说:"下者为巢,上者为营窟";《墨子·辞过》也说:"古之民未知为宫室时,就陵阜而居,穴而处",这些,都是春秋战国时人对于两大原始建筑体系的追述。就总体而言,穴居更适合北方,干阑更适合南方。从考古材料得知,事实上也正是这样。晋·张华《博物志》所说的"南越巢居,北朔穴居"也是指此(图1-1-12)。

窑洞以黄土地貌为前提,所以只见于西北。见于报道最早的一座原始窑洞遗址发现于甘肃宁县,属仰韶晚期,距今五千余年。洞室圆形,直径4.6米,穹隆顶。②较晚者见于山西石楼岔沟(图1-1-13)、襄汾陶寺、甘肃镇原常山等地。③镇原的H4窑洞也是圆形,穹顶,空间如袋,下大上小,可能在窑顶倒塌后又曾以木构屋盖封顶,继续使用。最晚者在宁夏海原和陕西武功。海原菜园村有8座窑洞,稍早于齐家文化,距

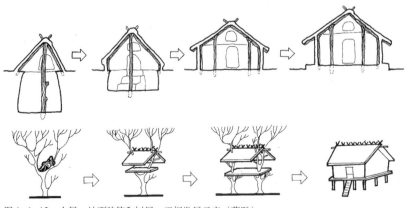

图1-1-12 穴居—地面建筑和树居—干阑发展示意(萧默)

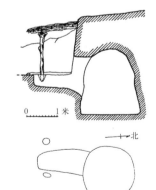

山西石楼岔沟F3

图1-1-13 原始窑洞复原
(《考古学报》8502期)

今约四千年，仍多穹顶，个别接近筒拱顶，平面略呈椭圆，径4～5米，窑内多有木柱以加强支撑。窑顶以上的土层太薄，使用时即已倒塌，窑中有被压死的人的尸骨（图1-1-14）。[1]武功赵家来村窑洞属客省庄文化二期，与海原大致同时，前有夯土院墙围合成院和畜舍，洞室前壁用草泥墙或夯土墙封护，但窑顶仍是穹窿，免不了还要以木柱来支撑（图1-1-15）。[2]穹窿顶对窑洞十分不利，尤其前壁不厚时，窑顶的水平推力最易使前部坍塌。筒拱顶的筒轴垂直于崖面，没有前后水平推力，甚至可以完全不要前壁。窑顶以上的土层（称"窑背"）厚度也很重要，一般要达到窑洞跨度两倍以上才能保证安全。看来，原始人还都没有体验到这些道理。

窑洞是以"减法"即从自然中去掉某些东西来形成空间，建筑艺术的意义不大，但经济而实用，至今在西北黄土高原仍多有所见，并卓有发展。

定居房屋的出现是建筑艺术史的重要里程碑，事实上，从第一座这样的房屋建造完成开始，就已为建筑艺术的出现创造了前提。虽然追本溯源，这些最早的房屋是从对自然物的模仿中发生的，但由于人的创造，它们与自然物相比已有了显著的变化，在它们的形体上已不能直觉到自然物的影子。人类创造了它，又在它身上惊异地发现了自己的智慧。同时，这些较之当时其他人工创造物相对巨大的物质堆又凝聚了人的大量劳动。这些，都使得建筑比其他任何一种人类产品都更能充分体现人的本质力量，无疑会燃起原始人的充分满足和自豪。人在此前的居住活动中所体察到的朦胧的粗糙的愉悦，此时已上升为真正的愉快。所有这些具有美感意义的感情的综合，使得这些在今天看来已谈不上什么美的房屋，相信曾在原始人的眼中闪烁过美的光辉，由此接近了最初级最宽泛意义上的艺术的门槛。

①李文杰.宁夏菜园窑洞式建筑遗迹初探[M]//中国考古学会.中国考古学会第七次年会论文集.北京：文物出版社，1989.
②梁星彭、李森.陕西武功赵家来院落居址初步复原[J].考古，1991（3）.

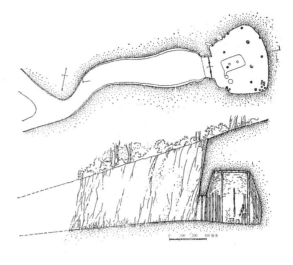

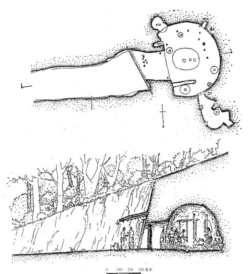

宁夏海原菜园村F9（上）和F13（下）

图1-1-14　原始窑洞复原（杨鸿勋）

图1-1-15　原始窑洞复原（陕西武功赵家来村F11，《考古》9103期）

此后，人们的任务就在于依据物的法则进一步完善这些住所，同时更自觉地依据美的法则对之进行加工。它将无数次地锻炼人的审美的和创造美的能力，人和创造对象之间的无数次的激荡，不断推动了建筑艺术的前进。

①参见杨鸿勋.仰韶文化居住建筑发展问题的探讨[J].考古学报,1975(1).

②甘肃省博物馆,秦安县文化馆大地湾发掘组.一九八〇秦安大地湾一期文化遗存发掘简报[J].考古与文物,1982(2);邯郸市文物保管所,邯郸地区磁山考古队短训班.河北磁山新石器遗址试掘[J].考古,1977(6);河南省博物馆.河南文物考古工作三十[J].考古,1976(1).

第二节　北方穴居系列

从新石器时代早期开始,经过仰韶文化至龙山文化,距今大约八千余年到四千年左右,黄河流域盛行穴居。穴居系列建筑的发展,从剖面看大致是穴居—半穴居—地面建筑—下建台基的地面建筑,居住面逐渐升高;从平面看则是圆形—圆角方形或方形—长方形;从室数而言则是单室——吕字形平面前后双室,或分间并连的长方形多室。同时,它也是从不规则到规则,从没有或甚少表面加工直到使用初步的装饰。①

需要说明,这一发展进程并不是直线的,例如迟至仰韶文化晚期和龙山文化时期,长方形分间并连多室的地面建筑已经出现以后,圆形平面的半穴居也还有存在,甚至可能还有穴居。所以以上提出的发展线索只是宏观的概括,不能因为在某一遗址各种平面并存,甚至直到晚期,某些遗址的圆形平面住所可能还更多一些,就得出圆形是由方形发展而来的相反结论。

现已发掘的最早的穴居建筑,如河北武安磁山、甘肃秦安大地湾一期和河南密县莪沟,早于仰韶文化约一千年,距今约八千年,属新石器时代早期偏晚。从仰韶到龙山(距今约7000～4000年)的文化遗址数目可以千计,较重要的如西安半坡(仰韶)、甘肃秦安大地湾二、三期(仰韶)、陕西临潼姜寨(仰韶到客省庄二期,后者相当于河南龙山)、河南郑州大河村(仰韶中期到龙山的过渡期)、西安沣西(客省庄二期)和河南淮阳平粮台(不早于河南龙山中期)等。

我们准备从空间、平面、形体等方面对穴居建筑加以综述。先从普通居住小屋入手,因为它们数量最多,正是建筑形式美发育的温床,那些艺术因素更多的氏族公社公共建筑"大房子"的成就,正是在这些居住小屋积累的经验上完成的。

一、人的空间

不能用一般品评绘画和雕塑的概念去品评建筑。绘画只有平面的形,雕塑具有三度的体,而建筑更具有空间。老子说:"凿户牖以为室,当其无,有室之用"(《道德经》),说明构成一个有用的空间——无,是建筑活动的根本目的。空间的形状和大小与建筑的使用功能直接相关,同时也影响人们的情绪,建筑的外观形体主要是由其内在空间决定的。所以研究建筑不能只着眼于形体,而要首先注意空间以及空间的表现形式——平面布局。

大地湾一期的三座房址和磁山的四座房址基本相同,都是半穴居,大致是在地面以下挖一个直径2.5～3米的平底圆坑,台阶或坡道包括在坑的面积内,在坑的上沿周边插入许多木棍,向中心交结,搭成圆锥形支架(有的支架由栽立在坑中心的一根柱子支承。史前穴居系列房屋普遍采用栽柱做法),支架上可能用细树枝条横向扎结,表面覆盖草叶或再抹草泥。坑中可以生火,但此时还未必有正式的灶塘。莪沟发现六座房址,也都是半穴居,其中五座都是圆形,只有一座据称为方形,形状都不太规则(图1-2-1)。②

这是已发现的最早穴居系建筑,但从它们半穴居的形态和有方形平面共存的情况看来,显然还不是最早的房屋。有一种推测认为其更原始的形态是入地更深一些,即穴居。根据整个新石器时代这种房屋入地由深而浅的发展趋势,这一推测是合乎逻辑的,只是缺乏早期的例证,但我们或许能从仰韶时期某些所谓"灰坑"来推测它的早期存在。例如河南偃师汤泉沟的一个灰坑,就透露出更原始的穴居形态。灰坑圆形,底径2米,深也达2米,底部一侧

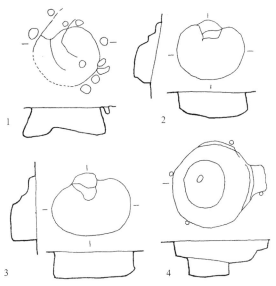

1. 甘肃秦安大地湾 F371；2. 河北武安磁山 H29；
3. 磁山 H28；4. 磁山 H17

图 1-2-1　圆形平面半穴居（杨鸿勋）

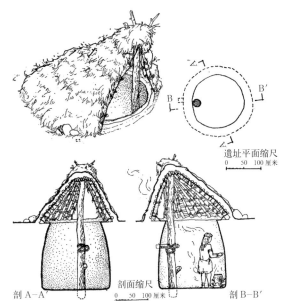

图 1-2-2　圆形平面穴居复原（河南偃师汤泉沟 H6）（杨鸿勋）

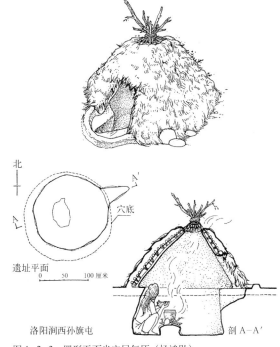

洛阳涧西孙旗屯

图 1-2-3　圆形平面半穴居复原（杨鸿勋）

① 河南省文化局文物工作队 . 河南偃师汤泉沟新石器时代遗址的试掘 [J]. 考古，1962(11)；杨鸿勋 . 仰韶文化居住建筑发展问题的探讨 [J]. 考古学报，1975(1).

② 如巴勒斯坦纳吐夫文化（属西方考古学家所谓中石器文化与新石器文化之交，距今约 9000 ～ 11000年）村落遗址，有约 50 个同时存在的房屋，都是圆形；约旦耶利哥和贝哈前陶新石器 A 层（距今 9000 ～ 10000 年）的房屋也都是圆形，只有 B 层（距今 8000 ～ 9000 年）才出现方形或长方形；叙利亚的穆勒贝特最早 4 层遗址的房屋（距今 11000 年）也是圆形，到穆勒贝特第三期（第 10 ～ 17 层，距今 9000 年以前）才有长方形；西亚人在距今 8000年前，还在塞浦路斯留下了 50 座圆形石基砖屋。以上均见《世界上古史纲》下册所转引（北京：人民出版社，1981）.

③ (苏)博里斯科夫斯基 . 苏联旧石器时代住宅建筑的研究 [J]. 考古，1960(6).

④ (美)鲁道夫·阿恩海姆 . 艺术与视知觉 [M]. 北京：中国社会科学出版社，1963.

有一柱洞，可能在此插入横木，横木另一头与立柱连接，以加强立柱的稳定和便于人的上下。底部另一侧有一堆红烧土，表明是生火的地方。在坑的上面，当初可能罩覆着顶盖（图 1-2-2、图 1-2-3）。①

最早的穴居住房平面都是圆形的，这是世界各地的普遍现象。②前苏联著名人类学家柯斯文在谈到史前建筑时说："从发展上看，圆形的是比较原始的形式"（《原始文化史纲》）。《事物的起源》的作者、德国人类学家利普斯也认为"最原始的部落喜欢圆形小屋"。还有人写道："可以认为，最早类型的住宅是面积较小的穴室和半穴室，平面呈圆形"。③

为什么会是这样？作者们都没有做出过什么解释，我们也不必费心去为原始人寻找什么"科学"的根据，例如同样周长时圆形的面积可以比方形大出四分之一以上，而周长就意味着材料和劳动力的消耗等等。原始人其实不见得擅长这种数学的思维，他们大半都只能最直观最简单地"思考"一些问题。即使是最早想到建造这样一座住所的原始"建筑大师"，也只能从他事先已有的图形概念中获得"灵感"。简而言之，圆形平面是从原始人对自然图形的简单观察中自发地、无意识地直接得来的。原始人的思维与儿童近似，试验表明，儿童所能"画"出来的可以勉强称之为几何图形的形状，几乎总是一些不规则的圆形或椭圆。④当然原始人建造住房要比儿童的乱画有目的得多，但也只

①杨鸿勋. 仰韶文化居住建筑发展问题的探讨 [J]. 考古学报, 1975(1).

②中国科学院考古研究所. 西安半坡 [M]. 北京: 文物出版社, 1963.

能从他们所可能有的图形概念中寻找模式。人类最早的图形概念只能来自自然, 在大自然中, 几乎随时都可能遇到圆形——太阳、满月、动物的眼珠、动物和树木的躯干、花朵的轮廓和果核。直角虽然也可以看到, 如树木与地面的交角, 可方形却几乎是不存在的。所以, 圆形才是人类最初所可能感知的几何图形。

我们还可以提出另一种假设, 即原始人在营建穴居小屋时也曾借鉴过以前的自然遮蔽物。在所有可能的对象中, 我们立刻便会想到大树: 那竖立在地穴中的立柱和罩覆其上的伞盖状屋盖就有树干和树冠的影子。大树的遮覆面总是圆的, 地穴也就自然挖成了圆形。从上述汤泉沟圆形地穴的复原剖面, 大致可以看到这种模仿的迹象。①

这里, 我们应该把这种模仿以及前述橧巢、风篱、窝棚和窑洞对于鸟巢、障壁和岩洞的模仿, 与其他艺术如绘画和雕塑的模仿略作区别。在后者, 模仿是力图再现对象的某些特征并借以表达心中对于对象的某种情感, 这已是主体的

某种情绪的物化表现, 属于精神性的活动, 甚至已经是一种艺术创作了。而前者只不过是模仿对象诸如遮风避雨之类的某种物质属性, 目的是重建一个类似的或稍有改进的掩蔽条件, 并不在于要表现自己的什么情感或满足精神上的要求。这种模仿当然不能算是艺术的创作。建筑创作从本质上说并不是对自然的模仿, 如果说史前建筑的初期创作活动处处都离不开模仿的话, 那只是表明原始人这一特定主体在想象力方面所受到的限制而已。因此, 就史前建筑来说, 不管是出于对自然界圆形物体的综合印象, 还是出于模仿, 都不能作为建筑艺术业已产生的理由。

平面由圆形到方形的发展, 其间有一个圆角方形的过渡。三者的建筑技术水平实际相差不多, 所以, 这种发展不是出于技术上的原因, 显然是使用功能起了很大作用。在仰韶文化以前那种小小的圆形穴居和半穴居里, 人只能蜷缩其中。不舒服的睡卧姿势和生活的不便, 自然使人们想到了扩大面积和将穴壁稍稍展直的可能, 于是创造了圆角方形 (图 1-2-4), 最后导致方形 (图 1-2-5) 和长方形平面的出现。长方形出现最晚。半坡遗址最底层的五座建筑, 两座是圆形, 三座是方形, 没有长方形。半坡典型的长方形房屋如 F41、F38、F24 和 F25, 都处在上层即半坡晚期。②大地湾仰韶遗址的情况也与此类似。由圆变方几乎也是世界各地史前建筑发展的普遍现象。当然, 如果圆形房屋建造得比较大, 则不会影响人的使用, 所以它也没有完全消失。事实上, 在较晚时期的同一遗址, 经常可以发现不同平面并存的现象 (图 1-2-6、图 1-2-7)。

圆形、圆角方形、方形和长方形住房的内部布局都差不多: 在房屋的一面开门, 如果是半穴居, 有窄窄的仅容一人通行的斜坡或土阶门道。稍晚, 门道的主要部分已在房屋面积以外,

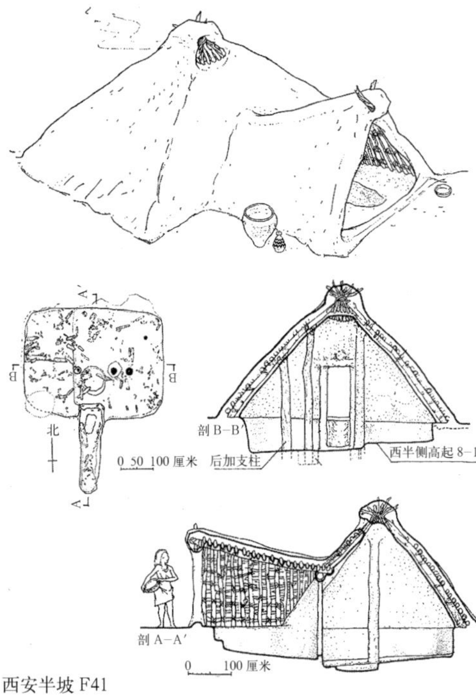

西安半坡 F41

图 1-2-4　圆角方形平面半穴居复原 (杨鸿勋)

剖 B-B　西半侧高起 8~17 厘米

0　50　100 厘米　后加支柱

剖 A-A'　0　100 厘米

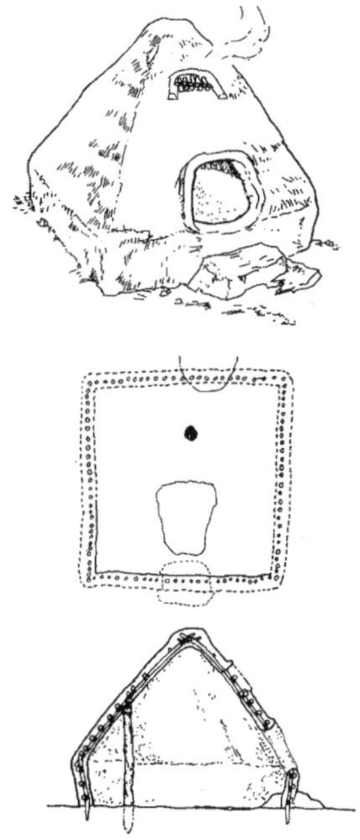

西安半坡 F39

图 1-2-5　方形平面半穴居复原 (杨鸿勋)

室内不被侵占，空间比较完整。门道上有两坡雨篷，雨篷前端地面上应有土坎以防雨水流入。门道伸入室内的部分用短墙隔出一个小小的凹入的"门厅"。门道和"门厅"是室内外的过渡。若是地面建筑，一般就没有门道，但门下可能有较高的门槛。

值得特别注意的是灶坑，它位于房屋中心或稍稍靠前。火意味着安全、温暖、光明和熟食。自从发明了火，原始人就再也离不开它。灶坑居中使温暖和光亮得以均匀分布；正对入口，进入的冷空气可以马上得到加热，燃料和灰烬进出也较为方便。从半坡大部分房屋遗址可知，在灶坑的右边（从室内面对入口而言）通常是睡卧的地方，晚期此处的居住面常高起几厘米，以防潮湿。灶坑的左面是炊事和少量储藏的地方。"门厅"的左右短墙正好遮住这两片面积，使之比较隐奥。睡卧和炊事都需要火，灶坑自然处在其间，成了生活的中心。室内如有一根柱子，多位于灶坑后方，并不阻隔交通。如有多根柱子，就依灶坑为中心作对称布置。柱子支撑着攒尖屋顶，室内空间的最高处正对着火焰，在顶尖或其前坡开有天窗，是出烟口也是室内光线的来源。

这种布置完全出于生活的实际功能需要，却恰好导致了以入口和灶坑的连线为平面中轴线的出现和依中轴线作出的对称布局。门道上的两坡雨篷和与其对位的屋顶前坡天窗，则是对称平面的外部形体表现（图1-2-8）。轴线对称的组合在自然界中早已存在，花、叶、果实、人、兽、禽、鱼，都是轴线对称的，它使形象显出秩序与和谐，也显出了功能的自然需要，对于人工产品来说又显出了意匠的有机性。人们至此突然惊奇地发现，原本只是出于实际需要的布局，与人从自然界对称形体获得的关于秩序与和谐的理念竟如此合拍，因而就显现为美，使得上述穴居系列小屋具备了初步的造

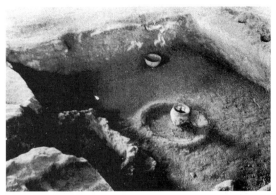

图1-2-6 半坡遗址方形半穴居（《华夏胜迹》）

图1-2-7 西安半坡遗址（罗哲文）

图1-2-8 穴居小屋（模型，北京古代建筑博物馆）

型美的意义。这引起了人的激动和骄傲。逐渐地，人们开始有意识地掌握这些造型规律，并把它自觉地融合到新的创作对象上去。创作于是不再只是单纯地满足物质的生理的需要，而上升到同时也满足自己的欣赏需要上去了。史前的"建筑师"们对于形体美的追求就是这样发生和发展起来的。此后长达数千年之久，轴线对称都是建筑单体和群体组合最首要的构图方式，即使实用功能并无此绝对必要，也仍然被广泛应用，这里已经有更多的精神方面的因素在起作用了。从不自觉到自觉，逐渐发展为稳固的审美判定，成为习惯。

从以上整个演变情况可以看到，人类在建造房屋时，总是按照自己的实际需要，按照各种物质生活和精神生活的"尺度"来构想和建造的。人在建造它们以前，已经在自己的头脑里把它们事先"设计"完成了，这就完全不同于动物在营建窝巢时的本能活动。动物只能按照自然赋予它的固有的"尺度"去活动，不能有什么创造，① 而人的活动则是一种主动的不断开拓的创造过程。人创造的建筑空间就都是人的空间，体现着人的愿望、智慧和热情，洋溢

着人的创造欢乐。

长方形房屋的室内布局仍沿用了圆形和方形的方式，也分为灶坑、睡卧和炊事三个部分，入口自然开在长边正中，使这一面成为主要立面。不过长方形房屋常左右对称设两根柱子，柱顶绑扎脊檩，屋顶四坡或两坡，类似以后的庑殿顶或悬山顶。半坡F24、F25是地面建筑，内部左右立二柱，前后墙墙内各有四根承重柱，在结构上分墙面为三间。左右山墙各有一根承重中柱，与内柱基本对位。推测其屋顶可能是前后排水的双坡顶。这种柱位关系，开以后中国建筑纵横梁架结构体系的先声。墙内其他柱子都很细，排列较密，表明它们只是维系泥墙自身稳定的"木骨"，并不承重。承重的柱和不承重的墙的分工，是以后中国建筑的重要结构特征之一（图1-2-9）。

长方形平面、以长边为主要立面、单数开间，此后成为数千年中国建筑最为通行的形式。它和欧洲建筑通行的将入口放在短边（山面），以山面为主要立面的方式大为不同。中国建筑重在处理长面显现出来的屋顶和屋身。屋顶尤其被强调。中国字的宝盖头"宀"一般就代表屋顶，大部分带"宀"的字都与建筑有关，如室、宫、宅、家、宇、寓、寝、宿、宗、安、牢……欧洲建筑则重在处理山面的三角形山花和屋身，屋顶在造型上不占什么地位。欧洲建筑的源头爱琴建筑受到过西亚许多影响，现在所知最早以山面作为入口面的建筑遗址，是西亚约旦河谷耶利哥前陶新石器文化B层的一座神庙，距今八九千年。可见，中国和欧洲建筑的分野是发生得很早的了。

仰韶文化早期和中期是母系氏族社会繁荣期，对偶家庭只是生活单位，不是生产单位，居住建筑都是单栋的，只供对偶婚夫妻最多再加一两个儿童居住，室内除了少许粮食储存外，主要储窖都在室外，所以面积都不太大，一般

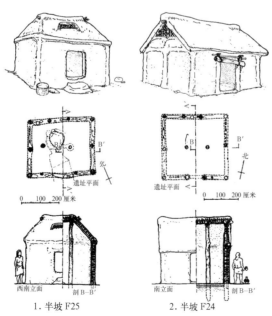

1. 半坡 F25   2. 半坡 F24

图1-2-9　长方形平面原始地面建筑复原（杨鸿勋）

是 15～20 余平方米。到了仰韶文化晚期和河南龙山文化、陕西客省庄文化二期，父系氏族社会开始发生，私有制出现，家庭关系趋于稳定，向着既是生活单位又是生产单位的性质转化，家庭人口也有增加，同时有了在室内贮藏私有财产的必要，这些，都促使面积较大的多室居住房屋的出现。

在西安沣西，发掘出许多平面像个"吕"字、前后串连二室的半穴居（图1-2-10）。单室平面有方有圆。[①]郑州大河村从仰韶晚期到仰韶龙山之间的过渡期的地面建筑房址，有四座采取分间并连的方式，多者四间，少者两间，都是木骨泥墙。各座房屋平面的总外廓不甚规整，有逐渐随意增建的迹象，例如F1～F4大小并连四间，就可能是逐渐加建而成的（图1-2-11）。[②]

建筑技术的进步、剩余产品的增加，也为建筑艺术的发展提供了手段，如"白灰面"的广泛使用，就具有修饰建筑表面的作用。河南汤阴白营发现一座龙山晚期的村落，已发掘了其中一部分，都是地面建筑，共46座，其中许多在室内墙面和地面使用了白灰面（图1-2-12）。[③]宁夏固原店河齐家文化（相当于龙山文化）房址，在涂抹了白灰面的内壁下部，出现了用红色线条描绘的简单装饰纹样，是中国发现的最早壁画。[④]龙山时期还出现了土坯。土坯和"白灰"都是不同于此前的泥土、树枝等自然材料的人工产品，增强了人对环境的适应能力，为建筑的发展开启了新的前景，具有重要的意义。

父系氏族社会的出现对建筑的影响可能更主要体现在建筑社会学的意义上。私有制促使贫富分化，阶级开始产生，建筑也出现分化，这就意味着在上层阶级的建筑中有可能集中更多的聪明才智、劳动力和剩余产品，使之得到突进的发展，无疑为建筑艺术的新的高涨开拓

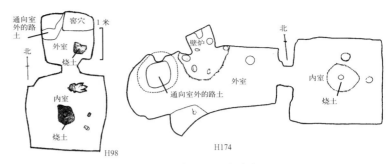

图1-2-10　西安沣西吕字形平面半穴居（《沣西发掘报告》）

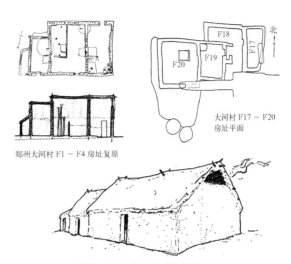

郑州大河村F1～F4房址复原

图1-2-11　分间多室长方形房屋（杨鸿勋）

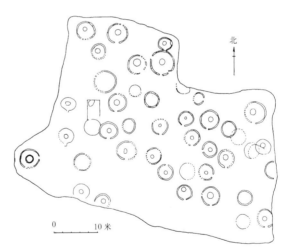

图1-2-12　汤阴白营龙山文化村落平面(部分)(《考古学集刊》第3集)

了道路。原始社会晚期龙山文化遗址中已经开始出现下有台基的长方形建筑。这种建筑，在河南淮阳平粮台城、[⑤]山东日照东海峪、内蒙古大口、河南洛阳东阳村等遗址中都有发现。而一般较下层家庭的房屋，本已因物力所限，建造方式又从前此的母系氏族社会的全氏族共建

①中国社会科学院考古研究所丰镐工作队.沣西发掘报告[M].北京：文物出版社，1963.
②郑州市博物馆.郑州大河村遗址发掘报告[J].考古学报，1979(3).
③河南省安阳地区文物管理委员会.汤阴白营河南龙山文化村落遗址发掘报告[J].考古学集刊，第3集.
④宁夏回族自治区博物馆考古组.宁夏三十年文物考古工作概况[M]//文物编辑委员会.文物考古工作三十年.北京：文物出版社，1979.
⑤河南省文物研究所，周口地区文化局文物科.河南淮阳平粮台龙山文化城址试掘简报[J].文物，1983(3).

改为各父系小家庭自建，建筑质量便有下降的趋势。例如白营房屋，在46座中除一座是长方形以外，其他都是圆形平面，形状很不规整，许多房屋面积只有7~8平方米，绝大多数没有雨篷，质量是明显下降了。

二、形体美

在一些著作中所谓的"穴居"，往往不加区分地把岩洞居或窑洞也包括在内。在本书中，我们只将它限定为从地面下挖的竖穴。这是有古文字学的依据的。《说文》释穴说："土室也，从宀（音绵）"，段注"宀，覆其上也"。《说文》又云："宀，交覆深屋也，象形"。屋字的古代本意即为屋顶，宀就是屋顶，可见穴居是有顶

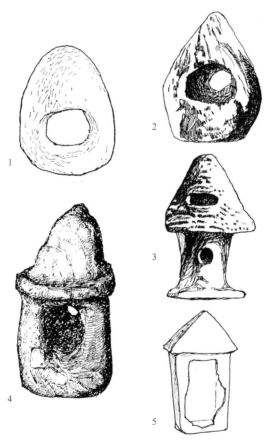

1. 陕西户县采集；2. 陕西武功出土；3. 江苏邳县出土；
4. 武功出土；5. 灰地儿出土

图1-2-13　新石器时代陶塑房屋模型

盖的。《通考》释穴字云："象穿土为穴之形"，《诗·大雅》笺"凿地曰穴"。《说文》又在释霤中说："穴则正穿之，上为中霤"。正穿即垂直下挖，霤即雨水下流，中霤在此即指顶盖正中为采光出烟预留的透空部分，古文又称为囱（音窗），即天窗。史书又常记穴居"掘地为穴，架木于上，以土覆之，其形似冢"。这些，都说明"穴居"并不包括岩洞或窑洞，也透露出穴居的大致形状。

以上的文字描述，加上其他材料和推断，可知最初的穴居，外观不过是罩在穴口上一个斗笠样、茅草覆盖或再在其上涂泥、留着开口的顶盖。半穴居的顶盖较大，最初也直接盖在穴口上，房屋的"墙"就是穴壁，从外面看不见。顶盖是圆形的"攒尖顶"。穴和屋盖的平面都是圆的，好像陶窑和窑盖，故古文形容这样的房子为"陶覆陶穴"。以后，穴挖得浅了，于是看见了露出地面的墙。开始墙和屋顶的木骨可能是同一根弯木，墙和屋顶还没有明确的分界。以后二者分开了，在墙面和屋顶面的转折处用泥涂抹出一条凸出的环带，以保护绑扎节点。江苏邳县出土的一座陶屋显示了它的形状。最后，为了保护墙面不受雨水冲刷，从屋顶挑出了屋檐，墙和屋顶才终于界限分明了。倾斜的屋顶和直立的墙有了对比，屋檐下有了阴影，形体大大丰富了。陕西武功出土的陶屋形器纽，显示了它的形状。到了新石器时代晚期才出现台基。所以，中国建筑的屋顶、墙身和台基的三段分划，是从上而下渐次出现的（图1-2-13）。

当形体还只是一座屋顶的时候，"门"和囱可能只是共用的一个开口。屋顶较大时，二者才分开，囱开在屋顶中央，门开在屋顶边缘。本来最初也无所谓囱，只是在屋尖处留一开口而已，开口处露出枝条编织的屋顶骨架，是以后窗格的前身。后来把开口移到了前坡，在开

口的左、右和上缘以草泥堆出凸棱，防止雨水流入，才算比较正规了，囱和门也有了上下对位的关系（图1-2-14）。武功的陶屋就是这样。可以看出，囱和门的对位恰好强调了建筑的正立面。有人认为，甲骨文的"宫"字（图1-2-15）（秦汉以前"宫"非专指帝王所居，是一切建筑的泛称）就是一座这样的房屋的正立面，这是有道理的。[①]

屋顶和墙分化以后，囱仍留在屋顶上，门则开在墙上。根据民族学的资料估计，在原始社会，即使地面建筑已经通行，窗子也仍然长久不开在墙上，它或者仍是屋顶上的囱，或者开在两坡顶的山墙尖部。这也许纯粹是出于习惯，或者原始人仍未消除对大自然的恐惧，需要把自己隐藏起来，这样才会感到更加安全。只有人对自然产生了更多的亲切感，有了所谓"自然美"的体验以后，才会想到在墙上开窗。[②]

可以看出，原始人更多关心的是改进房屋的平面和空间，使之更适于实用，体形只是内部空间的朴素的外部表现，形式是内容的真实体现。史前建筑虽然简单，却表现出一种质朴的设计观念。在其发展过程中，基于物质功能的实际需要，自然而然地也产生了关于对称、对位、对比的处理，它们符合形式美的规律，因而使得建筑产生了美。人们还在无碍于内容的前提下对形体进行了美的修饰，例如在墙面抹泥使其平整，在半坡和姜寨还发现过饰有刺纹的囱段（图1-2-16）。在长期的实践中，人们对诸如此类的形式美规律的认识更加自觉了，从而可以在一些特殊的建筑如氏族村落的公共建筑"大房子"中进行更多的美的加工，并使之突破一般的审美意义，使其具有某些诸如庄重、热烈的精神品质，对人产生精神感染，终于导致了"建筑艺术"的诞生。对这个过程，我们还会有具体叙述。

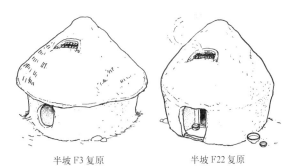

半坡F3复原　　半坡F22复原

图1-2-14　半穴居房屋外观（杨鸿勋）

图1-2-15　甲骨文"宫"字

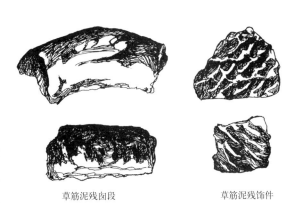

草筋泥残囱段　　草筋泥残饰件

图1-2-16　半坡半穴居房屋残块（杨鸿勋）

第三节　南方干阑系列

树居—巢居—干阑，是干阑系列的发展线索。新石器时代干阑遗址及与其相关的文物多在长江以南发现，与主要流行于北方的穴居一起，并列为中国原始建筑的两大体系（图1-3-1）。干阑建筑至今也还在建造，主要仍分布在南方如滇、贵、两广、台湾及川、湘等省区，使用的民族多属古百越后裔，如傣族、侗族、壮族，还有受其影响的苗族，汉族也有使

① 甲骨文的宫字有多种写法，也有多种解释，但对字中的"宀"，均认为是屋顶的正视形。只是其下的两个"口"字，罗振玉从平面图的角度认为是"数室之状"或"此室达于彼室之状"；屈翼鹏与罗意相近，认为是"连环之窟室也"；李孝定也持相同意见（以上均见李孝文编述《甲骨文集释》第六卷）。杨鸿勋提出新说，认为全字都是正视图，上下二"口"即囱和门。本书从杨说，并认为二口的不同写法乃同字异形。

② 直到不久以前，西南傣族、崩龙族、景颇族等少数民族的干阑住房，墙上仍不开窗子，室内暗黑，据说是旧时常有械斗，不开窗可使来敌不致一进屋就洞悉一切。也是一说。现知五件新石器时代穴居系列陶屋模型，有四件都没有窗子，只有邳县的一件有后窗（古称"向"）。后面将要谈到的甘肃秦安大地湾新石器时代中期的"大房子"F901，用木骨泥墙围合，但前墙左、右端都没有发现木骨痕迹，可能此处也会有窗，可知在原始社会晚期，已有个别的窗子出现。

①浙江省文物管理委员会，浙江省博物馆．河姆渡遗址第一期发掘报告[J]．考古学报，1978(1)．

图 1-3-1 云南沧源崖画中的干阑房屋（北京古代建筑博物馆）

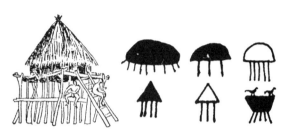

埃及上尼罗河的干阑"图库尔"　云南沧源崖画中的干阑

图 1-3-2 干阑房屋

图 1-3-3 余姚河姆渡干阑遗址（《中国美术通史》）

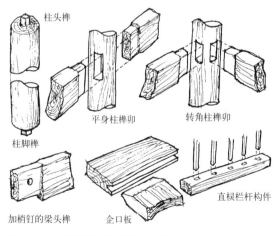

柱头榫

平身柱榫卯　　转角柱榫卯

柱脚榫

加梢钉的梁头榫　企口板　直棂栏杆构件

图 1-3-4 河姆渡出土的榫卯构件（杨鸿勋）

用的。近邻国家古代干阑分布于东南亚各国和日本，至今也还在使用。欧洲史前建筑也有干阑，常被称为桩上建筑、水上建筑或湖居，1853 年在瑞士楚里希湖首先发现，也以瑞士最多，约二百余处，德国南部、法国和意大利次之。它们也大多存在于沼泽地带或湖区，同样属于新石器时代，但较中国现所知的最早的干阑遗址为晚，距今约四五千年（图 1-3-2）。

现知中国最早也最重要的干阑遗址在浙江余姚河姆渡村，距今约七千年。在河姆渡发掘区中部约 300 平方米范围内，至少有三栋以上的干阑，其中一座的不完全长度达 23 米，使用了四列平行桩柱，列距由前至后为 1.3 米、3.2 米和 3.2 米，估计所建长屋进深约 8 米，前有深 1.3 米带栏杆的走廊。居住面地板距地约 0.8 ~ 1 米。每列柱顶以长木相连，长木之间置地板横梁，梁上铺板，建屋。长屋背坡面水，纵轴与等高线平行。河姆渡干阑广泛采用榫卯结合，是用石凿、骨凿和石斧加工的，比穴居系列建筑广泛采用的绑扎结合先进。板材则用石楔劈成，甚至还可以做出企口板和直棂栏杆。以后中国木结构通行的榫卯结合，很可能就是从干阑上发展起来的。干阑的矩形平面也出现很早，这可能与干阑通常以长木为水平构件的构造方式有关（图 1-3-3、图 1-3-4）。①

河姆渡还发现了中国最早的水井，挖掘在一个小池的中央；水量丰富的季节在水池取水，枯水时在井里取水。井壁由许多圆木层层交叠成"井"字，称为井干式结构，由此可知"井"字的由来。

除河姆渡外，在浙江吴兴钱山漾，江苏常州圩墩、丹阳香草河、吴江梅堰，云南剑川海门口和湖北蕲春毛家嘴，都发现过干阑遗址，时代从新石器到西周（图 1-3-5）。大部分遗址的桩柱分布规律已难于判明，只有西周毛家嘴遗址的一座长屋，可以看出部分桩柱呈纵横行列的对位布局，[1]而长屋本身的形状却无法详知。

江西清江营盘里出土了一件新石器时代末期的屋顶形残陶塑（图1-3-6），[2]其显示的屋顶形式，恰好与云南晋宁石寨山出土的几件西汉中期（在云南，此时还是奴隶社会）滇族干阑式小铜屋及铜贮贝器上镂刻的干阑式仓屋的屋顶（图1-3-7～图1-3-9），[3]以及滇族干阑式屋形铜棺十分相似，使我们相信原始干阑的屋顶也正是这个样子：即两坡，出檐，屋脊向两端伸出很多并向上翘起，形成长脊短檐倒梯形屋顶。这种做法应是出于保护山墙的考虑。在江西贵溪的古越族崖墓中，也曾发现带有长脊短檐屋顶样的屋形木棺，"它的底部悬空，有六足支撑，棺盖两头翘起，挑檐出外，盖面呈两坡式，棺底向内收缩"。[4]为了支持长脊两端，石寨山某些小铜屋在山墙外另加了一根山柱。屋顶可能铺盖草、树皮或木片，用多数交叉出头的木棍压住。墙壁或以席片围成，或采用井干结构。长脊短檐倒梯形屋顶，直到今天在西南少数民族和东南亚国家的干阑中仍然多见（图1-3-10、图1-3-11）。日本古代神社中也多有出现。日本神社甚至也多在山面另立中柱。屋顶上的交叉木棍在日本发展为屋脊上的装饰，称为千木。

与上述小铜屋大约同时的两件传世品云南铜鼓中也有干阑的形状，有长方形平面和圆形平面两种。前者似为四坡顶。后者为盝顶，可能是仓房（图1-3-12）。此外，云南崖画也绘出过干阑，但时代不详（图1-3-13）。这些图像中的墙壁有井干结构，也有的似为席片。

虽然我们对于原始干阑掌握的直接材料还很少，但根据上举一些稍后的材料和现代干阑来推测，还是可以得到一些印象。例如，为了适应南方多雨的气候，干阑的屋顶都较大较陡，出檐较深。而大屋顶与深远的出檐正是以后中

①中国科学院考古研究所湖北发掘队.湖北蕲春毛家嘴西周木构建筑[J].考古，1962(1).
②江西省文物管理委员会.江西清江营盘里遗址发掘报告[J].考古，1962(4).
③云南省博物馆.云南晋宁石寨山古墓群发掘报告[R].1959.
④刘诗中等.贵溪崖墓所反映的武夷山地区古越族的族属及文化特征[J].文物，1980(11).

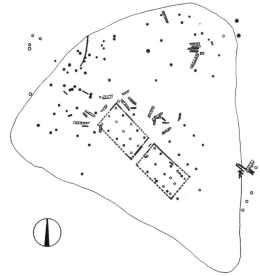

图1-3-5 湖北蕲春西周干阑遗址（《中国古建筑》）

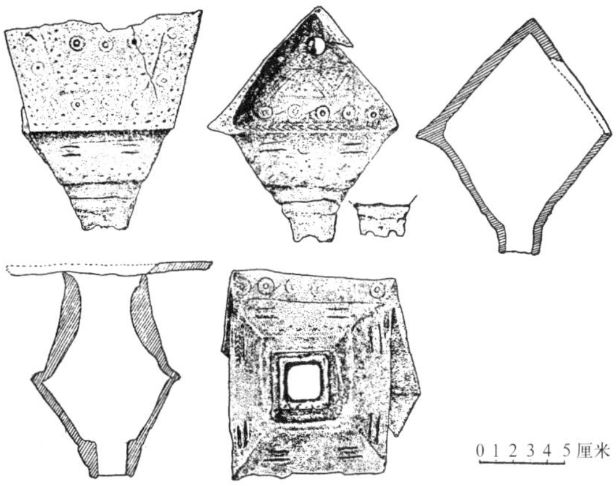

0 1 2 3 4 5 厘米

图1-3-6 江西清江营盘里陶塑屋顶形器组（《考古》6204期）

图1-3-7 云南晋宁石寨山出土干阑式小铜屋（《云南青铜器》）

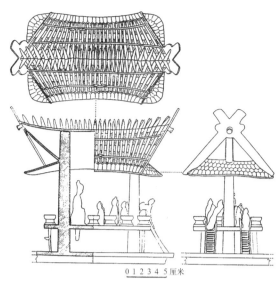

图1-3-8 晋宁石寨山 M12： 26贮贝器上的干阑模型（《云南晋宁石寨山古墓群发掘报告》）

向中高边低作一次或两次跌落，使屋顶的正面分为三段或五段。这些，在现代干阑中仍常可见到。就技术角度而言，属于楼居形式的干阑建筑要比同时代北方穴居建筑的水平为高，河姆渡已广泛采用榫卯结构。以上情况，都说明干阑建筑对于形成以后中国传统建筑的造型特点，可能起过颇大作用，值得充分注意。

穴居和干阑，借用现代语言，是中国史前建筑的两大流派。在这里，我们已开始接触到所谓地方风格的问题：在北方穴居房屋，厚厚地涂抹着草泥的屋顶和墙，贴着地面的一座座矮墩墩的形体，与黄土地完全一致的色调，显得敦实而朴质；而南方干阑房屋架空的下层空间，薄薄的板壁或席墙，带有栏杆的空廊和挑出深远的屋檐，散布在湖光山色绿树之中，显得空灵而通透。但史前建筑的所谓"地方风格"，开始时完全只是由于气候、环境等自然条件的不同造成的，并未掺杂有多少人文精神的意义，只是在以后进一步发展中，不同地域文化人群的主观审美意识才起了越来越大的作用。

国建筑的一个显著特点。由于屋顶大，屋顶的美化也就更有必要。营盘里和石寨山资料的屋顶正脊，两端都向上翘起。石寨山小铜屋在悬山山花部分还有处理得十分丰富的搏风板，并有更多的屋顶形式：有的类似歇山顶，即在悬山屋顶的山面各加一条披檐；有的悬山顶沿长

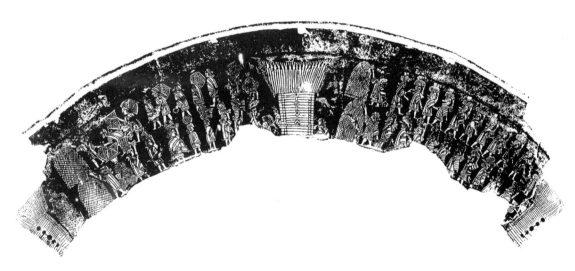

图1-3-9 贮贝器所刻干阑仓屋（《云南晋宁石寨山古墓群发掘报告》）

图1-3-10　云南少数民族现代干阑民居（《云南民居》续篇）

1. 牛厩
2. 鸡笼
3. 仓库
4. 客房
5. 卧室
6. 厨房
7. 火塘

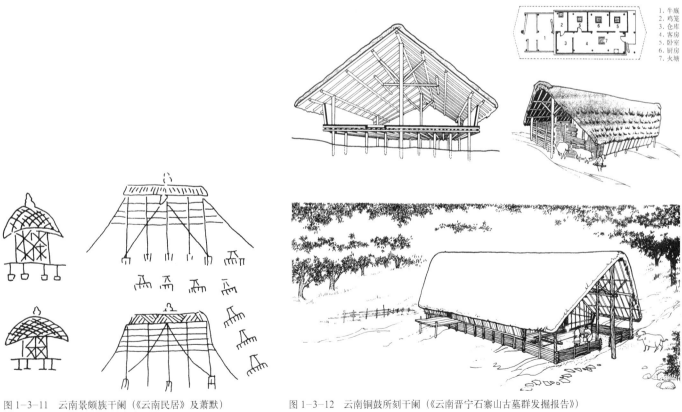

图1-3-11　云南景颇族干阑（《云南民居》及萧默）　　　图1-3-12　云南铜鼓所刻干阑（《云南晋宁石寨山古墓群发掘报告》）

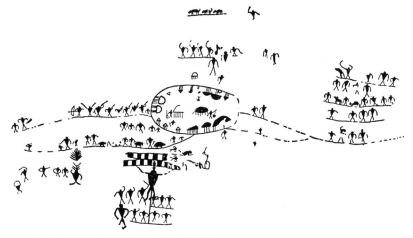

图 1-3-13　沧源崖画干阑和村落（《沧源崖画》）

第四节　史前建筑艺术的集中体现
　　　　——"大房子"、祭坛、
　　　　巨石建筑

　　建筑一般都具有物质的与精神的双重属性，但在不同的建筑中，物质与精神所起的作用是不等量的，这在史前建筑中也不例外。在原始社会晚期，除了主要具有物质功能意义的居住建筑以外，还出现了一些与精神生活有更多联系的建筑。对于后者来说，"精神"所起的作用更大一些，艺术内涵也比一般的形式美处理更具深度，例如对纪念性、情绪性和某些象征性的追求等，形式美的加工程度也更高，使得它们成为史前建筑艺术的集中体现者。这些建筑包括母系氏族公社的"大房子"、祭坛、原始墓葬和作为另一种墓葬的巨石建筑等。

　　"大房子"是这类建筑的最早代表，在氏族村落中兼具集会和祭祀功能，也许还有首领居住功能，或者说具有"教堂"和"宫殿"的双重性质。对其进行美的以至艺术的加工，显然比一般居住小屋具有更多的必要性。"大房子"的规模比居住小屋大出很多，其考古学得名也正由此。建造者因而获得更多的自由度，可以利用更多的手段对之进行艺术处理，从而

表达出与其物质和精神功能相符的某种情绪倾向——庄重、宏大、肃穆，成为可能。它应当是集合全体的力量共同建造的，体现了更多人的聪明才智。所以，它们是建筑艺术的最初诞生地，是以后宫殿和庙宇的先导。现存的大房子遗迹，主要发现于北方穴居系建筑遗址中。

　　原始祭坛是人们在露天祭祀自然神祇的场所，在新石器时代中期以后才逐渐出现，现知遗址主要属于东北及内蒙古红山文化或与其相近的文化。祭坛反映了人的空间观念已从房屋内部的有限范围扩展到更大的自然天地，在建筑艺术发展史上有重要意义。它们是以后中国历久不衰的礼制建筑或称坛庙的先声。

　　原始墓葬在社会学上有重要意义，是获取有关原始人的社会制度、生活状况和他们关于生与死的观念的丰富的信息来源。在建筑意义上，从最初墓葬的十分简陋到以后的逐渐隆重，以至在阶级社会的前夜出现了作为墓葬的巨石建筑，表明了人们对建筑提出的纪念性的要求，是以后陵墓建筑的滥觞。

"大房子"的情绪意念

　　"大房子"发现于穴居系列建筑流行的地区，在仰韶早期已经存在。可以有把握的认为，距今五千年仰韶晚期即新石器时代中期的某些"大房子"，与仅止于作某种形式美处理的一般居住小屋相比，业已跨到了有意识地渲染出某种情绪氛围的、狭义的即"真正的"建筑艺术的门槛上。

　　陕西临潼姜寨、河南洛阳王湾、陕西华县泉护村、西安半坡和甘肃秦安大地湾等地，都有"大房子"的遗迹。姜寨的"大房子"属仰韶早期，共五座，分属五个氏族，都是方形，有半地穴，也有地面建筑，面积最大的124平方米。室内中心灶坑两侧的地面均高出10厘米，与半坡、姜寨一般居住小屋睡卧处的地面也略有高起的情况相同，可能平日供老人和儿童居

住，可容二三十人睡卧。它们与中小房子其实差不多，只是规模较大而已。王湾和泉护村的"大房子"也属仰韶，但分期不明，保存也不完整。半坡的"大房子"F1属仰韶晚期即新石器时代中期，约160平方米，方形，半地穴。在中心灶坑周围对称设四柱，后部二柱之后可能分为三间，在室内地下发现有人祭坑，表明人们对这座建筑的重视(图1-4-1)。[①]大地湾有两座"大房子"，即F901和F405，也属仰韶晚期，但不一定是同时的。它们都是地面建筑，形制相近，其中F901较大也较复杂，保存较完整，建筑艺术的水平也最高。[②]

F901在一条南北方向的河道西侧，背河面岗，从河床方向很远就可望见。房址由主室和左、右、后三个附室组成。主室长方形，以长边为正面，朝西，室内净面阔约16米，净进深约8米，面积128平方米。木骨埭泥墙两面涂草泥，总厚0.45米。前后墙各有8根均匀布置的附壁柱（除前左角另有一根附壁角柱外，余三角皆无柱）把墙面均分为九开间。前墙对称开三门，中间一门门前左右有雨篷柱，门下地面凹下少许伸入室内。室内正中靠前有一大的圆形火塘，左右偏后各立一很粗的内柱，每柱前紧贴有三根细柱以加固。内柱和附壁柱不对位，但大约正位在由后壁最外一根附壁柱（不是角柱）向平面中心引申的45°斜线上。左右山墙靠后各有一门通左、右侧室。侧室长同主室进深，宽各约3米。主室之后的后室，面阔同于主室，进深和门的情况因现状被岸坡打断，已不明。侧室和后室也都是木骨泥墙，但较薄。所有各室的墙面和柱面都涂抹草泥。主室地面含料姜石粉，黝黑平整，压磨得十分光洁。由倒塌下来的屋顶残块，可知椽子上下都涂有颇厚的草泥。

整座建筑之前是一片不大而平坦的广场，有一些纵横对位的小柱洞，柱网上面原来可能以枝叶覆盖成棚（图1-4-2、图1-4-3）。

F901尚未经仔细复原研究，估计在主室最外一根附壁柱以内是四坡屋顶，左右坡继续向山墙方向坡下。前坡中心有囱，和左右门对位处也可能有囱，正对中囱在正门前有雨篷。侧室和后室可能都是向外的一面坡顶。[③]全部四室的面积可超过220平方米，是穴居系列建筑中规模最大的，很可能属于一个部落或几个部落组成的部落联盟所有。在举行集会时，广场的荫棚下也会聚满人群。

这座建筑平面严谨，布局紧凑，熟练地运用了多种建筑造型手法，是史前建筑艺术业已诞生的证据。正立面上的中央雨篷与屋顶前坡火塘上方的中囱上下对位，突出了构图的中轴线。左右二门和可能存在的左右囱是其陪衬。三门集中于中部，位置靠近，三门以外的左右墙很长，形成疏密的韵律。主室屋顶最外一根附壁柱以内可能是四坡顶，中高边低，附室屋

①中国科学院考古研究所.西安半坡[M].北京：文物出版社，1963.

②甘肃省文物工作队.甘肃秦安大地湾901号房址发掘简报[J].文物，1986(2).

③一面坡屋顶有"厂"的意味，"厂"、"广"古可互通，中国字从"厂"、"广"者颇多，多与建筑有关，而且几乎都是次要建筑，暗示它们可能大都只采用简单的一面坡顶，如厕、厩、厦（旁屋）、厨、廑（小屋）、库、厫（仓）、庌（马舍）、廊、庀（周屋）、庘（冢屋）、庵（小草屋）、廬（茅舍）等。

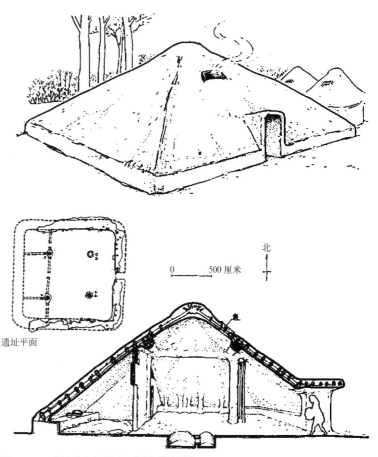

遗址平面

图1-4-1 半坡"大房子"F1复原（杨鸿勋）

图1-4-2 甘肃秦安大地湾大房子F901遗址（《文物》8602）

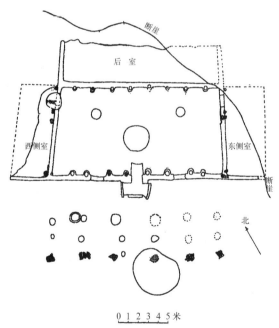

图1-4-3 甘肃秦安大地湾"大房子"F901平面（《文物》8602期）

顶可能是一面坡，形体上突出了主室中部。室内火塘和内柱呈倒品字形布局，把室内空间划分为五：居中空间靠后，较小，是仪式主持人所在；左右空间靠前，较大，是参加仪式人群

的位置；又有两个更小的空间在后部两角，是通向侧室的过渡。五个空间大小有序、对称均衡。

总之，它综合运用了对称、对位、对比、疏密、向心、主从、韵律等多种构图手法（这些手法有的已见于此前的一般居住小屋），使这座部落联盟的公共建筑呈现出某种隆重、严肃而热烈的氛围，使它除了是一种物质产品外，更具有明显的精神产品的意义，从而步入了"艺术"的行列。它的以长向为正立面、采用单数开间，以及强调中轴线的对称构图，在今后数千年内不断得到应用和充实。

祭坛的空间观

原始祭坛是原始人露天祭祀自然神祇的场所，在新石器时代中期开始出现。

已知最早的原始祭坛是 1979 年发现于辽宁喀左县的东山嘴遗址，属红山文化，距今约5000 年。遗址在一条东西长、向北弯曲的弧形山梁正中一个平缓凸起并向南伸出的"山嘴"前端台地上。山嘴南面，大凌河从西南向东北流过。河对岸的山梁上有山口，正处在从山嘴沿祭坛中轴线向南的延伸线上。山嘴高出大凌河50余米。可以看出，这个地点是经过选择的，高显空旷，视野广阔，注意了同大自然的呼应契合。

遗址北部是一座接近方形的祭坛，东西长约12米，南北宽9.5米，存高约0.5米，以大都经过加工的石块镶砌周边。坛上是红硬土或红烧土面，存有三处石堆，由密排立置的长条石组成，条石顶端多为尖形。方坛以南约15米处有一座直径2.5米的小圆坛，坛上满铺小河卵石，周围用石片镶边。石片只有一层，下有约半米高的黄土坛基。在小圆坛以南约4米，尚有三个互相打破的近椭圆形坛。从地层和打破关系，它们早于其北的圆坛，可能在先后不同时期，实际上只有一座圆的或椭圆形坛存在。从方坛东、西各6米起，顺山坡向外铺砌大面积石块。方坛南边近处，左右各有石堆，据推测可能是方坛扩大后的遗存。

在圆坛附近发现了一些裸体女性陶塑像残块，大者可复原约当真人一半高，可能原置于圆坛上作为生育之神或农神来奉祀。圆坛只作为神坛，不供登临。方坛上的堆石可能是地母（或称土地之神或社神）的象征。[1]若如此，二坛合称就是最早的社稷坛了。用石头象征地母，以前也有发现，如徐州铜山丘湾殷商社祀遗址，以及时代不易确定的连云港将军岩遗址等。也有人认为圆坛所祀为天，若果真如此，则反映原始人已产生了天圆地方的观念。

这是一处值得重视的遗址。从坛址与大自然环境相关位置的选择，到群体布局的轴线对称和方圆互补，都体现了以自然天地为参照系的大尺度空间观念，并开启了中国传统建筑注重群体规整组合的先声。

据殷商时"祀于内为祖，祀于外为社"即祭祀祖先在室内，祭祀自然神在露天的祭祀制度，奉祀祖先神位的房屋称为"庙"，奉祀自然神灵的台形建筑称为"坛"，合称即为"坛庙"，中国建筑史学或称其为"礼制建筑"，是中国流行数千年一直延续到封建社会结束的最重要的建筑类型之一。显然，东山嘴遗址为"坛"，是最早的礼制建筑遗存。

1983年，在距东山嘴约50公里的建平、凌源两县交界处的牛河梁，也发现了原始祭祀遗址，时代约与东山嘴相当，被称为"女神庙"。遗址出土有与真人同大的完整女神彩塑头像，还有大小不等的裸体女神像残块，有的复原可相当于真人尺度的三倍。女神庙遗址有主室和侧室墙迹，如果可以断定有屋顶，则正是祭祀祖先的"庙"，[2]女神塑像就是祖先的象征，与东山嘴的生育之神或农神的含意有所不同（图1-4-4）。

在河北北部、内蒙古东部和中部大青山一带红山文化或接近红山文化的遗址中，也发现一些原始祭坛，有的与东山嘴相当相似。包头市东大青山南麓的莎木佳遗址，在南北方向的一条山嘴上，由北向南依轴线布置了回字形石圈、矩形小石圈和更小的圆石圈各一座。回字形石圈中央并有石块一堆。阿善遗址在莎木佳和包头之间大青山南麓，也选址在一条南北向的山嘴上，沿南北轴线全长51米的范围内，排列着成串的十七八座圆锥形石堆，南端一座最大，直径8.8米，其他均约1.5米。石堆下都有用规整的石块叠砌的基台，附近有连续的弯曲墙基。莎木佳遗址距今约4200年，阿善遗址距今约4000年，都晚于东山嘴（图1-4-5）。[3]

在河北滦平的一座山上，每隔40～50米就有一些立石，从山顶一直排下。山东胶县三里河的两处龙山文化遗址，都由河卵石铺成，一为长方形石面，另一为圆坑。甘肃永靖大何庄齐家文化遗址，有"石圆圈"五处。这些，也都可能与祭祀有关。[4]

①郭大顺，张克举．辽宁省喀左县东山嘴红山文化建筑群体发掘简报；俞伟超，严文明等．座谈东山嘴遗址．均见《文物》1984第11期。

②辽西发现五千年前祭坛女神庙积石冢群址[N]．光明日报，1986-7-25。

③包头市文物管理所．内蒙古大青山西段新石器时代遗址[J]．考古，1986（6）．

④山东胶县三里河遗址发掘简报[J]．考古，1977（4）；甘肃永靖大何庄遗址发掘报告[J]．考古学报，1974（2）．

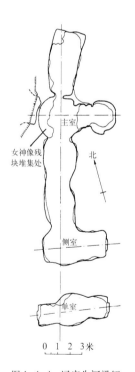

图1-4-4　辽宁牛河梁红山文化女神庙遗址（《中国古建筑大系》）

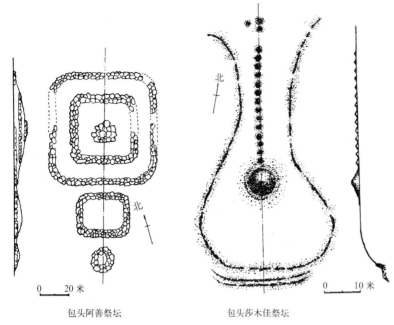

图1-4-5 内蒙古原始祭坛遗址（《考古》8606期）

包头阿善祭坛　　　　　　包头莎木佳祭坛

在祭坛，人的活动与"日常生活"的物质性相对，是一种纯精神性的生活：呼唤神灵，礼拜天地，尽情释放对自然神祇无限敬畏的激情。原始人从生活实践中体验到，他所敬畏的雷霆闪电、流火洪水，这些大尺度的超人的神秘力量，都是在大天地中显现的。已经被拟人化了的自然神灵，当然也就应该"居住"或飘游在大天地之中，为了神人对话，显然不应该有墙壁、屋顶之类的阻隔。这也就是"祀于外为社"的原因。原始祭坛不但是礼制建筑的起源，它的空间观念的升华，对以后中国建筑特别重视的人与自然的和谐，产生了重大作用，将具体反映在城市选址与规划、名山胜境的开发、园林和大型建筑组群室外空间的构成等等方面。

原始墓葬、巨石建筑的纪念性格

人类处理尸体的方式甚多，如土葬、火葬、水葬、天葬、高架葬及更多的葬法，以土葬最多。这里说的墓葬主要即指土葬。

在旧石器时代晚期北京周口店山顶洞人的下洞中，曾发现过氏族的"公共墓地"。尸骨上撒有赤铁矿粉，说明曾举行过一定的仪式，但似乎未经掩埋。一直到新石器时代，主要在南方一些地区，仍流行未经埋葬、只将遗体在平地以虚土浮掩的葬法，如南京北阴阳营、余姚河姆渡、嘉兴马家浜、常州圩墩、吴县草鞋山和上海青浦崧泽等遗址。但新石器时代更多的埋葬方式是掘穴土葬和瓮棺葬。前者在平地掘出浅坑，放入尸体或二次葬的尸骨（有时有陪葬品），加以掩埋，大多是一次单身葬。墓穴作长方形浅竖穴，穴壁平直。墓地集中设在居住区附近，在同一墓地头向基本一致。瓮棺葬由大瓮和作为瓮盖的倒置的盆或钵构成，多用以盛放儿童尸体。盆、钵底部有有意凿出的小孔，似乎是留给灵魂的出入口。瓮棺多埋在居住区内住房周围，表示人们对夭折儿童的关心。

所有祭坛都使用而且几乎只使用石材，这是引人注意的。事实上，原始人所可能找到的几种有限的建筑材料中，只有石头才比较容易造成与土地和树木产生反差的独立境域，而且具有较强的永久性。

更值得注意的是这些祭坛反映了原始人空间观念的升华。从居住小屋以至"大房子"，所谓的"空间"只是指房屋的内部空间，由墙壁、地面和屋顶围合，形成一个从大自然中"挖"出来的、相对隔绝的独立的小天地；人在其中完成属于人自身的、与自然相对无关的活动，着意于排除自然，把自己暂时地封闭起来。而祭坛不是房屋，把建筑空间观念推向了一个更广阔的领域。它不是以人工围蔽体来规定的，而是以一种"天地为庐"的观念为契机，以可见的天际轮廓线模糊界定，可感知又不能明确度量的"大空间"的存在。虽然就此前的村落布局而言，人们已有过类似的大空间的概念，但那在颇大程度上只是应实际生活的需要自然而然产生的，与祭坛的大空间相比，不但有一个规模上的区别，更在于后者的自觉性。

此时的墓葬绝大多数没有葬具，或有穴坑经过火烧，或在墓底铺设红烧土，只有极少数使用简单的木棺，有的似乎还有木椁或石椁。半坡墓地一座唯一的木棺墓，死者是一个三四岁的女孩，随葬品丰富而精致，似属于较高的社会阶层。山东泰安大汶口遗址 10 号墓有用圆木卧叠构成的井字形木椁，椁内可能还有棺，死者为一老年妇女，随葬大量石质和一些玉质、象牙质、骨质装饰品和器物，还有多达九十多件的陶器，与同一墓地仅能容身的墓穴、极少的随葬品以至空无一物的墓葬相比，显然表明了贫富分化的程度。山东诸城龙山文化遗址有十余座木椁墓。日照东海峪龙山文化遗址有石椁墓。甘肃新石器晚期的葬具形式较多：半山文化类型有木棺和石棺，木棺以木板或半圆木围成，石棺四壁大多各由一整块石板围立而成，棺底有整块石板，棺盖由数块石板拼成，和下面将要谈到的巨石建筑"石棚"相近，只是埋于地下；马厂文化类型的木棺在底板下和盖板上各有横向的三条窄木板，两端各凿孔眼与竖立的木柱榫头相接，上下紧夹，将全棺固定；齐家文化有独木挖成的木棺，有的还加盖。[1]

不管有无棺、椁，此时都还没有墓室。

所有以上墓葬可能都只是平土掩埋，不起坟，所以也不存在墓上部分。古文献对此有过记载，如《礼记·檀弓上》记孔子说："吾闻之，古也墓而不坟"，郑注"古谓殷时也，土之高者曰坟"。段注《说文解字》说："墓为平处，坟为高处。"可见迟至商殷，墓上还没有封土。

但新石器时代晚期出现的积石冢和作为地上墓室的巨石建筑"石棚"，却是值得注意的现象。

积石冢即以大小石块掩埋尸体，在上述牛河梁红山文化"女神庙"附近有数处冢群，与"女神庙"同期，距今 5000 年，是中国最早的积石冢遗存。它们都在山顶或小山包上，一般都以经打制的石块堆成。石块各边长度约 20 ～ 40 厘米。冢形有方、圆两种，规模很大，一般的冢占地 300 ～ 400 平方米，最大的超过 1000 平方米，平均堆石高度在 1 米以上（图 1-4-6）。每冢内一般都有数十人列"棺"而葬，也使用石棺。冢群中心为大冢，周围有许多陪葬小冢，透露出对较尊贵死者的纪念性要求。[2]

巨石建筑（Megalithic Buildings）是新石器时代晚期出现在中国、日本、朝鲜半岛、印度、马来群岛、高加索、欧洲、北非等很多地方，以巨石建造的某些原始建筑的总称，包括作为墓室的石坟、石棚和可能作为宗教祭祀场所的列石、环石等。前述甘肃半山文化的石棺葬就是石坟。石棚与石坟差不多，只不过后者埋于地下，前者暴露在地上（图 1-4-7）。中国出现的主要是石棚，分布在辽宁、吉林、山东和湖南、四川，以辽宁、山东为多，辽东半岛更为集中，现在保存的还有五十余处。辽东石棚

图 1-4-6　辽宁牛河梁积石冢（《华夏胜迹》）

法国石棚　　　　　　　　　　　爱尔兰石棚

图 1-4-7　欧洲石棚

① 中国社会科学院考古研究所 . 新中国考古发现和研究 [M]. 北京：文物出版社，1984.
② 辽西发现五千前祭坛女神庙积石冢群址 [N]. 光明日报，1986-7-25.

① 许玉林, 许明纲. 辽东半岛石棚综述 [M]. 辽宁大学学报, 1981(1); 许玉林. 辽宁盖县伙家窝堡石棚发掘简报 [J]. 考古, 1993(9).

② 所谓"村落", 系指以从事农业生产为主的居民的聚居地, 最早出现于新石器时代。若无农业因素, 如旧石器时代从事攫取经济生产活动的人群相对固定的聚居地, 则不称村落。

③ 河南新郑裴李岗新石器时代遗址 [J]. 考古, 1978(2).

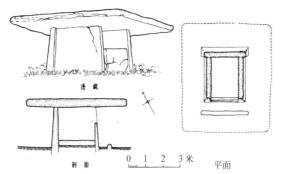

图 1-4-8　辽宁海城石棚 (《中国古代建筑史》)

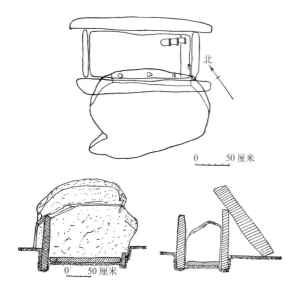

图 1-4-9　盖县伙家窝堡 1 号石棚 (《考古》9309 期)

图 1-4-10　辽宁石棚 (罗哲文)

的时代起自新石器时代晚期, 距今约 4000 年, 但多数属青铜时代, 有的可能晚至春秋, 大多使用花岗石 (图 1-4-8 ~ 图 1-4-10)。

石棚用四块大石板围成长方形四壁, 其中某一短边是前壁, 上部露空, 作为灵魂出入口。四壁之上覆盖一块大石板为平顶, 顶板四面挑出四壁甚多。石棚大者长 2 米余、宽近 2 米、高 1 米余, 石盖向左、右、后三方伸出 1 米多, 向前伸出更多。石棚下铺有底石。小的石棚和大的差不多, 只是较小。一般来说, 大石棚的石板经过磨制, 套合整齐, 有底石; 小石棚多用自然石, 不整齐, 无底石, 挑檐也短或不挑檐。以上差别反映了墓葬主人地位的不同。①

石棚在新石器时代晚期的产生, 除了社会学上的贫富分化, 阶级开始萌芽以及宗教的进一步自觉外, 也说明了人对于超出自身实际生活需要和人的个体对时间、尺度等其他建筑品质的追求。从此以后, 永久性、纪念性和通过使用难以加工的材料来显示的尊贵性, 就进入了建筑的领域, 成为推动建筑艺术发展的动力之一。

墓葬也是一种纯精神功能的非房屋建筑, 是几千年来中国建筑的一个重要门类。统治阶级尤其是帝王的陵墓, 到奴隶社会以后才大量出现。

第五节　环境选择, 向心集团式规划及其破坏

在漫长的旧石器时代, 人类祖先随遇而安, 如果有过对居住地的环境选择, 也只是侧重于安全和相对的方便。到了新石器时代, 大自然已不再那么可怕, 人们对美的追求可能已经扩大到了环境选择和村落规划等方面。

新石器时代的定居村落②一般都选址在靠近河边的台地上, 视野开阔, 绿水萦绕, 远处或有山岭逶迤。新石器时代早期的河南新郑裴李岗遗址就是这样: 双洎河在村落西边南流, 然后绕过村落南缘东去, 川原壮阔, 阳光明丽。村落临河踞岗, 在河湾台地上高出河床 20 余米、高出平地 3 米以上。③著名的半坡和姜寨村落也都选择这种地段。前述秦安大地湾仰韶时期的

"大房子" F901 和以辽宁喀左东山嘴遗址为代表的许多祭祀遗址实例，更证明人对环境选择的重视。

这些迹象，都显示了新石器时代的人类已产生了对建筑环境美的要求。

关于以仰韶文化早、中期为代表的母系氏族社会繁荣期穴居系列村落的群体规划，在绝大多数遗址上已看不出完整的构图，只有少数几处如临潼姜寨、西安半坡和宝鸡北首岭，尚可看出部分规划面貌，其中以姜寨一期（相当于半坡早期即仰韶早期，距今六千余年到七千年）的村落最为完整和典型，以向心集团式为特征。①

村落南为骊山，北望渭水，西濒临河，东连平原，地势平坦，利于农耕和畜养，也宜于采集和渔猎。居住地呈直径150～160米的不规则圆形，有不深的一圈壕沟和沟内沿的一圈栅墙围绕。村东是墓地，村西靠近临河有窑场。栅墙内每隔一定距离建一小房为"哨所"，门均内向。主要寨门设在西南，取水和出入窑场都经过这里。村落中心是一

①巩启明，严文明．从姜寨早期村落布局探讨其居民的社会组织结构[J].考古与文物，1981(1)．

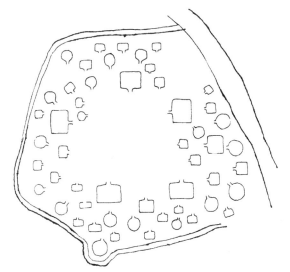

图1-5-1　临潼姜寨原始村落（《中国古建筑大系》）

片圆形广场，周围环建五组建筑，每组都以一座方形"大房子"为中心，围绕它建有13～22座中小型圆形或方形居住小屋，形成小团。团与团之间保持一定距离，分组明显。大小房屋几乎都是半穴居，也有地面建筑。值得注意的是所有房屋都朝向中央广场开门。这样的布局即为向心集团式，显然是有意识安排的（图1-5-1、图1-5-2）。

图1-5-2　陕西临潼姜寨原始村落复原鸟瞰（张孝光）

① 引自太阳和月亮的孩子们 [M]// 刘达成等编译. 当代原始部落漫游. 天津：天津人民出版社, 1982.

② 转引自巩启明, 严文明. 从姜寨早期村落布局探讨其居民的社会组织结构 [J]. 考古与文物, 1981(1).

③ 王翠兰, 陈谋德. 云南民居续编 [M]. 北京：中国建筑工业出版社, 1993.

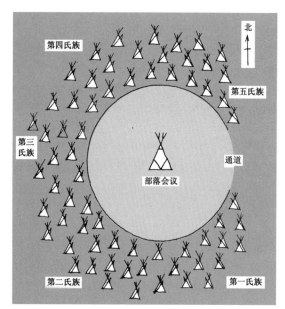

图 1-5-3 北美印第安村落的向心布局（萧默）

他们生活的真正中心"。[1] 北美印第安折颜部落的村子也与姜寨十分相近，它有五个氏族，每个氏族有十二三座帐篷，排成圆圈，东边有一条通道，在中央圆形广场上搭建一个部落会议的大帐篷（图 1-5-3）。[2] 据研究，姜寨的五组建筑就是五个氏族，全村共居住四百五十至六百人。欧洲也有这种原始村落遗址发现（图 1-5-4）。

有意识完成的周边向心集团式规划，反映了原始公有制社会氏族内部团结凝聚的心理。

半坡和北首岭的住房也都朝向村落中心开门。

像这样的向心式圆形、椭圆形或方形的史前村落形式，在国外许多保存着氏族血缘关系的现代原始部落中仍然存在。如巴西的印第安人村落，"就像一只横放在沙漠中的车轮。住房之间有一条宽阔的林荫道把轮子的边缘连接起来。而轮子的中心则是村子的广场。村中每间住房都有一条笔直的小路通向轮心……广场是

类似于姜寨村的向心式规划，在云南西双版纳哈尼族某些仍保存家庭公有制的大家庭住房中至今仍可见到。这些家庭已进入父系氏族社会，由父亲或长兄任家长，但全家经济仍保持公有性质，分居而共炊。住房群的中心有一座大的母房，称"拥戈"，围绕"拥戈"有众多较小的子房，称"拥札"。母房是干阑式。子房也是干阑式，也可能是地面建筑。母房内分为两部分，一供家庭未婚或老年女性成员共住和全家共炊用餐，一供老少男性居住。众子房则归成年男性居住，婚后夫妻也住在那里。大家庭全家人口常达二三十人（图 1-5-5）。[3]

图 1-5-4 欧洲原始村落的向心布局

龙山文化早期开始进入父系氏族社会，私有制已经出现，向心集团式规划方式被破坏。龙山中、晚期出现城堡，是此后数千年中国建筑广泛采用的院落组合式规划的先兆。

由于私有制的出现，各父系小家庭自营住房，住房质量有所下降，村落也就谈不上什么事先的规划，而呈现相当凌乱的面貌。例如，在汤阴白营已发掘的 1830 平方米的面积中建造的 46 座地面建筑，密集而散乱，看不出什么布局规律。[①]

但是，在上层阶级使用的建筑中，私有制的出现却赋予建筑艺术全新的发展契机，例如淮阳平粮台城堡遗址。平粮台城属前商龙山文化，即商朝以前由商部落所建，不早于龙山文化中期，距今约 4300 余年，现存还比较完整也比较规则，方向几乎正南北，呈正方形，长宽各 185 米，城墙夯土筑。[②] 据称"城外还有宽敞的护城河"，[③] 是中国发现护城河的首例。北门在北墙中段偏西。南门在南墙正中。南门总宽约 8 米，紧贴缺口东西壁附建有各宽 3 米许的门房，两个门房的门相对，剩下的门道宽度只有 1.7 米（图 1-5-6）。城里有十几座房基，都是土坯砌筑，长方形，分间多室，互相垂直，下有土坯台基，有的台基高 0.72 米。这是当时最高级的房屋了，应为奴隶主所居。据发掘报告，其中有的作南北朝向。中国地居北半球，房屋南向便于取得充分的日照，以后，在长达几千年中，建筑都以南向为主。它们的总体布局关系虽然还不完全清楚，但可以估计，互相垂直的规整建筑将会围成一个个方整的院落。事实上，方形城墙本身就是一座大院落。顺着这些建筑，自然也就会形成纵横方向的道路。

此外，与平粮台时代相近甚至更早的城址还有内蒙古凉城老虎山、包头阿善、山东章丘城子崖、河南安阳后冈、郾城郝家台、寿光边

①河南省安阳地区文物管理委员会．汤阴白营河南龙山文化村落遗址发掘报告[M].考古学集刊,第 3 集.
②河南省文物研究所，周口地区文化局文物科．河南淮阳平粮台龙山文化城址试掘简报[J].文物,1983(3)；文物编辑委员会．文物考古工作三十年(1949–1979)[M].北京：文物出版社,1979.
③曹桂岑.河南淮阳平粮台龙山文化古城考[M]//田昌五.华夏文明·第一集.北京：北京大学出版社,1987.

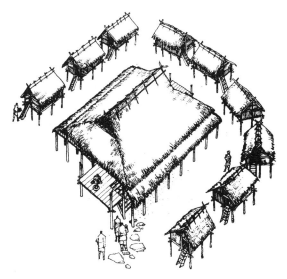

图 1-5-5　云南哈尼族住屋的向心布局（《云南民居》续篇）

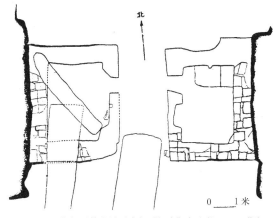

图 1-5-6　淮阳平粮台城址南门"门房"（《文物》8303 期）

线王等遗址。郝家台城的平面也接近正方形，城墙夯土筑，城内有房基遗迹。

一重重院墙、一座座院门，戒备和防御，正是私有心理的外现，以后，这成了中国阶级社会建筑群规划的重要特征。

史前建筑经历了漫长的萌芽时期，发展速度由缓慢而加速，尤其在新石器时代中期以后约两千多年里，更得到相对高速的发展，人们积累起许多有关形体美处理和空间处理的经验，产生了居住建筑和公共建筑的初步分化以及地方性的差别。在原始建筑末期更出现了纯精神功能的或非房屋的建筑类型。这些，都为以后建筑

艺术的发展打下了初步基础。恩格斯曾经说过，"作为艺术的建筑术的萌芽"，至迟从新石器时代晚期以前就已经出现了（《家庭、私有制和国家的起源》）。从我们的综述中可以得知，如果把大地湾新石器时代中期的"大房子"作为萌芽状态的建筑艺术业已出现的标志，恰好证实了恩格斯的判断。需要说明，中国史前建筑虽然是特色鲜明的中国传统建筑的滥觞，但由于其幼稚性，还谈不上与世界其他地区的史前建筑已有多大的差别，或者体现了多少民族的、地域的特点。正相反，基于生活和生产方式的简单和类似，全世界范围的史前建筑都显示出相当大的共性。如果说中国史前建筑已表现南北不同的某些地域特色，那也多半是因自然条件的差异而自发形成的。只有在人类进入文明社会以后，建筑艺术才能更加自觉更加迅速地发展。

第二章　夏商周建筑

大约公元前 21 世纪即距今约 4100 年前，以第一个王朝夏朝的建立为标志，中国进入了历史发展的新阶段，脱离了原始状态，开始了摩尔根所说的"文明时代"。

所谓"文明时代"，就是阶级社会。人类第一个阶级社会实行奴隶制。除了传说中的三皇五帝以至盘古时代尚十分不明外，合称三代的夏、商、周时代，历时共约 1800 多年，可以说是中国最早的文明时代。根据多数历史学家的意见，从夏代起到春秋战国之交共约 1600 年，中国是奴隶社会，战国以后进入封建社会。与原始时代相比，阶级社会的历史发展进程大大加快了，生产力有了巨大增长。夏、商和西周，生产工具已脱离石器而使用青铜器，春秋流行了更为坚韧锐利的铁器。铁器在战国得到普及。在殷都故地现称殷墟的地方，曾发现大量刻写在甲骨上的文字，距今已有 3000 多年，相信文字的发明更早在殷商以前。

因时代之久远，夏商周三代的断代问题，学术上一直未能最终解决，据国家重点科研项目"夏商周断代工程"截至 1999 年的研究成果，夏代约开国于公元前 2069 年，相传是由夏后氏部落领袖、成功地主持了大规模治理洪水工程的禹的儿子启建立的。夏代传十三世，积 471 年，至公元前 1598 年，夏桀王误国，为商所灭。商原来是一个部落的名称，在汤当首领时灭夏。商朝传十七世积 552 年。商代后半段盘庚曾在殷地（今河南安阳）建都达 273 年，这个时期的商又称为殷或殷商。夏的活动区域主要在豫西晋南一带，商的活动区域初为豫北冀南，后稍转向南，殷时又回到原地，都在黄河中下游。周族发源于黄河上游今甘肃东部和陕西西部。殷纣王无道，公元前 1046 年周武王由今河南洛阳以北的孟津渡过黄河，大败商军于牧野（今河南淇县南），商灭，建立周朝。由此时至公元前 771 年止约 275 年，史称西周，都城在今陕西。西周末年，幽王昏乱，引致西戎东侵，幽王自尽，子平王立，都城东迁至今河南，此后一直到公元前 221 年，史称东周。东周共 550 年，分前后两期。前期自公元前 770 年至前 476 年，共 294 年，称春秋；后期由公元前 476 年到前 221 年，共 255 年，称战国。

生产力的提高使社会财富增加，贫富分化更加明显，奴隶主高踞于上，操纵着奴隶的生杀予夺大权。奴隶们则承担着繁重的劳动，甚至生命朝不保夕。但这一分化却对历史发展起过巨大的推动作用，社会的分工促使文化、科学、艺术和学术的发展。建筑的发展首先在直接服务于统治阶层的各类型建筑如城堡、城市、宫殿和墓葬中得到体现，继而推动了全社会建筑水平的提高。从此开始，建筑艺术从原始社会的萌芽状态进入到幼稚阶段，已不只是具有形式美的作用，甚至也不只是限于创造一种情绪氛围，当时的高级建筑，必然还承担着体现某种思想意识首先是阶级意识的任务，成为社会状态包括思想意识形态的历史见证。

在阶级社会里，建筑艺术作为意识形态领域的活动之一，主要反映了统治阶级的观念。

图 2-0-1 《说文解字》"城"与"市"字

马克思说："劳动产生了宫殿，但是替劳动者产生了洞窟。"在崇殿高墙的阴影下面，奴隶和广大平民的栖身之所可能正倒退为原始的地穴和窝棚，在那里，是没有什么建筑艺术可言的。虽说这种情况在其他艺术领域里也并无不同，但对于需要相当财富作为物质基础的建筑来说，就尤其表现得突出了。

夏代以前即龙山文化的早、中期已出现了城，夏代继续建造。如果说夏以前的城主要还只是出于防范其他部族的侵犯，那么阶级社会的城除了这个功能以外，更增加了防范奴隶暴动的考虑。按《说文解字》古"城"字的写法，右为"戈"，左为"土"，当中置一"鼎"，鼎象征政权，全字寓意为以武力保卫土地和政权。单纯军事防御的城以后又加进了交换产品的内容，乃称城市。"市"字的"冂"，象形为柜台，上有市幌，下垂秤钩（图2-0-1）。城市的艺术构思和它的规划布局方式，是建筑史的重要内容之一，在中国，更集中地反映在历代都城的规划形态上。都城里有宫殿，规划的指导思想就在于突出城市中宫殿的地位，以渲染最高统治者的权威。这一思想由夏商发轫，到西周初已发展为一系列规整谨严中轴对称的模式，这在西周的陪都、以后又成为东周都城的洛邑王城中有鲜明的体现。关于洛邑王城，在《考工记》中有明确的追述。到了东周，中央王权衰微，原来西周分封在各地的诸侯国逐渐发展为相互争战的一个个独立王国。各国建立各自的都城。这些城市有的规整，多数不规整，呈现多元探索的面貌。但不论何种，都体现了突出王权的意识。以后，秦汉都城逐渐向规整的方式回归，至魏晋隋唐，规整式都城布局才最终确定了绝对的地位。

宫殿在夏代也已产生，但夏、商宫殿仍处于一种宫殿与祭祀建筑混沌未分的状态，直接继承了原始社会公共建筑"大房子"的观念。

西周洛邑王城的宫殿方由混沌状态中脱颖而出，祭祀祖先的宗庙与祭祀自然神的祭坛分列在宫城左右，规模小于宫殿，反映了族权和神权对于政权的拱护。这种组合方式，对以后直到明清长达几千年的宫殿坛庙历史，发挥了深远的影响。从城市和宫殿的发展史，可以看到西周在夏商二代基础上的巨大贡献。生活在春秋时代的伟大思想家孔子曾说："周监（鉴）于二代，郁郁乎文哉！吾从周。"（《论语》）在我们回顾建筑的历史时，同样可以感受到这一点。

作为中国建筑民族特征的重大体现之一，即建筑的群体布局及其特有的构图逻辑，首先是在都城和宫殿、坛庙等类型中发展和体现出来的，这一特征以后延续了几千年之久，不断得以充实。现存仍有一些三代宫殿遗址，其中，春秋战国各国宫殿沿着中轴线设置一系列高台的做法值得注意。

在中国建筑艺术史中，园林以其充沛的艺术精神而具有重要研究价值，并以其特别突出的成就，在世界上享有崇高地位。中国园林发轫甚早，先秦已启其端。探讨其萌芽及发生的过程，并深及于人心的内在层面，对于理解中国园林的独特发展道路，必定具有重要意义。

据现有考古材料，王和贵族的墓葬在商殷时突然大事隆重起来，规模很大，有棺有椁，并有大量杀殉，在墓顶平地上出现了享堂建筑，但仍不起坟，没有封土。战国大墓开始实行封土做法，有的封土堆十分高大，有的更在封土上建有成组的享堂。这些，都成为后代陵墓的嚆矢。

从春秋战国之交开始，奴隶制逐渐向封建制过渡。社会变革引起了思想界的活跃，遂有百家之争鸣，建筑理论也开始出现。春秋末年以来，各主要学派都从不同的侧面提出过对建筑的认识。儒家特别重视文艺为统治阶级政治服务的社会功用，强调建筑的有等级的量（体量和数量）和建筑的对称规整布局方式等在礼乐法度纲常伦教中的意义，第一次以理论的方式表明了人对建筑艺术的自觉。法家则更多从另一方面即物质方面强调建筑，对儒家的理论作了重要补充。它们都对实践发生过影响，对于秦代、西汉中国第一次建筑艺术高潮的到来起了推动作用。

中国建筑以木结构为主，木质构件的牢固连接是事关建筑发展的重大技术课题。从上一章我们已经知道，早在距今7000年以前的新石器时代，河姆渡干阑建筑已采用了榫卯结构，那是用石器和骨器砍凿出来的，当然十分粗糙，而北方穴居系列的史前建筑以栽立的木柱承重、木骨泥墙围护，木构件的连接只是绑扎。夏代和商代早、中期，虽然出现了下有台基的建筑，但仍广泛采用栽柱做法，可见其上部结构仍不稳定，可能仍是绑扎。到了商代后期，从殷墟遗址可知，柱子已经能够不再栽埋在土中，推测其上部结构已趋于稳定，采用了榫卯结构。春秋战国流行"高台建筑"，是以巨大的筑成阶梯状的夯土台心为依托，沿各级台边和台顶建造廊、屋，说明高层建筑的木结构还是不能独立。直到秦汉，楼阁类建筑方才出现。这一过程，反映了三代建筑技术仍处于幼稚阶段，但却在不断地进步，为秦汉的逐渐成熟提供了前提。

关于建筑装饰，夏代的情况至今不明，商、周则可从考古资料和古文献记载中约略得知。

家具是附属于建筑的一种艺术形式，虽有其独立的内在发展规律，仍与建筑息息相通，共同营造环境氛围。原始人还谈不上创造和使用家具，至三代，大致可以分为七类的各种家具都已出现，并在以后得到高度发展，形成独具特色的中国传统家具艺术。

城市、宫殿、园林和陵墓，是中国传统建筑的几种主要类型，夏、商、周在这些建筑以及建筑结构技术、建筑装饰手法、家具上的成就，为以后建筑艺术的发展奠定了深厚的基础。

第一节　城堡与城市

像半坡和姜寨那样的围绕着原始村落的壕沟，以及原始社会晚期出现的城垣，其主要作用是在于防避野兽和其他部族的侵袭，而奴隶主修筑的高大城墙，主要目的则在于防范奴隶的暴动。中国古籍《抱朴子·诘鲍》就说："曩古之世，干戈不用，城池不设。降及杪季，恐奸畔无不虞，故严城深池以备之。"所以城堡或城市的出现，是"文明时代"的重大里程碑之一。恩格斯对这种情况作过如下描述：城市的出现，"是建筑艺术上的巨大进步，同时也是危险增加和防卫需要增加的标志"，"在新的设防城市的周围屹立着高峻的墙壁并非无故：它们的壕沟深陷为氏族制度的墓穴，而它们的城楼已经耸入文明时代了"。[①]

城堡或城市首先是与城墙联系在一起的，夏、商和西周的城堡或城市遗址大都有城墙，但有的还没有找到，也不排除未曾修筑过城墙，只作为一种聚居地存在的可能。春秋战国各国都城遗址普遍都发现城墙，除居住国君作为宫城的"城"以外，还有与"城"并联或包在"城"外的"郭"，郭也有城墙，居住贵族和一般国人（图2-1-1）。在城和郭里分布有许多作坊。

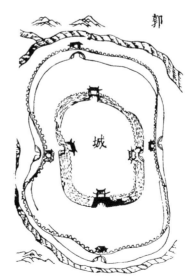

图2-1-1　"城郭图"（明《三才图会》）

① （德）恩格斯. 家庭、私有制和国家的起源[M]. 中共中央马恩列斯著作编译局. 北京：人民出版社，2003.

①河南省文物研究所，中国历史博物馆考古部．登封王城岗遗址的发掘[J]．文物，1983(3)．

②东下冯考古队．山西夏县东下冯遗址东区、中区发掘简报[J]．考古，1980(2)．

③一九八三秋河南偃师商城发掘简报[J]．考古，1980(10)；赵芝荃，徐殿魁，偃师尸乡沟商城的发现与研究[M]．中国古都研究·第三辑．杭州：浙江人民出版社，1987．

一、夏代城市

《史记·轩辕本纪》说，早在传说中的黄帝时就已"筑城邑"了。《淮南子·原道训》又说禹的父亲鲧曾"作三仞之城"。《博物志》说禹也曾"作三城"。从上一章已知，现在发现的最早的城出现在原始社会末期。

夏代从禹开始，曾先后在阳城（今河南登封东）、斟都（登封西北）和安邑（今山西夏县）等地建都。在登封东面现仍称为王城岗的地方曾发掘一座夏代初期的城堡遗址，属龙山文化中晚期，距今约4000年，可能就是阳城。城由东西二城并连组成，东城已极残，西城方形，每边约八九十米，呈正东南西北方向，城墙夯土筑，夯土的技术还比较原始。①在河南偃师二里头曾发现了有可能属于夏代的宫殿，也许就是斟都的所在，但二里头的城垣遗址及城市布局尚未探明。山西夏县东下冯村也发现过夏城，时代较晚，比王城岗的城大，约140米见方，平面由内外两道城墙组成回字形，北宽南窄，不知是否就是夏的安邑。②以上两座已发掘的夏城城内情况均不明，只知在王城岗城城内有下设台基的建筑遗迹，还有奠基杀殉坑，有的坑中填埋七具人骨。

在中国尤其是北方平原地区的城市中，长久保持着这种方形、正方向的布局方式。

二、商代城市

已发现的商代城市有四座，即河南偃师城西尸乡沟城址（有可能是早商汤的都城西亳）、郑州（可能是中商"仲丁迁隞"的隞都）、湖北黄陂盘龙城（中商南方某方国国君宫城）和著名的安阳殷墟（晚商殷都）。

尸乡沟城址

尸乡沟城址属考古学近年命名的"二里头文化"。二里头文化分布于豫西一带，共分四期，一般认为一、二期为夏代文化，三、四期为早商文化，但也有认为整个二里头文化都是夏代的，现在还没有定论。上面提到的偃师二里头宫殿和尸乡沟城址，据考古报告，前者为二里头文化"上层"，后者为二里头文化"四期"，时代差不多同时。有人认为二里头宫殿就是"汤都西亳"的宫殿，也有人认为尸乡沟才是西亳，二里头宫殿应更早一些，属于晚夏。根据二里头宫殿与《考工记》所记"夏后氏世室"（世室也是宫殿）的形制相当吻合，故本书暂取后说，即二里头宫殿为晚夏，尸乡沟城为早商。

尸乡沟城址是中国早期都城保存较完整的一座。西城墙略呈东北—西南走向，现存长度1710米。北墙长1215米。东墙与西墙平行，南段向西南折进，南墙早被洛河冲毁，城址南部东西宽740米。现存城址比前此所有诸城都大得多。东、西墙各开三门，其第一、三两门东西相对，有大道相通。北墙现只见一门。城内正中偏南有大致方形的"宫城"，正当连接东西墙第一、三两门的东西向大道之间，南北230米，东西216米，夯土墙厚约2米。南面有门，门外南北大道通向都城南部。宫城外西南和东北各有与宫城相近的方城一座，内有排房遗址，可能是营房、库房之类。③尸乡沟城看来已相当规整，宫城居中，重点突出。它的规划方式与其后晚约500年的西周洛邑王城有共通之处。

郑州

郑州商城属中商二里岗文化，城周长近7公里，接近方形，也是正方向，仅东北角斜向。四周城墙上发现缺口十一处，有的可能是城门。有人计算过，夯筑这样一座城垣，在当时的技术条件下，要耗费一万名奴隶八年的劳动。城内东北部有范围广大的宫殿或贵族住屋遗址，铸铜、制陶和制骨作坊都安置到城外。显然奴隶是住在城外的，其骨器作坊竟以人的肢骨和肋骨为原料。在城内一条壕沟里，也发现过用奴隶的头骨锯开制成的数以百计的器皿（图 2-1-2）。[1]

盘龙城

盘龙城也属中商二里岗文化，但较郑州商城晚。盘龙城只是商代南方一个方国国君的宫城，面积很小，东西 260 米、南北 290 米，城墙包围的面积只及郑州的四十分之一。城址在南面朝向大湖的一座半岛上，北接山岗，其他三面为湖水环绕。地势东北高、西南低，基本方形的城墙随地势高下回环，宫殿在城内高亢的东北部，宫殿区中轴线为北偏东 20°，与南城门对直（图 2-1-3）。[2]

安阳殷墟

晚商自"盘庚迁殷"开始建都的殷地在今河南安阳，现称殷墟，面积广大，与郑州差不多。洹河由西而东在此形成两个河湾，宫殿区在东面的河湾以南小屯村一带，王陵和贵族墓葬区在西面的河湾以北武官村、侯家村一带。在宫殿区已发掘出几十座殿堂遗址，但并非同时所建，相互叠压、打破，关系十分复杂，又迭经洹水冲刷，已不易看出各时期的总体布局。但仍有一些迹象表明是经过一定规划的。沿南北向的纵轴线布置着一系列门、殿和院落。其西南有一段人工开挖的大沟，应是保护

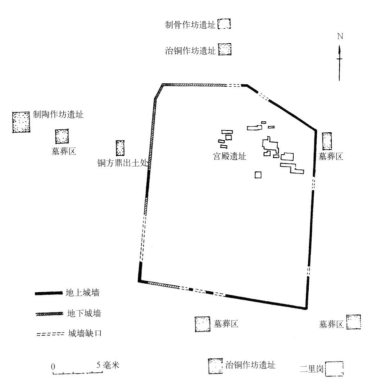

图 2-1-2 郑州中商城址（《中国古建筑》）

图 2-1-3 湖北黄陂中商盘龙城（《文物》7602 期）

① 河南省博物馆，郑州市博物馆 . 郑州商代城遗址发掘报告 [M] // 文物编辑委员会 . 文物资料丛刊 · 第一册 . 北京：文物出版社，1977.
② 湖北省博物馆，北京大学考古专业盘龙城发掘队 . 盘龙城一九七四度田野考古纪要 [J]. 文物，1976(2).

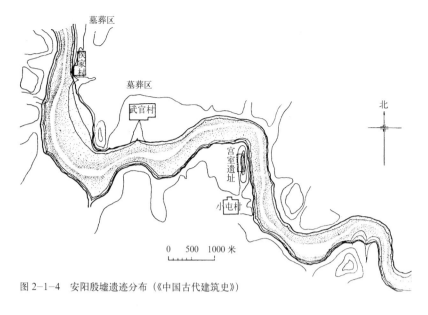

图2-1-4　安阳殷墟遗迹分布（《中国古代建筑史》）

宫殿区的措施（北、东两面都是洹河），已探查了约750米长的一段。洹河南岸除宫殿区以外的广大地面，是贵族和平民居住地、作坊及墓地。城墙的情况也已不明，或许没有建造过（图2-1-4）。

　　周族起源于黄河上游，最早居于今甘肃东部一带，以后数次东迁。先周曾以周原为都，建立了王城岐邑。岐邑在今陕西岐山、扶风邻界处，近年已发现了许多重要建筑遗址，如岐山凤雏村"有可能在武王灭商以前"[1]即建于晚商的先周宫殿（或宗庙）。它属于岐邑的一部分，只是还没有发现过岐邑的城墙。

三、西周城市

丰镐

　　西周文王时将都城东迁至今西安以西沣河西岸的丰京。公元前11世纪武王灭殷前再次移都至沣河东岸的镐京，此后直到公元前770年平王东迁，镐京一直是西周的都城。在镐京居住理政，在丰京祭祀先祖，丰、镐二京又合称宗周。丰京面积约6平方公里，为郑州商城三倍，早已荒芜。镐京在西汉时也已被昆明池的挖掘破坏大半，现存文化层总面积约4平方公

里。两地仍有丰富的西周文化遗存，但城墙和城市的布局却难以确知了。

　　在建筑史上西周最重要的城市是周成王建造的作为陪都的洛邑王城（今河南洛阳）。

洛邑

　　周武王为讨伐殷纣，在东方各地征战，对洛阳一带有深刻印象，深知为政权稳固须将政治中心东移，回到镐京后对弟弟周公旦说："自洛汭延于伊汭，居易毋固，其有夏之居。我南望过于三涂，北望过于岳鄙，顾瞻过于有河，粤瞻延于伊洛，毋远天室"（《史记·周本纪》）。大意是说：洛河伊河一带，历来是夏朝建都的地方。我南望三涂山，北望太行山，后有黄河，前流伊洛，离嵩山也不远，（实在是个好地方啊！）有建都于此的意思。武王第二年去世，子成王立，周公摄政，也认为这里是"天下之中，四方入贡道里均"（《史记·周本纪》），于是在成工即位的当年三月开始营建洛邑王城（今洛阳市内王城公园址）作为陪都，十二月完成，并迁伐殷时所获作为政权象征的九鼎于此。后来，洛邑一直是东周的正式都城。营建洛邑是一件大事，由周公和召公主持，具体经过记载于《尚书》的《召诰》、《洛诰》两篇文献中。营建之前，周公、召公还绘制了洛邑的规划图，是中国也是世界现知最早的一份城市规划图。

　　洛邑的规划原则与西周的政治文化有密切关系。西周实行分封制，把王族姬姓亲属分封各地施行统治；又实行集权制，周王除了是各诸侯的盟长外，更取得了唯我独尊的"天子"称号，森严的王道尊严等第秩序格外受到强调，所以在洛邑规划上就更加重视突出周王宫殿的统率地位，以宫殿区为中心，全城均齐对称，规整谨严，贯彻着严格的理性逻辑。

　　洛邑遗址现已残破不堪，西周、春秋、战国和西汉的文化遗存都有发现，可见沿用时间之久，其间还有过多次改造，[2]经战国、汉代以

①陕西周原考古队.陕西岐山凤雏村西周建筑基址发掘简报[J].文物，1979(10).
②郭宝钧.洛阳古城勘察简报[J].考古通讯，创刊号；陈公柔.洛阳涧滨东周城址发掘报告[J].考古学报，1959(2).

来尤其是隋代的破坏，已很难见其原状了。只知现存城墙遗迹为东周夯筑，大约沿用了西周原有规模。城约为方形，东西2890米、南北3320米，折合西周尺度，大致符合以后的记载"方九里"之数。城内中央有汉代所筑河南县城，每边约长1400米。虽然现已难以从遗址得知西周洛邑的形制，但从《考工记》一书和其他先秦文献中，却可以得到大致的了解。这些记载虽很简短而且零碎，却相当确定。

《考工记》是成书于春秋末叶的齐国官书，追述了西周一些营造制度，被儒家视为重要典籍。西汉武帝时河间献王因《周官》缺少《冬官》篇，以此书补入，称《周官考工记》。刘歆改《周官》为《周礼》，故又称《周礼·冬官考工记》或《周礼·考工记》。《考工记》"匠人"节追述洛邑王城说："匠人营国，方九里，旁三门。国中九经九纬，经涂九轨；左祖右社，面朝后市；市朝一夫。"这里的"国"指的是国都，通段的意思是：匠人营造的王城，方形，每面九里，各开三座城门。城内有九条横街，九条纵街，每街宽都可容九辆车子并行；（城中央是宫城）左设宗庙，右设祭坛，前临外朝，后通宫市；宫市和外朝的面积各方一百步。可知这是一座规整、方正，中轴对称的城市。宋人聂崇义在《三礼图》中画出了王城示意图，大体显示了这种状态，宫城在王城内正中央，但过于简略，没有画出朝、市、祖、社的位置，且纵横街道皆经城门，理解为一涂三道（图2-1-5）。据近人研究，"朝"指外朝，是宫城前面（南面）的一座广场；"市"指宫市，在宫城北面，离开宫城设置；"庙"为宗庙，祭祀周王祖先；"社"是社稷坛，祭祀土地之神"社"和五谷之神"稷"。庙和社的位置，据明《三才图会》"国都之图"和清戴震《考工记图》"王城图"、清《宫室考》的"都城九区十二门全图"，以及近人的研究，大约分别在外朝广场的东、西（图2-1-6、图

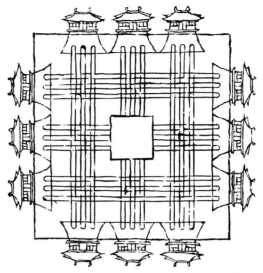

图2-1-5 王城图（宋·聂崇义）

2-1-7）。也有人据明《永乐大典》"周王城图"，认为分置于宫城东、西者（图2-1-8）。朝、市、祖、社与宫城一起，大大丰富了都城的构图内容。城内道路纵横各九，其中三条通过城门。[1]

《考工记》等文献还提到诸侯国都和卿大夫采邑城，规划原则大致与天子王城一样，只是规模等第有差：大者不得过王城三分之一，中五分之一，小只九分之一；王城城角高九雉（雉高一丈），城墙高七雉，诸侯城的城角只能高七雉，城墙高五雉。

此外，与洛邑王城同时，在其以东10余公里，西周还建造了另外一座城市，也成于成王，故称"成周"。成周规模与王城相近，其中也有宫殿，但成周主要是用来集中安置那些被称为"顽民"的故商殷贵族。周人严格地监视他们，允许他们经营手工业和商业，以后的"商人"、"商业"等词即源于此。成周以后又作过西汉的陪都以及东汉、曹魏、西晋和北魏的都城，经多番修建改造，西周的城市遗迹已颇难追寻了。

西周王城的规整式规划制度，对春秋以后直到明清北京的各代都城，都有十分重大的影响。只是《考工记》成书以后曾湮没了很长一段时间，直至西汉河间献王时才得再现，更晚至西汉末王莽时方受到重视，所以它的影响除

①贺业钜.考工记营国制度研究.北京：中国建筑工业出版社，1985.

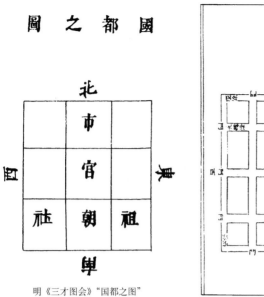

明《三才图会》"国都之图"

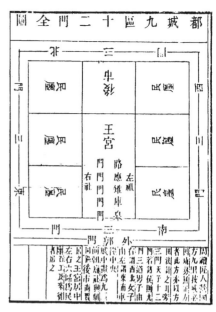

清戴震《考工记图》"王城图"

清《宫室考》"都城九区十二门全图"

图 2-1-6　古代文献所绘洛邑王城（《中国美术全集－建筑》）

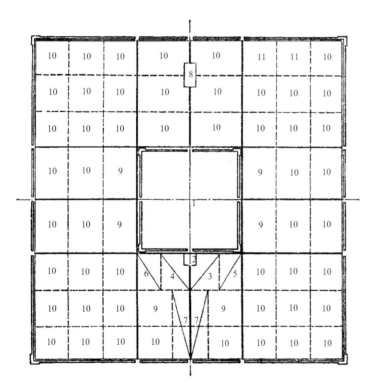

1.宫城；2.外朝；3.宗庙；4.社稷；
5.府库；6.厩；7.官署；
8.市；9.国宅；10.闾里；11.仓廪

图 2-1-7　周王城示意（贺业钜）

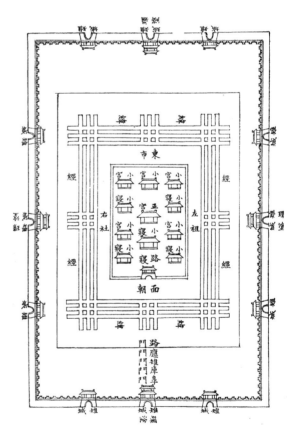

图 2-1-8　明《永乐大典》"周王城"图

了在春秋某些国都中有所显现外，主要在东汉以后才充分发挥出来。

四、春秋战国城市

春秋战国时期，周天子力量衰微，代表着新兴力量的各诸侯国力图摆脱周王朝的控制，不但在城市规模上，也在城市的规划方式上，越来越不受西周法度的约束。代表各种社会力量的诸子百家兴起，学术上出现了前所未有的百家争鸣局面，对于包括城市和宫殿在内的建设也都提出了不同主张。这样，就出现了许多"僭越"现象，特别表现在建筑规模上。都城的规划方式，也是各国自相为谋，不一定合于西周制度，有规整的也有不规整的，而以后者为多，以至于孔子发出了"礼崩乐坏"的慨叹。这种多元探索的局面一直继续到秦汉。西汉以后，随着国家的统一，中央集权的加强，加上《考工记》的再现，方出现向规整式都城规划思想的复归，此后直到隋唐及以后，类似于西周洛邑王城那样的规划方式，才终于重新确立并得到发展。

总的来看，春秋各国都城仍较为规整，王宫居于城内中央，如鲁曲阜和吴地奄城等。不规整的多出现在战国，外城（"郭"）附在宫城（"城"）的一侧或相邻两侧，全城外廓因势转折，并不方正，如郑新郑、齐临淄、燕下都、赵邯郸等。现概述诸例如下。

鲁曲阜

鲁曲阜为鲁国都城，在今山东曲阜，可能初建于西周，春秋继之。曲阜以城中有一逶迤土阜得名，为周公封地，但由其子伯禽就封。伯禽带来了大量礼乐典籍彝器，一向重视西周成法。这一情况对于包括建筑在内的鲁国文化发生了重要影响，以致时人称道曰："周礼尽在鲁矣！"

鲁曲阜外廓略呈横长方形，除南垣外，其他三面不完全平直。东西长约3.5公里、南北宽约2.5公里，小于西周王城"方九里"的规模。据载每面三门，共十二门。宫城在城内中央略偏东北，东西约550米、南北500米。宫城地形隆起，有大片夯土基址，现状东部仍高出宫外平地，其东北角高出达10米，西部现呈漫坡状。宗庙与宫城相邻，但具体位置不详。曲阜城内有经纬道路各五条。其中东西向北起第二、四两路分别接近宫城北缘和南缘，并连通外城东、西墙的两座城门。第三路东段的西端约与宫城东墙中部相接。南北向西起第四路北接宫城南垣正中，南通外城南门，并一直南出正对城南祭天的雩坛。孔子故居阙里在曲阜城内西南部（图2-1-9之1）。[①]

战国时公元前249年，鲁国亡于楚。亡楚之日，城中仍弦歌不绝。西汉著名建筑鲁灵光殿建在鲁国宫殿旧基之上，此可由汉·王延寿《鲁灵光殿赋》之序得知。

此外，楚国的郢都也类似此种形制，宫殿区在方形城墙所围近中心处（图2-1-9之6）。

吴地奄城

奄城今称淹城，在今江苏常州市南约7公里武进区，为三城三河形制。城市规模颇小，外城略呈椭圆，周长近2500米、墙宽约25～40米；内城基本方形，周长约1500米、墙宽约20米；子城方形略呈梯形，周长500米。三城外均有护城河围绕，河很宽，约30～50米，最宽处达70～80米。三城系一次以堆土筑成，不是夯筑。每城各仅一座城门，外城在西北，内城在西，子城在南（图2-1-10）。淹城曾出土大量春秋晚期的青铜器和几何印纹陶器，并有西周独木舟。推测淹城利用时间不长，筑于春秋晚期，也毁于春秋晚期。淹城内外有许多土墩，大者占地十余亩，小者不足一亩，有的经考古发掘知

① 三十年来山东省考古工作[M]// 文物编辑委员会. 文物考古工作三十年（1949-1979）. 北京：文物出版社，1979.

① 河南省博物馆新郑工作站.河南新郑郑韩故城的钻探和试掘简报[M].文物参考资料,第3辑.

为墓葬。其中外城内西部最大的一座俗称"头墩",占地七亩,传为奄君女之墓,曾掘出墓室,长20米、宽6米,有葬具,出土随葬品二百多件,其中有陶纺轮、玉珠串等,说明墓主可能是女性。

东汉·袁康成《越绝书》曰:"毗陵县南城,古故奄君地也。东南大冢,奄君子女冢也。"毗陵县为常州汉代建制。古奄、淹通,所述之"南城"为"古故奄君地",应指今淹城。《越绝书》又说:"吴地有奄君城是也,其城三重,周广

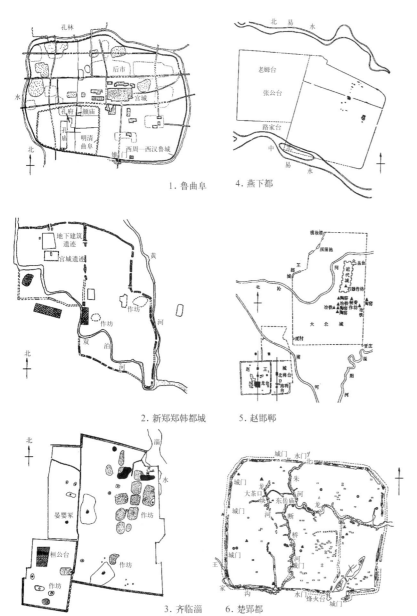

1. 鲁曲阜

2. 新郑郑韩都城

3. 齐临淄

4. 燕下都

5. 赵邯郸

6. 楚郢都

图2-1-9　春秋战国城市(《中国古代建筑史》等)

十五里,壕堑深阔……或云古毗陵城",也是今天的淹城。

奄是商代后期的一个封国,原在今山东曲阜旧城东。相传奄君在周成王时与商代后人武庚联合叛乱,被成王击败,奄君从山东逃到江南,以后在此筑城,仍称奄,即为奄城。

奄城的三城相套格局,似与隋唐以后直到明清各代都城的郭城、皇城、宫城三城相套类同,但奄城与隋唐相距千余年,且地望偏远,似不必强调二者的关系。奄城的王城居中、近于方形的规划带有西周的影子,不知是否曾受到过鲁曲阜的影响。如果子城为宫城,内城即为王城,外城则是郭城,是现知最早的内城外郭的例证,与《管子》"内谓之城,外谓之郭"正合。其王城与郭城的规模也与《孟子》所说"三里之城,七里之郭"相近。

郑韩新郑

新郑即今河南新郑,春秋初年为郑国都城,战国中叶郑为韩所灭,又成为韩的都城。城分东西两部,有墙相隔,双洎河斜穿二城南部。西城规整,基本方形,东西5000米、南北4500米,北墙正中一门。城内中央有宫城,东西500米、南北320米。宫城中心偏北有殿堂基址。宫城以北有大片建筑遗址,其中有宫厨,可能是战国宫殿的展拓。东城甚不规整,东濒黄河,外轮廓顺河道地势曲折,面积约为西城的两倍,主要是作坊和工匠居住地(图2-1-9之2)。①

新郑开启了春秋战国一度颇为盛行的"城"、"郭"相连的城制。《吴越春秋》说:"筑城以卫君,造郭以守民。"新郑的西城即作为宫殿所在的"城",东城是一般国人居住的"郭"。"城"即王城,较小,"郭"较大。城、郭相依,既有分隔,以区分国君和国人;又相互靠近,体现了城对郭的依赖,平时须依靠郭的供养,战时更须依靠国人守卫全城。齐临淄、燕下都、赵邯郸也都是这种情形。

齐临淄

战国齐国都城临淄,在今山东临淄城北,也是城、郭相依的形制。临淄东临淄河、西临系水,城垣随河岸转折,有二十多处拐角。郭城南北约 4.5 公里、东西约 3.5 公里,郭内主要居住百姓和官吏。王城紧靠在郭的西南凹入处,南北约 2 公里、东西约 1.5 公里。

王城地势较高,其西北部又最高,有传为"桓公台"的夯土高台,台周围是大片夯土台基,应即宫殿区。王城内除宫殿外,还有王室直接掌管的铸币作坊和与兵器制作直接有关的冶铁作坊。面向郭城的王城东、北两面有城壕,两座城门门道较长,门外两侧城墙向郭凸出。突向郭城的东北城角也特别厚,可能其上原有角楼。这些,都是齐君防范国人的措施,也有示威的作用。王城西垣外有"歇马台"、"梧台"等夯土基址。文献记载,城西一带林木繁茂,泉出成池,应是近郊宫苑(图 2-1-9 之 3)。[①]

燕下都

燕下都是战国燕国都城,在今河北易县城西。城北濒北易水,南临中易水,呈不规则横长矩形,全城东西约 8 公里、南北约 4 公里。城中部有南北向城垣和垣西的古河道"运粮河",将全城分为东西二城。"运粮河"就是东城的西护城河,在东城东垣外也有护城河,北易水、中易水即充任北、南护城河,显示东城比西城重要(图 2-1-9 之 4)。东城偏北又有东西向隔墙把东城分为南北二部。隔墙正中有高台建筑遗址,称"武阳台",其北又有"望景台"、"张公台",更北在北垣外有"老姆台",四台纵贯,大体连成中轴线,各台上曾有过殿堂建筑。在这些高台建筑附近还有许多附属建筑夯土基址,可知东城北部和隔墙外附近是宫殿区,东城北部即为宫城。宫城南有东西向水道,作为又一道护城河。在隔墙东段、宫城东垣和北垣东段有三处附城而筑的高台,台上和周围有瓦片散布,说明其上曾有防卫性建筑,可驻卒守望,类似"马面",或称"敌台",这些都加强了宫城的守卫(图 2-1-11)。宫城内除宫殿外,有国家直接控制的铸钱、制铁和兵器作坊遗址。

东城南部是作为一般居住区的郭,分布有许多手工作坊。西城的遗址很少,可能是战国晚期增建的另一附郭。[②]

赵邯郸

战国赵国都城邯郸,在今河北邯郸。赵邯郸的形制与以上略有不同,它的"城"由三城相连组成,"郭"与它靠近,在城的东北,但城、郭并不相连,最接近处有 80 米的距离。

① 山东省文化局临淄考古队. 山东临淄齐故城试掘简报 [J]. 考古, 1961(6); 群力. 临淄齐国故城勘察纪要 [J]. 文物, 1972(5).
② 燕下都遗址琐记 [J]. 文物, 1957(9); 黄景略. 燕下都城址调查报告 [J]. 考古, 1962(1); 李晓东. 河北易县燕下都故城勘察和试掘 [J]. 考古学报, 1965(1).

图 2-1-10 江苏武进淹城(《春秋淹城》)

图 2-1-11 燕下都南墙遗址(闫琦)

①中国社会科学院考古研究所.新中国的考古发现和研究[M].北京:文物出版社,1984;邯郸市文物保管所.河北邯郸市区古遗址调查简报[J].考古,1980(2).

"城"的三座小城呈品字形相连:西城方形,每边长约 1400 米,地势比东、北两城高出 20 余米,城内有依南北向中轴线对称布置的四座高台,在它附近还有数处夯土基址,组成主要宫殿建筑群。宫殿区一般地势都较高,曲阜、临淄也都是这样。东城与西城平行,有门与西城相通,南北长同西城,东西 900 余米,城内靠近西城有一南一北两座高台,形成与西城中轴线平行的又一轴线,是附属宫殿区。北城东墙与东城东墙同在一直线上,长 1500 米,东西 1400 米,城内没有发现多少建筑基址,只在西南部有一高台,可能是称作"赵圃"的苑囿区。

郭很大,东西宽约 3000 米、南北最长 4800 米,西北角为斜角。郭内主要有手工业作坊遗址,可能在郭的北部还建有离宫,现在此处仍保存有赵武灵王所筑"丛台"中的一座遗址(图 2-1-9 之 5)。①

第二节　宫殿与宗庙

宫殿是中国最重要的建筑类型,在各种建筑中发展最成熟、成就最高、规模也最大。这一点与西方及伊斯兰建筑以神庙、教堂或清真寺等宗教建筑为主颇有不同,鲜明地反映了中国传统文化注重巩固人间社会政治秩序的特色。宫殿是帝王朝会和居住的地方,除了最大限度地满足帝王的物质生活要求外,更主要的还是要以其巍峨壮丽和宏大的规模及严谨整饬的空间格局,给人以强烈的精神感染,以突出帝王的权威。

"宫"字首见于殷墟甲骨文,是一个象形字,宝盖头象形当时仍常见到的穴居小屋屋顶,屋顶下,上面一个"口"是囱,下面的"口"是屋门(图 1-2-3)。宫字最初的意义泛指所有的建筑尤其是居住建筑,秦汉以后才专属于帝王。"殿"字最早出现于春秋战国时,秦汉后更

多出现,原意是高大的建筑。"宫"、"殿"二字连用,就是现在一般理解的帝王宫室。

宫殿的萌芽和发展过程就像"宫"字意义的演变过程一样,经历了一个集首领居住、聚会、祭祀等多种功能为一体的"混沌未分"的阶段,然后才与祭祀功能分化,发展为只用于君王后妃朝会与居住的独立建筑类型。在宫内,朝会和居住又进一步分化,形成"前堂后室"(以后发展为"前朝后寝"或称"外朝内廷")的规划格局。这一生动的演变过程应从夏代开始,经商代而至西周完成,目前所知的偃师二里头、黄陂盘龙城、岐山凤雏村和西周洛邑王城的宫殿遗址或文献资料,就显示了这个历程。更后,约在西汉,又在宫内朝、寝之后,布置了御花园,至明清仍之。春秋战国的各国宫殿已大都不存,唯以战国各都城遗址遗存的许多高台引起人们的注意。

一、夏代宫殿

《竹书纪年》说:"夏桀作琼宫瑶台,殚百姓之财",现此宫实际情况已不明,只知偃师二里头的两座宫殿遗址有可能属于晚夏。

偃师二里头一号宫殿

二里头两座宫殿遗址都是完整的庭院。一号宫殿庭院呈缺角横长方形,东西 108 米、南北 100 米,东北部折进一角。原地表不平,北高南低,在整个庭院范围用夯土筑成高出于原地表 0.4 ~ 0.8 米的平整台面。平台四面斜下,斜面上以坚硬的料姜石铺砌散水。庭院中发现有人殉坑。庭院四周为廊,除西廊为外墙内廊外,余三面都是中间是墙、内外皆廊,说明在庭院北、东、南三面可能还会有相邻的庭院。院南沿正中有面阔八间(进深可能是两间)的大门,在东北部折进的东廊中间也有门址一处。院庭北部有殿堂一座,坐落在缩窄了的北部院庭正

中，故比宫门稍偏西。殿堂东西面阔 30.4 米，八间，每间 3.8 米；南北进深 11.4 米，三间。下有土台基，高 0.8 米。殿堂南墙外的台基面较其他三面宽，说明殿堂以南向为正面。夏代还未发明用瓦，遗址也没有发现瓦件，屋顶应以草覆（图 2-2-1）。[1] 此即《考工记》和《韩非子》所记载商代以前宫殿的"茅茨土阶"。二书又记当时的宫殿为"四阿重屋"，即四面排水的重檐屋顶，以后又称为"庑殿重檐"，一直是中国建筑最尊贵的屋顶，造型简洁明确，很能表现出严肃隆重的气派。但当时所谓"四阿重屋"，结构上并不像后代那样复杂，而且可能早在原始建筑中就已有萌芽，这在颇大程度上是因为土墙特别需要防止雨水冲刷的缘故。殿堂四面各檐柱外有小柱坑，对应于每一檐柱左右各一（图 2-2-2）。有的研究者推测此为擎檐柱，说明屋顶是四面排水的。若考虑重檐，擎檐柱就是承托下檐的构件。以后，擎檐柱变为斜撑，从檐柱伸出支撑下檐，再后又变为从屋内挑出的水平构件，逐渐发展为斗栱。[2]

殿堂内部的分划情况已不明，按开间推测，可能与《考工记》所载夏代宫室"夏后氏世室"的所谓"一堂"、"五室"、"四旁"、"两夹"的分隔情况相同，即前部正中面阔六间进深二间的部位是开敞的"堂"，面积最大，是处理政务、接见群臣和举行祭祀的场所；"五室"在堂后，作居室用；"四旁"在堂的左右，"两夹"在后部左右两角，都作附属用途。清人戴震的《考工记图》所绘宫室示意图，特别是其宗庙示意图与此颇为相近。若此推测可信，那么二里头宫殿就是中国宫殿初期形态"前堂后室"的最早实例了。其堂、室处于一幢房屋中，更早的渊源似可远推到原始社会新石器时代村落中的"大房子"，如西安半坡村的 F1 遗址。[3]

大房子兼具集会、祭祀和首领居住等多种功能。祭祀的内容包括两个方面：源于原始祖先崇拜的祖先祭祀和源于原始自然神崇拜的自然神祭祀。中国是一个早熟的社会，在进入文明时代之初，这种源于原始崇拜的祭祀也被保留了下来，反映在建筑中，使夏代的宫殿处于一种宫殿与祭祀合而不分的状态。在以后的发展中，中国文化仍然延续了这两种崇拜，并被儒家学派更加理性化了。朴素的祖先崇拜，被赋予了借着血缘关系维系宗族内部特别是统治

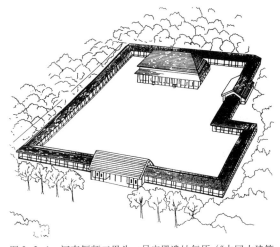

图 2-2-1　河南偃师二里头一号宫殿遗址复原（《中国古建筑大系》）

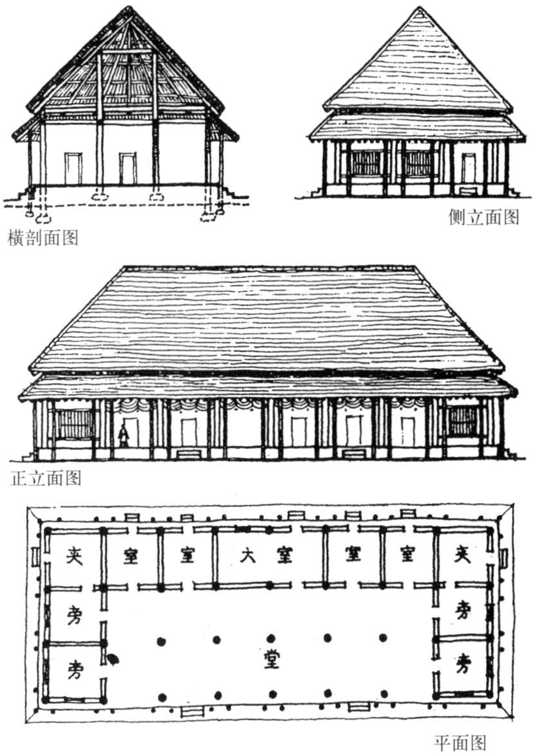

横剖面图　　　　　　　　　　侧立面图

正立面图

夹室	室	室	大室	室	室	夹室
旁旁			堂			旁旁

平面图

图 2-2-2　偃师二里头一号宫殿殿堂复原（杨鸿勋）

①中国科学院考古研究所二里头工作队.河南偃师二里头早商宫殿遗址发掘简报[J].考古,1966(1)；中国社会科学研究院考古研究所二里头工作队.河南偃师二里头商代初期建筑遗址续掘简报[J].考古,1974(4).
②杨鸿勋.初论二里头宫室的复原问题兼论"夏后氏世室"形制[M]//杨鸿勋.建筑考古学论文集.北京：文物出版社,1987.
③杨鸿勋.初论二里头宫室的复原问题兼论"夏后氏世室"形制[M]//杨鸿勋.建筑考古学论文集.北京：文物出版社,1987.

①中国社会科学研究院考古研究所二里头工作队.河南偃师二里头二号宫殿遗址[J].考古,1983(3).
②赵芝荃,徐殿魁.偃师尸乡沟商城的发现与研究[M]//中国古都学会.中国古都研究·第三辑.杭州:浙江人民出版社,1987;一九八三年秋河南偃师商城发掘简报[J].考古,1980(10).

者家族内部团结的意义；朴素的自然神崇拜，也被依照人间的等级秩序，整理出一套尊卑有差的人格化神灵系统，以反证人间等级秩序的合理性。这些，显然都有利于统治秩序的稳定，而为历代君王所重视。所以，即使是宫殿建筑与祭祀建筑分化以后，直到清代为止，二者仍有密切的联系，这是中国传统建筑文化与世界其他建筑体系的显著差别之一。

院庭形式的群体布局方式也是以后中国建筑的一个突出特点。在某种意义上，群体处理需要比单体处理给以更多的注意，例如就此遗址而言，殿堂最为高大，位于轴线尽端，成为构图中心；殿前有广大的院子，前视空间广阔，晚上设"庭燎"，篝火通明，气氛隆重庄严；大门和殿堂遥相呼应，二者之间有不太严格的中轴线；大门和东北门则打破了长段廊庑可能引起的单调。这些，都是建筑群体艺术应该注意的课题。

院庭形式宜于产生心理的安全感，形成宁静的环境和气氛。院庭以横向的延伸来补偿木结构不易造成的高，以室外空间的大和多变以

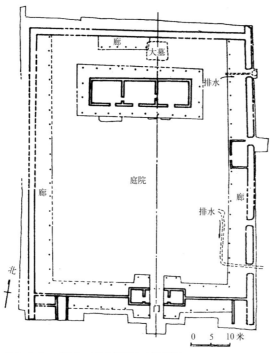

图2-2-3　二里头二号宫殿遗址（杨鸿勋）

及室内外空间的丰富关系，来补偿木结构建筑单体空间的较为仄狭和形体变化的不足，从而有利于创造出宫殿建筑所要求的壮丽气势和谨严肃穆的氛围。在二里头宫殿体现的这些特点，以后也成为中国建筑的重大特征之一，得到继承和非常充分的发展。

此外，从新石器时代开始已经萌芽的夯土技术，到商周时已很成熟。在新石器时代，夯土技术最初用来夯实栽柱的柱基，以后用来夯实居住面，使其较为坚固和有利隔潮。新石器时代晚期房屋出现了台基，更需要夯筑，夏代的城墙也离不开夯土。二里头宫殿大面积满堂红夯土台基，除了有其实用功能上的作用外，显然也有抬高整个庭院的高度以加强它在周围建筑中重要性的作用，是春秋以后高台建筑的先声。

二里头二号宫殿

二号宫殿与一号宫殿相仿，只是面积略小。基址平面为长方形，南北长72.8米，东西宽约58米，南面有门屋。院中北部为殿堂，木骨泥墙横向分殿堂为三，廊柱外侧也有擎檐柱迹。①南门与殿堂仍未完全对中，但与殿北的一座坟墓有对位关系，如何形成尚不明，有人认为二号宫殿是一座宗庙（图2-2-3）。

二、商代宫殿

偃师尸乡沟宫殿

在有可能是"汤都西亳"的尸乡沟早商城址的方形宫城中，正中有主体殿堂，殿前大道直通宫城以南。在此殿堂东偏北又有一宫院，东西51米、南北32米，有东庑、西庑和南庑，各分间，大门在南庑中部偏东；北部为东西向矩形大殿，台基高达2米，其南缘凸出四个夯土台阶。全院基本对称（图2-2-4）。在此宫院之南10米又有一座殿址，宫城北部还有几座中型殿堂。②

郑州宫殿

郑州可能是中商隞都，其殿堂有的压在近代建筑下面，不能全部揭露，已揭露的有七座，有南北向的也有东西向的，时代为二里岗文化下层或上层。其中C8G15为二里岗下层，依殿堂檐柱边线计，东西长度超过60米、南北宽9米，是商周时期最大的一座殿堂。其结构与二里头晚夏宫殿差不多，也是在夯土台基上栽立檐柱，在台基外与每根檐柱对位栽立两根擎檐柱，檐柱和擎檐柱间形成回廊。复原后为四阿重屋，茅草盖顶。宫殿区的总体平面现仍无法看出（图2-2-5）。[1]

盘龙城宫殿

作为一个中商南方方国都城的盘龙城，属二里岗文化上层，宫殿区总面积约6000平方米，与二里头宫殿一样也用满堂红夯土筑成平整台面，厚约1米。现已发现由南而北平行殿堂基址三座，以最北的F1保存最好。F1面阔39.8米、进深12.3米，平面周围廊，每檐柱外也栽立两个擎檐柱，据复原，仍为茅顶四阿重屋。殿内有隔墙痕迹，将内部横向隔为四室，各有外门（图2-2-6）。[2]据《考工记》，周王宫殿"内有九室，九嫔居之；外有九室，九卿朝焉"。可能此殿就是此方国国君与嫔妃所居的寝殿，若其前的F2、F3是朝堂、大门一类建筑，总体也是"前堂后室"。但它们分别布置在不同建筑内，可以说已是"前朝后寝"，是二里头宫殿布局的发展，与以前共同处在一座建筑中不同。此后，这种布局得到继承并进而发展为前后二区。盘龙城宫殿是否像二里头那样也有周廊围绕尚未明了，但F3东北的某些迹象值得注意。盘龙城宫殿的中轴线与城市南门相对也应引起重视。

殷墟宫殿

殷墟发掘出五十六座晚商殿堂，但并非同时存在，相互叠压，打破关系特别复杂。值得注意的是殷墟的殿堂结构比前此有所进步，擎檐柱有减少的倾向，如小屯乙8的每一檐柱只有一根擎檐柱与其相对。同时擎檐柱已不作栽柱，而是在夯实的柱洞中置础石，上加约20厘米厚的木质支垫物，再上覆盖铜锧，锧上才是柱子。铜锧的上表面为凸弧面，四面散水，隐约可见有云雷纹，说明是露明的。这表明晚商建筑的上部结构已趋稳定，无须再依靠栽柱之力了。

凤雏先周宫殿（宗庙）

在西周周原岐邑地区北部、今陕西岐山凤雏村，发现了一组"有可能在武王灭商以前"（即时属晚商）的先周宫殿（或宗庙）遗址，[3]早周还在使用，在建筑艺术史上具有重要意义。遗址比二里头和盘龙城的宫殿都小，但更为精致成熟。整群建筑坐落在一大夯土台面上，坐北朝南，东西32.5米，南北45.2米，取严格对称的由两进四合院组成的院落布局：中轴线上最前（南）为广场，即"外朝"；广场北为"屏"，又称"树"，即照壁。清·任启运《朝庙宫室考》云："蔽内外者谓之屏……天子外屏、诸侯

① 河南省文物研究所. 郑州商代城内宫殿遗址区第一次发掘报告[J]. 文物, 1983(4).

② 杨鸿勋. 从盘龙城商代遗址谈中国宫廷建筑发展的几个问题[M]// 杨鸿勋. 建筑考古学论文集. 北京：文物出版社, 1987.

③ 陕西周原考古队. 陕西岐山凤雏村西周建筑基址发掘简报[J]. 文物, 1979(10).

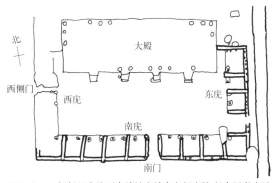

图2-2-4　偃师尸乡沟西亳城址宫城内东部宫院（《中国考古》）

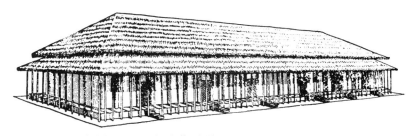

图2-2-5　郑州中商宫殿C8G15复原（杨鸿勋）

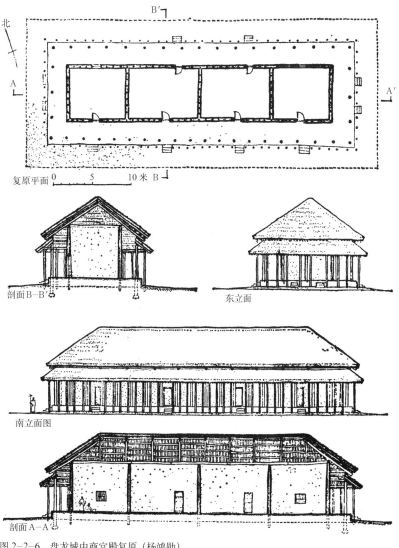

复原平面 0 5 10米

剖面 B-B'　　　东立面

南立面图

剖面 A-A

图 2-2-6　盘龙城中商宫殿复原（杨鸿勋）

内屏。"凤雏遗址有外屏，是行天子制度。屏北第一列房屋正中是门道，左右为"塾"，即门房；屏和门道之间的地方古称"宁"（音 zhu），通"伫"，是国君伫立以俟诸侯的地方；第二列房屋是"堂"，向前开敞，三面有墙；门、堂之间的院庭为中庭，相当于"内朝"；最后一列房屋隔为数间，即"室"；堂、室之间有南北向中廊，把后院分为左右二庭，相当于"后廷"。三列房屋的左右有南北向通长的东、西庑。庑内的房间除与"室"邻近者可称为"旁"外，均可称为"厢"。堂的前、后，东西庑和后室向内的一面，都有回廊可以走通。东、西庑的南端平面向前凸出于塾外（图 2-2-7）。[①]

① 傅熹年. 陕西岐山凤雏西周建筑遗址初探 [J]. 文物，1981(1)；王恩田. 岐山凤雏村西周建筑群基址的有关问题 [J]. 文物，1981(1)；杨鸿勋. 西周岐邑建筑遗址初步考察 [J]. 文物，1981(3).

在建筑艺术上这组宫殿可注意之点是：(1) 可以看出它与二里头、盘龙城宫殿的继承关系。比起二里头的堂、室处于一座建筑之中，以及盘龙城堂、室虽已分为多栋但其间的关系比较松散，凤雏宫殿则更为进步，组合较为紧密也比较丰富。(2) 各室内外空间的空间感都很完整，比例适宜，互相之间也有较丰富的呼应关系。除堂长边与短边的比为 3：1 稍为狭长外，其他室内外空间长宽比都在 2：1 和 1.5：1 之间。其中最主要的内朝为 1.6：1，相当接近于所谓"黄金分割"（1.618：1）。左右后廷为两个正方形，也是极好的比例。堂是构图的主体，堂前的内朝空间也最大，进深 12 米。后廷的进深只有 8 米。堂的半开敞空间与其他房屋的封闭空间形成对比，回廊空间又成为室内外空间的过渡；东西庑前端凸出，对"宁"的空间形成环抱之势，加强了"宁"的完整感。(3) 体量大小有着合宜的对比，如堂最大，进深 6 米，其他群房进深都只达到它的一半稍多，说明堂的体量最大。(4) 完整的四合院格局。四合院四面都有建筑围合，平面紧凑，完然具足，人们在这个人造的小天地里活动，与往往不可知的自然保持一定的距离，其外界面是院墙，除大门外，其他门、窗都开向院内，有很强的安全感和宁静感，性格收敛而含蓄。人们欣赏建筑，主要是在庭院里，是建筑围绕着人。但庭院里的露天空间又时时使人与自然保持一定的接触，获致心理上的平衡。四合院是中国传统建筑典型的群体布局方式，与世界其他建筑体系有着重大区别。在西方，虽然有些住宅也有四面围合成院的布局，但多数住宅和几乎所有的公共建筑都是外向开敞的，所有房间同处在一座复杂的组合屋顶下，内部可以走通，窗子开在外界面上，性格放射而外向。凤雏村的四合院是中国院落最早最完整的例证。以后，无论是住宅还是宫殿、宗教建筑或其他公共建筑，四合院或类似四合院的院落组合得到非常广泛而长期的使用和充分的发展，成为中国建筑的重要特色。以后我们还可以看到，中国的四合院与西方的类似院落，不只是形式上的区别，还包含有更丰富的文化内容。（5）均齐对称的构图方式。在史前建筑章中我们已经谈过，对称的概念是人从自然中直接获得的，是建筑艺术最早也最广泛应用的造型手段。对称就必然有对称轴，在建筑学一般称之为中轴线，建筑群自前而后的中轴线又称纵轴线。史前建筑的对称，多数只体现在单体房屋上。二里头宫殿的群体布局基本对称，但并不完全。凤雏村宫殿则完全实现了群体布局的均齐对称。自然形象的对称物体，如动物的头、腹，树林的主干，花的蕊和茎，这些重要部件都位于对称轴上，把这些意象移植到建筑的群体布局中，居于中轴线上的建筑物自然也就显出了特别重要的地位。凤雏村宫殿就是其相当充分的体现：居于中轴线中心的"堂"被一再强调，体现出以国君为核心的政权的尊严。孔子说："中正无邪，礼之质也"，当然要特别注重群体的均齐对称，于是成为中国传统建筑的重大特色之一。

所有以上这些，除了能满足生活的要求而外，又在满足人们的一般审美要求——规律性、整体感和恰如其分——的同时，进而取得意识形态上的特定意义。

在建筑群前部树屏，当时只有国君或诸侯才可以建置，又有前堂后室的整体布局，所以它应是一座宫殿。但在西厢里又发现藏有大量占卜用的甲骨，照当时的礼制，只有宗庙才可以收藏甲骨，所以又可能是宗庙，实际上它仍是合宫殿与祭祀功能为一体的建筑，继承了夏商的传统，但显然已比二里头的大为前进了。

在凤雏宫殿出土有中国最早的板瓦，当时只用在屋顶局部如脊、檐、天沟等处，其他大片部位可能涂墁草泥。

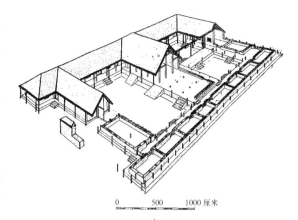

0   500   1000 厘米

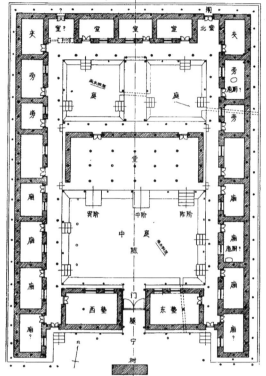

图 2-2-7 陕西岐山凤雏先周宫殿（宗庙）复原（傅熹年）

三、西周洛邑王城宫殿

西周丰、镐二京宫殿情况已不明。建于西周成王时，以后又在东周长期沿用的洛邑王城内的宫殿也早荡然无存，连遗址也没有，现在只能根据《考工记》及其他文献包括西周金文等材料来大致推定了。

正如城市节中所述，洛邑宫殿已与祭祀建筑祖、社分开，宫城置于王城中央最重要的位置，祖、社挟持在宫城前方左右，正说明西周时君权已经凌驾于族权、神权之上，这在宫殿史上具有重要意义。

至于宫殿本身，沿中轴线，是由诸多的"门"和诸多称为"朝"的广场及其殿堂顺序相连组成的。到底有多少座门、多少个朝，因当时的记载十分简略和零乱，历代经学家虽有许多论说，又画出了很多图，但很不统一，颇难理清头绪，抉其正误，本书于此也不欲过多考证，现仅采取历代比较多见的"五门三朝"的说法，按我们的理解大致表述如下。虽不能完全断定，总的原则似不致大误，可以给人一个总体的印象。

南宋经学家胡安国注《春秋》说："雉门象魏之门，其外为库门，而皋门在库门之外；其内为应门，而路门在应门之内。是天子之五门也。"依此，从南而北，洛邑王城宫殿的五门应为皋门、库门、雉门、应门和路门。三朝即外朝、治朝和燕朝，它们顺序布置在王城中轴线上。门、朝之外还有"寝"，朝、寝的顺序则为"前朝后寝"，此由前述夏商宫殿发展过程及《考工记》所说："内有九室，九嫔居之；外有九室，九卿朝焉"可以得知。皋门最前（南），据清·任启运《朝庙宫室考》"郭门谓之皋"，大概是王城正门（相当于今北京正阳门）。但也可能是郭门内的另一座门（相当正阳门内的大清门。大清门现已不存）。库门在皋门内，是包括宫城和祖、社在内的整个宫殿祭祀建筑区的正门（相当于北京天安门）。雉门在皋门北，是宫城本身的正门，上有城楼（相当于北京午门）。库门、雉门之间的广场即为外朝，东通祖（相当于北京太庙），西通社（相当于北京社稷坛）。凡在祖、社举行祭祀大典前的聚会、举行有关国危、国迁、立君的所谓"三询"大事，以及公布重要法令的典礼等都在此举行。外朝的地位十分重要，《考工记》的"前朝后市"，以宫为本位立说，其"朝"之所指

应即外朝。据胡安国"雉门象魏之门"的说法，为了加强外朝的声势，在雉门外两侧树有"象魏"即双阙。所谓"阙"，是一种"以壮观瞻"的装饰性建筑，其形如台，台上有屋，双双峙立在宫门以外，形制脱胎于建在院墙里面用以观望院外动静、类似碉楼的"观"，所以有时阙也仍称为观。阙又名"象魏"，因其"巍巍然高大"且可于其上悬挂"法象"（法令）而得名（唐·孔颖达《春秋左传疏》）。宫城内还有一座应门（相当于北京紫禁城太和门），紧接应门的广场即治朝。治朝应有大殿（相当于紫禁城太和殿），是周王接见大臣治事的地方。殿后或左右可能就是"九卿朝焉"的"九室"。再后面有主要作为王及后妃居住的寝宫区，即后寝。后寝分前后二部。前部大门称路门（相当于紫禁城乾清门），门内分东、中、西三宫。中宫前殿称路寝（相当于紫禁城乾清宫）。路门、路寝之间的广场称燕朝。《玉藻》云："君，日出而视之，退适路寝听政。"意思是，王于每日日出先到治朝大殿，然后回到路寝与近臣贵族再行议事。所以路寝实际是前朝与纯粹居住区之间的过渡。治朝、燕朝又合称内朝，以与雉门外的外朝对应。中宫后殿和东、西宫各殿均称燕寝，可能与君臣的燕饮活动有关。后寝的后部才是纯粹居住区，大约有包括"九嫔居之"的"九室"在内的多座建筑。

以上描述，与清《钦定周官义疏》"天子五门三朝"图比较接近（图2-2-8）。

宫城内中轴线以外的区域，当然还会有其他建筑，现已不可详知。

有关中轴线的建筑组合，古今学者颇多不同理解，如宋·聂崇义《三礼图》所绘"周代寝宫图"，将五门都置于治朝之前，若加上治朝与燕朝之间的一座，则有六门（图2-2-9）；明《永乐大典》载有一幅"周王城图"，宫殿区只有寝而无朝，五门均在宫前，而将宫门称为

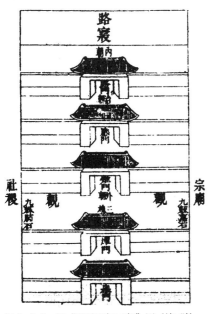
图2-2-8 周"天子五门三朝"图(清《钦定周官义疏》)

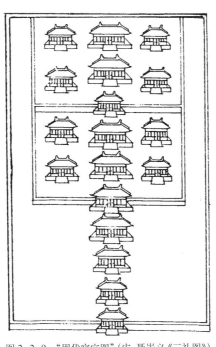
图2-2-9 "周代寝宫图"(宋·聂崇义《三礼图》)

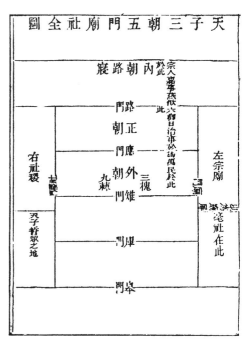
图2-2-10 周"天子三朝五门庙社全图"(清《宫室考》)

路寝;清《宫室考》周"天子三朝五门庙社全图"将外朝注于雉门与应门之间(图2-2-10);近人还有持三门三朝之说者,认为周王之宫并无库门和雉门,并据此绘出中轴布局[1],今并录其图,以备参考(图2-2-11、图2-2-12)。此外,对于洛邑王城五门与北京宫殿诸门的对应关系也有不同理解。但各家对于"前朝后寝"的总体格局并无歧见。

　　至于西周时各诸侯国的宫殿,历代认为只有三门,即库门、雉门和路门。据孔安国的说法,库门相当天子皋门,雉门相当天子应门。但诸侯雉门前不应树立双阙,否则便是逾制。《春秋》载鲁定公曾"新作雉门及两观",被众注家斥为"僭君甚矣"。但或可于都城城门外立阙,"城阙"一词可见于《诗经·郑风·子衿》:"挑兮达兮,在城阙兮"。可以推想,周王城也会建有城阙。

　　可以看出,到洛邑王城的宫殿为止,中国宫殿的总体格局已大体初定了。前朝后寝是夏商宫殿前堂后室的继承和发展,众多的门、殿

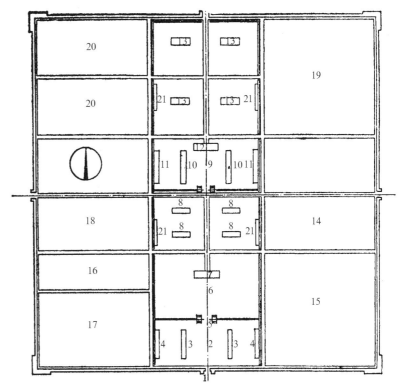

1.应门;2.治朝;3.九卿九室;4.宫正及宫伯等官舍;5.路门;
6.燕朝;7.路寝;8.王燕寝;9.北宫之朝;10.九嫔九室;
11.女祝及女史等官舍;12.后正寝;13.后小寝;14.世子宫;
15.王子宫区;16.官舍区;17.府库区;18.膳房区;
19."典妇"之属作坊区;
20."内司服"、"缝人"及"屦人"之属作坊区;
21.服饰库
图2-2-11 西周宫城布局示意(贺业钜)

[1]贺业钜.考工记营国制度研究[M].北京:中国建筑工业出版社,1985.

①陕西周原考古队.扶风召陈西周建筑群基址发掘简报[J].文物,1981(3);参见杨鸿勋.西周岐邑建筑遗址初步考察[J].文物,1981(3);傅熹年.陕西扶风召陈西周建筑遗址初探[J].文物,1981(3).

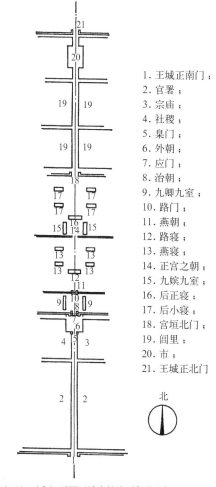

1. 王城正南门;
2. 官署;
3. 宗庙;
4. 社稷;
5. 皋门;
6. 外朝;
7. 应门;
8. 治朝;
9. 九卿九室;
10. 路门;
11. 燕朝;
12. 路寝;
13. 燕寝;
14. 正宫之朝;
15. 九嫔九室;
16. 后正寝;
17. 后小寝;
18. 宫垣北门;
19. 闾里;
20. 市;
21. 王城正北门

北

图2-2-12 （右）西周王城中轴线（贺业钜）

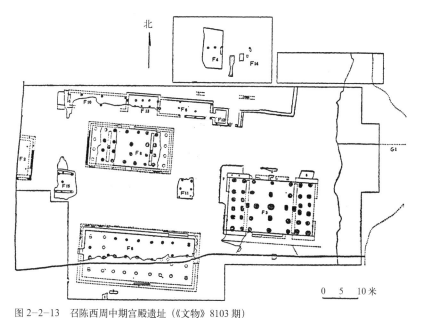

图2-2-13 召陈西周中期宫殿遗址（《文物》8103期）

和广场,依中轴线作纵深构图,在不同区段创造出不同的氛围,有机组合,达到预定的环境艺术效果。它不但对以后各代宫殿直至明清北京紫禁城,而且对于佛寺、坛庙、衙署和住宅等等的布局,都有着深远影响。中国建筑一向以木结构为主,受材料的尺度和力学性能的限制,与西方很早就广泛采用并获得充分发展的石结构相比,单体建筑的体量不能太大,体形不能很复杂,有定型化的趋向。为了表现宫殿的尊崇壮丽,很早以来,中国就发展了群体构图的概念:建筑群横向伸展,占据很大一片面积,通过多样化的院落方式,把各个构图因素有机组织起来,以各单体之间的烘托对比、院庭的流通变化、空间与实体的虚实相映、室内外空间的交融过渡,来形成量的壮丽和形的丰富,从而渲染出强烈的气氛,给人以深刻感受。洛邑王城在以上诸方面,都有着突出的意义。

关于周代宫殿还应提到在周原中心区以东扶风召陈村发现的许多殿堂。现已发掘十四座,其中属西周早期的二座、中期的十二座,总体具有不太严格的中轴对称布局。但各殿堂的功能关系不大清楚,内部隔墙也不完整,较难准确复原。值得注意的是出土瓦件很多,推测这组殿堂已全部用瓦盖顶了（图2-2-13～图2-2-15）。①

四、春秋战国宫殿

春秋战国宫殿最值得注意的是高台建筑,它们在宫城内沿中轴线顺序建造。

齐临淄宫殿以名为桓公台的高台为中心,桓公台现残高仍有14米。

燕下都宫殿中轴线最前端的武阳台最大,东西长140米、南北宽110米,遗址现仍高出地面12米,台上曾有过宏大建筑,东西同它相接的宫城南墙（隔墙）更增加了它的气势。武阳台以北沿中轴线顺序置望景、张公、老姆三台。中轴线左右有较低的附属建筑夯土基址，是轴线上主体建筑的陪衬。老姆台在北垣以外，规模仅次于武阳台，东西90米、南北110米，残高也达12米，是全纵深系列的有力终结。其南侧中央有东西宽30米、南北长50米的夯土斜坡，是登台大道的遗存（图2-2-16、图2-2-17）。

邯郸宫城中最大的一座台在西城轴线最南端，称"龙台"，约300米见方，现残高仍达19米，其北还有两座高台。在轴线外，东北和西北也各有一台，轴线两侧有多座地下夯土基址。

战国秦汉宫殿常有称"前殿"者，都是主体殿堂，是群中最大的建筑，武阳台和龙台应该就是这是这两处宫殿的前殿。

高台建筑是先以夯土筑成平台，再分数层呈阶梯状向上逐层收小，以此为核心，在阶梯各面分层建造一面坡屋顶的围屋，台顶再耸起中心建筑，外观十分雄伟，有如多层楼阁，而木结构本身并不复杂。老姆台、龙台和龙台以北的二号台都有分层迹象。龙台分三层，各阶上有列柱痕迹。在各高台遗址周围和上部都有瓦片堆积，有的还出土有地下排水管道。有的高台也可能不完全是人工夯成的，如燕下都的几座台，原是一条连续高地，后经冲刷切割，成为几座独立土台，选址时加以利用并经整修和夯土增高而成。

春秋战国文献常提到高台建筑，如燕的黄金台、齐的路寝之台、楚的章华台。章华台又称三休台，意谓以其高峻，需"三休乃至于上"。路寝之台也很高，致齐景公"不能终而息乎陛"，也要几经休息才能登上。《老子》说："九层之台，起于累土"，可见当时高台可达九层之多。在战国铜器上也常见有高台建筑形象，如河南辉县赵固区战国一号墓出土的燕乐射猎纹铜鉴，

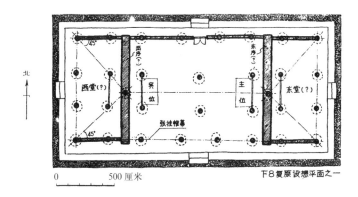

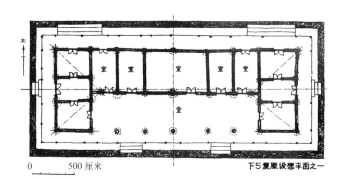

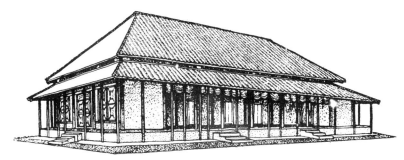

图2-2-14　召陈西周中期宫殿F8及F5复原（傅熹年）

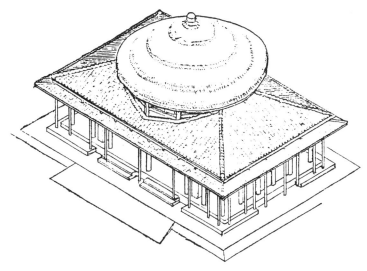

图2-2-15　召陈西周中期宫殿F3复原（傅熹年）

图 2-2-16　燕下都武阳台遗址（闵琦）

图 2-2-17　燕下都老姆台遗址（闵琦）

在内壁以精细线条刻出当时的高台建筑，其例尚可见诸于山西长治和上海出土的青铜器（图2-2-18）。

高台建筑的大量兴起是战国、秦和西汉的重要现象，它体现了人们对巨大体量的追求。比起其他艺术门类来，体量从来就是建筑的一个至关重要的品质。人们从自然的崇山大河、高树巨石中早就体验到了超人的体量所蕴含的崇高，从雷霆闪电、流火狂飙中感受了超人的力量所包藏的恐惧，把这些体验移情到建筑中，巨大的体量就转化成了庄重和尊严。马克思在评论欧洲天主教堂时曾写道："巨大的形象震撼人心，使人吃惊……精神在物质的重量下感到压抑，而压抑之感正是崇拜的起始点。"这种超

出于人的物质生活需要的、以满足人的精神需求为最高目的的追求，是建筑艺术得以出现和不断发展的无尽动力。魏襄王异想天开，要建造高达天之半的"中天之台"，当然不可能实现，但这种超越意识，对于建筑艺术的发展，却具有积极的意义。

在战国，还没有建造真正的高大楼阁的技术条件，巨大的体量只能以夯土技术为基础，而且也只有在奴隶社会或仍保留奴隶制残余的封建社会初期，这种需要无偿占有巨大劳动力的营造方式才可能实现，所以高台建筑也就应运而生了。

高台建筑也是对山岳的模仿。先民们认为，巨大的山岳是生云吐雨之处，是神灵之所在，也

是通达神界的途径。所以，世界各地几乎都曾在奴隶制时代出现过高台型的建筑，其著名者如埃及和美洲玛雅人的金字塔、西亚的山岳台等。

五、春秋秦国宗庙

《考工记》"左祖右社"的"祖"，指祭祀先祖的宗庙。《仪礼》、《礼记》、《尚书》等古籍认为夏商都有宗庙，为天子五庙，奉祀始祖与二昭二穆（高祖、曾祖、祖、父，递为昭、穆）四亲。始祖庙居中，左昭右穆。殷墟发现的乙七、乙八两座相邻遗址，前有许多按照一定军事组织和作战部署排列的祭祀坑，是当时宗庙所必有的（偃师二里头等诸宫殿遗址则未见祭祀坑），可能就是宗庙。周初也是天子五庙，至中期，因文王、武王已不在显考（高祖）、皇考（曾祖）、王考（祖父）和考（父）等二昭二穆之列，而又功高，故在五庙之外增设文、武两座世室，永奉文武二王，并将四亲以上、太祖后稷以下的先王神主，藏于二世室之中，成为七庙，即太祖庙一、世室二、昭二、穆二。诸侯则为三庙，即始祖和一昭一穆。

在陕西凤翔马家庄秦故都雍城曾发现一座春秋秦国的宗庙建筑群，是三代以来保存最完整的大型宗庙。

秦曾以雍为都，即《禹贡》"九州"之雍州，始建于公元前 676 年，秦德公后二十代皆为秦都，近三百年。宗庙遗址在雍城中部偏南，为一略横长的方院，东西 87.6 米、南北约 80 米，占地近 7000 平方米。院落布局规整对称，南北中轴线的前端为门，内有三座建筑。[①]后部居中为太祖庙，前方左右相向二座为昭、穆二庙。春秋秦国以诸侯身份，宗庙应为三庙，与此遗址相符。三庙大小及内部布局都差不多。以奉祀秦襄公的太祖庙为例，前部平面呈向前的凹字，凹字前沿中部有二柱，为"堂"，据《仪

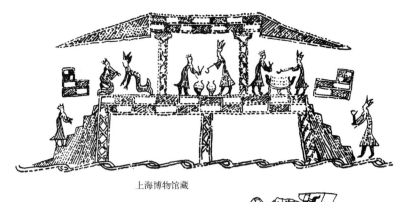

上海博物馆藏

河南辉县出土　　　　山西长治出土

图 2-2-18　战国青铜器刻高台建筑（《中国古代建筑史》等）

礼释宫增注》"堂上设席行礼"或"堂则用之以燕"，是举行大祭典的地方。堂左右各有"夹室"，藏秦襄公以下、昭穆以上各代祧主。堂后为"室"，为接神之处。再后为东堂、北堂和西堂。《仪礼·士昏礼》曰："妇洗在北堂"，知北堂是祭祀后供妇人盥洗的地方。东、西堂储藏行大射礼时使用的弓矢，"君之弓矢适东堂；宾之弓矢与中籌、丰皆止于西堂下"（《仪礼·大射》）。大射礼是诸侯举行祭祀前，先与群臣射，中者得参与祭礼，数射不中，不得与祭。整座建筑，含祭祀、燕射、接神、藏祧诸功能。

庙四周的回廊称"廉"，行礼时在此设席。前廉下列两阶，左为阼阶，右为宾阶，分行王及宾客。

南门三间进深二间，门扇在中，门前两侧为东、西外塾，门内两侧为东、西内塾。在山墙外东西又有东、西外夹与东、西内夹，是祭祀时杀鸡的地方。由门向北的道路称"唐"，由"唐"东西转可通昭、穆二庙。中庭为牺牲所在，未见路面。在此发现祭祀坑一百八十一个，其

①陕西省雍城考古队. 凤翔马家庄一号建筑群遗址发掘简报[J]. 文物，1985(2)；韩伟. 马家庄春秋秦宗庙建筑制度研究[J]. 文物，1985 (2).

中人坑八个，其他主要为牛羊车马坑，是历次祭祀的牺牲。

在祖庙之后又有一座亭式建筑遗址，据研究可能是所谓"亡国之社"，又称"亳(音 bo) 社"，源于西周。原来，周灭殷后，以"君自无道被诛，社稷无罪故存之，是重神也"(《春官·丧祝》贾公彦疏注)，所以在周宗庙中仍保留一屋，置放殷庙神主。殷起于亳(今安徽亳州)，故称"亳社"。周时亳社可能置于宗庙之南。《白虎通》云："置(亳社于)宗庙之墙南,盖为庙屏……庙门外望见之，故以为诫也"，告诫国人以殷为鉴，后之"殷鉴"一词应起于此。亳社在春秋各国可能曾普遍设立，秦国宗庙应当也有，但从遗址情况看不是放在全庙之南而是在太祖庙之北。因是亡国之社，当然甚为简陋，"掩其上而柴其下"(《公羊传》)，即上置屋顶而下安栅栏，与清人焦循《亳社图》中所绘颇相近似 (图 2-2-19)。

此庙为诸侯所设，应有内屏，但没有发现遗迹，是否有外屏，也由于门南半部之南已被断崖所毁，已不可知。

据出土遗物，知此庙为春秋中期建造，晚期还在使用。

第三节　园林

建筑艺术是一种涵义最广泛的空间艺术。这里所指的空间，不是绘画般的二度平面，也不是雕塑般的三度实体，而是一种三度中空的空间。人们在这种组合丰富的空间之中漫游观照，获得一个个连续的视觉体验，这种体验的积累与涵化，将会形成一定的氛围、意境或情趣，并引发一定的情感和情感变化，通过感情记忆，完成艺术欣赏全过程。如果再加上与之适应的听觉甚至嗅觉的统感效应，还会加强体验的深度。所有这些，都需要时间的参与，因此一般都把建筑艺术形象地比喻为是一种空间—时间或曰"四度"空间艺术。

所谓中空的空间，也不止是室内，更正确的说法应该是指环境，是既包括室内也包括室外以天、地、山、水、植物和建筑为实际或虚拟的界面所围合的范围。所以，大至一座城市、一条山谷，小至一室一角一石一花，只要涉及人工对环境的有意识的经营，都是建筑艺术的组成，也是建筑艺术家工作的对象，其中自然就包括园林。

园林与其他多数建筑类型相较，以其更关注于环境对人的精神作用，较少涉及物质性功能，因而在全部建筑从物质—精神的递进序列中，居于一个精神性较强也即艺术性要求较高，艺术精神更为突出的梯段。中国园林是中国建筑艺术一个重要的并取得特别成就的方面，在世界上也享有崇高地位，并以其深蕴的传统文化意味而备受重视。

中国园林发轫甚早，先秦已启其端，秦汉皇家园林大著，魏晋文人对自然的更精微的体

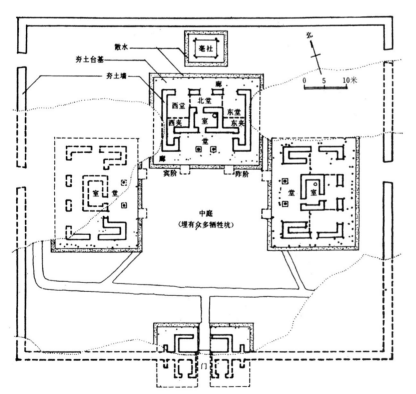

图 2-2-19　春秋时期秦国宗庙 (《陕西凤翔马家庄一号建筑遗址》)

验，更促成唐宋私家园林的兴起，并传至朝鲜、日本，逮至明清，皇园和私园都进入总结阶段，在世界园林史上独树一帜，影响更远被西方，大大丰富了中国建筑艺术史的内容。中国园林的成就，自有其精深博大的中国传统文化为其深厚的土壤，非徒环境的"美化"而已，这在先秦就已见端倪了。

一、园林观念溯源

新石器时代晚期，种植业与养殖业已渐渐成熟，先民的精神生活也进入了一个新的阶段，自然崇拜已构成心理定势，奠定了中国园林与自然亲和的基调。从中国园林艺术的发展历史来看，夏、商、西周以及春秋战国时代应当算作是园林的初创阶段。

园林起源于种植果木菜蔬的"园"、"圃"和养殖禽兽的"苑"、"囿"。①古籍对以上诸词的释义已表明原始园林的生产性质。另一方面，虽然狩猎不再是"供天子庖厨"的主要手段，但由于狩猎过程对心理和生理的刺激作用，使其在上古帝王与贵族生活中仍占有重要地位。狩猎需要相当的场地。出于保护农作物的需要，划出固定的地界并加以围护，人工放养猎物，应即为"囿"的源起。农耕和田猎既是园圃苑囿产生的物质基础，也是其原始阶段最基本的功能。

原始园林的另一重要性质是通神。先秦早熟的农业文明造成了人与自然的密切关系。由于先民对自然认识的局限以及对自然神秘力量的敬畏，从旧石器时代萌芽的万物有灵观念进一步发展为对自然神的崇拜。山岳、河川、林木、薮泽甚至风雨雷电都是崇拜的对象。它们也是园林的构成要素，因此原始苑囿往往又是先民心目中最富于神性的所在，蕴涵着丰富的深层巫术意味。而对于园林的发展史来说，对山和水的崇拜更具意义。

由于狩猎在远古先民生活中的重要性，因而首先赋予山神以管理飞禽走兽的职责，进而又认为山神负担兴云播雨之职："山……出云雨以通乎天地之间，阴阳和会，雨露之泽，万物以成，百姓以飨"（《尚书大传·略说》）；"山林川谷丘陵，能出云，为风雨，见怪物，亦曰神"（《礼记·祭法》）。山岳的高峻形体也被先民视为通天之途，甚至是天神在人间的居所，如《诗经·大雅·崧高》所谓"崧高维岳，峻极于天；维岳降神，生甫及申。"《山海经·海内西经》云"海内昆仑之虚，在西北，帝之下都。昆仑之虚八百里，高万仞……百神之所在"。反映了先民企图通过高山实现尘世与天国联系的意识。

进入奴隶社会以后，有了集中人力物力进行大规模建设的可能，基于相近的崇拜观念，世界上许多民族都建造过模仿山岳的建筑，其形式大都为金字塔式的高台，中国最初的台也是这样。台与其原型——山，被认为具备同样的神性。《山海经》中有大量神明居于高台的文字：

　　射者不敢向西射，畏轩辕之台。

　　有名昆仑山者，有共工之台，射者不敢北向。

　　不敢北射，畏共工之台。

　　帝尧台、帝喾台、帝舜台，各二台，台四方，在昆仑东北。

这些传说中的台都是诸帝居处。"帝"字原意是最尊贵的祖先，证明台具有的不同一般的神性，也确定了台在人间的秩序，即只有统治者才能拥有和使用高台的权力。

上古先民逐水草而居，水作为延续生命的基本条件，在原始人类生活中占有特殊地位，因而有了对水及水神的崇拜。在《山海经》中，具有神性的水总是与神山联系在一起的：

　　海内昆仑之墟，在西北，帝之下都……百神之所在。在八隅之岩，赤水之际。

　　帝之平圃，槐江之山……南望昆仑……西望大泽。

① 《诗经·郑风》毛亨传："园，所以树木也。"《齐风》毛传曰："圃，菜园也。"《说文解字》释："园，所以树果也……所以种菜曰圃。"另清段玉裁《说文解字》注："《周礼》云：'园圃毓，草木许。'意凡云苑囿已必有草木。《诗经·大雅·灵台》毛亨传曰："囿，所以域养禽兽也。"《说文解字》："苑，所以养禽兽。""囿，苑有垣也，一曰所以养禽兽曰囿。"《周礼·地官·囿人》郑玄注："囿，今之苑。"《周礼·夏小正》又载："正月，囿有见韭……四月，囿有见杏。"

附禹之山……西有沈渊，颛顼所浴。

大山大水，合而即为神明之居。这种山水相合的观念被赋予了一种神性的光辉，神山上也就出现了池："湆池在昆仑"；悬圃"在昆仑阊阖之中，是其疏圃。疏圃之池，浸之黄水。黄水之周复其原，是谓丹水，饮之不死"（均见《淮南子》）。于是，中国园林最看重的山水整合模式也就产生了。作为园林的萌芽，周文王对于包括灵台、灵沼、灵囿在内的祭祀场所的经营，就正是这种自然崇拜的例证。《诗经·大雅·灵台》记述说：

经始灵台，经之营之。庶民攻之，不日成之。经始勿亟，庶民子来。

王在灵囿，麀鹿攸伏。麀鹿濯濯，白鸟翯翯。王在灵沼，於牣鱼跃。

虡虡业维枞，贲鼓维镛。於论鼓钟，於乐辟雍……鼍鼓逢逢，矇瞍奏公。

人们筑造高台，挖掘广池，畜养野兽，在那里聚会歌舞祭神，只是因为那里充满了神性。鱼跃鸢飞的场面不单纯是对景观的渲染，更给麀鹿、白鸟和鱼鳖赋予了"祥瑞"的含义，作为周文王承天命而兴周翦商的烘托。

周文王造灵台、灵沼、灵囿，具有划时代的意义。这一原始的园林形式虽尚未能成为独立的艺术门类，但已具备了自己的艺术特点。在形式上，首先赋予台以园林主体的地位，作为控制园林的主要构图手段。这种以台为中心的园林空间处理手法一直延续到魏晋之际，成为早期中国古典园林的主要设计思路。其次，它所开创的山水组合式园林设计方法，不仅是园林空间与景观艺术丰富性的良好开端，更为重要的是，在这个"池台互见，璧水旋丘"的人工山水整合的园林模式之上，衍生出以山水为主体的中国古典园林发展体系，确定了中国古典园林的艺术方向。在内容上，山、水、建筑、动物、植物等园林的基本组成要素已经齐备。

而从园林的深层内涵而言，它所反映的神界与尘世的沟通，人与天的对话，正是中国古典园林"天人合一"主旨的滥觞。

二、从神性到人性

如果说，在园林的发端时期，包括周文王的灵台在内，还笼罩着原始社会延续下来的对自然的无上敬畏和对神的恐惧。那么，商纣王的鹿台和沙丘苑台却体现了完全不同的精神。"（纣王）厚赋税以实鹿台之钱，而盈巨桥之粟；益收狗马奇物，充牣宫室；益广沙丘苑台，多取野兽蜚鸟置其中……大取乐戏于沙丘，以酒为池，悬肉为林。使男女倮，相逐其间，为长夜之饮。"（《史记·殷本纪》）在这里，看到的只是毫无顾忌的人间声色耳目之娱。纣王鹿台是见于历史记载的最早园林，园中也有宫室，确立了皇家园林最初的宫苑结合模式。

周灭商，社会思潮发生了不小的变化。周人在一定程度上脱离了商人"尚鬼"的心理，代之以人间秩序——"礼"为核心的思考方式。由沉重、神秘、带有原始巫术特征和面对现实生活强烈的压迫感，转向人间的清新亮丽。以宫苑结合方式建造的皇家园林大量出现，表现出艺术的人性化。园林由重在娱神转变为娱人，而以世俗性的活动为主了。最能反映上述转变的无过于《诗经·小雅·斯干》中对宫苑景象的描绘了：

秩秩斯干，幽幽南山。如竹苞矣，如松茂矣。兄及弟矣，式相好矣，无相犹矣。

似续妣祖，筑室百堵。西南其户，爰居爰处，爰笑爰语。

下莞上簟，乃安斯寝。乃寝乃兴，乃占我梦。吉梦维何？维熊维罴；维虺维蛇。

大人占之：维熊维罴，男子之祥。维虺维蛇，女子之祥。

乃生男子，载寝之床。载衣之裳，载弄之璋。

诗中描写了宫苑周围的优美风景，宫室建筑的过程，甚至室内的陈设，但这一切只是作为背景，其着意点却是在这种环境中的世俗家庭生活场面。"礼"作为社会规范，已经将人们的注意力由天国拉回尘世了。

春秋战国"礼崩乐坏"的局面造成了社会生活和思想文化的巨大变化，从娱神向娱人的转化更加彻底，正如子产所谓"天道远，人道迩"（《左传·昭公十八年》）。在园林方面表现出的是一种世俗的奢靡风气，各国诸侯竞相筑台榭、广苑囿，以宫、苑复合方式建造的皇家园林首先得到了发展。

《左传·襄公十四年》载："卫献公戒孙文子、宁惠子食，皆服而朝，日旰不召，而射鸿于囿。二子从之，不释皮冠而与之言。"清代学者焦循曾就此指出："是时二子应召至朝，久待不召，乃知公在囿，故往见，是囿在宫中也。"此种形制，《礼记·月令》中亦有所反映："季春之月……天子布德行惠……命司空曰……田猎、罗网、毕翳，喂兽之药，毋出九门。"唐孔颖达就此解释道："自路门、皋门已内，皆宫室所在，非田猎之处，亦禁罗网毒药不得出者？此等门内虽是宫室所在，亦有林苑及空闲之处，得有罗网毒药所施云。"以上，都说明当时在宫殿内就附有园林。考古发掘也为此种宫苑的存在提供了证明。如赵都邯郸，在赵王城由三城组成的整个宫殿区中，只有北城除了在渚河南岸有一座高台遗址外，别无建筑遗迹可寻，可以判断北城就是称为"赵囿"的宫苑。

以上所见均属以宫为主附属以苑的宫苑。宫苑复合还有一种方式，即以苑为主，是在苑囿中营建宫室。因为几乎所有的宫都会有苑的处理，所以也可以说所有的宫都是宫苑。本书对于皇家园林的叙述，重点放在以苑为主者。《述异记》所说的吴王夫差的姑苏台："三年乃成。周旋诘曲，横亘五里，崇饰土木，殚耗人力。宫妓千人，上别立春霄宫，为长夜之饮，造千石酒钟。夫差作天池，池中造青龙舟，舟中盛陈妓乐，日与西施为水戏"。这样的宫苑，当属以苑为主无疑。

建台的原则变化也不小，由天命的象征、天子的禁脔，转为面向人间。除去一些以"灵台"为名尚存些许观天象以承天命的宗教意味外，绝大部分的高台都主要供宴游之用。《左传》评论夫差姑苏台一类的"台榭陂池……珍异是聚，观乐是务"。《荀子》也将园林与饮食声色相提并论，称天子"饮食甚厚，声乐甚大，台榭甚高，园囿甚广"，更直接说明了当时台的审美标准及功能性质的变异。

转变后的台也不单是宴游的载体，其竞相高以奢丽，常常被作为夸示霸权的象征。《贾谊新书》记载楚灵王的章华之台"甚高"，楚王为向翟王的使者夸耀，与之登，竟"三休乃止"。《国语》记灵王与伍举同登此台，灵王不无得意地问道："台美夫？"伍举大不以为然，答曰："臣……不闻其以土木之崇高彤镂为美……先君庄王为匏居之台，高不过望国氛，大不过容宴豆，木不妨守备。"类似此等讽谏台榭园池之丽的文字充斥文献，说明当时的园林建设已远远超出了实际宴游功能的需要，在娱人远重于娱神的时代，成为人的自觉与自信的具体体现。

不仅诸侯，卿大夫也自筑高台以为乐，如《左传·定公十二年》载"（公）入于季氏之宫，登武子之台"。《水经注·泗水》记此台曰："阜上有季氏宅，宅有武子台，今虽崩夷，犹高数丈。"其规模可见一斑。这一时代园囿亦有很大的发展，不仅大量为社会上层拥有，在民间也广泛存在。《诗经·豳风·七月》中有"九月筑场圃"的说法，孔子也说过"吾不如老圃"的话。将《诗经》中描述的"园有桃"、"园有棘"、"无窬我园，无折我树檀"等与《左传》"赵穿攻灵公于桃园"之类的记载互相参照，可以看出当时园林果木栽培的普遍。

园圃除生产功能外，宴享与游赏的比重逐渐加大，其中的动植物也渐渐纳入观赏范围。如《诗经·小雅·鱼藻》：

> 鱼在在藻，有颁其首；王在在镐，岂乐饮酒。
> 鱼在在藻，有莘其尾；王在在镐，岂乐饮酒。
> 鱼在在藻，依于其蒲；王在在镐，有那其居。

"颁"，释为"大首貌"。"莘"，则为"长貌"。《毛序》认为此诗是刺幽王淫乐之作，大约这类大首长尾的鱼是周王豢养以供观赏之用的。屈原《离骚》曰："余既滋兰之九畹兮，又树蕙之百亩"，说明楚国在园林花卉的栽培上已有一定的成就。

园林中纯娱乐观赏的内容已颇丰富，有水面供泛舟、观鱼、游泳。《左传·僖公四年》："齐侯与蔡姬乘舟于囿。"《文公十八年》："公游于申池。二人浴于池中。"《隐公五年》记载："公矢鱼于棠"及"公将如棠观鱼者"，不失为《诗经·鱼藻》篇的有力佐证，说明在园中豢养已成为宴游观赏活动的重要内容。堆山在当时也已存在。《论语·子罕》："譬如为山，未成一篑，止，吾止也。"在"穿陂池"、"起台榭"、"变鲧禹之功为高高下下"（《国语·申胥谏伐齐》）的时代，筑山形体自然，且比筑台更加简单，有理由成为丰富园景的手段。

园林建筑景观也有较大的发展，除台外，见于记载的还有榭、馆、幄等类型，但仍以台为主。台，常常是园林景观的中心。台的平面布局与空间组织的秩序性不断增强，例如山西侯马晋都故城高台建筑遗址，台前有夯土月台过渡，台南两侧有对称布置的附属建筑。由台前道路至后部台顶，构成完整的空间序列，通过有秩序的时空变化体现清晰、规整、和谐的审美理想。

① 李泽厚，刘纲纪. 中国美学史. 第一卷 [M]. 北京：中国社会科学出版社，1984：71–72.

三、先秦诸子与园林

处在"百家争鸣"气氛中的先秦诸子，许多关于哲学问题的答问，对后世园林的发展产生了深刻的影响。例如，作为中国古典园林核心理念的"天人合一"观念，即肇始于此时"天人之辩"的哲学论争中。当时几乎每一个哲学家都有关于天人关系的论述。

孟子把社会的组成与秩序作为天道法则的外化，将"天"和人在仁义的基础上统一起来。"尽其心者，知其性也；知其性，则知天矣"（《孟子·尽心上》）。"万物皆备于我，反身而诚，乐莫大焉。强恕而行，求仁莫近焉"（《孟子·尽心下》）。通过自身的认识修养，进而达到对"天"的认识，并与"天"认同而和谐共生。

老子则重视"自然"、"无为"。特别是庄子，追求个体的绝对自由，反对儒家的社会规范对人的桎梏，"从自然的永恒性和无限性，以及它的合目的性和规律性的天然合理的统一中去追求人类生活的理想，主张'法自然'，过一种纯粹自然，不计功利得失而苦心劳神的生活，摆脱外物对人的奴役，达到精神的绝对自由。"①

值得注意的是，孔子思想中特别的一枝——即后世理学家津津乐道的"曾点气象"，也蕴涵着这种追求自然和谐和永恒宇宙韵律的道家情趣。《论语·先进》记孔子问曾点之志，答曰："暮春者，春服既成，冠者五六人，童子六七人，浴乎沂，风乎舞雩，咏而归。"孔子闻，大为感叹，曰："吾与点也。"自宋代理学家始，曾点的话被普遍视为表达了天人凑泊、生机流行的最高审美境界。《朱子语类》卷四十有"曾点意思与庄周相似"的话。"曾点气象"与"孔颜乐处"一同被作为宋以后士大夫人格完善与园林美学追求的典范。

这种将宇宙观与人生观融合的"天人合一"

思想，还演化出一种将自然山水"比德"于人即拟人化的认识，对以后中国园林尤其是以文人园林为主的私家园林的美学趣味，有着无可替代的影响。它是由孔子首先提出来的。他的"知者乐水，仁者乐山。知者动，仁者静。知者乐，仁者寿"（《论语·雍也》）的论述，是自然审美发展历程中的第一个理论性见解。孔子认为审美愉悦源于自然对象的形式结构与"君子"品质特征的相似。"智者"之所以"乐水"，是因为水具有川流不息的"动"的特点，正与"智者不惑"（《子罕》），捷于应对，敏于事功的行为特征相通。"仁者"之所以"乐山"，是因为长育万物的山具有阔大宽厚、巍然不动的"静"的特点，而"静者不忧"（《子罕》），宽厚得众，稳健沉着，也正是"仁者"应该具有的品德。先秦的许多思想家对此又多有发挥：

夫山者岿岿然，草木生焉，鸟兽蕃焉，财有殖焉，四方皆无私与焉。出云雨以通乎天地之间，阴阳和合，雨露之泽，万物以成，百姓以飨，此仁者之乐于山也。（《尚书·大传》）

观水有术，必观其澜……流水之为物也，不盈科不行；君子之志于道也，不成章不达。（《孟子·尽心上》）

孔子观于东流之水。子贡问于孔子曰："君子之所见大水必观焉者，是何？"孔子曰："夫水，大遍与诸生而无为也，似德；其流也埤下，裾拘必循其理，似义；其洸洸不淈尽，似道；若有决行之，其应佚若声响；其赴百仞之谷不惧，似勇；主量必平，似法；盈不求概，似正；淖约微达，似察；以出以入以就鲜絜，似善化；其万折必东，似志。故君子见大水必观焉。"（《荀子·宥坐》）

子与子华游东池，子华曰：水有四德，沐浴群生，深流万世，是仁也；扬清激浊，荡荡淖秽，是义也；柔而难犯，弱而难胜，是勇也；道江疏河，恶樱流谦，是智也。（《颜子》）

上举诸例都是将士大夫的人格价值，通过对山水的审美类比，升华到宇宙观的高度。士人将自己的人格价值拟于以往神圣的山水，正是士人的地位在东周得到提高后，社会价值观发生变化的表现。孔子的这一思想及诸子对此的深化，大大扩展了人对自然美的认识深度，成为后世园林美学发展的重要基础，为魏晋以降士人园林的勃兴预作了理论上的准备。

第四节　墓葬

墓葬也是重要的建筑类型。在原始社会，墓葬非常简陋，大都谈不上有什么建筑处理。新石器时代，少数墓葬可能有棺、椁之设，但没有墓室，只有新石器时代晚期，主要是东北红山文化及其影响范围内，出现过作为地上墓室的石棚，还有一些积石冢，但未得到普及，以后并渐渐消失了。到了殷商时期，奴隶主的墓葬突然隆重起来，不但有棺有椁，并在墓上建享堂。战国墓葬出现封土堆，崇高丰隆，有的并有多重木椁。战国晚期出现空心砖墓室。以后，各代帝王的墓葬特称陵墓，发展为在中国特别受到重视的一种建筑类型。

商周墓葬

殷墟有许多王和贵族的大墓。王墓为十字墓或中字墓，为竖穴土坑墓，平面方形或折角十字，内有木棺，棺外护以木椁。其最大的一座在安阳侯家庄，深达15米以上，四面或前后两面都有斜下的墓道，总体呈十字形或中字形。贵族墓为中字墓或甲字墓，后者只在向南一面有墓道。在这些墓里，椁外都同葬有杀殉的奴隶和牲畜，棺底都有小坑，称为腰坑，殉葬一人或一狗（图2-4-1～图2-4-3）。殷商大墓的墓顶情况不明，因为过去发掘时多注意墓下，对墓顶遗迹常常忽略。但从一些材料可以肯定，至少在晚殷时，应墓祭的需要，有在回填土墓

①中国社会科学院考古研究
所安阳殷墟工作队.安阳殷墟
五号墓的发掘[J].考古学
报,1977(2).
②中国科学院考古研究所.
辉县发掘报告[M].北京：
科学出版社,1956.

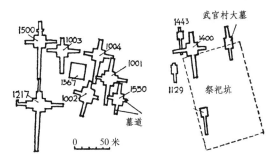

图 2-4-1 殷墟武官村王及贵族大墓（《新中国的考古发现与研究》）

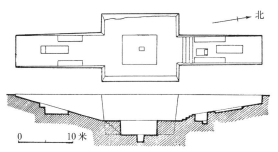

图 2-4-2 殷墟武官村大墓（《新中国的考古发现与研究》）

图 2-4-3 奴隶制时代王和贵族墓葬的人殉（《人类文明史图鉴》）

顶平地建享堂的实例。殷墟小屯五号墓（妇好墓）在墓顶之上的平地有夯土房基，大小与墓圹口基本相等，上有排列规整的柱洞，洞内有卵石柱础，房基外侧也有夯土擎檐柱基。据残迹复原，是一座面阔三间或三间以上、进深两间，有周围廊的"四阿重屋"享堂（图 2-4-4）。①在大

司空村的两座墓和侯家庄某墓也有类似的情况（图 2-4-5）。

但此时墓上都没有封土（人工堆成高出平地的坟丘）。孔子说："吾闻之，古也墓而不坟"（《礼记·檀弓上》）。古指殷商以前，与此相符。

除王和贵族的大墓外，殷商一般墓葬仍只是大小不等的长方形竖穴土坑，没有墓道。

西周承接商代，有中字墓和甲字墓。因为西周国君的墓尚未发现，不知是否还有十字墓，享堂也尚未见。传说西周墓已有封土，也多不存。周代棺椁已有严格的等级规定："天子棺椁七重，诸侯五重，大夫三重，士两重"。大量杀殉之风在西周中期后已稍有减退，但直到春秋战国之际仍有人殉的情形。

战国墓葬

战国墓仍有同殷商一样不起坟而建享堂的做法，如河南辉县固围村的一、二、三号墓相连，墓上平地各建方形享堂一座，中央一座较大，为 28 米×26 米，七间；两侧各一座较小，16 米×16 米，五间。三座享堂对称布置，下面虽无封土，却已有长方形低平方台，周绕围墙，显然是有总体规划的，时代可暂定为战国中期，约公元前 3 世纪。墓内发现有多重棺椁（图 2-4-6）。②

战国更多的墓已有封土，故"丘墓"、"坟墓"、"冢墓"之称当时已经盛行，君王之墓则称为"陵"或"陵墓"。丘、坟、冢，原意即土丘、土堆。陵字原指高大的山，故"陵墓"或径称"山陵"。河北平山中山王釁陵属战国中期，是一座未完成的陵墓，从墓中出土的一方金银错《兆域图》铜版，即此陵的陵园规划图，知道它原来的规划就有封土并在封土上建享堂（图 2-4-7）。据此图及遗址复原，知其形制是：外绕两道横长方形墙垣，内为横长方形南部中央稍有凸出的封土台，台东西长 310 余米、高约 5 米；台上并列五

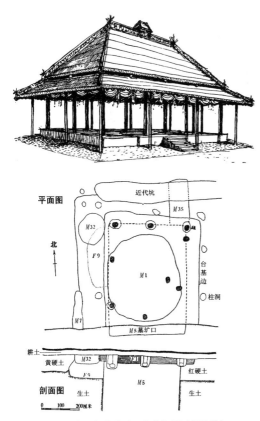

图 2-4-4　殷墟小屯妇好墓遗址及享堂复原（杨鸿勋）

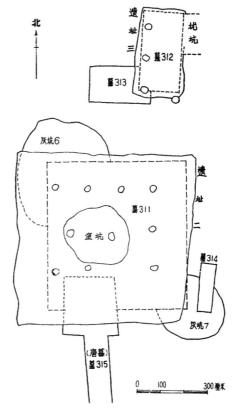

图 2-4-5　殷墟大司空村 311、312 墓上享堂遗址（杨鸿勋）

①傅熹年.战国中山王璺墓出土的《兆域图》及其陵园规制的研究[J].考古学报,1980(1);杨鸿勋.战国中山王陵及兆域图研究[J].考古学报,1980(1).

座方形享堂，分别祭祀王、二位王后和二位夫人，中间三座即王和后的享堂，平面各为 52 米 ×52 米；左右二座夫人享堂为 41 米 ×41 米，位置稍后退。五座享堂都是三层夯土台心的高台建筑，居中一座下面又多一层高 1 米多的台基，体制最崇，从地面算起，总高可有 20 米以上。封土后有四座小院。① 整组建筑规模宏伟，均齐对称，以中轴线上最高的王堂为构图中心，后堂及夫人堂依次降低，夫人堂且体量减小，平面退进，益使中心突出，主次更加分明。中国建筑的群体组合多采院落式的内向布局，但也有外向性格较强者，如中山王陵虽有围墙，但墙内的高台建筑耸出于上，四向凌空，外向性格就很显著。封土台提高了整群建筑的高度，使得从很远就能看到，很适合旷野的环境，有很强的纪念性格，是十分优秀的建筑与环境艺术设计（图 2-4-8 ～图 2-4-10）。

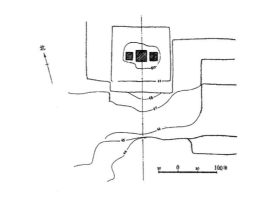

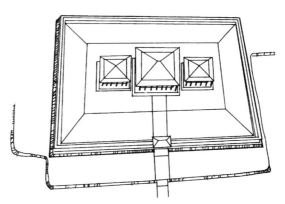

图 2-4-6　辉县固围村战国墓平面及享堂复原（《辉县发掘报告》）

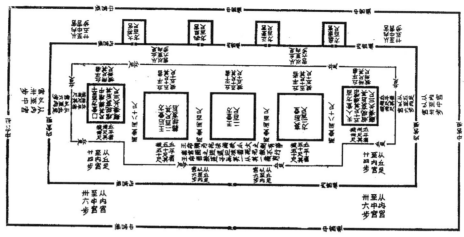

摹本

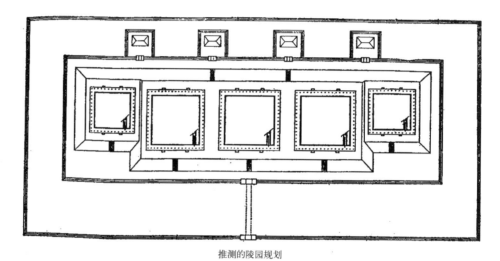

推测的陵园规划

图 2-4-7 平山战国中山王墓出土《兆域图》(傅熹年)

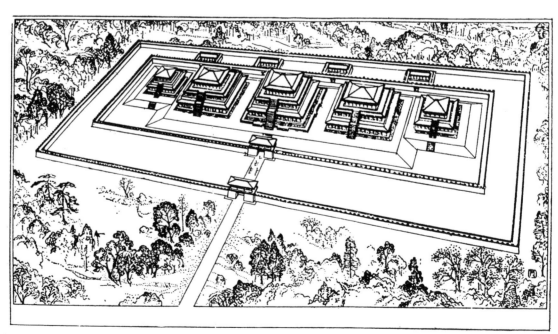

图 2-4-8 平山战国中山王墓复原(傅熹年)

图 2-4-9　战国中山王墓（傅熹年复原并绘）

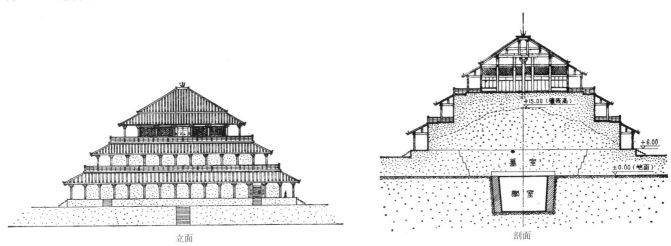

立面

剖面

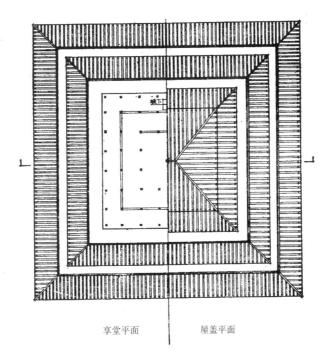

享堂平面　　屋盖平面

图 2-4-10　中山王墓享堂复原（杨鸿勋）

① 陕西周原考古队.陕西岐山凤雏村西周建筑基址发掘简报[J].文物,1979(10).

② 北京大学历史系考古教研室商周组.商周考古[M].北京：文物出版社,1979.

③ 梁思成.中国雕塑史[M]//梁思成.梁思成文集·第三集.北京：中国建筑工业出版社,1985.

战国晚期，在河南地区已出现空心砖墓室，以巨大的空心砖代替木椁，以后，空心砖墓在西汉特别盛行，并有了单室、双室或带耳室的多种形式，是木椁墓向西汉晚期以后小砖墓的过渡。当然，各时代下层人民的墓葬，大都只是简单的土墓。

第五节　建筑装饰与色彩

《论语·雍也》云："质胜文则野，文胜质则史，文质彬彬，然后君子。"质指实质、本质，偏重于内容。文指文采，文饰，偏重于形式。彬彬，谓配合得体，相得而益彰。若重质轻文，则易流入苍白粗野；若重文轻质，也易流入虚矫和匠气。中国艺术家很早就认识到了这一点，而且特别强调二者的统一。

对于建筑艺术来说，这里的所谓文采，主要是指由建筑内容决定的偏重于宏观的建筑形式，如总体布局、建筑群中各单体建筑之间的呼应关系，以及每座建筑本身的体形体量；所谓文饰，则偏重于装饰和色彩等微观的处理，二者对于建筑艺术造型的成败都起着作用。前者与建筑内容的关系更为密切，是体现建筑艺术性格的主导因素、艺术造型成败的关键；后者侧重于对造型的精细加工，类乎锦上添花，是前者的补充。所以，要纠正一种不恰当的认识：似乎所谓"建筑艺术"，就是或主要就是建筑的装饰，以至于反宾为主。当然，在强调建筑总体造型的前提下，对建筑的文饰也应充分注意，不放松每一个造型细节，惨淡经营，美轮美奂，而臻至美。

夏商周建筑，尤其是其高级建筑，已明确形成了台基、屋身、屋顶三大部分的组合。在以后数千年中，这一组合方式都得以保持。它与西方建筑往往并不特别重视台基或屋顶有别，梁思成认为这是中国建筑的重大特征之一。本节拟以此三大部分为纲，对夏商周三代的建筑

文饰处理，作一个综合的描述。三代的建筑装饰和色彩，与后代相比，当然仍处于初级阶段，但从一些高级建筑中，可看出人们已开始重视它们，曾经探索过多种处理方式，后代的发展，正是以这些探索为基础的。

一、台基与柱础

这一时期的台基皆由夯土或土坯筑成，即所谓"土阶"。偃师二里头晚夏宫殿的台基高0.8米。

当时又称台基为"堂"，据《考工记》对于三代最隆重的建筑即夏世室、殷重屋和周明堂的记载，除夏世室的堂高不详外，"殷人重屋……堂崇三尺"，"周人明堂，九尺之筵……堂崇一筵"，郑注曰："周堂高九尺"，似乎台基有增高之势。愈古之尺愈短，周尺大概只合今20厘米，九尺约合1.8米。《礼记》又说："天子之堂九尺，诸侯七尺，大夫五尺，士三尺"，可知周代台基之崇已按地位等级而高低有别。时属晚商的先周凤雏宫殿（或宗庙），其门塾的台基高0.48米。主体建筑前堂的台基最高，高出周围建筑台基0.3～0.4米。①可见在同一建筑群中，主要建筑的台基应更高一些。这座台基还部分采用土坯砌筑，可能就是"中唐有甓"（《诗经·防有鹊巢》）的"甓"了。

晚商已不大采用栽柱，柱子立在地面上，柱下常有装饰处理，如前已提到的殷墟宫殿，柱下即有凸弧面的铜锧，锧面隐约可见云雷纹。②殷墟出土过一批白石动物雕刻，如高约30厘米的鸮、蟾和虎首人身怪兽，是先以圆雕凿出大形，写实中寓夸张，再在表面施以薄浮雕和线刻，是雕刻艺术中的珍品。它们的后背有槽，推知可能是安在柱脚旁的装饰（图2-5-1）。殷墟还出土有石刻抱膝人形柱础，无足无首，全身有雷纹。③西周青铜器上有一件兽足方鬲，在下部铸出建筑立柱和门

窗形象，立柱下也各有一兽，使用了同样的装饰手法（图2-5-2）。①文献也有关于春秋时此类装饰的记载，如任昉《述异记》云："吴王射堂，柱础皆是伏龟"。

①容庚，张维时.殷周青铜器通论[M].北京：科学出版社，1958.

图2-5-1　殷墟出土白大理石虎首人身建筑装饰（《商周考古》）

二、屋身

屋身主要由墙和门窗构成，还有露出的木构件。《说苑·反质》引墨子的话说："纣为鹿台糟丘，酒池肉林，宫墙文画，雕琢刻镂，锦绣被堂，金玉珍玮"，证以考古材料，可知并不全是夸饰之词。可见室内外屋身的装饰手段主要是涂饰、彩饰、雕刻和壁画，另外也采用珍贵材料如金玉珠翠和软材料如锦绣等为饰。

涂饰和彩饰

涂饰和彩饰的使用，源于对材料的防护和建筑审美的双重需要。前者用于墙面，以草泥涂墁，早在新石器时代已经出现，三代一般又再于涂墁表面上罩刷白色灰浆。后者用于木材表面，以颜料涂刷彩色，作保护木材和掩盖木材疤痕之用。

图2-5-2　西周青铜器方彝上表现的门窗（《中国古代建筑史》）

为了保护夯土墙或土坯墙并使表面平整，涂墁是必要的，它正是此前的木骨泥墙技术的继承。《书·梓材》曰："若作家室，即勤垣墉，惟其涂暨（及）茨"，说到了涂墁墙壁的事。《尔雅》："墁谓之圬"，《说文》："圬，所以涂也"，也指涂饰。以草泥涂墁以后再刷饰白灰，古称为"垩"。《尔雅》说："墙谓之垩"，《释名》解释说："垩，亚也；亚，次也。先泥之，次以白灰饰之也"。《说文》也认为是"白涂也"。古谓涂白为垩，故也称白土为垩。涂白的材料也可用蜃灰，《周礼·掌蜃》说："共白盛之蜃"，郑注释曰："以蜃灰饰墙，谓饰墙使白之蜃也。今东莱用蛤，谓之义灰云"。凤雏等遗址就出土过这种白墙皮。

不仅墙面涂墁，地面也有涂墁。《说文》谓："墀，涂地也"。《礼》："春，天子赤墀"，段注

云："《尔雅》'地谓之黝'，然则惟天子以赤饰堂上而已"。可见地面一般呈黑色，只有天子才能涂红。

至于木构件上的彩饰用色，据《考工记》知夏代崇尚黑色，商尚白，周尚红。《礼记》记春秋战国"楹（柱），天子丹，诸侯黝（黑），大夫苍，士黈（音hui，黄）"。可见依建筑的等级，用色也有不同。《国语·鲁语上》记春秋鲁庄公曾"丹桓宫之楹"，可能逾制。

彩饰不只是在木构件上平涂色彩，还可能绘有彩画。《礼记》有"山节藻棁（音zhuo）"一语，孔疏云："藻棁者，谓画梁上短柱为藻文也，此是天子庙饰"。郑注明堂也说："藻棁，画侏儒柱（短柱）为藻文也。"

雕刻

前已提到的柱下铜锧、柱脚旁的动物石雕、人或动物形的石柱础，都是建筑雕刻。此外，商周屋身许多木结构部件也都施以雕刻。殷墟

① 中国科学院考古研究所安阳发掘队.1971安阳后冈发掘简报[J].考古,1972(3).

② 湖北省博物馆,北京大学考古专业盘龙城发掘队.盘龙城一九七四年度田野考古纪要[J].文物,1976(2).

③ 中国科学院考古研究所安阳发掘队.1975安阳殷墟的新发现[J].考古,1976(4).

④ 孙作云.楚辞天问与楚宗庙壁画[M]//楚文化.楚文化研究论文集.开封:中州书画社,1983.

⑤ 湖北省荆州地区博物馆.江陵天星观1号楚墓[J].考古学报,1982(1).

⑥ 高至喜.长沙烈士公园3号椁墓清理简报[J].文物,1959(10);张正明.楚文化志[M].武汉:湖北人民出版社,1988.

侯家庄一座十字墓中可见几处木面印痕,图案有饕餮、夔龙、蛇、虎、云龙诸纹,以极精美的线刻组成图形,施以红色及少量青色。有的纹饰组成带状,在红色图形中有节奏地间饰白色圆形,总的造型水平绝不在青铜器之下。安阳后冈一些较大的墓也发现有木雕刻痕,都作兽面状,比较完整的一处为长方形,长72厘米、宽40厘米,中央是一个大饕餮面,两旁为长尾鸟纹。有的木雕印痕还用鲟鱼的鳞板、各式蚌片或牙片为饰,应是中国最早镶嵌雕花木器之一。① 盘龙城商墓中也有类似的木雕印痕。② 由此大略可见当时木构件表面的雕饰并加彩绘的情况。

壁画

殷墟发现一块彩绘墙皮,长22厘米、宽13厘米,在白灰墙面上绘红色花纹和黑色圆点,线条较粗,纹饰似由对称图案组成,应是脱落的壁画残片,③是"宫墙文画"的证明(图2-5-3)。陕西扶风西周墓中也有白色菱形组成的壁画。

周代明堂有壁画。《大戴礼记·盛德》:"凡人发疾,六畜疫,五谷灾者,生于天。天道不顺,生于明堂不饰,故有天灾则饰明堂也。"《孔子家语》也说到春秋时明堂,"孔子观乎明堂,睹

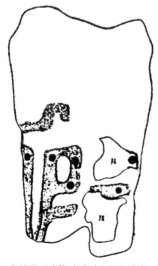

图2-5-3　殷墟壁画残片(《考古》7604期)

四门墉,有尧舜之容,桀纣之象,而各有善恶之状,兴废之诫焉……又有周公相成王,抱之负斧扆(音yi),南面以朝诸侯之图焉"。孔安国《尚书传》云:"扆,屏风也,画为斧形,置户牖间是也。"

周代宫殿门扉上也常有画。《周礼·地官·师氏》云:"居虎门之左,司王朝",郑氏注云:"虎门,路寝门也,王日视朝于路寝门外,画虎焉,以明勇猛于守宜也"。这可能是中国最早的门神绘画了。

战国楚先王庙堂及公卿祠堂也有壁画,屈原至其地,"仰见图画,因书其壁",写出了《天问》。壁画的内容十分丰富多彩,图画天地、山川、神灵,奇玮谲诡,及古圣贤怪物行事。在庙堂主室的天棚上,绘天象及诸天神怪,如九重天,日中之鸟,月中蟾蜍、群星、嫦娥奔月、王子乔、雨师屏翳和风神飞廉等。墙壁上绘"大地",计有鲧、禹治水、昆仑山,也有烛龙、雄虺、鲮鱼、䲹雀等形象;次绘人类起源及历史人物,如女娲、尧、舜、禹、伯益、启、后羿、寒浞、敖、桀、简狄、王亥、王恒、商汤、伊尹、殷纣、姜嫄、太王、文王、姜尚、武王、周公、昭王、穆王、幽王、齐桓公、晋太子申生、楚令尹子文、楚成王、吴太伯及仲雍、吴王阖闾、吴师入郢,等等。此外,还有四幅独立小画,分绘彭祖、厉王奔彘图、伯夷叔齐采薇图,以及秦公子针与兄争犬图等。④

在楚墓中发现过小型壁画,如湖北江陵天星观1号墓椁室横隔板上,绘有十一幅彩色壁画,画面作"田"字构图,用五种彩色画着菱形纹、卷云纹和三角形花瓣状云纹(图2-5-4)。⑤另外,在河南信阳楚墓还出土过几何纹棺饰。

楚国还可能有装裱壁画,此可由长沙烈士陵园三号楚墓推知。墓中棺板内壁东、南两块挡板,各有裱糊的刺绣一幅,以连环状针脚,在丝织物上绣出劲健有力的龙凤图案。⑥

金玉珠翠锦绣装饰

凤雏和召陈出土一批蚌泡和玉管、玉珠、玉佩和玉鸟。蚌泡圆形或方形，中心穿孔，上涂朱砂。文献载周代椽头饰玉当，门窗、梁柱镶玉、蚌和骨料。看来这些蚌泡和玉件有许多都是建筑木面的装饰。还有一种菱形玉片，参照前举扶风西周墓的白色菱形壁画，可能是饰墙的。这些都是墨子所言"金玉珍玮"的说明。

至于"锦绣被堂"，也是可信的。几处宫殿的"堂"，前檐都是大敞口，基于遮护的需要，必会张挂帐幄、帷幔或壁衣之属，或织或绣或绘，也就成了建筑的装饰。洛阳殷墓出土的布幔，就绘有红、黄、黑、白四色。

凤翔还出土了一批春秋秦雍都宫殿的铜质建筑构件，[①]据研究可能是所谓金釭。金釭如方管，套在立柱与横枋，或立柱与壁面的水平构件"壁带"的交接处，起加固连接点的作用，也成为建筑装饰。出土的金釭有多种类型，如中段型、尽端型、外转角型、内转角型等，分别用在各个部位。金釭向外的一面两端呈三尖齿状，表面铸出纠结的夔纹（图2-5-5、图2-5-6）。这种尖齿状箍套在木构件上的构图，在很久以后还可在宋代建筑柱子两端或中段的彩画（如敦煌宋初窟檐），以及辽至明清建筑彩画的"箍头"上看到它们的影子。

①凤翔县文化馆，陕西省文管会.凤翔先秦宫殿试掘及其铜质建筑构件[J].考古，1976(2)；杨鸿勋.凤翔出土春秋秦宫铜构金釭[M]// 杨鸿勋.建筑考古学论文集.北京：文物出版社，1987.

图2-5-4　江陵天星观楚墓壁画构图（《考古学报》8201期）

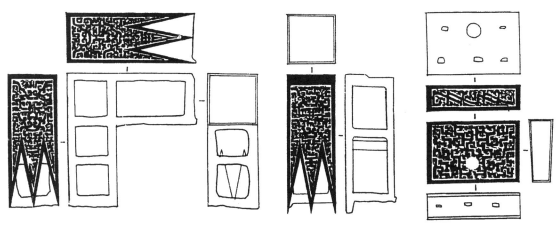

图2-5-5　春秋秦雍都宫殿铜金釭（《考古》7602期）

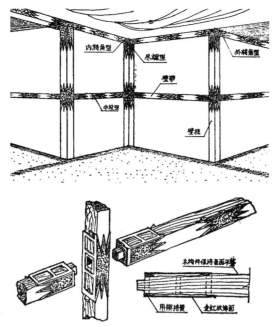

图 2-5-6 金钉装设位置及构造（杨鸿勋）

三、屋顶

屋顶形式

中国建筑单体屋宇的形式，若以在造型中起到很大作用的屋顶来分类，主要有硬山（两坡，左右边缘在山墙处终止。硬山顶通行得较晚，与明清建筑已广泛采用了砖墙有关，不需要悬山屋顶的山面挑出来保护山墙）、悬山（左右边缘从山墙向外伸出的两坡）、歇山（上部为悬山，下部为四坡）、庑殿（四坡）和攒尖（用在正多边形或圆形平面，各坡屋顶向中心聚成一个尖形）等五种基本形体。以这五种为基础加以变通和组合，可形成更多的形象（图 2-5-7）。

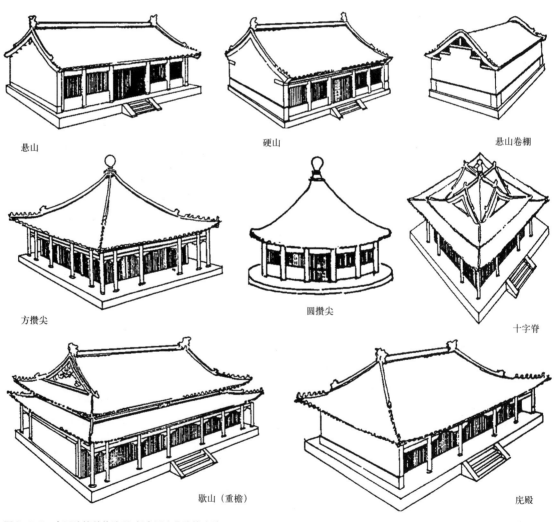

悬山　　　　　　　　　硬山　　　　　　　　　悬山卷棚

方攒尖　　　　　　　　圆攒尖　　　　　　　　十字脊

歇山（重檐）　　　　　　　　　　　　　　　庑殿

图 2-5-7　中国建筑单体造型（《中国古代建筑史》）

由文献得知，三代时期的屋顶多为"四阿"，即以后所称的庑殿式，四面排水，以后常用于比较重要的建筑。据判断，应也有悬山顶。悬山顶两面排水，屋顶伸出山墙外，以保护山墙不被雨水冲刷，可能用于较次要的建筑。至于歇山顶，因结构复杂，此时未能实行。攒尖顶各种斜向木构件须交接在顶尖一点，也很复杂，极少见。硬山顶也是两面排水，只是屋顶在山面不再悬出，虽然最为简单，但因不能保护山墙，要迟至明清才得以流行。

文献形容夏商建筑，常有"茅茨不翦"、"茅茨土阶"之词，可见至迟到西周，在瓦的发明以前，屋顶多以草覆盖，还相当简单。殷墟五号墓（妇好墓）出土的晚商偶方彝，长方形彝盖仿四阿屋顶，檐下从室内伸出一排斜梁头，反映出当时高级建筑屋顶的样子：屋面为平整斜面，不凹曲，屋角平直，无起翘（图2-5-8）。屋面的凹曲称为"反宇"，其做法则称举折或举架，是中国传统建筑的重大形象特征之一，庞大的屋顶赖它得以"软化"，显得轻柔若定，可能在汉代以后方得广泛流行。屋角起翘也是中国建筑的重大形象特征，又称角翘或翼角，其结构复杂，大约至东汉才出现雏形，唐代渐多，全面的普及要到宋金以后。前人曾认为《诗经·小雅·斯干》描写的西周建筑"如跂斯翼，如矢斯棘，如鸟斯革，如翚斯飞"，指的就是屋角起翘，其实这段文字只是泛写庞大屋顶的造型，用箭矢来形容檐下线条的挺拔，以鸟翼来比喻意态的轻扬，并不是描写角翘。

但偶方彝已有正脊和四条斜向垂脊，正脊两端的附近还有两个凸出的钮，仿佛以后的脊吻，应该是一种脊饰。屋脊之起源是为了防止屋坡相接处雨水的漏泄，却丰富了建筑的造型，以后成为屋顶的重点装饰。

先秦还以鸟为脊饰。在前举辉县战国墓出土的燕乐射猎纹铜鉴上就可以看到。浙江绍兴

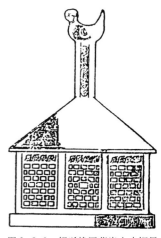

图2-5-8　殷墟五号墓出土晚商偶方彝（萧默）

图2-5-9　绍兴战国墓出土小铜屋之鸟形饰（《考古》9010期）

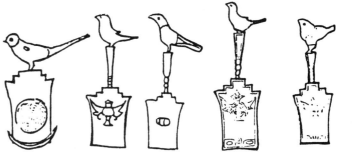

图2-5-10　良渚文化玉器鸟图腾（《考古》9010期）

战国墓出土的小铜屋屋顶为四角攒尖顶，顶上耸出八角柱，柱顶立一大尾鸠（图2-5-9）。[1]据研究，这个铜屋是越族专用于祭祀的庙堂模型，故此八角柱及鸟形，可能与图腾崇拜有关。晋·张华《博物志》就说："越地深山有鸟如鸠……越人谓此鸟为越祝之祖。"可见确有一部分越族人以鸟为图腾（图2-5-10）。

周代还有雕饰椽子的做法。《国语·鲁语上》说："庄公丹桓宫之楹，而刻其桷。"《国语·晋语》还提到："天子之室，斫其椽而砻之，加密石焉；诸侯奢之；大夫斫之；士首之。"砻，磨也。密石，谓以坚实细密之石打磨。首，谓只对椽头进行加工。

斗栱

中国古代建筑最具特点的"斗栱"已在此时初具雏形。栱是由一种称为"枅"的柱顶梁托发展而来的，两端斜收，以后或称实拍栱，

①浙江省文物管理处等．绍兴306号战国墓发掘简报[J]．文物，1984(1)；牟永杭．绍兴306号墓刍议[J]．文物，1984(1)．

①陈梦家.西周铜器断代二
[J].考古学报,1955(10).

②河北省文物管理处.河北
省平山县战国时期中山国
墓葬发掘简报[J].文物,
1979(1).

③陈应祺,李士莲.战国中
山国建筑用陶斗浅析[J].
文物,1989(11).

图2-5-11 西周青铜器令簋表现的栌斗和散斗(《中国古代建筑史》)

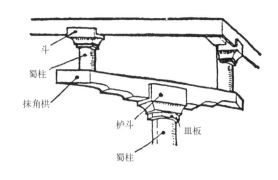

图2-5-13 铜方案转角斗栱(傅熹年)

图2-5-12 战国中山王墓出土铜案(罗哲文)

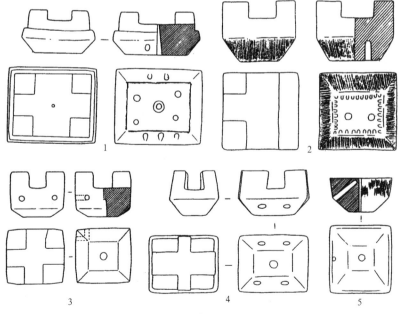

1.十字口栌斗;2.丁字口栌斗;3.十字口交互斗;4.十字口交互斗;5.平盘斗

图2-5-14 平山中山国灵寿城出土陶斗(《文物》8911期)

可用在平行于屋檐的方向,也可用在垂直于屋檐的方向,后者的功用在于承托外挑的屋檐。斗是一块方木,早期又称为"节",垫在柱头或栱之间(栌斗),或者两层栱之间(散斗、升);在栱的两端若加上斗,即成一斗二升的"斗栱"。西周初的青铜器令簋上,有最早的栌斗和散斗,但没有栱,屋檐不挑出(图2-5-11)。洛阳出土的西周矢令簋,器座为建筑形,也有斗的形象:在四角的短柱上置栌斗,栌斗间为横枋,每根横枋上和座盘之间立蜀柱两个。①战国中山国王陵出土一座四龙四凤案,支承案枋的有斗也有栱,形制已很完整,是最早的斗栱组合形象(图2-5-12、图2-5-13)。②在河北平山中山国都邑灵寿城遗址还出土了一批陶质斗,有多种类型(图2-5-14)。③斗栱本是立柱与屋顶之间的传力构件,位于檐下,起结构作用,但光影错落,也有较强的造型意义,以后成了建筑的重点形象处理部位。但当时主要还是依靠擎檐柱来支持出檐,斗栱还只是雏形,所以没有外挑。

瓦当

战国保存下来的屋顶饰物以瓦当最多。瓦最早见于先周凤雏宫室,只有少量发现,大约只用在脊部和檐部,类似以后的"剪边"做法。西周早中期召陈宫殿十四座殿堂出土瓦件甚多,有大小多种规格的板瓦和筒瓦,还第一次出现了三种半圆瓦当，表明这组殿堂已全部用瓦盖顶。瓦在战国后已广泛采用。瓦当饰在最下一块筒瓦的前端，给檐端造成了一串点状的韵律，有半圆当（简称半当）和圆当两种，直径多在15～18厘米上下。战国以前都盛行半当，圆当很少，多在秦国出现，汉代以后半当消失，全为圆当。

瓦当当面有素面，更多的是浮塑各种纹样，各国有所不同。召陈宫室的半当除素面外，只有简单的刻纹如弦文、重环文等。周王城主要是各式对称的云纹半当。齐临淄流行大树居中，双兽或卷云分列左右的半当，也有素面半当。韩、楚、赵主要是素面半当。赵国有少量三鹿纹和变形云纹圆当，三鹿不对称，围绕中心内圆奔驰，鹿角被夸张得很长，画面生动流畅。燕下都的半当近三十种，多数为动物纹，如饕餮、双兽、双鸟、独兽等，除独兽纹外，大都作对称布局，少数为自然纹如云山纹：下部是折线组成的山纹，上部饰曲线云纹。也有树木双兽纹半当及极少的几何纹如窗棂纹等。窗棂纹以错综的短直线密集组合。秦国则以圆当为主，早期当面多装饰动物纹，分别为鹿、獾、羊、鸟、狗等，其中凤翔秦雍城的子母鹿纹圆当，饰一大一小两个鹿形，鹿身矫健灵巧，鹿角枝杈挺锐，机警敏捷，神态十足，刀法朴实自由，虚实安排也很得体。秦国在战国中晚期的瓦当可以秦咸阳出土的为代表，纹样颇多，主要是动物纹和植物纹。动物纹圆当由早期的单体动物进而组合成对称的图案。圆当有中心内圆，内外圆间用四组双线分全环为四个扇形，每扇中有两个动物，如鹿、鸟、昆虫等，比较复杂。植物纹圆当多是在内圆塑花蒂，蒂外布置多个同向卷曲纹，有菊花纹（或称莲瓣纹）和各种葵纹（图2-5-15～图2-5-20）。

在燕下都还出土过陶质下水道兽首形管口，塑造得十分生动（图2-5-21）。

图2-5-15　齐临淄半瓦当（《中国古代建筑技术史》）

图2-5-16　燕下都半瓦当和方砖（《中国建筑技术史》）

图2-5-17　战国马纹半瓦当（《中国古建筑图案》）

图2-5-18　战国各式半圆当（《中国古代瓦当》）

马纹 　　　　　　　　　双马与"甲天下"

图2-5-20　战国秦国鹿文和子母鹿文圆当（《中国古代瓦当》）

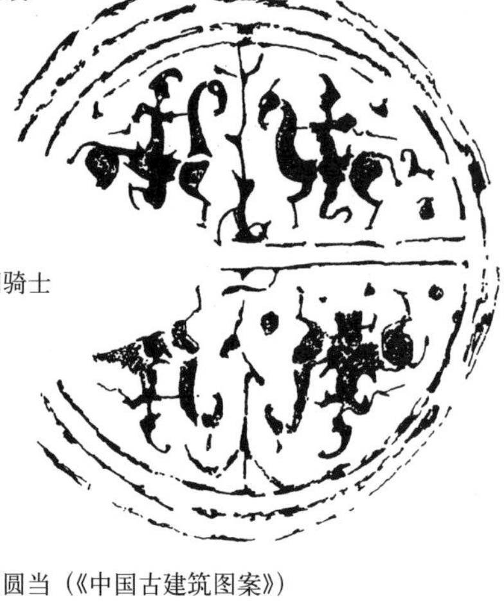

四骑士

图2-5-19　战国圆当（《中国古建筑图案》）

图2-5-21　陶下水管道兽首管口（《中国古建筑图案》）

第六节　建筑理论之发轫

从春秋末年到整个战国时代，诸国互相争战吞并，代表各利益集团的各学派纷纷兴起，提出各种不同的治国主张，学术上出现了空前活跃的百家争鸣局面，大大促进了思想界的成熟。建筑问题也成为争鸣的对象，儒、法、老、墨以及堪舆诸家等对此都有自己的观点，由此而引致建筑理论的出现。其中持明显对立观点的主要是以孔丘为代表的儒家和以管仲为代表的法家。但以上种种观点，大都散见于各种著作中，并未以专著形式出现。

孔丘，春秋晚期鲁国人，是儒家学派的创始人。他的政治主张强调维护等级制社会秩序的安定和谐，特别注重文化和艺术的教育功用，主张以"礼"、"乐"的教化维系社会道德的稳定，使上不苛待于下，下不反逆于上，认为这样就可以使纷纭乱世复归安宁。孔丘理想中的社会模式是西周的一整套文化和制度，表示"吾从周"，力主"克己复礼"，也就是恢复西周的人伦规范。这些主张，可以以儒家的重要著作《乐记》中的"乐统同，礼辨异"来说明。《乐记》曰："乐统同，礼辨异，礼乐之说，管乎人情矣……乐者，天地之和也；礼者，天地之序也。和，故百物皆化；序，故群物有别。"这一段话，包含了儒学在艺术的社会功用上的全部理论核心。所谓"辨异"，就是辨别尊卑贵贱的差异，维护上下有别的等级秩序，这是"礼"的职能；所谓"统同"，就是维系上下人心的统一协同，保持和谐安定的社会氛围，这就是艺术——"乐"的功用。礼是根本，是目的，乐是派生，是手段，两者配合，再辅以刑、政，达到长治久安，故"礼乐刑政，其极一也"（《乐记·乐本篇》）。

儒家不但提出了这些原则，也提出了实现这些原则的方法，其中有关建筑艺术的，主要存在于《礼记》一书中。《礼记》说：远古先王时代，本来没有建筑。人们冬天住在地穴里，夏天住到橧巢上……以后圣人想出了办法，利用火来熔炼金属，烧制陶瓦，才造成了台榭、宫室和门窗……用来接待神灵和先祖亡魂，严明了君臣的尊卑，增进了兄弟父子的感情，使上下有序，男女界限分明。这就把建筑的出现，归结为懂得礼乐法度的"圣人"的建制，并且一下子就提到了纲常伦教的高度。《礼记》对利用建筑来区别尊卑还提出了具体的办法：如以数量来区别，天子宗庙应该拥有七座殿堂，诸侯可以有五座，大夫只能三座，士一座；或以大小来区别，如建筑的数量与体量、器皿的大小、坟堆的规模甚至棺材板的厚度等等，都应该视享用者的地位不同而等差有序；还有以高度来区别，如天子的殿堂台基可以高九尺，诸侯只能高七尺，大夫五尺，士三尺，天子、诸侯的宫城还可以建造上有城楼的"台门"。除此以外，《礼记》还第一次从理论上高度概括了建筑群的中轴对称布局对于烘托尊贵地位的作用，提出"中正无邪，礼之质也"的看法，显然，主要的殿堂应该建在中轴线上接近中心的最重要的位置。这一观念，又叫做择中论。择中论的"中"甚至还可以扩大为国土之"中"，此前就已产生，如《逸周书·作洛》讲到西周洛邑，说："乃作大邑成周（此指洛邑）于土中"，而"俾中天下"。荀子说得更具体："王者必居天下之中，礼也。"《吕氏春秋》也有"择天下之中而立国（国都），择国之中而立宫"的话。

已如前述，中国在进入文明时代之初，源于原始宗教的祖先崇拜和自然神崇拜被继承下来，儒学全盘接受了这些观念并用自己的政治理想对之加以改造。儒学强调的礼乐观即以血缘宗法关系为基础，认为孝悌是礼乐的核心，"其为人也悌，而好犯上者鲜矣"。儒学重视人间现世，《论语》记载说"子不语怪力乱神"，当有人问及孔子关于鬼神之事时，他总是回答"未能事人，焉能事鬼？"机智地提醒人们注重人世之事。但儒学并非否定神灵世界的存在，它对源于原始神灵观念的改造，使这些神灵都具有如人间那样的等级有差的品位，以之来反证人间等级存在的合理性。所以，前举洛邑王城及其宫城的规划，它的规整对称，突出王宫的布局，它所反映的以君权为中心和以族权、神权为拱卫的规划思想，就与儒学的理念完全相符。所以，记载洛邑王城规划制度的《考工记》，被儒家奉为圭璧。

儒学除了直接强调君臣之道外，还把它的理论触角更深入到家庭关系之中，说："是故，乐在宗庙之中，君臣上下同听之，则莫不和敬；在族长乡里之中，长幼同听之，则莫不和顺；在闺门之内，父子兄弟同听之，则莫不和亲。"这就使中国的传统住宅也都蒙上了一层礼乐色彩。

儒学建筑观第一次以理论的方式表明了人对建筑艺术的自觉。如果说，在此以前人们对建筑的认识多半只限于实际的物质的使用功能，那么，儒学已把它提高到了一个艺术理论的高度，即建筑不仅具有物质性的使用功能，同时也具有表达思想意识的精神性功能。也就是说，不但要求建筑具备紧密结合物质功能的安全感和舒适感，或具有造型美意义的一般美感等较低层次的广义的艺术美特性，在有必要时，还应该要求它体现出一定倾向的思想性，具备更高层次的艺术美特性，进入真正意义上的即狭义的"艺术"的行列。这在建筑艺术理论上显然具有重要的意义。

此外，在儒学经典《易经》中，还对建筑提出了"大壮"的要求，与儒学强调突出君权的建筑观念相呼应。《易·系辞下》说："上古穴居而野处，后世圣人易之以宫室，上栋下宇，以待风雨，盖取诸大壮。"战国成书的《周易·象传》释"大壮"说："大壮，大者壮也，刚以动，故壮"，即蕴含一种阳刚壮大之美，体现在宫殿中就是巨大、宏丽、华美和威严。

至于艺术风格，儒家则特别提倡所谓"温柔敦厚"的品位。孔子赞扬《诗经》说"一言以蔽之，曰：'思无邪'"，"温柔敦厚，《诗》教也"。但温柔敦厚并不排斥文采，只是要求文质相应，"文质彬彬"，故《礼记》又说："温柔敦厚而不愚，则深于《诗》者也"，而所谓"彬彬"者，就是荀子所说"谨慎而无斗怒，是以百举不过也"（《荀子·臣道》），达到普遍和谐。儒家对于温柔敦厚的推重，的确对于中国艺术包括建筑艺术的总体风格产生了很大影响，甚至也是形成中国人趋于平和、宁静、含蓄、内向的心理气质的原因之一。

但儒学三位大师孔子、孟子和荀子，实际都不行于当时，在春秋末以至战国"礼崩乐坏"的局面中，他们奔走呼号提出的各种主张，并没有得到认真的实行。儒学作为统治中国两千多年封建社会的正统思想，其实际影响更多的是在汉代以后。

法家提出了与儒家针锋相对的观点，强调打破西周的礼乐法度，认为尊卑贵贱不是天生的，一切要以现实的需要来决定。在建筑观念上，则特别强调实际的物质性的一面，它主要反映在《管子》一书中。

《管子》成书于战国，记述了齐国名相管仲的思想。书中多处讨论了建筑与城市问题，主张城市的大小和数量不必因循西周等级制的严格规定，认为城市太大而耕地不足，产品养不活那么多人，城市太大而人口太少，又无法守卫，都是不可取的。他又说：城市选址无非是在大山之下、大河之旁，要考虑基址的适当高度，太高了取水不便，太低了容易遭受洪水，须傍山近水、土地肥沃才好。对城市的规划方式，他提出"城郭不必中规矩，道路不必中准绳"，无须都是方方正正、道路笔直，更不必谈什么中轴对称。他认为建造宫殿宗庙，主要在于适用，应"不求其美","不求其大",足以"避燥湿寒暑而已"。

这些主张无疑也具有相当的合理性，与当时新兴封建力量冲破奴隶制的旧框框并进行多元探索的需要相适应。

为富国强兵，法家提倡农战为本，特别反对给予包括建筑在内的工商"末作"以较多的关注，当然也包括对其艺术性的追求。《管子·治国》就说："凡为国之急者，必先禁末作文巧"，商鞅《商君书·农战》说："令民归心于农"，一切工商末作，理应都加以限制。

墨家从朴素的节用观点出发，在建筑观念上与法家相近，也反对建筑的艺术属性。《墨子·辞过》论建筑说："高足以辟湿润，边足以圉风寒，上足以待雪霜雨露，宫墙之高足以别男女之礼，谨此则止，费财劳力不加利者不为也。"墨子认为建造宫室应"便于生，不以为观乐也"。法家和墨家的主张，显然已有了所谓"卑宫室"的观念，与主张宫室应该"大壮"的儒家观念恰好对立。《国语·楚语》中记载了伍举关于美的见解，"故先王之为台榭也，榭不过讲军实，台不过望氛祥，故榭度于大卒之居，台度于临观之高"，主张切合实用，不要过"度"。卑宫室的思想在汉以后发展为建筑的"适形论"。[1]

其实，各家学派的建筑思想远不像表面看来的那样势不两立，至少他们都同样重视建筑的内容与形式的统一，只不过儒家更强调精神性内容，法家更重视物质性内容。而对于建筑这个既具有精神性又具有物质性的复杂事物来说，就需要针对具体情况，综合考虑各方面的因素。一般而言，建筑的物质性内容更有决定意义，但就某一具体的建筑而言，精神性内容也是不可忽视的，甚至在某种情况下还可能上升为矛盾的主要方面。所以，与其说各家是根本对立的，还不如说是互为补充的，它们共同丰富了建筑的理性思考。

同时，各学派在其主导性的主张以外，也曾表明过对其他方面的补充性意见，例如"卑宫室"的主张，正是儒家第一次明确提出来的，《论语》记载说："子曰：'禹，吾无间然也……卑宫室而尽力乎沟洫'"，对禹的不讲求享乐的崇高人格极尽赞扬。孔子为了社会的长治久安，主张节制克己，宽厚惠民，同样要求合宜的"度"，反对过度奢华，故"礼，与其奢也，宁俭"。"仁者爱人"，"节用而爱人，使民以时"，"罕兴力役，无夺农时，如是则国富矣"。仁的"爱人"和礼的"辨异"形成了一套自我调节机制，这就是"中庸之道"，也就是孔丘追求的普遍和谐。应该说，孔丘的认识比其他诸学派更加深刻而全面。

中国建筑理论自春秋战国发轫后，在几千年的发展过程中不断充实而蔚为大观，形成富有中国特色的一整套复杂观念。对此，我们将在第五编中再行专门讨论。

第七节 家具

建筑艺术是一种综合性极强的艺术，虽以房屋为主体，但关注的对象还包括更多的方面，如室内外环境。家具是一种生活器具，大致包括坐具、卧具、承具、庋具、架具、凭具和屏具等七大类，主要陈放在室内，有时也在室外。家具既为生活所必需，也以其形象、尺度、质地、色彩、装饰以及陈放的位置和呈现的总体风格，与建筑密切配合，共同参与艺术氛围的创造。所以，家具也是建筑艺术关注的一个方面。

原始时代的先民们只能使用像石块、树桩、茅草、树叶和兽皮等自然物作为坐具和卧具，只有编席勉强可以算作是人工制作的家具，属于卧具。夏商周开始，家具的各种类型都已出现（图2-7-1），至秦汉蔚为大观。魏晋以前多席地坐卧，魏晋开始向垂足而坐的方式变化，

① 王贵祥."大壮"与"适形"——中国古代建筑艺术思想探微[J].美术史论，1985(1).

漆俎（河南信阳）

铜俎（陕西）

铜俎（安徽寿县）

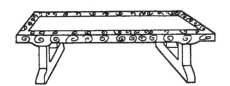
漆案（长沙刘城桥楚墓）

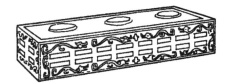
铜禁（陕西宝鸡台周墓）

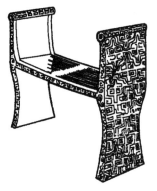
漆几（随县曾侯乙墓）

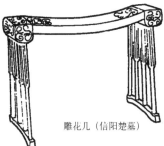
雕花几（信阳楚墓）

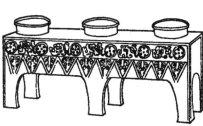
铜甗（安阳妇好墓）

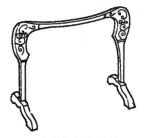
漆凭几（长沙楚墓）

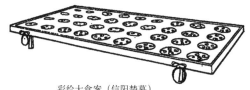
彩绘大食案（信阳楚墓）

衣箱（随县曾侯乙墓）

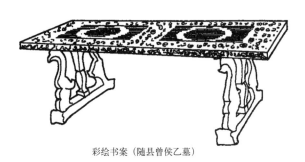
彩绘书案（随县曾侯乙墓）

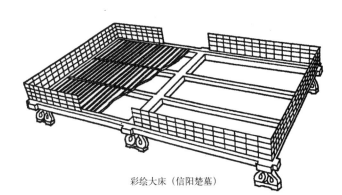
彩绘大床（信阳楚墓）

图 2-7-1 商、周、战国家具（陈增弼）

至宋代完成这一过程，家具的形制显然受到这种发展趋势的影响。家具与建筑一样，因社会生活和文化的不同而有时代、地域的不同风格，且往往与建筑同步发展。其构造方式也往往与建筑相通。总之，家具虽有其自身的发展规律，但宏观看来，与建筑的发展存在密切的关系。了解家具的发展过程，不但为建筑史研究所必需，更可深化我们对建筑艺术本身的认识。

中国家具（这里指的主要是室内家具）以木材为主，也使用竹材和其他材料，类型丰富，形式多样。漆树产出的汁液可以涂饰木竹器物表面，这早已被先民发现。河姆渡新石器时代遗址即出土过漆碗。秦汉以木材为加工对象的制造业十分繁荣，中国大漆更成为家具最好的保护和装饰手段。中国人对木材情有独钟，建筑以木结构为本位，其独特的无钉榫卯体系也为家具所共有。

留存至今的古代家具以明清最多，尤其明代家具，达到艺术的高峰。中国家具以其独特的风貌，在世界上占有重要地位。以下一至三编各章，我们都专设家具一节，对其发展情况和具体作品略作介绍。

此节按类型简述夏商周三代的家具。

坐具

三代的坐具还只是席、筵，是在原始席艺的基础上发展出来的，用篾编织，技术熟练，纹样有所创新，有的并以锦帛镶边，或用不同颜色的篾混合编织。许多地方都有出土，如河南信阳长台关战国墓出土的竹席，即用淡黄色和紫红色竹篾编成回纹图案。

卧具

在浙江余姚河姆渡、江苏吴县草鞋山和吴兴钱山漾原始时代遗址出土有编织的芦席和竹席，是最早的卧具。编织技术的出现至少不晚于新石器时代，各地普遍发现的距今六千年前后的席纹陶片就是其证明。商周甲骨象形文字已达四千余个，其中有一些直接反映这一时期的卧具，如"席"字示一长方形编为人字纹的席；"宿"字示一人卧于席上。床是席的发展，是对"席地而卧"的改善。"床"字示一有床腿支撑的平展床面。"疾"字示一病人卧于床上（图2-7-2）。从甲骨文和金文床的形象，可知此时尚没有床栏。《说文》："床，安身之几坐也。从木，爿声。"《释名》："人所坐卧曰床。床，装也，所以自装载也。"

床的最早实物出土于长台关战国楚墓，长2250毫米、宽1360毫米。床屉很低，仅高210毫米。床身用方木纵四横三组成长方框，各木件搭接后向外挑出作兽头状。木框上搭四根横枨，再上铺竹片，便于通风透气。据推测，竹片上还应有荐席和竹席。床框通体漆黑，上以朱漆彩绘回纹，立面一层，上面两层。床设六足，四角及前后中部各一，各足透雕两组卷云纹相对称，顶端出凸榫，插入床身卯内。床足通体亦漆黑。床周树栏，用竹、木条做成方格状，床栏在前后的中部留缺口以便上下，通体漆黑。此床全部髹漆彩绘，反映了楚地在漆工技艺方面的成就（图2-7-3）。

"席"　　"宿"　　"床"　　"疾"

图2-7-2　甲骨文表现卧具的字（萧默）

图2-7-3　河南信阳长台关战国楚墓黑漆大床（陈增弼）

还有一件大床出土于湖北荆门战国楚墓，长2208毫米、宽1356毫厘米、屈高236毫米，作折叠式结构构造。

承具

承具就是其上可陈放用具的家具。夏商周的承具以案为主，其形制特点是案面自两腿伸出，称为"吊头"。山西陶寺夏文化遗址出土了数件最早的木案，平面呈矩形或圆角矩形，"∏"形案足，长900～1200毫米、宽250～400毫米、高100～180毫米，皆砍削而成，有红、白、黑、黄、蓝、绿等彩色涂绘，经化验皆天然矿物颜料。古籍上有关于舜作黑漆食器，禹作漆绘祭器等传说，陶寺木器与之大致相合。从这批木案仅高不到20厘米，可见当时席地坐卧的生活方式。

商周也有案，据《考工记》，有书写简牍之用的书案和供宴饮用的食案两种。

河南安阳大司空村商墓和辽宁义县商周窖藏各出土一件石案和一件铜案（原发掘报告皆定名为"俎"），都是食案，作为祭器而入葬。二案在造型、装饰纹样上都很相似，尺寸也大致相同，其中石案长228毫米、宽134毫米、高120毫米。案面四周起边为拦水线。案腿两

图2-7-4 河南信阳长台关战国楚墓栅腿几（陈增弼）

面皆浅雕饕餮纹，是漆案的明器化。此案尺寸甚小，显然只是真案的模型，推测其原型约长760毫米、宽446毫米、高400毫米。

战国食案出土较多，有大小之分、方圆之别，还有单层双层的不同。河南信阳长台关战国墓出土过一件金银彩绘大食案，长1500毫米、宽720毫米、高124毫米，案面四周有拦水线，中间低且薄，四角略高而厚且上翘，并各镶铜包角，呈燕尾状。在长边距端头六分之一处设铺首铜环，每边两个。大约在相同位置，案下分立四个蹄形铜足，中空，足上以铜托与案面相连。此案彩绘金、黄、红、绿四色交织的云气纹，案面朱地上绘四排涡形纹，每排九个，用绿、金、黑三色组成。《三国志·步骘传》谓焦征羌"身享大案，肴膳重沓"，就是这种大案。

湖北随县战国曾侯乙墓出土过朱漆绘凤足书案，长1386毫米、宽537毫米、高447毫米。腿为背立双凤，中间立有斗状造型支柱。下有横枨（音fu，器脚），枨端作兽头状，造型奇特，纹样繁缛，是王侯用的家具。

凭具

典型的凭具即凭几，是席地而坐时供扶凭或倚靠的低型家具，"几"字甲骨文作"∏"形，上有倚衡，下有两腿，属直形凭几（图2-7-4、图2-7-5）。直形凭几亦称"挟轼"，即"直木横施，植其两足，便为凭几"。其造型是上为一直形横木（或平直，或中部下凹），近两端处各植一腿，或直形或刻作兽形，即所谓"狐鸲蟠膝"。腿下有一横枨，以增稳定。直形凭几造型简洁，制作方便，省工省料，是凭几的基本形式，且出现最早，从商周至隋唐都广为使用。长沙战国楚墓出土一件彩绘凭几，长58厘米、中宽9.3厘米、高36.6厘米。几面端窄中宽，中部向下略凹，两端兜转与兽形几腿相接，腿下承以横枨。全几黑漆底上彩绘云气和几何纹。也有更华丽的几，如天子使用嵌

有玉石的"玉几"、饰红漆的"彤几"、在木几上雕刻纹饰的"雕几"等。

皮具

皮具是一种贮藏家具，供储存衣、物。战国皮具主要是箱，使用竹材或木材制作，早期由两块实木凿成，上下扣在一起。湖北随县擂鼓墩曾侯乙墓出土五件衣箱就是这样，皆长方形，长828毫米、宽470毫米，盖高198毫米、体高250毫米。盖口作裁口，体口四周出凸条榫，两相吻扣盖合。从箱体四角各向外伸出一个把手，上有沟槽，可绑扎绳索。箱盖上部呈拱形，箱顶两侧各有一个长方形木纽。箱内朱漆，外黑漆，其中一箱朱绘纹饰。盖面中心书一象征北斗星的"斗"字，围绕斗字按时针顺序篆书二十八宿星名，一端绘一青龙，另一端绘白虎，首尾相反，表现了人向南而立仰面视天的星象（图2-7-6）。

同墓出土的另一箱上刻"紫锦之衣"四字，可据以得知这批箱子为衣箱。

湖北江陵拍马山楚墓出土的素黑漆盒也采取这种结构，不同的是盒盖为四坡盝顶式，是楚地的流行式样。

河南长台关战国墓出土一工具箱，较曾侯乙墓的衣箱技术进步得多。此箱木质，长359毫米、宽161毫米、高147毫米。四壁榫卯扣合，在壁板和挡板的上、下边内缘各凿出凹槽，以容纳盖板和底板。为使盖板易于抽动，在一块挡板的上边留出缺口。箱底安设四足。箱内装治简工具十二件。

屏具

屏具起摒挡风寒或遮蔽视线的作用，至迟周代已出现，称"依"、"扆"或"邸"，可见于多种记载。《礼记·曲礼》曰："天子当依而立"，陈注："依，状如屏风，以绛为质，高八尺，东西当户牖之间，绣为斧纹，亦曰斧依"。《仪礼·觐礼》曰："天子设斧依于户牖之间"，注："依，如今绛素屏风也"。斧纹即彩绘白黑相间的斧形图案，又谓"黼纹"，故"斧依"也称"黼依"。《周礼·春官》曰："凡大朝觐，大飨射，凡封国，命诸侯，王位设黼依。依前南向。"《周礼·天官》曰："掌次，王大旅上帝，则张毡案，设皇邸。"郑司农曰："皇羽覆上。邸，后版也。"屏而小者谓座屏（图2-7-7）。

架具

架具是搭挂衣物或支架灯、镜的家具，由于其结构大多采垂直与水平的穿档结构，极易落散，所以没有实物出土，但从文献可知商周时应已有之，如《礼记·内则》谓："男女不同椸（音yi，衣架）架。不敢悬于夫之木军椸"，陈注："直者曰木军，横者曰椸。木军、椸，同类之物。椸以竿为之"。

图2-7-5 湖北随州战国楚曾侯乙墓黑漆几（陈增弼）

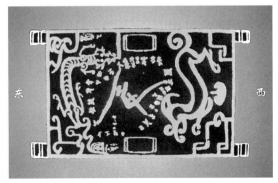

图2-7-6 随州战国楚曾侯乙墓天文纹衣箱（陈增弼）

图2-7-7 湖北江陵战国楚墓彩绘座屏（陈增弼）

第三章　秦汉建筑

小引

早已名不副实的周王朝，战国时已势单力孤，仅只作为一个小国勉强维持着，于公元前249年亡于秦。东周大小140余个封国，经春秋近300年的攻伐兼并，到战国初只剩下秦、楚、齐、燕、韩、赵、魏七个大国，号称战国七雄。它们并存的时间也不太长，约250余年，到公元前221年，最后都被秦王政所灭。此时的秦就是秦朝，是中国第一次真正的统一。

秦王政自称"始皇帝"。"皇"、"帝"二字，原是对最尊崇的天神和最尊贵的祖先的称呼，二字集于一身，意味着权力的无限膨胀。这不仅是个人权力欲的满足，更在于宣告了中央专制集权的确立。从此，春秋战国百家争鸣的局面正式结束，为集权政治服务的严格理性，占据了今后两千多年的文化阵地，当然也包括建筑艺术领域。

"始皇帝"的"始"字，表达了秦政欲传国久远乃至无穷的意图，但赫赫不可一世的秦朝只存在了短短十五年，就于元前207年在陈胜、吴广掀起的农民起义战争的烽火中覆亡了。刘邦乘时而起，在公元前206年建立汉朝。秦的短暂统一，为汉的长期统一奠定了基础。

汉分前后二段。公元24年前的231年，因定都长安，史称西汉。西汉末自公元9年起，曾有过一段历时15年短暂的王莽篡政时期，其政权称"新"，但史学界仍将"新"计入西汉期内。公元25年，汉宗室刘秀重建汉朝政权，迁

都洛阳，称东汉。东汉至公元220年亡于曹魏，历时共196年。两汉共427年。

中国建筑艺术在新石器时代已经萌芽，商周逐渐生发，秦汉400余年是它茁壮成长并逐渐趋向成熟的时期。秦和西汉，国家统一，国力充实，都城、宫殿、陵墓和苑囿等服务于统治集团的建筑，一时大为兴盛。建筑规模宏大、内容丰富，艺术得到施展的天地和实践机会，发展迅速，遂有建筑艺术史上的第一个高潮。

说秦汉是中国建筑艺术的茁壮成长时期并出现第一次高潮，有以下主要依据：（1）几种主要建筑类型都已出现。除上举都城、宫殿、陵墓、苑囿和各种礼制建筑外，当然还有必不可少的居住建筑，在东汉末期还出现了佛教寺庙和塔。佛教建筑以后发展为仅次于宫殿的中国最重要的建筑类型。（2）建筑技术进一步发展。除了此前已充分掌握了的土工技术以外，尤为重要的是木结构的继续成熟，如榫卯结合已普遍采用，抬梁式结构继续发展，穿斗式也已出现，为承托深远出檐的斗栱有更多的应用。它们的发展，是以后中国建筑形成独特艺术形象的必要前提。东汉流行与春秋战国盛行的高台建筑迥然有别的楼阁，是建筑技术趋向成熟的重大标志。楼阁当时称为重楼，高大的建筑已脱离依附于夯土高台的状态，完全依靠木结构自身的牢固结合而稳固地建造起来。国家统一促进了中原文化与南方文化的交流，南方早已有之的干阑技术在中原的巨大建筑需求中获得了充分的发展机会，取得了质的

飞跃。楼阁建筑可能就是在这样的基础上产生的。(3)在丰富的实践活动中逐渐形成了中国建筑一整套艺术表现手法和构图原则。如重点发展木结构、重视群体的有机构图、在建筑中体现人的尺度、人和自然的融合,以及重视建筑的色彩表现等。(4)西汉独尊儒术,儒家学说从此成了思想界的正统,有力地影响了包括建筑艺术活动在内的整个上层建筑领域达两千年之久。它与其他学派和思想的互补,更丰富了建筑艺术创作活动。

秦汉都城是从战国颇为盛行的不规整布局向以西周洛邑王城为代表的规整布局回归的过渡时期。规整式布局对称均齐,严谨有序,更有利于表现皇权至上的意识。秦和西汉的宫殿和皇家园林(苑囿)的规模都很惊人,体现了秦汉那种"大风起兮云飞扬"的雄浑、拙朴而气势豪迈的时代风神。宫殿多取中轴对称的群体构图方式;苑囿是游乐的地方,常作更自由灵活的处理。苑囿里也有宫殿,有的规模并不亚于朝会大宫。除皇苑以外,汉代已开始出现私家园林,多属贵戚和富商所有,是魏晋开始出现的士人园林的前奏。礼制建筑从原始社会末期的祭坛发轫,经商周发展,到西汉已有很突出的成就,现存遗址多发现于新莽时的长安,据以复原,是一些很富纪念性格的雄伟建筑,有很高的艺术水平。秦汉陵制在殷周以来的基础上已趋于定型,影响了此后直到北宋的历代陵墓。住宅是最基本的也最不容易保存的建筑,所幸东汉的许多陶制明器有很多是住宅模型,尽管只是原物的示意,仍提供了宝贵的形象资料。秦汉建筑的部件与装饰资料见于明器、文献和遗物如墓葬出土物和瓦当等,可据以推测当时的实际情形。秦汉家具在三代的基础上继续发展,起坐方式仍以席地而坐为主,适应这种生活,与宋明家具有许多不同。对于以上各种建筑类型和现象,都将在本章予以介绍,至

于佛教建筑,将留待下章再作回顾。

与隋唐的雄浑壮丽、明清的精细富缛相比,秦汉建筑艺术风格更近于豪放朴拙,表现了建筑艺术史发展前期的风貌。

第一节 都城

秦朝都咸阳(今陕西咸阳),因在渭河以北,九嵕山之南,水北山南皆为阳,故称咸阳。西汉都长安(今西安)。它们的城址都比春秋战国诸城为大,若包括城外建成区面积,更远超前代,反映了秦和西汉建筑活动的高涨。东汉都洛阳(今河南洛阳),比长安小。由战国诸城而至洛阳,宫城由附郭而筑渐改为包在郭内,外廓由不甚规整到甚为方正,开启了此后近两千年都城形制的先声。东汉末曹操被封魏王时营建的王都邺城,在城市史上具有划时代的意义,标志了完全规整均齐的城市规划方式的最终确立。

一、咸阳

咸阳在今陕西咸阳东约15公里。《史记·秦本纪》载:"(秦孝公)十二年(公元前350),作为咸阳,筑冀阙,秦徙都之",知咸阳始建于战国中期。此前,秦曾由雍城(今陕西凤翔)迁都栎阳(今陕西临潼北),孝公再迁咸阳后,140余年间咸阳一直是秦国和秦朝的都城。

咸阳北依塬,南临渭水。渭水曾经北移,将咸阳南部冲掉,估计秦朝咸阳东西6公里,南北7.5公里,是现知始建于战国的最大城市。咸阳"依北陵营殿"(唐《三辅黄图》),在北部塬上及近塬一带建咸阳宫,东西横贯全城,南北宽2公里,连成一片,居高临下,气魄雄伟。宫殿区内还有铸铁、冶铜等官府手工业作坊。在宫殿近中心部位发掘出"一号宫殿"遗址,

① 参见范振国，郑慧生. 当今书刊中误读误释举例[J]. 河南大学学报, 1987(9).

② 吴梓林，郭长江. 秦都咸阳故城遗址的调查和试掘[J]. 考古, 1962(2)；秦都咸阳考古工作站. 秦都咸阳几个问题的初探[J]. 文物, 1976(11)；秦都咸阳考古工作站. 秦都咸阳第一号宫殿建筑遗址简报[J]. 文物, 1976(11).

据探测，其东隔沟相对有另一与之对称的遗址，二者有可能组成一对阙形建筑，其位置引人注目，大约就是最先建造的"冀阙"。以后，咸阳宫和秦始皇灭六国后仿建的"六国宫殿"都以冀阙为中心向两边发展。秦始皇又徙各国富户12万户充实咸阳，原渭北塬南城区已不敷需要，同时也为了接近东出潼关的渭南大道，遂向渭水南岸发展，先后役使刑徒70余万，营造了信宫，再建朝宫。朝宫就是有名的阿房宫，其前殿即名"阿房"。此外还营建了上林苑、甘泉宫、兴乐宫和许多其他宫苑，所以秦代的咸阳，实际上包括渭北渭南很大一片地域（图3-1-1）。渭水上架起著名的咸阳桥。渭水贯都，横桥飞渡，宫馆苑囿，跨山弥谷，气势磅礴宏大，显示了秦朝的国威。

咸阳的规划体现了秦人象天法地的观念。"（秦）始皇穷极奢侈，筑咸阳宫，因北陵营殿，端门四达，以则紫宫，象帝居；渭水灌都，以

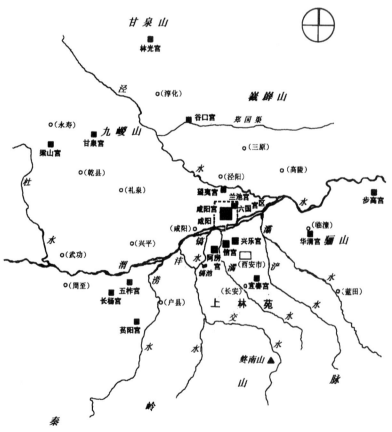

图3-1-1　秦咸阳及关中一带宫苑分布（王其亨，何捷）

象天汉；横桥南渡，以法牵牛"（《三辅黄图》）。"（阿房宫）周驰为阁道，自殿下直抵南山，表南山之巅以为阙。为复道，自阿房渡渭，属之咸阳，以象天极。阁道绝汉抵营室也"（《史记》）。这里说到了咸阳城市宫殿与天象的关系。北塬上的咸阳宫"以则紫宫"。"紫宫"原是天文学的星座名称，又叫紫垣或紫微宫、紫微垣，是环绕古代被称为"帝星"的北极星周围十五颗星的总称。古人常将天象与人事相互附会，北极星恒定不动，故名"帝星"，而以"紫宫"称其宫殿，表明为帝王所居。秦以十月为岁首，那时候，天上在紫垣之前（南）横着银河，即"天汉"。从紫垣渡过银河是营室星，后者在天文学中又被称为"离宫"。地上以咸阳宫象征紫宫，以南面的渭水象征银河，河上架桥和复道。从咸阳宫渡河，可直抵人间离宫阿房，正与天象相合。[①]咸阳城市和宫殿的这种设计思想，弥漫着神学的气息，反映了当时人们一种朴素的关于天人合一的观念。正如《史记·天官书》所云："中宫天极星，其一明者，太一常居也。旁三星三公，或曰子属。后句四星，末大星正妃，余三星后宫之属也。环之匡卫十二星，藩臣，皆曰紫宫。"天上的种种星象，与人间秩序一一对应。同时，咸阳的如此布局，也显现了秦始皇在统一大业功成以后一种志得意满的心态，经天纬地，气吞山河，人间与天地同构，象征皇权的崇高和永恒。

咸阳的城区面积，100多年里随着秦的国势日张而增扩。在这样一个不断扩大的过程中，除了宫自为垣以外，似乎没有建造过包括整个城区的城墙。[②]

二、长安

咸阳及其宫殿大多在秦朝末年的战争中被毁，项羽入关，更是"楚人一炬，可怜焦土"，

所剩无几。公元前206年，刘邦初王汉中，二年都栎阳，五年即皇帝位于河南汜水，有定都洛阳意。刘邦在洛阳召群臣会议，戍卒娄敬求见，认为洛阳虽为天下之中，但无险可守，是"有德则易以王，无德则易以亡"的地方，而"秦地被山带河，四塞以为固，卒然有急，百万之众可具也"；天下一旦有乱，"秦之故地可全而有也"，主张定都关中。张良同意娄说，也认为洛阳四面受敌，关中"沃野千里，南有巴蜀之饶，北有胡苑之利，阻三面而守，独以一面东制诸侯"，是"所谓金城千里，天府之国也"。刘邦从之，七年，自栎阳迁长安（《史记》刘敬传及留侯世家）。

长安在渭水南岸，是就原秦兴乐宫的基础增扩而成，改变了咸阳地跨渭水南北的做法，这一方面也是为了接近东出潼关的大道，一方面是兴乐宫在兵燹中保存稍好，可暂作皇居。于是先修复兴乐，改名长乐，后在长乐西邻建未央宫。惠帝五年（公元前190）始筑长安城墙，历时20年。长乐、未央横亘大城南部高敞处，城北部濒渭，渐低下，城墙除东墙端直外，其他各面皆随宫城、渭河和地势多次转折。南墙北墙转折较大较多，全城呈一不规则方形，每面约6公里、周长约25公里，与《汉官旧仪》所记"城方六十里"相近。以后有人据长安的曲折城墙，认为是"南象南斗，北象北斗"，称之为"斗城"（唐《三辅黄图》），其实那是依势自然形成，并无多少人工的意匠。长安的城墙，经部分发掘，大体范围和走向都已明确（图3-1-2）。

汉初国力未复，对于城市和宫殿苑囿建设颇为克制，高祖二年，还将"故秦苑囿园地，令民得之"（《文献通考》）。至武帝时"则民人给家足，都鄙廪庾尽满，而府库余财。京师之钱累百巨万，贯朽不可校。太仓之粟陈陈相因，充溢露积于外"（《汉书·食货志》），乃开始规

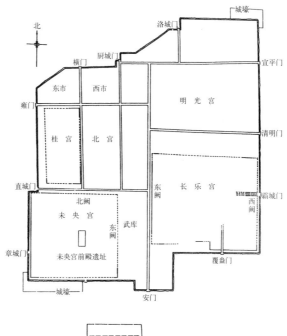

图3-1-2 汉长安（《中国古代建筑史》）

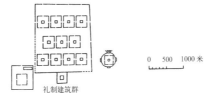

模宏大的建设。武帝的建设，主要是离宫苑囿：在城内未央宫北建桂宫，长乐宫北建明光宫（又称北宫），城外筑上林苑。上林苑由城西经城南直到城东南，范围广大，据称苑墙长达四百余里，内有宫观数十，最大者建章。建章宫在长安城西墙外，宫中的太液池和上林苑内的昆明池（在长安城外西南）都是巨大的人工湖泊。由二池以明渠引水入城。至此，长安的大规模营建方告一段落。

城内各宫大都有宫墙围绕，加上长乐、未央之间的武库，都属宫廷专用区，占据了城内约三分之二的面积，所余局促的西北、东北二角，地势低洼，用来设置"市"和"闾里"。据《管子》和《墨子》，可知春秋战国时各国都城就已有"闾里"。闾里是居住地段，四周有墙，各面开门，即隋唐所称的里坊，起管理和防范百姓的作用。据载长安共有九市和一百六十个闾里，居民可达四五十万人。主要的市在长安西北角，

① 王仲殊 . 汉长安城考古工作的初步收获 [J]. 考古通讯, 1957(5); 王仲殊 . 汉长安城考古工作收获续记 [J]. 考古通讯, 1958(4).

② 陈寅恪 . 隋唐制度渊源略论稿 [M]. 北京: 生活·读书·新知三联出版社, 1954.

③ 贺业钜 . 考工记营国制度研究 [M]. 北京: 中国建筑工业出版社, 1985.

城内闾里在东北角，居住一般百姓。一部分闾里分在各宫之间，居住贵族和设置衙署，其余的市和闾里可能都在城外东面。

郭城每面三门，共十二门，其中四座已经发掘，每门均三门洞，每洞宽 8 米，木结构方形门顶，除去门道两侧支持门道过梁的排柱所占地位，净宽约 6 米。洞间隔墙一般厚 4 米，如东墙北头第一门宣平门和西墙中门直城门（图 3-1-3）。但东垣南头第一门霸城门正对长乐宫东门，南墙西头第一门西安门正对未央宫南门，隔墙均厚 14 米，门两侧的城墙并向外凸出，推想此二门规模更大，城楼更为宏丽。城门通向城内的道路都是三条，中间一条最宽，称驰道、御道或中道，它和直通它的城门洞归皇帝专用。①

西汉末王莽当政时，长安再次进行了大规模营建，主要是礼制建筑：在南郊西安门外大道西侧建官社官稷，东侧建王莽宗庙群，更东的安门外大道东侧建明堂辟雍。上述大都经过了考古发掘。

长安与战国各城的最大不同是取消了在郭

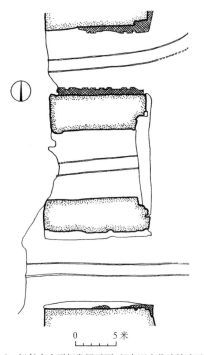

图 3-1-3　汉长安宣平门发掘平面（《中国古代建筑史》）

城旁另建宫城的做法。它的多座宫城，除上林苑中的如建章宫以外，都已置于郭城内部，而不是附郭而建，但布局上仍考虑了将宫廷区相对集中并占据制高点，闾里和市则局促于低洼的城市一隅。宽敞的宫廷用地和湫隘的市民区相对比，反映了长安城的阶级性质。

长安初建时，萧何"览秦制，跨周法"（《西京赋》），主要接受秦的影响，不受周代法度的约制。此时记述西周城市制度的《考工记》已亡佚很久，长安城的建设不可能得其借鉴。但长安每面三门，未央宫在前，市场居后，与《考工记》洛邑王城有些相似，应属偶合。故据此偶合现象而认为《考工记》成于西汉的意见，②实难成立。但西汉末王莽改造长安，却可能参考了《考工记》。《考工记》在武帝时被重新发现，当时并未受到重视，直到王莽托古改制，推行"先王之制"，设"周官博士"，才为人所知。其时长安城内已无空地，遂在未央宫前于城外左右分建宗庙和社稷，恰好形成"前朝后市，左祖右社"的局面。③

长安系因秦都旧地多次扩建而成，事先未曾全面规划，总体未能做到规整对称，布局颇为零乱，艺术效果也并不突出。总体而言，汉长安城属于从战国的不规整都城向隋唐以后规整都城发展进程的早期。

长安九市部分在城内西北部，现已发现两处遗址，隔横门（长安北垣西起第一门）内大街东西相对。《三辅黄图》记长安之市"各方二百六十步"，"四里为一市"，大约一里见方，与闾里的规模差不多。班固《西都赋》描写长安说："九市开场，货别隧分，人不得顾，车不得旋，阗城溢郭，旁流百廛（仓库），红尘四合，烟云相连"，可见其盛况。

四川曾发现多块市井画像砖，反映了东汉地方城市中的"市"。新繁的一块突出了市的布局：平面方形，围以"阛"（音 huan，市垣），三面正中有"闠"（音 hui，市外门）各三间。门内十字街道，称为"隧"，十字交点处有市楼，以管理市场。在十字划分的四个区域各有多列平行屋，为列肆即各行业店肆（图 3-1-4）。广汉的一块主要描绘交易情状，左侧绘市门，署"东市门"，右侧一楼标出"市倈（楼）"二字（图 3-1-5）。彭县的一块左边市门仅见一部分，右边也有市楼。三块画像砖中的三座市楼楼上都悬有鼓。[①]

《说文》云："市，买卖之所也"，即市场。《风俗通》云："市，时也，言交易而退，恃以不匮也。市亦谓之市井，言人至市所有鬻卖者，当于井上洗濯令香洁，然后到市也(图 3-1-6)。或曰古者二十亩为井，因井为市故云也。"市在汉以前早已有之。《周易·系辞》："日中为市。"《礼记》记西周制度，其《王制》中云"刑人于市，与众弃之"。以后死刑即被称为"弃市"。齐临淄的贸易十分发达，市上挥汗成雨，扬袂成风。

除乡村"日中为市"即随聚随散的草市外，正式的市须县以上治区才能置设，此制至唐仍行。《唐会要》卷八十六载："诸非州县之所，不得置市。其市，当以午时击鼓二百下，而众大会；日入前七刻击钲三百下散。"画像砖上的市楼悬有大鼓，正与记载相合。市楼是管理市场的令署所在地，周以来立旗以当市，故市楼又称旗亭。《西京赋》描述长安"旗亭五重，俯察百隧"，注云："旗亭，市楼也"。《三辅黄图》也记长安九市"市楼皆重屋，又曰旗亭……有令署以察商贾货财买卖贸易之事。"北魏《洛阳伽蓝记》中也见记述："(建阳里内土台)是中朝时旗亭也。上有二层楼，悬鼓击之以罢市。"河北安平东汉墓壁画有高耸于众屋之上的碉楼一座，顶有一亭，内悬鼓，亭上扬旗，可能也是旗亭（图 3-1-7）。

市门有专职门吏掌管，称胥师或市师，手

执"鞭度"执法。"鞭度者，无刃之殳（音 shu，一种竹制武器，长一丈二尺），系鞘于上则为鞭，因其长刻尺寸则为度。争斗者则执鞭以威之，争长短者则执度以齐之，物一而用二"（《周礼·司市》郑锷注）。

① 刘志远. 汉代市井考[J]. 文物，1973(3).

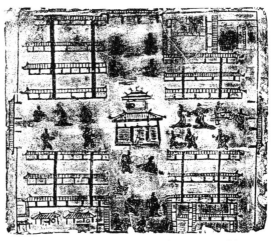

图 3-1-4 新繁出土东汉市井画像砖（《文物》7303 期）

图 3-1-5 广汉出土东汉市井画像砖（《文物》7307 期）

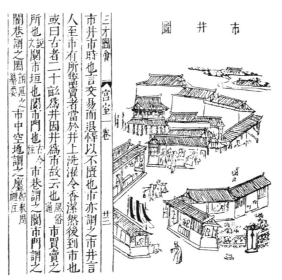

图 3-1-6 "市井图"（明《三才图会》）

图 3-1-7 汉墓壁画旗亭图（孙大章 摄）

需要指出，与西方城市相比，中国古代城市一直主要作为各级封建政权的统治据点而存在，虽然也有市场，很大程度上却带有纯粹满足生活消费需求的性质，市场的主人备受歧视，没有独立的政治地位，被称为"市井小人"。而西方中世纪城市却往往是封建势力最薄弱的地方，主要由商人控制，是产生新生产方式的温床。

三、洛阳

西汉时洛阳已作为陪都，东汉成为正式都城，遗址在今洛阳市东十余里。西周成王原在此聚居"殷顽民"，称成周，后来又成为东周敬王都城。洛阳北倚邙山，南临洛水。洛水曾经北移，冲毁了洛阳南墙。考古勘察表明洛阳是一南北纵长的规整矩形，东西约2.6公里、南北约4公里，比长安城小得多（图3-1-8）。东汉以后，洛阳又曾是曹魏文帝、西晋和北魏的都城，历代改造甚多，故东汉的洛阳原貌已颇难探寻。《永乐大典》载有一幅后汉京城图，不可尽信（图3-1-9）。据文献记载，洛阳城内已颇规整：西汉时在城内南部修建了南宫，它的南面正门就是都城的正门。东汉明帝时建北宫，据载，北宫的一座宫门在都城的东北角，可知南北二宫各据城之一垣。据载二宫相距七里（实际应不到此数），其间街道成方格形，布置方整的闾里，有复道连接二宫。南北二宫比长安的长乐、未央也小了很多，反映东汉国力已大不如西汉。在洛阳南城墙与洛水之间建筑了明堂辟雍、太学、紫坛（天坛）和灵台（天文台），城北郊建地祇坛。

南北二宫形成的轴线通贯全城，比长安更规整而富有表现力，但二宫分设南北又给全城交通造成重大阻隔，二宫的联系也颇不便。以后，曹魏邺城吸取了这个教训，只设北部宫殿，

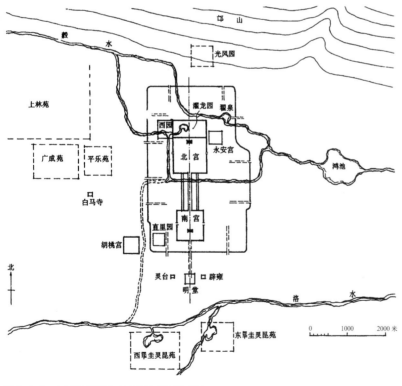

图 3-1-8 东汉洛阳复原（《中国古典园林史》）

最终完成了规整都城的新格局。可以说，洛阳是向规整型都城过渡的最后一环。

①俞伟超.邺城调查记[J].
考古，1963(1).

四、邺城

东汉建安二十一年（216），曹操被封为魏王，建造了王都邺城（今河北临漳、河南安阳交界处）。原来在邺城之北有浊漳水流过，几经改道，现之漳水正从邺城南部横过，城市遗迹大都被冲毁不存。经勘查，现存遗迹只有城西北角的一些台址，①但据晋·左思《魏都赋》和张载的注，结合遗址现状，尚可推知当时的某些布局。

城平面为完全规则端直的横长方形，东西约3000米、南北约2160米。东西墙中部各开一门，一条横街连通二门，是城市横轴，将全城划为南北二部。南墙开三门，门内是三条南北向大街，与横街丁字相接。从南墙正中的中阳门向北的大街，正对着北部正中朝会正宫的大门端门，是全城的纵轴。

正宫之东通过长春门与东宫相连，东宫以东直到大城东墙是贵族居住的里坊，称为"戚里"。正宫之西隔延秋门直至大城西墙是著名的铜雀苑，苑西北角就城墙扩筑为南北串连的金虎、铜雀、冰井三台。台以夯土筑成，现存最南的金虎台遗址东西犹有70余米、南北120余米、残高9.5米，三台间距约85米，原有阁道相通。三台上各建房屋一百余间，其"周轩（长廊有窗而周回）中天"，可见是成院落组合的。"三台列峙以峥嵘"，是铜雀苑的重点建筑，园内又有"疏圃曲池"、"兰渚"、"石濑"之属，也有兵马库和马厩，三台内可存储大量物资，所以铜雀苑既是宫苑，又兼兵马库藏之用，有军事城堡的性质。

各城城门都有城楼，由"罗青槐以荫涂"的大街相通，形成对景，是全城各部的构图中心，

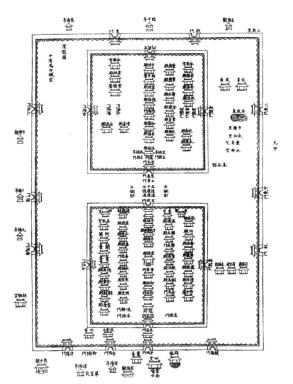

图3-1-9 "后汉京城图"（明《永乐大典》）

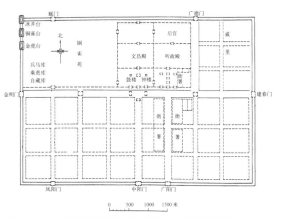

图3-1-10 曹魏邺城平面复原（《中国古代建筑史》）

也丰富了城市的天际轮廓。城南部除地近东宫的司马门大街两侧有一些官署外，其余都是居住一般居民的里坊（图3-1-10）。

邺城是事先经过周密规划的城市，虽然只是魏王的王城，不是全国性的都城，但继往开来，在中国建筑艺术史上占有划时代的重要地位。其规划有下述特点。

（1）邺城北部全为宫廷区、贵族居住区和兼有城堡性质的苑囿所占据，独立性很强，与

①陶复.秦咸阳宫第一号遗址复原问题的初步探讨[J].文物,1976(11).

市民区严格分开,宜于宫殿的保卫,也利于宫殿区在艺术上的突出表现,不像长安那样官署民居混杂而处,散漫无状。

(2)邺城纠正了东汉洛阳分置南北二宫的不便,而将宫殿集中在北部。

(3)在建筑艺术上最值得注意的是邺城城市轴线的处理。纵轴线由中阳门至端门长达1000余米,若由端门再北,穿过正宫的几重宫院,直至宫北齐云楼,就有2000多米了。它与东西大街即城市横轴垂直相交,控制了全城,规制整肃,井然有序。中国地处北半球,建筑多以南向为正面,为了突出宫殿,在宫前顺轴线布置一条街道显然是很有效果的。周王城将宫城设在城市中央,城市轴线贯通宫城,其在宫城前的一段,正起到了这样的作用。但邺城是座较小的城市,南北只有2公里多,若仍照周王城办法,宫前的城市中轴线势必相当短促,不能充分发挥作用。规划者因势利导,第一次把宫殿集中布置在全城北部,在南部以1公里长的中轴引起人们心理上对于高潮的期望,是十分成功的。自周王城以后到邺城以前,各国各朝的大多数都城,尽管宫城本身多有中轴线,就全城来说却都没有,有的宫城紧邻都城城墙(如汉长安长乐、未央,洛阳南宫等),或者分居城市各端(东汉洛阳),轴线常被打破,都远不及邺城的效果。邺城的上述几个成功做法在南北朝得到继承和发展,至隋唐更有充分提高。

邺城在十六国和北朝时又先后做过后赵、前燕、东魏和北齐的都城。后赵时城墙外包砖,据记载其南墙西门凤阳门城楼高达六层(一说五层),并安大铜凤于其颠,向风若翔(《邺中记》)。那大概是历史上最高的城楼了。麦积山石窟西魏壁画中有三层城楼的形象。东魏在邺城南面增建一南北八里多、东西六里的新城,称邺南城,与邺城紧接,平面如T字形。

第二节 宫殿

夏商周三代宫殿已开创了中国木结构建筑体系所特别强调的院落形式群体布局方式,这从几处遗址中可见一斑。文献记述了西周宫室布局:有皋门、库门、雉门、应门、路门五重大门,外朝、治朝、燕朝三座广场及其殿堂,雉门外立双阙,组合已相当复杂。人们在中轴线上沿纵深方向设置重重门阙、广场、殿堂,会引起情绪上的多样变化。春秋战国兴起的高台建筑,以其高大的建筑体量增加了宫殿的威势。秦和西汉宫殿仍继续采用高台,组合则更为多样。

一、秦代宫殿

自穆公始,秦国王者在营造宫室方面即有好大喜功的传统,被戎使慨叹为"使鬼为之,则劳神矣!使人为之,亦苦民矣"(《史记·秦本纪》)。秦始皇更有所好,掀起了中国建筑史上的第一次宫殿建筑高潮。

咸阳"一号宫殿"可能是文献所载冀阙的西阙,属高台建筑。它利用北塬为基加高夯筑成台,两层,平面有些特别,呈曲尺形,尺柄向东,另一端向北。据复原,台的下层周边为围廊,廊中南北各有数室;上层南部为平台,西部有数室,北部和东部为敞厅,东南角又有一室,中央是一座两层的楼,高耸于周屋之上,使全台外观如同三层,立面不对称。若据此并依东边另一与之对称的遗址(尚未发掘)绘出东阙,东西总长可达130余米,非常壮观。①二阙之间有走廊相连,中为门道(图3-2-1~图3-2-4)。

"阙"是东周以来常见的一种建筑,其前身为"观",实际就是"其上可居,登之则可远观"的台堡(晋·崔豹《古今注》),作用是驻甲守卫，"以待暴卒"（汉·扬雄《卫尉箴》），具有很明确的物质性目的。台上有屋的建筑古代也称"榭"，榭从射，是驻卒临望御敌射远的碉堡，应是观的另一称谓。观的位置最初在宫墙以内或附墙而筑，没有必要两两相对，后来移建到宫门外，才两观左右对峙，因其"中间阙然为道"，于是称之为阙（汉·刘熙《释名》）。阙与观的不同，不但体现在形制上，更体现在功用上，前者更突出其精神功能，标表宫门，以壮王居而别尊卑，具有威慑作用。所以《古今注》说"人臣将至此，则思其所阙，故谓之阙"，虽不免望文生义，却也道出了阙的这一性质：臣子来到这里，顿起竦惧之心，不由得想起自己的"缺点"，正说明阙的精神震慑作用。[①]由上章已知，西周洛邑王城雉门外立有双阙。当时只有天子才有资格在宫门外设两观，称为宫阙，诸侯只能在宫内建一观，以后便有僭越之事，战国更甚，冀阙即其一例。

不仅宫殿前置阙，在城门外、祠庙前和陵墓神道两旁都常置阙，称为宫阙、城阙、庙阙和墓阙。甚至衙署和大第宅前也可以置阙，四川不少东汉墓墓道两侧常有阙与执盾人的画像砖，依其位置，应为墓主人衙署或宅院前所置双阙的示意。

由此我们可以得到的一个启示是，主要具有精神性功能的建筑，往往有一个主要具有物质性功能的前身存在。阙由观蜕变出来的过程，就生动地说明了这一点。

以冀阙为中心的咸阳宫"因北陵营殿"，"端

图 3-2-1　秦咸阳一号宫殿遗址（《中国古建筑》）

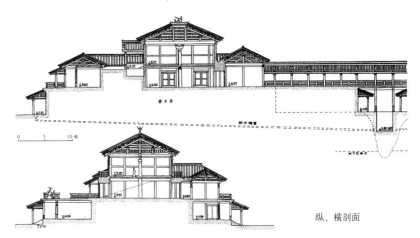

纵、横剖面

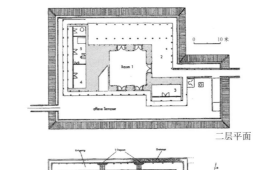

二层平面

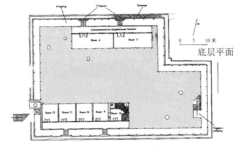

底层平面

图 3-2-2　秦咸阳一号宫殿复原（杨鸿勋）

①萧默．敦煌建筑研究·阙[M]．北京：文物出版社，1989.

图 3-2-3　秦咸阳一号宫殿复原全景（杨鸿勋）

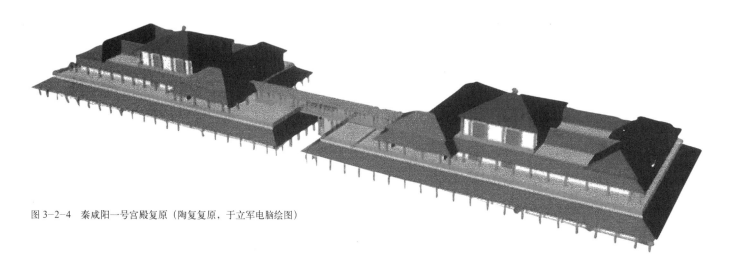

图 3-2-4 秦咸阳一号宫殿复原（陶复复原，于立军电脑绘图）

门四达，以则紫宫，象帝居"（《三辅黄图》），可知四面都开有宫门。是以人间宫殿来象征天上，用意是给君权蒙上一层神授的光环。秦朝宫殿当时又称"禁中"，是禁卫森严之地。明清宫城称为紫禁城，其渊源可以上溯到秦朝的"紫宫"与"禁中"。

《史记·秦始皇本纪》载："秦每破诸侯，写放其宫室，作之咸阳北坂上，南临渭，自雍门以东至泾、渭。殿屋复道周阁相属。所得诸侯美人钟鼓，以充入之。""写放"就是测绘。测绘六国宫殿，又重新建在咸阳，确是空前的壮举。在这些宫殿中还藏着从各国掠夺来的珍宝美人。秦皇征服天下，踌躇满志，咸阳六国宫殿，正可向臣下和战败者显示其君临四海的威风，这一举措，还促进了中国各地建筑艺术和技术的交流。但六国宫殿的具体所在及其形制未详，可能是在咸阳宫附近的北塬上。唐人杜牧《阿房宫赋》说，秦始皇掠夺六国珍宝，视鼎如锅，视玉如石，视金如土，视珠如砂，到处抛洒，完全不当作一回事。

信宫在渭水南岸，建于始皇二十七年（前220），又称极庙，象征天极。从信宫筑道路通骊山，建甘泉前殿。

始皇三十五年（前212），借口西周有丰、镐二京，在信宫西南面积广大的上林苑中建朝宫，著名的阿房宫即朝宫前殿。"……始皇以为咸阳人多，先王之宫廷小……乃营作朝宫渭南上林苑中。先作前殿阿房，东西五百步，南北五十丈，上可坐万人，下可建五丈旗。周驰为阁道，自殿下直抵南山。表南山之巅以为阙"（《史记·秦始皇本纪》）。以南山山峰为阙是将自然景色引入宫内，可说是见于记载的最早的"借景"手法。阁道即架空的廊道，人主潜行其中，不为外人知。阿房殿基址仍存，为极大的满堂红夯土台基，东西长1000余米、南北500～600米，面积竟与北京明清紫禁城差不多。土台北高南低，最高处现在仍有8米，台上应有一大群建筑，其最大者即为前殿阿房宫。秦始皇又收天下兵器，熔铸为三丈的大钟和十二座巨大金人，立在朝宫门前，"以弱天下之人"。

秦宫虽已不可再见，详情难以尽知，但其宏大的气概可以想见；其层台篷天，广殿匝地，复道横空，长桥飞渡，覆压关中数百余里，信非完全夸大之词，不愧为中国建筑史第一次建筑高潮的象征。后人曾画过"阿房宫图"，虽不足以证史，却也可一窥其气魄之宏大。

二、汉代宫殿

西汉长安的主要宫殿，依建造时间先后，为长乐、未央、建章三宫。各宫自为宫城，其城墙厚度甚至超过大城。长乐初居高祖，以后居太后，未央才是正式的大朝之宫，建章则具有离宫的性质。

长乐宫

长乐宫是就秦兴乐宫修复而成，高祖七年始修，修成后皇帝才从栎阳迁来。初，诸侯群臣演习礼仪，朝罢置酒，"竟无敢喧哗失礼者"。想来，建筑的气势对于造成这种庄严的气氛起了很大的作用，以致那些剽悍鲁莽的武夫们也不敢造次了。这使出身小小亭长的刘邦大为感叹，说："吾乃今日知为皇帝之贵"（《史记·叔孙通传》）。

长乐宫平面呈横长方形，据勘察，宫城周长约10000米，城墙厚达20余米（厚于都城）。[①]据文献，长乐宫可能四向开门，东门与规制宏大的都城霸城门相对；西门与未央宫的东门相对，建有西阙。宫内前殿尺度最大，其后有其他数殿。前殿之西有长信宫一区，内有长信、长秋等四座大殿，是太后居住的地方。《三辅黄图》记述："后宫在西，秋之象也，秋主信，故宫殿皆以长信长秋为名"，反映了五行方位之说在汉的盛行。大宫中套小宫是中国建筑在大范围建筑群中常用的院落组合手法。长乐宫内还有鱼池、酒池等园林，池中有台。据说秦始皇所造的鸿台汉时仍存，"高四十丈，上起观宇，帝尝射飞鸿于台上"（《三辅黄图》）。

未央宫

未央宫在长乐西，建于长乐宫修复后不久，平面方形，每面2000米许，周长8800米，面积近5平方公里。[②]未央宫四面辟门。南面偏东的端门为正门，近对都城的西安门。端门北稍偏西为未央前殿，依龙首山凿而为基，故"宫基不假累筑，直出长安城上"。前殿是前朝最重要大殿，仍存夯土基址，约在全宫范围偏东，也是满堂红大台基，南北长约340米，东西宽约150米，由南往北次第增高，形成三个大台面，至

北端高达10余米。《西都赋》说它"重轩三阶"，与此相符。《三辅黄图》记前殿本身东西五十丈（约合近120米）、深十五丈（约合35米），面积比明清紫禁城的正殿太和殿大出一倍以上，可能有所夸大。前殿初成之时，高祖正在各处征战，见其壮丽，责问主持其事的萧何说，天下还在打仗，胜负未定，"是何治宫室过度也？"萧对答说："天下方未定，故可因以就宫室。且夫天子以四海为家，非令壮丽无以重威，且无令后世有以加也"，明确提出以建筑艺术为皇权政治服务，意在建成一座空前绝后的大朝堂。刘邦在大殿里举行礼仪，意足志满，对他的父亲说：当初你老说我不会置业，现在怎么样呢！

前殿之前有广阔的庭院，左右和后方有一些次要殿堂如宣室、温室、清凉（均在北），宣明、广明（均在东），昆德、玉堂（均在西）等为烘托，四周宫墙围绕，四方设门，自成一区。其中宣室殿是前殿的"正室"，可能是朝事前后皇帝休息的地方；温室殿以椒涂壁，香桂为柱，悬挂壁毯，铺设地毯，是冬处之室；清凉殿以文石为床，玉盘贮冰，"中夏含霜"，为夏处之室。在以上组群的左右，隔永巷（即长巷）又有东西掖庭宫。[③]

据《西京杂记》，未央宫有"台殿四十三，其中三十二在外，其十一在后宫。池十三、山六，池一、山二亦在后宫"。看来宫殿区分前朝后寝二部，但根据未央前殿所在的位置，参照长乐宫"后宫在西"的布局，前殿以北的未央后宫也可能扩延至西部。后宫大约有十四殿，以皇后所居之椒房殿为主，周以昭阳、飞翔、增成……尚有织室、暴室、凌室等以备日常供应，有天禄、石渠二阁度藏典籍。石渠阁下以石为渠导水，应是防火的措施，旁有承明殿，为"著述之庭"。前殿和西掖庭宫之西则是以沧池为主的园林。未央宫以前殿为中心，以包括宫中园林的后宫为烘托，总体构成"前朝后寝"，再加上

① 王仲殊.汉长安城考古工作的初步收获[J].考古，1957(5)；王仲殊.汉长安城考古工作收获续记[J].考古，1958(4).

② 王仲殊.汉长安城考古工作的初步收获[J].考古，1957(5)；王仲殊.汉长安城考古工作收获续记[J].考古，1958(4).

③ [唐]三辅黄图卷三叙未央宫之掖庭宫.注云："在天子左右，如肘膝。"

① [唐]《三辅黄图·卷二》："高祖七，萧何造未央宫，立东阙北阙。"

② 王其亨，何捷.西汉上林苑的苑中苑 [D].

③ [唐]《三辅黄图·卷四》："太液池在长安故城西，建章宫北……《汉书》曰，建章宫北治大池，名曰太液池，中起三山……《庙记》曰，建章宫北池名太液……唐中池……在建章宫太液池之南。"

左右众小宫，如众星拱月，衬托出主要宫院的气势，把前殿推上高潮的顶峰。

宫东门遥对长乐宫西门，门外建东阙。北门遥对繁华的市，且隔渭与陵庙相望，地位重要，建有北阙。至于南面、西面因离都城城墙太近，可能没有建造宫阙。①

有关未央宫的文献，记载多有不一，其中殿台门池名称超过七十之数，已难以一一推求其位置和形制，但总体可以给人们一个印象，即未央宫中部以东，以前朝后寝作对称均衡布局，西部园林可能较为自由。清代有人画过长乐、未央宫图，想象成分太多，不可相信(图3-2-5)。

建章宫

建章宫为西汉中期武帝创于太初元年（前104），是汉上林苑中最大的一所离宫，隔都城西墙与未央宫遥望，面积比未央还大。未央、建章之间有跨城复道相通，往来便利，可不受城门击柝之禁（图3-2-6）。

据研究，建章宫分东西二区，东区为宫殿，西区为园林。②宫殿区正门在南，称阊阖门，意即天门，是以建章来比拟天宫。门楼三重，堂陛以玉成之，椽首饰璧玉，故又称玉堂殿或璧门。楼顶铸铜凤，下有转枢，可迎风而动。门北立别凤阙，传说高五十丈。再北为建章前殿，《西都赋》称此为正殿，"正殿崔巍，层构厥高，临乎未央"，而未央之宫殿已"直出长安城上"，可见此殿之高。现存遗址仍有高8米的巨大夯土堆。

西区南部有唐中池，池北即全宫西北为太液池。③太液池是范围很大的人工湖，现仍可指。

据关于建章宫的众多文献记载，知宫内复有宫阙殿台数十余名称，但对其地望尺度形制往往语焉不详，或互有龃龉，不可详考，今略拾其常见者如下。圆阙"高二十五丈，上有铜凤凰……《西京赋》曰'圆阙耸以苍天，若双碣之相望'"，知为双阙（《三辅黄图》）。但《三

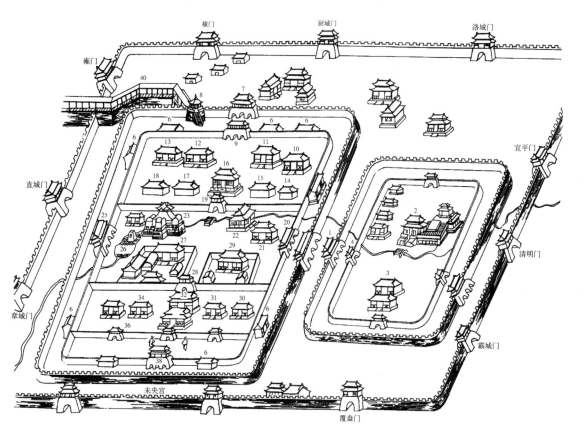

图3-2-5　清绘未央宫与长乐宫图（清《四库全书·关中胜迹图志》）

1.东关；2.大厦殿；
3.临华殿 4.西关；
5.武豪；6.区卢；
7.北关；8.抱梁台；
9.北司马门；10.凤凰；
11.兰林；12.披香；
13.驾鹭；14.农成；
15.昭阳；16.椒房殿；
17.飞翔；18.合欢；
19.长门；20.东司马门；
21.温室殿；22.天栋门；
23.石渠阁；24.清凉殿；
25.西司马门；26.沧池；
27.承明殿；28.金马门；
29.宦者署；30.广明殿；
31.宣明殿；32.宣室；
33.前殿；34.昆德殿；
35.玉堂殿；36.掖门；
37.凭门；38.南司马门；
39.飞渠；40.复道

辅故事》说圆阙又称凤阙。此外还有一处凤凰阙，竟高七十丈五尺（合今超过200米，夸张过甚），它也叫凤阙，甚至又叫别凤阙，与前举二阙重名。"古歌云：'长安城西有双阙，上有双铜雀，一鸣五谷成，再鸣五谷熟'。案铜雀即铜凤凰也"，即指此阙（《三辅黄图》）。还有神明台、井干楼，二台连属，皆"高五十丈"。神明台上有九室，又有高二十丈的铜仙人捧铜盘玉杯以承云表之露，据说以露和玉屑服之，可求仙道。长安的承露盘除这一处外，尚有另外二处。井干楼以横木架成井字层叠垒成，因其高，故《三都赋》说："攀井干而未半，目眩转而意迷"，但所说高五十丈合今140余米，不免也夸张失实。古籍所记尺度往往类此，不可尽信。又有凉风台，同井干楼一样，也是"积木为楼"。

清人也画过一幅建章宫图，略示其意而已（图3-2-7）。

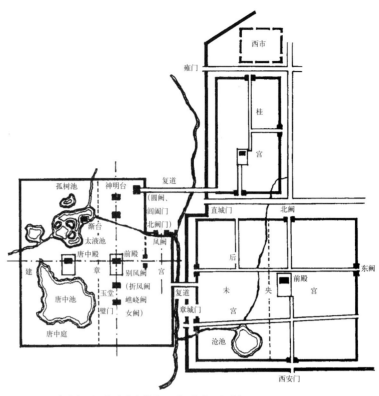

图 3-2-6　建章宫复原及与未央宫的关系（王其亨，何捷）

1. 壁门；2. 神明台；
3. 凤阙；4. 九室；
5. 井干楼 6. 圆阙；
7. 别凤阙 8. 鼓簧宫；
9. 嶕峣阙；10. 玉堂；
11. 奇宝宫 12. 铜柱殿；
13. 疏圃殿 14. 神明堂；
15. 鸣銮殿 16. 承华殿；
17. 承光殿 18. 枍栺宫；
19. 建章前殿 20. 奇华殿；
21. 涵德殿 22. 承华殿；
23. 駊娑宫 24. 天梁宫；
25. 駘荡宫 26. 飞暗相属；
27. 凉风台 28. 複道；
29. 鼓簧台 30. 蓬莱山；
31. 太液池 32. 瀛洲山；
33. 渐台；34. 方壶山；
35. 曝衣阁 36. 唐中庭；
37. 承露盘 38. 唐中池

图 3-2-7　清绘建章宫图（清《四库全书·关中胜迹图志》）

关于未央、建章二宫的园林部分及秦汉诸多离宫，均在本章园林节中再行介绍。

洛阳宫殿

洛阳在西汉初仍有秦代所留离宫，因在城内南部，称南宫。刘邦在长安宫殿未建成前，曾在南宫居住过。东汉刘秀建武二年（公元26）起南宫前殿。据载，包括前殿在内南宫有三十几处殿阁台观的名称。南宫四向开门，门外按东、西、南、北方位分立青龙、白虎、朱雀、玄武四对宫阙。正门朱雀阙最高，据说从东边四十里外的偃师都能遥见。

明帝永平三年（公元60）建造北宫。北宫也四向开门，门各有阙，宫内现知有二十几处殿名，其中最大为明帝所建德阳殿。《汉官典职》描述此殿说："周旋容万人，陛高二丈，皆文石作坛，激沼水于其下，画屋朱梁，玉阶金柱。"北宫与南宫遥相对望。《古诗十九首·青青陵上柏》咏洛阳云："长衢罗夹巷，王侯多第宅。两宫遥相望，双阙高百尺。"

东汉洛阳的宫殿和洛阳城一样，比西汉长安远为简小，反映了东汉国力之不振。洛阳在汉末战乱中被毁，曹植《送应氏诗》记此云："洛阳何寂寞，宫室尽烧毁。垣墙皆顿擗，荆棘上参天……中野何萧条，千里无人烟"。

洛阳内外苑囿见于记载者有十余名称，可能有的是同地异名，规模也远比西汉长安苑囿为小。

邺城宫殿

正宫在城市中轴线北端，端门内以文昌殿为中心，是朝会大殿，殿前左右有钟楼和鼓楼，殿后串连数重宫院。正宫之东通过长春门与东宫相连。东宫前部是众官衙署，"禁台省中，连闼对廊，直事所由，典刑所藏"（晋·左思《三都赋》），其南墙正中置司马门，正对南向大街；中部是日常处理政务的中朝，有听政殿，"木无雕镂，土无绨锦"，风格颇为朴素；后部是妃嫔所处的后宫。东宫的布置，总体上仍是前朝后寝。邺城宫殿出现了两条平行的轴线，气势不能贯通，所以邺城虽然在城市规划史上有很成功的创造，但宫苑区横向安置，受到较大限制，就宫殿本身的布局来说，并不是很成功的。这一缺憾，至魏晋洛阳宫殿方得克服。

第三节 园林

秦与西汉园林仍以皇家宫苑占主导地位，主要成于秦始皇和汉武帝，东汉洛阳也有营建。皇家宫苑有两种方式，一种以宫为主，宫内建苑，如秦咸阳宫、咸阳六国宫殿和渭水南岸的信宫，西汉未央宫、长乐宫等；一种以苑为主，苑内建宫或苑内套苑，如秦上林苑及朝宫（阿房宫），汉上林苑及建章宫，以及秦汉上林苑内外多处离宫等。除皇家园林外，秦汉首次出现了私家园林。

秦汉园林规模宏大，内容丰富，并深刻体现了当时的社会思想与时代艺术风貌，许多基本的园林构图手法已大体完备。恰如秦汉制度在中国封建社会历史上的承前启后，秦汉园林也奠定了中国古典园林艺术的基础。

一、园林的发展

秦代皇苑

秦始皇好大喜功，在位之日，土木之事不息。秦代园林中最为知名的上林苑，北起渭水，南至终南山，东到宜春苑，西达沣河，建朝宫于苑中，其前殿即阿房宫，据说"规恢三百余里，离宫别馆，弥山跨谷，辇道相属"，规模十分惊人（《三辅黄图》）。除苑中恢宏的建筑外，对自然景观也十分重视，不仅"表南山之巅以为阙"、"络樊川以为池"，还修建了许多人工湖泊，如牛首池、镐池等，山明水秀，景色宜人，基本脱离了先秦在园林初创期的那种"蓄草木、养禽兽"的单一模式。

上林以外，又大建离宫别馆，"咸阳之旁二百里内，宫观二百七十，复道甬道相连，帐帷钟鼓美人充之"，"关中计宫三百，关外四百余"，"北至九嵕甘泉，南至长杨、五柞，东至河，西至汧渭之交，东西八百里，离宫别馆，相望属也。木衣绨绣，土被朱紫，宫人不徙。穷年忘归，犹不能遍也"（《史记·秦始皇本纪》）。其中以梁山宫、兰池宫、长杨宫较为知名。

梁山宫是一处山地园林，在乾县梁山附近。《长安志》引《三秦记》云："梁山宫城皆文石，名织锦城"，可见此宫之华丽。传说秦始皇听信方士卢生的话，说是不让人知道自己的行踪，才可望见到"真人"，从此行动诡秘。一次登上梁山宫，见丞相车骑太多，不悦。有人秘告丞相，始皇就把在场从人全都处死。梁山之外，林光宫和骊山汤也都是山地园，兰池宫在咸阳东，以水景为主。《三秦记》述云："秦始皇作长池，引渭水，东西二百里，筑土为蓬莱山，刻石为鲸鱼，长二百丈，亦曰兰池陂"，实际是一项以人工湖"长池"蓄水拦洪的水利工程。值得注意的是池中筑土为山，丰富了水体空间，成为后世"一池三山"理水模式的滥觞。

长杨宫主要供畋猎，"本秦旧宫……宫中有垂杨数亩……门曰射熊馆，秦汉游猎之所"（《三辅黄图》）。史籍中还有兔园、鸿台、鱼池台，以及兽圈、虎圈、狼圈等主要与畋猎或畜养有关的皇家苑囿，可见秦园林内容已相当丰富。

汉代皇苑

西汉初在修复长乐宫后不久即建造了未央宫，作为朝宫及帝后居所。未央的宫中园林在西掖庭宫之西，有沧池，是园中主要景观。池中筑渐台（即水中之台），池西有大殿名白虎殿。白虎是"西方之兽"（《礼记·曲礼上》），殿建在西部，显出五行方位之说的影响。史载未央宫也有兽圈、彘圈并有备以观兽之楼观。皇帝行躬耕之礼的"弄田"也设于未央，可能也在园中。

汉武帝时（公元前140～公元前87）国力大盛，建元三年（公元前138）在秦上林苑基础上扩建成巨大皇苑，仍名上林。《汉书》记其"周袤三百里"。班固说，上林苑有"离宫别馆三十六所"。宋·宋敏求《长安志》引《关中记》云："上林苑门十二，中有苑三十六，宫十二，观二十五"，并开列名录。据各种文献，其离宫别苑之名竟达一百多个，皆"殊形诡制,每各异观"（《西都赋》）（图3-3-1）。

建章宫是汉上林苑内最大的一座离宫，平面布局与未央相似，东部朝会区以前殿为中心，建筑组群主要沿南北轴线展开；西部园林区南北序列唐中、太液二池。太液池中有名为蓬莱、方丈、瀛洲的岛，池边以石刻成鱼龙奇禽异兽，

① 《史记·封禅书》："自（齐）威、宣，燕昭使人入海求蓬莱、方丈、瀛洲，此三神山者，其传在渤海中，去人不远。"

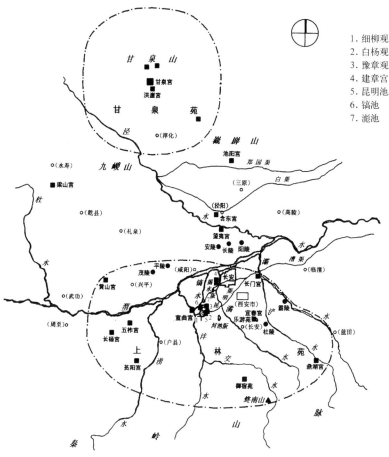

1. 细柳观
2. 白杨观
3. 豫章观
4. 建章宫
5. 昆明池
6. 镐池
7. 滮池

图3-3-1　西汉上林苑示意（王其亨，何捷）

象征海中神山龟鱼。

关于海中神山的故事流传甚早，传说神山上长着长生不老之草，战国的齐威王、齐宣王和燕昭王都企图找到这些神山。①秦始皇也曾多次派方士探访，自己还亲自多次到燕地齐地海边追寻，以图长生，不可得，乃在咸阳东引渭水为兰池陂，中筑土山为蓬瀛，刻石为鲸，聊为象征。汉武帝迷信方士，除建造多处如神明台仙人承露盘等建筑外，也仿秦皇故事，在建章太液池中模拟蓬莱仙境。昆仑、蓬莱是中国古代两大神话。前者以高山为背景，来源于上古西方高原先民的宇宙观念，在《山海经》中多有表现。战国以后，中原与西部交流增加，西方的昆仑神话与东方地理环境结合，乃袭承昆仑神话山的内容，而将海作为仙境的主要构成，形成蓬莱神话海中三神山之说。蓬莱神话较之昆仑神话更多享乐成分，与现实生活更加贴近，是无边无际的海对于生活在海边的齐、燕人宇宙观的涵化。在池中筑三岛以象征，从园林艺术方面而言，无疑丰富了景观和园林内容，创造出新的山水组合模式。这一园林题材，以后几乎成为各朝皇家园林的通例，如今北京清代颐和园也有一池三岛，圆明园更有以三神山为名的景区景点。

太液池寓意"日出旸谷，浴于咸池，至虞渊即暮，此池之象也"（《三辅黄图》引《三辅故事》），是秦汉象天法地的规划思想在园林的体现。池中也有"渐台"，水族成群，池岸植物茂盛。唐中池畔有虎圈和奇宝宫，中畜狮象珍宝之属。

此外，在建章范围内还有许多宫院，如骀荡、驰娑、天梁、枌诣等。骀荡形容宫中春时景物骀荡。驰娑喻马行快疾，形容此宫之大需马行才能得遍。天梁意为梁至于天，形容此宫之高。枌诣，木名，形容此宫美木茂盛。综上可知建章宫是一极富浪漫神话色彩的所在，合宫、殿、

阙、楼、台等建筑以及山、水、植物、动物于一园，成为一个综合性的大环境，性质以游观为主，其总体布局除前殿一区有规整轴线外，其余众多部分因势利导，比较自由地进行划分。

除建章宫外，上林苑还有众多离宫，星罗棋布。苑内可举行大规模狩猎活动。昆明池在建章宫西，是苑内诸多湖泊之最大者，人工开挖，原为征伐昆明习练水军而凿。池中有豫章观，也有石鲸鱼，"立牵牛、织女于池之东西，以象天河"（《三辅黄图》）。池岸"列观环之"。昆明池北还有秦代留下的镐池。汉上林苑的总体规模比秦之上林有过之而无不及。秦皇、汉武的经营，是中国建筑艺术史第一次发展高潮的主要内容。

汉武帝还营建了一些别宫，著名的如长安西北云阳甘泉苑。甘泉苑地处渭北，在秦林光宫的基础上重建于武帝建元间。其苑"凡周回五百四十里，苑中起宫殿台阁百余所"（《三辅黄图》），其苑中苑内容之丰富也不亚于上林。其中主要离宫名甘泉宫，"周回十九里，宫殿楼观略与建章相比"（《括地志》），是避暑离宫，又"尝于此整军经武，祀神考政，行庆赏朝会之礼，非止为清暑也"（唐·仲友《汉甘泉宫记》）。因在后天八卦所谓的长安"乾"方并因山为苑，可上致天神，为祭天通神之所在，故宫内有通天台，"望云雨悉在其下"。台上也有仙人承露盘（《汉武故事》）。

东汉迁都洛阳，国力与朝野的精神状态，已大不如秦和西汉，皇家园林也大为不及，洛阳城内仅有濯龙园、西园和永安宫，城外见于记载者有十余处。

濯龙园近北宫，园中有濯龙池、濯龙殿，"濯龙芳林，九谷八溪，芙蓉覆水，秋兰被涯。渚戏跃鱼，渊游龟蠵"（张衡《西京赋》）。西园在濯龙北，东连北宫，中有少华之山。东汉即将覆亡之际，献帝还在西园建裸游馆千

间，在馆前"乘船游漾，命宫人乘之，选玉色体轻者，使执篙楫摇漾渠中。其中清澄，盛暑时使舟覆没，视宫人之玉色者。又奏招商之歌，以来凉气……帝盛夏避暑于裸游馆，长夜饮宴……宫人年二十七以上，三十六以下者，解其上衣，惟著内服，或共裸浴……又作鸡鸣堂，蓄多鸡，每醉逮至天晓，内侍竞作鸡鸣以乱真声"（《拾遗记》）。如此醉生梦死，终至王朝倾覆。永安宫在城东部，"永安离宫，修竹冬青。阴池幽流，玄泉洌清。鸭鹧秋栖，鹍鸹春鸣，鸤鸠丽黄，关关嘤嘤"（《西京赋》），气象似颇幽曲。

洛阳城外园林以平乐苑最著，又名平乐观，主要活动内容是观赏百戏。"为大场，于上以作乐，使远观之，谓之平乐"（张衡《东京赋》）。平乐观空间广博，山水瑰丽，苑中有高大建筑，"大厦累而鳞次，承召尧之翠楼，过洞房之转闼，历金环之华铺"。东汉的皇家园林规模不如西汉，但景观处理更加细致。

汉代私园

西汉以来，中国开始出现私家园林，这是园林史上的大事，以后经魏晋的深化，从贵戚富户之园渐向士人园转化，再历唐宋之发展而蔚为大观，成为与皇家园林并列的中国两大园林系统之一。两汉私家园林，造园手法多效法皇园，水平则在皇园以下。到了唐宋，规模当然仍远不及皇园，而造园水平已在皇园以上。迨至明清，以私园的精微细腻，窈窕曲折，已远超皇园，皇园转而要向私园取法了。

《汉书·董仲舒传》已有"三年不窥园"之句，《后汉书·桓荣传》也载有"十五年不窥家园"，以彰董、桓之勤奋，可见这里所说的"园"不再只是树果植菜的园圃，而具备了相当的游赏功能。贵族权臣自当是纯娱乐性私园的始作俑者，其营造规模也相当巨大，史载西汉"（梁）孝王筑东苑，方三百里，广睢阳城七十里。大

治宫室，为复道，自宫连属于平台三十余里"（《汉书·梁孝王传》）。"梁孝王好营宫室苑囿之乐。作曜华宫、筑兔园。园中有百灵山，有肤寸石、落猿岩、栖龙岫；又有雁池，池间有鹤洲、凫渚。其诸宫观相连，延亘数十里，奇果异树，珍禽怪兽毕有"（《三辅黄图》）。东汉桓帝时，大将军梁冀权倾朝野，《后汉书·梁统传》载梁冀"广开园囿，采土筑山，十里九坂，以象二崤，深林绝涧，有若自然，奇禽驯兽，飞走其间……又多拓林苑，禁同王家，西至弘农，东界荥阳，南及鲁阳，北达河、淇，包含山薮，远带丘荒，周旋封域，殆将千里。又起菟苑于河南城西，经亘数十里，发属县卒徒，缮修楼观，数年乃成"，规模与奢华竟不亚于皇园。

富豪也开始拥有大规模的私园，典型者如"茂陵富人袁广汉，藏镪百万，家僮八九百人。于北邙山下筑园，东西四里，南北五里，激流水注其中。构石为山，高十余丈，连延数里。养白鹦鹉、紫鸳鸯、牦牛、青兕，奇兽异禽委积其间。积沙为洲屿，激水为波涛，致江鸥海鹤，孕雏产鷇，延漫林池；奇树异草，靡不培植。屋皆徘徊连属，重阁修廊，行之移晷不能遍也"（《西京杂记》）。这些私园均以声色犬马的享乐生活为园林主题，绚烂充盈的景观风貌与堆砌铺陈的设计手法都与皇家园林相似，与后世的文人私园的性质及构图手法，都有相当的距离。

二、园林设计手法

秦汉掀起的中国园林史第一次高潮，不仅表现为数量多和规模大，也表现为造园手法的丰富和风格上的创新，其最重要者当属空间的组织。

秦汉宫苑规模都异常宏大，最大的西汉上林苑占地超过 3500 平方公里，控制如此巨大的

空间,是一个颇费功力的课题。秦代的办法是"令咸阳之旁二百里内,宫观二百七十,复道甬道相连",的确显示出一种前所未有的宏伟气魄;但复道、廊道等线型建筑的长度过大,不免造成单调的感觉,削弱建筑群体的表现力,因而到汉代已很少使用,代之而起的是苑中苑的"大分散,小聚合"式布局,园林的空间组织有了新的进步。

长安畿辅的大量秦代苑囿遗存,成为汉代离宫别馆的基础。西汉宫廷生活既关注神仙世界,更追求现世享乐,凿空西域、征拓南越之后引进的大量外来文化和方物,要求苑囿具备更为多样的功能内容,导致离宫数量的急剧增长,促成苑囿整体规模的膨胀。上林苑和甘泉苑的总体规划,明显呈现出"大分散,小聚合"的布局特点,即按功能和景观分成区域,每区各具特色,然后加以合理的组织。例如,昆明池一区主要以漫步、舟游等舒缓方式进行水景

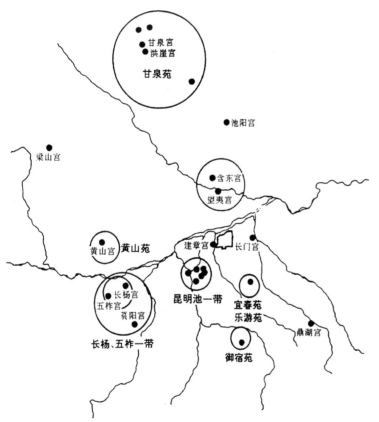

图 3-3-2 西汉上林苑宫馆"休息节点"分布(王其亨、何捷)

游赏,离宫间距较小,一般在 1 ~ 3 公里之间,在昆明池周围以建筑、雕塑等结合天然和人工山水,创造出"列观环之"的环境景观。但界定园林布局尺度的主要依据,是当时盛行的车骑方式。为说明此点,不妨看看汉武帝在建元三年的一次出游:

微行始出,北至池阳,西至黄山,南猎长杨,东游宜春……微行以夜漏下十刻乃出……旦明,入山下驰射鹿豕狐兔,手格熊罴……时夜出夕还,后赍五日粮,会朝长信宫……后乃私置更衣,从宣曲以南十二所,中休更衣,投宿诸宫,长杨、五柞、信阳、宣曲尤幸(《汉书·东方朔传》)。

可以看出,众多的离宫别苑即是按车骑"休息节点"的格局布置的,在各节点布置若干离宫,节点之间则为山川原野。在"大分散"的情况下,节点间距约为 30 ~ 50 公里,应是车马驰骋或射猎的合宜领域;"小聚合"的节点间距,一般为 5 ~ 10 公里,当为车骑缓行的愉快距离,这就是依据大尺度园林的层次与分隔而形成的一种成熟的苑中苑设计方法(图 3-3-2)。此模式在先秦园林"囿游"的设计中已有所体现,在西汉上林苑中更是随处可见。东汉班固《西都赋》说上林苑"宫馆所历,百有余区。行所朝夕,储不改供"。曾经亲历其境的司马相如,作《上林赋》呈献武帝,曰:"若此者数百千处,娱游往来,宫宿馆舍,庖厨不徙,后宫不移,百官备具。"晋·郭璞注曰:"皆离宫别馆,出入所幸……所在俱有也。"唐·颜师古疏:"言所在之处供具皆足也。"就连贵族富商经营的私园,也大多如此。《三辅黄图》记:"河间献王德筑日华宫……置客馆二十余区,以待学士。"著名的梁孝王兔园,也是"宫观相连",并有曜华宫、忘忧馆、修竹苑等园中园。

苑中苑或园中园的普及,从汉代经学大师郑玄对《周礼》"囿游"的注释也可见一斑。他说:"囿,御苑也;游,离宫也。""囿游,囿之

离宫，小苑观处也。"可能这是现知最早的有关园中园的定义性阐释了。清人孙诒让解释说："于大苑中，别筑藩界为小苑，又于小苑中为宫室，是为离宫。以其为囿中游观之处，故曰囿游也。"

在这种尺度宏大的园林中，填充了最大限度的活动内容，已远超前代的通神、田猎、生产和单纯的游赏，而具备如朝会、通神、娱游、观景、止宿、生产、军事等更丰富的功能。例如，建章、甘泉二宫以朝会为主而兼通神，渭北池阳宫与华阴集灵宫主要功能在祭祀；又如宣曲宫的音乐演奏，平乐苑的百戏娱乐，长杨、五柞等处的游猎，诸池沼的水嬉以及各处的动物观赏、游戏，等等。观景除自然山水观赏外，又加进了植物景观，建章　诣宫即其代表。此外，以昆明池习水战为代表的军事功能，建章宫奇华殿的储藏与陈列，思贤、博望两苑培养太子社交能力等，均是（图3-3-3）。

园林尺度之大还同秦汉艺术专务宏大的时代风尚有关。初建大一统帝国的秦汉两代，一种宏伟、雄浑的时代精神和美学理想贯穿在文化艺术的各个方面。秦灭六国，不仅政治上建立了空前统一的中央集权，也促成国家财富的集中，"凭借富强，益为奢靡"。西汉初年亟须恢复生产力，虽仍以"非令壮丽无以重威"的指导思想兴建宫室，但对于"奢言淫乐而先侈靡"的苑囿建设尚持谨慎态度。至武帝，帝国空前繁荣，加之惠帝、景帝之间（前194~前140）盛行"黄老之说"及相应的"无为而治"政策，造成社会规范相对松弛，注重享乐的生活方式迅速滋长，方出现了苑囿建设之大事更张。加以汉代的艺术风格与美学思想也与秦有所不同，虽典章制度承袭秦代，但随着国家的统一，加强了中原与楚越的文化交流，在意识形态特别是艺术领域更多地保留了以巫术文化为特征的楚文化浪漫传统。汉代园林的祭祀求仙活动及基于通神所需求的诸多景观设置，较之秦皇追

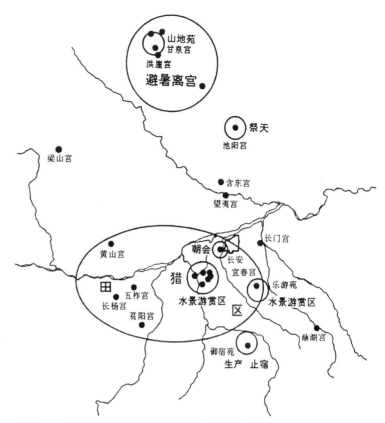

图3-3-3　西汉上林苑功能与景观分区示意（王其亨，何捷）

图3-3-4　河北定县西汉墓出土3号车伞倪纹饰展开图（《中国美术全集·绘画编》）

求长生不死的单纯功利性目的，显然具有更深刻的内涵，是以巫术世界为主要艺术内容与审美对象的时代美学特征的反映（图3-3-4）。

①李泽厚.美的历程[M].北京：文物出版社，1981.

汉代的艺术主题又表现了人对客观世界的征服。世俗享乐的生活、祭祀求仙的迷狂，以至笼盖天地的宏伟气魄，也都与此时代思想有关。娱人的主题能在园林中充分展开，也得益于这种现实与想象空间的充盈。晋人皇甫谧《三都赋序》评论汉赋说："不率典言，并务恢张。其文博诞空类，大者罩天地之表，细者入毫纤之内；岁充车连驷，不足以载；广厦接榱，不容以居也"，也正可作为西汉宫苑艺术风格之写照。

最后可提及者是汉代已初步形成的叠石理水手法。《淮南子·本经训》对此有精审的概括："凿污池之深，肆畛崖之远，来溪谷之流，饰曲岸之际；积牒旋石，以纯修碕；抑减怒濑，以扬激波；曲拂澶回，以象湄浯"，充分表明当时叠石理水的普遍及其造诣。《西都赋》："岩峻嶵崒，金石峥嵘"，《西京赋》："上林岑以垒嶵，下崭岩以岩龉"，都描写了太液池蓬莱三山的叠石。不仅叠石为山，水边也以叠石砌成驳岸护

图 3-3-5　四川出土东汉画像砖（《中国美术全集·绘画编》）

堤。《西京赋》所说昆明池"周以金堤，树以柳杞"，李善注："金堤，谓以石为边隒"。《上林赋》还写道："醴泉涌于清室，通川过于中庭。磐石振崖，嵚岩倚倾；嵯峨磼硪，刻削峥嵘；玫瑰碧琳，珊瑚丛生；珉玉旁唐，玢豳文鳞，赤瑕驳荦，杂臿其间。"李善引李奇注说："振，整也，以石整顿池水之涯也。"不仅模仿天然岩涯，还措置各种不同质地、色彩和纹理的佳石，来强化景观鉴赏的审美情趣，是前所未有的创举。其"醴泉涌于清室，通川过于中庭"云云，还是最早引水入庭通室的例子。

《上林赋》还特别提到岩洞："夷嵕筑堂，累台增成。岩突洞房，俯杳眇而无见，仰攀橑而扪天。"李善引郭璞注"岩突洞房"曰："言于岩突底为室，潜通台上也。"再联系先秦至汉多有"石室"、"窟室"之类的记载，此岩突洞房应即叠石而成的洞室。叠石在贵族、官宦、富商的园林中也有不少，如《西京杂记》记梁孝王曜华宫百灵山，有以"肤寸石"、"落猿岩"、"栖龙岫"等命名的叠石景观。袁广汉园也"构石为山，高十余丈，连延数里"。

武帝以降，汉王朝由盛入衰。东汉末，社会陷于空前的黑暗，园林建设在桓、灵末世骄奢淫靡的风气下虽又有畸形的发展，但由于经历过汉武"罢黜百家，独尊儒术"的意识形态变革，"以儒学为标志，以历史经验为内容的先秦理性精神日渐濡染侵入文艺领域和人们的观念中"，①过去那种"挟赤电、遗光耀、追怪物、出宇宙"的狂放不羁、笼盖宇宙的磅礴气势和积极进取的社会风貌已荡然无存。园林在这种艺术潮流的制约之下也由专务宏大，"瑰异谲诡，灿烂炳焕"的风貌一变而为简小。正如前文引张衡在《东京赋》中描写的洛阳濯龙苑与永安离宫，其恬静细腻，显然是园林尺度变小后对空间处理趋于精致的结果，一扫秦代与西汉的夸张铺陈，而为魏晋园林的先声（图 3-3-5）。

第四节　礼制建筑

殷人好鬼，贞卜相继，甲骨累见，在殷墟并有宗庙遗址发现。《考工记》西周洛邑王城的祭祀建筑与宫殿相邻，祭祀在"祖"、"社"中进行。"祖"指宗庙，"社"指社稷坛，分别是祭祀祖宗和社神（土地之神）、稷神（谷神）的地方，我们将这些称为礼制建筑。但周代祭祀只见于文献，尚未发现遗址。春秋秦国在雍城建有宗庙，已见上章。相传秦代有四畤之祭，其实有六处祭地，其西畤、鄜畤、畦畤皆祀白帝，密畤祀青帝，上畤祀黄帝，下畤祀炎帝。汉代高祖又立北畤，祀黑帝，共成五畤。武帝听从方士谬忌所说天神最高者是"泰一"，青帝、炎帝、白帝、黑帝、黄帝都只是它的辅佐，于是建泰一祠于长安西北（即后天八卦所说的"乾"方）甘泉，有圜丘，即圆形祭坛，"取象天形，就阳位也"；又建后土祠在山西汾阴，有方丘，即方形祭坛，"取象地形，就阴位也"（《三辅黄图》）。泰一和后土是西汉初期最重要的两处祭祀地，也是以后天坛、地坛的起始。但成帝时曾一度停止甘泉和汾阴之祀，改在长安南郊（先天八卦的"乾"方）实行天祀，长安北郊实行地祀。《水经注》记长安祭祀天、地的二坛说："上帝坛，径五尺，高九尺；后土坛，方五尺，高九尺"，可知也是一圆一方，其"五尺"可能是五丈之误。西汉有时又恢复甘泉、汾阴的祭祀；直到东汉，才最终确定在都城南郊祀天，北郊祀地。但汾阴后土之祀以后又断断续续延至金代。

除祭祀天地诸帝和祖先者外，祭祀日月山川河海等其他自然诸神的神坛、只有帝王才能建造用以"观祲象察氛祥"的灵台（天文台）和综合性祭祀建筑明堂、儒者习礼用的辟雍等，也都是礼制建筑。

据《汉书·郊祀志》，知汉时已有等级化的祭祀规定，即赋予自然神以人格化等级化，规定上至天子下至平民不同等级的祭祀规格，其目的实际是为了强化人间的等级："天子祭天下名山大川……五岳（泰、衡、华、恒、嵩）视同（天帝的）三公，四渎（江、河、淮、济）视同（天帝的）诸侯；诸侯祭其疆内名山大川；大夫祭门、户、井、灶、中霤（中庭）五祀；士、庶人祖考而已"。

已发现的汉代礼制建筑遗址较著名的有长安明堂辟雍、长安王莽九庙和洛阳灵台，现概述如下。

西汉长安明堂辟雍

所谓"明堂"，据先秦文献，有说即天子布政之宫，有说是用来明诸侯之尊卑者，又有许多繁琐的象征规定，大约最初属于宫殿与祭祀功能混沌未分的状态，到汉武帝时其概念和形制已很模糊，古儒聚讼，歧论纷出，莫衷一是。武帝封禅泰山，欲在泰山下建明堂，不晓其制，有个叫公玉带的人进上自己杜撰的图样，妄称是黄帝时明堂图，"中有一殿，四面无壁，以茅盖，通水，水圜宫垣；为复道，上有楼，从西南入，名曰昆仑"，武帝即照此建造，入祀泰一、五帝、后土诸神，并配祀高祖（《汉书·郊祀志》）。由此得知汉代的明堂已是一种综合性祭祀建筑。

"辟雍"一名，首见于《礼记》，其制"象璧，环之以水，象教化流行"，是一座周围环以圆形水沟的建筑，性质像是儒者的纪念堂，也是帝王讲演礼教的地方。公玉带所上明堂图也有"水圜宫垣"，似乎也掺杂有辟雍的意味，所以汉代的明堂、辟雍有合二而一的趋势。

考古工作者已发掘了王莽当政时在长安所建的一些礼制建筑，其中就有合明堂、辟雍为一的一组建筑，在长安南墙中门安门外大道路东。[1] 其形制为：外围方院，每边长 235 米。据《水经注》记，此院"垣高无蔽目之照"，知围墙不高，以求视野开阔，用意正与现存北京明清天坛的圜丘围墙相同。院四面正中开门，

①中国科学院考古研究所汉城发掘队. 汉长安城南郊礼制建筑遗址发掘简报[J]. 考古, 1960(7).

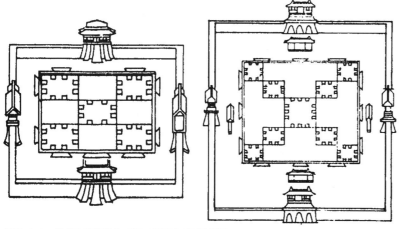

图 3-4-1 周代及秦代明堂（宋·聂崇义《三礼图》）

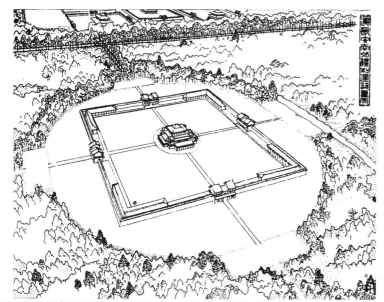

图 3-4-2 汉长安南郊明堂辟雍复原（王世仁复原，傅熹年绘）

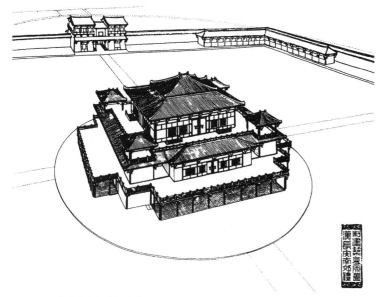

图 3-4-3 汉长安南郊礼制建筑中心建筑复原（王世仁复原，傅熹年绘）

院外环以砖砌圆环形水沟，院内四角建平面为曲尺形的配房，势态内向。院正中筑一夯土圆形低台，台上有折角十字形平面遗址，约42米见方，但东西稍长。底层四向为廊，廊内为堂及左右夹室，中间有约17米见方东西稍长的夯土台，台四角各附小夯土台，原状是一座显三层的高台建筑。下层四厅及左右夹室共为"十二堂"，象征一年的十二个月，也是太学的东南西北"闱"。中层每面也各一堂，各堂异名，南称"明堂"，西为"总章"，北为"玄堂"，东为"青阳"，功用为告朔行政。四堂之外是下层四廊的平顶，作露台，可在典礼时备用。上层台顶中央建"太室"，也称"土室"，四角小方台台顶各有一亭式小屋，为金、木、水、火四室，与土室一起用祭五帝。五室间的四面露台可占云望气，具灵台作用。全体各部尺寸又有许多繁琐的数字象征意义（详见汉·蔡邕《明堂月令论》）。[①] 宋人聂崇义《三礼图》绘出了周和秦代的明堂图，与此遗址颇有相通之处（图3-4-1）。

整群建筑十字对称，院庭广阔，气度恢宏，很符合其包纳天地的身份。中心建筑以台顶中央大室为统率全局的构图中心，四角小室是其陪衬，壮丽、庄重。中心建筑外向，与四围建筑遥相呼应；四角曲室内向，取得与中心建筑的均衡。匠师们在这座建筑中既要满足礼制规定的多种使用要求，又要照顾到各种繁琐的象征意义，更要以其不同一般的体形体量组合，造成符合建筑性质的审美效果，其殚精竭虑，乃创造出此建筑艺术精品（图3-4-2～图3-4-5）。

中国建筑的群体布局强调采用院落组合方式，其具体组合可大别为三种。普遍的一种是将单体建筑沿院落周边布置，所有建筑都内向，其中坐北朝南的一座最大最高，是构图主体，势态向前，其他三面建筑势态与之相抗而取得均衡，院落中心则没有建筑，可谓"外实内虚"。另一种方式用得较少，是将构图主体放到院落正中，势态向四周扩张，周围构图因素尺度比它远为低小，四面围合，势态向中心收敛，也取得均衡，可称"内实外虚"。第三种方式可称为自由式，院落内的建筑作自由布置，势态流动变幻，但乱中有法，动中有静，初看似觉粗服乱头，其实章法严谨，格局精审。在轴线处理上，第一种方式强调纵向轴线，可按需要沿纵轴组成一系列层层串连的院子，或更在此一路左右毗连其他院子，适应性极强，使用最为广泛；第二种方式的纵横两条轴线基本处于同等重要地位，呈十字形，不再扩展，纪念性很强；第三种方式没有始终如一贯通全局的轴线，或轴线多有转折、错位，或只有局部的轴线，或甚至全无轴线，总之，每一个构图单体互相穿插交织，方向不定，全局可大可小，宜于造成自由活泼的气氛，多用在园林中。这三种方式又可以不同的方法和规模结合在一起，组成更为丰富的建筑群。不管哪种方式，各建筑物的势态力量均在群体内部消融，院落以外则趋于平静，与西方建筑强调单体突出，完全外向，势态放射的格调很不相同。

可以看出，未央宫和建章宫属于第一和第三两种构图方式的结合，前者以第一种为主，后者以第三种为主。明堂辟雍则是典型的"内实外虚"构图方式，是这种构图在中国建筑艺术史上较早而最完整的体现。与之类似的有秦汉"方上"式陵墓，更早还有如战国中山王𰯼陵等。这种方式对以后的影响也很大，主要出现在大型的或纪念性的建筑中，如以塔为中心的早期佛寺、唐宋陵墓、某些宫殿如唐大明宫麟德殿，以及明清坛庙等。若其中心建筑特别高大，则常用在外向性格较强的建筑中，如风景区的楼阁例如黄鹤楼、滕王阁和颐和园的佛香阁等。

适应外虚内实的构图，明堂辟雍四向辟门的做法也有一定的含意。前举咸阳宫之"端门四达"，即象征天帝所居。《尚书》说：舜"宾

图 3-4-4　汉长安明堂辟雍（王世仁复原，于立军电脑绘图）

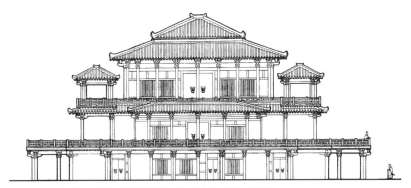

图 3-4-5　汉长安南郊明堂辟雍复原立面（《人类文明史图鉴》）

于四门，四门穆穆"，疏云："史记集解云：四门，四方之门者，谓明堂宫垣四方之门也"。《白虎通》也说："门四出何？所以通四方故。礼三朝记曰天子之宫四通"，可见当时明堂、宫殿等类最高贵的建筑经常采用这样的做法，一直到明清各坛，仍都四门通达。

西汉长安宗庙

宗庙是集中祭祀君王祖先的地方。祭祀祖先，当然首先是在祖先的陵墓所在地。殷周就有在墓上平地建立享堂的做法，战国因之，在墓顶封土上建享堂。明清仍在陵墓区建有祭祀建筑。陵墓之外集中设置祭祀祖先的建筑称为宗庙，殷墟和春秋秦国都有宗庙遗址。西汉祭祀祖先的建筑并不集中，除在陵墓外，还分别在都城、各郡国和帝王生前经行处建造，数目很多，到宣帝时竟达一百七十六所，或同时又

对页注

①王世仁. 汉长安南郊礼制建筑（大土门村遗址）原状的推测[J]. 考古，1963(9).

①中国科学院考古研究所汉城发掘队.汉长安城南郊礼制建筑遗址发掘简报[J].考古,1960(7).
②中国社会科学院考古研究所洛阳工作队.汉魏洛阳城南郊的灵台遗址[J].考古,1978(1).
③秦始皇陵调查简报[J].考古,1962(8);秦始皇陵考古有新发现[N].人民日报,1981-4-20.

配祀于天地神祇。只是到新莽时期，托古改制，拆毁宫馆十余所（包括建章宫内的一些建筑在内），取其材瓦，才建立了集中的宗庙，史称王莽"九庙"。

九庙现已发掘，在明堂辟雍西、正对未央宫正门的都城西安门大道路左（东），隔大道与其西的官社官稷相对，符合《考工记》所谓"左祖右社"之义。①本来按《礼记》的规定，天子可有七庙，即太祖庙与三昭三穆，王莽侈大其制，把黄帝、虞舜也拉了进来，伪托是其先祖，故为"九庙"，但遗址实际所见却有十二庙，含意尚未明了。

十二庙各庙形制与明堂辟雍差不多，但规模更大。每一座的布局也是围以四向开门的方院。方院围墙每边约长260～280米，四角内有曲尺形配房，中心建筑也是折角十字形平面的高台，中央方台四角各附一方形角台。与明堂辟雍不同的是四向的厅为干阑式结构，用木柱架立木地板，高于台面，所以遗址厅堂的现有地面即木柱所立的地面比台面低下。此外，围墙外没有"圜水"。十二庙的总体布局是前（南）端正中一座，可能是黄帝庙，另十一座都在其后，对称地排作三排，形成方阵，第一、三排各四座，第二排三座。在方阵（不包括最前端一座）四周围以墙垣成大方院，东西1300米、南北1500米，南、北墙四门，东、西墙三门，都与各庙之门相直。值得注意的是在这群建筑中发现了四神瓦当，分塑青龙、白虎、朱雀、玄武。从其出土地点与所属建筑的方位关系，可知分别用在东、西、南、北四方，正与四神代表的方位相同。

东汉洛阳礼制建筑

东汉洛阳各种礼制建筑的位置已趋于定型，如南郊天坛祭天，为圆形重坛，四门通达，以象紫宫，称为紫坛；北郊地祇坛祀地，方坛四出；城内有左祖右社。天坛配祀五岳、四渎、星辰、雷公、电母、风伯、雨师共一千五百多神，

地祇坛也配祀有山、川、海神。这种天圆地方、一南一北、城内左祖右社的布设，大都为以后各代所通行。

洛阳南郊还有灵台，曾发现遗址，是一座两层夯土高台建筑，残高8米。下层四周回廊。上层建筑方形，每面五间。四面建筑的墙壁依方位分别涂以青（东）、赤（南）、白（西）、黑（北）四色。②张衡曾在这里长期工作过。

第五节 陵墓

墓上堆筑封土起于战国。秦汉陵墓普遍都有封土。

秦始皇陵在临潼，是秦汉陵墓规模最大者。封土方形，每边约长350米，呈三层方锥体台级状，全部人工堆成，现存残高仍有43米。顶上开阔平坦，曾发现有瓦当及燃烧过的木料和土碴，可能上面曾建有享堂，类似殷墟和固围村战国墓上所见。据《后汉书》，"秦始皇起寝于墓侧"，知陵侧又建造过寝殿，意为灵魂居止之所，从此即有"陵寝"之称。

封土周围有两重陵垣，内垣方形，每边长约600米；外垣长方形，东西约1000米；南北约2200余米，都四向辟门。③外垣东、西墙距内垣东西墙只有约200米；南墙相距略远，约400米；北墙相距最远，超过1000米，又在陵丘北侧发现有进入地宫的甬道，所以很有可能是以北门为正门。陵南枕骊山，北望渭河，地势南高北低，以北门为正门使骊山成为陵的天然背景，加长了入门后的纵深距离，是结合地形的良好规划（图3-5-1、图3-5-2）。

20世纪70年代在陵园东垣外发现一批兵马俑，数量极大，有高1.8米的武士俑数千身，还有许多长2米的马俑，排成向东的方阵，气势雄伟，是陵园的地下守卫，表现了秦皇的赫赫武功和秦代高度的造型艺术水平。秦始皇陵

图3-5-1 秦始皇陵（《中国古建筑大系》）

兵马俑现仍在继续发掘中（图3-5-3）。也有人对这批兵马俑是否与秦皇有关提出过质疑。

汉承秦制，西汉诸陵十余座，都在渭水南北，除渭南的霸陵外，形制和始皇陵差不多，都是截尖平头方锥形封土，称为"方上"。四面陵墙多只一重，四向辟门。方上的平顶上也有享堂，而于陵侧建祭祀死者的庙，庙中有正殿、正寝和便殿，"日祭寝，月祭于殿，时祭于便殿。寝，日四上食；庙，岁二十五祠；便殿，岁四祠"（《三辅黄图》）。日祭时宫人须理被枕，具盥水，事死如事生。西汉陵一般都比始皇陵小很多，陵墙边长大都在350米左右，方上以茂陵最高，达46米许（图3-5-4）。霸陵有些特别，"因山为藏，不复起坟"，所以不用堆筑封土，以后唐代陵墓也多如此。各陵均移各处富豪和后宫贵幸者于附近守陵，俨然城市，称为陵邑。

东汉诸陵多在洛阳邙山上，形制大体同前，但规模小于西汉大陵，并废止陵邑。

秦汉陵制对以后有较大影响，唐宋陵墓大体同此，南宋以后才发生较大变化。

秦汉陵墓的地下部分尚未发掘，但知有四向墓道，为十字墓，称作"四通羡道"，可能也有模仿帝宫"端门四达"的用意。

西汉时在徐州出现一批崖墓，目前发现的共八处，都是西汉各代楚王及其王妃的墓葬，全是就石山开凿出来的，以龟山第六代楚襄王

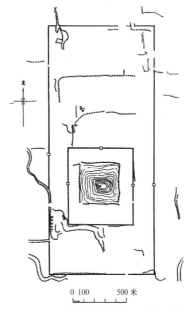

图3-5-2 秦始皇陵（《中国古代建筑史》）

图3-5-3 秦兵马俑和秦军想象图（《人类文明史图鉴》）

刘注墓最大。全墓分南北二个墓道，长均56米，南北间距19米，通向内部南、中、北三路共15个墓室，室室相通，布局明显模仿地面建筑。刘注的主墓室在中路，其前有大厅，厅中央凿出一称为"都柱"的方柱。王妃墓室在北路。墓道和墓室总面积达到700多平方米，容积达2600多立方米。施工极其精确，壁面磨平如镜。两个墓道近门处都用巨石堵塞。西汉楚王一共十二位，推测还有四座王墓尚未发现（图3-5-5）。

西汉时北方也有崖墓，如河北满城西汉中期的两座墓，规模虽远不如徐州的，施工也很粗糙，但出土文物较多（图3-5-6）。崖墓在

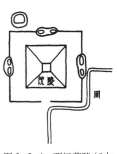

图3-5-4 西汉茂陵（《中国古代建筑史》）

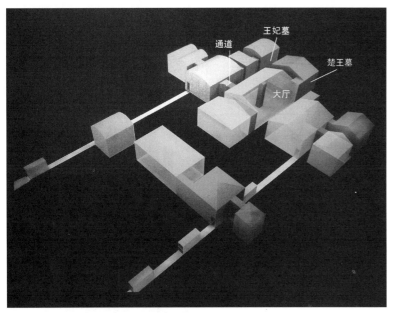

图 3-5-5　江苏徐州龟山楚襄王刘注夫妇墓（《徐州汉墓》）

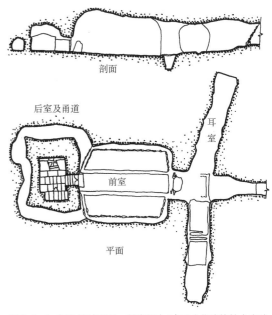

图 3-5-6　河北满城西汉一号崖墓（《中国古代建筑技术史》）

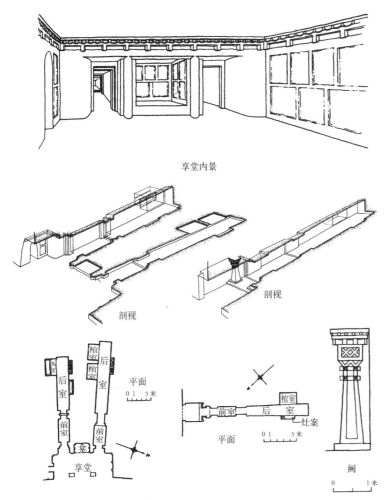

图 3-5-7　四川乐山汉代崖墓（《中国古代建筑史》）

四川西部也有流行，大型崖墓都可在深入崖内的墓道两侧凿出多个墓室（图 3-5-7）。崖墓沿用至南北朝。

汉代地主官僚的大墓也有封土，有的也建享堂，但木结构享堂都已不存。东汉开始有石享堂，时代最早保存最好的是山东肥城孝堂山郭巨祠，但不在封土顶而在其南，是一座面阔两间的悬山顶小石屋，其四壁内容丰富的石刻画像是绘画史的珍贵资料（图 3-5-8）。

汉代大墓前神道两侧常有双阙，称墓阙。文献记载最早的是西汉大将军霍光墓，"起三重阙"，又叫"三出阙"，即阙上有次第三座屋檐，主阙最高，主阙外侧的两重子阙屋顶次第降低。这是一种最尊贵的阙制，本应属天子专用，所以当时就被指斥为"侈大"、"侮上"。霍光阙现已不存，现存墓阙共三十多处，多东汉遗存，有的稍晚至魏晋，均为石阙，为二出或仅有主阙，分布在四川、河南、山东各省。其中建于建武十二年（公元 36）的四川雅安高颐阙最为精美，高约 6 米，檐下刻出了仿木斗栱构件（图 3-5-9）。四川绵阳平阳府君阙保存也比较完好（图 3-5-10）。

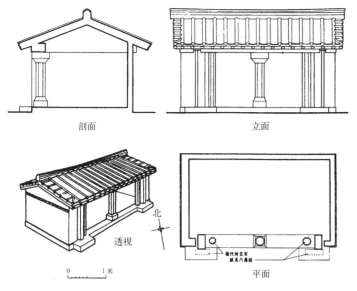

剖面　　　　　　　　立面

透视

北

0　　1米

平面

1. 山东肥城孝堂山墓祠

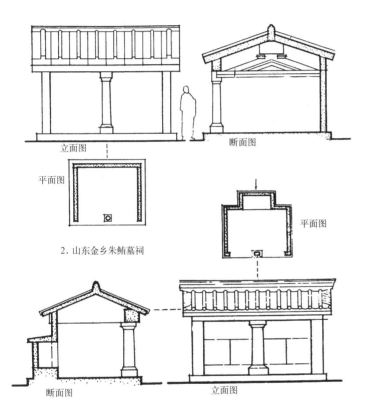

立面图　　　　　　　断面图

平面图

2. 山东金乡朱鲔墓祠

平面图

断面图　　　　　　　立面图

3. 山东嘉祥武梁墓祠

100　0　　　　　500厘米
平面缩尺
100　0　　　　300厘米
立面，断面缩尺

图 3-5-8　石祠(《中国古代建筑史》、《梁思成文集》)

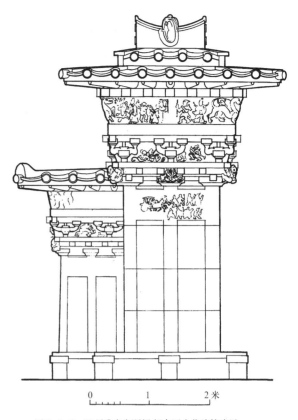

0　　　1　　　2米

图 3-5-9　四川雅安高颐阙(《中国古代建筑史》)

图 3-5-10　四川绵阳平阳府君阙（吴庆洲）

图3-5-11　高颐阙阙前石兽（《中国古代建筑史》）

图3-5-12　东汉宗资墓石兽（萧默）

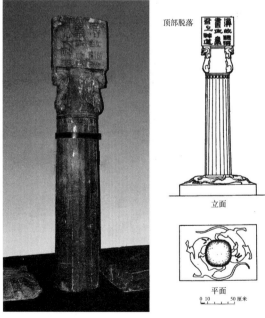
图3-5-13　北京汉幽州书佐秦君石柱（《中国古代建筑史》）

此外，在河南登封嵩山有东汉太室、少室、启母三处石阙，建在庙前，称为庙阙。

除去可能建于新石器时代末期某些作为墓室的石棚，可以说石祠和石阙就是中国最早最完整的地上建筑遗迹了。但需要说明，此种石阙建筑，虽名为"阙"，实际正如墓前常见的石人石兽是对真人真兽的模仿一样，也只是对真阙的模仿。虽如此，也是建筑史的宝贵资料。

东汉大墓前还开始置狮子、辟邪等石兽，如高颐阙前的石兽、东汉宗资墓（河南南阳）前的石兽今仍存（图3-5-11、图3-5-12），有的还有墓碑及柱形墓表（图3-5-13）。这一类小品，与石阙一起，更多强调了墓园的南向正面，扩大了神道的纵深空间，以其较小的尺度衬托出封土的巨大体量，渲染了坟墓的纪念气氛。

墓葬的内部结构由战国到东汉变化较大，除前述崖墓外，流行木椁墓、空心砖墓、小砖墓、石室墓和土坑墓等墓式。商周盛行的木椁墓到西汉主要在南方地区流行，可以长沙马王堆西汉轪侯家族墓群为代表，也见于北方，东汉不再实行。战国晚期出现的空心砖墓在西汉特别盛行，东汉也有。这种墓式以很大的空心砖代替木板为椁，有单棺双棺之分，双棺者有的在墓室中间立空心砖隔墙，上面平盖空心砖；或中间没有隔墙，上用三五块有榫口的空心砖支成多边折形顶（图3-5-14）。空心砖墓是木椁墓向小砖墓的过渡。西汉晚期出现小砖墓，东汉已很盛行，以后成为各代直到明清的主要墓室形制。西汉小砖墓墓室用小砖砌纵列券筒拱，东汉前期发展出穹隆顶，用在方形前室。长方形后室仍是筒拱（图3-5-15）。东汉后期盛行双穹隆顶，即前、后室都是方形，有的并有侧室。东汉中期以后出现石板砌造的石室墓，与原始社会的"石坟"或"石棚"类似，但不一定有

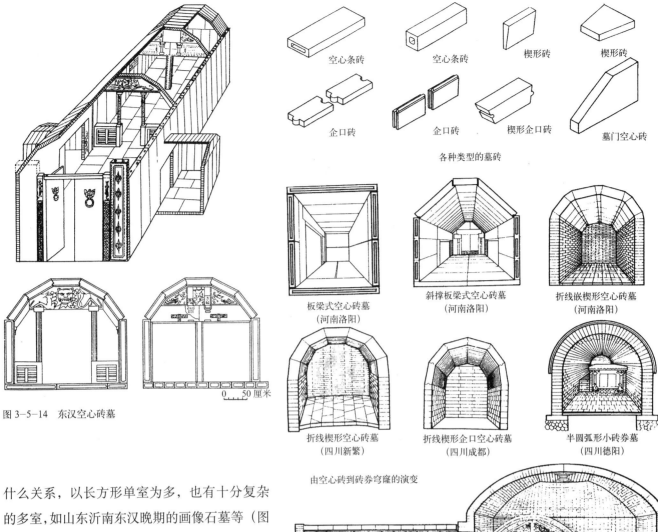

图 3-5-14　东汉空心砖墓

空心条砖　空心条砖　楔形砖　楔形砖

企口砖　企口砖　楔形企口砖　墓门空心砖

各种类型的墓砖

板梁式空心砖墓
（河南洛阳）

斜撑板梁式空心砖墓
（河南洛阳）

折线嵌楔形空心砖墓
（河南洛阳）

折线楔形空心砖墓
（四川新繁）

折线楔形企口空心砖墓
（四川成都）

半圆弧形小砖券墓
（四川德阳）

由空心砖到砖券穹窿的演变

穹窿顶小砖墓（河南洛阳）

图 3-5-15　战国两汉空心砖墓及小砖墓结构（《中国古代建筑史》）

什么关系，以长方形单室为多，也有十分复杂的多室，如山东沂南东汉晚期的画像石墓等（图3-5-16）。土坑墓各时代都有，有的只是一个竖穴，有的在竖穴旁边挖出一个土室，主要是下层人民的墓葬。

上述诸形制除木椁墓和土坑墓外，其余四种或在空心砖上印有纹饰，或在小砖墓里绘出壁画或镶砌画像砖，或在石室墓上绘出壁画或刻出画像，或在崖墓壁上刻出建筑构件等，都是建筑史和美术史的重要资料。

墓室出土物中也有宝贵的建筑资料。西汉前期已开始出现仓、灶等陶制冥器（即陪葬之器，现通称明器），东汉时，更大量出现陶楼、陶屋、陶院、陶坞壁、陶仓等建筑模型，南方如广州地区还出土有干阑式陶屋或陶仓，内容非常丰富，是研究建筑史尤其是当时住宅建筑的极好资料。

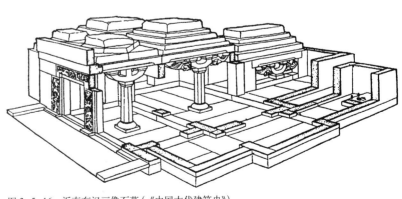

图 3-5-16　沂南东汉画像石墓（《中国古代建筑史》）

①张泽栋.云梦出土东汉陶楼[J].新建筑,1983(1).

第六节　住宅

秦代住宅详情已不明，汉代住宅赖东汉以来出现的大量陶塑建筑明器、画像砖、画像石得以保存不少形象，再参照文献，可得知大概情形。汉代住宅大约有以下几种：中小型住宅、第宅和坞壁。

一、中小型住宅

中小型住宅的形象多见于出土明器。房屋多为一字形、L字形、U字形，也有H字形者，然后在一字之后三面、L字的另一角、U字的开口和H字的前后开口处筑院墙，形成小院。广州有一"H"形住宅，当中一横是主体，正中建二层楼，左右横接单层屋，两端再各向前后接更低的单层屋，前院墙中间设大门，门有屋顶。层次分明，主次突出（图3-6-1）。

四川画像砖上有一田字形平面廊庑围成的四院住宅，以左部二院为主。左部前院较小，前廊开栅栏式大门，后廊正中开中门；后院最大，内有堂屋一座，屋内有主人对坐。右部也分前后二院，前院较小，内有井、炊和晒衣架，是服务性内院；后院较大，建高楼一座，形象颇似高颐阙的主阙，是守卫和储藏贵重物品的地方，当是"观"的遗存。院落住宅的户外空间是住宅的有机组成，用于室外生活作息。此宅布局比较灵活，不那么规整，反映了小农自给自足式的生活状态（图3-6-2）。

也有以楼房为主的住宅，可以湖北云梦出土的一座明器为代表，由前后两列楼屋组成。前列平面横长方形，两层，各横分为数室，是主要居住房间；上层覆四注顶，下层有披檐。后列东部组合厕所和猪圈成小院，中部高通两层，为厨房，西部为望楼，耸出众屋之上；随各屋高度覆悬山顶，望楼腰檐为四注，顶为悬山。上层在前后二列之间的走廊和望楼中间留梯孔。在前列左右和望楼一侧伸出挑楼，以曲木承托。[1]此宅以楼房为主，没有轴线，布局自由而颇合理，且轮廓错落，与现仍盛行于南方的自由式民居很有相通之处。其使用的挑楼在今日南方仍常见到。望楼高耸，又带有坞壁的意味（图3-6-3）。

此外，在广州和四川还出土过一些干阑式

图3-6-1　东汉明器中小型住宅（《中国古代建筑史》）

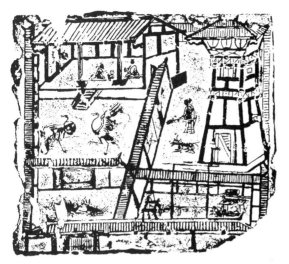

图 3-6-2　四川画像砖宅院（《中国古代建筑史》）

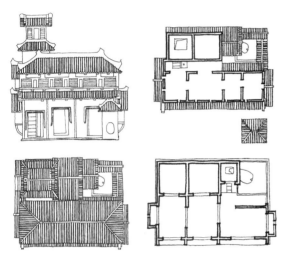

图 3-6-3　云梦出土楼房明器（《新建筑》8301 期）

图 3-6-4　广州出土干阑明器（《考古学报》6302 期）

图 3-6-5　东汉画像砖干阑（《中国古代建筑史》）

图 3-6-6　广西合浦西汉墓出土小铜屋（杨鸿勋）

建筑明器，一般是两层，下层开敞，楼上住人，有的是仓房，以适应南方的湿热气候(图 3-6-4、图 3-6-5)。广西合浦有一座小铜屋也是干阑式住宅，有前廊（图 3-6-6）。原始社会以来，干阑住屋在南方一直没有间断过，至今仍在西南和华南一些少数民族中盛行。

二、第宅

《汉书》和《后汉书》多次提到上层官僚的大宅，称之为"第"，综合各书所记可知其大致情况。第有前后多重院落，组成前堂后寝。入

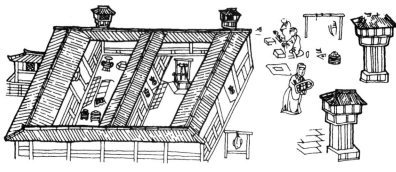

图 3-6-7 沂南汉画像石墓刻门外双阙的祠庙或第宅（萧默）

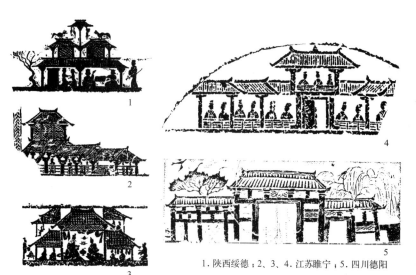

1.陕西绥德；2、3、4.江苏睢宁；5.四川德阳

图 3-6-8 汉代画像砖画像石住宅和建筑群（《中国古代建筑史》）

图 3-6-9 楼阁及望楼画像砖（《中国古建筑图案》）

正门经过一院达中门，正门中门都可通车。正门之侧有屋，可留宾客。中门里面的一院最大，正面是高大的堂，是家庭生活中心，也可接见宾客，堂左右接连称为东、西厢的房间。堂的后面有横墙和门，称中阁，通后院。后院里建屋称寝，是平日居住的地方，以后又有后墙后阁，即全宅后门。沿院墙有围廊。此外，还可以有另外的服务性附属院落，或另建"精舍"，读书授徒。有的大第，后面还有花园。

文献中的这种第，给人的印象是布局严谨，气氛端庄，其前堂后寝的格局与宫殿的前朝后寝同一用意，既反映了封建社会生活的实际需要，又体现了尊卑内外的等级观念，含有浓厚的宗法气息。第的形制，看来与前章所述凤雏先周宫室有一脉相承的关系，实际上中国的大住宅和宫殿的布局原则基本上是相通的，只是规模大小有所不同。山东沂南东汉画像石墓有一被称为"祠庙"的画像，前后二院，周绕廊庑，与第也有部分相似（图 3-6-7）。四川德阳一画像砖中有一高起的大门，三间，两旁廊庑低下，右廊下有一小门，可能就是第的前立面。其他不少画像砖、画像石中的建筑组群，常表现主人宴饮生活情状，许多可能也是宅第，有的还表现了高达三层的楼阁及望楼（图 3-6-8、图 3-6-9）。

有迹象表明，东汉大第宅门外常建有双阙。阙这种建筑自西周脱胎于"观"，本来具有比较尊崇的意义，只有在天子雉门和各国都城的城门外才能建造，以壮观瞻而别尊卑。汉代以来阙的使用有所扩大，除宫门、城门外，在帝王陵墓和祠庙等高级建筑的入口处也可建造，分称宫阙、城阙、墓阙和庙阙。后两种又称为神道阙。长沙马王堆西汉一号墓出土覆盖在棺椁上的"非衣"，在上部绘出双阙，上伏豹，表示为天宫的入口。前举沂南墓画像石上的"祠庙"前也有双阙。许多出土的东汉画像砖也常有双

图 3-6-10　作为天宫大门的双阙（长沙马王堆一号西汉墓土出"非衣"帛画局部）

图 3-6-11　河南禹县出土双阙及大树画像砖

图 3-6-12　湖北当阳出土双阙及门吏画像砖（《文物》9112 期）

图 3-6-13　上立凤凰的双阙画像砖

阙形象，有的可能仍属宫殿或某些重要场合所用，但有些已明显用于住宅。四川不少墓的墓道两侧壁上镶嵌阙形画像砖，各为单阙，左右相对，阙下立有执盾守门人，应表示是建在墓主人生前所居第宅前。也有表现全宅的画像砖，宅院前对立双阙（图 3-6-10 ~ 图 3-6-16）。住宅使用双阙的做法还见于坞壁，形制有所变化，可称之为坞壁阙。阙在此时用于第宅或坞壁，打破了此前帝王的垄断，也说明地方豪强势力的增长。

图 3-6-14　山东沂南东汉画像石墓带双阙的建筑大门（《沂南古画像石墓发掘报告》）

图 3-6-16　带双阙的宅院画像砖（《中国古建筑图案》）

河南新野出土

河南新野出土

江苏徐州出土

图 3-6-15　立在建筑群大门外的双阙画像砖（《中国美术全集·绘画编》）

三、坞壁

西汉以来，土地集中，庄园经济迅速发展。东汉社会不宁，大庄园主纷纷募集徒附部曲家兵，筑坞自保，成为一方豪强。坞壁住宅在东汉的大量兴起，反映了这一社会情况。

坞壁是一种城堡式的大型住宅，兴起于东汉，明器都只是表现出它们的突出特点，其共同之处是防卫性很强，都有高墙围成方院，墙四角或有角楼，院门常作"坞壁阙"式，院内正中或靠后常建一称为望楼的四五层高楼。

坞壁明器和壁画在河南、甘肃、内蒙古和广东、湖南都有出现，可见当时分布之广，其著名的例子如甘肃武威陶楼院（图3-6-17）、张掖陶楼院（图3-6-18）、广州的两座陶城府（图3-6-19）等，前二例更为典型。院内高楼实际也是"观"，可资观望敌情，指挥防御。角楼早在春秋战国已经存在，可以加强易受攻击的墙垣四角的防御。坞壁阙是孤立双阙的发展，它不再孤立在大门以外两边，而后退与大门组合在一条直线上，目的是加强坞门处的防守。阙顶一般高于大门屋顶和两边院墙，仍保持双阙对峙的传统构图。内蒙古和林格尔东汉墓壁画"宁城图"中的护乌桓校尉幕府和所绘庄园大门（图3-6-20、图3-6-21）也都作坞壁阙式。四川羊子山东汉墓出土一块画像砖，表现大门左右连接双阙，也是墓主人生前居住的坞壁大门的反映。此阙构图完美，比例合度，是一件优秀的作品（图3-6-22）。

由于要对付坞外的攻击，坞壁的性格都较外向，望楼和角楼扩大了对外部空间的控制；望楼高耸，与四角角楼形成体量上的对比，形象上又取得呼应。此种构图方式我们在长安明堂辟雍中已见到过。

在宅院内建造望楼，我们在前述四川田字形宅院画像砖和云梦明器楼屋也有所见。

图 3-6-17　甘肃武威东汉墓出土陶楼院（甘肃省博物馆）

图 3-6-18　甘肃张掖出土东汉陶楼院

东汉明器还有许多单独出现的望楼，代表墓主人的地位，形式非常多样。望楼常为三层或四层，上有甲兵，伏在栏杆上紧张地准备射击，保卫着楼内对奕宴饮的主人（图3-6-23～图3-6-27）。

顺便可以提到，坞壁在魏晋仍然盛行。敦煌北魏壁画绘出一座坞壁，四周坞墙围护，墙

（坞堡内的房屋）

图 3-6-19　广州出土陶城府（《中国古代建筑史》、《中国古建筑图案》）

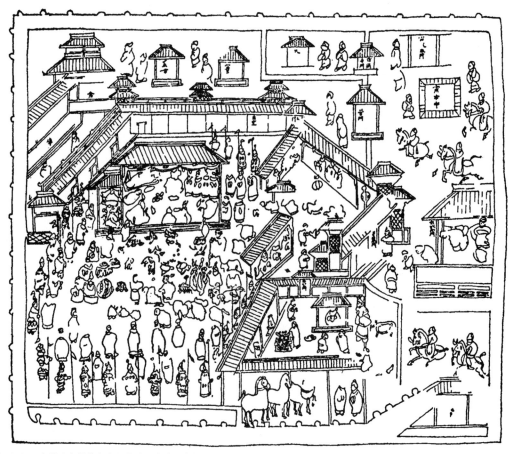

图 3-6-20　内蒙古和林格尔东汉墓壁画宁城图中的幕府大门（《和林格尔汉墓壁画》）

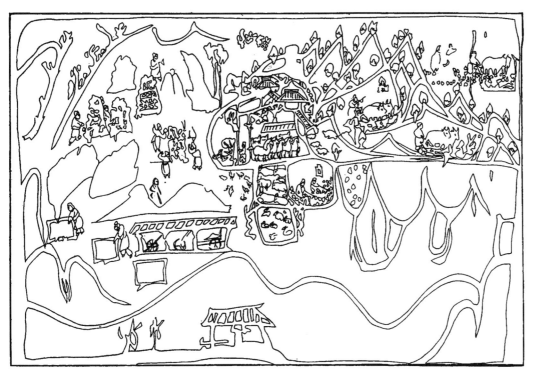

图 3-6-21　内蒙古和林格尔墓壁画庄园图（《和林格尔汉墓壁画》）

1. 传世品明器

2. 四川羊子山东汉墓出土画像砖

图 3-6-22　坞壁阙（萧默）

1. 山东宁津　　　　　　　　2. 河南灵宝

图 3-6-23　望楼明器（《中国古代高层建筑》、杨鸿勋）

1. 山东高唐　　　　2. 河北望都　　　　3. 出土地不详

图 3-6-24　望楼（《中国古代建筑史》）

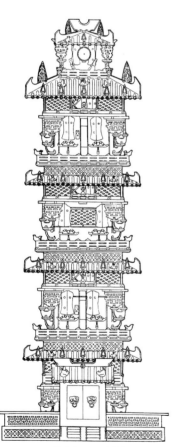

图 3-6-25　带院门和围墙的望楼

图 3-6-26　东汉楼阁明器（《中国古代建筑》）

图 3-6-27　河南焦作东汉墓出土陶楼院

间筑有"马面"，即附墙而筑平面凸出墙外的墩台。此画马面还高出墙头。坞内以一堂一楼一花示意前堂后寝和后园（图3-6-28）。直到隋唐中央集权再次加强，庄园经济下降，社会重新趋于安定以后，才不再大量建造坞壁。但直到明清，类似于坞壁的住宅亦并未完全消失，尤其岭南地区称为土楼的客家集团住宅，更是对它的直接继承。

图3-6-28　敦煌莫高窟北魏第257窟壁画坞壁（萧默）

第七节　结构与部件

建筑具有物质的与精神的双重属性，前者主要指具体的物质的使用功能，以及建筑必须适应的物质条件，及建筑的实现必需的物质手段；后者则指建筑的精神功能。详细言之，精神功能的体现又可别为不同层次：在一般的层次，即主要体现为对建筑形象的美的加工。人类不但按照物的规律，"也依照美底规律来造形"，[①]这是人类和动物的根本区别之一。而在更高的层次，人们还进一步要求建筑渲染出某种情绪氛围，或传达出具有某种明显指向的精神意味，从而更强烈地感染或震撼人的心灵。

建筑的一般的美的加工与建筑的物质属性有着更多更直接的联系，即这种加工必须同建筑的物质性前提相吻合，如体现建筑形象与物质功能联系的功能美、与物质条件或物质手段联系的材料美和结构美以及施工工艺的美，等等，所谓各得其宜、缔构精巧、材精物美之类。所以，建筑结构与建筑艺术也就存在着一种互动的关系，理应也纳入我们研究的视野。

结构与艺术的互动，一方面是结构自身的发展给建筑的形象处理带来了新的可能性，另一方面也是因着建筑艺术发展的需要，向结构提出了新的要求。二者互相促进，推动着建筑的不断前进。

至今人们已创造了许多结构形式，如按材料分类有木结构、砖石结构、钢筋混凝土结构、钢结构；按构造的方式分类则有框架结构、承重墙结构、混合结构、穹窿结构、薄壳结构、悬索结构，等等。中国古代建筑一直坚持木框架结构本位，主要采取抬梁式与穿斗式构架。结构形式的不同必然带来建筑形象的不同。

本书有关建筑结构的内容，拟从上述互动的角度加以表述。全书在秦汉、隋唐和明清章各设一节，综介各时代及其前后的发展。

中国大一统之初，充溢着秦汉两代的是一片创造与探索的激情，建筑的结构也出现了一片承旧布新的局面。

尽管没有多少地面遗存，从现有资料仍可看出秦汉尤其是汉代，在建筑结构上已有了明显进步；发展的速度加快了，并表现出探索期的多样化特征。中国古代建筑结构的基本特征都已初备，在三代的纵向列柱式结构基础上更向前发展，三角梁架、抬梁式梁架、穿斗架和井干结构，都已广泛存在。西汉开始出现、东汉得以通行的楼阁，已代替了先秦广泛采用的夯土高台，更是秦汉建筑结构进步的重大表现。

①马克思.1844经济学哲学手稿[M].刘丕坤译.北京：人民出版社，1979.

①赵正之.中国古代建筑技术 [M]// 清华大学建筑系.建筑史论文集·第一辑.北京：清华大学出版社，1964.

一、先秦结构发展回顾

新石器时代的史前建筑，若为穴居并取圆形平面，多沿房屋外缘插置在土中的树木枝条，向上聚拢绑扎而成屋顶。为防屋顶下坠，平面中心多有一根或多根立柱。若穴居为方形或矩形平面，则两侧枝条相向交叉，内部也有立柱。地面建筑在仰韶晚期已经出现，多为方形或矩形平面，如半坡 F24、F25，柱子仍埋在土中。郑州大河村也有矩形平面。矩形平面以后成为中国建筑最基本的平面形式。

包括半坡之例在内，直到商代以前，地面建筑普遍显示的是柱子只在纵向（建筑学上特指长边走向，在中国建筑一般系沿面阔方向）连成一线，横向（沿进深方向）却不对位。半坡二例皆南北各有四柱，就只在纵向对位，横向没有对位。大河村木骨泥墙内为密置木骨，无所谓柱子。盘龙城中商宫殿的主殿 F1，北面有十七根廊柱，南面却有二十根，横向也不对位。可见此时还没有出现横向梁架，其结构可能是在各纵向柱列上（如半坡二例的两道外墙和一列中柱，盘龙城为两列廊柱和两道外墙）置连木，其上延续了前此的交叉枝条方式，沿横向斜架许多较粗的人字交叉斜梁，再上沿着与斜梁成正角的方向，置较细的纵向椽条，最上为苇束和草泥屋面。此种结构方式可称为"纵向列柱式结构"。①殷墟五号墓出土的晚商偶方彝，长方形彝盖仿四阿屋顶，檐下从室内伸出一排斜梁头。可见直到商末，建筑结构与仰韶晚期并没有原则的区别。建于商末的先周凤雏宫室（宗庙？），各纵向柱列也没有横向对位，柱子仍埋在土中，包在版筑墙内。这种结构缺乏横向联系，各木件的连接仍为绑扎，故结构很不稳定，柱子必须埋置，所以在较大型建筑，多在每根檐柱前方各以两根擎檐柱为辅助。纵向列柱式结构直到今天仍然存在，如云南景颇族

建筑就是这样，保留了较原始的结构方式。在陕西、甘肃等地，虽然柱列早已有了横向对位，也仍存在人字斜梁和在斜梁上沿纵向置粗椽的做法，是此种结构的遗痕。

殷墟发现的柱下铜锧，说明柱子已不再埋入土中，上部结构已趋于稳定，这或许说明更先进的三角形梁架此时已经萌芽。

二、三角架、抬梁架、穿斗架和井干

所谓梁架即横向构架，它与纵向列柱式结构的最大区别是建筑已有了明确的横向联系，是结构的一大进步。

三角梁架是最早出现的梁架形式，即在横向对位的前后两根柱子上置横向大梁（平梁），有必要的时候，再在大梁中央下置一柱以增加支点（若平面为方形或近方而为双数开间，此柱正在平面中央，特称为"都柱"），然后在大梁上斜置人字斜梁（叉手），与平梁构成三角形。再上的情况不易判断，依情估计，可能与下面要谈到的抬梁式的屋面构造相似，是在斜梁上沿纵向置檩，再横向置椽。但也可能同于前述今天仍见于陕甘的在斜梁上置纵向粗椽的方式。可以看出，三角形梁架正是纵向列柱式结构的继承和发展。大概从西周起，经战国秦汉直到南北朝，都盛行三角梁架。从战国和西汉墓木椁已广泛使用的榫卯看来，梁架应已实行榫卯结合，比绑扎大为坚固。西汉王延寿《鲁灵光殿赋》形容建筑说："枝撑杈枒而斜据"，其"枝撑"即指斜梁。在山东金乡县东汉朱鲔墓石室、山东孝堂山石室和武梁祠石室，还有洛阳出土现藏美国波士顿美术馆的北魏宁懋石室，以及时当中国北朝的朝鲜"天王地神冢"墓室中，都可以看到三角梁架：平梁上有两个叉手。中国的几例都是石刻仿木浮雕，天王地神冢也是石刻的，却是真正的梁架，共四榀，分前室为六间。山东沂南东汉石室墓

中有雕镂得十分壮硕的都柱，八角柱上为一斗二升斗栱，栱的两侧各出一龙形。[1]

三角梁架属静定结构体系，它的进一步发展，本可以沿着静定的方式，最后达到如同现代三角形屋架的桁架结构，西方建筑的木结构就正是这样。但中国的木结构却离开了这个方向，而代之以抬梁式梁架。

抬梁式的基本方式，是以两根立柱承托大梁和檐檩，梁上立两根短柱，其上再置短一些的梁和檩，如此层叠而上，椽子不再是纵向的，而是在纵向的檩上沿进深方向置横向的椽，屋顶重量通过各层梁柱层层下传至大梁，再传至立柱。但在直到唐代的建筑中，这种结构的最顶部，往往仍用人字形叉手支撑脊檩，是三角梁架的遗迹。抬梁式结构比下面要谈的穿斗架可以争取到更大的跨度，但它的各层柱、梁构成矩形，缺乏斜向支撑，属于静不定结构，不利于抵抗水平风力。而且各梁都是简支承重，未能形成桁架，充分发挥整体构架的优势，因而用料较大。但如果调整大梁以上各层短柱的高度，则可以很方便地形成古称为"反宇"的优美的凹曲屋面，也许，这正是抬梁式结构得以发展的重要原因。

穿斗架是在每条檩子下皆有柱子，或每柱都直达地面，或中隔一至两条短柱下达地面，横向以多条水平穿枋将各柱联系起来，两根长柱之间的短柱只落到穿枋上。屋面构造仍同抬梁式，是在各长短柱头上置檩。穿斗式较之抬梁式，柱子密，柱径亦细，结构比较轻便，但落地柱较多，不适宜需要大空间的大型建筑如殿堂等。

秦汉虽没有留下什么建筑实例，但从诸多陶制明器建筑模型、画像石、画像砖等间接资料，可以肯定的是，至迟到东汉，抬梁架和穿斗架都已存在，如前举四川田字形平面宅院画像砖，两种梁架都有表现。以后，这两种梁架在中国木结构得到最多采用并更加完善，而以抬梁架

为主。抬梁架常用于北方和南北各地的大型殿堂中，穿斗架则为南方民间建筑所通行。

此外，还有一种井干式结构。所谓"井干"，即在木头两端凿出榫卯，交叉出头以成井字方格，如"井上四交之干"（《汉书·枚乘传》颜注），故称井干。以此井干层层叠垒而为四墙，即井干结构。最初的井干实例可见于浙江余姚河姆渡的水井，井壁四周以井干围护，[2]这正是水井之"井"字的由来。井干式建筑较早的形象资料，可见于云南出土的西汉中期几座青铜小屋和铜鼓上的线刻。可以肯定，西汉时在内地也曾用过井干，《史记·孝武本纪》疏中引《关中记》述长安建章宫汉武帝所建的井干台云："井干台，高五十丈，积木为楼，言筑累万木，转相交架，如井干"。井干台又名井干楼，《汉书·郊祀志》也称"立神明台井干楼高五十丈"，颜注："井干楼积木而高，为楼若井干之形也。井干者井上木栏也"。《西都赋》谓其"攀井干而未半，目眴转而意迷"，《西京赋》有"井干叠而百层，上飞达而仰眺"的辞句，可知此楼是一座颇为高耸而攀援称苦的建筑。

井干式结构是一种较落后的结构方式，使用木材既多，处理又极不灵活，以后在中原没有发展，至今只有边远而木材较丰富地区的少数民族仍在使用，如云南西北的怒族、纳西族摩梭人、普米族、独龙族[3]和少数彝族以及新疆北部阿勒泰地区和东北林区某些民族等。其外墙和内墙都是井干，屋顶仍为两坡。云南纳西族摩梭人的井干屋，其两坡顶系将横向内墙上部叠成三角形，墙头纵向置檩，无椽，直接在檩上铺木板代瓦。若在墙上开门，只需截断几根木头。

三、高台

刘熙《释名》曰："台，持也，筑土坚高能

① 南京博物院，山东省文物管理处．沂南汉画像石墓发掘报告 [M]．北京：文化部文物管理局，1956．

② 杨鸿勋．河姆渡遗址木构水井鉴定 [M] // 杨鸿勋．建筑考古学论文集．北京：文物出版社，1987．

③ 王翠兰，陈谋德．云南民居续编 [M]．北京：中国建筑工业出版社，1993．

自胜持也。"《尔雅》说："四方而高曰台。"以土累筑高台，又见于《老子》："九层之台，起于累土"。孔子也说过："九仞之台，功亏一篑。"故所谓"高台建筑"主要指一种以实心土台为内核的建筑形式。土台多为方形，沿阶梯状各层台四沿附建单坡建筑，台顶再建一独立木构殿堂，总体好似一座大楼。战国西汉以此种高台居多。也可只在台顶建屋，所建之屋可为单座也可成组，在西汉至魏晋常见。台顶有木构建筑，又称为台榭，或单称为榭。《墨子·非乐》云："处高台厚榭之上而视之。"《吕氏春秋》："其为宫室台榭也，足以避燥湿而已矣"，其疏曰："筑土方而高曰台，有屋曰榭"。

据目前掌握的资料，上古三代建筑的规模尺度不曾十分宏巨，"土阶三等，茅茨不翦"似乎是那个漫长时代建筑的缩影，后世儒生经常引为尚俭的典范，这反映了当时建筑结构尚处幼稚阶段所具有的局限性。

战国以降，随着社会生产力的发展，列国诸侯竞相大兴土木，"高台榭、美宫室"，自此高台建筑盛行，数百年间，此伏彼起，滋成风气，蔚为壮观。其实例如河北易县燕下都，高台建筑遗迹即有武阳台、望景台、张公台、老姆台等。赵邯郸、齐临淄亦如是。文献所记高台建筑更多，著名的如楚的鲍居台、章华台、千溪台，齐的遄台，吴的姑苏台，赵的丛台，韩的鸿台等，都是华美高大的建筑。章华台，"楚王欲夸之，飨客章华之台，三休乃至于上"（《艺文类聚》）。又，"齐景公登路寝之台，不能终而息乎陛，忿然作色不说（悦）曰'孰为高台，病人之甚也'"。据《老子》所述，最高可达九层。这些高台上大都有木构建筑，如鲍居台："先君庄王为鲍居之台……木不妨守备，用不烦官府"，记载使用了木材。

秦汉之际，神仙方士之说盛行，进一步刺激了高台建筑的发展。尤其秦始皇和汉武帝宠信方士，极力追求仙居生活的建筑环境；于是"宫观复道相连"，范围广大，模仿神仙境界中飘忽不定、行踪叵测的生活方式，乃大建高大台榭，以近神仙。王子年《拾遗记》记："秦始皇起云明台，穷四方之珍木，搜天下之巧工……有二人皆腾虚缘木，挥斤斧于空中，子时兴工，至午时已毕。秦人谓之子午台，又云二客于子午之地各起一台"（《太平御览》卷一百七十八）。武帝听信方士"用仙露和玉屑饮之可以长生"之言，乃建柏梁台，上有金人承露盘。又听信公孙卿言，以"仙人好楼居，不极高显，神终不降也"，遂建蜚廉观与通天台。后柏梁台遭火灾而毁，武帝又信越巫之说，另起建章宫，复建神明台与井干（《汉武故事》）。神明台上建有九室，与井干台以辇道相连。《西都赋》还说神明台"虹霓回带于棼（大梁）楣（二梁）"，《吴辅记》说"建章宫北作凉风台，积木为楼"，均可见台上有木结构建筑。此外，西汉还有曲台、渐台（水中之台）、临华台、九华台、灵台、著室台、斗鸡台、走狗台、坛台、韩信射台、果台、东山台、西山台、望鹄台、眺蟾台、桂台、商台、避风台，等等，可说是高台建筑的鼎盛期。文献所记建章宫南的璧门，门楼建在高台上，总高三十丈。汉代的礼制建筑如长安明堂辟雍、王莽九庙、东汉洛阳灵台和辟雍等也是高台。

战国以来的高台，用途不外乎游乐观望、宴请宾客、观测吉凶或操演军队，所谓"先王之为台榭也，榭不过讲军实，台不过望氛祥"，"大不过容宴豆"，多带有较强的实用性。秦汉神仙方士思想的流行，使高台建筑增加了巫术的意味，礼制建筑中的明堂辟雍更是一种象征性很浓的准宗教建筑了，但不论战国还是秦汉，高台的构筑方式仍基本一致。

以上之台，平面多为方形，但也有个别圆台。《艺文类聚》记有一座朝台，是汉代一位地方官吏为朝拜君王而建，其"圆基千步，直峭百光，螺道登进，顶上三亩，朔望升拜，号为朝台"。它的"螺道登进"，似乎与西亚古代的观星台有异曲同工之处。

汉代的一些高台建筑基址元时尚存。元·李好问谓："予至长安，亲见汉宫遗址，皆因高为基，突兀峻峙，望之使人神志不觉森竦，使当时楼观在上，又当如何？"。

高台建筑在战国、西汉的盛行，具有多方面的原因，首先当然是人们对高大体量建筑崇高威壮之感的有意识的追求，同时也反映了当时木结构技术还不足以满足这种要求，仍须求助于使用已久的夯土技术，依托巨大的夯土高台，构成总体伟大的形象。夯筑高台需要耗费巨大的劳动，在奴隶社会或封建社会早期，统治者可以方便地大量无偿占有人民的劳力，这也为高台的盛行提供了前提。艺术与技术的矛盾，一定会推动技术的发展。随着技术的进步和社会状况的变化，东汉以后高台建筑渐趋沉寂，为更先进的楼阁建筑所代替。曹魏以后，高台仍偶有建造，如曹操在邺都所建的铜雀、冰井、金虎三台。据曹丕《登台赋》的"飞阁"、"层楼"等语，说明台上更有楼阁。曹操又为纪念官渡之战胜利，建造了官渡台。除此等少数者外，可以称道的高大台榭已不大见诸记载了。

四、楼阁

木构建筑叠而为重层者，称为楼阁，或称重楼、重屋、复溜、重寮。

有迹象表明，楼阁的兴起与干阑建筑关系密切。在史前建筑章中我们已经谈过，所谓"干阑"，其实就是一种简单的二层楼屋，是人类历经遥远的岁月，从树居经过巢居发展而来的。最早的原始干阑可见于距今约七千年的浙江余姚河姆渡，是在沼泽中先竖立桩柱，柱上架木楞构成平台，再在其上建屋。干阑的进一步发展则将桩柱与屋柱合而为一，构成整体稳定的结构，柱底不再打入土中。干阑主要流行于长江中下游百越居住的地势低下地区，至今西南和华南百越族系后裔诸少数民族，以及受其影响的其他民族仍在使用，楼下畜养牛豕，楼上住人。

有研究者曾将干阑列为一种独立的结构形式，其实不确。所谓"结构"，是指一种承重构件的构造方式，由历史资料以及现在还在建造的干阑看来，干阑的结构既可以是穿斗式的，也可以是抬梁式的，甚至还可以是井干式的，所以干阑只是一种建筑形式或居住的方式，与"结构形式"有概念之别。

西汉东汉之交，中国建筑结构趋于成熟，楼阁的开始通行是其最重要的标志。

结构的趋于成熟，与南北文化交流有甚大关系。商鞅担任秦国"大良造"时，于战胜魏国之后修筑咸阳都城，即仿效魏宫营建冀阙。在统一六国的过程中，"秦每破诸侯，写仿其宫室，作之咸阳北阪上，南临渭，自雍门以东至泾渭，殿屋复道周阁相属"（《史记·秦始皇本纪》）。原来流行于百越地区的干阑建造方式，随着楚灭越、秦灭楚，也传入中原。汉高祖刘邦为楚人，随之起义者也以楚人居多，中原文化与楚文化的交融因而有了更好的契机。经过一段时间的酝酿，到了东汉，楼阁建筑便大量出现了。

河南陕县出土一座东汉望楼明器，楼立于水盆中，盆中有水鸟，盆边有甲兵巡逻，表示望楼建在水池之中。望楼下层透空，从池中架立四根立柱，支持上面两层，与干阑十分相似。类似于此种建在水池中带有明显干阑意味的明器所见甚多，透露了干阑与楼阁的密切渊源，也反映了北方的高台的意象与南方干阑结构的融合（图3-7-1）。东汉高台的减少与楼阁的大量出现几乎同步，这既是建筑技术的提高，

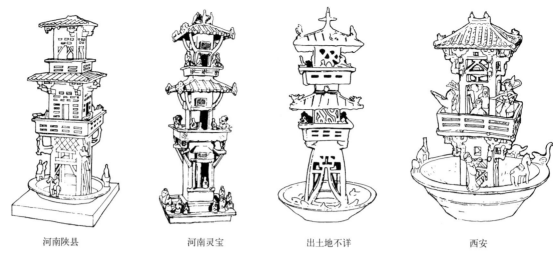

图 3-7-1 立在水池中的望楼（杨鸿勋等）

河南陕县　　　　河南灵宝　　　　出土地不详　　　　西安

也为建筑艺术开拓了新的天地。

楼阁结构的要义是使上层的柱子得到稳固的支撑，务使整体构架有较强的刚度与较好的结构整体性，要做到这一点，则应加强柱间的横向联系，如在柱脚设地栿，在柱头设阑额，并在柱身中部加一条当时称为"壁带"（相当于后世所称"腰串"）的横方，汉代楼阁还有的在下层柱间设斜撑。柱子、地栿、额枋与斜撑形成完整构架。

从汉代起，楼阁的形象处理就不尽相同，或在腰檐上置平座，于平座上再叠置上层，沿平座边沿施勾栏；或在各层间只设腰檐，不置平座；也有的不施腰檐，只有平座。唐宋时为了区分这些不同，将只有腰檐没有平座者称为"楼"，将既有腰檐又有平座或只有平座而无腰檐者称为"阁"；若两者皆无，只是重层而上，又特称为"竖楼"。三者合称，即为"楼阁"。明清以后此种称谓上的区分已不明显，只称楼阁，甚至称楼为阁或称阁为楼，亦无不可。

腰檐和平座的挑出，可以保护土墙。楼的高耸体形造成的向上动势被层层屋檐和平座的水平线条所减弱，并使楼与其他以水平线条为主的单层殿堂取得协调。所以，中国楼阁与一味强调垂直线条的欧洲的石头尖塔风貌颇不相同。每层平座便于凭栏远眺，又体现了中国人特别重视与自然相亲的观念，也与西方尖塔塔身封闭常不可登眺的情趣迥异。

楼见诸于史籍，最早在春秋，至西汉渐兴而东汉大行。《西京赋》记西汉长安之"旗亭五重，俯察百隧"，高度一定已相当可观。东汉的第宅民居也颇流行楼阁，如侯览曾"起第十六区，皆高楼四周，连阁洞门"（《艺文类聚》引《汉记》）；南阳樊氏"起庐舍，高楼连阁"（《水经注》淄水条引《续汉书》）；陈人彭氏"造起大舍，高楼临道"（《后汉书·黄昌传》）；外戚中官所造馆舍"凡有万数，楼阁连接，丹青素垩"（《后汉书·宦者传》）。东汉明器中所见更多，高者可有五层。宅院中的楼阁，除用为居住者外，一般称为望楼，用为宅院防卫。此外，在城市里还有谯楼、市楼、仓楼、碉楼、角楼之类。

汉末三国时，楼阁建筑已呈向高大发展之势。前举汉末铜雀台上大型建筑组群中即有楼阁。此外，魏文帝曹丕于黄初二年（221）在洛阳建凌云台，其上也有多层楼阁。凌云台之楼由木材架构，以缔构精巧闻名于世。去曹魏尚近的南朝宋·刘义庆《世说新语》追述此台云："凌云台楼观极精巧，先称平众木轻重，然后造构，乃无锱铢相负。揭台而高峻，常随风摆动，而终无倾倒之理。魏明帝登台，惧其势危，别以大材扶持之，楼即颓坏，论者谓轻重力偏故也。"木构高楼为柔性结构，"随风摇动"云云，其实可以无虞，大木扶持，柔性不存，反致倾坏。由此可见当时造楼技术已相当复杂而且高明。《艺文类聚》引杨龙骧《洛阳记》记此台"高二十三丈，登之见孟津"，一说高十三丈余，应都包括台体在内。前者约合今 55 米余，可能有所夸大，后者合今 30 米余，可能接近真实。《世说新语》注谓此"楼方四丈，高五丈"，是说楼阁本身高度，约合今 12 米，应为两层。

像凌云台上这样精巧的楼阁，汉末魏晋见于记载者尚有多座。如《艺文类聚》引《博物志》载："江陵有台甚大，而唯有一柱，众梁皆共此柱"，此处之"台"其实也应是楼。甚大之楼却只有一柱架持，若不是熟知杠杆原理和木构架的结构方法，是不可想象的。魏明帝曹睿于洛阳城西北角筑金墉城，"起层楼于东西隅"，内有楼高百尺。大夏门门楼三层，亦高百尺（《水经注》）。后赵邺城凤阳门，"五层楼，去地二十丈，长四十丈，广二十丈，安金凤凰两头于其上"（《艺文类聚》引《幽明录》）。

这种多层建筑，已与后世的佛塔有相近之处，尤其是河南洛宁 4 号墓出土的一座东汉五层方形陶楼，层层收分，最上一层结庑殿顶，用短脊，中设一鸟，很像后世的攒尖顶。若将立鸟改为塔刹，就几与佛塔无异。楼阁层层收分，上部各层体量递减，各层柱子微向内倾，增强了结构的稳定。

将中国式的楼阁与印度的窣堵坡联系在一起，形成中国式的佛塔。最早见于文献的是汉末三国笮融在徐州所起的浮图祠，"垂铜盘九重，下为重楼阁道，可容三千余人"（《三国志·吴志》刘繇传）。其重楼的式样，想必与洛宁陶楼接近。佛塔的兴建，使木构建筑向高层发展的尝试找到了新的发展机会，以后历魏晋隋唐，木塔竞相争高，出现了许多名冠古今的伟构，然其源于汉代楼阁，当属无疑。

五、结构部件

秦汉建筑处于结构的形成期与探索期，体系尚不够成熟，细部处理也不规范，形式多样，不拘一格。

墙体

墙体版筑夯土，以为围护，并增加承重柱的稳定，在柱间多用水平方向的壁带加固。也有土坯墙，牢固程度不如版筑，故常将两者混合使用。在夯土墙或土坯墙表面，则以草泥抹面并涂白灰，不仅有美化的作用，也增强了墙的整体性能。

柱子有圆柱、方柱、抹角方柱（即方柱略抹去四角，又称小八角柱）和八角柱。石柱柱身上有时竖向刻槽为饰，或束竹或凹楞。柱头与柱础也出现了许多后世不多见的形状（图 3-7-2）。

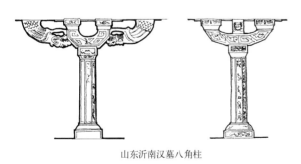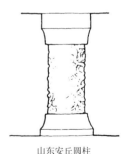

山东沂南汉墓八角柱　　四川柿子湾束竹柱　　四川彭山方柱　　山东安丘圆柱

图 3-7-2　汉代石柱（《中国古代建筑史》、《中国古建筑图案》）

① 萧默 . 敦煌建筑研究 [M]. 北京：文物出版社，1989.

② 杨鸿勋 . 中国古典建筑凹曲屋面发生与发展问题初探 [M]// 杨鸿勋 . 建筑考古学论文集 . 北京：文物出版社，1987.

③ 关于屋脊名称，前曾有将庑殿斜脊称戗脊者。本书认为凡与正脊相接的脊都是垂脊，而不论它是歇山、悬山或硬山屋顶垂直于正脊的方向，还是庑殿或攒尖顶的斜向。戗脊则是歇山顶四角与歇山垂脊相接的短斜脊。参见刘大可 . 中国古建筑瓦石营法 [M]. 北京：中国建筑工业出版社，1993.

汉代多见"壁带"一词。壁带横在墙壁中部，服虔曰："壁中之横带也"，颜师古注云："壁中横木，露出如带者也"。壁带应在墙的内外都有施用，横向连系各柱，起固结土墙的作用。《汉书·翼奉传》："地大震于陇西郡，毁落太上庙殿壁木饰"，提到的也是壁带。壁带在南北朝时仍有，在敦煌石窟北朝壁画中多有描绘。①

屋顶

秦汉的屋顶因袭三代先秦，主要仍是四坡的庑殿和两坡的悬山两种，前者四面排水，后者两面排水，并在山墙方向悬出。较前进步者为秦汉出现了近似于方形攒尖顶的屋顶，但真正的攒尖顶梁架木件最后都要集中到一点，汉代还难以做到，所以汉代的"攒尖"大都有一段短短的正脊，实为庑殿顶的特例。东汉还有极少的歇山顶，即屋顶上半部是悬山，下半部是庑殿，两段之间保留一次跌落，是歇山顶的初期形式，可见于成都牧马山东汉明器和现藏美国的传世东汉明器。有的庑殿顶也是两段式的（图3-7-3）。

此外，还有少数屋面凸曲的囤顶，或形如截头方锥体的盝顶。

屋面的做法也大多延续三代先秦的传统，为平整斜面，坡度平缓，不凹曲，没有"反宇"；屋角平直，无起翘。只是有些建筑在屋脊尽端用瓦件砌成微微上翘的样子，减弱了僵直的感觉，可能正是以后中国建筑最富特色的屋角起翘做法意匠之发轫（图3-7-4）。至于唐宋发达起来的例如屋脊的推山、屋檐和屋面的生起、屋角的生出等等，此时也都没有迹象。但前述东汉两段式歇山屋顶，上段坡度稍陡，下段稍平，"上尊而宇卑"，据说具有"吐水疾而霤远"的作用，当然也有美化屋顶之功，可能是反宇的前身。②

屋脊用在各坡屋面的相接处，实际功用是防止雨水下漏，但具有很强的造型意义。最高的水平屋脊称正脊。庑殿顶的四向斜脊和歇山、悬山顶前后顺坡而下的脊称垂脊。③屋顶是中国建筑造型的重要因素。总的来说，汉代屋顶的风格比较重拙，硬朗有力，除了瓦当以外没有更多装饰，但有些较重要建筑在正脊中央立凤鸟为饰。

斗栱

斗在西周已经出现，最简单的斗栱组合也见于战国，但彼时尚未见斗栱出挑的做法。至汉代，从明器和画像砖、画像石，以及石阙和汉墓石柱，一斗二升和一斗三升都十分多见，后者是在一斗二升的基础上在栱的中间也加上一块斗。在此以上还可再重复一层，构成重叠

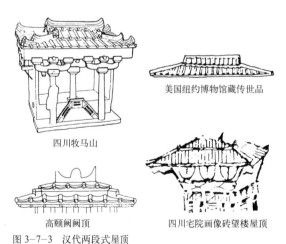

四川牧马山

美国纽约博物馆藏传世品

高颐阙顶

四川宅院画像砖望楼屋顶

图3-7-3 汉代两段式屋顶

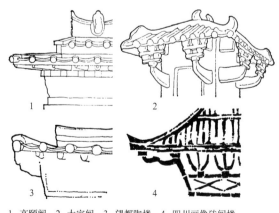

1. 高颐阙；2. 太室阙；3. 望都陶楼；4. 四川画像砖阙楼

图3-7-4 汉代平直不起翘的屋角（萧默）

两层的斗栱。

汉代斗栱的发展主要体现在出挑斗栱的出现，是从柱身直接悬挑而出，以后称为插栱，又称丁头栱。在插栱端头，再设置平行于屋檐的一斗二升（此处之"斗"指一组斗栱最下面的栌斗，"升"指栱端的散斗），也有少数一斗三升。以上是汉代最常见的斗栱样式。《西京赋》所云"结重栾（栱）以相承"，指的则是重叠两层的斗栱。角部在正侧两面分别挑出斗栱，斜向45°方向并无斗栱之设；或斜向栌斗上的栱作反45°斜放，散斗仍只承托正侧两面。所以，汉代尚无以后的那种完整组合的转角铺作，仅只柱头铺作一种而已（图3-7-5）。

栱的另一种形式是曲枅，弯形，早期又称"曲栾"或"栾"，两端置斗，也是一斗二升。

河南的一些画像石十分有趣：水中一座小亭，由从斜梯上层层伸出的巨大插栱支承，最下一条插栱用粗壮短柱承托，非常突出地表现了斗栱的结构作用（图3-7-6）。

汉代建筑之不做角翘，与斗栱的发展有直接关系。汉代斗栱虽处于初级状态，但尺度颇大，外挑很远，结构作用十分突出，最外一根桁木的挑出几乎全靠斗栱承托，椽子或板桷（板椽）从桁木斗伸出很短，所以相当于转角45°椽子的角梁不须加大（同时也无须在此处有斗栱承托），角翘也就不会产生了。只有极少的例子如东汉末的个别石阙，似乎可以看出结构本身有极微少的角翘，是角翘的雏形。

斗栱不仅具有结构作用，同时也有很重要的造型意义，是中国建筑寓装饰于结构的典型例证。总的来说，汉代斗栱的形制仍较简单、粗巨而自由。栱或平或曲，有的甚至把栱刻成动物等形状，如前举沂南汉墓的都柱，在一斗二升的栱身两侧，又伸出硕大的龙头形栱。这些，都是发展期的特点。

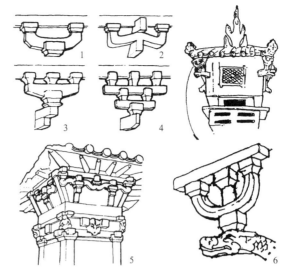

1.一斗二升（四川渠县冯焕阙）；2.一斗二升交耍头（四川渠县沈府君阙）；3.一斗三升（河南三门峡明器）；4.重栱（河北望都明器）；5.一斗二升交耍头曲栱（四川渠县无铭阙）；6.一斗三升抹角斗栱（河南灵宝陶楼）

图3-7-5　汉代斗栱（《中国古代高层建筑》、杨鸿勋）

图3-7-6　汉代巨大斗栱承托的水榭画像石（河南出土）（《中国历代装饰纹样大典》）

第八节　建筑装饰与色彩

秦汉建筑除了为数不多的石阙和陵墓，占主流地位的木结构现已无存，但从古代文献特别是汉代特别发达的赋体文学作品，遗留下来的某些建筑部件如瓦当，间接证物如画像石、画像砖、建筑明器等，仍可得到不少关于当时

①中国社会科学院考古研究所洛阳工作组．汉魏洛阳城南郊的灵台遗址 [J]．考古，1978(1)．

建筑装饰与色彩的资料。给我们的印象是，在宫殿、坛庙和皇家苑囿等高级建筑中，建筑装饰与色彩的处理手法，已在先秦的基础上有很大发展，构思奇巧，装饰华美，色彩瑰丽。张衡《西京赋》形容长安建筑说："亘雄虹之长梁，结棼橑（阁楼的大梁）以相接；饰华榱（橡）与璧珰（瓦当），流景曜之铧铧；雕楹（柱）玉磶（柱础），绣栭（音 er，斗栱）云楣（梁），三阶重轩，镂槛（栏杆或门槛）文梐（音 pi，类于连檐板），右平左城，青琐（门窗所雕连锁文）丹墀（台阶，或引申为地面）。"可见从梁柱斗栱橼头，到门窗台阶地面，都广施装饰。班固《西都赋》也说："其宫室也……植中天之华阙，丰冠山之朱堂……雕玉瑱（柱下石）以居楹，裁金璧以饰珰……列钟虡（音 ju，原意为鹿头龙身神兽，用为钟磬架子两旁立柱的装饰，此处借指架子的立柱本身）于中庭，立金人于端闱（端为正门，闱意侧门）"，"殊形诡制，每各异观。""肇自高（高祖）而终平（平帝），也增饰以崇丽，历十二之延祚，故穷泰而极侈。"柱下以玉石为础，瓦当贴以金璧，庭中、门外列有建筑小品和雕刻，崇而且丽，穷极奢华。赋是一种以铺陈张大，恣肆排闶为特点的文体，其中所述，不免会有所夸张，然由此类文字之多，记述之详，当非全无依据，毕竟给我们提供了许多信息。

秦汉建筑装饰与色彩，手法甚为丰富，表现出很大的创造性与自由性，但并未形成固定的模式，带有较强的初创期特点，可从涂饰、彩画、斗栱、雕刻、雕塑、壁画、画像石、画像砖和金玉珠翠锦绣装饰等方面来叙述。

涂饰与彩画

涂饰用于壁面和地面。土墙壁面多草泥抹面，再以白灰或蜃灰涂白。也有少数特殊做法，如后宫有以椒涂壁者，谓之"椒宫"，取椒多子之义，并有香气。东汉洛阳灵台两层壁面皆在白灰粉刷后，再于东、西、南、北四个方向分别涂以青、白、红、黑四色，以符四方四色之义。①

宫中地面除沿用以往抹草泥的方法外，也开始用方砖铺地，或以红、黑两色漆地。"以丹漆地，或曰丹墀"（《汉官典职》），继承了周天子"赤墀"之制，《西京赋》"青琐丹墀"中的"丹墀"也是指此。汉又有"玄墀"一词，是用黑色漆地，《西都赋》云："玄墀砌扣，玉阶彤庭"，是指殿内施黑，庭中施红，另见《汉书·外戚传·赵飞燕传》称昭阳宫"其中庭彤朱，而殿上有髹漆"。

此外，在宫殿中又常铺以地毯。

彩画施于木面，用以装饰梁、枋、橼、柱、斗栱、门窗、天花和藻井等木构件，是单色涂彩的发展，已见于先秦，秦汉更为广泛。前举《西京赋》已见"绣栭云楣"、"镂槛文梐"、"青琐丹墀"等词。"青琐"是说在木雕连琐纹门窗格上涂饰青色，据说是天子之制。赋中还说："故其馆室次舍，彩饰纤缛，裛（音 yi，缠绕貌）以藻绣，文以朱绿。"三国魏何晏《景福殿赋》也说到"文以朱绿，饰以碧丹，点以银黄，烁以琅玕（美玉），光明熠煜，文彩璘班"，均可见彩饰之盛。还有"山节藻棁（音 zhuo，梁上短柱）"，是在斗栱的"节"即斗上绘山纹，梁上短柱绘水草。

藻井彩画多画荷蕖等水生植物。《西京赋》说："蒂倒茄于藻井，披红葩之狎猎。"注曰："藻井当栋中，交木如井，画以藻文，饰以莲茎，缀其根井中，其华下垂，故云倒也。"《鲁灵光殿赋》也说："圆渊方井，反植荷蕖。发秀吐荣，菡萏披敷。"藻井中画水生植物主要用意为厌火祥。《风俗通义》云："殿堂象东井（井宿，二十八宿之一，在玉井之东）形，刻作荷菱。菱，水物也，所以厌火。"沈约《宋书》也说："殿屋之为圜泉方井兼荷华者，以厌火祥。"汉代藻井实例可略见于山东沂南东汉画像石墓中（图

3-8-1）。藻井的做法流传久远，至明清迄未少衰。井内绘以水生植物更盛行于隋唐，在敦煌石窟中非常多见。

《前汉书》广川惠王传又提到："广川王……画屋为男女裸交接，置酒请诸父姐妹饮，令仰视画"，说明天花彩画有以春宫为题材的。与此相类的做法晚至清代仍有，不过已经画在天花内的隐蔽处了。古称男女之事为"云雨"，故此种做法或亦与厌火有关。

雕饰

前举《西京赋》、《西都赋》中已多有"雕楹"、"镂槛"等类文字。从其他诸多文献，亦可见汉代宫殿的木构件，无论梁、柱、枋、椽、斗栱、门窗、藻井和柱础，多施以雕饰，作龙凤、人物、神仙、玉女和飞禽走兽、莲荷花草之形。今再举王延寿《鲁灵光殿赋》一以概之。赋曰："龙桷（椽）雕镂，飞禽走兽，因木生姿。奔虎攫拏以梁倚，仡（音yi，昂首）奋龄（xin，动）而轩鬐（长毛奋起）；虬龙腾骧以蜿蟺（屈曲盘旋），颔若动而蹻蹮（动貌）。朱鸟舒翼以峙衡（衡，横木），腾蛇蟉（屈曲行动貌）虯而绕榱（椽）。白鹿子蜺（延颈昂首）于欂栌（斗栱），蟠螭宛转而承楣（楣，梁）。狡兔跧伏于柎（器物之足）侧，猨狖（音you）攀椽而相追。元熊（大熊）舑舕（音tiantan，吐舌貌）以龂龂（音yinyin，露齿），却负载而蹲跠。齐首目以瞪眄，徒脉脉而狋狋（音yiyi，视貌）。胡人遥集于上楹（柱），俨雅跽而相对。仡欺（丑貌）㦻（音xi，畏葸貌）以雕眈（惊视），颙昂颌颏（大首高鼻深目）而睽睢（张目貌）；状若悲愁于危处，愣（音can，忧伤）矇矇而含悴。神仙岳岳于栋间，玉女窥窗而下视。忽瞟眇以响像（依稀），若鬼神之仿佛。"以上文字，除形容木雕外，可能也涉及彩画。

除建筑木雕外，也有石雕和金属雕刻，如柱下有称为玉碣、玉瑱的石雕柱础。

山东沂南东汉画像石墓后室

江苏徐州青山泉东汉画像石墓中室

图 3-8-1　藻井（《沂南古画像石墓发掘报告》、《考古》8102 期）

此外，汉代还有许多石雕建筑小品，布置在宫殿园林和陵墓中，多以神话为题材。西汉建章宫中的神明台，武帝时作，"上有承露盘，有铜仙人，舒掌捧铜盘玉杯，以承云表之露，以露和玉屑服之，以求仙道"（《三辅黄图》引《庙记》）。苑中还有飞廉观，亦武帝作，"飞廉神禽，能致风气者，身似鹿，头如雀，有角而蛇尾，文如豹，武帝命以铜铸置观上，因以为名"（《三辅黄图》）。在苑内昆明池中，"刻石为鲸鱼，长三丈，每至雷雨，常鸣吼，鬐尾皆动"，又"立牵牛、织女于池之东西，以象天河"（《三辅黄图》）。

太液池在建章宫西北。《三辅黄图》引《关辅记》记池中也有石刻鲸鱼，长三丈，"以象北海"，此或与《庄子·逍遥游》有关。《逍遥游》曾提到"北冥有鱼，其名为鲲。鲲之大，不知其几千里也"，似为鲸。《汉书》也说到池内"刻金石为鱼龙奇禽异兽之属"。

陵墓石雕如华表、石阙、石人、石兽等。

① 河南省文化局文物工作队.洛阳西汉壁画墓发掘报告[J].考古学报, 1962(4).

② 孙作云.洛阳西汉卜千秋墓壁画考释[J].文物, 1977 (6).

③ 内蒙古自治区博物馆文物工作队.和林格尔汉墓壁画[M].北京：文物出版社, 1978.

④ 河北省文物研究所.河北省出土文物选集[M].北京：文物出版社, 1980.

⑤ 安金槐, 王与刚.密县打虎亭汉代画像石墓和壁画墓[J].文物, 1972(10).

⑥ 王磊义.汉代图案选[M].北京：文物出版社, 1986

保存至今的如西汉霍去病墓之石人石兽，及前文所举诸多东汉石阙。霍墓石刻以写意为主，构思恣肆豪放，手法却浑厚朴质，很能代表汉代之艺术精神，是重要的雕刻艺术遗存。

壁画

秦汉时代，室内壁面广施壁画。汉代是壁画获得发展的时代，无论宫殿祠庙、官邸宅第，或墓室，都以之为重要装饰手段。

秦咸阳一号宫殿遗址发现有壁画残片，复原为横向菱形组合（图 3-8-2）。《鲁灵光殿赋》对建于曲阜的西汉灵光殿壁画做了详细的记载。赋曰："图画天地，品类群生。杂物缪形，随色象类，曲得其情。上纪开辟，遂古之初，五龙比翼，人皇九头。伏羲鳞身，女娲蛇躯……黄帝唐虞，轩冕以庸，衣裳有殊。下及三后，淫妃乱主，忠臣孝子，烈士贞女，贤愚成败，靡不载叙。恶以诫世，善以示后。"蔡质《汉官典职》记：明光殿"省中皆以胡粉涂殿，紫青界之，画古烈士，重行书赞云云。"长安麒麟阁为萧何所造，宣帝时曾图霍光等十一功臣像于阁上，以表扬其功绩（《汉书·苏武传》）。

官署也绘壁画，内容以历任长官事迹为主，以诫后人。《后汉书·郡国志》注引应劭《汉官》曰："尹，正也，郡府听事壁诸尹画赞，肇自建武，讫于阳嘉，注其清浊进退。"

祠庙也有壁画。《后汉书·延笃传》云："乡里图其形于屈原之庙。"

图 3-8-2　秦咸阳一号宫殿遗址出土壁画残片（《陕西古建筑》）

由上可知，与宗教充分发展以后的情况不同，汉代壁画除浪漫而富于想象的神话内容外，多以传说或现实人物为主，"恶以诫世，善以示后"，寓有强烈的教化色彩，此应与"罢黜百家，独尊儒术"的汉代社会思想有关。顾炎武《日知录》指出："两汉时凡有行谊可敬之人，必以图画传之。"

汉阙也有壁画。崔豹《古今注》述此云："其上皆垩土，其下皆画云气仙灵、奇禽怪兽，以示四方。苍龙、白虎、元武、朱雀，并画其形。"

汉代木结构建筑未能保存，以上壁画均已无存，现在发现的汉代壁画都在西汉晚期和东汉的墓葬中。汉墓壁画的内容相当丰富，较著者如洛阳王城公园西汉墓中的二桃杀三士、鸿门宴和打鬼图（傩戏）；①洛阳西汉卜千秋墓神仙图；②内蒙古和林格尔新店子一号东汉墓有五十七组约 100 平方米壁画，绘宁城图及墓主人生前经历地、坞壁、出巡、劳动场面和乐舞百戏；③河北安平东汉墓绘有由多达二十几个院落组成的大型坞壁，并五层高的旗亭或望楼；④以及河南密县打虎亭东汉墓有规模极大的宴乐百戏图，⑤等等。

画像石、画像砖及铺地砖

汉代盛行一种在石头或砖头表面上施以雕刻的装饰做法，主要是线刻，也有薄浮雕，强调平面感，虽为雕刻其实与绘画关系密切，是半画半雕的艺术，称为画像石、画像砖。画像石、画像砖在西汉兴起，东汉更盛，主要施于墓室中，也见于墓上石祠如武梁祠、孝堂山祠等。画像石、画像砖分布颇广，在山东、河南、四川、江苏、陕西、山西、河北、安徽、湖北均有发现，而以山东、河南、四川数量最多。山东所见全是画像石；河南砖石皆有，以石为主；四川则以砖为主。⑥

画像的内容主要有以下几类：一、神话传说，如东王公、西王母、伏羲、女娲、飞仙等；二、劳动和生活，如耕织渔猎、驱马出行、宴饮、祭祀、讲经、射猎、汲盐以及歌舞、百戏、杂技等；三、建筑，如门阙、楼阁、宅院、桥梁以及建筑构件如铺首等；四、自然风光，山川河流，天体星宿，飞禽走兽；五、历史传说，人物故事。

山东画像石以嘉祥东汉武氏墓群石刻、沂南东汉画像石墓^①、临沂、安丘等大型画像石墓和武梁祠、孝堂山祠、两城山称著（图3-8-3～图3-8-5）。河南以南阳一带画像石知名。四川画像砖墓分布于成都一带的较多，并以现实性较强而独具特色。

秦汉两代都有不少铺地砖被发现。砖多方形，上有凸起的图案。简单的只是乳突，复杂者有几何纹、文字、动物及其组合（图3-8-6～图3-8-8）。还有不用来铺地的长方形砖或空心砖，也饰有图案（图3-8-9）。

金玉珠翠锦绣装饰

此类装饰早在先秦已经盛行，汉代仍然继续，是以其材料的珍贵而显示建筑的高贵。如建章宫南部有玉堂璧门，台高三十丈……"玉堂内殿十二门，阶陛皆玉为之"（《汉书》）。可能是以玉石材料铺砌地面和阶陛，以玉璧饰门。昭阳宫"砌皆铜沓黄金涂，白玉阶"（《汉书·赵飞燕传》），以白玉石作阶，阶面为铜，涂以黄金。

壁带露出壁面，位置显著，常用金玉材料作重点装饰。昭阳宫"壁带往往为黄金釭，函蓝田璧，明珠翠羽饰之"。颜师古注："于壁带之中往往以金为釭，若车釭之形也"（《汉书·外戚传》赵皇后条）。古常以"金"字指铜，故所谓"金釭"，实际应是铜釭。此"金釭"先秦已见，为铜所制，汉代的形制应大体与之相同。《三辅黄图》也提到："黄金为壁带，间以和氏珍玉。"

门也是重要的装饰部位，前已有"璧门"之称。《汉武故事》又说："武帝好神仙，起祠神屋，扉悉以白琉璃作之，光照洞彻。"此所指

①朱锡禄．武氏祠汉画像石 [M]．济南：山东美术出版社，1986；南京博物馆山东省文物管理处．沂南古画像石墓发掘报告[M]．北京：文化部文物管理局，1956．

图3-8-3　武梁祠汉画像石（《武梁祠汉画像石》）

图3-8-4　陕西绥德汉画像石墓门（《文物》8305期）

图3-8-5　浙江海宁汉画像石墓前室（《文物》8403期）

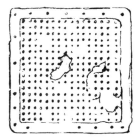

图 3-8-6　秦汉铺地花砖

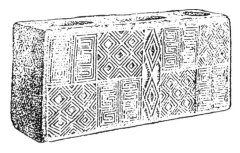

图 3-8-7　西汉空心砖与铺地花砖

之"白琉璃",恐系某种珍石,不是现在所称的琉璃。还有"玉户"的说法,是以玉饰门。汉司马相如《长门赋》曰:"挤玉户以撼金铺分,声噌吰而似钟音。""金铺"指铜制铺首,即门环和座,通常作饕餮衔环形,也有龟蛇形。《长门赋》注曰:"金铺,扉上有金花,花中作纽,环以贯锁,故撼摇有声。"《汉书·哀帝纪》:"孝元庙殿门铜龟蛇铺首鸣。"河北满城西汉刘胜墓出土有透雕铺首,门环左右各有一龙蛰伏,环钮为两条龙,以兽面衔钮,兽面左右透雕数龙缠绕,极为精巧(图 3-8-10)。

瓦当与脊饰

汉代屋顶的作风比较重拙,硬朗有力,除了各脊和瓦当,没有更多的装饰,但有些较重要建筑常在正脊中央立凤鸟或朱雀为饰。

最高级的瓦当竟以玉或金为饰。《史记》云:"华榱璧当",司马贞《索引》注云:"裁玉为璧,以当榱头"。又引司马彪曰:"以璧为瓦之当也",是以玉璧为瓦当。前引《西都赋》"裁金璧以饰珰"

图 3-8-8　河南密县出土汉铺地花砖(《中国古建筑图案》)

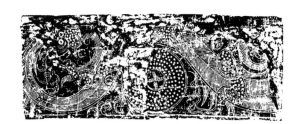

图 3-8-9　汉龙纹画像石、凤纹画像砖

之注云："裁金为壁，以当榱（橼）头"，是以金壁为瓦当。

现在保存下来的屋顶饰件以瓦当最多。秦朝继承秦国，盛行圆形瓦当。秦统一六国前后的瓦当纹饰主要为各式云纹，构图一般是由中心内圆向外用双线分为四个扇面，每扇中饰各式云纹（图3-8-11）。有的云纹组合成蝉或蝴蝶的形状。内圆或为乳突，或为格纹及其他纹饰。云纹的流行可能与"秦得水德"的观念有关，所以秦多有"云龙之象"（《史记·封禅书》）。秦朝还出现文字当，都是篆文。文曰"维天降灵"、"延元万年"、"天下康宁"等，赞扬统一大业。在咸阳还出土过像是燕国常见的云山纹半当，不知是否"六国宫殿"所用。此外在始皇陵还出土过少量夔凤纹残当，复原为四分之三圆形，特别大，直径达40～52厘米，[①]可能不是用在瓦头，而是檩头的装饰（图3-8-12）。

汉当都是圆形，沿用秦代各式云纹（图3-8-13），文字当更多，也都是篆文。其词或为吉利语，如"亿年无疆"、"长生无极"、"千秋万岁"、"嘉气始降"、"延年益寿"等（图3-8-14）；或含有某种道德观念，如"道德顺序"、"与民世世，天地相方"；还有的署以宫名苑名或官署名，如"长乐未央"、"上林"、"卫屯"、"卫"等（图3-8-15）。此外还有文字和动物结合在一起的，如上部是"延元"二字，下部为一鹤，鹤颈特长，伸入二字中间，形成对称格局，文字的内容与仙鹤的含意结合得很好，构图可谓精妙。又如"甲天下"三字置在中心圆乳下方，圆乳上方有二鹿同向奔驰（图3-8-16）。

西汉王莽九庙遗址发现四神当，分塑青龙、白虎、朱雀、玄武，随东西南北四向施用。四当形象生动，中心都有圆乳，四神方向一致，皆朝左（图3-8-17）。《三辅黄图》记未央宫说："苍龙、白虎、朱雀、元武，天之四灵，以正四方，王者制宫阙殿阁取法焉"，故知四神

图3-8-10　河北满城西汉刘胜墓出土透雕蟠龙铺首　　图3-8-11　秦朝云纹圆当　　图3-8-12　秦始皇陵出土之夔凤纹四分之三圆大当复原

图3-8-13　汉云纹圆当

亿年无疆　　　　　长生无极　　　　　延寿长久　　　　　宜富当贵

图3-8-14　汉吉祥语圆当

梁宫　　　　　　　　寿成

图3-8-15　汉宫苑名圆当

雁与"延年"　　　　　凤与"长生未央"　　　　双马与"甲天下"

图3-8-16　汉动物与文字纹圆当

①秦始皇陵新出土的瓦当[J].文物，1974(12).

图3-8-17　西汉长安礼制建筑遗址出土四神当（《汉代图案选》）

三鹤纹　　　　　　双对鸟纹

鸟纹　　　　　　豹纹

图3-8-18　西汉动物纹当

图3-8-19　汉凤纹与龙纹圆当

当在宫殿建筑中也曾采用过。

此外，还有各式动物纹圆当（图3-8-18、图3-8-19）。

到汉代，以凤鸟为脊饰的做法风行一时，以后又改变为鸱尾。

前举建章宫之玉堂殿，"铸铜凤高五尺，饰黄金，栖屋上，下有转枢，向风若翔"（《汉书》）。建章宫北门有凤凰阙，又名别凤阙，高二十五丈，上有铜凤凰（《三辅黄图》）。东汉曹操在邺城西北角所建的铜雀台，"于屋上起五层楼，高十五丈，去地二十七丈，又作铜雀于楼巅，舒翼若飞"（北魏·郦道元《水经注》卷十）。从汉代画像石、画像砖、汉明器陶屋来看，以凤或鸟为脊饰的例子很多。高颐阙脊上亦镌一巨鸟，口衔组绶（图3-8-20）。

凤鸟又称朱雀。汉代盛行凤鸟脊饰的原因之一，可能与高祖之为楚人有关。楚人乃祝融后。祝融原名重黎，"重黎为帝喾高辛居火正，甚有功，能光融天下，帝喾命曰祝融"（《史记·楚世家》）。融死为火官之神，以致楚之先人崇火，尚赤而尊凤。《白虎通·五行篇》说道：南方之神祝融，"其精为鸟离，为鸾"，鸟离和鸾都是凤。刘邦义旗"帜皆赤"（《史记》），他又自托为"赤帝子"。楚人崇火尊凤尚赤的文化，影响到汉代，令凤鸟脊饰流行一时。

太初元年（前104），柏梁台被火，笃信神仙方士的武帝乃听信越巫厌火之言，遂渐改凤鸟为鸱尾。《汉纪》载："柏梁殿灾后，越巫言海中有鱼虬，尾似鸱，激浪即降雨，遂作其象于屋，以厌火祥。"传说虬为无角之龙，龙生于水，为众鳞之长。古越在中国东南，多水近海，以龙为图腾，故越巫之言反映了越族的信仰，是图腾崇拜与阴阳五行以水克火之说及巫术三者结合的产物。由"尾似鸱，激浪即降雨"，对照鲸鱼呼气喷出水柱，或可认为此鱼虬与鲸鱼有关。故鸱尾之登上脊顶，逐渐取代了作为火鸟

山东微山县两城山汉画像石

四川成都画像砖

纽约博物馆藏汉画像石脊端

汉画像石函谷关图

河南灵宝出土东汉陶楼

四川雅安高颐墓阙

武梁祠汉画像石

北京顺义汉代绿釉陶楼屋顶

河北无极南驰阳东汉绿釉陶楼

汉画像石

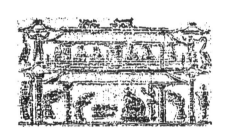

汉画像石

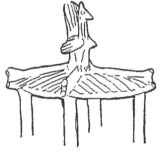

广州出土东汉陶井

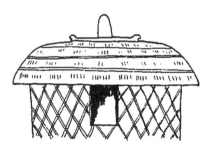

广州出土汉陶图

哈佛大学美术馆藏东汉陶楼

宾夕法尼亚大学博物馆藏汉陶楼

霍浦生著述中之汉陶楼

图3 8-20 汉代各式脊饰（吴庆洲）

的凤凰，应从西汉中期开始，至东汉渐多，此后直至明清迄无大变，只是形制和名称略有演化而已。这也许可以作为地方建筑文化渐演为宫廷建筑文化之一例。

第九节　家具

秦汉人仍席地而坐，是低型家具发展的高峰时期（图3-9-1）。

一、家具类型

坐具

秦汉时的坐具除席、筵外，已创造出榻和独坐式小榻。河南郸城县汉墓出土有"汉故博士常山大（太）博王君坐榻"铭石榻。山东安丘汉画像石上也绘有榻的形象，榻背附曲尺屏风（图3-9-2、图3-9-3）。

值得注意的是这时出现了一种可供垂足而

食案（南昌汉墓）　　铜祭案（云南李家寨）　　肃（武威汉墓）　　棚足书案（沂南汉墓）

铜食案（云南昭池汉墓）

陶几（灵宝张湾汉墓）　　直凭几　　陶曲凭几　　陶食寺（南京）

铜食案（广州沙河汉墓）

顶式箱　　躺柜　　绿釉陶柜　　绿釉陶橱

铜食案（河南灵宝汉墓）

榻（河南郸城汉墓）　　衣架　　彩绘木屏（长沙汉墓）

铜食案（云南昭通汉墓）　　山东·安丘·汉墓画像石上之小榻　　铜盘（实际上是食案）（广西台浦西汉木椁墓）

图3-9-1　汉代家具（陈增弼）

坐的胡床，即现在所称之"马扎"；据《后汉书·五行志》："（汉）灵帝好胡服、胡帐、胡床、胡坐……京师贵戚，皆竞为之"，可知在东汉晚期颇为流行。"胡坐"即垂足而坐，应是当时北方民族的坐式，已启日后流行高型家具的先声。

卧具

最早出现的席此时仍在应用，北方芦编，南方为竹。

可以认为，北方常用的炕出现于汉代，但记载不详。《说文》曰："炕，干也，从火，亢声"，"谓以火干之也。"知炕有烘烤、干燥之意。《玉篇》也说："炕，炙也。"迟至唐代，才有"冬月皆作长炕，下燃煴火以取暖"（《旧唐书·高丽传》）的具体记载。"坑"通"炕"。《蓟丘杂抄》所记更详："燕地苦寒，寝者不以床，以炕室东西南北。炕必近前荣，贫家一廛衾枕之处，即街巷，妇女安坐炕上，市贩者至，汤饼肴薪，传食于窗牖中"。

承具

江苏连云港汉墓出土彩绘八龙吐水书案，长950毫米、宽150毫米、高320毫米，有下栅腿，各作四龙吐水状，翻滚的水浪间雕有昂首蟾蜍。栅腿下为树足。案身以藤黄、群青彩绘纹样。

汉代大食案如北京丰台大葆台西汉墓出土彩绘大案，与前述河南长台关战国墓出土者相类，河南密县打虎亭汉墓壁画中有使用大食案的生活场面。

更多使用的还是中小型食案，长沙马王堆西汉墓出土彩绘食案长765毫米、宽465毫米、高50毫米，出土时案上还置有小漆盘五件，漆耳杯一件，漆卮两件，盘上有竹串一件，竹箸一双，都是生活实用品（图3-9-4）。除食案外，汉代还有双层案，在河南灵宝汉墓、山东沂南画像石墓都有表现。至于汉百戏图的七层案或庖厨图的四层、五层案，应是单层案的临时叠落。

图3-9-2 重庆汉画像砖讲经图

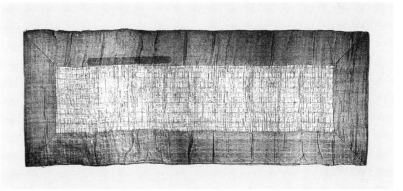

图3-9-3 长沙马王堆西汉墓蔺草席（陈增弼）

图3-9-4 长沙马王堆西汉墓食案（陈增弼）

凭具

汉代除沿用前此已有的直形凭几外，汉末又出现了一种曲形凭几，是在三足之上置一半圆形曲木为凭；除木制外，还有陶制。此外，还有一种利用树木枝杈或盘曲的树根制成的直形或曲形凭几，几足也是天然枝杈，具有一种天然去雕饰的意趣。汉·邹阳的《几赋》就提到了这种凭几："龙盘马回，凤去鸾归，君王凭之，圣德日跻。"木质家具甚难存世，现知仅有湖北江陵拍马山一号墓出土一架凭几，就是用天然枝杈制成的。

庋具

秦汉庋具仍以箱为主。汉代木箱普遍为平顶式和盝顶式，其形象在山东沂南画像石墓和河南密县打虎亭画像石墓的画像石上都可以看到。扬州七里甸东汉墓出土有漆箱实物，大者长460毫米，宽270毫米；小者长244毫米，宽113毫厘米，高88毫米，为盝顶式，外髹褐色漆，内为朱漆（图3-9-5）。

除木箱外，汉代又出现木柜、木橱和竹材编织的笥。

柜储存衣物，其特点是向上开门，汉时写作"匮"。又有一个"匚"字，与柜也有关。《说文》曰："匚，受物之器，象形。在匚之属皆从匚，读若方。"许慎又说："曰椟，匮也。是则匮与椟音义皆同，实一物也。《论语》：……又曰：

图3-9-5 东汉墓彩绘人物箱（陈增弼）

'龟玉毁椟中。'"又"椟，匮也。从木，椟声。"《韩非子·外储》："楚人有卖其珠于郑者，为木兰之柜，薰以桂椒，缀以珠玉，饰以玫瑰，辑以翡翠。郑人买其椟，还其珠，可谓善卖柜而不可谓鬻其珠也。"这里的所指是小匣。而"匣"，亦可归属于"匮"。

汉柜形象首见于河南灵宝张湾汉墓出土的一个陶质模型，长240毫米、深210毫米、高190毫米，通体绿釉。柜身近似一立方体，下有四个兽形柜足。柜上有一小门，可开启。正面模印锁饰，并有圆钱形贴饰。河南陕县刘家渠汉墓也出土一件类似的陶柜。

山东沂南东汉画像石墓中室南壁正中刻一大柜，长方体，正面作两段分割，四腿落地，腿间连以水平横撑，上面中间可以开启，是一件躺柜。

橱也用于存放衣物，与柜的不同是前面设门。

橱的形象首见于西周青铜方鬲的座，正面设二门扇，门上铸出守门的刖者，即被斩去小腿和脚的奴隶。《论衡·感虚篇》提到燕太子丹质秦求归，秦王提出的条件有："橱门木象生肉足，乃得归"，透露橱门上饰有刖者木像，故言"生肉足"，但一般的橱似乎没有这种讲究。辽阳棒台小屯东汉墓壁画绘有一橱，顶作屋顶形，前设双门，一女子作开橱门取物状。

汉代还存有一件陶厨模型，上部亦作屋顶形状，正面开门，门内有两层搁板，其下为闭仓。

笥，竹制，盛衣或盛饭。《说文》："笥，饭及衣之器也，从竹，司声。"《礼记·曲礼》注云："圆曰箪，方曰笥。""簞笥，盛饭食者。此饭器之证。""唯衣裳在笥。此衣器之证。"《后汉书·戴良传》："良五女并贤，每有求姻，辄便许嫁，疏裳布，被竹笥，木屐以遣之。"竹材比较耐腐，因此竹笥实物出土较多。

湖北云梦大坟头一号汉墓出土五件竹笥，形制相同，皆长方形，由笥盖和笥体组成，人字纹编织，周边用竹片加固，缠以藤条，并以绳绑缚，加封泥匣。其中一笥长600毫米，宽380毫米，高180毫米。长沙马王堆西汉墓出土竹笥达四十八件，大部分完整。出土时分别用朱色或蓝色麻绳捆扎，有的还有缄封的封泥匣及标明笥内物品名称的木牌。一般为长方形，长约480～500毫米、宽约280～300毫米、高约150～160毫米，也由笥盖和笥体组成。用4～5毫米宽、1毫米厚的竹篾编成人字纹，口沿部及顶部周边用藤条或竹篾加缠厚竹片以加固。其中一件盛衣的竹笥较大，制作也精致，内衬黄绢（图3-9-6）。江陵凤凰山一六八号西汉墓也出土竹笥五件，皆双层竹篾，里层篾条较细，外层较宽，均为人字形编织，用竹片加固，并以藤条缠绕。

图3-9-6　长沙马王堆西汉墓竹笥（陈增弼）

图3-9-7　长沙马王堆西汉墓彩绘座屏（背面）（陈增弼）

屏具

汉代屏风之称已很普遍。在一些重要建筑中，几乎都有屏风，并使用多种材料装饰。《汉武旧事》曰："帝起神明台，其上屏风悉以白琉璃作之，光冶洞彻。"《西京杂记》："赵飞燕为皇后，其女弟在昭阳殿上书遗飞燕三十五物，有云母屏风、玻璃屏风。"以上所言屏风都是单扇的座屏。汉代座屏实物以长沙马王堆西汉墓出土的最有代表性。此屏由屏板和足柎组成。屏板宽720毫米、高580毫米、厚25毫米、通高62毫米。通体彩绘，以菱形锦纹为主题，正如汉赋所说："重葩累绣，沓璧连璋，连以文锦，映以流黄"。背面黑色漆地上用红、绿、灰三色绘云龙纹。龙身绿色，朱绘鳞爪，龙首高昂，张口吐舌，蜿转腾跃于云气之间。形体粗犷，色彩强烈，线条自然流畅。据该墓遗册第217片墨书"木五菜（彩）画并（屏）风一，长五尺，高三尺"，应称五彩屏（图3-9-7）。

洛阳涧西七里河东汉墓出土一陶屏。山东沂南画像石墓中室南壁西段刻齐桓公与卫姬故事，正中立一屏风。以上二屏都与马王堆屏形制相同，可见是汉代的流行式样。

与座屏同时出现于汉代的还有床屏，即置于床或榻后的屏风。《汉书·陈万年传》："万年尝病，召咸教诫于床下。语至夜半，咸睡头触屏风"。汉代此类床屏颇多，有"一"字、"L"字和"Π"字形，可分别见于内蒙古和林格尔壁画墓、山东安丘画像石墓、辽阳棒台子屯和三道壕壁画墓，以及山东诸城画像石墓谒见图。

此外，汉代尚有大型折屏，广州南越王墓出土一件，十分富丽。

与屏相类，还有步障，即以织物与柱杆组成的临时性围隔，比屏风更为灵活随意，可以移动。沂南画像石墓中室南壁横额东段备膳图即刻出一具，地上立木柱，柱头连以绳，绳上挂帷幔。步障起于汉代，魏晋南北朝更为流行，隋唐仍有余风。

架具

汉代架具有衣架与镜架两种。

汉代衣架形象凡两见。内蒙古托克托东汉闵氏壁画墓绘出一座，其侧榜题"衣杆"二字。山东沂南画像石墓后室隔墙刻出一座，以两根立木为足，上连截面圆形的搭脑，两端挑出，足间连以直撑，足下有弓形横枋，通体髹漆并彩绘纹饰，上挂衣物三件。

镜架用以悬挂铜镜。古代修容，铜镜由女婢手持或挂于镜架。沂南画像石墓后室隔墙东面有一备妆场面，左婢手中所持镜架，下有圆座，座上立圆柱，顶为卷云状板，其下系一短缨，备穿镜钮，再下为一长方板，可放置脂粉梳箧等物。镜架在南北朝时仍然沿用，传顾恺之所绘《女史箴图》的镜架与沂南墓近似。

二、家具的髹漆与纹饰

中国家具多为木制，其最大特点之一是涂饰油漆。

中国是世界最早发现和使用漆的国家，也是世界桐油和漆的生产大国。在七千年前的浙江河姆渡遗址已出土有漆碗。商代漆器纹样已相当精美，河南安阳殷墟大墓发现雕花木器，涂朱色纹，并镶嵌蚌壳、玉石和松石，清晰绚丽。河北藁城台西村商中期遗址也出土许多漆器残片，朱地黑纹，绘饕餮纹、夔纹、雷纹、蕉叶纹等，有的也镶嵌松石。由此可以肯定漆艺在商代已十分发达。大量的出土器物证明，漆艺的进一步发展是在战国。汉代是中国漆艺的黄金时代，分布地域很广泛，北至内蒙古，南达广州，东起山东，西抵甘肃，皆有发现，出土漆器数量多，类型丰富，保

存完好，并有纪年铭文。特别是在信阳长台关、随县擂鼓墩、长沙马王堆、江陵凤凰山、云梦大坟头的战国和秦汉墓葬的发现，数量巨大，种类繁多，保存完美如新。在这些漆器中，家具占颇大的比重。

家具漆饰纹样多见如龙凤、云气、花草、几何、鸟兽、仙人、孝子，以及生活人物、车马等。儒学在汉代获得思想界至高无上的地位，因而漆画题材除纯装饰性纹样外，也注重宣传儒家教义，"成人伦，助教化"，表彰孝子、义士、明君、贤相。同时受当时神仙思想的濡染，诸凡仙人升天等神仙题材，也时有出现。

战国和两汉家具漆髹的装饰方法有彩绘、针刻、沥粉、镶嵌和平脱等数种。

彩绘是漆饰的主要方法，用各种颜色的矿物粉调和油、漆进行描绘，大多为黑地朱绘或黑地彩绘，也有少数朱地黑绘。黑地为大漆，初为乳白色，经氧化而呈黑色再刷于木面。朱色为朱砂，学名硫化汞，与漆液调和后色彩艳丽，永不褪色。此外尚有黄、白、灰、石绿、绿、褐、红、金、银诸色。彩绘时多用纯色，很少用混合色。矿物颜料与漆调和之后附着力极强，若混入油或胶，虽也能保持原色，但附着力较差。长沙马王堆汉墓出土的漆凭几和座屏，色彩已多处脱落，就是使用油、胶调色之故。彩绘的工具主要是毛笔，还可能使用了不同宽度的刷笔。彩绘的方法有线描、平涂和堆漆数种。

漆液调色后，黏稠不易展开，描画有一定难度，故早期纹饰多仅平涂，很少用线，即或用线也感觉线形笨拙，如长台关楚墓漆几的朱绘。汉代技法已经熟练，对漆液性能掌握准确，方能做到线条流畅、奔放有力、婉转自如，马王堆汉墓彩绘漆棺就是很好的例证。长沙其他汉墓出土的凭几，彩绘纹样也十分生动流畅。

针刻又称"锥画",是用针或锥在漆面刻镂纹样,线细如丝,有的内显彩漆或金色。针刻多用于小件器皿,如山东银雀山西汉墓的盝顶长方盒,木胎,里朱外黑,其盒顶用针刻纹加彩笔勾点,盒四面为竖线纹和三角纹,纤细如发。

在漆器上镶嵌是一种传统工艺,历史悠久。新石器时代和商周有嵌绿松石和蚌壳的器物。战国时更多加嵌玉石,如长台关楚墓漆几。汉代所嵌品种甚多,玉、骨、玛瑙、料器、水晶、云母、螺钿、玳瑁、金银、宝石皆属常用,丰富多彩。文献对此记载很多。嵌金银片是其中一种。金、银反光强,延展性好,可打成金箔,或用于镶嵌。

汉代还流行把金银片镂刻成人物、动物、飞禽或几何纹,粘贴于漆器上,经磨耆而显出纹样,称为"平脱",其实也是镶嵌的一种。安徽天长汉墓的双层彩绘金银平脱奁,由盖、底及浅盘三部分组成。盖顶银镶柿蒂纹,原嵌珠五颗,已脱落。盖顶、盖壁及底壁各镶银箍三道,箍间有金银平脱鸟兽纹,为后代金银平脱工艺的滥觞。

第二编 成熟与高峰

第四章　三国两晋南北朝建筑

小引

汉末黄巾起义，促成汉室的覆亡。公元220年，魏王曹操子曹丕胁迫汉献帝退位，建国号为魏，汉亡。但魏国势力仅及于黄、淮，中国西南、东南分别由割据政权蜀、吴统治，三分天下，史称三国。263年，蜀亡于魏。265年司马炎篡魏自立，建立晋朝。280年晋灭吴，中国复归统一，是为西晋。但为时很短，又陷于分裂，各地军阀豪强和各族雄酋拥兵竞起，逐鹿中原，造成更大混乱。317年，晋室仓皇南渡，偏安东南一隅，史称东晋。与东晋同时，在北方建立了许多地方性民族割据政权，总称十六国。420年，东晋亡，政权转归于宋，以后相继的是齐、梁、陈等王朝。宋、齐、梁、陈先后统治南方，史称南朝。南朝再加上前此的东晋和吴，又名六朝。与南朝大致同时，中国北方诸政权互相攻伐，最后，439年北魏灭北凉，北方归于统一。北魏政权维持近百年，534年分裂为东魏和西魏。东魏以后改为北齐，西魏改为北周。与南朝相应，中国北方从北魏到北齐、北周，统称北朝。南北分立，直到581年北周为隋所代，几年之内，中国重新获得统一。

从公元220年到581年，总称三国两晋南北朝，一共三百六十二年，中国一直处于动荡分裂的局面之中，战争频仍，民不聊生，汉代数百年的建筑成果大多付之一炬。各政权忙于攻掠或自保，无暇大力营建，更兼分裂割据，力量分散，所以就某一政权而言，其建筑成就比起秦和西汉必大有逊色。但由于王朝变更频仍，各朝除旧图新，就整体而言，营造亦复不少，且各有继承兴革，仍取得了不少成就，为隋唐中国建筑艺术第二次高潮的到来做了承先启后的铺垫。

这个时期建筑艺术的进展，有几点更值得注意：

一是东南地区的开发。中国东南，春秋战国以前主要是古称“百越”的各越族部落聚居之地。春秋越王勾践灭吴（也是越族），一度称雄中原，但随着越灭吴及其后之楚灭越、秦灭楚及汉武帝灭东越（福建）和南越（两广），越族之众或融入汉族，或更向西向南以至于南洋和日本列岛等地迁移，远离了历史舞台的主台面。致东南天然富庶之地，直到三国以前，长期未得充分开发，比起中原，经济和文化都处于落后状态。至此时，北方先进文化南下，经过三国吴以后的六朝几百年经营，方得一展风姿，参加到中国文化包括建筑文化的发展大潮之中。东南的建筑成就，主要体现在这一时期的城市、宫殿和园林之中，对于隋唐以后的建筑发展有颇多贡献。

二是城市规划的突出成就。曹魏和西晋建都洛阳，六朝皆定都建业（以后又称建康），北魏复都洛阳，在不同时期的这些城市之间，有明显的继承关系，且代有发展。可以看出，它们都绍承东汉曹操邺城的规整式规划观念，在实践中充实提高，为隋唐都城和宫殿的伟大成就，奠定了坚实的基础。

三是佛教建筑的兴起。佛教自东汉通过西域传入中原，以后又传入江南。佛教建筑也在东汉末发轫，此后一直到近代，一千七八百年中发展为仅次于宫殿的最重要的建筑内容。三国两晋时期，政治动荡，人民生活朝不保夕，统治阶级也常虞不能长治久安，佛教乃得以广泛流传。佛教在很大程度上丰富了中国文化，推动了中国包括建筑、绘画、雕塑、音乐、文学和以后戏剧等艺术的发展，也促进了中外文化的交流。佛教建筑包括寺院、佛塔和石窟等类型，在这一时期都已出现，呈现了中国传统建筑文化如何与异域建筑文化交融而后创新的生动过程。从此以后，佛教建筑在中国建筑史上就占有了重要的地位。

这个时期，与此前的秦汉和此后的隋唐相比，陵墓建筑不甚发达。但南朝陵墓神道两旁的雕刻却颇有成就。

中国园林从商周开始，已有很悠久的发展历史。到了魏晋南北朝时期，士人阶层兴起，玄学思想和山水文学的肇兴给园林的发展注入了新的契机，私家园林从汉代的贵族富商所有逐渐转变为以士人为主，士人园林的文化内涵更为丰富，营造观念也从大尺度地形似自然向小尺度地神似自然转变，为唐宋以后直到明清园林主题的深化和构图手段的精微提供了新的思路。

建筑装饰继续沿着秦汉的路子发展，色彩以"朱柱素壁"为主，趋于定型，继续盛行建筑彩画，南朝时从西域传入凹凸画法，开以后晕染技法的先声。琉璃开始用于建筑也是一件大事。这些，都对后代有很大影响。王朝更迭频频，统治者们装饰宫殿不惜工本，继续使用汉代曾经盛行的金玉珠翠锦绣等豪华装饰手段，出现了一段畸形的繁荣。

家具的重要发展趋势是适应垂足而坐的高型家具开始丰富。垂足而坐又称"胡坐"，是北方及西域民族的坐式，由于这个时期民族间文化交流频繁，逐渐取代了前此中原的席地而坐。

从佛教的传入，佛教建筑如寺、塔、石窟及其特有构图观念的兴起，以至建筑装饰如琉璃的使用，装饰题材、手法和纹样的变化，及垂足而坐等等，都不难看到西域建筑文化对中国的影响。除此以外，中国建筑文化还在更多方面接受了来自西域的新创意。本书侧重于建筑的文化与艺术层面，中国建筑艺术史的发展只有在与世界其他地区尤其是与周边国家的联系和比较中，才能更显其特色，故本章特列中国与西域建筑文化因缘一节，以明其源与流的脉络。在以后的其他章中，本书也将设专节分别探讨中国与朝鲜半岛、日本和越南的建筑文化交流。

第一节　都城与宫殿

一、魏晋洛阳

东汉曹操被封魏王时，建邺城为王城，开创了都城规划的一代新风。曹丕篡汉自立魏国，仍以东汉都城洛阳为都，遗址在今洛阳市东。邺城规划的成就对洛阳的改造起过很大作用。魏洛阳与东汉洛阳的不同，即主要在于运用了邺城的规划原则和手法。东汉洛阳在汉末群雄争战中已经十分残破，成为这种改造的客观需要。

魏都洛阳共四十六年（220～265），遗址南北残长约4000余米（因洛河曾经北移，洛阳南部被冲毁少许，南垣不存，不能确知南北真实长度）、东西垣间距约2460米。[①]据文献载洛阳南北九里、东西六里，称为"九六城"，与实测数据相近。初期宫殿略同于东汉，有南、北二宫，是在旧基上重修或重建的。洛阳的大规

①中国科学院考古研究所洛阳工作队. 汉魏洛阳城初步勘查[J]. 考古，1973(4).

模改造工程是在魏明帝在位时（227～239），改造中继承了邺城的经验，主要体现在纵轴大街的贯通上。此外，在城市西北部加建的金墉城，也能看出邺城铜雀苑的影子。

纵轴上的大街名铜驼街，北起北宫南墙正门，直达都城南墙正门，恰与邺城正宫门前的纵轴大街一样。这条大街的开通，顿使全城秩序井然，突出了北宫在全城的统率地位。自此以后，一直到明清北京城，各朝代的都城都少不了这条纵轴大街。魏时虽仍有南宫，却可能在打通纵轴大街时拆除了南宫的西部，或者汉南宫西部在魏时原本就没有完全恢复过。铜驼街北端，宫门外立起九尺高的铜驼和其他铜兽，作为城市雕塑，进一步强调了此街的重要性。邺城在宫门前还有与纵轴大街丁字相交的横轴大街，尚不知魏洛阳是否也有；但南朝建康、北魏洛阳都有纵轴和横轴大街，根据它们与魏洛阳的继承关系，估计也曾有过横轴大街（图4-1-1）。

在魏洛阳西北角凸出城外附筑金墉城，明

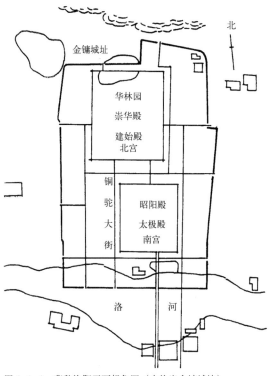

图4-1-1 曹魏洛阳平面想象图（未绘出金墉城墙）

显是对邺城铜雀苑城防及宫殿区防卫概念的继承和发展。

明帝青龙三年(235)，"大治洛阳宫"（北宫），历时五年。前朝正殿为建始殿，后寝大殿名崇华，后寝以后还有园林，称华林园，总体为前朝后寝及皇苑的序列。华林园东汉已有，称芳林园，此时加以修复，为避齐王曹芳讳而改名。园中有天渊池，园西北构景阳山，役使上万人，王公大臣也要为建园负土劳作。从太行山开凿石料，远运洛阳。从长安运来大钟，熔成铜汁，铸为四丈高的黄龙、三丈高的金凤和其他铜兽。景阳山上广植松竹花草，畜养珍禽异兽。晋·左思《魏都赋》对以上都有追述。明帝有此宫苑尚感不足，意欲再有兴建，大臣王朗上书曰："今当建始之前，足用列朝会；崇华之后，足用序内宫；华林天渊，足用展游宴"，劝谏明帝适可而止，不要过于奢华。

南宫的前朝大殿名太极，后寝大殿名昭阳。太极殿一名，以后在两晋南北朝以至隋唐都用为前朝大殿专名。唐·徐坚《初学记》说："历代殿名或沿或革，唯魏之太极，自晋以降，正殿皆名之。"

魏以后，相隔七十八年，西晋仍都洛阳约五十年，没有大的变动。晋·陆机《洛阳记》对它的主要大街有具体描述："宫门及城中大道皆分作三，中央御道"，供皇帝使用，也可供"公卿尚书章服"等高级官僚行走，"两边筑土墙高四尺……凡人行左右道，左入右出，不得相逢"；城门也有三道，平时"闭中，开左右出入"。魏晋洛阳的三涂道路，基本沿用汉代制度。

西晋永嘉之乱，洛阳又一次成为废墟。

二、东晋南朝建康

建康即今南京，自三国吴起，历东晋和南朝宋、齐、梁、陈，皆建都于此，号称"六朝故都"。

吴大帝孙权原都武昌（今湖北鄂城），在长江南岸。长江自西北来，至城北弯转而东，城适当弯道外侧，备受江水冲击，"风土险恶"，时有崩溃，黄武八年（229）乃迁都于建业。建业也在长江南岸，但居于弯道内侧，江自西南来，至城北折向东，正与武昌形势相反，无水土冲蚀之害。起初孙权在西部石头山上筑城自居，称石头城，周七里许。后在石头城东、锺山西、玄武湖南、秦淮河北另筑都城，即建业城。秦淮河以南与雨花台和远处牛头山相望。诸葛亮来过建业，称赞说："锺阜龙蟠，石城虎踞，真帝王之宅也"，认为是建都的形胜之地。建业周围二十里，方形，土墙篱门。从229年到280年西晋灭吴，建业为吴都共五十一年。吴的主要宫殿是孙权的太初宫与其东孙皓的昭明宫，太初宫东北有苑城。西晋改建业为建邺，后因避愍帝司马邺讳，又改称建康。

永嘉乱后，东晋元帝于317年渡江，先居于城内故吴太初宫旧地，成帝咸和七年（332）才在吴苑城旧地另筑新宫，称建康宫，以后南朝各代因之未改。建康宫在建康城中部偏北，周围八里，呈纵长方形，四面各一门。南面正门称大司马门，与邺城东宫南面正门司马门名称略同。此时建康宫城可能为土筑。

东晋皇室本系西晋之后，又来自洛阳，建康自然会直接承袭魏晋洛阳远绍曹邺的规划原则，其宫殿的前朝后寝最北为皇苑的布局，甚至许多殿堂名称和地名，都同于魏晋洛阳，同时也有许多改进。其改进主要体现在宫城和轴线大街上。建康彻底摆脱了汉洛阳在都城内分建南北二宫的做法，城内只有一座宫城，没有南宫；城内有纵横轴线大街。

纵轴大街从大司马门向南穿过都城正门宣阳门，再向南直抵五里外秦淮河北岸的朱雀门，总长超过七里。横轴大街在大司马门前与纵轴大街丁字相交，东西连接都城东门建阳门

和西门西明门。在纵轴大街两侧，仿照邺城司马门外大街两侧的做法，也列建官署，但邺城司马门外大街不是纵轴大街，建康把官署移到纵轴，显然在继承中又有发展：不但方便宫殿区与官署区的联系，同时以官署直接烘托宫殿，加强了宫殿的统率作用。在宫前纵轴大街两侧建官署的做法，对以后产生了长久的影响（图4-1-2）。

东晋建康前朝皇帝正殿名太极，后寝皇后正殿名显阳，显阳东、西有含章、徽音二殿，都同于曹魏直至西晋洛阳的南宫。曹魏南宫皇后正殿原名昭阳，西晋为避文帝司马昭讳，才改称显阳。

建康宫城北、玄武湖南，鸡笼山下有皇家园林，布局也同魏晋洛阳，但名称改为芳林园，同于东汉洛阳。

只是建康西北没有金墉城，而是以西面的石头城和石头城以北临江幕府山的白石垒来代替。

咸康五年（339）开始砖包宫城。孝武太和

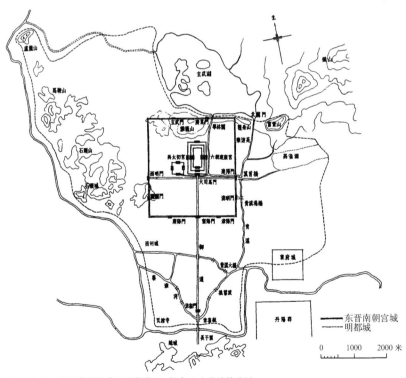

图4-1-2　东晋南朝建康平面想象图（《中国古代建筑史》）

三年（378），由谢安主持，大修宫殿内外殿宇三千五百间。

宋、齐、梁、陈对建康及其宫殿没有大的改变。宋在玄武湖内立方丈、蓬莱、瀛洲三神山，芳林园改称华林园，园中筑景阳山，又在鸡笼山东的覆舟山下起乐游苑。华林、景阳之名皆与魏洛阳同。

齐高帝建元二年（480），才改三国吴以来的都城土墙篱门为包砖城墙。东昏侯少年昏乱，在宫里大兴土木，造仙华、神仙、玉寿诸殿，以麝香涂壁，锦幔珠帘，穷极绮丽。把阅武堂改为宫苑，山石涂以五彩，苑内立店肆。据说还以金莲铺地。

梁武帝好佛，宫中有数殿专办佛事。

陈后主在宫内起著名的临春、结绮、望仙三阁，有阁道往来，都用沉檀香木建造。阁下积石为山，引水成池。

东吴以来三百余年，南方相对比较安定，北方士族迁来者甚众，使江南得到迅速开发，建康居民也不断增长。南朝时人口已过百万，城市规模实际已远不止都城范围，居民区主要向城南水运便利、商旅云集的秦淮河两岸发展。比较明确的新居民区有城西南的横塘、查清，城南秦淮河南岸的长干里、北岸的乌衣巷，城东南的青溪等。乌衣巷一带多为渡江北方大族，以王、谢二族最著。朱雀门早在东晋成帝咸康二年（336）即已设置，可见东晋时已很繁华，至南朝城区扩大后，朱雀门一线已成为都城的南部外廓。所以整个建康实际形成了三环相套的格局：内环即宫城，为宫殿所在；中环即原都城，纵轴两侧集中衙署；外环以朱雀门一带为南部范围，汇聚士流及工商各色市民。建康的后期发展，带有颇大的自发性，但无论如何，这种格局对以后各代都城三城相套的规划产生了很大影响。建康的外环依地形水势，轮廓不规整，亦不很明确，可能并没有建造过包围整

个城区的外郭墙。

据记载，南朝建康有佛寺数百座。

需要说明的是，建康城内除宫殿前后中轴一带之外，其他区域并未如北方城市那样规整，街道屈曲纡徐，应与建康地形未若北方平原一平如坻有关。《世说新语》曾提到此事："桓宣武移镇南州，制街衢平直。人谓王东亭曰：丞相初营建康，无所因承，而制置纡曲，方此为劣。东亭曰：此丞相乃所以为巧，江左地促，不如中国，若使阡陌条畅，则一览而尽，故纡徐委曲，若不可测。"

还值得提到，由吴至宋、齐，在建康宫城前均未建造过宫阙，仅模仿秦时之阿房宫"表南山之巅以为阙"的故事，遥指牛头山两峰为阙。至梁时才作神龙、仁兽二阙于宫城正门大司马门外，高五丈，与洛阳铜驼街的铜驼一样，无疑加强了纵轴大街的气势。此二阙可能是对峙双阙。

从曹魏西晋洛阳、南朝建康及后面将要谈到的北魏洛阳可以看出，起源于曹邺的规整式都城形制，此时已形成风气，并大大延长了宫城前的纵轴大街。邺城的纵轴大街长1000余米，建康则长达4000米，显然加强了纵深布局的艺术感染力。建康的纵轴大街向北可再通过宫城北门平昌门，纵轴线上有四座城楼，向南则与牛头山遥望，宫前两边有高大石阙，沿大街两侧开御沟，"夹御沟植柳"，把这些高大的建筑连同几座城门在视觉上联系起来，形成视觉走廊。官署在纵轴大街左右，当然也丰富了街景，进一步突出了这条大街。

三、北魏洛阳

鲜卑族拓跋氏于公元268年建立北魏，不久建都平城（今山西大同），但无城郭。公元403年破后凉，才模仿后凉都城姑臧（今甘肃

武威）规划平城：北部为宫城，南部为居民里坊。显然是由姑臧间接学习了中原和建康的规划原则。439 年，北魏统一北方。为加强对中原的统治，孝文帝太和十七年（493）决定迁都洛阳，两年后迁都完成。直至 534 年北魏分裂而亡，洛阳作为北魏都城共三十九年。

北魏洛阳仍为汉魏洛阳旧地，其时已在西晋末的战争中再次遭到严重破坏，需要北魏王朝进行恢复与改造。孝文帝锐意革新，推行汉化政策，一切规章制度乃至语言服饰都实行汉化，都城规划当然也是一个重要方面。迁洛前，曾派蒋少游以副使名义随同出使齐都建康，"密令蒋少游观建康宫殿楷式，图画以归"，作为重建洛阳的借鉴。可以说，北魏洛阳是邺城以来近四百年都城与宫殿建筑发展的小结，对隋唐发生了直接的影响。

北魏洛阳保留的魏晋格局很多，如城墙范围、金墉城、宫城位置、华林园以及城门位置和一门三涂等。它也有纵轴大街，仍名铜驼街；同时也有横轴大街，在宫城正门阊阖门前与纵轴大街丁字相交。横轴大街的设置可能魏晋洛阳已有，也可能是北魏学习建康的结果，均来源于邺城。纵轴大街从宫城南垣正门阊阖门起南出，经都城南垣正门宣阳门，通达洛河上的浮桥永桥。洛阳城门楼都是两层，只有北垣西门大夏门三层。北魏洛阳学习建康，不建南宫，并在铜驼街靠近阊阖门处列置中央官署，御史台、右卫府、太尉府和将作曹在街西，左卫府、司徒府、国子学堂、宗正寺在街东。官署区南端，左右分置太庙和太社，此种"左祖右社"的格局远绍西周，近承汉代，下启唐宋。此外，洛阳是当时北方佛教中心，著名的永宁寺在铜驼街西侧，都城内外佛寺多达一千三百余座（图 4-1-3）。

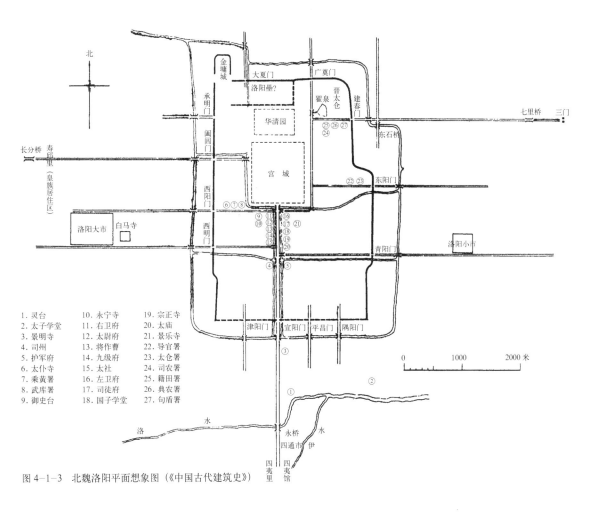

1. 灵台
2. 太子学堂
3. 景明寺
4. 司州
5. 护军府
6. 太仆寺
7. 乘黄署
8. 武库署
9. 御史台
10. 永宁寺
11. 右卫府
12. 太尉府
13. 将作曹
14. 九级府
15. 太社
16. 左卫府
17. 司徒府
18. 国子学堂
19. 宗正寺
20. 太庙
21. 景乐寺
22. 导官署
23. 太仓署
24. 司农署
25. 籍田署
26. 典农署
27. 句盾署

图 4-1-3　北魏洛阳平面想象图（《中国古代建筑史》）

① 中国科学院考古研究所洛阳工作队 . 汉魏洛阳城初步勘查[J]. 考古, 1973(4).
② 萧默 . 敦煌建筑研究 · 城垣[M]. 北京：文物出版社, 1989.

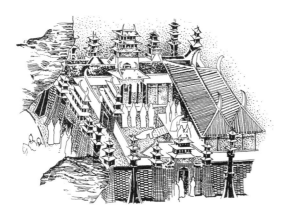

麦积山石窟西魏壁画城阙

敦煌莫高窟北朝阙形龛

敦煌莫高窟初唐壁画宫阙　　　　敦煌莫高窟十六国壁画城阙

图 4-1-4　阙（傅熹年、萧默）

嘉峪关魏晋墓墓门上方阙形砌壁

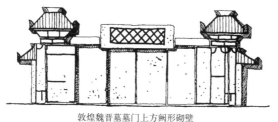

敦煌魏晋墓墓门上方阙形砌壁

图 4-1-5　甘肃河西魏晋墓墓门上方阙形砌壁（萧默）

宫城即旧北宫位置，但有所扩大，东西约660 米、南北约 1400 米。据考古发掘，宫城内有一道折墙由南而北将宫城分为东西两部。西部较大，有前殿太极殿基址，正对阊阖门。西部基址多叠压关系，可能即原汉、魏、晋各朝北宫诸殿故址，东部主要是北魏展拓而成的。①

洛阳西北角的金墉城是一座军事城堡，南北长约 1500 米，东西宽 255 米。据《水经注·洛水》，其南墙正门乾光门的形制为"夹建两观"，此种城门以及包括金墉城在内的全部洛阳城墙的"马面"（即附城而筑凸出城外的城台）都突出了城市的防卫作用。

"夹建两观"的形制，远绍周代，直承东汉。东汉中期以后在各地豪强的坞壁中兴起的坞壁阙，将双阙退后而与坞门结合起来，夹峙在坞门左右。乾光门的"夹建两观"应类同于此。其实，金墉城也可以被看成一座坞壁。坞壁阙的形制，根据十六国晚期和北朝的敦煌石窟壁画，以及嘉峪关、敦煌两地魏晋墓墓门上方砖砌迎壁镶砌的阙形，大多仍为双阙高举、坞门低下，也有的坞门屋顶与双阙相平，甚至在坞门上加建楼檐而高于双阙，显示出从二元式构图向一元式构图发展的过程。最后一种形制在隋唐以后更演化为双阙前引，另以宫墙与宫门相连，平面呈倒凹字形的宫阙，有如明清紫禁城的午门。②《水经注》谓乾光门"夹建两观"，语意似强调"两观"，可能仍属于比较初始的双阙高举的形态。

在甘肃天水麦积山石窟的西魏壁画里，可以看到一种比"夹建两观"更复杂的阙形，是在城门一线建造倒凹字形的门阙；正面城楼三层，形体高大，城外加建峙立的双阙。如果用墙把双阙与城楼一线的"两观"连接起来，就是一座隋唐以后盛行的完整的倒凹字形新阙形了。麦积山的壁画形象是坞壁阙与隋唐新宫阙之间的过渡（图 4-1-4、图 4-1-5）。

马面凸出城外,有利于夹击攻城的敌兵。春秋战国时代已有"马面",《墨子·城守篇》称之为行(读如杭)城或台城。但中原城市包括汉长安和洛阳大都不曾建造。据考古发掘,魏洛阳城有马面,间距110~120米;金墉城更密,间距60~70米。[①]以后马面大概只在边疆军事性城堡建置。例如,十六国匈奴族赫连勃勃所建大夏统万城(在今陕西靖边县),有较完整的马面遗址。宋代沈括曾考察过大夏丰林县城,也筑有马面,"城不甚厚,但马面极长且密",可以之夹击敌人,认为"深可为法"(《梦溪笔谈》)(图4-1-6)。在敦煌石窟北魏壁画城垣形象中也出现马面(图4-1-7)。但在隋唐长安和洛阳,马面又消失了,一直到北宋汴梁以后,才比较普遍地在内地大小城市建造。

北魏洛阳对都城发展的最大贡献是正式完成了三城相套的格局和设置集中的市场。为了容纳洛阳众多的人口,宣武帝景明二年(501),对洛阳做了一次大规模扩建,即仿照建康的格局,在原都城东、南、西三面发展出新居民区。居民区由三百二十三座里坊组成。每坊方形,土筑坊墙,每面长三百步,坊墙上开坊门,实际每坊就是一座小城。三百步即一里,又是方形,所以称为"里坊"。史载"虽有暂劳,奸盗永止",故又有"坊者,防也"的说法,每夜坊门关闭,禁出入,是对居民的防范措施。里坊制的城市,街道网呈方格状,相当规整,在唐代仍广为实行,与倾向于自由格局的西方古代城市很不相同。里坊区三面环抱着原来的都城,宫城则位在扩展后的全城北部中心。如此,全城完成了宫城、内城(即原都城)和郭城三城相套的格局。扩展后的洛阳郭城东西二十里、南北十五里。文献记载郭城有城墙,但尚未找到遗址。在郭城内东、西、南三区各有集中的市场:郭西的称大市,是三市中最大者,占十座里坊的面积,有通商、达货、阜财、金肆等名,大市之西附

图4-1-6 统万城遗址(萧远)

图4-1-7 敦煌莫高窟北魏壁画城垣马面(萧默)

近的寿丘里是皇族聚居区,由此可见大市的消费服务性质;郭东的称小市,又叫鱼鳖市;南市在永桥以南洛水南岸,称四通市,主要进行对外贸易。附近有四夷里、四夷馆,主要居住者是来自"四夷"的商人。

洛阳最后的格局,是从曹邺开始经魏晋洛阳、南朝建康至北魏历近四百年规整化都城发展的总结,也是隋唐长安与洛阳宫城、皇城、郭城三城相套的先声。它的宫城居于北部、纵轴横轴大街在宫前丁字相交,在宫城前纵轴大街左右布置官署和"祖""社",郭城内分布里坊并在里坊区布置集中的市场,等等,都为隋唐提供了直接的范本。

北魏分裂以后,东魏在邺城南建邺南城为都(北齐继之),与曹操邺城组成丁字形。洛阳宫殿被东魏拆毁,迁往邺南。邺南城的宫市位置以至建筑的名称都同于洛阳。西魏则沿用汉长安旧城(北周继之)。以后东魏、西魏在洛阳争战,经侯景、高欢几次破坏,遂"室屋俱尽",再也未能恢复旧观。唐以后的洛阳已不是汉魏故址,而改在它的西边,与西周洛邑王城邻近。

①中国科学院考古研究所洛阳工作队.汉魏洛阳城初步勘查[J].考古,1973(4).

第二节　佛教建筑

佛教是源于古印度的外来宗教，它的传入是中国的一件大事，自传入后近两千年来，佛教在中国的社会生活中占据了重要地位，佛教建筑也就成了仅次于宫殿的另一重要建筑类型。

中国佛教建筑有以下几个值得注意的地方。（1）佛教传入之初，中国人按照中国传统的神仙观念来理解它；随着译经的增多，对佛教有了更多了解，但也没有放松按照中国方式来改造它，从而使它在发展中带有明显的中国特色。建筑也是这样，从一开始，中国佛教建筑就与印度明显不同，并不是印度建筑的简单移植，形制上除了适应佛教概念的某些要求外，主要仍是中国自己的创造。包括那些中国从来没有过的建筑如塔，也被完全中国化了。这一趋向在隋唐完成，越到后来越显著。魏晋南北朝是佛教建筑的早期，从当时建造的佛寺、佛塔和石窟，可以明显地感到佛教建筑民族化的脉搏。（2）佛教之于中国与基督教之于西方相比，始终也没有上升为统率全社会思想的主流地位。在中国，没有出现教皇制，君临天下的最高统治核心一直是帝王。中国和西方都宣扬君权神授，但西方更强调的是"神授"，教皇是神的使者，国王的统治要得到代表上帝的教皇授权和荫庇才算合法；而中国更强调的是"君权"，"神授"不过使君王的统治更蒙上一重神圣的光环罢了。这种区别反映在建筑上，就是西方建筑长期以来都是以神庙或教堂为主流，而中国建筑则始终以宫殿和都城为重心，宗教寺观处于相对次要的地位。（3）中国与西方的宗教建筑在性格上也很不相同。后者强调"表现"信仰者心中向往天国的主观激情和狂热，所以，神秘的光影变幻，出人意表的体形，飞扬跋扈的动势，动荡不安的气氛，就成了它的性格基调。

而前者强调的是"再现"彼岸世界的宁静与平和，寺院应该就是天国净土的地上缩影，在这里不应该有任何动荡不安，所以，虽然也必然会伴随着某种神秘，但温婉馥郁的庭院、舒展平缓的体形、平易近人的体量，都使得中国佛教建筑更多地显现出一种安详与亲和的气氛。（4）鉴于上述情况，中国佛寺与住宅和宫殿有很多共同之处，同样以木结构为本位，都采取以院落形式为主的群体组合方式，所以，在很大程度上中国佛寺就是住宅的放大或宫殿的缩小，而不像西方的教堂，截然不同于住宅或宫殿。

一、佛寺

东汉明帝永平十年（公元67），首先来到中国的西域僧迦叶摩腾和竺法兰到达洛阳，暂止于朝廷接待宾客的官署鸿胪寺。以后就鸿胪寺改建为佛教道场，仍署为寺，称白马寺，是中国最早的佛寺（或说白马寺为新建，不是鸿胪寺所改）。"寺"也就由官署之称逐渐转变为佛教道场的专称了。

东汉末笮融在徐州所建的浮屠祠也是佛寺，以原意为祭祀神仙的"祠"名寺，透露当时中国人对佛教的概念仍未清晰。南方最早的佛寺是吴都建业的建初寺，建于赤乌十年（247）。杨修诗曾说："江南古寺知多少，此寺独应年最深"。佛寺在中国发展很快，到南北朝时，建康已有寺五百多所，北魏有寺竟达三万余，据载洛阳一地之寺即有1367所。

此时佛寺的布局有两种，一种以塔为中心，一种中心不建塔，形同宅院。

以塔为中心的布局是早期大型佛寺比较普遍的形制，上述三个最早的佛寺就都是这样。如白马寺"盛饰佛图，画迹甚妙"（《魏书·释老志》），此"佛图"即塔的早期称呼。浮屠祠的"浮屠"也是"佛图"，即塔。此寺"上累金盘,下为重楼,又堂阁周回,可容三千许人"(《后汉书·陶谦传》)。"金盘"和"重楼"就是塔刹和塔身,"堂阁周回"指围绕佛塔所建的院落廊庑。据记载建初寺也有塔,在晋咸和年战乱中被焚。

中心塔型佛寺布局源于印度佛教观念。公元1世纪前后,在受到希腊艺术推动的犍陀罗艺术兴起以前,印度本没有佛像,信徒们尊崇的对象只是佛的遗物、遗迹及代表佛生前经历的纪念物。塔是佛涅槃的象征,也建在佛生前曾有过重大活动之处,如成道处、初转法轮处、降魔处……受到很大尊崇。按印度的风俗,围绕所尊崇物右旋回行是最大的恭敬,所以绕塔礼拜也就成了信徒们的最大功德。《菩萨本行经》说:"若人旋佛及旋佛塔所生之处得福无量也",这个概念传入中国,中心塔型佛寺就大量建造了。《法苑珠林》记晋建康另一白马寺得名原因说:"昔外国王欲灭佛法,宣定四远毁坏塔寺,次及招提,忽有一白马从西方来,绕塔悲鸣腾跃空中……王潸泪深自愧悔,已毁之塔并更修复。由此白马,大法更兴,因改招提为白马,此寺之号亦取是名焉"。可见白马寺之名印度早已有之,是以畜牲尚且有灵,知道绕塔礼拜护持佛法,来表明尊崇佛塔的重要。据《弘明集》记洛阳白马寺也有"千乘万骑,绕塔三匝"的壁画,画的大概就是这个故事,故洛阳白马寺之名实起于此。曾有传说洛阳白马寺得名于白马负经,恐不确。[①]《魏书·释老志》说洛阳白马寺"遂为四方式",成为各地的模仿对象,可见以塔为佛寺中心建筑的形制当时十分风行,到北朝仍通行不衰。《洛阳伽蓝记》记北魏洛阳的最大佛寺永宁寺:"中有九层浮图(塔)一所,架木为之……浮图北有佛殿一所,形如太极殿……僧房楼观一千余间……寺院墙皆施短椽,以瓦覆之,若今宫墙也。四面各开一门。"现永宁寺遗址已经初步发掘,与文献相校十分

吻合。[②]遗址庭院西南角有夯土角楼楼基,按照构图对称的规律,可能原在四角都曾有过角楼。日本大阪四天王寺系仿洛阳白马寺而建,现存经重修过的四天王寺也是中心建塔,与永宁寺十分相像。此外,北魏·杨炫之《洛阳伽蓝记》所记胡统寺、秦上太君寺,《律相感通传》所记南朝荆州河东寺等,也都给人以中心建塔的印象。

中心塔型佛寺以廊庑或院墙围成院落,院中空地正好可供僧徒回行,廊庑或也可作回行之用。大塔高耸,置于正中,形象突出,成为构图主体,院庭四角若有角楼,则与大塔形成呼应,是大塔的陪衬,构成丰富的景观。这种构图方式,我们在西汉长安明堂辟雍、王莽九庙和东汉坞壁阙陶楼院中已见到过不少先例,在东汉文献所记其他建筑也可见到,可知中国前已有之,只不过佛寺借此来表现它自己的宗教概念罢了。印度的大塔回行道都附在大塔本身,塔外周绕圆形平面的石栏"玉垣"和牌坊样的石门,并没有周廊,始建于公元前的中印度著名的桑契(Sanchi)大塔就是这样。所以中国的中心塔型佛寺,是中国结合自身的传统对外来形式进行民族化加工后的表现。

宅院型佛寺多是小寺,数量可能更多,如《洛阳伽蓝记》记洛阳近五十个佛寺,只有十五寺有塔,其中十三座都是立在新建寺中,其余各寺尤其未加记录的更多的小寺应是宅院型。当时"舍宅为寺"的风气盛行,是统治者为求身后福报的行为。也有改宅为寺的,如《洛阳伽蓝记》说:"(北魏)经河阴之役,诸元(魏宗室姓)殆尽,王侯第宅多题为寺,寿丘里间列刹相望"。"刹"字原意指塔顶相轮,也借指为塔或寺。由于宅院的平面布局先已完成,无由再在院内主要地位立塔,所以就不建塔,只将宅院按照佛寺要求重新布置而已。如北魏洛阳建中寺本阉官司空刘腾宅,就"以前厅为佛殿,

① 参见萧默.敦煌建筑研究·佛寺[M].北京:文物出版社,1989.
② 中国社会科学院考古研究所洛阳工作队.北魏永宁寺塔基发掘简报[J].考古,1981(3).

后堂为讲堂"(《洛阳伽蓝记》),并不建塔。

两种佛寺也反映了两种佛教修行方式的区别,一种重戒行实践,一种重义理探求。前者更重视绕塔礼拜,后者则认为宣讲和探讨佛教义理的佛殿讲堂更加重要。当时北方多重戒行,南方多重义理,所以北方的中心塔型佛寺可能更多。隋唐以后,随着国家的统一,佛教也趋于南北合流,中心塔型佛寺不再是主要形制,但始终没有完全消失。

此外,似乎从南北朝起还有一种建有双塔的佛寺,见于记载最早的是南朝宋湘宫寺。《南史》卷七十:"宋元嘉中……帝以故宅起湘宫寺,费极奢侈。以孝武庄严刹七层,帝欲起十层,不可立,分为两刹,各五层。"但文献未言明双塔位置,从改宅为寺的情况看,大约不会建在寺内,有可能分立寺前两侧。以后这种佛寺仍常有所见,双塔高耸于众屋之上,丰富了整体轮廓。至今尚存而著名者如杭州灵隐寺五代十国吴越双石塔(969)、苏州罗汉院北宋太平兴国七年双塔(982)、安徽宣城广教寺北宋双塔、锦州崇兴寺辽代双塔、北京房山云居寺辽天庆间双塔(1111~1120)、泉州开元寺南宋双塔(1228、1238)及云南昆明、凤仪的明、清双塔等。这些双塔,都是二塔形象及体量近似,依中轴对称方式对峙,大多置于大殿前两侧,有的在山门前两侧(广教寺),也有的在全寺两侧(云居寺)。湘宫寺的记载可以说是它们的先声。

双塔峙立的佛寺形制,唐代以后对朝鲜和日本的佛寺产生过较大影响,所存最早实例为建于7世纪的新罗庆州(朝鲜)佛国寺的释迦塔和多宝塔,位在大殿前两侧,均为石塔。从佛国寺双塔的命名,可见双塔的宗教意义来源于《法华经·见宝塔品》关于释迦、多宝二佛并座的描述。在中国也有此表现,如山西太原蒙山原开化寺遗址的两座共名连理塔的单层塔,也分名释迦、多宝,建于北宋淳化元年(990)。

但此二塔位置紧邻,基座合为一体,不属于我们所称"双塔"的范畴。

二、塔

塔的传入

塔的原型及其宗教含意是从印度传入的。"塔"是梵文 Stupa 汉文音译之缩略,曾译为窣堵波、苏偷婆、斗薮婆。古印度巴利文又称为 Thupa,所以又或译为兜婆、偷婆或塔婆。以后这两种译称合流,并简化为"塔"。中国原无"塔"字,有记载说在还没有创造出"塔"字以前,还一度借用过同音的"𩍁"。"𩍁"字原意是打鼓的声音。另有一说认为塔是梵文 Budda(佛陀)的一种译称。佛陀又被译为浮图、浮屠、浮都、佛图,原意是佛,古人以塔是佛的代表,所以迳以佛来称呼,应是一种讹称。有时塔又称为支提或脂帝,则是梵文 Chaitya 的音译,原意是指不埋藏佛舍利的塔。或支提与浮图连称,译为脂帝浮都或脂帝浮图。

窣堵波的原意是坟墓,早在佛教出现以前古印度吠陀时期(约前1500~前600)已有建造,在当时的宗教圣典《梨俱吠陀》中即有窣堵波的名称。据说释迦死后,他的遗骨曾分葬于八座窣堵波中。孔雀王朝(建立于公元前322)时,窣堵波已形成一定的规制。印度现存最著名的佛塔是中印度博帕尔东北桑契(Sanchi)的一号塔,称桑契大塔,坐落在一座大约100米高的小山顶上;其核心初建于孔雀王朝第三代君主阿育王在位时(约前273~前232),体积只有现在大塔的一半;公元前2世纪巽伽王朝时加以展拓,成为现在的规模。大塔由四部分组成:最下是一座4.3米高的圆形基台,基台边沿有一圈石栏;台上为实心覆钵状半球体,石块包面,平面直径32米,小于基台,高12.8米;在覆钵顶上竖立石栅栏，围成正方形，称"平头"；栅栏正中立一根石竿，竿上串连三层伞盖。这种竿上串连的三层伞盖，就是以后中国佛塔的所谓"相轮"，在印度起源于古达罗毗荼人的圣树。原来早在吠陀时代以前，居住在印度河流域的原始土著达罗毗荼人从事农耕，盛行对母神、公牛、兽主和圣树的生殖崇拜。这一风俗被佛教继承，并加进了新的内容，如圣树被认为是菩提树，以纪念佛在菩提树下诞生和成道。伞盖三层，则喻指佛、法、僧三宝。伞盖的正下方通常埋藏尸骨火化后留下的舍利子。古印度人习惯于在圣树或圣迹外建围栏，先是木制，后改为石。桑契大塔围绕伞盖的"平头"就是一周围栏。同时，围绕整个大塔，又有一圈称为"玉垣"的围栏。公元前1世纪安达罗王朝时，在这圈围栏四面加建了四座砂石门，标志着宇宙的四个方位。信徒从东门入，顺时针右旋绕行大塔一周，与太阳运行的方向一致，被认为与宇宙的律动和谐，可以超升灵境（图4-2-1）。[1]古印度婆罗门教和耆那教也有塔的崇拜，却没有相轮，因此相轮的有无是区别是否佛塔的标志。

阿育王的信徒们又在释迦的重要经行处建造了许多塔，使窣堵波脱离了单纯坟墓的含意，成了佛教的纪念性建筑。到了中国，塔的含意又有所扩大，凡贮藏佛舍利、佛像、佛经之所，甚至高僧坟墓上的建筑物，一般具有集中式平面和高耸的体形，同时在顶上具有一套"塔刹"装饰者，都可名之为塔。

塔受到实用功能的限制不大，形式、结构颇为自由，又多是由信徒集资或由国家和地方资助建造的，常不惜重资以示虔诚，所以是匠师们自由驰骋才思的地方，样式十分丰富，成为中国建筑艺术一个重要类型。

对早期佛塔，我们应该着重注意的是古代匠师吸取外来形式将其融入本民族传统中的卓

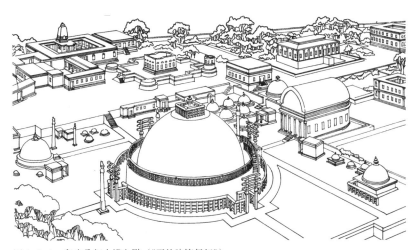

图4-2-1　印度桑契大塔鸟瞰（《天竺建筑行纪》）

越才智。这时的塔大致有窣堵波式、重叠窣堵波式、楼阁式、密檐式和金刚宝座式等数种。其中楼阁式和密檐式以后成为中国最基本的两种形制；金刚宝座式在以后长时期内甚少建造，明以后稍多，而且融入了藏传佛教的概念；另外两种形式只是中国塔到达成熟期以前的过渡形式。这种种形式，体现出中国人一开始就对塔倾注了很大的热情，从中可以追寻匠师们对佛教建筑民族化的多样思路。

窣堵波式

现存最早的塔是几座高仅数十厘米的小石塔，见于报导的共十二座，其中酒泉出土六座、敦煌四座、吐鲁番二座。[2]这些塔多有纪年，最早为426年，最晚是436年，可知大约都是十六国与北朝之交时的北凉晚期遗物，大多为窣堵波式。其中较完整的四座，如酒泉的程段儿塔、高善穆塔和敦煌的三危山塔、沙山塔，其下为八角柱形基座，分八面刻男女供养天人各一身，并分刻八卦符号；中部塔身分为两段，下段是圆柱形的经柱，刻反映小乘思想"十二因缘观"的《增一阿含经》之"结禁品第四十六"和发愿文；上段是塔身主体，刻为半球形覆钵，覆钵表面镂有八个拱券佛龛，龛内各有一尊造像，分别是过去七佛和弥勒，龛上镂覆莲；覆钵以上除沙山塔稍异外，都是由竿、伞变成的六七重相轮和

① 参见朱伯雄主编.世界美术史·第四卷 [M].济南：山东美术出版社，1990.
② 王毅.北凉石塔 [M]//文物编辑委员会.文物资料丛刊·第1辑.北京：文物出版社，1977.其文报导了酒泉的5座；董玉祥、杜斗城.北凉佛教与河西诸石窟的关系 [J].敦煌研究，1986(1).提到了酒泉的第六座；殷光明.敦煌市博物馆藏三件北凉石塔 [J].文物，1991(11).报导了敦煌的3座；向达.记敦煌出六朝婆罗谜字因缘经经幢残石 [J].现代佛学，1963(1).谈到了现藏于敦煌研究院的第四座；吐鲁番的两座系格伦威德尔和勒考克于1902～1905年在高昌遗址掘得，现藏柏林。宿白.凉州石窟遗迹和"凉州模式" [J].考古学报，1986(4)；黄文昆.十六国的石窟寺与敦煌石窟艺术 [J].文物，1992(5).提到了它们。

①参见殷光明. 敦煌市博物
馆藏三件北凉石塔 [J]. 文
物，1991(11).

酒泉高善穆塔　　酒泉程段儿塔　　敦煌沙山塔　　敦煌三危山塔

图 4-2-2　窣堵波式小石塔（东晋至十六国）

图 4-2-3　酒泉出土北凉
高善穆塔（罗哲文）

最顶上的华盖。相轮轮廓呈抛物线形,圆润饱满,比例较大。华盖扁圆,有的在朝上的弧面刻北斗七星（图 4-2-2、图 4-2-3）。

这是最接近印度原型的塔了,只是较印度原型有明显的向竖高方向生长的倾向。其实分布在古印度西北部的某些比桑契大塔时代较晚的塔,也有加高塔座和塔刹的形象,与北凉小石塔相像（图 4-2-4）。但此种窣堵波式塔在很长时间内并未广泛流传,只是元代以后从西藏开始并流行于内地的藏传佛教瓶形塔（俗称喇嘛塔）与此式可能有更多渊源关系。这种塔型当时未能在汉地流行的原因,可能是没有得到中国人更多的认同。但这一批石塔仍然具有重要的历史价值,不仅说明中国人早已开始对印度原型加以改造,更重要的是经由它而演化出中国的密檐塔。

又,北凉诸小石塔覆钵刻过去七佛与未来佛弥勒,弥勒与基座所刻八卦符号"☶"上下相对,"☶"为艮,代表东北。《周易·说卦》云:"艮,东北之卦也。"疏曰:"东北在寅丑之间,丑为前岁之末,寅为后岁之初,则是万物所成终而所成始也。"这种安排,是暗示代表未来的弥勒既可以说是终了,也可以说是开始①,寓意过去以后必有未来,未来也会过去,未来过去以后还有新的未来,往复循环,无始无终,象征佛法流转,长生长存。

在敦煌北魏壁画中也见有窣堵波式塔,但下部没有经柱,覆钵加高呈卵圆形。同时还有其他接近窣堵波式塔的塔式（图 4-2-5）。窣堵波式塔在敦煌隋唐壁画中仍有出现。

层叠窣堵波式

上述各小石塔中的白双且塔,相轮部分已残,现存者覆钵重叠两层,只是下层覆钵为圆柱形,其他造型与上举窣堵波式塔相近。《魏书·释老志》记洛阳白马寺"凡宫塔制度犹依

图 4-2-4　印度西北部流选择塔（萧默）　　图 4-2-5　敦煌北周壁画窣堵波式塔（萧默）

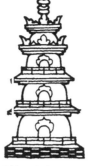

酒泉白双且塔
（十六国）

敦煌莫高窟五代第61窟壁画

榆林窟五代第33
窟壁画

图 4-2-6　层叠窣堵波式塔（萧默）

①可能是十三重之误。又据
范祥雍.洛阳伽蓝记校注
[M].上海：上海古籍出版
社，1978.称："《三宝记》、
《内典录》、《续僧传》、《释
教录》、《北山录》皆作
'一十一重'。"故也可能
是十一重之误。

②据周祖谟.洛阳伽蓝记校
释[M].北京：科学出版
社，1958.本书所引《洛
阳伽蓝记》文皆本此。

③中国社会科学院考古研究
所洛阳工作队.北魏永
宁寺塔基发掘简报[J].考
古，1981（3）。

天竺旧状而重构之，从一级至三、五、七、九，世人相承，谓之浮图"。前人多未详"犹依天竺旧状而重构之"是何形制，现在看来应为白双且塔即层叠窣堵波式，是重叠多重窣堵波以成一塔，最高甚至可以叠至九层。莫高窟五代第61窟《五台山图》中还画有几座这种类型的塔，少则二层，多至四层，虽然晚出，却是罕见的宝贵遗存。这种塔型，将重楼意向施于窣堵波，反映了匠师们在民族化方面的某种努力，但在发展过程中，这种形式终究不如楼阁式和密檐式完满，所以没有通行（图4-2-6）。

以上两种塔形虽只见于作为诵经时"观像"的小石塔，但从它们演化出来的著名的嵩岳寺塔看来，相信当时也曾真正建造过同型的大塔。

楼阁式

自西汉尤其东汉以来，楼阁已建造很多，当时称为重楼。楼阁式塔是重楼与外来的窣堵波的某种融合，并与密檐式一起，最终完成了塔的民族化，成为中国塔的两种最基本的形制。

徐州浮屠祠、建业建初寺和洛阳永宁寺的中心塔都是木结构楼阁式。

洛阳永宁寺塔是当时最伟大的建筑。前此，北魏献文帝于皇兴中（467～471）曾在当时的都城平城建永宁寺，有七级塔，高"三百尺"。迁都洛阳后，灵太后执政，又于熙平元年

（516）在洛阳建永宁寺，以郭安兴为匠。永宁寺"有九级浮图一所，架木为之……刹上有金宝瓶，容二十石，宝瓶下有承露金盘三十重，①周匝皆垂金铎……浮图有四面，面有三户六窗，户皆朱漆，扉上有五行金钉"。②永宁寺塔遗址现已发掘，最下为一东西约101米、南北约98米、厚2.5米以上埋入地表的夯土大基础；上为38.2米见方、高2.2米、周围包砌青石的夯土基座，座上有开间、进深都是九间的纵横柱网，中部柱网插在土墼实体中，最核心以密集的十六根柱子纵横排成一个坚实致密的中心柱束。③《洛阳伽蓝记》云："举高九十丈；有刹，复高十丈，合去地一千尺。"依此按北魏尺（0.255～0.295米)折合米制,达255～295米，未免夸张过甚。《水经注·谷水》记载此塔之高："自金露盘下至地四十九丈"（《魏书·释老志》记高四十余丈），有量度起讫点，可能经过实际测量。同书又记"浮图下基方十四丈"，若以遗址方38.2米的台基折合，每丈合2.7米，正在北魏尺的范围之内，所以此记载可能接近真实。即便如此，高度也达到134米，相当于中国现存唯一楼阁式木塔应县木塔（高67.3米）的两倍，仍然十分惊人。《洛阳伽蓝记》描写它"视宫中如掌中，临京师若家庭……下临云雨，信哉不虚"。

①参见杨鸿勋.关于北魏洛阳永宁寺塔复原草图的说明[J].文物,1992(9).

遗址显示,永宁寺塔平面方形,每面九间,方格柱网,在每面进深二间以内的平面中央是一座实心土墼砌体,约20米见方,现存残高3.6米。实心体内有柱,实心体东、西、南三面各有五个券形佛龛。大塔的转角值得注意,据发掘简报和以后补充的遗址情况,知每角有密集的六根柱子,组成坚固的转角支承结构。现已有建筑史学家按遗址和记载,绘出了此塔的复原草图。从图中可知,各层转角都有附塔阙形体,形象与下面将要谈到的北魏曹天度塔十分接近。塔内中央是一个由木柱与土墼实体构成的坚强核心,从一至六层,实体越来越小,七层以上为全木结构,总体仍存"高台建筑"遗意,是高台建筑到楼阁的过渡形式(图4-2-7)。①此塔形象又被认为与"西域浮图,最为第一"的犍陀罗雀离浮图颇为相似,可能曾受到过后者的影响,具体论述,见本章第七节。

这是一座中国有史以来最高大的建筑,可惜在建成以后仅十八年就毁于雷火,帝遣羽林军千人救火,终于不克,"莫不悲惜,垂泪而去……悲哀之声,震动京邑",有比丘三人赴火而死,火烧三月不灭。时人叹惜不已,又造出此塔在东海中重现的神话:"见浮图于海中,光明照耀,俨然如新,海上之民,咸皆见之。俄然雾起,浮图遂隐"。

当时的木塔虽然都已不存,但仍可从诸多石窟寺中找到它们的形象。北魏云冈石窟中心塔柱式洞窟石雕的中心塔就是对当时真正木塔的写照,都是方形,二层至五层,塔檐层叠而上,每层开间和高度都较下层为小,整体稳定而富有韵律(图4-2-8～图4-2-10)。但云冈石窟的中心塔因为塔顶与窟顶相接,不能全部显示,而敦煌石窟北朝壁画和云冈石窟、龙门石窟浮雕中的很多塔,显示了完整的形状,有的高达九层。原藏山西朔县崇福寺的一座北魏天安元年(466)曹天度造千佛小石塔,也是九层方形楼阁式。曹天度塔的各层四角,也有附角墩形体。此塔塔顶仍在山西,塔刹以下现在台湾。在敦煌石窟北魏著名的萨埵那舍身饲虎壁画中,有一座砖木混合结构的楼阁式塔,方形,三层,塔身砖砌,塔檐用木椽挑出(图4-2-11～图4-2-13)。

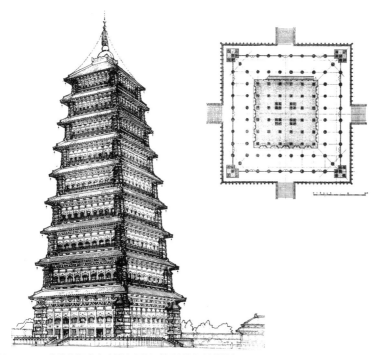

图4-2-7 北魏洛阳永宁寺塔复原图(杨鸿勋复原并绘)

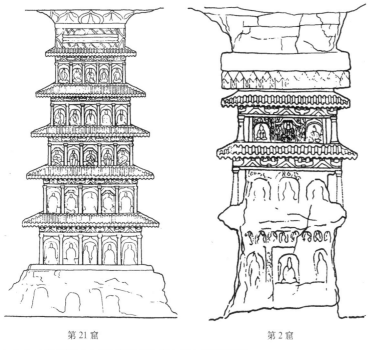

第21窟　　　　　　　第2窟

图4-2-8 云冈石窟中心塔柱楼阁式塔(《中国古代建筑史》)

图4-2-9 云冈石窟第21窟中心塔柱五层塔（罗哲文）　图4-2-10 云冈石窟第1、2窟中心塔（罗哲文）

图4-2-11 莫高窟第254窟砖身木檐楼阁式塔
（《敦煌建筑研究》）

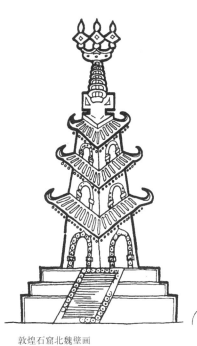

敦煌石窟北魏壁画
萨埵那舍身饲虎图中的三层塔

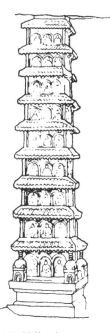

云冈石窟第6窟
中心塔上层四隅塔柱

北魏曹天度造九层小石塔
（原藏山西朔县崇福寺）

图4-2-12 楼阁式塔（萧默、《中国古代建筑史》）

① 参见萧默. 敦煌建筑研究·塔 [M]. 北京：文物出版社，1989.

图 4-2-13　龙门石窟摩崖石刻三重塔（萧默）　　图 4-2-14　楼阁式塔的塔顶（萧默）

塔顶的一整套组合称为"塔刹"，实际是印度窣堵波的缩小。综合有关资料，可以得到它通常的形状：塔刹的下部是刹座，一般为须弥座式，相当于窣堵波的基座；中为覆钵，就是窣堵波的半球形坟堆；再上的"平头"变成了刹竿的基座，或者被取消了；最上的"竿"和"伞"成了刹竿和相轮，另外还添加了一些其他装饰如华盖、仰月、宝珠、山花蕉叶、链和铎等。大多数塔刹没有这么复杂，但其基本构件如覆钵、刹竿、相轮和宝珠是一般都有的。这样处理以后，原窣堵波仅仅成了重楼顶上的一组装饰和佛塔的标志了。

将缩小了的窣堵波与中国的重楼结合在一起，浑然一体，并无生硬混合之迹，实现了塔的民族化，结果是圆满的。重楼之所以特别为中国人所满意，应与中国人特别爱好自然的心理有关。楼可以登临眺望，比砖石建造的实心窣堵波当然更受欢迎。其次也与当时中国人对佛教的理解有关。佛教进入之初，人们往往将它与黄老之术相提并论，而黄老倡言楼居，汉武帝就曾为"神仙好楼居"而大建重楼，祈与仙人相接，时人建塔仍然沿用，也就不足为怪了。这一事实也可同当时人常将相轮称为"露盘"、"金盘"、"承露盘"相印证。

甘肃安西榆林窟五代壁画和敦煌石窟宋代壁画中的一些塔，虽较晚出，仍明显表现了这种做法：下面几层都是木结构楼阁，顶层置一座大大缩小了的砖石窣堵波（图 4-2-14）。①

密檐式

建于北魏正光四年（523）的河南登封嵩岳寺塔，是中国现存最早的一座真正的塔，也是唯一一座平面十二角形塔，砖建，密檐式。塔全高约 39.8 米，底部外对角距约 10.6 米，在比例颇高的塔身上密密层叠着十五层檐。塔身下的基台甚简朴而低；塔身分上下两段，下段素平无饰，四正面辟圆券门，贯通上下两段；门上有尖拱门楣，轮廓如菩提叶或火焰，是北朝通行的券形，有明显的异域风味；上段是全塔造型最丰富的部位，除四正面的券门外，其余八面各砌出一个单层方塔形。方塔台座壶门内刻狮子，塔身各开一券门，门楣也是菩提叶形，门内小室原来应各有佛像。各面转角处砌壁柱，有宝珠覆莲柱头和覆莲柱础。以上层檐皆为砖砌叠涩挑出，檐间各层皆有小龛和小窗。顶也是砖砌，在两层仰莲组成的须弥座上有七层相轮，再以宝珠作结。全塔出檐自下而上依一条非常和缓的抛物线收分，外轮廓线丰圆韧健而秀丽，传达出内在的勃勃生气（图4-2-15）。

从塔身上段的门可进入塔内，内部中空，平面八角形，有向内挑出的叠涩八层，可能原来有八层木楼板。

嵩岳寺原是北魏宣武帝和孝明帝离宫，始建于永平二年（509），孝明帝正光元年始改为佛寺，名闲居寺，四年建塔，隋以后改称嵩岳寺。唐人李邕《嵩岳寺碑》云："嵩岳寺者，后魏孝明帝之离宫也。正光元年榜闲居寺，广大佛刹，殚极国财……十五层塔者，后魏之所立也。"又形容此塔曰："拔地四铺而耸，陵（凌）空八相而圆。方丈十二，户牖数百。""四铺"恐系泛指高耸孤立的体形，"八相"是佛教语言，指释迦牟尼生前身后八次重大经历。佛教以八座塔喻八相，宋辽以后或表现为八角塔的八个隅柱，或并列八塔等，李邕所指系附于大塔塔身各面的八个塔龛。全体十二角，可以认为其实是一个圆形，故谓"凌空八相而圆"。"方丈十二"大概是指塔的周长（33.3米，以唐尺每尺合今0.28米折算，合唐尺11.89丈）。

此后密檐塔很多，唐代多为方形平面，宋以后多为八角形，塔身都只有一段。梁思成曾

图4-2-15 嵩岳寺塔（罗哲文摄及《中国古建筑图案》）

说："嵩山嵩岳寺塔之出现，颇突如其来，其肇源颇耐人寻味，然后世单层多檐塔，实以此塔为始型……然此塔之十二角亦孤例也。"[1]梁思成认为此塔虽有多檐其实却是单层十分正确。我们认为，此塔的出现，虽有似"突如其来"，但其造型之完美，各部交接之裕如，应该说已经十分成熟，实在不是草创期的作品，只不过同时之塔多已不存而已。以我们从北凉窣堵波式石塔所得的印象，比照嵩岳寺塔，可以认为它就是从窣堵波式塔发展而来的。其最令人注目的密檐实即小石塔比例颇巨的层层相轮，它的近于圆形的平面、塔身分为上下二段、上段所辟八座小室，以及柔圆饱满的抛物线轮廓，都与小石塔非常接近。所以，嵩岳寺塔的渊源仍然来自印度（图4-2-16）。

印度桑契大塔　　　　印度西北部小塔　　　中国河西小石塔　　中国河南嵩岳寺塔

图4-2-16 从印度stupa到中国密檐塔——嵩岳寺塔（萧默）

①中国建筑史.梁思成文集·第三集[M].北京：中国建筑工业出版社，1985.

① 参见萧默. 敦煌建筑研究·塔[M].北京：文物出版社，1989.

若然，八座塔龛中原有的佛像应该也是七世佛加一尊弥勒，故李邕谓此八座塔龛为"八相"就不确切了。但层层密檐既然已是相轮，为何塔顶的砖砌塔刹又有一套相轮？据近年考古，发现顶上的塔刹系唐末宋初所加建，原状可能仍是扁圆状类似"阿摩落伽果"的华盖。唐代还在塔室底层中央挖建了地宫。

北凉小石塔之传入中原，应与北魏灭北凉有关。据《魏书·释老志》："太延中（按，北魏太武帝太延五年，439），凉州平，徙其国人于京邑（平城），沙门佛事皆俱东，像教弥增矣。"云冈石窟就是来自北凉的高僧昙曜主持开凿的，故远在河西的佛塔形制也由此传入中土。

密檐式塔与楼阁式塔一样，都取则于重楼的多檐，显然也是民族化的一途径。比起北凉塔来，嵩岳寺塔的中国气息更加浓厚了，因而得到人们的认同，结果也是圆满的。与楼阁式塔相比，密檐塔更多体现了匠师们的创造性思维。

由于佛教与皇帝争财，中国历史上曾发生

图4-2-17　莫高窟北周第428窟壁画金刚宝座式塔（《敦煌建筑研究》）

过四次由朝廷主持的大规模灭佛行动，称"三武一宗"（北魏太武帝、北周武帝、唐武宗和五代后周世宗），前两次都发生在北朝，而且以北魏太武帝的那一次最为彻底。太平真君七年（446），"……塔庙在魏境者无复孑遗"（《资治通鉴》卷一百二十四），虽未必完全如是，也可见佛教建筑受破坏之惨重。嵩岳寺塔劫后犹存，实建筑史之大幸。

金刚宝座式

金刚宝座式塔并不是如楼阁式塔或密檐式塔那样独立的塔型，而是一种群塔组合方式，系由五塔组合而成，即中间一座大塔，四隅各一小塔。其原型来自印度摩揭陀国公元前3世纪初建的佛陀伽耶（Bodh-Gaya）大塔。佛陀伽耶大塔经以后修复后保存至今，根据玄奘《大唐西域记》，塔址位于佛坐在"金刚座"上的成道处。传说释迦牟尼成道前先历四隅而大地震动，后至中央"金刚座"处，方能安然成道，于是在金刚座上建一大塔，四隅各一小塔，以作纪念。佛经说，金刚，金中之至刚者，是最坚固的地方。

早期金刚宝座塔比较完整的形象可见于敦煌莫高窟北周第428窟壁画，四座小塔与中央大塔形制相似，仅比例较瘦直，高度较低。全群以体量的对比突出主体，又以手法的一致取得呼应，给人以深刻印象（图4-2-17、图4-2-18）。① 在中国，类似的造型方式已早见于汉代，如长安明堂辟雍等例。较晚，东晋江南常见的青瓷魂瓶堆塑建筑形，也是相类的构图（图4-2-19）。壁画五塔都用砖石建造，顶上有特别巨大的塔刹，但塔身又有中国式的木构塔檐，与佛陀伽耶大塔不同，也是民族化的一种表现。其造型已颇成熟，所以虽说只是壁画，但可以相信当时曾经实际建造过。

云冈石窟北魏第6窟中心塔的上层，除塔本身外，塔外四隅的四个擎檐柱也是塔形，高

① 参见萧默. 敦煌建筑研究·塔[M]. 北京：文物出版社，1989.

图 4-2-18 敦煌莫高窟北周第 428 窟壁画金刚宝座式塔（萧默）

图 4-2-20 云冈石窟金刚宝座式塔（北京古代建筑博物馆）

图 4-2-19 东晋青瓷魂瓶（王贵祥）

图 4-2-21 新疆吐鲁番交河故城北朝金刚宝座式塔（萧默）

达九层，此五塔的组合方式也类似金刚宝座式（图 4-2-20）。前举朔县北魏小石塔，底层四个附角塔柱，还有永宁寺塔四隅各一墩形，也有金刚宝座式塔的意味。此外，甘肃武威天梯山石窟某中心塔柱和窟内四隅之塔形角柱实际上也组合为金刚宝座式。新疆吐鲁番交河故城东北部有一座土坯砌金刚宝座塔，与敦煌壁画所绘十分相像，建造年代也约与之相同。此塔残高 5 米，塔外四隅各有一组小塔群，每群呈五行五列方阵，共 100 座（图 4-2-21）。

以后，金刚宝座式塔曾沉寂很久，迟至明代才又有建造，已渗进不少藏传佛教的含意了。

其他塔式

除去以上诸式塔，在敦煌北魏壁画里还见有一个奇特的画面，是将一整套塔刹置于坞壁阙的中央屋顶上。虽是孤例，且结构不甚合理，可能只是画家意兴之作，但也反映了古代匠师难能可贵的探索精神（图 4-2-22）。①

敦煌北魏壁画还有亭式塔，方形，置须弥座上，据壁画所绘故事，是高僧墓塔。亭式塔盛行于隋唐以后，也多作墓塔，北魏此图已开先例。亭式塔在其他石窟中也可见到，如南响堂山石窟浮雕塔，但塔顶有很大的覆钵，保持较多窣堵波的意味（图 4-2-23）。

① 参见萧默.敦煌建筑研究·洞窟形制[M].北京：文物出版社，1989.

图4-2-22　敦煌石窟北朝壁画阙式塔（萧默）

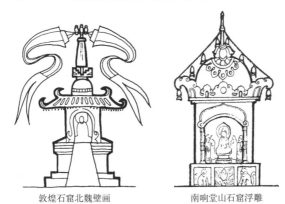

敦煌石窟北魏壁画　　　　　　南响堂山石窟浮雕

图4-2-23　北朝石窟内的亭式塔（萧默）

图4-2-24　云冈石窟外景（罗哲文）

图4-2-25　云冈石窟第9窟前室（孙大章）

关于造塔的材料，除前述木塔和砖石塔外，从敦煌壁画，还可知有砖木混合结构，如前举三层楼阁式塔、金刚宝座式塔及亭式塔等。

三、石窟

佛教石窟是从印度传来的。石窟内以石刻或彩塑、壁画表现了大量的佛教造像和故事，信徒们在窟内礼拜或修行，以求福报。石窟是一种特殊的佛寺，称石窟寺。

中国最早的石窟寺当在新疆，如拜城和库车的一些早期石窟，有的据说早到3世纪。以后经河西走廊而遍及于内地，北起辽宁，东至苏浙，南至云南、四川。中国最著名的石窟寺有四处，即甘肃敦煌莫高窟（大约始凿于前秦建元二年，公元366年，延至西夏和元），山西大同云冈石窟（开凿于北魏兴安至太和年间，公元452～499年），河南洛阳龙门石窟（始于北魏太和十九年，公元495年，延至隋唐）和甘肃天水麦积山石窟（大约始于后秦，盛于北朝而延至唐宋）（图4-2-24～图4-2-28）。此外，新疆拜城克孜尔石窟、库车库木吐拉石窟、甘肃永靖炳灵寺石窟、河南巩县石窟寺、河北邯郸响堂山石窟以及山西太原天龙山石窟，都是这一时期较重要的遗存。新疆和甘肃的石窟大都开凿在砂砾岩上，不易雕刻，窟内主要是彩塑和壁画，其他石窟都是石刻，石刻表面也曾敷彩。

这一时期的窟形以中心塔柱式最引人注目，覆斗式次之，也有其他一些形制。^①有的窟外有木构或石凿的檐廊，称为窟檐，尚多有保存。

中心塔柱式

"支提"（Chaitya）在佛教特指设有不保存舍利的纪念性窣堵波的塔庙或佛殿。印度最早的支提是木结构地面建筑，但遗留至今的也都是仿木结构的岩凿洞窟，称支提窟。支提窟可分前、后两部：前部是平面纵长方形供信徒礼拜的"礼堂"，窟顶凿成筒拱形；后部平面半圆形，中心凿有圆形塔，窟顶为半穹窿。总体组成狭长的马蹄形，沿马蹄形一周包括塔后有一圈石凿列柱。印度支提窟很大，供宗教仪式和讲经礼拜等用。中国的中心塔柱式窟某种程度上即类似于印度支提窟（图4-2-29、图4-2-30）。

新疆拜城克孜尔石窟典型的早期窟也分前、后二部，前部也是纵长平面，筒拱顶，但后部平面为方形，后部中心有直通到顶的方墩，向前一面开佛龛，其余三面成回行甬道，后甬道之后壁扩出一卧榻，塑佛涅槃像。敦煌北朝中心塔柱式窟前部为横长方形，上凿双坡屋顶，模仿中国木构建筑，后部中心方墩凿成1层或2层的塔形，但由于石质不易雕刻，只是大致仿佛，没有刻出塔的细部。云冈的窟形平面正方，中心塔雕刻得十分真切，有的可达5层，刻意模仿木结构楼阁式方塔。由上，可以明显看出自西而东石窟形制的民族化过程。中心塔柱式石窟在各地北朝石窟中具有代表性，它是对当时中心塔佛寺的模仿。此式石窟的盛行，也可旁证中心塔佛寺在当时的盛行。云冈第6窟于此表现得尤其明显。该窟中心雕一大塔，在窟内左、右和前壁下部浮雕出一圈带有柱枋斗栱

图4-2-26 莫高窟全景（祁铎）

图4-2-27 龙门石窟奉先寺毗卢舍那佛（萧默）

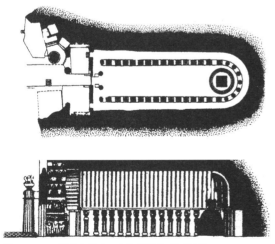

图4-2-29 印度支提窟：卡尔利石窟（2世纪）

图4-2-28 麦积山石窟（《中国古代建筑技术史》）

①自元前1世纪汉文化进入起，到公元5、6世纪，吐鲁番地区所受汉文化影响日益加强，吐鲁番的东邻敦煌人在这里曾起过重大作用。汉魏时，驻守吐鲁番的戍已校尉就常由敦煌太守代管，屯守的兵士及家属大都来自河西首先是敦煌。北魏时高昌王张孟明也是敦煌人。北魏麹氏高昌的开创者麹嘉从祖辈起即迁居敦煌，成为高昌王后，又受北魏封为瓜州（敦煌）刺史。故有的学者就认为："我们可以这样说，我们今天所能见到的交河城建筑面貌，基本上是麹氏王朝建立的，多有河西特色。"（钱伯泉.交河故城的历史变迁[M]//解耀华.交河故城保护与研究.乌鲁木齐：新疆人民出版社，1999.）

图4-2-30 阿旃陀石窟第19窟窟内（萧默）

屋顶的廊庑，后壁为一大佛龛，总体正是对于佛寺内的中心塔、周廊和塔后佛殿的表现（图4-2-31～图4-2-34）。

但就总体而言在佛教石窟自西而东传入中原并逐渐发展的过程中，也有着自东而西的局部回流。如敦煌之西吐鲁番交河和高昌古城诸多北朝佛寺中的大殿，就十分有可能是敦煌中心塔柱式窟的滥觞：也分前、后二部，后部正中也有方形中心塔柱，塔上各面有龛，壁面满绘壁画，塔周为回行道。只不过此种佛殿全都是土坯砌筑的地面建筑，不是洞室，且前、后二部之间有墙（图4-2-35）。①

覆斗式

覆斗式窟平面方形或偶作长方，没有中心塔柱，在左、右、后三壁凿龛，或只在后壁凿龛，顶作覆斗形，少数为攒尖顶。这种窟形为印度所无，是中国的创造，可以认为其总体是对于宅院式佛寺的模仿：其后壁一龛就是大殿、左

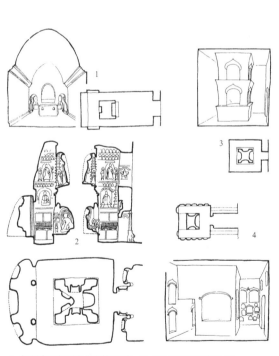

1. 新疆克孜尔石窟北魏第17窟；2. 云冈石窟北魏第6窟；
3. 甘肃肃南北魏文殊山石窟"千佛洞"；
4. 河南磁县南响堂山北齐第1窟

图4-2-31 中国各地中心塔柱式石窟（萧默）

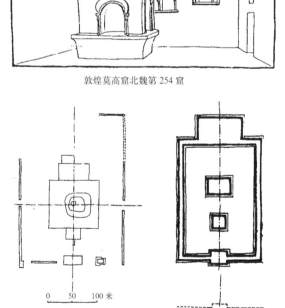

敦煌莫高窟北魏第254窟

洛阳北魏永宁寺遗址　　模枋永宁寺的日本大阪四天王寺

图4-2-32 中心塔柱式石窟与中心塔式佛寺（萧默）

右二龛为配殿，而它的覆斗顶则是模仿古代用于尊贵场所的"斗帐"。汉·刘熙《释名》说："小帐曰斗，形如覆斗也"，是先用木杆件搭成骨架，外面覆以织物及流苏垂铃等装饰。在覆斗顶窟和攒尖顶窟里还可以看到对这些构件模仿的迹象，此于麦积山石窟和天龙山石窟更为明显（图4-2-36）。

帐是一种尊贵的设置，古时只有皇帝、贵族才可使用，对之还有等级性的规定。西汉时或用以居神。《西京杂记》说："上以琉璃珠玉明月夜光杂错天下珍宝为甲帐，其次为乙帐。甲以居神，乙以自居。"南北朝沿袭了这一观念，以帐形石窟来供奉佛和菩萨。

覆斗式石窟在北朝地位似稍逊于中心塔柱式，至隋唐盛行，成为隋唐最富代表性的窟形，间接反映了宅院式佛寺逐渐取代中心塔佛寺的进程。

毗诃罗式

"毗诃罗"（Vihara）在佛教原指僧人集体居住静修的精舍、僧院或学园，后亦泛指寺院。印度阿育王（公元前3世纪中）建造过不少木结构的毗诃罗，但已不存，据遗址，知都是平面方形，中央是庭院，周围有小室。后来在石岩中，模仿地面毗诃罗凿出窟室，就是毗诃罗窟。它是围绕一个大的方室，除正面入口外，

图4-2-33 敦煌莫高窟中心塔柱式窟（北魏第254窟）（祁铎）

图4-2-34 中心塔柱式石窟（《敦煌石窟》）

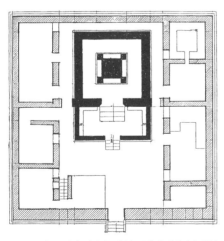

图4-2-35 新疆吐鲁番交河故城西北小寺复原（《交河故城保护与研究》）

1. 麦积山北周第4窟四角攒尖帐形窟顶；2. 麦积山北周第36窟；3. 太原天龙山北齐第3窟
图4-2-36 覆斗式石窟（《中国古代建筑史》、萧默）

① 参见傅熹年.麦积山石窟中所反映出的北朝建筑[M]// 文物编辑委员会.文物资料丛刊·第4辑.北京:文物出版社,1981.

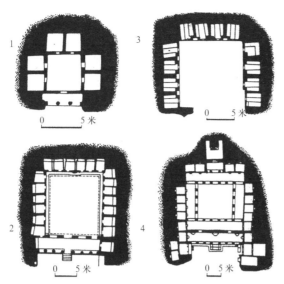

1. 那西克石窟第19窟（前1世纪）；2. 那西克石窟第3窟（2世纪）；3. 阿旃陀石窟第12窟（1世纪）；4. 阿旃陀石窟第1窟（6世纪）
图4-2-37 印度毗诃罗石窟（《天竺建筑行纪》）

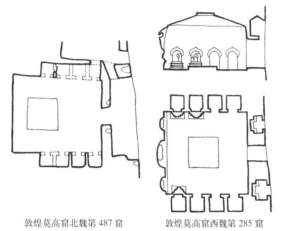

敦煌莫高窟北魏第487窟   敦煌莫高窟西魏第285窟

图4-2-38 莫高窟毗诃罗式石窟（萧默）

图4-2-39 云冈石窟大佛（萧默）

在左右壁和后壁，凿出一些小的支窟。僧徒们在这些寂静的小窟中端坐冥想，以求个人的解脱。这里既是他们禅定的处所，也是居住的地

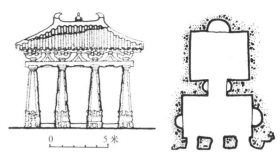

图4-2-40 云冈北魏第12窟窟檐复原（《中国古代建筑技术史》）

方。中国的毗诃罗窟只在左右壁开小室，后壁凿佛龛，小室很小，"才容膝头"，只能供一僧在内禅坐，适合小乘佛教修行的需要。中国早期佛教流行小乘，所以也有毗诃罗窟，但极少，而且只行于北朝，如敦煌莫高窟西魏第285窟等。由此可知，在中国的石窟寺里，必会同时也有许多房屋建筑，以备僧徒居住，不像印度石窟寺毗诃罗窟很多，僧众都住在窟中（图4-2-37、图4-2-38）。

穹窿窟

穹窿窟为椭圆形平面，内凿大型佛像。云冈称为"昙曜五窟"的几个最早的洞窟皆属此窟形，窟内均雕高达10余米的大佛（图4-2-39）。这种窟形可能是对小乘佛教僧人常常居住的草庐的模仿。毗诃罗式和穹窿窟都不多，可能与小乘佛教在中国流行时间不长有关。

窟檐

新疆和敦煌的早期石窟多有木构窟檐，都已不存。现云冈、麦积山、天龙山和响堂山还保存一些石凿窟檐，以麦积山"上七佛阁"最大：八柱七开间，通面阔达31.5米，八角形列柱高达8.87米，连在崖面上浮雕出的"屋顶"，通高15米，明显模仿当时的大型佛殿。①一般的石凿窟檐都是三间四柱，上部凿出屋顶、鸱尾、瓦垅、斗栱，一应俱全，是仅次于实物的建筑史珍贵资料。从整体到细部，完全与中国殿堂相同，表明石窟寺建筑所达到的民族化程度（图4-2-40～图4-2-46）。

图 4-2-41 云冈石窟石凿窟檐（孙大章）

图 4-2-44 天龙山北齐第 16 窟石凿窟檐（萧默）

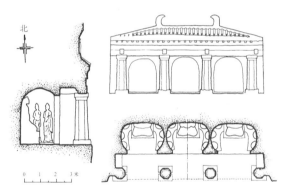

图 4-2-42 麦积山北周第 30 窟窟檐（《中国古代建筑史》）

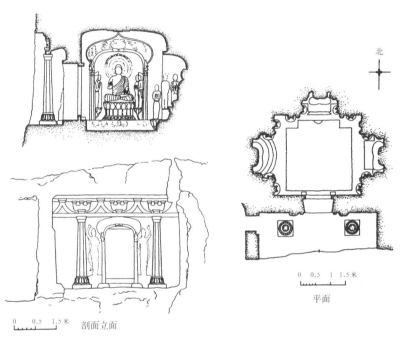

图 4-2-45 天龙山北齐第 16 窟窟檐（《中国古代建筑史》）

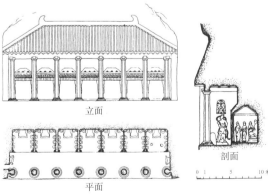

图 4-2-43 麦积山北魏第 4 窟（"上七佛阁"）窟檐复原（《中国古代建筑史》）

南响堂山第 7 窟复原

南响堂山第 1 窟复原

图 4-2-46 南响堂山窟檐复原（钟晓青）

① 苏天钧. 北京西郊发现汉代石阙清理简报[J]. 文物, 1964(11).

② 大同方山北魏永固陵[J]. 文物, 1978(7).

③ 朱鳞. 六朝陵墓调查报告[M]//原中央文物保管委员会. 六朝陵墓调查报告.

第三节　陵墓

一、魏晋十六国墓葬

魏晋多战乱，又鉴于汉代陵墓几乎尽遭盗掘，厚葬之风不得不有所收敛，许多皇帝都不起陵寝，而尽量将墓葬隐藏起来。魏文帝曹丕就把父亲曹操高陵的殿屋毁去，设于陵寝的车马衣物皆令归藏；又把自己的陵隐藏在山里，无坟无屋。东晋十一帝有九帝"阴葬不起坟"，只有孝宗陵起坟，不过高一丈六尺而已（《建康实录》），比起汉代陵墓是远为低小了。也有少数贵族官僚在墓地上立有标志，如《水经注》记晋谯定王司马会冢："冢前有碑，晋永嘉三年（309）立，碑南二百余步有两石柱，高丈余，半下为束竹交纹，作制工巧"。《水经注》关于汉代墓前立石柱的记载颇多，此司马会冢继续了汉代做法。顺便提起，曾发现一些汉代墓前石柱，如山东历城汉琅邪相刘君石柱残段、北京汉幽州书佐秦君石柱、[①]洛阳汉（或晋）某骠骑将军石柱残段等，柱身都刻有"束竹交纹"即弧面向外尖棱向内的条条竖纹和捆扎这些"竹子"的横向绳纹。柱身上段有横向石板，刻官职。以上，都是以后南朝诸陵石柱石碑制度的先声。

十六国时北方民族豪酋多沿用其"潜埋"原习，不起陵寝。

墓室多沿东汉制度，为小砖造，或单室，或前后双室中连过道，或在室侧设耳室，前有斜坡墓道。室顶皆用半圆券或四角攒尖穹窿，规模比汉代简小，也不画壁画或使用壁画砖。画像石墓也很少见到。

但在边远地区如河西、云南、辽东，豪族大姓仍沿袭汉代营造壁画墓，如云南昭通东晋霍承嗣墓。或壁画依每块小砖进行构图，如嘉峪关、酒泉和敦煌的魏晋十六国墓等。

值得注意的是在洛阳、广州和南京发现的以砖砌出仿木结构构件的做法，为唐宋墓室开了先例。

二、南北朝墓葬

南北朝时社会稍感安定，经济有所恢复，陵寝制度也有所复兴。北方从北魏开始，墓上堆坟又多了起来，重新开始在墓中绘制壁画，此亦与北魏统治者推行汉化政策有关，如北魏的永固陵。永固陵是曾以太后、太皇太后的资格两度临朝听政的文明皇后冯氏的陵墓。冯氏为汉人，首先推行汉化政策。陵在大同方山，坟丘筑于山顶，方基圆顶，现存高约23米，其南约600米有长方形建筑基址和龟趺，即《水经注》所说的享堂"永固石室"遗址。再南200米有附陵寺庙址，为中心塔式，塔名"思远灵图"。[②]这座陵园反映了鲜卑族的母系家族观念较盛，也反映了北魏借重佛教和推行汉化的情况。

孝文帝迁都后规定以洛阳北的北邙山为内迁鲜卑族墓地，不许再归葬北方，估计孝文帝的长陵也应有石室享堂。洛阳曾出土过一座宁懋石室，是一座单檐悬山顶小屋，仿木石刻，制于北魏永安二年（529）。北邙山上不少北魏陵墓均起坟，墓室分前后二室，均方形叠涩穹窿顶，后室穹顶上绘天文图。棺椁在后室右部，开启了隋唐陵墓刀字形后室的先声。棺椁外围以帐。

南朝帝王陵墓集中在南京和附近的丹阳，南京有十八处，丹阳有十二处，有的沿袭东晋，不起坟，也有起坟者，但坟堆比汉代小得多。不管起坟不起坟，最大特点是多在神道两侧有对称的石刻。[③]一般布置是最前一对石兽相向，次为一对向前的石柱，后为一对竖立在相向龟趺座上的石碑。有的在石兽石柱间多加一对石碑（图4-3-1）。

图 4-3-1　南京萧绩墓全景（孙大章、傅熹年）

①参见王子云.中国雕塑艺术史[M].北京：人民美术出版社，1988；管玉春.试论南京六朝陵墓石刻艺术[J].文物，1981(8).

②以虎形置于坟墓之前恐与驱鬼有关，封氏见闻录卷六引.风俗通曰："墓上树柏，路头石虎……魍象好食亡者肝脑……而魍象畏虎与柏，故墓前立虎与柏。"

石兽狮形有翼，矫健有力，是雕刻艺术精品。其头上有双角者一般称为天禄，与之相对者单角，称为麒麟，用于帝陵；无角者为辟邪，用于王侯墓。南京附近南朝陵墓的石兽以陈文帝陵和梁南康简王萧绩、梁靖惠王萧宏、梁武平忠侯萧景等墓的更为精美，大致长 3 米、高 2.5 米，萧绩墓前的稍大，高达 3 米以上，萧景墓的较小，高约 2.2 米（图 4-3-2）。诸石兽体形魁梧雄壮，跨步挺胸作前进状，张口吐舌，身上有翅，神态威武健美，以丹阳梁武帝萧衍陵最为出色。①以石兽作墓饰，东汉已有先例，如河南南阳东汉宗资墓和四川雅安东汉建安十年（205）高颐墓石阙前，都有带翼石兽（参见图 3-5-11、图 3-5-12）。这种翼兽的形象，早在西周、战国和西汉就已经出现，春秋《左传》一概称为"辟邪"，大都近于虎形或鹿形。②东汉以后，通过中西丝路，早已存在于西亚、中亚的附翼狮形兽与中国原有意象融合，才成就了东汉六朝的狮形天禄与辟邪。其详细论述可见本章第七节。

南朝石柱尚存十余座，形制相类，以南京梁吴平忠侯萧景墓前的最为完整精美。石柱最下为方座，四面浮雕人物异兽；座上为圆形柱础，刻双蟠螭。柱身似圆而略方，上部微微收小，下部约三分之二竖刻内弧外棱的许多凹槽，槽顶以双龙交首纹和绳纹各一道收束；上部刻外弧内棱的"束竹"竖槽直至柱顶，柱顶有一圈忍冬纹；在柱身正面绳纹上接一小方石，上

图 4-3-2　萧景墓石兽（萧默）

承横出石板，板面朝向神道，刻反文职衔；柱顶置一覆莲圆盘，盘上蹲坐一辟邪，方向与石板一致。全柱通高 6.5 米，挺拔俊秀，简洁精致，各部安排都很合乎逻辑，轮廓线的设计十分讲究，耸立在蓝天绿树之中，特别显得光洁而神圣（图 4-3-3）。

以高耸的柱形标识物来标表陵墓、桥梁或其他纪念性建筑的做法，中外都有很早的渊源。《洛阳伽蓝记》载洛阳宣阳门外浮桥永桥，"南北两岸有华表，举高二十丈，华表上作凤凰，似欲冲天势"（《洛阳伽蓝记》卷三），也是以柱形物标示重要建筑的例子。南朝陵墓的石柱肯定继承了这一做法。萧景石柱柱身上段的束竹纹当与前述许多汉晋石柱有关，而下段的内弧外棱凹槽却颇似希腊石柱，印度也曾有过。柱顶蹲踞石兽的做法也见于古印度，如著名的阿育王纪念柱，所以南朝石柱与印度、间接地也

图 4-3-3　萧景墓表（《中国美术全集·建筑艺术编》、《中国古代建筑史》）

图 4-3-4　河北定兴义慈惠石柱（罗哲文、《中国古代建筑史》）

与希腊有关了。具体论述亦见本章第七节。

南朝陵墓墓室为小砖砌，纵长椭圆形。墓室中常以模制图案砖和凸线条的画像为饰，还涂有色彩，画面既有世俗题材如竹林七贤、武士乐人侍卫等，还有佛教题材，也有中国神话如四神、羽人等。

关于纪念性石柱，北齐也留有一座，在河北定兴县，称义慈惠石柱[①]，为瘗（音 yi）葬北魏杜洛周等领导的农民起义阵亡者而立，初为木柱，北齐皇帝颁旨易木为石，柱上的"颂"文歌颂的却是镇压者。石柱通高 6.65 米，总体形制与南朝石柱有许多共通之处，但较方正质朴。全柱分柱基、柱身和柱顶三部：柱基为一方石，上承覆莲柱础，础本身又分上下两段，下段为方台，上段为圆形覆莲；柱身方形略削四角，称"小八角"，下粗上细，两端内收略呈梭形，至上部约四分之一处正面二角不削，留出较大平面镌"标异乡义慈惠石柱颂"大字及题名，其余柱身表面刻"颂文"；柱顶在一方石上置小石屋，面阔三间，进深两间，单檐庑殿顶。

与南朝石柱相比，此柱风格较为厚重朴拙，柱顶石屋比例甚大，所以柱身没有再用横出的石板，并使石柱本身可以留出较多平面镌字，是很有节制的处理。柱顶小石屋可能象征佛国天宫，有祈愿亡灵升天的寓意，本身也是有价值的建筑史资料（图 4-3-4、图 4-3-5）。

图 4-3-5　义慈惠石柱柱顶小石屋（罗哲文）

第四节 园林

"汉末魏晋六朝是中国政治上最混乱、社会上最苦痛的时代，然而却是精神史上极自由、极解放、最富于智慧、最浓于热情的一个时代。因此也就是最富于艺术精神的一个时代。"[1]作为中国古代艺术精神的一种体现，园林在这个时期也获得了巨大的发展。

魏晋南北朝时期逐渐形成了皇家园林与私家园林并立的格局。虽然早在西汉就已经出现了像茂陵富民袁广汉园那样一些由富人营建的私园，但在皇家苑囿占绝对地位的时代，私家园林的成就无法与之相提并论。经过东汉张衡、梁冀、仲长统等人的阐释与实践，到了魏晋南北朝时期，私家园林才以士人园林的面目而获得独立，虽然还不成熟，影响却巨大而深远。寺观园林也始于南北朝，直接脱胎于私园，实际是宗教生活与士人园林的结合。可以说，在魏晋南北朝这样一个园林发展承上启下的转折时期，士人园林担当着一个十分重要的角色。

关于宫苑即皇家园林，在都城与宫殿节中已有所提及，故此节以士人园林为主线，综述这个时期园林的发展及其特色。

一、士人园林之兴起

《说文解字》曰："士，事也。"《汉书·食货志》说："学以居位曰士。"仲长统认为："以筋力用者谓之人，人求丁壮；以才智用者谓之士，士贵耆老"（《后汉书·仲长统传》）。故所谓"士"，即以知识、才智为社会服务，具有一定文化知识的文人。

早期的士人园林以士族庄园的形式出现。晋初社会风气奢靡，《世说新语》载石崇王恺斗富，表现之一就是广占山泽，营宅筑园。"崇资产累巨万金，宅室舆马，僭拟王者。筑榭开沼，殚极工巧。"石崇在洛阳城西，依邙山临金谷涧建金谷园，其《金谷诗序》述此园"或高或下。有清泉、茂林、众果、竹柏、药草之属，莫不毕备，又有水碓、鱼池、土窟，其为娱目欢心之物备矣。"金谷园是当时典型的大型庄园别墅。

及至东晋南朝诸代，北方士族南下，加上江南优美的自然地理环境，封山占泽、竞修园墅之风日盛。于是宗室贵戚，争事宅宇，以建康和会稽为中心，兴建了大批庄园。"会稽王道子开东第，筑山穿池，列树竹木，功用钜万……弘农王粹，以贵公子尚主，馆宇甚盛"（王伊同《五朝门第·田宅》）。东晋至南朝宋、齐，庄园别墅达到极盛，占据山川之美，规模宏大，构筑精美，远非北朝士族农庄所能比拟。《宋书·孔灵符传》载："会稽孔灵符立墅永兴，周回三十三里，水陆地二百六十顷，含带二山，又有果园九处。"谢灵运作《山居赋》描写其庄园的广袤与环境的幽曲，"北山二园，南山三苑"，将自然山川都纳入其内。梁元帝为太子时封湘东王，修湘东苑。"性爱山水，于玄圃穿筑，更立亭馆，与朝士名素者游其中"（《梁书·昭明太子传》）。皇帝与皇族成员本身也是士人，士人园林也直接影响到皇家园林，有的甚至不分彼此。"武帝东下，改齐青溪宫为芳林苑，以赐南平王伟为第……伟又加穿筑，增植嘉树珍果，穷极雕丽，重斋步栏，模写宫殿"（《五朝门第·田宅》）。

在兴建庄园别墅的同时，也出现了一批城市私园。"纪瞻立宅于乌衣巷，馆宇崇丽，园池竹木，有足赏玩"（《晋书·纪瞻传》）。北魏洛阳城西寿丘里"皇宗所居也，民间号为王子坊……居山川之饶，争修园宅，互相夸竞。崇门丰室，洞户连房，飞馆生风，重楼起雾，高台芳榭，家家而筑；花林曲池，园园而有。莫不桃李夏绿，竹柏冬青"。敬义里南有昭德里，

对页
① 刘敦桢. 定兴县北齐石柱[J]. 中国营造学社汇刊，第 5 卷第 2 期，1934.

本页
① 宗白华. 美学散步 [M]. 上海：上海人民出版社，1981.

图4-4-1　南京西善桥南朝墓砖印壁画"竹林七贤及荣启期像"（《中国历代装饰纹样 大典》）

图4-4-2　北魏画像石士人清谈图二幅（《中国美术全集·绘画编》）

里有游肇、李彪、崔林、常景、张伦等五宅，"惟伦最为豪侈……逾于邦君。园林山池之美，诸王莫及。伦造景阳山，有若自然"。洛阳还有不少士人官僚舍宅为寺，从此类佛寺也可见洛阳私园盛况，如城西冲觉寺为太傅王怿舍宅所立，怿"势倾人主，第宅丰大，逾于高阳。西北有楼，出凌云台，俯临朝市，目极京师"（《洛阳伽蓝记》）。

士人园林的兴起，不仅与当时竞奢的社会

风气有关，且直接关系到士人阶层特殊的生活方式。明王思任曾在《世说新语》序中说："古今风流，惟有晋代。"极尽风流的魏晋士人提倡玄学，崇尚老庄，以清流自许而鄙薄世俗，执麈尾而清谈；讲究仪态闲雅，姿容超迈，服食饮酒，放浪形骸，远离尘世而怡情山水。阮籍、嵇康等悠游竹林，聚而清谈，称为"林下遗风"。王羲之、谢安、孙绰等于会稽郊外的兰亭集会修禊赋诗，传为千古佳话。凡此都离不开优美的自然环境的衬托与启迪，故曰："七贤有竹林之游，名士有兰亭之会"。这种离宗背俗的生活方式，在时人眼中无疑是清虚飘逸、潇洒脱俗的表现，很快风靡社会，形成了放达的士风。尽管这种放达难免有人浅薄做作，鱼目混珠，但客观上都为士人园林的勃兴创造了条件（图4-4-1、图4-4-2）。

清谈雅集往往伴以饮宴游乐，园林为这种生活方式提供了环境。当时记载此类活动的文字特多，如魏文帝《与朝歌令吴质书》记其南皮夜游："白日既匿，继以朗月，同乘并载，以游后园；舆轮徐动，参从无声；清风夜起，悲笳微吟；乐往哀来，怆然伤怀。"曹植《公宴诗》曰："清夜游西园，飞盖相追随。明月澄清景，列宿正参差。秋兰被长坂，朱华冒绿池。"刘桢《公宴诗》曰："月出照园中，珍木郁苍苍。清川过石渠，流波为鱼防。芙蓉散其华，菡萏溢金塘。灵鸟宿水裔，仁兽游飞梁。华馆寄流波，豁达来风凉。"石崇与左思、潘岳等结为诗社，号称"金谷二十四友"，在金谷园游宴作诗，"绿池泛淡淡，青柳何依依。滥泉龙鳞澜，激波连珠挥"（潘安仁《金谷集作诗》，图4-4-3）。

此类游乐不仅限于园林别墅，还扩展到郊外自然风景，最典型的就是兰亭雅集："此地有群山峻岭，茂林修竹，又有清流激湍，映带左右，引以为流觞曲水，列坐其次。虽无丝竹管弦之盛，一觞一咏，亦足以畅叙幽情"（王羲之《兰亭集序》)。《洛阳伽蓝记》记城西宝光寺，"当时园地平衍，果菜葱青……园中有一海，号咸池。葭菼被岸，菱荷覆水，青松翠竹，罗生其旁。京邑士子，至于良辰美日，休沐告归，徵友命朋，来游此寺。云车接轸，羽盖成阴。或置酒林泉，题诗花圃，折藕浮瓜，以为兴适。"至于谢安、谢灵运率众游历名山胜川，足迹更不止一地了（图4-4-4）。

二、园林景观构成

尽管秦汉皇家宫苑已将自然山水作为造园要素，但真正确立自然山水园的形态，并继续发展下去的，却始于魏晋士人园林。得益于山水审美的深化，得益于山水主题士人艺术的发展，是魏晋园林的显著特点之一。

玄学的兴起与老庄思想的盛行，使不假人为、顺应自然的思想在魏晋士人中普遍流行，雅好自然山水成为时尚，为山水审美的深化提供了思想基础。老庄主张万物齐一，自然无为，恬然自适。"山林与，皋壤与？使我欣欣然而乐与"（《庄子·知北游》）。故嵇康以老子、庄周为师，"使荣进之心日颓，任实之情转笃……游山泽，观鱼鸟，心甚乐之"（嵇康《与山巨源绝交书》）。优美的自然山水景色，与士人追求玄远的哲学思想特相契合，具有极大的吸引力。陶弘景《答谢中书书》云："山川之美，古来共谈。高峰入云，清流见底。两岸石壁，五色交辉。青林翠竹，四时俱备。晓雾将歇，猿鸟乱鸣；夕阳欲颓，沉鳞竞跃。实是欲界之仙都。"南朝的玄风亦与谈佛交织，而佛门思想在生活上讲究养生，清心寡欲，也类似于清静无为。

在南朝士人的闲逸生活中，自然山水本身的丰富内涵被逐渐发掘，于是摆脱了长期以来在艺术中只作为一种比德性的寓意象征、气氛

图4-4-3　洛阳出土北魏宁懋石室线刻画宴集图（《中国美术全集·绘画编》）

图4-4-4　北魏孝子画像石棺线刻山水（《中国古代山水画百图》）

烘托和背景衬托的地位，而成为独立的审美对象。围绕山水情绪的产生，文学、绘画、音乐、书法、园林等士人艺术获得了同步发展，且相互促进、互为表里。

山、水成为此时园林最重要的自然景观组成。魏晋皇家宫苑还沿袭汉代一池三山的格局。如《水经注·谷水》载魏文帝华林园"御坐前建蓬莱山，曲池接筵，飞沼拂席"。北魏世宗在华林园天渊池内"作蓬莱山，山上有仙人馆"

《洛阳伽蓝记》）。《宋书·何尚之传》记载："上欲于湖中立方丈、蓬莱、瀛洲三神山，尚之固谏，乃止。"大概由于国势和财力的限制，才不得不放弃。三国魏青龙中，"（明）帝愈增崇宫殿，雕饰观阁，凿太行之石英，采谷城之文石，起景阳山于芳林之园……公卿以下至于学生，莫不展力，帝乃躬自掘土以率之"（《历代宅京记》引《高堂隆传》）。其注又引《魏略》记此事："使公卿群僚皆负土成山，树松竹杂木善草于其上，捕山禽杂兽置其中。"北魏茹皓曾"为山于天渊池南，采掘北邙及南山佳石，徙竹汝、颍，罗莳其间，经构楼馆，列于上下。树草栽木，颇有野致"（《魏书·茹皓传》）。因江南艰于筑土，南朝园林中常以石造假山。宋时"彭城刘缅，经始钟岭之南，以为栖息，聚石蓄水，仿佛丘中"（王伊同《五朝门第·田宅》）。齐文惠太子于玄圃园中"多聚奇石，妙极山水"（《南齐书·文惠太子传》）。《历代宅京记》载陈后主于光照殿前起三阁，"其下积石为山，引水为池"。石不仅用作造山材料，还获得了独立的赏玩价值，《六朝事迹编类》曰："台城内千福禅院，本梁同泰寺……前有丑石四，各高丈余，名三品石。"此处之"丑"，实即一种关于美的美学评价。

人石互喻的审美风气也始于晋代。"王公目太尉，岩岩清峙，壁立千仞"（《世说新语·赏誉》）。"山公曰：嵇叔夜之为人也，岩岩若孤松之独立；其醉也，傀俄若玉山之将崩"（《世说新语·容止》）。唐宋之后的品石、赏石之风盖始于此也。

与山对应，水更是南朝士人园中必不可少的构成。魏明帝在芳林园中"起陂池，楫棹越歌"（《世说新语》）。"林泉"、"山池"往往成为园林的代称。水的类型除了沼、池、海、湖、泉外，还有涧、瀑、渠、井和城洫、鱼池等。水体又常与山、石结合，处理手法趋于多样。《水经注·谷水》述魏文帝华林园景色："南面射侯夹席，武峙背山，堂上则石路崎岖，岩障峻崄，云台风观，

萦峦带阜，游观者升降耶阁，出入虹陛，望之状凫没鸾举矣。其中引水，飞罦倾澜，瀑布汪渚，声溜潺潺不断。竹柏荫于层石，绣薄丛于泉侧，微飚暂拂，则芳溢于六空，入为神居矣。"

与水相关的还有堤和流杯曲水。作为园林景观的堤早已出现于西汉，如昆明池的"金堤"。魏晋时代，堤更被园林普遍采用为空间分隔手段。石崇《思归引序》述其河阳别业："其制宅也，却阻长堤，前临清渠，百木几于万株，流水周于舍下。"南朝宋在玄武湖筑北堤。谢灵运在《山居赋》中描写其"引修堤之逶迤，吐泉流之浩漾，山矶下而回泽，濑石上而开道"。

流杯的历史源于古代"祓禊"的巫祭仪式，至汉代演变为世俗游乐盛事，《洛阳伽蓝记》载北魏每至三月禊日，皇帝驾龙舟出游，即承袭汉风。魏晋南北朝时，流杯又成为文人骚客诗酒相酬的游乐形式，最典型的就是前引兰亭诗会。园林则以流杯沟作为景观。"魏明帝天渊池南，设流杯石沟，燕群臣"（《历代宅京记》）。晋华林园有流觞池，《洛阳伽蓝记》注引陆机云："天泉（渊）池南有石沟引御沟水，池西积石为禊堂，本水流杯饮酒。"此时尚无曲水之说。至刘宋，曲水方与流杯并提："海西公于钟山立流杯曲水，延百僚"（《宋书·礼志》）。饮宴同时赋诗，"宋元嘉十一年，以其地为曲水，武帝引流转酌赋诗"（《水经注》）。

园林建筑的发展也愈加丰富，且注意到了与周围山、水等自然景观的关系。台虽已丧失先秦至西汉那样的神圣意义，也不再有巨大的体量，但加上多样的建筑，如殿、堂、楼、观、阁、榭等，与山、水配合，却极大丰富了景观。建筑之间往往连以飞阁驰道。《洛阳伽蓝记》记魏文帝西游园："（凌云）台下有碧海曲池，台东有宣慈观，去地十丈。观东有灵芝钓台，累木为之，出于海中，去地二十丈。风生户牖，云起梁栋，丹楹刻桷，图写列仙。刻石为鲸鱼，背负钓台，

既如从地踊出，又似空中飞下。钓台南有宣光殿，北有嘉福殿，西有九龙殿，殿前九龙吐水成一海。凡四殿，皆有飞阁向灵芝台往来。"

佛教建筑如佛塔精舍等也出现于园林，《南齐书·文惠太子传》记太子的玄圃园，已出现"楼观塔宇"。东晋孝武帝"初奉佛法，立精舍于殿内，引诸沙门以居之"（顾炎武《历代宅京记》）。《世说新语·栖逸》曰："康僧渊在豫章，去郭数十里，立精舍。"谢灵运的庄园也出现精舍，曾赋诗《石壁精舍还湖中作》。谢玄田居"山中有三精舍，高薨凌虚，垂檐带空"（《水经注》）。

园林中的植物除了通常的竹、松、兰、芙蓉等，还有众多果树。潘岳《金谷集作诗》："前庭树沙棠，后园植乌卑。灵囿繁石榴，茂林列芳梨。"南朝时的士族庄园中果树种类更多，反映庄园经济的一个重要方面。谢灵运《山居赋》云："杏坛柰园，橘林栗圃，桃李多品，梨枣殊所。枇杷林檎，带谷映渚。椹流芳于回峦，柿被实于长浦。"

三、园林空间特色

魏晋南北朝园林又一显著的特征是园林规模渐小，同时形成纡徐委曲的空间。

尽管不少士族庄园别墅规模依然可观，如石崇金谷园、孔灵符庄园和谢灵运的山居，但普遍而论，魏晋园林在规模上与秦汉园林已不可同日而语，后者无论皇园还是私园的那种超常规模已不再见，尤其在南方，出现了更多小规模的私家园林。刘禹锡咏南朝陈尚书令江总宅园，"池台竹树三亩余"而已（张敦颐《六朝事迹编类》）。规模小，除经济因素外，也与江南地狭人众有关，究其文化方面则决定于士人的生活行为与游览方式。

魏晋士人大多追求安稳、舒适的生活。当时社会上层以牛车为主要交通工具，亦好步行，服衣则讲究宽衣博带。此与士人服药的习惯也有关系。士大夫为养生调息，好服五石散，其药性燥烈，服后须大量饮酒，并宽衣裸袒、缓行散步以消释之，谓之"行散"、"行药"。乘着酒兴与药力的作用，缓步登临于山野林间，对景色从容观赏，捕捉细微的感受，同秦汉那种纵马疾驰、狩猎于广原之间的格调，自然大相径庭。

随着对山水的体察更为精微，山水诗、山水画也大量出现，为士人园林的空间处理提供了借鉴。

顾恺之在《画云台山记》中详尽描述了他对云台山全景的表现。萧贲"尝画团扇，上为山川，咫尺之内，而瞻万里之遥；方寸之中，乃辨千寻之峻"（《续画品》）。这种全景山水的表现，也出现在山水诗文中，如谢灵运的许多佳作都不惜笔墨、不厌其详地描绘他游览所到之处的优美景色。南朝宋画家王微认识到"目有所极，故所见不周。于是乎以一管之笔，拟太虚之体，以判躯之状，画寸眸之明"（王微《叙画》）。以二维平面来表现立体空间，的确需要掌握一定的技巧，并充分运用艺术的想象力。同时代的另一位画家宗炳对此有更形象的描述："且夫昆仑之大，瞳子之小，迫目以寸，则其形莫睹。回以数里，则可围于寸眸。诚由去之稍阔，则其见弥小。今张绡素以远映，则昆、阆之形，可围于方寸之内。竖划三寸，当千仞之高；横墨数尺，体百里之遥。是以观图画者，徒患类之不巧，不以制小而累其似，此自然之势"（宗炳《画山水序》）。魏晋南北朝后期，山水画家已提出以有限表现无限，"水因断而流远……路广石隔，天遥鸟征"（梁·萧绎《山水松石格》），由此产生"以小观大"的观照法，为中国画下一步由闭锁式向开放式、由全景表现向"边角之景"的转化打下了基础，对园林的空间组织也产生了深刻影响。

因此，园林造景中的"不以制小而累其似"、"以小观大"、"小中见大"的手法，就不再是以各种景观的巨大体量和数量来填充空间，而是在深入把握各种景观形态的规律性和审美价值的基础上，把峰峦、崖壑、泉涧、湖池、建筑、植被等及其远近、高下、阔狭、幽显、开阔、巨细组合穿插在一起，形成纡余委曲变化多端的空间。《洛阳伽蓝记》写张伦宅园"园林山池之美，诸王莫及。伦造景阳山，有若自然。其中重岩复岭，嶔崟相属；深蹊洞壑，逦迤连接。高林巨树，足使日月蔽亏；悬葛垂萝，能令风烟出入。崎岖石路，似壅而通；峥嵘涧道，盘纡复直。是以山情野趣之士，游以忘归。"姜质《亭山赋》亦描写该园："而乃决石通泉，拔岭岩前。斜与危云等曲，危与曲栋相连。下天津之高雾，纳沧海之远烟。纤列之状如一古，崩剥之势似千年。若乃绝岭悬坂，蹭蹬蹉跎。泉水纡徐如浪峭，山石高下复危多。五寻百拔，十步千过，则知巫山弗及，未审蓬莱如何。其中烟花露草，或倾或倒。霜干风枝，半耸半垂。玉叶金茎，散满阶墀。燃目之绮，裂鼻之馨，既共阳春等茂，复与白雪齐清。"萧绎的湘东苑是南朝典型私家园林，其空间特色亦可见一斑："湘东王于子城中造湘东苑，穿地构山，长数百丈，植莲蒲缘岸，杂以奇木。其上有通波阁，跨水为之。南有芙蓉堂，东有禊饮堂，堂后有隐士亭，亭北有正武堂，堂前有射埻、马埒。其西有乡射堂，堂安行埒，可得移动。东南有连理堂，堂前柰生连理……北有映月亭、修竹堂、临水斋。前有高山，山有石洞，潜行宛委二百余步。山上有阳云楼，极高峻，远近皆见。北有临风亭、明月楼"（《渚宫故事》）。以上皆可见当时造景技巧已达相当水平。

就得景而言，观赏空间中诸景观要素之间的呼应和分隔的关系，建筑的选址就尤为重要了。《水经注》描写谢玄田居说："于江曲起楼，楼侧悉是桐梓，森耸可爱……楼两面临江，尽升眺之趣，芦人渔子，泛滥满焉……山中有三精舍，高甍凌虚，垂檐带空，俯眺平林，烟杳在下，水陆宁晏，足为避地之乡矣。"谢灵运的《山居赋》写道："其居也，左湖右江，往渚还汀，面山背阜，东阻西倾，抱含吸吐，款跨纡萦，绵联邪互，侧直齐平……曲术周乎前后，直陌蟊其东西。岂伊临溪而傍沼，乃抱阜而带山……茸骈梁于岳麓，栖孤栋于江源。敞南户以对远岭，辟东窗以瞩近田。"其《田南树园激流植缓》又云："卜室倚北阜，启扉面南江。激涧代汲井，插槿当列墉。群木既罗户，众山亦对窗。靡迤趋下田，迢递瞰高峰。"以上诸文，都不仅描写了周围景色，还涉及卜宅相地及对景借景等诸多造园手法。

四、士人与士人园林

园林与其他艺术一样固然有其自身的发展规律，但是作为社会整体文化的一部分，又与其他艺术同步发展，具有一定的共性。园林艺术作品作为审美关系中的客体，不能离开审美主体——人及其所处的社会历史环境而存在。特定历史时期的园林乃至整个社会艺术文化的发展，都是该时代社会政治、经济、思想等诸多因素综合作用的结果，是当时哲学思想通过人的主观意识在社会生活和文化艺术上的反映。因此，探讨魏晋时期士人园林的发展，有对其审美主体——士人阶层加以认识的必要。

汉代"罢黜百家，独尊儒术"，以察举制选拔人才，举贤良孝廉多以德行、经术入选，形成儒士化的官僚阶层。东汉末期，维系两汉封建统治的小农经济遭到破坏，庄园经济和豪强势力日益强大。魏晋之际，儒家化的知识分子与门阀士族豪强势力结合，形成了一个贵族化的官僚地主阶层——士人。他们在政治上享有很高的地位，或为皇亲国戚，或为世袭高官；经济上据有雄厚资财，拥有大规模的庄园和特权，本身又具有极高的文化修养。因此，士人阶层在魏晋南北朝时期的社会生活和文化艺术上具有举足轻重的地位。

士人园林之所以在魏晋南北朝时期获得巨大发展，离不开当时的社会历史背景。实际上，包括园林在内的魏晋士人文化，都以"隐逸"这一主题为中心。

隐逸即避世，古已有之，一般将其人称作隐士或逸民，"有德而隐居者也"（《汉书·律历志》）。孔子以事君济世为己任，但也提出了："道不行，乘桴浮于海"，"天下有道则见，无道则隐"，"隐居以求其志，行义以达其道"（《论语》）等思想。战国士人游说四方，朝秦暮楚，合则留，不合则去。汉代也有隐者，一旦仕途受挫，就选择退隐，一求免害而全身，二是以待征辟，身在江湖，心存魏阙。

魏晋初期，士人与统治集团的矛盾异常尖锐，许多名士因政治原因被害。以何晏、王弼、王衍为代表的玄学理论派，虽在实际生活中热衷名利，追求享乐，却又沉湎于老庄的虚无。以"竹林七贤"中的阮籍、嵇康、刘伶等为代表的实行派，则强烈向往自由，逃避现实社会，对人生浮沉采取不关心的态度，自由放达、狂狷怪诞。但东晋中期以后，矛盾渐趋平和，士大夫知识分子的政治和经济地位已趋稳固，但仍有不少隐士，内心便有其更深刻的原因，即涉及士人之"志"。范晔《后汉书·逸民传论》就说："或隐居以求其志，或回避以全其道……然观其甘心畎亩之中，憔悴江海之上，岂必亲鱼鸟乐林草哉，亦云介性所至而已。"鱼鸟之乐是心性之外化，内心更有一个以个人为中心的天地。

士人是一个极其特殊的阶层，因其据有世袭的贵族高位，养成了清流自许，恬然高处的心态，超逸脱俗、鄙薄世务，标榜反对两汉的纲常名教。但内心依然是儒家，所以嵇康还是以儒学教育子孙。谢灵运一方面"归心佛老"，另一方面"不废周孔"，其政治热情并不因玄风日烈而降低。于是便陷入一种两难境地，仕与隐的矛盾选择，实是其理想与现实的矛盾的反映。

在这种形势下，士人们开始主动修正其隐逸文化的内涵，恰当此时兴起的士人园林，即是其矛盾心态的平衡点。托名"朝隐"，既不放弃官位，又可自养心性，而采"食君之禄，逐吾所好"的态度。"居职不留心碎务，纵意游肆，名山胜川，靡不穷究"（王伊同《五朝门第》）。"出守既不得志，遂肆意游遨，遍历诸县，动逾旬朔。民间听讼，不复关怀"（《宋书·谢灵运传》）。这种卜居园林，介于进退之间的生活，为士人解决仕与隐的矛盾找到了一条出路。是故陶渊明可以"结庐在人境，而无车马喧。问君何能尔？心远地自偏"（《饮酒》）。隐居之境不在"地偏"，而在"心远"。只要心远，即使不在深山密林，也能摒弃外界的烦扰。能够实现这一切，则要归功于儒道之互补了。

士人将自己的人格理想与追求赋予山水景物，使之形成不同于客观自然的"人化的自然"，并以此为审美对象，以美的形式表达出来。在欣赏园林的同时，将"自然的人化"与"人化的自然"结合起来，达到物我齐一。正因为士人们心中有丘壑，所以才能在自然园林间俯仰自得，乐以忘忧，追求精神上的寄托，达到儒家修身养性与道家顺安天命的统一。

魏晋南北朝的士人园林，对于后世的深远意义，正在于铺设了这样一条发展轨迹，使中国园林沿此道路发展下去，最终达到其艺术之巅峰。这一点比之造园技巧的进步实在更值得重视。

① 周祖谟校释：窈窕言其深，连亘言其长。

② 参见萧默．敦煌建筑研究·建筑部件与装饰[M]．北京：文物出版社，1989.

第五节　建筑色彩与装饰

一、涂饰与彩画

这一时期的宫殿和庙宇，均在墙壁与柱枋斗栱等木构件表面施以涂饰。据从文献中得到的印象，已广泛流行墙面涂白、木面涂红即所谓"朱柱素壁"、"白壁丹楹"的施色方式。后赵石虎在邺都大兴土木，"邺宫南面三门……朱柱白壁，未到邺城七八里遥望此门"（晋·陆翙《邺中记》）。《洛阳伽蓝记》记北魏洛阳诸寺也多如此，如胡统寺"朱柱素壁，甚为佳丽"；高阳王寺"白壁丹楹，窈窕连亘"。①法云寺的佛殿僧房，"皆为胡饰，丹素炫彩，金玉垂辉"，应该也是以丹（红）涂木、以素（白）饰壁。这种朱柱素壁的涂饰，在敦煌石窟北朝壁画建筑和诸多阙形龛上还可见到。墙面面积较大，涂以轻淡的白色，衬托出附着于墙的红色木构件，效果的确明丽动人，此后成为中国建筑尤其是北方官式建筑最常采用的施色方式。

个别情况下也有按方位涂饰不同颜色的，如北周宣帝"以五色土涂所御天德殿，各随方色"（《周书·宣帝本纪》）。

较单色涂饰更进一步，在木构件表面常施以五彩缤纷的彩画，如《洛阳伽蓝记》之永宁寺：

"四面各开一门。南门楼三重……图以云气，画彩仙灵"，是在门楼上彩画云气纹和绘出神灵奇异之象；寺内之塔"绣柱金铺，骇人心目"，柱子表面饰以彩画；"僧房楼观一千余间……青琐绮疏，难得而言"，门的两边以青色画为琐文，窗子则镂为绮文。邺都北齐宫苑中的水殿，也"悉皆彩画"（《邺都故事》）。施于柱子和斗栱上的彩画，在敦煌北朝洞窟中仍可见到，如莫高窟北魏第251、254二窟内有几个木造斗栱实物，位置在人字披脊枋、檐枋与山墙相接处，栱为插栱，由壁体伸出一跳，散斗上施替木以承方。二窟斗栱各四个，共八个，都是北魏中期原物，可能是中国最早的木造斗栱实物。在第251窟的檐枋斗栱以下的壁面还有画出的栌斗和柱子。其彩画情况是：替木、散斗、栱和栌斗皆以土红为地，石绿界边，以黄色（已变色）绘忍冬和流云纹。柱子是在红地绿边内绘黄、黑（已变色）和石绿相间的卷草纹。这些，是中国现存最早的建筑彩画实物（图4-5-1）。②

随着佛教艺术的发展，南北朝时从西域传入了"晕"或"晕染"的技法，也用于建筑彩画。如梁丹阳一乘寺门楣上有张僧繇所画凹凸花纹，"朱及青绿所成，远望眼晕常如凹凸，就视即平"（许嵩《建康实录》），据说是从天竺传入的。此种画法现仍可由敦煌石窟北魏壁画中见到，即画青绿山头时，趁湿在石绿峰峦边缘加染石青，使二色相接，并非截然分明而呈渐进的过渡。

二、雕饰

《拾遗记》记石虎在邺都"太极殿前起楼……屋柱皆隐起为龙凤百兽之形，雕斫（音zuo）众宝，以饰楹柱"。北魏洛阳宫城西门千秋门与神虎门，"二门衡栿之上，皆列云龙凤虎之状，以火齐（一种宝石，似云母，色黄赤如金）薄之。

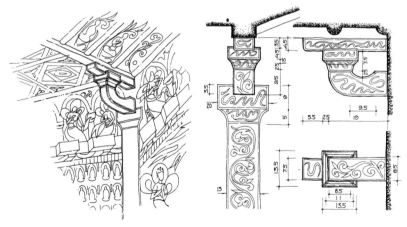

图4-5-1　敦煌莫高窟唐代壁画凹字形阙（萧默）

及其晨光初起,夕景斜辉,霜文翠照,陆离眩目"(《水经注·谷水》)。东晋建康宫城朱雀门开三道,上有重楼,"上重名朱雀观……悬楣上刻木为龙虎,左右相对"(《太平御览》卷一八三)。北齐邺都昭阳殿"梁栿间刻出奇禽异兽,或蹲或踞,或腾逐往来"(《邺中记》)。

木构件之外,在柱下或整座建筑的台基常施用石雕。大同司马金龙墓出土有北魏太和八年石雕柱础,据础上凹孔大小推测,可能用于帐柱。础身如圆饼,凹孔周围深浮雕一圈覆莲,围绕它是一圈透雕,刻多条盘龙;础下与方形承础石相连,四个立面用浅浮雕结合线刻刻卷草纹。有一础在础石四角各刻一圆雕力士。整体造型极其精细,表现出很高的技艺(图4-5-2、图4-5-3)。

《洛阳伽蓝记》记洛阳宫城西游园的灵芝钓台,建在水池中,"累木为之,去地二十丈……刻石为鲸鱼,背负钓台,既如从地踊出,又似空中飞下",是在整座建筑下面以巨石刻出鲸鱼形为台基。

地面砌石往往也施用浮雕,如北齐邺都南城太极殿,"阶间石面隐起千秋万岁字,诸奇禽异兽之形"(《邺都故事》)。或为砖雕,如北齐邺都南城宫城内外的许多高阙,所用砖多有花纹和文字:"宫……东西南北表里合二十一阙,高一百尺。砖文隐起鸟兽花草之状,并'大齐天保六年'字,又有'千秋万岁'字"(《邺中记》)。

还有金属雕饰,如在重要殿庭前或宫城前以巨大铜雕为饰。魏明帝景初元年(237)在洛阳"铸铜人二,号曰翁仲,列坐于司马门外。又铸黄龙、凤凰各一,龙高四丈,凤高三丈余,置内殿前"(《资治通鉴》卷七十三)。《水经注·谷水》则说:"旧魏明帝置铜驼诸兽于闾阖南街。陆机云驼高九尺。"有的建筑整柱以铜铸成,饰以雕塑,如晋武帝泰始二年(266)"营太庙……铸铜柱十二,涂以黄金,镂以百物,缀以明珠"

图4-5-2 大同北魏司马金龙墓出土帐柱柱础(《中国龙凤艺术研究》)

图4-5-3 司马金龙墓高浮雕石刻帐柱柱础(北京古代建筑博物馆)

(《晋书·武帝记》)。大夏赫连勃勃在龙升七年(413)也曾"铸铜为大鼓,及飞廉翁仲铜驼龙虎,皆以黄金饰之,列于宫殿之前"(《水经注·河水》)。

三、金玉珠翠锦绣装饰

金玉珠翠锦绣装饰先秦已有,秦汉增多,至此尤盛。如永宁寺塔,"浮图有四面,面有三户六窗。户皆朱漆,扉上有五行金钉,其十二门二十四扇,合有五千四百枚,复有金环铺首"(《洛阳伽蓝记》)。这是门板上施用金属门钉的最早记载。除门钉外，门扇上还有金属铺首。前引《洛阳伽蓝记》记此塔"绣柱金铺"之"金铺"，也是指此。

据敦煌石窟北朝壁画，此时建筑墙壁上仍常使用汉代已有的横向构件壁带，连接壁带交接点的金属构件称金钉，也是装饰。永宁寺门楼"列钱青琐，赫奕华丽"，此"列钱"即指金钉上列挂的许多玉璧。李善曰："列钱，言金钉衔璧，行列似钱也"（《洛阳伽蓝记》）。

此种豪华装饰又以后赵、北齐邺都及南朝建康的宫殿记载较多。

后赵邺都"（石）虎作太极殿……室皆漆瓦金铛，银楹金柱，柱础亦铸铜为之。珠帘玉璧，窗户宛转，尽作云气。复施流苏之帐，白玉之床，黄金莲花见于帐顶，以五色锦编蒲心而为荐席。又作金龙头，吐酒于殿东厢，口下安金樽，可容五十斛"（《晋书载记》）。

北齐邺都太极殿"门窗以金银为饰……橡栿斗栱尽以沉香木，橡端复装以金兽头"；流杯堂"……奢饰尤盛，盖橡头皆安八出金莲花，柱上又有金莲花十枝，银钩挂网，以御鸟雀焉"；昭阳殿"橡首叩以金兽，乃悬五色珠帘，冬施蜀锦帐，夏施碧油帐"；水殿"垂五色流苏帐帷，伏悬玉佩，柱上悬方镜，下悬织成香囊，用锦褥为地衣，花兽连钩，皆纯金，饰以孔雀、山鸡、白鹭、翡翠毛。彩物光明，夺人目力，不能久视焉"；飞鸾殿"斑竹以为橡，织五色篸为水波纹，以作地衣。内垂五色珠帘"；万福堂"厦头名曰游龙户、舞凤窗。盖户挂镜，面三尺，五色金龙相蟠萦……又用孔雀、山鸡、白鹭、翡翠毛当镜上，作七宝金凤，高一尺七寸，口衔九金铃。堂内柱亦悬菱花镜，广二尺一寸，下悬织成香囊绣带焉"。北齐武成帝高湛"更造修文、偃武二殿及圣寿堂，装饰用玉珂八百，大小镜万枚，又以曲镜抱柱，门窗并用七宝装饰，每至玄云夜兴，晦魄藏耀，光明犹分数十步"；圣寿堂"丁

香末以涂壁，胡桃油以涂瓦，四面垂金铃万余枚，每微风至，则方圆十里间响声皆彻"；"圣寿堂北置门，门上有玳瑁楼，纯用金银装饰，悬五色珠帘，白玉钩带，内有俞石床数合，用相思子玳瑁为龟甲文，铺以十色锦绣褥也"（以上皆见《邺中记》或《邺中故事》）。

南朝齐东昏侯是有名的荒淫之君，永元三年（501）后宫灾后，乃为潘妃"大起诸殿……其玉寿殿中作飞仙帐，四面绣绮，窗间尽画神仙……凿金银为书字，灵兽、神禽、风云、华炬，为之玩饰。橡桷之端，悉垂铃佩"。工匠自夜达旦施工，犹嫌太慢，又剔取诸佛寺藻井装饰等以充实之，"庄严寺有玉九子铃，外国寺佛面有光相，禅灵寺塔诸宝珥，皆剥取以施潘妃殿饰……又凿金为莲花以贴地，令潘妃行其上，曰：'此步步生莲也'。涂壁皆以麝香，锦幔珠帘，穷极绮丽"（《南史·东昏侯本纪》）。

南朝陈后主宠张贵妃，"至德二年，乃于光照殿前起临春、结绮、望仙三阁，高数十丈，并数十间。其窗牖壁带悬楣栏槛之类，皆以沉檀香木为之。又饰以金玉，间以珠翠，外施珠帘。内有宝床宝帐，其服玩之属，瑰丽皆近古未有"（《南史·张贵妃传》）。

类似此等记述，俯拾皆是，不胜备举。

四、琉璃

在重要建筑上施用琉璃瓦或琉璃砖，是中国传统建筑一大装饰特色，起始于北魏，明清建筑使用更多。

此种建筑"琉璃"，指的不是一种也称为"琉璃"的天然彩色宝石，而是涂釉的陶质材料，其实早在公元前10世纪的西周早期就已出现，但直到北魏以前，都因其难于制造而十分珍贵，只用作一些器物、随葬品和陈设物，未能施于建筑。

琉璃用作屋顶瓦面和脊饰，系由西域大月氏传入的一种新的制造技艺所促成。《北史·西域传》云："大月氏国……太武时（424～451），其国人商贩京师，自云能铸石为五色琉璃。于是采矿山中，于京师铸之，既成，光泽乃美于西方来者。乃诏为行殿，容百余人，光色映彻，观者见之，莫不惊骇，以为神明所作。自此国中琉璃遂贱，人不复珍之。"这是琉璃用于建筑的最早记载。《太平御览·郡国志》也说："朔方平城，后魏穆帝治也，太极殿琉璃台及鸱尾悉以琉璃为之。"在大同北魏遗址曾发现过琉璃碎片，坯胎中含有细砂，质地略糙，釉色浅绿，足见北魏京师平城确曾使用过琉璃。

又据《邺都故事》，北齐邺都南城鹦鹉楼，"以绿瓷为瓦，其色似鹦鹉，因名之。"其西又有鸳鸯楼，"以黄瓷为瓦，其色似鸳鸯，因名之。"似乎表明北齐也用过琉璃，所称"绿瓷为瓦"、"黄瓷为瓦"，大概就是绿色或黄色的琉璃瓦。

南朝可能也有琉璃，《南史·东昏侯本纪》云："世祖兴光楼上施青漆，世谓之青楼。帝曰：武帝不巧，何不纯用琉璃？"

五、壁画

壁画既是独立的绘画，也兼具建筑装饰作用。因所在的地方不同，可分为殿庭壁画、寺观壁画、墓室壁画、石窟壁画、居室壁画等多种。但当时的殿庭、寺观和居室已经不存了，现在所能见到的只有石窟和墓室壁画。前者著名作品见于新疆拜城克孜尔石窟、甘肃敦煌莫高窟、天水麦积山石窟和永靖炳灵寺石窟；后者著名作品见于甘肃嘉峪关魏晋墓、酒泉丁家闸十六国墓，东北辽阳、朝阳和集安的若干魏晋和高句丽墓，河南邓县南朝墓，以及南京、丹阳的东晋南朝诸墓。石窟壁画都是佛教题材，

与寺观壁画应无大的区别；墓室壁画以中国传统题材为主，南北朝前多与秦汉同，如出巡、宴饮、生活起居、忠臣孝子、神灵怪异等，南北朝后开始出现某些与佛教内容有关的题材如飞天等。

值得提出来的是在南京、丹阳等地的东晋南朝墓中，一度出现过一种新的壁画形式——砖印壁画，是先用木质材料刻出大片花纹分切数块做成木模，再用木模印成砖坯烧制，然后在墓壁上镶砌拼合而成。画面上凸起的铁线流利飞舞，并有粗细转折的变化。由于东晋南朝没有别的绘画真迹保留下来，为数不多的砖印壁画就是现在所能见到的当时的绘画了。已发现东晋两座墓葬，一座在南京迈皋桥，画面题材有龙、虎及"虎啸丘山"，由一砖、二砖或三砖拼成；一座在镇江南郊，现存五十四幅，除四神外，有兽首鸟身，人首鸟身，兽首人身等《山海经》中的神灵怪异（图4-5-4）。南朝墓中

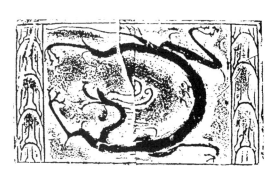

江苏镇江东晋墓青龙

羽人戏虎图

图4-5-4 东晋南朝砖印壁画

① 参见南京博物院.南京西善桥南朝墓及其砖刻壁画[J].文物，1960(8、9).

② 参见南京博物院.江苏丹阳胡桥南朝大墓及砖刻壁画[J].文物，1974(2)；林树中.江苏丹阳南齐陵墓砖印壁画探讨[J].文物，1977(1)；南京博物院.试谈"竹林七贤及荣启期"砖印壁画问题[J].文物，1980(2).

③ 参见河南省文化局文物工作队.邓县彩色画像砖墓[M].北京：文物出版社，1958.

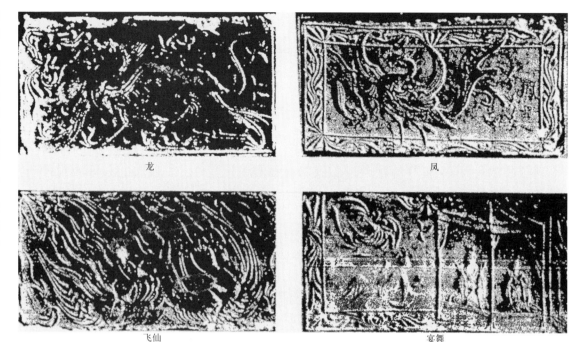

图 4-5-5　河南邓县南朝墓模印彩绘画像砖四种（《中国古代建筑史》）

龙　　凤

飞仙　　宴舞

图 4-5-6　南朝墓模印彩绘画像（《新中国的考古收获》）

有此类壁画者也有多座，如南京西善桥墓、丹阳胡桥鹤仙坳大墓等。西善桥墓的"竹林七贤图"颇为知名。①胡桥鹤仙坳大墓砖画的分布情况是：甬道两侧是狮子；墓室南北二壁原为朱雀、玄武，东西二壁除前段的青龙、白虎外（现在仍存者为西壁前段的羽人戏虎），后段各有半幅竹林七贤图，下部则是仪卫和鼓吹骑从，上方有云气和飞天。②

河南邓县南朝墓的"壁画"也是模印的，但不用铁线，而呈薄浮雕状，表面且加彩绘，题材是墓主人出行和孝子故事（图4-5-5、图4-5-6）。③

第六节　家具

这个时期，北方和西北民族的内迁和佛教的普及，都对家具的发展产生了重大影响。中国建筑从此时开始发生的最显著的变化，首先即在于起居方式及室内空间方面，即从汉以前席地跪坐，空间相应较为低矮，逐渐改为西域"胡俗"的垂足而坐，高足式家具兴起，室内空间也随之增高。这一趋势从魏晋南北朝开始，对以后的影响越来越大。佛教在这一时期渐趋普及，也对家具产生了一定影响，主要体现在如"壶门"的出现和莲花纹等装饰纹样的使用（图4-6-1）。

坐具

这一时期家具的最大发展为高型坐具如凳、筌蹄、胡床和椅子等的开始出现，以适应垂足而坐的生活。

关于凳子的最早记载，可见《晋书·王羲之传》："魏时凌云殿榜未题，而匠者误钉之，不可下，乃使韦仲将悬橙书之。"所谓"橙"就是凳子，因其较高，故称"悬橙"，可站在上面书写榜额。当时凳子的形象可见于敦煌莫高窟北魏第257窟壁画。

筌蹄即后来所称的绣墩，多见于佛教石窟寺壁画或雕刻，如敦煌莫高窟西魏第285窟壁画和洛阳龙门石窟北魏莲花洞壁面雕刻。出土或传世的石刻佛座也常为筌蹄。据此，似乎筌蹄与佛教有一定的关系。唐代仍称筌蹄，五代、宋改称绣墩。

胡床就是现称的"马扎"，以两框相交为支架，可折叠，也较高，可垂足而坐，东汉已有，此时造型没有什么改变，只是更加普及了。敦煌石窟北朝壁画中胡床常有出现，亦见于传唐阎立本《北齐校书图》。

椅子出现较晚。这一时期仅有极少的信息，一是斯坦因在新疆尼雅遗址发现的一把由商旅带入中国、时代大约相当于晋代的木椅，其造型和装饰风格全是犍陀罗式。[①]另一例是敦煌莫高窟第285窟壁画"山林仙人"所坐的一把椅子，与佛教活动有关，可说是最早见到的禅椅，仙人在上盘腿结跏趺坐，与垂足坐不同。

凭具

这个时期仍以席地而坐为主，故凭具仍有发展。

南北朝家具
1. 由于民族大融合和佛教的流行对家具影响很大，高型家具的凳、胡床以及筌蹄进一步普及。矮几有拔高的趋势，为隋唐高型桌案的出现作了准备。
2. 矮型家具继续完善和发展。

胡床（敦煌257窟）　方凳（敦煌257窟）　筌蹄（敦煌285窟）

漆曲凭几（马鞍山朱然墓）　高几

床榻（龙门宾阳洞中之维摩说法造象）　斗帐小榻（河南邓县）　床榻（晋顾恺之女史箴图卷）

图4-6-1　南北朝家具（陈增弼）

凭几除大量为直形外，在长江流域的下游又发展了有较大改进的弧形凭几，文物考古工作中有相当数量出土，多陶质，说明在这个区域相当普遍。安徽马鞍山三国吴朱然墓出土的褐漆曲形凭几，是迄今见到的最早一例实用凭几，几长695毫米、宽129毫米、高260毫米，几面弧形，三足作兽蹄状，造型有很大代表性。通体褐色，朴素无华，也就是后世所称之乌皮隐几。南齐谢朓写过一首咏乌皮隐几的诗。

与凭几异曲同工，此时又出现了在床榻上倚靠的软质隐囊。《颜氏家训》透露，南朝士族弟子"凭斑丝隐囊"成风，是以斑丝织物覆面。隐囊的形象可见于洛阳龙门石窟宾阳洞维摩诘说法石刻和传世《北齐校书图》。

卧具

此时新兴的卧具为架子床。最早的床多有围栏而无架。汉代床上设有帷幔，似已有支架，但无形象资料可征。东晋·顾恺之《女史箴图》最早绘出了一具架子床：床座饰壶门，四角立柱，柱间围立高床屏，上设顶，四周张设帷帐，应是汉代"斗帐"的发展，带有架子床初创期

① 见斯坦因.西域考古记[M].南宁：广西师范大学出版社，1998.

的特点。此床床屏约高500毫米，在人腋下，高于后代床围。床前放有与床等长的栅足式几，汉代称为"桯"。

《北齐校书图》绘有一座壸门式大榻，榻座立面有壸门，正面四个、侧面二或三个。榻上坐四人，并摆放笔、砚、盂和投壶。按榻的面积，还可再多容数人。这是在汉代榻的基础上发展出来的新家具。在大榻上仍是席榻而坐，只在榻边垂足。唐代仍应用此种大榻，同时将此发展为大型桌子。

所谓"壸（音 kun）门"，是一种轮廓线略如扁桃的装饰纹，底线平直，上线由多个尖角向内的曲段组成，两侧曲线内收。壸门形象以

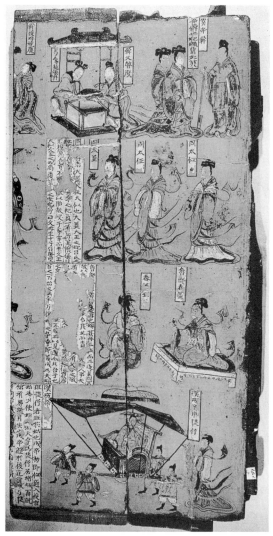

图4-6-2　北魏墓彩绘床屏残片（陈增弼）

后在唐宋所见特多，集中用在佛座、塔座和大型殿堂基座上。

屏具

大同北魏司马金龙墓出土一具床后屏风，因墓曾被盗掘而遭受破坏，出土时尚存面积较大的五块，每块高约800毫米、宽约200毫米、厚约25毫米。屏上满绘取自《孝经》、《列女传》的传统故事，富于劝诫意味；以朱红漆地，用黑线界出轮廓，人物面部和手涂铅白，并有浓淡渲染，较好地表现了肌肤色调和立体感。服饰器物涂黄、白、青、绿、橙红、灰蓝诸色，榜题及题记为黄地墨书，色彩十分绚丽，线条自如（图4-6-2）。据墓志，司马金龙历任北魏高官，死于太和八年（484）。汉代在榻后多置曲尺状屏，南北朝时期由三扇组成的"Π"字形屏更多。司马金龙墓床屏上即绘有这种床屏的形象，是后代床榻围板的先声，也可为此墓床屏实物的复原提供直接的依据。

总之，两晋南北朝时期的家具是古典家具的重要探索时期，低型家具继续发展，高型家具开始萌动。吸收、融合、创新正是这一时期家具的特点。

第七节　中国与西域建筑文化因缘

一、概览

"西域"一词，首见于《汉书·西域传》，是汉唐时对玉门关（在今甘肃敦煌）以西地域的总称。其狭义即指玉门关以西葱岭以东今新疆地区，广义则除新疆外，还泛指由丝绸之路过葱岭西去可以通达的广大地域，包括中亚、西亚、南亚次大陆，甚至远及欧洲东部、南部和非洲北部。本文取其广义。在这个范围广大的地区，古代存在着埃及、两河流域、欧洲、印度和伊斯兰等建筑体系。

一般认为，以中国为核心的东亚建筑体系，包括中国及其东亚邻国在内，是相对独立地发生和演化的，中国建筑与东亚各国之间自有更多因缘。然而中国建筑与西域各建筑体系之间也并非全无关系，相反，许多迹象表明，中国与西域尤其与古印度建筑文化之因缘仍相当深远。但可能主要因为中国建筑以木结构为本位，西域建筑则皆以石结构为本位，故其因缘的表现远不像中国与东邻各国那样的直观、具体而明显，而多具隐化的性质，虽然这也并不排斥二者一定程度的形象上的对应。可能也正因此，历来研究中国建筑者，尚没有来得及对之加以深入发掘，以致往往意有所感而语有未明，不能得一较清晰的概念。本书有鉴于此，特设此节，试为发明。但却也因其多属于发蕴钩沉，而采探讨方式，且有较多的推测和考证，与本书其他章节体例略异。此外，本书以后各章将再涉及西域与中国伊斯兰建筑的关系，故关于伊斯兰建筑的内容，除琉璃工艺外，本节暂置而不论。

汉代以前，当华夏文化还处于相对封闭的发展状态时，中亚的骑马游牧人如塞人、匈奴、斯基台等就穿梭于东西方之间，在文化交流的蛛丝马迹中，可以见到他们所起的中介作用。从《史记》、《汉书》、《后汉书》、《魏书》以及《法显传》、《大唐西域记》的记载，可以知道中国汉唐古人对西域建筑某种程度的了解，包括印度，也涉及中亚、西亚乃至欧洲。司马迁和班固记载了大夏（巴克特里亚，即今阿富汗巴尔赫一带）、大宛（今乌兹别克斯坦和吉尔吉斯斯坦费尔干纳盆地）、安息（又译作帕提亚，张骞时领有全部伊朗高原和两河流域）、身毒（印度）及今新疆地区诸地在人种、地域和聚落包括建筑诸方面的情况，及其与汉地的交流。神秘的犁靬（qian）人（罗马人）也首先在这些著作中出现。《汉书·陈汤传》载有匈奴役使的犁靬人在中亚的活动，涉及古罗马式的城堡、木重楼和龟甲阵。《汉书·大秦国传》又云："大秦国（罗马帝国）一名犁靬，在西海之西……其城周回百余里，屋宇皆以珊瑚为税栭，琉璃为墙壁，水精为柱础。"这一描述与罗马帝国西亚领地的建筑颇为接近。汉时又有骊靬县，即今甘肃永昌，其地至今仍多有深目高鼻金发白肤之土著居民在，是否与犁靬人有什么关系呢？[①]

以佛教的传入为中介，中国建筑与印度建筑的因缘较之与西亚、欧洲密切得多，但中国建筑与西域的关系并不止于印度，也不止于佛教，应可追溯到更早以前。西汉通西域以后，中国建筑开始发生的最显著的变化，首在于起居方式及建筑空间方面。由南北朝至唐宋，西域"胡俗"垂足而坐渐渐流行，促使建筑室内空间加高，以致整体尺度规模都发生了变化。西汉中叶以后主要用于墓室的砖石拱顶，也很可能受到了东伊朗的影响。在美术史的其他方面也有这种情况：汉代中原雕刻艺术的新因素，有些就是张骞"凿空"西域以来从丝路引入的，如西汉"宦者署前金马门乃武帝得大宛马，以铜铸立于署门"。大宛就在西域。

又如，汉以后至唐，中国文化上的所谓"胡气"也与西域有关。此时丝路交通一直相当繁忙。《洛阳伽蓝记》说："自葱岭以西，至于大秦，百国千城，莫不款附，商胡贩客，日奔塞下。"《隋书·食货志》："西域多诸宝物，令裴矩往张掖监诸商胡互市，啖之以利劝令入朝，自是西域诸藩，往来相继。"《唐大诏令集》亦称："入唐以来，伊吾（哈密）之右，波斯以东，职贡不绝，商旅相继。"唐·元稹《法曲》更生动地描述说："胡音胡骑与胡妆，五十年来竞纷泊。""胡人"与中国人的长期交往，遂使中国文化逐渐染上"胡气"，唐代城市和建筑显出的博大开放的宏伟气魄，就可能是在此种隐化作用之下表现出的一种华胡相融的时代精神。此外，殿堂之袭用来自西域的须弥座为基座、西域琉璃技术之东来、犍陀罗风砖石建筑、雕刻和装饰纹样的风行，这些丝路建筑文化的涵化与整合，都是在"胡气"的濡染下所致成（图4-7-1）。

公元1世纪，源自南亚印度的佛教经中亚和新疆传来汉地，是西域文化包括建筑文化与中国文化关系史上一个划时代的重大事件。自此，印度的宗教、历法、文学、音韵、美术、音乐、舞蹈、医学，等等，无不对中国文化造成影响，当然也包括建筑。印度文化以佛教为传媒，曾使得中国的文化，受到过整体的洗礼。

中国建筑所受印度佛教的影响，首先是佛寺和佛塔，它们是经由在古印度贵霜王朝佛教势力影响下的犍陀罗、帕提亚、巴克特里亚和康居（粟特地区的东伊朗）传入的。汉明帝在显节陵奉佛建祇园（精舍）、楚王英立"黄老浮屠之祠"、汉桓帝于宫中立浮屠祠、修华盖之饰，及至民间于坟上建造浮屠，都是塔寺在汉地的初传。东汉的重楼与从印度传入的佛塔观念相融合，促使中国楼阁式佛塔走向成熟；印度佛塔之相轮与中国重楼层层屋檐之融合，又促成了中国密檐式塔的出现与发展，从而形成了中国佛塔最重要的两种基本形制。此外，中国新疆和内地的佛教石窟也源于印度，也是毋庸置疑的了。这些，在本书此前章节已有过叙述。

在佛教影响中国建筑的整个过程中，融合印度、波斯、希腊、罗马风格于一体的犍陀罗佛教建筑艺术起了最大的作用。惠生在北魏正光三年（522）从犍陀罗返回中土时，曾"减割行资，妙简良匠，以铜摹写雀离浮图仪一躯，及释迦四塔变"（《洛阳伽蓝记》卷五），带回了犍陀罗雀离浮图塔模型。《魏书·释老志》说："凉州自张轨（301年任凉州刺史）后，世信佛教。敦煌地接西域，道俗交得其旧式，村坞相属，多有塔寺。太延中，凉州平，徙其国人于京邑，沙门佛事皆俱东，象教弥增矣。"这段记载，将西晋河西走廊的佛教化，以及北魏以后以塔、寺为代表的佛教建筑文化从河西东传中原的过程，清晰地反映出来了。

佛教的影响不仅体现在佛寺佛塔，还体现在更广泛的方面，如石窟寺、墓表、辟邪等建筑和雕刻，甚至更深入于木构建筑单体。佛教的右旋礼拜仪轨，可能是使宋代所谓的"金箱斗底槽"发展为佛殿平面与空间主要形式的原因之一。巨大的佛像，使殿堂空间向着前所未有的大尺度发展。殿阁中暗层的设置，也与安置巨大佛像有关；佛道帐和转轮藏则是应佛教要求新起的小木作。北朝曾实行的两端收小的梭柱，也可能与希腊、印度的意匠有关，溯源于古希腊的"恩塔西斯柱"（entasis，即凸肚状柱）。这种种变化，许多就是从汉末至南北朝这段时间开始的。此外，建筑彩画广泛采用的晕染画法，溯其源流也与印度有关。前举唐·许嵩《建康实录》记梁大同三年（537）丹阳一乘寺寺门彩画即仿"天竺遗法"，用朱色和青绿晕染，名凹凸花。

中国与西域建筑文化的关系，与东亚中国系各国建筑之间的关系，有很大的不同：一是前者主要是中国从西域的输入，后者则主要是中国对东亚各国的输出；二是前者始终只及于某些相对有限的方面，并未到达后者那样根本触及体系的程度。中国之吸收西域文化，一直十分注意把它化为自己有机的组成，以致如果

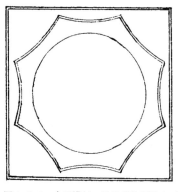

图4-7-1 中亚塔帕·沙达塔的须弥座（常青）

不特加注意，这种借鉴竟不容易被发觉了。^①

以下，我们将从更多或许也更为隐化的方面，对这一课题略加阐述。

二、世界中心——昆仑与须弥、凯拉萨

建筑是文化的载体，又是一种象征型艺术，其深层的涵意往往是以象征的方式表达出来的。然而这象征的内涵又往往被漫漫岁月及功用技术等物质因素所掩盖，使得其中反映的异域文化交流的痕迹，也变得脉络不清了，此尤以早期为甚。例如关于世界中心的理念，中、印就颇多相同之处，很可能是有关联的。

晋代从战国魏王墓中出土的先秦典籍《穆天子传》，载有西周穆王登昆仑山会西王母的传说，透露出西周天子的巡狩范围曾远达塔里木盆地南缘。在殷墟商王妃"妇好"墓中发现的和田玉，更证明早在殷商时中原与西域已存在着一条通往昆仑山的"碧玉之路"了。"昆仑"又称玉峦，在中国上古的宇宙观中，被认为是大地的中心，"昆仑者地之中也"（《淮南子·天文训》）；是天帝居住的下都，"昆仑丘，是实惟帝之下都"（《山海经·西山经》）；又是天柱之所在，是阴阳之气相通的地方，"昆仑山为天柱，气上通天"（《初学记》引《河图·括地象》）。因而古来就有"不过乎昆仑，不游乎太虚"（《庄子·知北游》）和"登昆仑兮食玉英，与天地兮同寿，与日月兮同光"（《九章·涉江》）的向往。总之，昆仑是世界的中心，是天与地、阴与阳相通的途径。古人又进而在想象中将昆仑意象化为三重的高山或三重的高台，"三成（层）为昆仑丘"（《尔雅·释地》），"昆仑之丘，或上倍之，是谓凉风之山，登之而不死；或上倍之，是谓悬圃，登之乃灵，能使风雨；或上倍之，乃维上上天，登之则神，谓之天帝"（《淮南子·天形训》）。由不死而灵而神，越近于天就越能不朽。

这种关乎某种神圣的、高大的、成层的体量的意象，与先秦盛行的成阶级状的高台建筑及秦汉陵墓成层的"方上"似有相通之处，或二者之间至少在"意象"这个层次上确有着某些关联。

汉代以降，昆仑更成为如"灵台"、"明堂"、"神明台"、"井干楼"、"通天屋"、"通天台"、"通天宫"等神圣而体形高耸的建筑物的寓意所指。如汉武帝时方士公玉带所献托古黄帝的明堂图，"中有一殿……为复道，上有楼，从西南入。命曰昆仑"（《史记·孝武本纪》）。这里的"昆仑"是指整座明堂，从西南进入的复道则称"昆仑道"。总之，在中国古人的观念中，昆仑山是一个非同一般的神圣地方。

反观古代印度，与中国的上述观念竟有着惊人的相似：相当于中国人的"地之中也"，印度人相信位于大地中央的"宇宙之山"是大神梵天（Braham）居住的须弥山（Sumeru，Mount Meru）及另一位大神湿婆（Siva）与他的妻子乌媄（Uma）居住的凯拉萨山（kailasa）；相当于中国人"气上通天"的"天柱"，印度三大宗教佛教、印度教和耆那教也都认为，"宇宙之山"是将宇宙三界（天界、地界、地狱界，各七层）连通起来的世界之柱、法轮之轴。相当于"昆仑"在中国被拟为建筑之至尊者明堂，成于公元2世纪前的印度史诗《罗摩衍那》也将须弥山和凯拉萨山比作是至尊的塔庙（prasada）。以后很长时期直到现在，印度神庙之最尊者仍是七层的须弥神庙和凯拉萨神庙。此外，印度古代也存在阴阳观念，湿婆和乌媄即分别是"阳"和"阴"的代表，凯拉萨在印度也象征阴阳的结合。

那么，古代中国和印度这种有关世界的中心、神仙居上、直上通天的观念或建筑意象，是否有着某种神秘的亲缘关系？譬如说，"昆仑山"与"凯拉萨"、"（西）王母"与"乌媄"，是否是对应的关系？这虽然是一个几乎无法考

^① 尼赫鲁在《印度的发现》（齐文译，世界知识出版社，1958）中即有如下论述："中国受到印度的影响也许比印度受到中国的影响为多，这是很可惋惜的事。因为印度若是得了中国人的健全的常识，用之来制止自己过分的幻想是对自己很有益的。中国曾向印度学到了许多东西，可是由于中国人经常有充分的坚强的性格和自信心，能以自己的方式汲取所学，并把它运用到自己的生活体系中去，甚至佛教和佛教的高深哲学在中国也染有孔子和老子的色彩。"

①转引自张光直.考古学专题六讲[M].北京：文物出版社，1986.

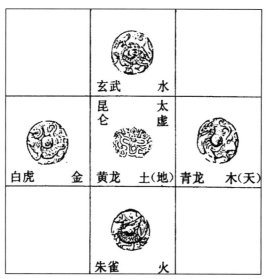

图4-7-2　中国"九宫"的复合意义（常青）

清的疑问，但二者之间的如此相似，至少反映了两国宇宙观上的趋同性。再者，具有高台建筑传统的中国，何以很快就接受了来源于印度的高塔，无非是因为高台与高塔在意象上的契合。这种意象，或许也是先秦中国文化与印度交流的结果。

佛尔斯特（Peter Furst）对此有独到的看法。他将亚洲和美洲古代普遍存在的关于高台和天柱的相似观念，归结于远古同源的所谓"亚美式"萨满宇宙观，即以中央之柱（山），将人间与上下界相贯通。①这一论断显然具有更为深远的历史透视感。但昆仑与须弥、凯拉萨的关系，除了反映了二者的意象趋同之外，似还有更多的文化传播的印记。

三、宇宙图案——九宫与曼荼罗

中国上古宇宙图案或空间图式是五行八卦九宫，形成于包括相土、卜地、测日景、辨方正位、察识天象等空间定位活动。古人的空间定位，首先是确定自身之所在，以之为中央，再确定四方（四维）和四隅。所谓"欲近四方，莫如中央，故王者必居天下中，礼也"（《荀子·大略》）。这一空间定位方式于无意中深刻影响了

中国的建筑空间观念，从"九州八极"之天下，九夫之井田，纵横九里、旁三门、内有九经九纬道路的洛邑王城，到九室、五室之明堂，均可看到九宫图案的身影。西汉长安南郊的明堂辟雍遗址、西晋墓中常见的青瓷魂瓶上十字对称院落，均是九宫图案观念之体现（图4-7-2）。

无独有偶，古代印度亦有类似于中国"九宫"的宇宙图案及空间图式，这就是所谓"曼荼罗"（Mandala）。与九宫的来源相似，曼荼罗也是从印度上古的相土卜地、测景辨方等空间定位活动中演化而来的。据佛教和印度教典籍，印度古代测日景之法与中国古代的土圭法几乎完全相同。伴随着巫术的仪式，先以表柱的日影轨迹定出四向，日影轨迹所在的圆周被认为是地球的缩影，再以此圆周与东南西北四向线所交的四点为圆心，以此圆周直径为半径，分作与圆周相切的四段圆弧，四圆弧相交点之连线为方形，最后得出曼荼罗图案。在三千多年前的《吠陀经》中已可看到曼荼罗的雏形，并释意为圆形的大地为方形的曼荼罗所覆盖，而超现实的人格神梵天就位于曼荼罗的中央。曼荼罗的中央是须弥山之所在，类似于中国九宫中央的昆仑山。曼荼罗每边可划分为若干个单位帕达（Pada），以等分的1～32个帕达为变化范围，最常见的便是九等分即九个帕达，其中央及四维四隅的定位关系极似中国的九宫（图4-7-3）。在一幅耆那教的古曼荼罗图中，可以见到一个双手叉腰作半蹲状的人形神祇，即为梵天，直观表达了梵我如一，异类同构的宗教宇宙观。这幅曼荼罗图的中心部位，相当于人体的脐部，而印度教庙宇的中央密室，往往就在平面的中央，也往往被称为"子宫"（图4-7-4）。曼荼罗图案在意象、形象和模数参照等方面，自古为印度城市规划和庙宇总平面设计所遵行，并以塔庙最为典型。如古都巴特那出土的公元3世纪以前的泥板雕刻，上有塔院，

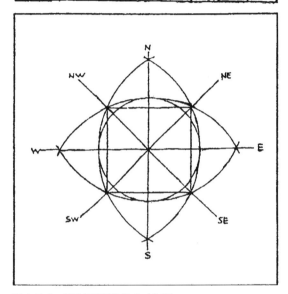

即以象征梵天所居须弥山的多层塔庙居中（图4-7-5）；犍陀罗公元2世纪的雀离浮图遗址和中印度佛陀伽耶（Bodh-Gaya）大塔，以及以后属于印度文化圈的柬埔寨吴哥窟的塔庙群，还有为数极多类似的塔庙形象，无不表现此"须弥"居中的曼荼罗意象（图4-7-6）。

图 4-7-5 印度古都巴特那出土泥板雕刻（3 世纪前）的中央大塔（常青）

图 4-7-3 印度曼荼罗的构成（常青）

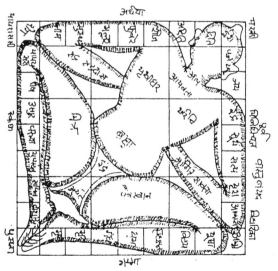

图 4-7-4 梵我如一的曼荼罗（常青）

图 4-7-6 佛陀伽耶塔庙（《天竺建筑行纪》）

①参见常青.西域文明与华
夏建筑的变迁[M].长沙：
湖南教育出版社，1992.

正是因为中国的"九宫"与印度的"曼荼罗"如此相通，随佛教传入中国的那种来源于印度、以塔为中心、十字对称的中心塔式佛寺布局，就几乎没有遇到过什么阻力，便顺利地在中国建造起来了，并在一段颇长的时间内得以通行。已如前述，汉地最早的佛寺白马寺和笮融所起浮屠祠都是这样。其后又如北魏洛阳永宁寺，无论从《洛阳伽蓝记》的记载，还是从遗址的发掘，都被证实是这样。九宫与曼荼罗意象上的趋同，使得中国人在接受印度建筑文化时，显得十分自然而从容，以致源自于印度的佛寺常可与中国固有的宫殿相提并论，所以往往这样形容佛寺："金塔与灵台比高，讲殿共阿房等壮"。至于金刚宝座塔的大塔居中、四隅各一小塔的布局，更显出了曼荼罗的构成特征。在藏传佛教建筑中，立体的曼荼罗以及与之相类的金刚宝座式塔的构图更为常见。

四、雀离浮图与永宁寺塔

在犍陀罗文化中心的富楼沙（今巴基斯坦白沙瓦）城东南，曾有一座著名的大塔，梵文称"邦主支提"（Mahuraja Chaitya），汉译"雀离浮图"或"爵离浮图"。与惠生同赴西域的北魏高僧宋云赞之为"西域浮图，最为第一"（《洛阳伽蓝记》）。"雀离"一词可能是"支提"的音转。此浮图初建于公元2世纪印度贵霜王朝迦腻色迦王时期。对它的最早记载，却出于中国东晋高僧法显的《佛国记》："高四十余丈，众宝校饰，凡所经见塔庙，壮丽威严，都无此比"。《水经注》将它与永宁寺塔相比："西国有爵离浮图，其高与此（即永宁寺塔）相状，东都西域，俱为庄妙矣"。《洛阳伽蓝记》卷五引宋云传说："雀离浮图……去地四百尺，然后止……上有铁柱，高三百尺，金盘十三重，合去地七百尺……塔内佛事，悉是金玉，千变万化，难得而称。"在此段文字之中插有《道荣传》，称此塔"上构众木，凡十三级"，明确说它是木结构（《洛阳伽蓝记》）。前面已经说过，惠生曾携归此塔的铜制模型。此塔遗址至今尚存，保留有一段周长近300米、高近5米、以砖头石块土坯和黏土混砌而成的方形台墩，东西各有台阶痕迹，值得注意的是四角各有一座方形小墩，总体也是一个"宇宙图案"的外化（图4-7-7）。①《大唐西域记》也谈到雀离浮图，多被学者引用，然而玄奘到访该地时，浮图早已毁弃多时，故所述与上引文献相去甚远。特别是记为石构，更疑有误。著名的西方考古学家弗契尔（A.Foucher）以实地考察资料推断，基址上确实可能存在过为火所焚的木浮图。下面我们就会看到，在西域的雀离浮图与东土的永宁寺塔这两座大塔的废墟中，确有可能存在着形态的关联。

北魏永宁寺塔的高度，各书所记不同，大约以《水经注》所记四十九丈较为可信，约134米，非常巨大。法显所记雀离浮图"高四十余丈"，与之相仿。

永宁寺塔建于公元516年，早于前举雀离浮图模型携归前六年，但犍陀罗文化可能早已影响到了北魏代都平城，此由云冈石窟广泛出

图4-7-7 印度贵霜王朝雀离浮图遗址（常青）

北

现的希腊印度式雕刻题材，以及前引《魏书·释老志》述太延中（435～440）凉州人从佛教已相当发达的河西迁往平城的情况得到证明。史称永宁寺塔取法代都七级浮图，可以认为至少是间接受到了犍陀罗的影响。雀离浮图遗址方形台墩四角的方形小墩，与复原的永宁寺塔四个转角的方形小墩非常相似（参见图4-2-7）。凿于北魏天安元年（466）的曹天度小石塔，底层四角也各有一附角塔柱（云冈北魏第六窟中心塔柱首层四角与此类似，但比例较细；上层四角各有一独立塔柱，总体类于金刚宝座式）（参见图4-2-12之3）。曹天度塔原存晋北朔县，与平城邻近。再加上雀离与永宁都是木结构，均都可说明，永宁寺大塔非常可能是通过平城间接地接受了雀离浮图所代表的犍陀罗塔的影响。又，惠生在携回雀离浮图模型同时，还带归"释迦四塔"模型。此"释迦四塔"，有可能就是指大塔四角的小塔。而中心大塔四角各一小塔的构图，又是中土"九宫"与西域"曼荼罗"观念的复现了。

五、"天祠"与密檐塔

中国佛塔的两大类型为楼阁式与密檐式，前者有木结构也有砖石结构，后者全为砖石建造。关于楼阁式塔，学界已广泛承认是源于印度窣堵波式塔和中国汉代楼阁（重楼），密檐式塔的渊源也可能与印度有关。

嵩岳寺塔是中国密檐塔的最早实例。据清·景日昣《说嵩》所辑古代文献，塔系一次西域沙门大规模迁入之后建成的，全以砖建，叠涩砌出的十五层密接层檐形成的总体轮廓呈非常柔美的抛物线形，内部结构则为直通到顶的砖砌空筒，但筒壁上有叠涩砖砌出的八层内挑，以承八层木楼板。一直到唐代，这种呈抛物线形的整体外轮廓仍在密檐塔中通行。这样

的轮廓又与被玄奘称之为"天祠"的中古印度希呵罗型（Sikhara）中某一类塔庙轮廓相似（图4-7-8），故有学者认为可能有一定的渊源关系，即中国密檐塔与印度的此类希呵罗有关，但对二者的流变关系并未阐明，我们有必要从内部叠涩砌法这个方面再加审视。

关于印度塔庙的建造技艺，许多梵文文献都提到过"工巧学"（梵文 Silpa Sastra）。印度雅利安人需要掌握的三十二种科学和六十四种技艺，"工巧学"即包含在这三十二种科学里。其中"度量精义"篇（Manasara）专论建筑，包括城市街道的布局，庙、宅的选址，建筑各部分的尺度和比例，以及雕像技法等，有大木（Carpentry）和小木（Joinery）的匠师分类。"度量精义"形成的时间仍有争议，直接涉及其来源与影响，一说为公元前3世纪，另一说为公元6世纪。工巧学中还有一篇"拉特那工巧"（Silpa Ratna），专论楼阁的十八种类型，将楼阁式塔庙分为七种，主要涉及南印度被称为毗玛那型（Vimana）的塔庙。《隋书·经籍志》收有婆罗门书，属字书类，当有建筑内

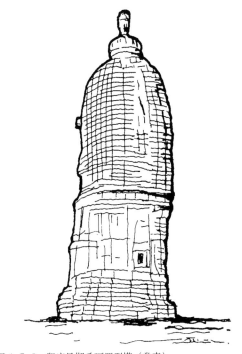

图4-7-8　印度早期希呵罗型塔（常青）

①精舍之类同天祠还可见于以下文献，如《大唐西域记》卷五记殊伽呵伽蓝云：“伽蓝东南不远有大精舍，石基砖室，高二百余尺，中作如来立像，高三十余尺，铸以俞石，饰诸妙宝……石精舍南不远有日天祠，祠不远有大自在天祠，并莹青石，俱穷雕刻，规模度量同佛精舍。”卷六给孤独园："伽蓝东六七十步有一精舍，高六十余尺，中有佛像，东面而坐……次东有天祠，量等佛精舍。"

容，因已亡佚，无从详论。不过随着佛教的东渐，也传入了印度的各种学术，总称"五明学"，即内明、声明、工巧明、因明和医方明，其中的工巧明可能涉及塔庙技艺。目下虽仍弄不清这一文化传播的具体过程，但南北朝以来的中国佛塔与印度塔庙有关，却是可以肯定的。印度呈抛物线轮廓的天祠与中国密檐塔有何关系，是值得注意的问题之一。

印度塔庙平面都是方形曼荼罗，结构法则有南方与北方之别。南方的称毗玛那型，为多级楼阁状，外观是多层逐级上收的方锥体，最上覆半圆筒拱顶。北方的称希呵罗型，即玄奘所谓的"天祠"，与毗玛那型在结构上的最大不同是内部不分层，为直通到顶的中空叠涩穹窿，外观轮廓有方锥体和抛物线卷杀两种，以后者更具代表性，也更与中国密檐塔相似。希呵罗塔顶均覆以扁环状被称为"阿摩落伽果"的塔刹，最上刹杆称凯拉萨。

此类天祠的内部都是中空的叠涩穹窿。印度教中有所谓"叠券绝不会倒下"的比喻，认

图4-7-9 缅甸蒲甘摩诃菩提寺塔（《东南亚美术》）

为叠涩穹窿结构是稳固有力的象征。印度叠涩穹窿的重要特点之一，是矢跨比颇大。砖石层出挑除了受到杠杆平衡的约束，还要承受剪力，矢跨比较大显然更加坚固，内部空间也因此而呈竖向高耸。玄奘在7世纪所见印度的精舍，规模甚至可能形体都与天祠相近，可见此类结构运用的广泛。①此外，佛陀伽耶塔庙亦可作为一例。此塔庙初建于公元前3世纪的阿育王时代，本为小精舍，后为婆罗门扩建；考古资料表明重修于公元4世纪，后毁弃。据《大唐西域记》，玄奘在7世纪到达该地时，塔庙已是由五座窣堵波式塔组合而成的"金刚宝座式"塔（只是中间大塔当时仅存其座），但不是现在的样子。遗存至今的佛陀伽耶塔曾经19世纪重修，关于它最早出现在什么时候有诸多说法，已不可确知。但缅甸蒲甘城内摩诃菩提塔在极大程度上与现佛陀伽耶大塔相似，建于1215年，似亦可作为探讨此问题的参考材料之一（图4-7-9）。

佛陀伽耶大塔现状是下为高台座，座内为寺，供佛像，台座上四角各一小塔、中央一座大塔，总体为金刚宝座式群塔组合。大塔18.3米见方，外观为九层直线收分的方锥体，塔顶变为圆锥，有石梯可达于顶，通高48.8米。其方锥形外轮廓可能受到了毗玛那的影响，值得注意的是，内部却仍是叠涩结构（参见图4-7-6）。直到10世纪以后，北印度仍时常建造希呵罗式的印度教塔庙（图4-7-10）。

然而印度那种抛物线轮廓的希呵罗天祠外形，究竟是印度原有，还是另有出处？伊东忠太和波尔瓦森（A.Volwashen）都认为，此种抛物线轮廓是对印度古已有之的束竹绑扎结构的模仿。束竹绑扎曾是原始时代人们普遍采用的建构方式之一，但说它与印度5世纪以后才出现的叠涩穹窿天祠有何必然联系，似仍觉牵强。还有一说认为天祠的曲线轮廓乃源于中亚

波斯（J. 弗格森），此说似有一定道理，从实物证据和玄奘的记述可以推论。在中亚，许多也被玄奘称之为"天祠"的、建于公元前后的祆教塔庙和佛精舍，也是方底上覆叠涩穹窿顶。玄奘同样称之为"天祠"，可能正因为它们与印度的"天祠"有着相似的结构和外形。所以，就地理位置和结构出现先后而言，与其说中国的密檐塔与印度的天祠有关，毋宁说与时代更早的中亚塔庙的关系更为密切。

更进一步考察，可知密檐塔的来源还有其他因素的渗入，抛物线形的层层密檐有可能来自塔刹的演变。本章第二节已经论述，嵩岳寺塔直接渊源于北凉河西走廊的诸多窣堵波式小石塔。小石塔塔刹的演变，可能也曾得益于上述中亚与印度抛物线轮廓希呵罗相近的塔庙。[①]说中国密檐式塔与中亚而不是与印度有更多关系，还可以作如下补充：印度天祠只用叠涩而不用拱券，而嵩岳寺塔贯穿塔身上下段的门洞皆为拱券，很可能源自中亚拱券技术；塔外部砖饰的扶壁柱和壶门狮子，均有明显的波斯中亚特征。此外，塔内的木楼板分层，与印度天祠的内部叠涩空筒也有所不同，外部分层明确的层檐亦异于曲柔直上不分层的印度天祠。

最后我们可以似可得出结论：由嵩岳寺塔最早体现的中国密檐式塔，其远源实与中亚有更多关系。

故印度呈抛物线轮廓的希呵罗，乃是中亚此型塔庙的另一流变，不是中国密檐式塔的原型，论继承关系，二者都源于中亚。这样，二者的某些相似也就可以理解了。

六、南北朝石柱与阿育王石柱

南朝陵墓神道两侧的墓表和北齐定兴义慈惠石柱，是中国标表性石柱最典型的实例。其实，

图 4-7-10　印度教希呵罗式塔庙（《天竺建筑行纪》）

早自先秦坟旁设木揭为表、秦代的"诽谤木"，都可知这种性质的建筑早已有之。以后在各代宫殿、陵墓等重要建筑之前所立的华表，桥梁两端的望柱等，都是标识性柱形建筑，多为石质，也有木质。

以柱形建筑来强调某种纪念性和标识性，在古代世界各个文明中屡见不鲜，除中国外，如埃及方尖碑、印度阿育王柱、罗马纪功柱等，皆有相类功用。然而南北朝的一些石柱，从题材到手法，都明显受到了印度阿育王石柱（间接则受到了希腊）的影响。

为铭记战功，弘扬佛法，阿育王曾在北印度建造了三十余座独立石柱。每座重达50多吨、高达10米以上，柱身圆形，刻有阿育王诏文，现存仍有不少，以鹿野苑萨拉纳特狮子柱最为知名，其图案至今用在印度共和国国旗上。萨拉纳特阿育王石柱高12.8米，造型吸取了波斯和希腊石柱雕刻的精华：柱身有希腊柱的凹槽；柱头有波斯莲瓣组成的覆钟，通称波斯波利斯钟形；再上在圆形石盘上有圆雕的四头一组蹲踞的雄狮。雄狮喻人中雄杰，面向四方怒

① 印度的塔刹相轮的原形（伞盖）外轮廓为圆锥，不作抛物线形。《法显传》记载的狮子国（斯里兰卡）阿巴雅吉利大塔和杰塔瓦纳大塔都是窣堵坡型，相轮轮廓仍都是圆锥。中亚罽宾（罽音 Ji，罽宾又称伽湿弥罗，即今克什米尔）地区的塔刹相轮亦与之相近。只有尼泊尔加德满都的塔刹相轮呈抛物线轮廓。

①参见黄文弼著,黄烈编.黄文弼历史考古论集[M].北京:文物出版社,1989.

吼,喻佛法广布,石柱本身则象征为宇宙之根。原来在雄狮上面还有法轮高耸,喻佛法之尊严。阿育王石柱有的柱顶只置一头狮子、公牛或大象。据《法显传》和《大唐西域记》所载和遗址显示,阿育王石柱常置于窣堵波之前,与窣堵波的配置关系同中国墓表与陵丘的关系一样(图4-7-11)。

墓前开神道建石柱以为标志,在中国始于东汉,前举现存南朝墓表和北齐石柱,明显可见有阿育王石柱的影子。南朝比较典型的如梁萧景墓表,柱身也有凹槽,其上段为外弧内棱,若束竹状;下段为内弧外棱,即尖棱向外,凹弧在内,同于希腊凹槽。莲瓣雕饰的覆钟则变为覆莲圆盘,其上也置蹲狮,只有一头。义慈惠石柱则在柱顶方形石板上置石刻小殿,寓意佛国天宫。应该说,这两个纪念性石柱都是阿育王柱的中国变体。

图4-7-11 阿育王狮子柱柱头(《天竺建筑行纪》)

七、天禄辟邪

中国东汉六朝以来,陵墓神道两侧的石雕"天禄"、"辟邪"多为带翼狮形,其来源似也与西域文明有关(参见图4-3-2)。

有的研究者认为它直接源于西亚或中亚。的确,在西亚亚述的萨尔贡宫门前、中亚波斯的波斯波利斯宫薛西斯门前,都有带翼狮身人面雕像;甚至远及北非的埃及,在胡夫金字塔前,有更早的巨型狮身人面斯芬克斯雕像。它们都是陵寝或宫殿前的守护神。还有人认为"天禄"、"辟邪"都是外来语,"辟邪"可能就是波斯的帕提亚(Pathia)地名的音译。①《酉阳杂俎》上也有来自波斯的"辟邪香"之名。

但有翼兽的形象,早在中国先秦至西汉就已出现了,如西周仗氏壶上已有奔腾的有翼兽,战国错金银虎形有翼兽及汉代玉器上的有翼兽,更是活灵活现。"辟邪"一名在春秋《左传》上也早已有之。此时的有翼兽,多为虎形或鹿形,皆称"辟邪",并无天禄、辟邪之分。汉"大飨碑"就说,"白虎、青鹿,辟非辟邪之怪兽"。虎形辟邪与鹿形辟邪又往往成对出现,如东汉光武帝立苏岭祠,刻二石鹿夹神道;《隶释续》记汉李氏之"镜有二兽……即白虎辟邪也"。天禄一名由《三辅黄图》记西汉在殿阁、宫苑前置铜铸天禄,可能最早出现在西汉。天禄即天鹿,实际就是鹿形辟邪。东汉以后,才专称辟邪之为鹿形者为"天禄",单称虎形者"辟邪"。综上,有翼兽形既早已有之,而且多为虎鹿之形,不是狮子,也并无人面,再考虑到此时中西交通尚未大开,所以,要说先秦西汉的"辟邪"来自西亚或中亚,似难以成立。

但东汉以后,中西交通趋于频繁,带翼虎形在此时为狮形所取代,同时又出现了独角与双角的区别,透露出东汉六朝的天禄、辟邪可能与西域存在着某种关系。《汉书·西域传》称与波斯十分接近的乌弋山离国（今中亚阿富汗、伊朗境内）有所谓"桃拔"的动物。孟康注曰："一名符拔，似鹿长尾，一角者或为天鹿，两角者或为辟邪"[①]《后汉书·西域传》。也载有东汉章帝章和元年（87），贵霜、安息分别遣使来朝"贡奉珍宝、符拔、狮子"。这可能是东汉六朝的天禄、辟邪概念的来源。

但现实中并不存在的那种带翼的独角或双角怪兽的雕刻形象。这种形象只能在印度找到。印度桑契大塔四面正中被称为"玉垣"的四座砂石门上，就刻有鹿、狮等守护神兽，有独角也有双角，身上皆有丰健的短翼（图4-7-12、图4-7-13）。这种有角带翼的鹿与狮，正与中国东汉六朝的天禄、辟邪相同。"玉垣"的石门建于公元前1世纪至公元1世纪初古印度安达罗王朝。据研究，这些石雕作品曾受到过波斯的影响，或直接出自波斯工匠之手。可以认为，西亚亚述带翼神兽的雕刻题材，是经中亚波斯传入印度，再随佛教传入中国的。在由波斯传入印度的过程中，又结合所谓"符拔"的动物形象，变化出了独角与双角，并有鹿形和狮形之分。传入中国后，乃结合中国早已有之的"辟邪"，方演变为东汉六朝的天禄和辟邪。传入中国的媒体是佛教。《水经注·穀水》载东汉襄阳的一座坟墓，有坟，有浮图，也有碑、柱及狮子，还有天鹿和辟邪。《洛阳伽蓝记》也说："长秋寺佛像出行仪仗，前以狮子辟邪导引。"透露出此类天禄、辟邪与佛教的关系。

结论是，早自秦汉中西交通未开，中国已有了统称为辟邪的带翼瑞兽，西汉以后，经过印度、西亚或中亚的带翼兽与中国原有的意象融合起来，成为东汉六朝的天禄、辟邪。"辟邪"的含意应就是其字面本意，即辟除不祥，很难说与帕提亚地名有关。

从四川、河南等地保存的东汉此类天禄、

①以后多将两角者称为天禄，一角者称为麒麟，无角者称为辟邪，与孟康的称谓稍异。

图4-7-12 鹿形神兽（《天竺建筑行纪》）

图4-7-13 长有鹿角的狮形神兽（《天竺建筑行纪》）

辟邪遗物看，外形近虎，形体浑圆，刀法细腻，写实性较强，作风与桑契石雕接近，似乎更多一重外域色彩。大小一般与真虎相近。至六朝侧重写意传神，体块棱角分明，更富于整体的中国传统石雕风格，尺度则放大了一倍。因此，天禄、辟邪虽然受到过西域的影响，却与汉至南北朝建筑艺术的古拙、浑厚、粗放的风格相匹配，既有别于外域原型，也不同于后世。

八、琉璃工艺

曾经给中国建筑带来过特殊荣耀的琉璃，也是从西域传入的。琉璃主要使用在重要建筑的屋顶上，色彩绚丽，光泽灿烂，使中国建筑显得美奂夺目。

但"琉璃"有二义，其一指天然琉璃，其二才是主要用在建筑上的人工制品。天然琉璃又名璧琉璃，是梵语"Vaidurya"的对音，巴利语称"Verulia"，波斯语为"Billaur"，拉丁语为"Beryllos"，可能皆出自梵语，是一种天然的有光泽的彩色宝石。人工琉璃是在黏土坯胎的表面涂以釉料，釉料中有长石、青石等含铝和钠的硅酸盐化合物，烧制而成砖瓦。由于表面釉色鲜亮透明，有类天然琉璃，古人乃借中国早有的"琉璃"之名称之，不用说与天然琉璃有本质的区别。《汉书·西域传》记有"罽宾国出……珠玑、珊瑚、虎魄、璧流离"，颜师古注引《魏略》曰："大秦国出赤、白、黑、黄、青、绿、缥、绀、红、紫十种琉璃"，都是这种人造琉璃。它在印度和中亚，可能早就被用来妆点佛教塔寺了。东汉由西域来华僧人所译佛经，便有琉璃用于建筑的描写："讲堂精舍皆覆自然七宝：金、银、水精、琉璃、白玉、琥珀、车渠，自艺转相成也。"虽说描述的是佛国景象，也可能折光反映了西域佛教建筑曾使用琉璃的情况。《法显传》在述及中印度摩揭陀国巴连弗邑行像仪式所用的佛塔模型，也记有"以金银琉璃庄校其上"。

其实，更早得多，在公元前4000年，西亚两河流域就已流行用人工烧制的琉璃面砖作建筑装饰材料了，已见前引《汉书》和《魏略》所记大秦国情况，更由现存遗址所证实。以后传到中亚，并一直沿用到古波斯，但在公元3世纪波斯萨珊王朝使用渐少。中国也早有施釉琉璃，如陕西宝鸡发现的公元前10世纪西周早期遗址，就出土有青绿色管状琉璃项链，属石灰釉类。它与西亚琉璃工艺的关系尚不明了。考虑到这种孤例长时期内再未见其在中国的发展序列，故不能排除受到西亚影响的可能。西汉末刘歆著《西京杂记》，其中记载的琉璃剑匣，可能是天然琉璃，与我们所说的建筑琉璃无关。但是到了东汉，许多墓葬如武威雷台墓出土的陶楼院、谷仓、灶等明器，表面常施有黄绿色釉，说明当时已有了比较原始的人工琉璃制作技术。然而，当时仅用于与厚葬相关的明器，表明还是一种花费昂贵的工艺，不大可能大量用在建筑砖瓦中。

琉璃之用于建筑，是稍晚的事，并且的确与西域有关。从西域传进来的先进的琉璃工艺，大大提高了中国原有的琉璃制造水平，降低了成本，从而使其应用于建筑。第四节所引《北史·西域传》已说到北魏太武帝时制造琉璃的先进技术由大月氏传入中国的情况。"大月氏"本住敦煌祁连间，早在西汉即已西迁，东汉时定居中亚大夏一带。大月氏传进的技术，显然是西亚与中亚波斯早就掌握了的。这是中国以人工琉璃用于建筑的最早记载。中外工艺的进一步结合与提高，使琉璃制作水平在唐代达到了一个新的高度。

唐宋以后，琉璃在中国逐渐通行，至明清，几乎为所有重要建筑所必需，同时达到了技艺的最高峰。西域则在12世纪（当中国两宋之交）以后的伊斯兰教建筑中，再一次兴起了使用琉璃的高潮。

12世纪以前，中亚伊斯兰教建筑的表面装饰，主要还是石膏抹面或石膏浮雕，960年波斯那英加米大寺即其最早一例，随后由波斯风靡中亚西亚。石膏装饰主要用于柱身、拱券和圣龛周缘。12世纪初重新使用琉璃面砖。新疆14世纪中（元代）的吐虎鲁克·帖木尔玛札，正面使用琉璃，其余表面均覆以石膏，反映了较早期的琉璃面砖与石膏混合使用的情况。这种琉璃面砖，是先经烧制，再切割成小块，最后拼镶成表面平整光洁的彩色图案。以后逐渐发展为在黏土制坯时预先绘制或雕刻几何纹、阿拉伯文字图案，施釉后进行烧制。这种技术在西域13～14世纪方才出现，时当南宋末至明初，此时中国的琉璃生产技术堪称先进，很可能是从中国反传西方的。

　　莱斯（David T. Rice）以大量实物资料证明，中世纪的中亚伊斯兰教建筑的琉璃工艺有明显的中国影响。《比较法世界建筑史》的作者英人弗莱彻（B. Fletcher）甚至认为，镶嵌技术也可能与中国有关。布哇在《帖木尔帝国》一书中称，帖木尔（1370年为察合台汗国君主）曾在撒马尔罕、大不里士两城，招用了不少中国陶工。因而帖木尔时代的琉璃技术达到了伊斯兰教建筑装饰的高峰。这时已经可以用控制炉温的方法烧制不同色泽的琉璃，但仍须事先制成大块再切割成所需尺寸。15世纪，技术进一步发展，使刻绘图案、施釉和预先划成小块的一体化琉璃生产成为可能，导致帖木尔后期西域伊斯兰教建筑上施用大片镶嵌琉璃成为时尚。在这个过程中，可能仍有掌握先进技术的中国工匠的贡献。新疆16世纪及其后的许多礼拜殿和玛札（伊斯兰教圣者墓室），外表遍镶琉璃，显然是这一时尚的延续。因此可以说，曾受到过西域影响的中国琉璃工艺技术，在伊斯兰教盛行的帖木尔时代，又反过来对中亚产生了影响。这种建筑文化与艺术交流过程的互动性，是很值得重视的现象。

第五章　隋唐建筑

小引

从东汉末黄巾起义开始，历经三百六七十年的三国两晋南北朝，到隋文帝南下灭陈止，中国遭受长期动乱的折磨已长达四百多年了；国家分裂，生民涂炭，经济发展受到了抑制。到了隋唐，中国才又进入了一个空前大发展时期，建筑也因之进入了第二个发展高潮。这个高潮在中国建筑史三个发展高潮中，应更加给予注意，因为就建筑艺术品格而言，它正是中国建筑艺术发展史的高峰。

公元 577 年，北周灭北齐。581 年，杨坚代周自立，建立隋朝，称隋文帝。开皇九年(589)隋灭陈，中国复归一统。但隋朝是一个短命的王朝，只传二帝共三十八年。公元 618 年李渊推翻隋朝，建立唐朝。唐延祚二百九十年，终止于天祐四年（907），随后就是历史所称的五代时期。

隋唐三百二十七年，是中国封建社会盛期，在秦汉业已确立的郡县文治政府体制基础上，隋直承北周，唐又直承隋代，制定了唐律唐典，对发展生产，巩固统一，加强中央集权起了很大作用。唐代注意使农民拥有足以保证其生活和发展的田亩分配，使他们进一步摆脱了魏晋半农奴式的人身依附状态，取得了更独立的地位。对商业也颇采宽松政策，全国统一、交通便利、货币和度量衡的一律，以及手工业的发展，都使唐代生产与商业一直处于上升的势头之中。府兵制寓兵于农，政府军队得到加强，削弱了私兵势力；除隶属兵府者外，大多数农民都免除了兵役。这些，都大大地刺激了经济的发展。

隋唐的科举制改变了魏晋九品中正制的做法，不计门第阀阅，不经地方举荐，以朝廷公开考试的办法直接任用士人，才智平等角逐，进而侧重诗赋，才、情兼衡，大量非门阀士族即庶族中小地主中的优秀人才得以脱颖而出，给官僚队伍不断输送新鲜血液。

唐代国力强大，声威远播东亚，盛唐以前，外患寝息，四夷君长共尊唐太宗为"皇帝天可汗"（图 5-0-1）。

图 5-0-1　唐太宗李世民（《人类文明史图鉴》）

在这样一种较为清新自由的空气中，唐人以充满自信心的精神力量，形成了一种高昂洒脱、豪健爽朗和健康奋进的文化格调，取得了远超秦汉的空前繁荣。尤其盛唐前后，无论诗歌、散文、传奇还是建筑、音乐、舞蹈、绘画、雕塑、书法和工艺美术等，都取得了突飞猛进的成就，呈现出一片文化全面高涨的气象。名篇巨制大量出现，汇成了一派生机勃勃的文艺巨流。唐代又敢于和乐于吸收外来文化和融汇国内各民族文化，在开放的心态下，为文化高涨更增加了一派奇丽的色彩。它们在内容和形式上都具有鲜明的时代特色，显示了对人生现实的真诚讴歌。东汉以来那种贵族的庙堂铺陈，不触真性；宗教的超脱出世，意出尘外；文人的激愤忧伤，隐迹山林，或悲叹人生无常，或痛哀生民涂炭，种种世纪末的文化心境，都让位给了日常真情实感的尽情抒发。初唐王勃等"四杰"、盛唐边塞诗人和李白的诗作，张旭、怀素的草书，都是其杰出的代表。一种对朦胧前景的激动渴望，对建功立业的进取豪情和恣肆排闼于天地之间的自信跃然笔端，与前代相比，真是异军突起，振聋发聩，奏出了中国封建时代的最强音。盛唐后期，各种文艺在形式上更加完美和精密，以杜甫的七律、韩愈的散文和颜真卿的楷书为代表的艺术新风格崛起，"它们的一个共同特征是，把盛唐那种雄豪壮伟的气势纳入规范，即严格地收纳凝炼在一定的形式、规格、律令之中"，[①]但它们并不是专事形式的雕琢，仍然是形式与内容的统一，这也符合于艺术发展的正常规律：一种时代精神的出现，首先是内容的革新，随后总要跟进形式的完善。只是到了中唐和晚唐，社会矛盾有所发展，文艺才显出了更多忧患意识，渗入了更多儒家观念。

隋唐建筑就孕育在这样一种整体文化氛围之中，它正是时代精神的凝炼。它的成就，主要体现在以下几个方面：

首先，隋唐建筑作品大多富于独创精神，力求创造出富有本时代精神风貌的形象，从总体到细部，比前代都有明显提高，把中国建筑推向了完全成熟。在这个时期见不到后代往往会遇到的因循保守和程式模仿的作风。

第二，建筑艺术风貌大多具有朴质、真实、雄浑、豪健的气质，形式与内容统一，既非冷漠平庸缺乏感情，又非矫揉造作，轻浮俗艳，体现了一种宝贵的自信的本色之美。它的着眼点主要致力于创造建筑艺术这一空间艺术所特别强调的统一的情绪氛围，虽然它同时也在极认真地推敲每一个局部和细节，但艺术家们始终不放松整体。它的每一个单体和局部，都不过事喧哗，而是力求符合于整体的氛围。单体和群体、局部和全局之间，具有紧密的有机联系。它也不屑于追求过于繁琐纤柔的装饰和细碎艳丽的色彩，鄙弃珠翠满头的虚荣和矫揉造作的轻浮，给人的印象是在形式的完美中蕴含的更为内在、更为动人的雄浑与阔大。

第三，重要建筑的规模大都十分伟大，恢宏、壮阔，雄视他朝。规模是属于量（体量和数量）的范畴，也是建筑艺术与其他艺术相比更为重要的品质和独具的手段，是形成建筑艺术感染力的最重要的因素之一。巨大的量可以体现为压抑，但唐代却着重于开阔与辉煌。巨大的量也体现出一种组织的复杂性，人们通过对这种复杂性的"领悟"过程的本身，就可以获得某种组织较为简单的艺术品所不能达到的效果。清代著名学者顾炎武就直觉到了这一点，他说："余见天下州之为唐旧治者，其城廓必皆宽广，街道必皆正直；廨舍之为唐旧创者，其基址必皆宏敞。宋以下所置，时弥近者制弥陋"（《日知录》）。这是基本符合历史事实的。隋唐长安城就比明清包括外城在内的整个北京城还大出三分之一，长安太极宫宫城（包括东宫和掖庭宫）面积4平方公里多，相当于明清北京

①李泽厚．美的历程[M]．北京：文物出版社，1981．

宫城紫禁城的六倍，更不用提长安还有一座略小于这座宫城的大明宫了。单座建筑的规模由于木材的限制，当然不可能太大，所以大明宫含元殿和与之地位相当的紫禁城太和殿差不多，都约为 2000 平方米。但大明宫麟德殿由四殿合成，底层面积达到 5000 平方米以上，却是各代建筑无法比拟的了。

最后，唐代建筑的其他附属艺术如壁画、雕塑也达到了空前的水平，它们与建筑之间有很好的默契。

当然，以上的评价并不意味着唐代以后中国建筑艺术就停止了发展，相反，不同的时代赋予建筑艺术的使命有所不同，使得各时代的建筑都拥有自身内在的发展契机。同时，建筑艺术的经验积累，也会给以后各代以有力的推动，所以中国建筑从五代两宋逐渐程式化以后直到明清，每代仍各有成就，某些方面甚至还有突出的贡献。但从总的方面观察，唐以后的建筑艺术之逐渐趋于保守以至衰退，也确是事实。包括艺术现象在内的所有事物的发展规律表明，就每一具体的相对的事物而言，在它们的总的发展历程中，总有一个从萌芽、发生、成长到繁荣成熟再转入保守因循直至衰退、消亡的进程。从这一角度来审察，作为包括隋唐宋辽在内的中国建筑艺术第二次发展高潮的一部分，隋唐时期尤其是盛唐前后，无疑是整个中国传统建筑艺术的发展高峰。

还有一点应该强调，就是建筑艺术的高度发展与其他艺术门类例如文学相比，与社会的政治和经济的良好状态有着更密切的关系。这不但是因为优秀的建筑艺术作品的出现必须以大量的物资消耗为前提，这只有在国家统一，社会安定，政治清明，经济繁荣和文化得以交流的社会环境中才能够实现，而且还由它天生的特性所使然。比如，当社会动乱民不聊生之际，或个人遭逢不幸之时，对于以直接再现现

实和更多表现创作者个人心态的文学来说，可能正是它产生动人心魄作品的最好环境，所以杜甫的离乱之作、李煜的亡国之音，较之他们在承平年代的创作更为动人。但建筑艺术的真谛却不是具象地再现生活，也不是主要表现创作者的独特个性，而是宏观地把握时代，从正面抽象而鲜明地表现一种更具整体性的时代精神。建筑艺术的这一"正面"的"表现"生活而非"再现"生活的特质，可能是它的局限性，同时也正是它的优越之处。它与整体文化更多的同构对应关系，它对一定文化环境的群体心态的映射和它对"个人"的超脱，必将赋予它更多的整体性、必然性和永恒性的品质。所以，人们才认为只有建筑才有资格充当一种文明的象征。隋唐正是一个产生伟大建筑艺术作品的时代。

隋唐的重要城市是两都长安和洛阳，它们直接继承了北魏洛阳，上承曹魏邺城，更远绍西周洛邑，创作出空前水平的规整式规划形制。其最重要的宫殿为长安太极宫、大明宫和洛阳的洛阳宫。大明宫含元殿、麟德殿和洛阳宫明堂属于中国最伟大的建筑作品之列。

唐代佛寺建筑也很兴盛，从敦煌壁画里可以找到丰富的资料，规模巨大，构图谨严，壮丽辉煌。现存完整的唐代佛殿还有四座，都在山西，较早发现的为五台山佛光寺大殿，20 世纪 50 年代以来，又发现五台山南禅寺大殿、芮城广仁王庙正殿和平顺天台庵正殿，都比较完好，在艺术上和木结构发展史上具有极珍贵的价值。但它们都只是一些中小型殿堂，寺中其他建筑都经后代重建，所以，我们有关隋唐佛寺总体布局的知识，主要还是来自敦煌石窟壁画。隋唐砖石塔现存还有不少，风格多较单纯朴质，而蕴藏着蓬勃的内在力量，只是到了中晚唐以后，形式才向着华靡的方向有所趋进。当时一定还建造过不少木塔，而且可以相信还

是以木塔为主的，但现在都已不存在了。隋唐也是石窟艺术的发展高峰，敦煌莫高窟现存全部四百九十二个洞窟中，隋唐开凿的即占70%以上。

唐代帝王陵墓主要在关中一带，以乾陵为代表，虽"依山为陵"，不另起坟，但规模气势十分宏大。帝陵布局向都城取法，二者的规划思想是一致的，都在于渲染皇权的尊严。

隋唐建造了大规模的皇家园林，著名的有洛阳西苑和长安兴庆宫。长安还有一座大型公共园林曲江。唐代又大大发展了私家园林，数量和质量都远超前代。在魏晋以来人们对自然山水的审美能力发展得更加精微的基础上，园林与真实自然的关系已从形似向着神似的方向转化，这在私家园林中体现得更为典型。从唐代开始，在艺术意境上私家园林已在许多方面超过了皇家园林，开创了后者向前者取法的局面。

唐代住宅虽然早已没有实物，但仍有一些资料，主要存于绘画中。

从现存建筑单体实物和敦煌壁画等形象资料中，还可以看到建筑部件与装饰等的成熟的处理手法。此外，隋代安济桥在桥梁艺术史上有很高地位，无论在艺术还是技术上都位居当时世界最高水平。隋唐也是家具艺术发展史的第二次高潮，构图完美，造型雍容大度，色彩富丽洒脱。

中国建筑文化从汉魏起就以富于自信心和十分宽容的心态，大力从印度等西域国家吸取对自己有益的成分，同时，又对周边国家尤其是朝鲜半岛和日本发生了极大影响。中国建筑文化之传入这些地区，至迟魏晋时已形成规模，隋唐更是频繁，至明清也并未中止。中国与朝鲜、日本以及越南和蒙古一起，共同形成了以中国为核心的东亚建筑体系，与欧洲建筑、伊斯兰建筑鼎足而立，成为世界古代三大建筑体系之一。隋唐是东亚建筑体系的重要形成时期，朝鲜和日本在吸收了大唐建筑的基础上，结合自身的创造，取得过富有特色的可观成就，本章将特设专节对此加以论述。

第一节　城市

隋唐最重要的城市是都城长安（西京）和陪都洛阳（东都），是沿着前代尤其是曹魏邺城以来的发展趋势规划的，但规模更大，形制更为规整，艺术处理也更加成熟。唐长安在中国城市艺术史上占有最重要的地位，与元大都和明清北京一起，被称为中国三大帝都。长安基本上实现了规划者的原来意图，洛阳可以说是一座未完成的规整式城市。

一、长安

汉长安在十六国和北朝时期又先后作过北汉刘聪、前赵刘曜、后赵石勒、前秦苻健、后秦姚苌，以及西魏跖跋氏、北周宇文氏等好几个王朝的都城，但各代都是因旧为用，未遑创建。隋文帝杨坚登基仍在旧城，使用既久，已相当破败，水质咸卤，也不堪饮用，且汉都本来就缺乏规划，官民宫殿杂处，功能不便，也缺乏作为一个统一的伟大帝国都城应有的整饬雄伟的气象，"不足以建皇王之邑"，遂诏宇文恺在原城东南另营新都。先建宫城，次营皇城，开皇三年(583)迁入。因杨坚在北周曾封大兴公，故名新都为大兴城。炀帝大业九年（613）始筑郭城。唐代继续以之为都，并加增建，复名长安。高宗永徽五年（654）整修郭城并建各门城楼。唐代长安除全部沿用了隋的建置外，主要的改造是在郭城北墙东段外增建了大明宫、城内东部建兴庆宫，以及在城东南角整修曲江风景区等（图5-1-1）。

①中国科学院考古研究所西安唐城发掘队. 唐代长安城考古纪略 [J]. 考古, 1963 (11)；陕西省文物管理委员会. 唐长安城地基初步探测 [J]. 考古学报, 1958(3).

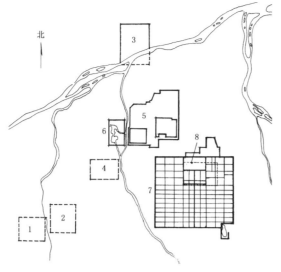

1. 西周沣京；2. 西周镐京；3. 秦咸阳；4. 秦阿房宫；5. 汉长安；6. 汉建章宫；7. 隋唐长安；8. 西安（虚线）

图 5-1-1　历代长安位置图

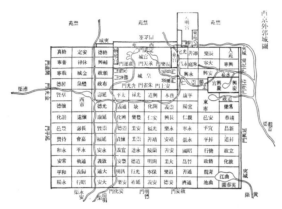

图 5-1-2　清画唐"西京外郭城图"（清·徐松《唐两京城访考》）

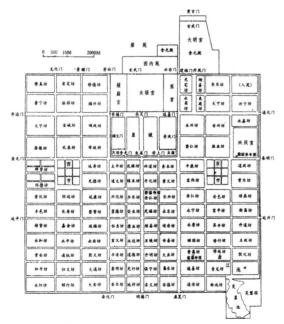

图 5-1-3　唐长安复原图（《中国美术通史》）

长安郭城东西 9721 米、南北 8651.7 米、面积达 84 平方公里，是中国古代规模最大的城市。①宫城在郭城北部正中，宫城北墙就是郭城北墙中段，东西 2820.3 米、南北 1492.1 米、面积 4.2 平方公里。皇城在宫城南紧接宫城，东西长同宫城，南北 1843.6 米，其西墙和南墙就压在今西安城墙（明初筑）之下。皇城和宫城总面积约 9.41 平方公里，仅比今西安城墙所围面积稍小，约当后者的 80%。郭城东墙由北而南基本等距离地开通化、春明、延兴三门；西墙与它们正对开开远、金光、延平三门；南墙正中开明德门，以东距明德不远开启夏门，以西对称开安化门；北墙除宫城往北通入禁苑和东段通入大明宫的门以外，在宫城皇城东墙外南北大街直北开兴安门，以西对称开芳林门，芳林以西又有景耀、光化二门（图 5-1-2、图 5-1-3）。

长安街道有严格的对位关系。由明德门一直向北的大街是全城中轴大街，纵贯全城，至宫城正门承天门止，长达 7.15 公里，轴线进入宫城后再向北延伸，总长将近 9 公里，是世界城市史上最长的一条轴线。这条大街在明德门至皇城正门朱雀门之间的一段宽达 150 米。中轴左右，启夏门直通兴安门，安化门直通芳林门，挟持在宫城皇城左右，大街宽度均超过 100 米。

横向大街开远门直通通化门，其中段正好横亘在承天门前，是宫城皇城区的横轴。这条大街在郭城范围内也宽达 100 米以上，在皇城内的一段竟宽达 220 米以上，是宫前的横向广场。金光门直通春明门，街道横亘在朱雀门前，是整个郭城的横轴，宽也在 100 米以上。再南的延平门与延兴门相直，但宽度只有 55 米。上述长安"六街"是全城的骨架，六街之间和沿郭城城墙内侧有较窄的纵横小街，全城形成南北十一街、东西十四街的规整方阵。方阵里左右均齐设置了一百零八个居住里坊和东西二市。里坊四周有坊墙，四面或两面开门，坊内有街和更小的巷、曲，民居面向巷、曲开门，通过坊门出入，实际是大城中的许多小城。"坊者防也"，其实是统治者防范居民的措施，除每年元宵前后数夜外，每夜实行宵禁。"昼漏尽，顺天门击鼓三百槌讫，闭（城）门后更击六百槌，坊门皆闭，禁人行。"若有人夜行，称为"犯夜"，"笞五十"（《唐律疏议》）。只有三品以上经特许的权贵宅第或大寺才能在坊墙上开门面向大街（图5-1-4）。坊各有名。唐时居民但言居何坊，不言何街。里坊制的城市，大街上只见坊墙，严肃而冷寂，与宋代以后商业发达城市的热闹面貌迥然不同。唐代城市里坊群的形象，在敦煌壁画华严经变中有某种反映（图5-1-5）。

二市各占两坊之地，东西对称，北邻郭城横轴即金光门和春明门间的大街，市内各有井字街，店铺集中于此。长安北有渭水，城北渭南属范围广大的禁苑，渭北是贫瘠的黄土高原；南临终南、秦岭，为山岭阻隔。只有东西方向沿渭河南岸的关中平原，秦汉以来一直是重要的交通大道，故河洛江淮货物东来必过春明门，川滇甘陇和西域各国货物西来必过金光门，二市恰在二门所在的大道南侧，交通方便。二市与皇城呈品字格局，构图上取得呼应。它们又恰在东西两大居民区居中的位置。据载东市有二百二十行，西市行业更多，胡商也较多。在西市附近各坊还建有一些胡祆祠。

在都城以宫殿和国家级衙署（郡县则以地方衙署和王府）为重心，规整的方格网街道，实行里坊制和在城中设置集中的"市"，是汉唐中国城市的重大特点，与西欧中世纪城市以教堂和教堂前的广场为中心，街道呈环状放射而自由曲折，市场遍布全城，居民可沿街居住或营业的情况大为不同。后者的主人是具有自由民身份经营工商业的"市民"，城市的活动酝酿着资本主义的萌芽，封建政治力量相对薄弱，教堂在很大程度上是市民的公共活动中心（图

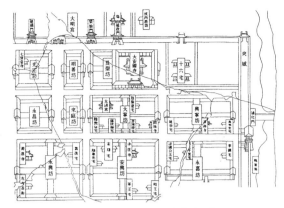

图5-1-4 长安里坊（宋·吕大防《长安城图》）

图5-1-5 敦煌莫高窟唐代壁画"华严经变"表现的城市里坊（萧默）

图5-1-6 公元4世纪在法国形成的西罗马城镇

5-1-6）。前者正好相反，城市的主人是封建政治的最高统治者皇帝或各级政权的代表及权贵官僚，城市是层层政权控制下的政治中心，是封建制度的强大堡垒；工商业者被称为"市井小人"，身份低贱，没有独立地位，经济活动也受到很大限制，很大程度上带有直接服务于封建主物质消费需要的性质。这些，都必将在城市面貌上反映出来。

①中国科学院考古研究所西安工作队.唐代长安城明德门遗址发掘简报[J].考古，1974(1).

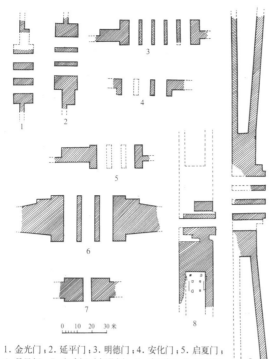

1. 金光门；2. 延平门；3. 明德门；4. 安化门；5. 启夏门；6. 丹凤门；7. 玄武门（大明宫）；8. 春明门；9. 延兴门

图 5-1-7　长安城门考古发掘平面图（《新中国的考古收获》）

图 5-1-8　敦煌莫高窟晚唐第 9 窟壁画三道城门（《敦煌建筑研究》）

　　长安二市的服务半径远达三四公里以上，步行的居民必会深感不便，所以随着封建商品经济的发展，唐中期以后商业的分布已有所扩大，在两市周围、大明宫前和各城门处都出现了工商行业，甚至位于大明宫、皇城和东市之间的贵族聚居区崇仁坊也已"一街辐辏，遂倾两市"了（《长安志》）。晚唐还出现了夜市，直接影响到里坊的宵禁制度，这种趋势终于导致了里坊制在北宋的废除。

　　长安郭城城墙为夯土筑，高一丈八尺，约合 5.3 米，基宽约 12 米。皇城比郭城高，宫城又比皇城高，达三丈五尺，合 10.3 米，反映了重视皇权的意识。

　　郭城各门除个别不明外，绝大多数都是三个门道，同于汉长安之"三涂洞辟"，规模宏大，都建有雄伟的城门楼，在敦煌唐代壁画里对此也有反映（图 5-1-7 ~ 图 5-1-9）。作为国门的南墙正门明德门更为隆重，有五个门道。据敦煌石窟唐代壁画所绘几百座城楼的启示，有唐一代凡城楼都只到一层为止。其实早在唐代以前多层城楼已有所见，如《洛阳伽蓝记》记魏晋洛阳大夏门"尝造三层楼，去地二十丈，洛阳城门，楼皆两重……惟大夏门甍栋干云"。后赵邺城凤阳门为五层楼，隋东都洛阳宫城正门则天门为两层楼等。唐太宗初平东都，曾以隋宫"太奢"而使"层楼广殿，皆令撤毁"，则天门也在其中。不久又令重建，为免太奢之议，应只到一层为止。宫城正门尚且如此，其他门楼为免僭越，当然也只能一层而已了。

　　拥有五个门道的正门明德门规模最大，门外东南二里许建有圜丘，每年皇帝于冬至日至此"郊祀"祭天，为国之大典，必通过此门，其仪仗羽葆，极其盛大，所以明德门又具有重要的典章意义。唐代日本和尚圆仁曾到过长安，在他的《入唐求法巡礼行记》中记武宗经明德门祭天，竟有"诸卫及左右军二十万众相随，诸奇异事，不可胜记"。明德门遗址现已发掘，门道内有石槛，槛上凿出车辙，中间一道石槛雕饰更为精致，表明中间门道平时并不使用，只在大典时专供皇帝銮舆出入，仍是古御道制度的遗绪。①明德

图 5-1-9 敦煌莫高窟晚唐第 138 窟东壁维摩诘经变中的毗耶离城（《敦煌建筑研究》）

① 傅熹年. 唐长安明德门
   原状的探讨 [J]. 考古,
   1977(6).
② 萧默. 敦煌建筑研究·城
   垣 [M]. 北京：文物出版
   社, 1989.
③ 萧默. 敦煌建筑研究·城
   垣 [M]. 北京：文物出版
   社, 1989.

门的原状经研究已有复原图。①敦煌唐代壁画有一座五道城门，也可能部分反映了明德门的原状（图 5-1-10、图 5-1-11）。②

1999 年，在明德门外二里许道东发现隋唐天坛遗址，已经发掘（参见第八章图 8-4-1）。

朱雀门的形制不明，估计是三道。承天门已部分发掘，为三道，据研究，此门作为宫阙，其总体平面应是隋唐以后宫阙所通行的倒凹字形。③

宫城由三区宫殿组成，中为太极宫，最大，是朝会正宫，东西对称为太子所居的东宫和后妃宫人所居的掖庭宫，三宫正南都有门通向皇城内的大街。皇城的纵横大街和郭城的街道相通，在皇城内安置寺、监、省、署、局、府等中央级衙署。皇城内东南、西南二角有太庙和太社，以符"左祖右社"之制（图 5-1-12）。皇城内无居民，可以看出它是从曹邺、建康和晋魏洛阳一脉相承发展而来的。《长安志》说：

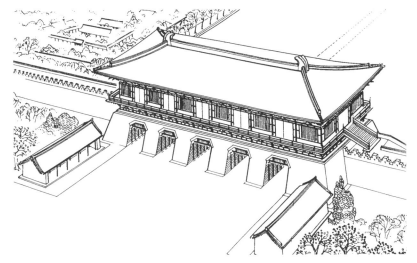

图 5-1-10 唐长安明德门（傅熹年）

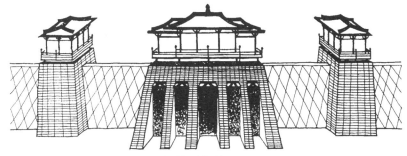

图 5-1-11 敦煌莫高窟唐代壁画五道城门（萧默）

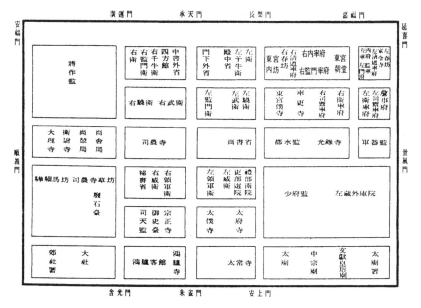

图 5-1-12　清徐松《两京城访考》之"长安皇城图"

"自两汉以后至于晋齐梁陈，并有人家在宫阙之间，隋文帝以为不便于民，于是皇城之内，惟列府寺，不使杂居止。公私有便，风俗齐肃，实隋文新意也。"第一次在都城内实现了宫殿、重要的衙署和一般民居三者的严格分区，但其新意倒并不在于"便民"，而是突出了以皇权为中心的思想。

从郭城而皇城而宫城，长安犹如一幅组织有序的巨大图画：城墙由低而高，布置由疏而密，建筑由简小而高大，色彩由淡素而浓重，节奏由缓慢而繁促，气氛由简放而庄严，层层加紧，最后归结为太极宫这一着墨最浓的一点，城内各部都是这一点所晕发出来渲染，对它起着众星拱月的烘托作用。在这幅大画的外廓围绕着郭城城墙，好像是一幅精心制作的画框，恰当地起着收束整个画面并与中心高潮取得呼应的作用。在凸出于夯土城墙之外的包砖城台上，立着高大的木结构城楼，以其形象、色彩和手法与大段平整的夯土城墙形成对比，是画框上的重点装饰。它们和城内高大建筑一起，组成了丰富的立体轮廓。广大的里坊区相对平淡，以突出重点，但仍有一定的点景处理，打破了单调的印象。

长安城地势东南高西北低，高差达 3～4米。在这个大范围内，从北往南蜿蜒着由南北弯向东西的六条高 4～6 米的坡岗，其第二岗"置宫殿"，是宫城所在；第三岗"立百司"，安置皇城；其他各岗也都设置官署、寺观和王府，用这些建于岗上的高大建筑来丰富总体轮廓，控制周围空间。朱雀大街街东安仁坊荐福寺有小雁塔，与街西丰乐坊法界尼寺两座高十三丈的塔互对，位于第四岗。再南朱雀大街东又有靖善坊的大兴善寺，尽一坊之地，"寺殿崇广为京城之最"；与它相对，街西崇业坊有"东与大兴善寺相比"的玄都观，都在第五岗(《长安志》)。隋代蜀王、汉王、秦王、蔡王的王府都设在第六岗的归义、昌明、安德等坊中，是隋时所建而"不欲令民居"的(《云麓漫钞》)。这些布局意在增加里坊区的趣味，并适时打破朱雀大街长段街道可能会出现的平淡。

在以上高者益高的同时，也有相反的处理，即在必要的时候"虚"高而"实"低，使轻重得以均衡。如郭城西南角永阳坊形势低下，宇文恺乃于此坊东部建东禅定寺，"驾塔七层，骇临云际，殿堂高耸，房宇重深，周间等宫阙，林圃如天苑；举国崇盛，莫有高者"(《续高僧传》卷十八)。坊西部置西禅定寺，也有与东寺相近的木塔。而郭城东南角进入丘陵地带，地势最高，"宇文恺营建京城，以罗城(即郭城)东南地高不便，故缺此隅头一坊余地，穿入芙蓉池以虚之"(《太平御览》卷一九七)。

城里的高大建筑还有不少，较著者如启夏门内大街路东晋昌坊的慈恩寺塔、西市周围的延康坊静法寺、怀德坊慧日寺、怀远坊大云经寺的木塔和高阁等。这些星罗全城各坊的多达百余座的佛寺道观楼塔和王侯第宅，以其鲜明的色彩、巨大的体量和突出的体形，如水面上绽开的朵朵莲荷，给古城平添了许多生气。

唐长安仍沿隋大兴之旧，只是在郭城外东北附郭建大明宫，在春明门内路北建兴庆宫，在郭城东南角曲江池一带隋离宫的基础上建芙蓉园；然后傍郭城东壁筑复壁夹城，北通大明，中连兴庆，南达芙蓉，以备人主潜行，遇城门则越城而过，"外人不知之"。唐代诗人经常吟咏的乐游原，也包括郭城东墙延兴门内的新昌坊，是一带高地，有眺览之胜，岗上建青龙寺。以后，又开通了夹城通往寺内的便门。

大明宫建于太宗贞观八年（634），龙朔三年（663）高宗和武则天迁大明听政，自此成了主要朝会之所。大明宫的建造主要是因为太极宫地势较为卑湿，不便皇居，所以要在龙首原东趾"北据高原，南望爽垲"之地另营新宫。同时，在大明宫东、北、西三面，浐、渭之间，东西二十七里、南北三十三里，包括汉长安故城在内，都是禁苑，宫、苑之间联系方便，也便于防卫。大明宫南墙即郭城北墙东段，正门丹凤门三道，南出有大街与连通郭城延喜门、通化门的东西向大街相接。沿此街方向南望，晋昌坊慈恩寺塔正对此街。慈恩寺塔初建于652年，晚于大明宫，显然选址时考虑到城市的艺术效果。

大明宫与兴庆宫的建造及大明宫地位的提高，使长安重心实际已偏于东北，王侯贵族争相在东北各坊建宅，人口密集，甚至发生争路斗殴之事。而郭城南部仍常"率无居人第宅"，以致"耕垦种植，阡陌相连"（《长安志》），说明规划之初有过分追求城市面积庞大的失误。但长安仍不失为一个成功的城市规划作品，其宏伟的气魄和驾驭全局的魄力，合乎逻辑的规划构图，以及细致的局部处理，都显示了封建社会盛期的时代精神面貌。长安人口可达百万，是当时世界第一大城，就在当时，已经对国内边远地区和邻国日本的城市产生过很大影响，如东北地方政权渤海国上京龙泉府和东京龙原

府、日本的平城京和平安京等，都有学习长安的明显迹象。唐僧从谂曾说："大道通往长安"，信不虚也。

二、洛阳

隋炀帝即位，为进一步控制山东和江南，乃在水陆运输都颇称便利的洛阳建立陪都，与西京长安相应，称东都。大业元年（605），诏创制大兴城的宇文恺为营东都副监，转升将作大匠，工部尚书，仅一年，就基本完成了东都建设。唐洛阳大多仍沿隋之旧，没有太大改变。唐初一度废东都并焚毁宫殿，贞观六年（630）又重建宫殿，显庆二年（657）恢复东都建制。

洛阳自西周建为陪都、东周作为都城以来，许多王朝都以此为建都之地，如东汉、曹魏、西晋、北魏等。隋唐洛阳地处西周王城洛邑故地东邻，在汉魏洛阳之西十余公里，部分基址压在现洛阳地下（图5-1-13）。隋唐洛阳城大致方形，东西6公里许、南北7公里多，面积约当长安一半。[①]它的选址值得注意："前直伊阙，后据邙山"（《新唐书·地理志》），考虑了前方的对景及后方的依托。伊阙即洛阳之南十余公里形如对阙的两座山峰，伊水从其间穿过，

①中国科学院考古研究所洛阳发掘队. 隋唐东都城址的勘查和发掘[J]. 考古，1961(3)；中国科学院考古研究所洛阳工作队. 隋唐东都城址的勘查和发掘续记[J]. 考古，1978(6).

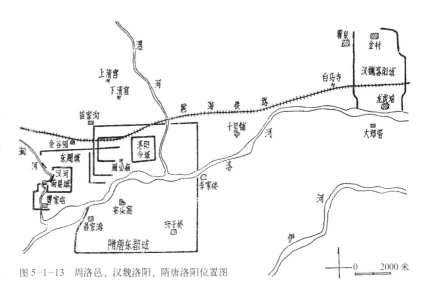

图5-1-13 周洛邑、汉魏洛阳、隋唐洛阳位置图

亦称龙门，龙门石窟正在此处。邙山在洛阳北，高度不大而面积广阔，势如高塬。邙山南麓距洛阳北垣不到一里。由洛阳宫城南墙正门应天门向南，通过皇城正门端门和郭城正门定鼎门的纵轴线，再向南正好在伊阙之间穿过，而向北可望邙山。这种背负山塬，中贯洛水，南达形如对阙的山口的环境构图，显然经过了选择，它对于加强城市与大环境的有机联系和加强城市轴线的气势，起了良好的作用。它与秦阿房宫以南山之巅和东晋建康指南面牛头山双峰为

阙有同工之妙。由端门南出，在洛水上串架三座桥梁，使纵轴线上的景色又多了一重变化。

洛阳和长安的最大不同是洛阳并不对称，宫城、皇城偏处于全城西北一角。但仔细审察，洛阳与长安的规划手法几乎是完全相同的。照现有迹象，似乎宇文恺原来的意图也是想把洛阳建成为像长安那样一座东西对称的大城，但实践中在宫城皇城以西营造了范围广大的西苑，西部里坊因而未能建成。所以，皇城和宫城的位置关系虽仍同长安，但却偏在郭城西北，全城纵轴线也偏向西侧了。

为加强宫城防卫，在宫城北墙外加建了两道城墙，称曜仪城和圆璧城。宫城东部划为东宫（图5-1-14、图5-1-15）。

定鼎门以西二坊有厚载门，相当于长安的安化门。厚载门大街向北至皇城南边的洛水为止，若越过洛水再向北延伸，正好也紧靠宫城皇城的西墙，恰与长安的安化门芳林门大街一样。定鼎门东二坊的南北向大街过洛水后若向北延伸，也可紧靠在宫城皇城东墙，相当于长安的启夏门兴安门大街。只是后来在宫城皇城以东向里坊区扩展出"东城"和含嘉仓城，使得徽安门东移一坊，才未能与定鼎门东二坊的南北大街相直。

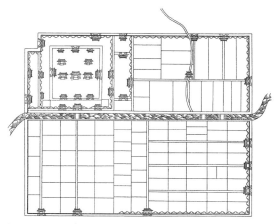

图5-1-14　隋唐"洛阳城图"（元《河南志》）

洛阳城内水道很多，最主要的一条是洛水。洛水自西南向东北进城，至皇城西南角转向正东流去，所占位置相当于长安全城的横轴金光门春明门大街，所以洛阳没有横轴。在全城东部洛水以南相当于长安的东市位置，隋代洛阳也有东市，又称丰都市。但规划中的西市没有建成，故唐时因其在洛水以南，改称为南市。而在洛水以北、宫城以东，与南市隔洛水相望建北市。在全城西南、厚载门内路西另有西市。三市以外，郭内也有一百多座里坊。洛阳里坊普遍比长安为小，但四面坊墙，坊内"开十字街，四出趋门"（《元河南志》引《两京新记》），

图5-1-15　隋唐洛阳复原图（《中国古代建筑史》）

仍与长安一样。洛阳街道也比长安窄，最宽的纵轴大街宽120米，其余正对城门的大街只有40～60米，一般小街在30米以下，布局较为紧凑，显然纠正了长安过于空旷的缺点。

隋代和唐代在洛阳以西有范围极大的西苑，武则天当政时期，大约在乾封至上元间，在皇城外西南方建上阳宫，正门和正殿俱东向。

三、渤海上京和东京

唐代国力强盛，声威远播，长安典章文物，一时成为中外楷模。它的都城规划方式，也成为边疆各地方政权的效法对象，如东北渤海。

渤海是中国东北靺鞨（音 mohe）人建立的地方政权。靺鞨为肃慎后裔，女真和满族的先祖。当武则天时，靺鞨人于 698 年建立震国。唐玄宗封其首领大祚荣为渤海郡王，从此"去靺鞨号，专称渤海"。渤海共历十五世二百二十九年，与唐的关系十分密切，据载渤海官吏到长安朝觐者达一百三十余次，大力吸取中原文化。渤海先后有五京，上京龙泉府和东京龙原府是其中之二，规划布局都与长安十分相似，只是较小而已。

龙泉府是渤海最主要的都城，唐玄宗天宝十四年（755）后曾两次为都共一百六十余年，遗址在今黑龙江省宁安县。城平面横长方形，东西约 4600 米、南北 3360 米，面积只相当于长安六分之一强。宫城在郭城北缘正中，东西约1060 米、南北 720 米。皇城在宫城南紧接宫城，东西长同宫城，南北 460 米。纵轴大街最宽，穿过郭城南墙正门和皇城、宫城正门。郭城南墙也有三个门，其由左右二门向北的街道也挟持在宫城皇城左右。东西墙各开二门，两两相对以街道相连，其北街也从宫城南墙前通过，但南街不紧邻皇城南墙而更靠南。南北二街之间

经过皇城正门前另有一条横街。在以上纵横大街之间有纵横小街组成网格，格内建坊。东市、西市分居中轴线两侧。郭内有十座寺庙遗址。[①]

宫城分左中右三部，中部最宽，东西 620米。宫城正门规模颇大，基址东西 60 余米、南北 20 余米。宫内中轴线上串连五座殿堂，其中第三座最大，是正殿，第四、五座是寝殿。各殿两侧都有配殿，并以廊庑与主殿相连，围成一个个院庭。东部为内苑，有池沼、假山、亭子遗址（图 5-1-16）。

① 黑龙江省博物馆陈显昌 . 唐代渤海上京龙泉府遗址 [J]. 文物，1980(9)；中国社会科学院考古研究所编 . 新中国的考古发现和研究 [M]. 北京：文物出版社，1984：622.

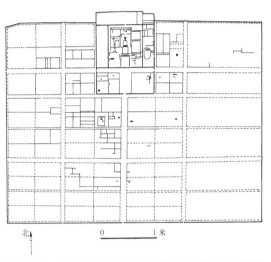

图 5-1-16　渤海国上京龙泉府（据《中国城市建筑史》重绘）

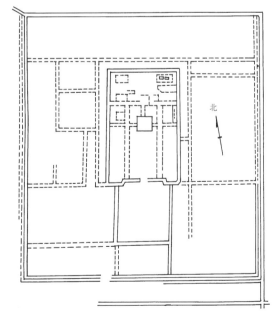

图 5 1 17　渤海东京龙原府（据《中国城市建筑史》重绘）

①萧默.敦煌建筑研究·城垣[M].北京：文物出版社，1989.

龙原府在吉林晖春县，建于8世纪后半叶，使用时间只有几年，布局也与长安相近。城为纵长方形，东西估计约2800米、南北3150米，城内纵横划为方格。郭城偏北中间为内城，东西700余米、南北730米，发现建筑基址七处，显然是宫殿或衙署遗迹。此外，吉林和龙县的渤海中京显德府也大致同此（图5-1-17）。

应当特别提到，隋唐两代是近邻地区朝鲜半岛和日本积极吸收中国先进文化的重要时期，中国建筑文化对其产生过巨大影响，以致这些国家当时的都城也都模仿长安。关于这方面的情况，将有专节叙述。

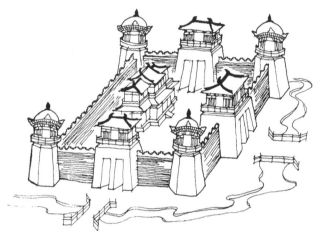

图5-1-18 敦煌莫高窟唐代壁画城垣（萧默）

图5-1-19 方城（敦煌莫高窟晚唐第12窟南壁）（《敦煌建筑研究》）

四、其他城市

其他州县城市也大都实行里坊制，《唐六典》说："两京及州县之郭内分为坊"，可见是很普遍的。现存遗有唐代建筑迹象的城市遗址如新疆吐鲁番的交河和高昌，都有里坊遗迹。州县的里坊可能不会如长安、洛阳那么大，数目也不会那么多。有的小城可能就是一个里坊，坊郭合一，内开十字街。保存至今的许多明清城市尤其是北方平原地区州县城镇，仍大致同此。

在敦煌石窟唐代壁画里绘有数以百计的城市，可贵地再现了当时城市的外部形象。据画面，城市外廓几乎全是方形或矩形，夯土城墙，四面正中有城门，四角设角楼。城门楼下为包砖城台，台中开木构盝顶门洞。小城城门大多是一道，间或为二道，只有很少的大城才有三、四道的城门，五道城门只有一例（图5-1-18～图5-1-21）。据文献，当时的郡县城市只能开一至二道城门。城门楼都是单层，大多三开间。角楼下的角台也包砖，角楼或方或八角或圆，没有见到曲尺形的（图5-1-22、图5-1-23）。城楼、角楼应起源很早，春秋战国时已有，实际功用为城防需要，但既经出现，也就成了建筑艺术处理的对象：高耸的城楼和角楼打破了长段城墙的单调，成为构图重点，砖包的城台、角台、木构楼身和夯土城墙，又形成了色彩、质感与处理手法的对比，自然成为注意的中心和重点部位的标志。城外围以城壕，架桥通向城门，有的城壕在门外向前折转，城门前形成一个广场。①

壁画里几乎没有马面的形象，也几乎没有包砖城墙。实际上隋唐时内地城市包括长安和洛阳也都没有马面，长安的郭城、皇城、宫城和大明宫城都是夯土筑。洛阳郭城也是夯土，但皇城和宫城有内外包砖迹象。

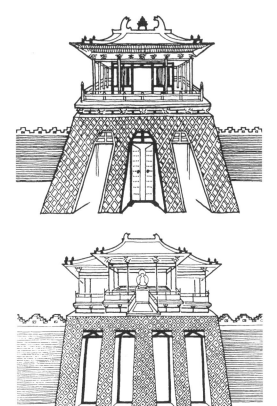

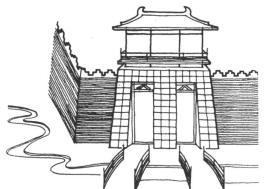

图 5-1-21　敦煌莫高窟唐代壁画三道、四道城门（萧默）

图 5-1-20　敦煌莫高窟唐代壁画一道、二道城门（萧默）

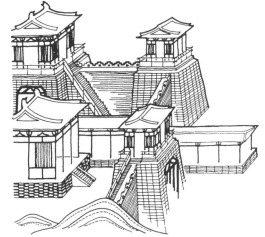

图 5-1-23　敦煌莫高窟盛唐第 148 窟壁画城垣（《敦煌建筑研究》）

图 5-1-22　敦煌莫高窟唐代壁画城楼、慢道和角楼（萧默）

①刘敦桢. 大壮室笔记[M]//
刘敦桢. 刘敦桢文集·第
一集. 北京：中国建筑工
业出版社，1982：146.
②萧默. 五凤楼名实考——
兼谈宫阙形制的历史演
变[J]. 故宫博物院院刊，
1984(1).

第二节　宫殿

隋文帝比较节俭，除长安大兴宫（即唐之太极宫）正朝宫殿、歧阳仁寿宫离宫外，无多营建。炀帝奢侈，除新建洛阳宫外，关洛之间也大营行宫，开运河，建江都宫（在今扬州），"自东都至江都二千余里……离宫四十余所"（《大业杂记》）。唐太宗为表示自己和奢侈扰民的炀帝不同，初平东都时，曾下令撤毁隋东都宫殿及其他离宫，一时"天下翕然，同心钦仰"（《唐会要》）。但是，帝国一旦稳定，不但恢复东都宫殿，而且更有过之。长安城里即以大兴宫为太极宫，进而再建大明宫和离宫性质的兴庆宫，掀起了中国宫殿建设的又一次高峰，视秦皇汉武亦无不及，与明清相比，在气度规模方面也遥遥居先。

一、太极宫

对页
①马得志，杨鸿勋. 关于唐
长安东宫范围问题的研讨
[J]. 考古，1978(1).

太极宫居长安宫城中部，因大明宫在其东，又称西内，大明宫则称东内。太极宫是宫城并列三宫（太极、东宫、掖庭）之一，东西1285米、南北1492.1米，基本方形，面积1.92平方公里。宫城正门隋称广阳门，唐称承天门，但仅改名并未重建。承天门东为长乐门，西为永安门。北墙开安礼、玄武二门通入禁苑。东、西墙上也各有门通向东宫和掖庭宫。

关于太极宫的内部布局，因为没有完善的考古资料，只能根据《唐六典》等文献加以推测，大致看来，采取的是中轴对称的格局，强调中轴线的纵深构图。太极宫在中轴线上安排了前后几座大殿，论者多认为是遵循《礼经》所载周制天子三朝的概念。[①]三朝即所谓外朝、治朝和燕朝。外朝以决国之大事，举行大典；治朝为国君处理一般政事的地方；燕朝是国君与亲贵日常议事之所，可以稍宽礼仪。秦汉以来，此制曾被忽视，自隋复兴，唐继之。不过，古之"朝"系指广场，唐代"朝"的意义已经转移为大殿了。太极宫以正门承天门为外朝，唐代又称大朝，"若元正、冬至、大陈设宴会，赦过宥罪，除旧布新，受万国之朝贺，四夷之宾客，则御承天门以听政"（《唐六典》）。这些都是国之大典，非常隆重，场面盛大，承天门前南北宽达220米、东西贯通皇城的宫前广场正可充此用途，且承天门威壮的宫阙形式也足可为此等场面烘托气氛。承天门城门道已经发掘，可知为三道。据研究，其总平面布局应为倒"凹"字形，左右凸出部为阙，总体即为宫阙，它是东汉魏晋坞壁阙和北魏"夹建两观"的演进。[②]此种倒"凹"字形的宫门建筑，在敦煌唐代反映宫殿的壁画中有一定的表现（图5-2-1）。承天门内是太极门，再内为太极殿，相当于古之治朝，唐代则称为常朝，"朔望则坐而视朝焉"。殿后朱明门，再后两仪门，门内两仪殿，相当于古之燕朝，唐代称为日朝，是"常日听朝而视事"的地方（《唐六典》）。两仪左右有万春、千秋二殿，可能与之并列而较小。两仪殿

图5-2-1　莫高窟盛唐第172窟壁画三道城门（《敦煌建筑研究》）

后又有甘露门和甘露殿，应是退朝后休息的地方。中轴各殿殿前院庭左右都有配殿，太极殿前左右另有钟楼和鼓楼。与中轴一路殿庭平行，左右又各有一路殿庭，通过院门和纵横道路与中路主要殿庭联系起来，如太极殿院庭东则有武德殿，根据对称原则，其西也应有殿庭，可能称晖政殿。相当于两仪殿的位置，在左右二路东有立政殿和大吉殿，西有右福殿和承庆殿；相当于甘露殿的位置东西分别有神龙殿和安仁殿。史载宫内多有直接与皇帝理政有关的衙署如门下省、中书省、宏文馆和史馆，可能都设置在这些殿庭内。

这种在纵轴上布置多重殿庭，左右又对称挟持多重殿庭，用纵横通路和廊庑连接起来，总体交织成很大一片面积的构图方式，是中国大型建筑组群经常使用的。它特别需要注意整体的有机性，院庭的大小、各殿堂的规模、主次的统率烘托、高潮的显现和气氛的过渡转换等，都需要精心的艺术安排。关于太极宫的文献是此种布局方式的较早、较具体的记载。

在太极宫内还有其他殿、亭、馆、阁三十六所以及山水池和毬场等。著名的凌烟阁在宫内西北部，内有壁画功臣图。

太极宫以东的东宫东西宽约833米，南北长同太极宫。东宫内可能有两道南北向隔墙把宫分为三部，中部最宽，约533米。①东宫正门称重明门，据载门内殿庭也分左中右三路，中路有明德殿、崇教殿、丽正殿，东路有奉化门、左春坊、宜春门、宜春宫，西路为奉义门、右春坊、宜秋门、宜秋宫等，由建筑名称看大约也是对称的（图5-2-2）。

太极之西的掖庭宫情况不明。

清《陕西通志》有一幅"长安宫城图"，与此有很大相像成分，但将承天门绘成一般城门，而将太极门绘成宫阙，与史籍记载不合（图5-2-3）。

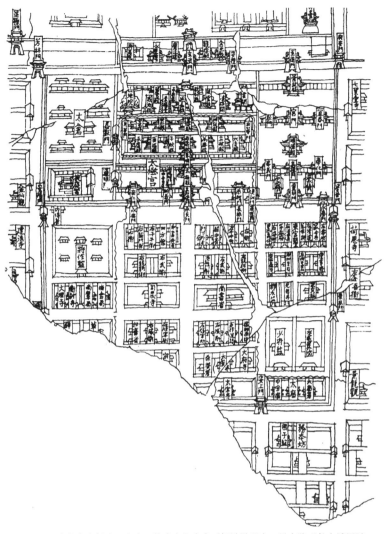

图5-2-2　唐长安太极宫、东宫、掖庭宫和太仓（杨鸿勋摹宋·吕大防《长安城图》）

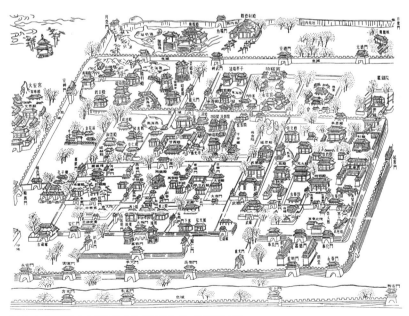

图5-2-3　"长安宫城图"（清《四库全书·陕西通志》）

①中国科学院考古研究所.唐长安大明宫[M].北京:科学出版社,1959.
②傅熹年.唐长安大明宫含元殿原状的探讨[J].文物,1973(7).

二、大明宫

大明宫南宽北窄,南墙是长安郭城北墙东段的一部分,长1674米,西墙长2256米,北墙1135米,东墙由东北角向东南方向斜行1260米后再东折300米,然后南折1050米与南墙相接,总面积约3.27平方公里,相当于太极宫的1.7倍。宫墙底宽10.5米,估计高约7.15

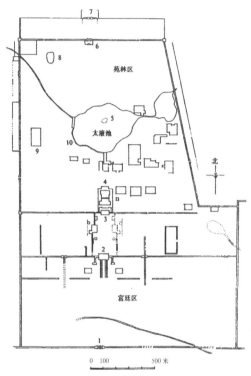

1.丹凤门;2.含元殿;3.宣政殿;4.紫宸殿;5.蓬莱山;6.玄武门;7.重玄门;8.三清殿;9.麟德殿;10.沿池回廊

图5-2-4 唐长安大明宫考古发掘平面图(《唐长安大明宫》)

图5-2-5 懿德太子墓壁画宫阙(《中国古建筑》)

米,比太极宫墙低,但仍比郭城高。宫墙转角处加厚,估计上有角楼,加厚处即为角台。城门处有城台。城台、角台包砖,城墙为夯土。

大明宫大部已经发掘,获得了可信的资料(图5-2-4)。①正门丹凤门三道,常在此举行肆赦等活动。因大明宫前无皇城,丹凤门即前临里坊,实际上相当于皇城正门,而门内的含元殿才是真正的大朝位置,故《旧唐书》云"含元……大朝会之所御也",《唐六典》也说"含元殿……元正、冬至于此听朝也"。据含元殿遗址和懿德太子墓所绘宫阙形象(图5-2-5)对含元殿做出的考证复原,其伟丽宏壮,实可为天下冠,充分反映了大唐盛世的建筑艺术水平。②含元殿地当龙首原南缘,"刬(音chan,同铲)皇岗以为址",高出平地15.6米,雄踞于全城之上,"终南如指掌,坊市俯而可窥"(《两京新记》),对于得景与成景都特别有利;南距丹凤门达600余米,又有充分的前视空间。殿身面阔十一间、达67.33米,进深四间、29.2米,面积1966平方米,与明清北京紫禁城正殿太和殿相埒。殿单层,覆重檐庑殿顶,左右外接东西向廊道。廊道左右两端再向南折转并斜上,与建于高台上的翔鸾、栖凤二阁相连。阁平面长方形,长轴与殿的长轴平行。李华《含元殿赋》云:"左翔鸾而右栖凤,翘两阙以为翼",知二阁实为二阙。整组建筑围成倒凹字,正是隋唐以后宫阙的通例。二阙东西相距150米,比明清北京午门两阙之距大出一半,整组建筑气魄极为宏大。据复原,二阁下部台基为矩形,高15米;上部台基折转两次成三出阙基。台基总高约30米,各面包砖。阙楼单层,歇山顶,所附子阙屋顶高度两次跌落(图5-2-6~图5-2-10)。

含元殿下至地面有三条平行阶道,长达70余米,谓之"龙尾道",更衬托出大殿及二阙之雄壮。人们登临此道,"仰瞻玉座,如在霄汉"(《剧

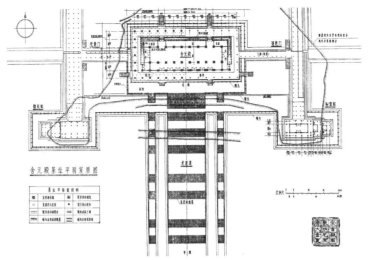

图 5-2-6　大明宫含元殿复原平面（傅熹年复原）

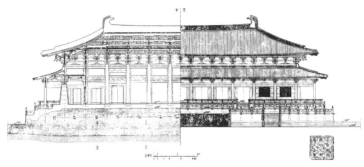

图 5-2-7　大明宫含元殿复原纵剖面与立面（傅熹年复原）

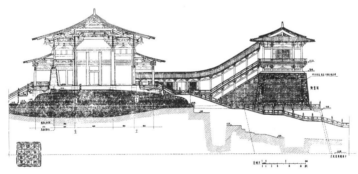

图 5-2-8　大明宫含元殿复原横剖面（傅熹年复原）

图 5-2-9　唐长安大明宫含元殿（《人类文明史图鉴》傅熹年复原）

① 刘致平，傅熹年.麟德殿复原的初步研究 [J].考古，1963(7)；杨鸿勋.唐大明宫麟德殿复原研究阶段报告 [M]//杨鸿勋.建筑考古学论文集.北京：文物出版社，1987.

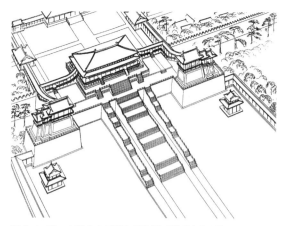

图 5-2-10　大明宫含元殿复原鸟瞰（傅熹年复原）

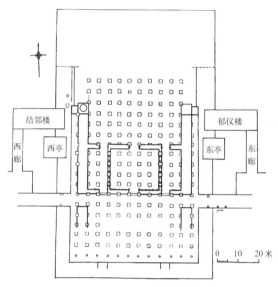

结邻楼　西廊　西亭　郁仪楼　东亭　东廊　郁仪楼

0　10　20 米

图 5-2-11　大明宫麟德殿遗址平面（刘致平、傅熹年复原，傅熹年绘）

谈录》）。《含元殿赋》又说：“如日之升，则曰大明。”含元殿性格辉煌而欢乐，确有如日之升的豪壮，是大明宫的点题建筑，也是盛唐时代精神的充分展现。与明清午门相比，含元殿虽也不乏威壮和庄严的气质，却没有更多的森严和压抑，而显得十分开阔和明朗，应该也是充满自信心的大唐盛世时代精神所使然。

大明宫南部有三道东西向横墙，第一道在含元殿南，距大殿 140 余米，第二道与含元殿平，以上两道都在离中轴线 100 余米处终止，第三道北距含元殿 300 米，与宣政殿平。以含元殿为中心，三道墙都开左右对称的二门，形成两条纵街，两街相距 600 余米，在此范围内布置

了严整组合的大片殿堂。

含元殿北已在龙首原高地上，中路过宣政门为宣政殿，院庭仍大，是为常朝，殿左右有东上阁、西上阁。再北过紫宸门达紫宸殿，即日朝，院庭较小。在中轴一路殿庭东西，隔南北向纵巷也各有一路殿庭，外围即前述两条纵街，总局面与太极宫大致相同。

紫宸殿以北是以太液池为中心范围广大的园林区。太液池又称蓬莱池，池中有岛名蓬莱山，沿池南岸有蓬莱、珠镜、郁仪等殿，西南岸濒池建廊四百间。

麟德殿在蓬莱池西一座高地上，西邻大明宫西墙，是另一组壮伟建筑，遗址也已发掘。建筑历史学家们对之进行了复原研究，提出两个复原方案，总体形制相近。①麟德殿实际是由四座殿堂前后紧密串连而成：前殿单层，中殿和后殿都是两层，最后是一座称为“障日阁”的建筑，其实不是楼阁，而是单层。前中后三殿面阔都是十一间、58 米，但左右各一间都为厚墙占去，实际空间九间。前殿进深四间，殿前有进深一间的附檐，殿后另加深一间的空间通中殿。中殿进深五间，四面围墙，殿内有南北向隔墙将殿分为左中右三部，都是通向后殿的过厅。中厅较大，有左右楼梯达中殿上层。后殿和障日阁进深都是三间，后殿下层与障日阁之间在空间上可能没有墙壁阻隔。障日阁面阔九间，左右后三面都开敞无墙。四殿总进深共十七间，达 85 米，底层面积合计约达 5000 平方米，是中国最大的殿堂。中、后二殿上层面阔十一间，总进深八间。加上上层，全部面积可达 7000 多平方米。据复原推测，前、中二殿为单檐庑殿顶；后殿和障日阁为单檐歇山顶（图 5-2-11 ～图 5-2-15）。

全部殿堂建在层叠两层的大台座上，下层台座东西宽 77 米、南北长 130 米，上层收进，共高 5.7 米，周砌面砖，沿两层周边都有石头

勾栏（栏杆）。相当于中殿后沿的位置，在台座左右各置一方形高台，台上各有单层方亭一座，称东亭、西亭，以弧形飞桥与中殿上层相通。相当于后殿的位置左右各有一横长矩形高台，台上各一单层歇山顶小殿，称郁仪楼和结邻楼，也有弧形飞桥与后殿上层相通。复原图上在全组建筑四周有廊庑围成庭院，但据史籍记载，在麟德殿前常举行马球运动。

麟德殿是皇帝举行大型宴会的地方，赐宴群臣和各国使节，史载最大的一次是大历三年宴神策军将士三千五百人，宏大的殿堂和庭院正适宜作此用途。邻近西垣，也便于大量人流出入，不致干扰大明宫主体区域。麟德殿规模巨大，但它以数座殿堂高低错落地结合到一起，每座殿堂的体量仍符合一般尺度，所以并不觉其笨重。东西的亭、楼体量甚小，造型也有变化，玲珑而丰富，更衬托出主体的壮丽，也使整体更加多趣。麟德殿踞于高地，突起于众屋之上，从蓬莱池西望，其壮丽的侧影一览无遗，是太液池园林区的重要借景。

图 5-2-12 大明宫麟德殿正面（傅熹年复原，于立军绘）

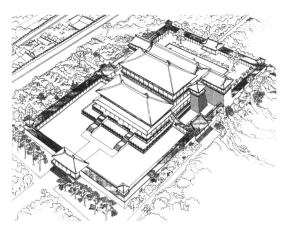

图 5-2-13 大明宫麟德殿复原透视（傅熹年复原并绘）

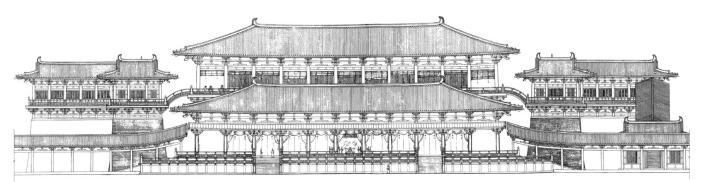

图 5-2-14 大明宫麟德殿复原南立面（杨鸿勋复原）

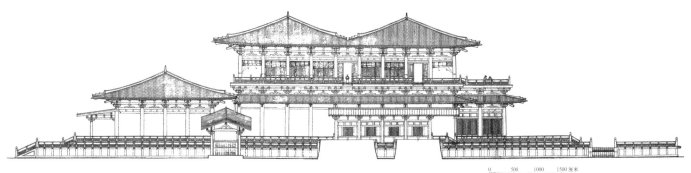

图 5-2-15 大明宫麟德殿复原东立面（杨鸿勋复原）

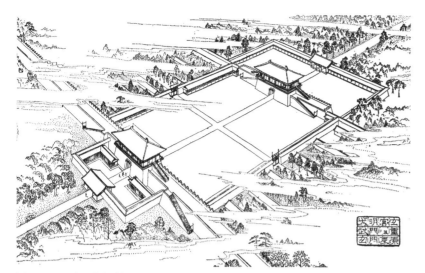

图 5-2-16　大明宫玄武门及重玄门复原鸟瞰（杨鸿勋复原）

像麟德殿这样规模的巨大组合体，以后甚少出现，但从传世许多唐、宋建筑画上往往可以见到相似的形象，即用好几个较小的体量与各种屋顶高高低低地聚合在一起，组成为丰富壮观的整体造型。这样的造型方式与通常更多采用的周边为建筑、中间为庭院的方式正好相反，后者"外实内虚"，前者"外虚内实"，是中国木结构建筑体系最基本的两种群体组织方式。外虚内实的组合并非唐代开始，早在战国秦汉就已出现，不过比外实内虚使用较少。

大明宫北门有两重门，内称玄武，外称重玄，已经考古发掘并有复原研究（图 5-2-16）。

清《陕西通志》的"大明宫图"与遗址考古发掘的结果每多不合。清·徐松《唐两京城坊考》所附"大明宫图"平面，其含元殿总平面与实际情况基本相符（图 5-2-17、图 5-2-18）。

三、洛阳宫

洛阳宫即洛阳宫城，初建于隋炀帝大业元年（605），唐初废毁，后又修复。宫东西约1400 米、南北约 1270 米，东部为东宫。南向设门三座，正门隋称则天，东门曰兴教，西门曰光政。明《永乐大典》和清·徐松《唐两京城坊考》中有洛阳宫城皇城图，大体反映了宫城内的布局（图 5-2-19、图 5-2-20）。则天门唐初焚毁，旋修复并仍旧名，中宗时为避武后尊号改为应天，玄宗开元二十五年（737）以后又改称五凤楼。[①]则天门已经考古发掘，其中央门楼左右接城墙，至东西转角处向南伸出 45 米，伸出的尽端各接东西长 30 米的矩形阙楼台基，二阙间距 83 米，[②]可见仍是倒凹字形平面的宫阙，证实了"左右连阙"的记载（《元河南志》）。已如前述，"阙"这种建筑是从西周前已有的建于围墙里面的堡台"观"蜕变出

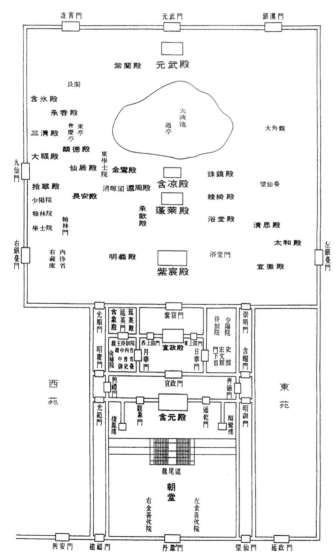

图 5-2-17　清绘"大明宫图"（清·徐松《唐两京城坊考》）

对页

① 萧默 . 五凤楼名实考——
兼谈宫阙形制的历史演
变 [J]. 故宫博物院院刊,
1984(1).

② 中国科学院考古研究所洛
阳发掘队 . 隋唐东都城址
的勘查和发掘 [J]. 考古,
1961(3).

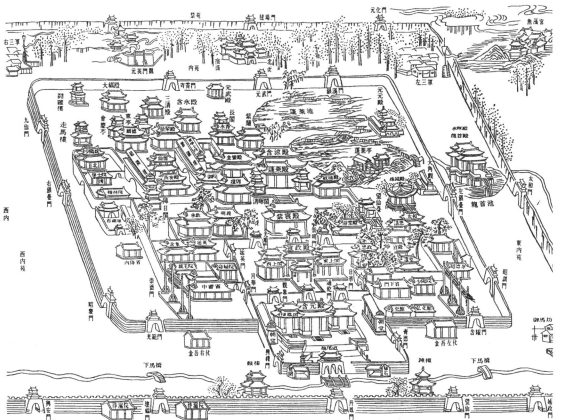

图 5-2-18　清绘 "大明宫图" （清《四库全书·陕西通志》）

来的，以后将其移建到大门外两侧，双双峙立，以壮观瞻。东汉后又有坞壁阙，是在大门一线左右分峙二阙。由隋则天门和唐含元殿遗址以及敦煌初唐壁画看来（图见魏晋章），隋唐宫阙在坞壁阙的基础上又有发展：两阙从围墙处拉出，但并未回到周秦的旧路上去，而是在两阙至围墙间另有南北向墙体相连，总平面呈倒凹字。其所围空间给人以更为威严的感受，整组建筑规模加大，前后拉开的距离丰富了全组的整体构图。这些，对于显示皇权都是很有力的，是隋唐中央集权制加强的社会情况在建筑艺术上的体现。这样的宫阙形象，在敦煌唐代壁画和日本都有所反映（图 5-2-21、图 5-2-22）。此后一直到明清午门，各代宫阙莫不如此，则天门遗址是此类宫阙的最早遗例，具有重要的历史价值。据遗址可知，唐时仍按

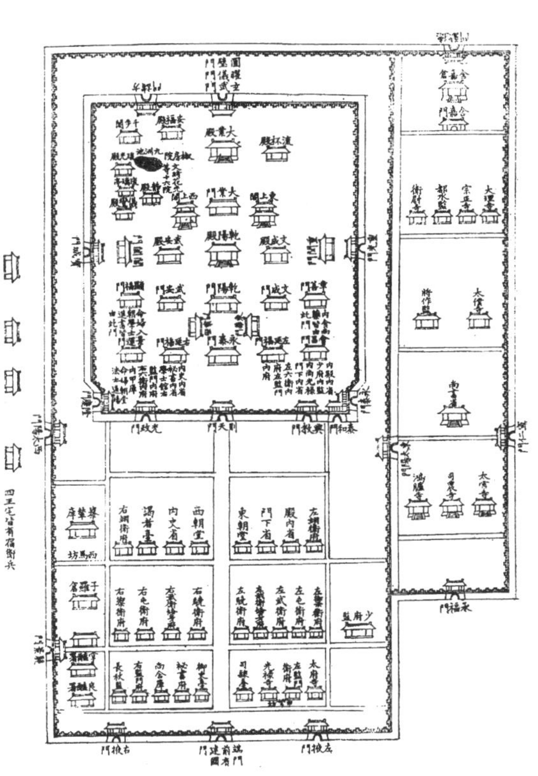

图 5-2-19　隋 "洛阳宫城皇城图" （明《永乐大典》）

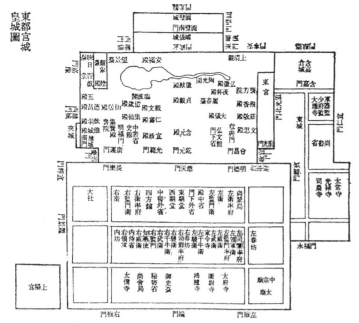

图 5-2-20　唐"东都宫城皇城图"（清·徐松《唐两京城坊考》）

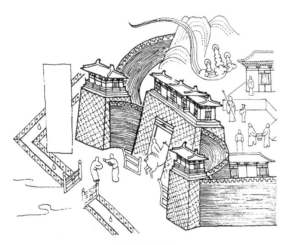

晚唐第 9 窟城阙

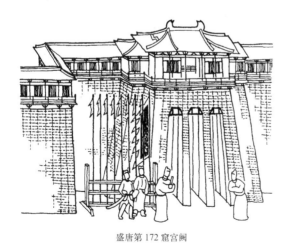

盛唐第 172 窟宫阙

图 5-2-21　敦煌莫高窟唐代壁画凹字形阙（萧默）

此平面修复使用。

应天门上也举行过肆赦活动，身份为大朝。门内隋代有乾阳门，过乾阳门为乾阳殿，是为常朝。其后大业门内大业殿是日朝。唐初焚毁洛阳宫也殃及各殿、门，高宗时在乾阳殿原址上建乾元殿，武则天时又毁乾元殿，"于其地作明堂"。这座明堂是中国建筑史上一座十分巍峨、十分富有创造性的伟大建筑。

以前提到，夏商曾有过宫殿与祭祀功能混沌未分的建筑，夏称"世室"，商称"重屋"。西周时则有所谓"明堂"，据说是世室、重屋的新名。但西周洛邑王城宫殿与祖、社已经分化，是中部为宫，左祖右社，明堂位置在何处，文献已无所依据。关于明堂的最初形制，《考工记》与《礼记》等书有所记述，但简约过甚，且脱衍纷出，滞碍难明。汉武帝封禅泰山，有人进上一个图样，伪托是"黄帝时明堂图"。王莽在汉长安南郊也造了一座明堂、辟雍合一的建筑，作为皇权一统天下的象征，同时糅合了当时的神道观念，形制和尺寸都加了许多复杂寓意，

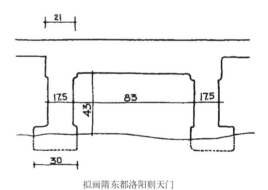

拟画隋东都洛阳则天门

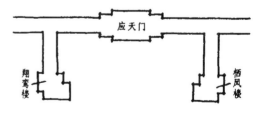

日本京都平安京朝堂院宫门

图 5-2-22　凹字形宫阙平面（萧默）

也是自我创制，不能尽合于古。于是从汉代开始，在儒生中开展了一场旷日持久的关于明堂形制的讨论，以至于唐，聚讼千载，莫衷一是。

隋代两次议建明堂，宇文恺还制图及模型以进，仍然争论不休，未得实行。唐太宗、高宗多次令儒者详考，还是"群儒纷竞，各执异议"。到了武则天，乃"不听群言"，"我自作古"，只"与北门学士议其制"，以洛阳宫正殿的身份建造明堂，不到一年就建成了。

据载武则天明堂"高二百九十四尺（约86米）、方三百尺（88米），凡三层"，下层四面象征四季，"各随方色"；中层变成十二面，象征十二时辰；上层又转成圆形，覆圆顶，有二十四柱，象征二十四节气。"以木为瓦，夹纻漆之，上施铁凤，高一丈，饰以黄金。中有巨木十围，上下通贯，榱栌、撑栌，借以为本。"此明堂又称"万象神宫"。据复原研究，认为它的高度记载合今80余米，对于一座三层建筑来说，必有误记，大约最高只能达到50米左右。复原为下层方形四面，各面按东、南、西、北方分施青、赤、白、黑各色，重檐；中层八角形，四正面每面三门，共十二门，亦重檐，下檐八角，上檐圆形；上层耸立一圆形重檐攒尖顶大亭，类似今北京天坛祈年殿，八间，每间三门共二十四门（图5-2-23、图5-2-24）。[1]

明堂北又起"天堂"，比明堂更高，五级，"内贮夹纻大像，至三级则俯视明堂矣"（《旧唐书·武后本纪》）。

这两座伟大建筑只存在了八年就遭火毁，毁后当年又依旧制重造明堂，更名为"通天宫"。四十多年后，玄宗以明堂"体式乖宜，违经紊乱"，令拆去，赖主持者以"毁拆劳人，乃奏请且拆上层，卑于旧制九十五尺"，仍复名为乾元殿（《旧唐书·礼仪志》）。此乾元殿的遗址今已探测，但尚未发掘。[2]

明堂、天堂尺度宏大，形制特殊，别出心裁，"我自作古"，又以楼为正殿，也不见于各代，参以我们从含元殿、麟德殿所得到的印象，足见盛唐时期建筑艺术意匠的旺盛创造力，洋溢着不循旧迹、力创新规的勃勃生气，显示出一种高昂健康的浪漫情调。如此巨大的建筑，在焚毁当年就可重建，也足见唐代匠师高度纯熟的技艺和当时财力的充裕。

兴教、光政门内也各有一串殿庭，合中路总体也是三路。宫内西北部有九洲池及沿池一带的游观建筑，其中部分已发掘。[3]

总观隋唐宫殿，除下面将在园林节中叙述的离宫外，广泛采用左中右三路的对称规整格局，中路顺序布置三朝，这一方式以后成为各代楷模。尤其是大明宫，其大朝含元殿虽具宫阙身份，其实也是一座大殿，不是宫门，实开以后三殿串连风气之先。至于以后各代宫阙都作倒凹字形平面，也是从隋唐直接继承来的。

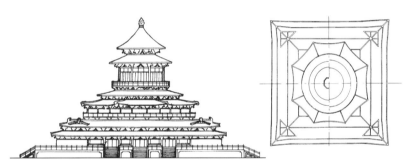

图5-2-23　唐洛阳武则天明堂（王世仁）

图5-2-24　唐洛阳宫武则天明堂（王世仁复原，张树祝绘）

① 王世仁. 明堂美学观//王世仁. 理性与浪漫的交织[M]. 北京：中国建筑工业出版社，1987.
② 中国社会科学院考古研究所洛阳唐城队. 洛阳隋唐东都城1982～1986考古工作纪要[J]. 考古，1989(3).
③ 中国科学院考古研究所洛阳发掘队. 隋唐东都城址的勘查和发掘[J]. 考古，1961(3)；中国科学院考古研究所洛阳工作队. "隋唐东都城址的勘查和发掘"续记[J]. 考古，1978(6)；中国社会科学院考古研究所洛阳唐城队. 洛阳隋唐东都城1982～1986考古工作纪要[J]. 考古，1989(3).

第三节　佛教建筑

隋唐是佛教兴盛发达的时代。唐朝皇帝虽伪托自己是老子李耳的后代而尊奉道教，但各代皇帝大多同时推行佛教，在社会上影响更大的仍然是佛教。

唐代佛经输入和译经事业有显著发展，玄奘、义净等大师为此作出了重大贡献。中国人对佛教的理解更加深入了，由于对教义的见解以及强调的方面不同，唐代出现了许多宗派，如天台宗、法相宗、华严宗、净土宗、禅宗和密宗等，其中净土宗和禅宗的影响更大。净土宗虽然没有更多的系统理论，但它的乐观主义，它的简明便捷，只要口诵佛号、广修功德，便能了却罪孽，进入佛国，最能得到重于理性实践不重繁琐思辨的一般中国人的信仰。禅宗在唐代分为南北二派，南派主张顿悟的主观唯心主义更见上风，声称只要坚定自己的主观信仰，相信自在佛性，不待他求，便可解脱，甚至主张即身成佛。北宗则主张渐悟，人的佛性需要时加拂拭，坚持坐禅和戒行。除了净土宗和禅宗以外，其他各宗到唐代后期大都衰落。以繁琐思辨为特点的其他各宗派未得发展，佛教却因此在很大程度上排除了教义的神秘迷雾，而得到了更广泛的流传，说明唐代已完成了佛教的中国化。

早期流行的厌世离俗的小乘和南北朝悲天悯人的大乘，这些接近于印度佛教原型的悲观主义，到了唐代都已蜕消。佛教实际上已变成了在中国文化土壤上生发出来的、洋溢着一片世俗之情的中国式佛教了。这些，都决定了佛教建筑的艺术性格。隋唐佛寺的艺术性格更近于辉煌、热情、温和、平易。佛寺不仅是宗教中心，也是市民的公共文化中心，以宏丽的建筑、美如宫娃的菩萨、灿烂的以温暖色调表现的佛国净土壁画，不啻说造成了一座座常年开放的"美术博物馆"；其丰富的法会仪式、生动的俗讲和歌舞戏演出，也极大地吸引着公众，"愚夫冶妇乐闻其说，听者填咽寺舍"（《因话录》）。宋·钱易《南部新书》记唐长安说："长安戏场多集于慈恩，小者青龙，其次荐福、保寿"，所指都是佛寺。寺院还常有一些即兴式的活动，一次裴旻将军邀吴道子在东都天宫寺作画，裴舞剑助兴，张旭亦乘兴草书一壁，一时"观者数千人"（《图画见闻志》），皆云"一日之内，获睹三绝"。《图画见闻志》记宋汴梁相国寺十绝，其中多为唐代所遗，如弥勒铸像、唐睿宗御书碑额、吴道子画维摩变、边思顺建排云楼、车道政画天王像等。佛寺又常有园林。慈恩寺牡丹有名，"三月十五日两街看牡丹，奔走车马"。这些，都使得佛寺除了宗教必然要求的严肃、神秘以外，又添加了人间生活的欢乐气息，充溢着人文主义的色彩。这种性格，使我们想起了欧洲文艺复兴盛期的文化精神，而与欧洲中世纪基督教堂所体现的那种清冷、严峻和禁欲主义，是大不相同的。

由中国古代诸多政治的、思想的和社会的原因所造成，唐代佛寺建筑的特点，在很大程度上代表了整个中国封建社会汉地佛寺建筑的性格。首先在规模上，佛寺大都没有超过代表政权的建筑——在都城没有超过宫殿，在郡县很少超过王府。在城市规划上，它总是作为宫殿、王府或衙署的陪衬。其次，在形制上，佛寺并没有形成自己独有的体系，不像欧洲的教堂那样与其他建筑类型截然不同，而是与宫殿、衙署、第宅有明显的共同性。最后，佛寺或佛塔的艺术性格总是显得那么宁静、平和与自然，具有人的尺度，有着容易理解的简单逻辑。总之，即使在这些宗教建筑中，也充满着儒学所倡导的人本主义的理性精神。

佛教建筑包括佛寺、佛塔和佛教石窟三种。

一、佛寺

唐代大寺主要集中在两都长安和洛阳。唐代日本和尚圆仁到过中国许多地方，他在《入唐求法巡礼行记》中写道："长安城里，一个佛堂院，敌外州大寺。"当时长安城里有佛寺九十余座，有的可以尽占一坊之地。但两都佛寺没有一座得以完整保存，只留下了一些佛塔。武宗时，寺院经济的发展影响了国家的收入，于是武宗抑佛扬道，最后更下令灭佛，一次拆毁天下佛寺四万所。唐末朱晃又尽拆长安，强迫人民东迁洛阳，长安佛寺连同宏丽的城市一时尽成灰烬。其他地方的唐代佛寺后来也几乎毁灭殆尽。现存的唐代佛寺木结构殿堂只剩下四座，即南禅寺大殿、佛光寺大殿、广仁王庙正殿和天台庵正殿，都是中小型殿堂，而且除殿堂本身外，当初寺院的群体布局都已改变，难窥原来的总体形象。中国建筑艺术的基本特性之一，恰在于有机的群体组合，所以它们都已不能反映唐代佛寺的完整风貌。近年发掘了长安青龙寺和扬州的一些唐寺遗址，前者只是原寺的一小部分，后者也只是一些零乱的墙基，难以提供更多的信息。十分幸运的是在敦煌石窟三百多座隋唐石窟里，尚保存数以百计的大型经变画如西方净土变（包括观无量寿佛经变和阿弥陀经变两种）、东方药师变和弥勒上生经变等，其中画出了许多以完整组群形式出现的建筑群，据研究，多数被认为是隋唐佛寺的近于真实的反映，给我们提供了宝贵的资料。[①]

壁画里的佛寺和其他重要传统建筑一样，仍然是一些具有中轴线的、规整的院落组合。画面主要表现全寺中轴线上最重要的一个庭院。一般来说，庭院由四周回廊围成，前廊正中设院庭大门，唐时称之为"中三门"。这座大门有的是一座三间单层门屋，有的是一座三间二层的楼门。回廊四角普遍都有角楼，是在转角屋顶上耸出柱子，支持上面的平座（木构平台，四周有栏杆），再在平座上建方形、长方形、圆形或六角、八角亭子。大钟和经卷就贮藏在这些角楼里，或在前二角，或在后二角，称为钟楼和经藏。院内纵轴线上从前至后有一至三座殿堂，或是单层或是楼阁，也有二层塔。若有三座，则前后二座必是单层，中间一座必是楼阁，以增加天际线的起伏。前殿之前的院庭面积较大，横轴在前殿之前，在横轴左右与东西回廊相交处建配殿。配殿多是楼阁，也有单层的，或于单层配殿南北各挟持一楼，它们的体量都比前殿小。院庭内多画成满是水面，水上立着许多低平方台，这是依据佛经所说西方净土有七宝池、八功德水所绘出，不一定是佛寺中普遍存在的现象，但正中一座上有舞乐的平台应是寺院中常有的"戏场"的再现。

有的壁画画出了前后相连的两座院子，中间以回廊相隔。后院一般与前院同宽，院中也有殿堂，或横列三楼，中楼最大（图5-3-1～图5-3-15）。

①萧默.敦煌建筑研究·佛寺[M].北京：文物出版社，1989.

图5-3-1　敦煌莫高窟隋代第423窟窟顶弥勒经变（《敦煌建筑研究》）

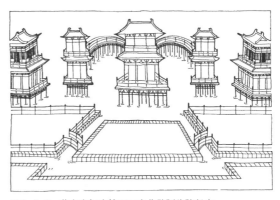

图5-3-2　莫高窟初唐第205窟北壁阿弥陀经变

图 5-3-3 莫高窟初唐建筑画（第 329 窟南壁弥勒经变）（《敦煌建筑研究》）

图 5-3-4 莫高窟盛唐第 217 窟壁画佛寺（《敦煌建筑研究》）

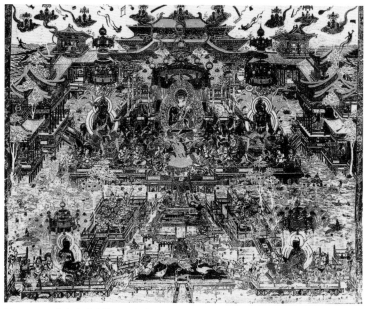

图 5-3-5 莫高窟盛唐第 172 窟北壁壁画佛寺（《敦煌建筑研究》）

图 5-3-6 莫高窟盛唐第 172 窟北壁壁画佛寺局部（《敦煌建筑研究》）

图 5-3-7 莫高窟盛唐第 172 窟南壁壁画佛寺（《敦煌建筑研究》）

图 5-3-8 莫高窟盛唐第 148 窟东壁北侧药师经变（《敦煌建筑研究》）

图 5-3-9　莫高窟盛唐第 148 窟东壁南侧壁画佛寺（《敦煌建筑研究》）

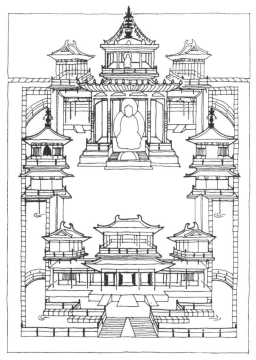

图 5-3-10　莫高窟中唐壁画佛寺（第 361 窟）（萧默）

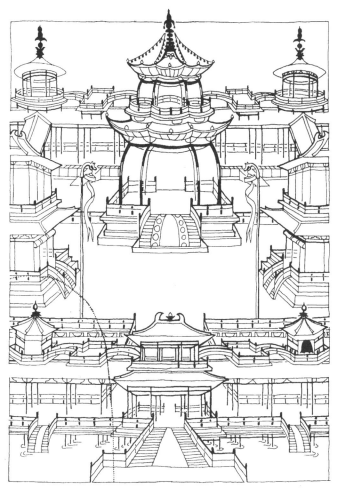

图 5-3-11　莫高窟中唐壁画佛寺（第 361 窟）（萧默）

图 5-3-12　莫高窟中唐第 159 窟壁画佛寺（《敦煌建筑研究》）

图5-3-13　中唐第158窟东壁南侧天请问经变（《敦煌建筑研究》）

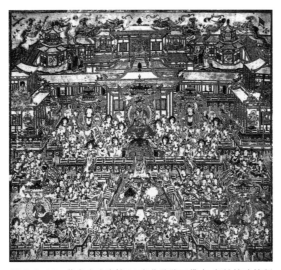

图5-3-14　莫高窟晚唐第85窟北壁壁画佛寺（《敦煌建筑研究》）

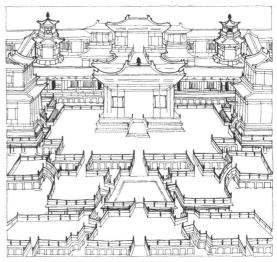

图5-3-15　莫高窟晚唐壁画佛寺（第85窟）（萧默）

　　这些佛寺壁画具体显示了重视群体美这一中国建筑的重大特色：各单座建筑有明确的主宾关系，例如前殿最大，是全群的构图主体，配殿、门屋、廊庑、角楼都对它起烘托作用；各院落也有主宾关系，中轴线上大殿前方的主要院落是统率众多小院的中心；建筑群有丰富的整体轮廓，单层建筑和楼阁交错起伏，长段低平的廊庑衬托着高起的角楼，形成美丽的天际线；单座建筑之间的相对位置具有严谨的有机关系，例如横轴在前殿之前，横轴与前殿之间的距离就很有讲究，既不能过远而减弱正殿与配殿的呼应，也不能过近使正殿、配殿过于拥挤。这些联系在各个局部之间织成了一张无形的但可以感觉得到的理性的网，使全局浑然一体。亚里士多德曾经说过：一件艺术品，"它的各个部分要这样联系着，以致改移或删掉其中任何一部分就必定会毁坏或变更全体；因为任何部分可以保留或删除而不至于显出显然的区别，那它成为一部分也是不合宜的了"(《诗学》)。以上壁画显示的唐代佛寺建筑的群体组合正显示了这样的原则。

充满着理性逻辑的建筑构图，比起欧洲教堂来并不过分巨大的建筑尺度，使得即使在佛寺中，人们也不至于过分陷入宗教的迷狂，在这里，洋溢着佛国净土般的宁静。唐代佛寺的这一性格，在很大程度上可以代表中国除了藏传佛教建筑以外的各时期佛寺的性格。只是唐代佛寺比起后代来规模更为伟丽恢宏，风格更为纯朴天真，气度从容，饱含着艺术家的充分自信，从而无愧于建筑盛期的风貌。

回廊为分划和联系空间所必需。回廊的进深或为一间，朝院外的一面设墙，墙上有窗，朝院内的一面是开敞的柱廊；或进深两间，墙在中柱一线，内外都是柱廊，有的内间是柱廊，外间隔成小房间，也有全部开敞的，沟通相邻二院。有的壁画在后廊之后还有一些楼台建筑，掩映在树木花草之间。有些横向回廊在院落转角处并不终止而更向左右延伸出去直抵画边，说明在中轴主要院庭以后或左右，还会有更多的庭院。实际也正是这样，文献记慈恩寺"凡十余院，总一千八百九十七间，敕度三百僧"(《寺塔记》)；

章敬寺殿宇达四千一百三十间，分四十八院(《长安志》)。唐·道宣《戒坛图经》宋版插图表示的佛寺竟有五十几个院落之多，可见大寺规模之宏大(图5-3-16)。

还应该补充，隋唐以前佛寺常采取的中心塔式布局至隋已逐渐减少，寺院中心多不建塔，而移至大殿两侧、殿后、寺侧、寺后。有的寺院不建塔。《戒坛图经》中的佛塔就在大殿两侧。敦煌隋代壁画佛寺在佛殿两侧也多有楼阁(参见图5-3-1)。这一转变说明隋唐佛教的变化。南北朝以前的南北佛教，随着国家的统一而得到交流，原来的北重戒行南重义理的情况已有改变，为宣讲义理所需的大殿和讲堂更加重要了。但中心塔式佛寺在唐以后也并未绝迹，唐壁画中仍时有所见，有的实例更晚至元明。

至于佛寺中钟楼、经藏的方位，从敦煌壁画中所见似无定制：有东钟西经者，也有西钟东经者，各占一半左右。然《寺塔记》记长安平康坊菩提寺云："寺之制度，钟楼在东，唯此寺缘李右座林甫宅在东，故建钟楼于西"。《戒坛图经》插图也作东钟西经，宋重修《大相国寺碑铭》也说："左钟曰楼，右经曰藏"。日本早期寺院也多作东钟西经，[①]

①伊东忠太，日本建筑之研究上[M]。法隆寺建筑说引《古今目录抄》："东钟楼西经藏"；《七大寺日记》："金堂东钟楼云云，西经藏云云"；《七大寺巡礼记》："东有钟楼西有经藏。"(龙吟社版，第155、164页)

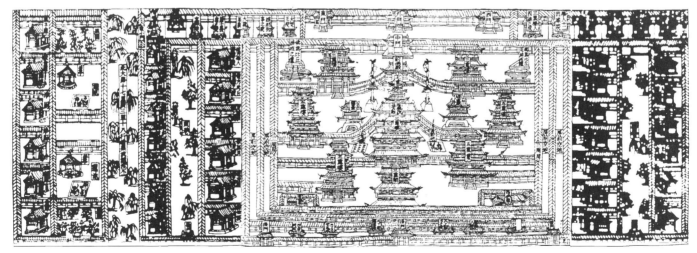

图5-3-16　唐·道宣《戒坛图经》

可见当时确有通行之法。钟之于寺，早已成为不可缺少之物，晨昏作息、讲经、饭僧、法事等都必须打钟。[①]

青龙寺在长安东南新昌坊，占全坊四分之一，面积达13万平方米，是真言密宗的道场。著名日本高僧空海唐时曾在此寺就学，归国后成为日本真言宗的开山祖师。寺居乐

图5-3-17　唐长安青龙寺隋代殿堂复原透视（杨鸿勋复原）

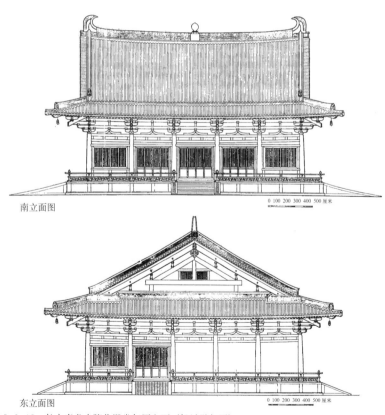
南立面图　　　　　　　　0 100 200 300 400 500 厘米

东立面图　　　　　　　　0 100 200 300 400 500 厘米

图5-3-18　长安青龙寺隋代殿堂复原立面（杨鸿勋复原）

游原岗地，岗地东西延绵，寺北墙正当岗顶，全寺向南倾下。北门楼在北墙正中，"门高出绝寰埃"，有登眺之胜。由北门直南应是全寺中轴线。考古工作已发掘了寺北半的西部，[②]知中轴以西有两处院落：较西一院回廊围绕，其南廊正中为三门，门内庭院中轴线上有一方塔，后部为大殿，殿前左右出横廊接东西院廊，横廊与院廊交接处遗址扩大，可能有角楼一类建筑，与敦煌壁画某些画面相合。此院之东另接一较小院落，中心一殿，有隋唐两代殿堂基址。对此已进行了复原研究，隋殿方形，歇山顶（图5-3-17、图5-3-18），唐殿为长方形。[③]依中国建筑总体布局强调对称的规律推测，青龙寺原来可能会有五座院落并列，似乎是中院最大，左右尽端二院次之，其间的二院最小。此寺选址极好，背负岗峦，南向一片缓坡，可望见芙蓉园一带胜景并遥见南山。

悯忠寺在幽州（故址在今北京城区西南隅）。初，隋炀帝与唐太宗两次起兵征伐高丽，以幽州为基地，均曾亲自坐临，但都以失败告终。武则天万岁通天元年（696）于幽州城东南隅现北京南城法源寺址建成悯忠寺，追念征伐辽东和高丽阵亡的十几万将士，是北京城内历史最古的名刹。天宝十四年（755），安禄山在寺东南建塔一座。两年后史思明为安禄山称帝并定都幽州，在寺西南又建一塔，双塔峙立。唐武宗会昌间（841—846）实行灭佛，"幽燕八州惟悯忠独存"。但在唐末僖宗中和二年（882）全寺毁于火灾，不久重建，寺前仍是双塔，寺内有壮丽的观音阁。建筑史家傅熹年已绘出重建后的复原图（图5-3-19）。以后屡毁屡建，北宋钦宗被金人掳至燕京，曾关押寺内。南宋遗臣谢枋得被俘也关在这里，拒不降元，绝食而死。明初寺塔皆毁，明代重建后，规模大大缩小。清改建，就是今天的法源寺。

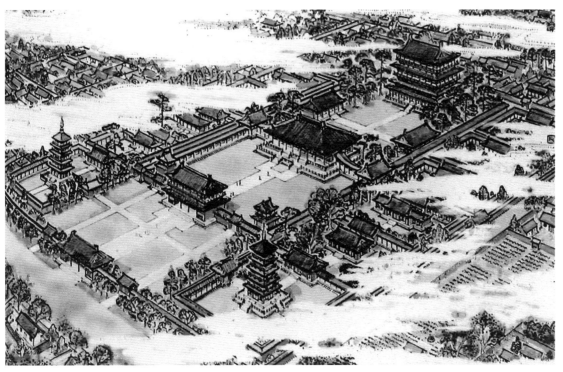

图 5-3-19　唐幽州悯忠寺唐末重建后之复原图（傅熹年复原）

二、塔（石幢石灯附）

隋代很重视塔的建造，多次由朝廷颁令在全国立塔。隋文帝仁寿元年（621）诏三十州于十月十五日同时起造灵塔；三年，又诏五十三州立舍利塔，都是遵"有司送样"建造的木塔（《广弘明集》卷十七）。总计文帝在位，共于一百余州立舍利塔。但现存隋塔极少，而且全是砖石造，应是当时实际建造最多的木塔不易保存的缘故。源于印度窣堵波的塔经汉末至南北朝的融合，已发展成中国型式，即楼阁式和密檐式两大类型。[1]隋唐仍以这两大类型为主。从壁画、石刻和文献可得知隋唐木结构楼阁式塔的形状，但实物已经没有了。现存有一些砖结构的楼阁式塔，是对木结构式塔的模仿。密檐塔都是砖石造，唐代遗存仍多，是北魏嵩岳寺塔的继承而且更趋民族化。隋唐还有一种继承北朝的塔型，是以木结构亭子为借鉴的亭式塔，都是单层，现存也都是砖石结构，作高僧墓塔用，当年这种塔应该也有木结构的。此外还有少量其他式样的塔如华塔等。

楼阁式塔

木结构楼阁式塔是当时塔的主流。长安永阳坊东禅定寺、西禅定寺各有"木浮图"一座，据载东寺塔七层，建于隋，"高一百三十仞，周匝百二十步"（《续高僧传》），或"崇三百三十尺（约合 90 米），周回一百二十步"（《唐两京城坊考》），规模惊人。西寺塔与东寺塔相同。延康坊、怀德坊的木塔也高"一百五十尺"，超过40 米。四川通江千佛崖第 36 龛浮雕七重塔，完全是木结构楼阁式样，属唐前期。敦煌壁画也有楼阁式木塔，如第 361 窟（中唐）一塔，两层，方形，下有台基、勾栏，上下层每面三间，层间有平座，屋顶不是凹曲的而呈微凸状，屋檐周绕山花蕉叶，屋顶最高处立一整套塔刹。同窟还有一座二层木塔，形状奇异，基台基座都是方形，但两层塔身都作六角形，塔檐和平座则作六瓣花形，每层塔身上部都向内弯曲，木柱也成了曲柱。此类塔可能与注重神秘咒法的密宗有关。壁画里还有下层八角，上层为圆形的塔，与武则天

对页

① 《北梦琐言》卷三记曰："唐段相文昌家属江陵，以贫妻修善，常患口食不给，每闻僧寺钟动，辄诣就食，为寺僧所厌，自是乃斋后扣钟，冀其晚至而不逮食也。"别书则将此事归于王播或吕蒙正，在此都无关紧要。总之，是说明了寺院开饭时是要打钟的。又《入唐求法巡礼行记》有多处皆记有讲经法会时打钟情况。

② 中国科学院考古研究所 . 青龙寺遗址踏勘纪略[J]. 考古，1964(7)；中国科学院西安工作队 . 唐青龙寺遗址发掘简报 [J]. 考古，1974(5).

③ 杨鸿勋 . 唐青龙寺真言密宗殿堂（遗址 4）复原研究[M]// 杨鸿勋 . 建筑考古论文集 . 北京：文物出版社，1987.

本页

① 鲍鼎 . 唐宋塔的初步分析[J]. 中国营造学社汇刊，第 6 卷，第 4 期，1937；刘敦桢 . 河南省北部古建筑调查记 [J]. 中国营造学社汇刊，第 6 卷，第 4 期，1937；罗哲文 . 中国古塔[M]. 北京：中国青年出版社，1985.

①萧默．敦煌建筑研究·塔[M].北京：文物出版社，1989.

明堂意趣相近（图5-3-20）。^①

现存唐代楼阁式塔实物都是砖砌仿木结构的，应该说和木塔容易损坏，尤其不利于防火有关；出于长期保存的目的，又不能忘情于木塔的形象，遂以砖材仿建。砖是很古老的建筑材料，但中国建筑体系始终以木为本位，以砖来"仿木"这件事的本身，就已为砖石建筑预

敦煌莫高窟中唐壁画两层塔　　敦煌莫高窟晚唐壁画下八角上圆塔

图5-3-20　楼阁式塔（萧默）

图5-3-21　西安兴教寺玄奘塔（罗哲文）

伏了不祥，阻碍了其对于符合自身材料和结构本性形式的探求。在唐代，木结构已发展得相当成熟，人们即使面对砖石，也总不能忘记已经习惯了的木结构形式，除非有更深刻更激烈的原因，这种局面就不会改变。而由唐以至明清，这个原因都还未曾具备，砖石建筑也就只有在"仿木"的道路上一直走下去了。随着木结构的愈趋发展，"仿木"的劲头也越来越足，一直到近代木结构退出历史舞台以前，中国的砖石建筑终于也未能像欧洲那样，找到自己独特的发展道路，这不能不说是中国砖石建筑的悲哀。

楼阁式砖塔可以举出两座为代表，即西安兴教寺玄奘塔和慈恩寺塔。

玄奘塔建于高宗总章二年（669），方形，五层，高21米。底层南面辟半圆拱门通塔心室，室内有玄奘像。外壁面经重修，素平无柱，檐下仅有砖砌简单斗栱和普拍枋。二层以上土筑实心，砖砌外壁有半八角壁柱，皆三间四柱，斗栱同于底层。各檐在斗栱以上用"菱角牙子"（即将砖砌成锯齿形平面，砖棱向外）和叠涩砖挑出，叠涩内凹较显著，挑出较多，显得曲柔含蓄，楼阁的感觉也较强。檐端平直，檐上以反叠涩收至上层塔身。此塔比例处理较好，韵律感也较强（图5-3-21）。

慈恩寺塔又名大雁塔，初建于高宗永徽三年（652），原为五层，长安年中（701～704）倒塌，又重建为十层，后经战争破坏，只剩七层。最外包砖系明万历年修缮时加砌，但仍保留了唐代构图。塔正方，高约64米，砖表土壁，内部是平面正方的大空筒，但各层有木楼板。砖塔表面各层以砖砌出仿木结构的方形壁柱、额枋和柱头上的栌斗，柱子分每层塔身为数间，一、二层九间，三、四层七间，五层以上均五间。各层四面正中一间辟圆券门洞，屋檐都是砖叠涩挑出，整体形象简洁、稳定而敦实。在第一层西门楣上有一刻石，用阴线精细地刻出一座殿堂，为初唐风格，

图 5-3-22　西安慈恩寺大雁塔（熊黎）　　图 5-3-23　五台佛光寺祖师塔（萧默）　　图 5-3-24　西安荐福寺小雁塔（罗哲文）

对于研究建筑史很是珍贵（图 5-3-22）。

这种砖塔的特点是：（1）各层高相当于一个楼层的高度，从下至上逐层收小；（2）壁面砌仿木构件，壁柱分各层为数间。它体现了木楼阁的造型逻辑，但唐塔注重只在整体上对木结构楼阁造型逻辑的神似，比起五代宋以后的刻意追求细节的处处形似，更为简洁无华，体现了唐人所倾心的豪放壮阔的审美趣味。

此外，还有一座迄今尚未确定年代的楼阁式塔，即五台山佛光寺祖师塔。

祖师塔在佛光寺大殿后左侧，两层，平面六角，总高约 10 余米，砖砌。塔下由九层砖砌反叠涩台座，上承简单须弥座。以上为塔身第一层，仅正面开略扁的圆券门，门楣作菩提叶式，门内塔心室原有祖师像。塔檐挑出颇深，由一列小斗、三列仰莲和上下多道叠涩组成。屋顶为反叠涩。第二层下有带壸门的基座和三层仰莲，塔身实心，各面砌假门或假直棂窗，在六个转角柱的柱头、柱身中段和柱脚砌为莲瓣，塔檐为三层仰莲。塔顶以仰莲刹座、六瓣形宝瓶和最上的宝珠结束（图 5-3-23）。

此塔造型颇佳，下层粗壮简朴，墙有明显侧脚（即下大上小），显得坚实稳重。上层玲珑而小，装饰增多，引人注目。因上下层大小比较悬殊，加上下层塔檐出跳深远，又全涂白色，使全塔轮廓鲜明，明丽动人，应属优秀作品。祖师塔的六角形平面也很特殊，是宋代以前的孤例。

此塔年代迄无定论，有认为"魏齐间物"或北齐所建者，总体而言，应在盛唐以前。在上层假窗以上，曾以土朱绘出双层阑额，阑额间有五条短柱，额上绘人字形补间铺作，都是唐代前期的作风。上层角柱有三处莲花装饰，早期曾见于敦煌隋代石窟佛龛的龛柱。假门的两个门扇相错，似半开状，除此塔外，早期见于盛唐惠崇塔，宋、金墓室中更多。

密檐式塔

砖砌密檐式塔可以长安荐福寺塔（景龙年间，707～709）、河南登封法王寺塔（盛唐，约 8 世纪）、云南大理崇圣寺千寻塔（南诏，约 9 世纪）等为代表（图 5-3-24～图 5-3-27）。

图 5-3-25　河南登封法王寺塔（罗哲文）

图 5-3-26　崇圣寺千寻塔（张青山）

图 5-3-27　崇圣寺三塔全景（罗哲文）

荐福寺塔又名小雁塔，原有密檐十五层，现存十三层，残高 50 米；法王寺塔十五层，高 40 米；千寻塔十六层，是古塔中密檐层数最多者，高 58 米。可以看出，它们除了下层特高，上有多重密檐外，体形均较瘦高挺拔。全塔中部微凸，上部收分缓和，整体如梭形，各檐端连成极为柔和的弧线，使其挺拔而不失于匆促，似乎内部蕴含着一种无尽的张力。这样的轮廓我们在嵩岳寺塔上已经看到过，唐代密檐塔继承了这个传统。其实有的楼阁式塔也有这种轮廓处理，但由于各层塔身较高，各檐相距较远，效果不甚显著。密檐塔则充分运用了自己的优势，在轮廓线上用心推敲，显示了艺术家的造型能力。密檐塔的层层水平檐线，大大削弱了一味升腾的动势，气度从容，温润俊秀。唐代密檐塔改变了嵩岳寺塔的十二角形平面，均作方形，与人们习见的楼阁平面相近，是此式塔进一步民族化的表现。据此也可以知道，密檐塔其实也是一种仿木结构的方式，其密"檐"

就是对木构建筑屋檐的模仿，但它比砖石仿木楼阁式塔更多一些创造。

以上三塔，以法王寺塔造型比例最好，是唐代此类塔中造型最杰出者。其细高比约 1/5，小于嵩岳寺塔（约 1/3.6）和荐福寺塔（约 1/4），而且底层特高，基台极低，更增加了挺拔的气势。但它并不过于细高，细高比大于千寻塔（约 1/6），不像后者那样过于尖瘦。

千寻塔东临洱海，西负点苍山，是南诏都城大理的标志性建筑。在千寻塔以西，南北对称，有两座八角平面砖砌楼阁式塔，均高约 40 米，形象和大小相近，大约建于宋代。三塔峙立，为大理的秀丽湖山增添了不少美色。千寻塔各檐中部微向下凹，角部微翘，反映了晚唐时建筑角翘做法已渐多。塔的第一层东面开塔门，西面开一窗，以上各层均开券洞和券龛。此外，大理还有一座蛇骨塔，也建于唐代，造型也非常优秀，以秀丽娇美胜（图 5-3-28）。

据遗迹和文献，荐福寺塔和法王寺塔底层

图 5-3-28　云南大理蛇骨塔（张青山）　　图 5-3-29　云居寺唐代密檐塔（萧默）　　图 5-3-30　西安香积寺塔（萧默）

原来均附建有一圈"副阶"，即附檐，木结构。荐福寺塔的已经复原研究。[1]副阶之建，加强了全塔稳定感，是嵩岳寺塔的发展，也是唐塔更加民族化的表现。塔下副阶在宋代以后更多。

此外，北京房山云居寺也有唐代密檐塔。云居寺原在寺外左右各有一座高塔，现只存东塔，建于辽代。此塔四隅各有一座小塔，有的是密檐式，也许是从他处移来的，与大塔一起，呈金刚宝座式组合。这些小塔即有唐代建造的（图 5-3-29）。

还有一座形制比较特殊的香积寺塔也值得介绍。香积寺塔在今西安市南郊长安县，唐高宗开耀元年（681）为纪念高僧善导建造，但并非善导墓塔。原塔十三层，现残存十层，方形，底层每面宽 9.5 米，并较高，二层以上转为低矮，残存总高 33 米余。此塔底层较高，层檐较密，层数较多，具备密檐塔的特点；但二层以上的各层并不过分低矮，且各层塔身都砌出方形壁柱，分每面为三间，柱上砌出阑额，柱头和柱间砌出栌斗各一，当心间设券门，次间砖砌撇柱，所有仿木构件都涂以朱色，撇柱间并以朱色绘

出直棂窗，这些又富有楼阁式塔的意味。所以，此塔是介于楼阁式和密檐式之间的形制，透露了密檐式塔的发展过程中也曾从楼阁获得过某种启发（图 5-3-30）。

亭式塔

亭式塔都是单层，又多为高僧墓塔，故以前常称亭式塔为单层塔或墓塔，其实密檐塔也是单层，只是覆盖着多层塔檐，墓塔也不全是亭式，所以还是以"亭式塔"名之为宜，以免相混。

敦煌石窟唐代壁画中的许多单层木塔都是亭式塔，如第 23 窟（盛唐）一塔，方形，塔下有须弥座式基台，基台上立木结构基座，有柱枋斗栱。基台正面有下至地面的御路式（即两边为台阶，中为斜坡）阶级。沿基台、基座四周及坡道边沿设勾栏。塔身三间，斗栱托着出檐很大的四角盝顶，屋顶檐端平直，顶中央以须弥座承托整套塔刹及垂铎垂链。全塔华丽丰富，结构和造型自然合理，虽然只是壁画，相信它反映的是实际建造的情况。陕西扶风法门寺近年出土一座唐代铜塔也是亭式，[2]与壁画所绘颇相近似（图 5-3-31、图 5-3-32）。

①杨鸿勋.唐长安荐福寺塔复原探讨[J].文物，1990(1).

②陕西省法门寺考古队.扶风法门寺唐代地宫发掘简报[J].文物，1988(10).

图 5-3-31 单层木塔（敦煌石窟盛唐第 23 窟法华经变）（《敦煌建筑研究》）

陕西扶风法门寺地宫出土小铜塔

敦煌莫高窟隋唐壁画亭式塔

图 5-3-32 亭式塔（萧默）

现存隋唐亭式塔实物都是砖石的，较重要者如山东历城神通寺四门塔（石，隋大业七年，611）、长清灵岩寺惠崇塔（石，盛唐天宝间，742～755）、河南登封会善寺净藏塔（砖，天宝五年，746）、甘肃永靖炳灵寺石窟第 3 窟中心塔（石，盛唐，8 世纪）、北京房山云居寺小石塔（盛唐，8 世纪）、山西运城泛舟禅师塔（砖，贞元九年，793 年）、平顺明惠大师塔（石，乾符四年，877 年），以及山东历城神通寺龙虎塔（石，约晚唐，9 世纪下半叶）等（图 5-3-33）。

它们的形制有三种：一种只是大体模仿木亭，仍保持了砖石建筑材料的比例权衡，简单质朴，如四门塔、惠崇塔等；另一种较多刻出或砌出仿木构件，比例上也尽量接近木亭，如净藏、炳灵寺第 3 窟、泛舟、明惠诸塔；最后一种更施加大量浮雕装饰，愈加华丽，如云居寺小塔、龙虎塔等。可以看出，从隋至晚唐，显然存在着从质朴向华丽演变的趋势。

四门塔全用青石砌成，方形，每边宽 7.4 米，塔身平素，四面开圆券门通入塔心室，室内有中心方柱，柱四面有雕像。塔檐以五层石板叠涩砌成，有内凹轮廓，檐端平直。塔顶为反叠涩微微内凹的四角攒尖顶，有精巧的石雕塔刹，与全塔的朴质形成对比。全塔高 13 米，不大的门洞恰当地显示了全塔的真实尺度。四门塔很重视轮廓的推敲和繁简的适度对比，格调高古，时代也最早，是亭式塔的珍贵作品（图 5-3-34）。

惠崇塔也全部石砌，与四门塔属同一类型，但总高只及后者之半。塔下有简单基座，塔身正面开门，余三面设假门，两门扇相错若半开状，塔内为覆斗顶小方室，塔顶多出一层较小的塔檐（图 5-3-35）。

从敦煌壁画里一些窣堵波式塔的发展情况看，原来作为刹座的部分逐渐加宽，以至宽过塔身，并发展为塔檐，塔身也由圆形平面渐变

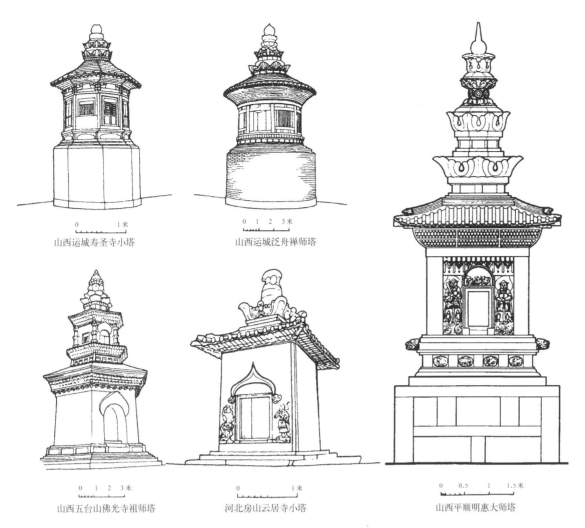

山西运城寿圣寺小塔

山西运城泛舟禅师塔

山西五台山佛光寺祖师塔

河北房山云居寺小塔

山西平顺明惠大师塔

图5-3-33　亭式塔（《中国古代建筑史》）

图5-3-34　历城神通寺四门塔（罗哲文）

图5-3-35　长清灵岩寺惠崇塔（萧默）

① 萧默.敦煌建筑研究·塔[M].北京:文物出版社,1989.
② 河南省古代建筑保护研究所.宝山灵泉寺[M].开封:河南人民出版社,1991.

图 5-3-36　敦煌莫高窟隋唐壁画窣堵波式塔（萧默）

为方形，如果塔身上部的轮廓线改为直线，那就和四门塔十分接近了（图 5-3-36、图 5-3-37）。壁画上也确实出现过与四门塔十分相像的塔形。由此，四门塔的形制，很可能也是从窣堵波演变来的，同样是塔的中国化途径之一。[①]

此外，河南宝山灵泉寺附近的摩崖浮雕，也有亭式塔形象，都是对砖石造亭式塔的模仿。有许多与敦煌壁画十分相像，也有的与惠崇塔相同，即塔顶多出一层较小的塔檐。这样的浮雕塔多达一百五十余座，绝大多数为唐代所刻。塔上常镌有如某某比丘"灰身塔"、"烧身塔"的榜题，可知是瘗藏和尚骨灰之用（图 5-3-38）。[②]

净藏塔是最早也是唐塔中极少见的八角形平面塔，总高约 9.5 米，下有高大的基台和极低的须弥基座，塔身八角各砌一角柱，柱下连以地栿和横枋，上连阑额，柱头上砌作一斗三升斗栱，阑额上为人字形补间斗栱。塔正面辟

河南宝山灵泉寺摩崖石刻（引自《宝山灵泉寺》）

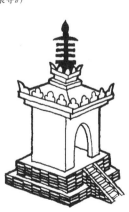

敦煌莫高窟壁画（萧默绘）

图 5-3-37　壁画窣堵波式塔（《敦煌建筑研究》）

图 5-3-38　唐代亭式塔（张家泰）

圆券门，背面嵌铭石，两侧面有假门，四斜面浮雕直棂窗，都忠实模仿了木结构。塔顶原状损毁较重，可以看出在砖砌的屋顶上有一层缩小了的重檐和比例颇大的塔刹（图5-3-39）。

炳灵寺塔在方形窟室中心，是唐代已少见的中心塔柱式石窟的中心塔。塔方形，下为基座、踏道，塔身三间，壁上刻出仿木柱枋斗栱，顶为四坡盝顶，刻瓦垅，檐下刻椽头，最顶遗有刹座，以上皆佚。此塔虽为石刻，却是对木结构塔的忠实摹写。明惠塔也是方形，泛舟塔则是圆形，它们和净藏塔一样，都较多地做出仿木构件。这几座塔都以比例适宜见长，尤其明惠塔出檐深远，微有角翘，比例优美，自然适度，是唐塔中的精品。其塔门两侧浮雕的天王像也是上乘之作（图5-3-40、图5-3-41）。

云居寺小塔和龙虎塔都是石刻方塔，除较多地模仿木构外有更多精美浮雕，龙虎塔尤其华丽。龙虎塔在神通寺塔林一端，耸然高出众塔之上，形象突出。塔下有多至三层的重叠须弥座。塔身正方，每面宽4米，四面辟圆券门通入塔心室，室内有中心方柱。须弥座及塔身

图5-3-39 会善寺净藏禅师塔（罗哲文）

图5-3-40 甘肃永靖炳灵寺石窟唐代第3窟中心塔（《永靖炳灵寺》）

都是石砌，以上改为砖，檐下有比较密集的两跳偷心华栱，承两重椽子，再上屋顶收小成束腰状，此上又用砖砌两跳华栱挑出方形刹座，座四角砌蕉叶，座上有复杂的塔刹，全高10.8米。须弥座上雕刻力士和飞天，塔身各面布满高浮雕，刻金刚、罗汉、飞天、菩萨及飞龙、飞虎等。浮雕技法高妙（图5-3-42、图5-3-43）。龙虎塔的年代没有可靠的资料，有的认为

图5-3-41 山西泛舟禅师塔（罗哲文）

图5-3-42 山东历城神通寺龙虎塔（萧默）

图5-3-43 山东历城神通寺龙虎塔（罗哲文）

①济南市文化局.九顶塔[J]. 文物, 1963(5).

可早至隋，有的认为可晚至金。离此塔不远有一座皇姑庵塔，又名小龙虎塔，塔檐以下与龙虎塔十分接近，塔身也饰满高浮雕，塔檐以上为密檐式。此塔有唐开元五年（717）题记。龙虎塔的石刻有较显著的唐代风格，但两层砖砌斗栱的形制又与开封北宋繁塔（977）和佑国寺塔（1049）的斗栱十分相近。据上，可大致定为晚唐，或许塔檐以上为宋初所改。

综上，可以看出，唐代楼阁式或密檐式等大塔都相当简洁，并不精确地模仿木构，也没有很多浮雕装饰，而亭式塔大都有更多的仿木倾向，并采用华丽的浮雕，而且这种趋势愈加明显。如果说，高耸入云的大塔是以其伟岸的整体造型取胜的话，那么，那些亭式小塔则是以其更宜近观的华丽精巧而见长了。亭式塔的人间气息更浓，感情更细腻，是其造型趋向的内因。

此外，陕西户县草堂寺鸠摩罗什小石塔也是亭式。塔建于唐代，埋藏后秦龟兹高僧鸠摩罗什的遗骨。塔身八角，塔顶却是方形，塔下有华丽的须弥座（图5-3-44）。

图5-3-44　陕西户县草堂寺鸠摩罗什塔（罗哲文）

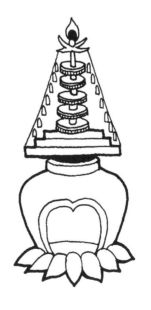

图5-3-45　"喇嘛塔"形的塔：莫高窟盛唐第31窟（萧默）

窣堵波式塔

窣堵波式塔（Stupa）最接近于印度塔的原型，但它对于中国人来说，这种全然生疏的形象和人们已习惯了的木结构建筑形象相距过远，较难激起人们的美感，所以迟至元代强大的喇嘛教势力兴起以前，在中国建造得很少。现存最早的一座也是唐代唯一的一座实物在山西五台山佛光寺后，为志远和尚墓塔，建于晚唐会昌四年（844年）。塔全为砖砌，下部有破坏，可能是八角形须弥座，塔身平面圆形，呈高覆钵状，直径3米余，四面各开圆券龛，上承八角平面小须弥座，再上全圮。

敦煌石窟第217窟和第31窟（均盛唐）各绘有一座窣堵波塔，后者的圆形覆钵上下都向内收进，塔顶有甚为发达的相轮，很像元代以后盛行的喇嘛塔（图5-3-45）。

1978年在维修大理千寻塔时，曾于塔身内发现一个镏金小窣堵波塔。圆形须弥座、半球形的覆钵，上有方箱形的"平头"和24重相轮组成的圆锥形塔刹。在镏金覆钵内还包藏有好几重大小不同的覆钵塔身。此塔造于南诏或大理国时期，形制十分接近于印度窣堵波塔。

异形塔

九顶塔在山东历城神通寺东南，距四门塔与龙虎塔不远。其形制与一般佛塔的最大不同是在亭顶耸建九座小塔。[①]塔平面八角，下为塔身，每面弦长1.99米、檐高6.78米；塔身又分上下二段，各占其半，二段之间仅以简单方线划分。下段素平无物，砌筑粗糙，似乎曾有包砌；上段磨砖对缝，砌筑精良。在上段南面开券门，通塔心室，内有石佛一躯。塔檐由平砖叠涩十七层挑出。屋顶为八角盝顶，上面砌平如台，台上丛立小塔九座：中央一座稍大，八隅各一较小，都是方形三层密檐式，各小塔下都有莲座。九顶塔建造

①陈明达. 石幢辩[J]. 文物, 1960(2).

②梁思成. 记五台山佛光寺建筑[J]. 文物参考资料, 1953, (5, 6).

的时代，据塔心室石佛像和九座小塔的风格判断，大约在中唐或晚唐。似可认为它是一座早期华塔（图5-3-46）。

"华塔"是一种不常见的塔式，宋辽金稍多，通常下部是单层亭式，上面耸立巨大塔顶，塔顶表面饰有很多莲瓣，每瓣上立一座小塔，尖顶立一较大之塔，表现的是《华严经》所述之"华严世界"。《华严经》东晋时传入中国，初唐时开创华严宗，中唐敦煌壁画已绘有华严经变。九顶塔与上述形制不同，但顶上的九座小塔与华塔的意象仍颇相通，九塔中最大一塔即为华严世界毗卢遮那佛居处，其余八座表征为华严世界中之诸小世界。关于华塔，将在下章再行详述。

九顶塔的造型最值得称道的是它的繁简对比和凹弧处理。上部九塔是寓意主题所在，以丰繁取胜，下部则尽量简化，对比十分鲜明。它又广泛利用内凹的弧线弧面（如八角塔身各面都是内凹的，檐部和屋顶的平面也向内凹进），使屋角有类似起翘的微妙效果。屋顶除了平面内凹外，立面也有内凹，故檐下和屋面都是双曲面，在阳光照耀下，光影颇为动人。这些曲线、曲面与上部九塔完全由直线组成的硬朗造型又形成对比，其"缔构精巧，他寺所未经有"。九顶塔开创的凹弧手法，从宋至清各代建筑尤其是砖石塔中仍常有所见。

石幢和石灯

幢字从巾，本意是旌旗，秦汉时也称为幡，或信幡、幡帜、铭旌和灵旗。佛教传入以后借用此字指称一种佛前供具，是在一根直立木杆上串连多重圆形华盖，华盖周围垂以幢幡、垂幔等，木杆下安十字座。幢的用意是"表麾群生，制魔众"。"麾"字的本意是指挥用的旌旗。敦煌唐代壁画里有很多幢的形象。唐代密宗传入后又常在幢上书写陀罗尼经文，认为可以灭罪避恶，[①]所以佛幢又常称为陀罗尼经幢。为求久远，用石

图5-3-46　山东历城九顶塔（罗哲文）

刻造，即为石幢。石幢从唐代始，也以唐代最多，据调查仅陕西就有八十余座，南宋以后逐渐少见，但直到明清仍有凿造。现存最早的石幢凿于唐永昌元年（689），距陀罗尼经译出只有几年。

唐幢可以佛光寺乾符四年（877）者为代表。[②]此幢立在山门内庭院近中部，全高4.5米，最下为须弥座，上承第一段八角形幢身，幢身上刻陀罗尼经及立幢人名。再上为平置的八角华盖，八面皆刻垂幔、垂绶，八角各出狮头衔璎珞。第二段幢身较细较低，亦八角，承托着幢顶八角攒尖屋盖及两重花叶托着的宝珠。可以明显看出它的华盖是对纺织品华盖的仿造，但也只是神似意到而已。石幢发展了原幢的较稳定的部分杆和座子，杆变成了幢身，而将华盖缩小，并浮雕垂幔等织品以为示意，经文也从华盖上转到幢身上，位置较充裕而且较适合观看。华盖之下稳重，以上则轻巧秀丽，全幢轻重合宜，繁简适度。与唐代建筑总体风格一致，

①萧默.敦煌建筑研究·洞窟形制[M].北京：文物出版社，1989.

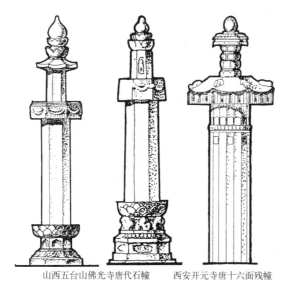

山西五台山佛光寺唐代石幢　西安开元寺唐十六面残幢

图 5-3-47　石幢（《中国古建筑图案》）

图 5-3-48　黑龙江宁安渤海上京兴隆寺石灯（萧默）

唐代石幢造型多质直简朴，至宋趋于华靡（图5-3-47）。

灯对于佛教有特殊意义。佛教把火光比作佛的威神，灯是佛前供具，"百千灯明忏悔罪"、"为世灯明最福田"。传说释迦牟尼降伏神魔在正月十五，所以这一天要举行燃灯法会，自东汉佛教传入，中国定此日为元宵节，又称灯节，盛饰灯彩，全民同庆。所以石灯也是佛寺中常见的一种建筑小品，在石柱顶上立中空小石亭，亭内置灯。石亭或象征天宫楼阁，灯则意为佛光普被，所谓"无量火焰，照耀无极"。现存最早的石灯是太原童子寺的北齐遗物。唐代现存还有两座石灯，分别在山西长子县法兴禅寺和黑龙江宁安县原渤海国上京兴隆寺（图5-3-48）。石灯在日本和朝鲜的佛寺、园林中遗存甚多。

三、石窟

隋唐佛教石窟寺特别兴盛。以敦煌莫高窟为例，现存四百九十二个窟中隋唐窟即有三百十一座，占总数百分之七十以上。窟内壁画提供了宝贵而丰富的建筑形象，是研究建筑史的最重要的资料，窟室本身也是建筑艺术史应关注的对象。隋唐敦煌石窟以北朝已出现的覆斗式窟最多，是隋唐的代表窟形，尚有少数的大佛窟和涅槃窟。①

覆斗式窟

覆斗式窟的窟顶是对现实中"斗帐"的模仿，整个窟室则是当时不建中心塔的宅院式佛寺的缩影。隋唐较早的覆斗式窟与北朝无大区别，只是后壁佛龛的平面由半圆改为外大内小的梯形，龛上的半圆拱改为上沿平直，龛顶是斜面，前高后低。中唐以后龛平面又变为矩形、覆以盝形佛帐式龛顶，正中做出支条方格组成的平棋，四周斜面塑画出峻脚椽，龛外左右沿画帐柱，上沿画附有仰阳板、山花蕉叶和角端伸出龙头衔流苏的一整套帐顶，所以佛龛本身即是当时盛行于佛殿内的佛帐的再现，全窟也就如同一座佛殿，不再表征为整座佛寺了。覆斗窟中心高起，无平顶的压抑感，没有中心柱，各壁面前均无遮挡，也减少了光线的阻挡，适应了绘制大型经变画的要求（图5-3-49、图5-3-50）。

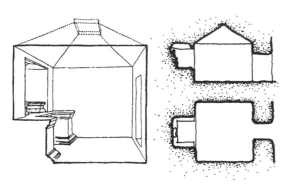

图 5-3-49 唐代覆斗式石窟（敦煌莫高窟第 156 窟）（萧默及《中国美术全集》）

图 5-3-50 敦煌莫高窟唐代覆斗式窟龛外壁画佛帐（萧默）

大佛窟

武则天为取得最高统治权，也曾利用佛教。高宗咸亨三年（672）敕于龙门石窟凿大卢舍那佛像龛，武后助脂粉钱二万贯。永昌二年（690），薛怀义与僧法明等撰《大云经疏》，以《大云经》中有"一佛没七百年后为女王下世，威伏天下"一语，宣称武氏即弥勒，当为人主。九月改唐为周，武氏登位，自号"慈氏越古金轮圣神皇帝"（慈氏即弥勒），改元天授，令各州县普建大云寺。此后不久，在敦煌、四川乐山都凿刻了高达数十米的弥勒大佛。敦煌的大佛窟就是在这种政治态势下凿造的，有两座，即莫高窟第 96 窟和 130 窟。窟内高大的石胎泥塑弥勒大佛分别高达 33 米和 26 米，凿于武则天天册万岁元年（695）和玄宗开元初（713～725）。洞窟内部空间高耸，下大上小，人在窟底仰视，产生透视错觉，更强调了窟室和佛像的高大。佛像眼光微微下视，似与人眼相接，人神感应，增加了宗教感染力。大佛窟的前壁上部凿出甬道，恰为大佛头部的光线来源，也是开凿时的出碴口（图 5-3-51、图5-3-52）。

涅槃窟

涅槃窟内安置佛涅槃像，平面横长。敦煌两座大型涅槃窟，即莫高窟第 148 窟（盛唐）和 158 窟（中唐），里面都有长达 16～17 米的卧佛像（图 5-3-53、图 5-3-54）。

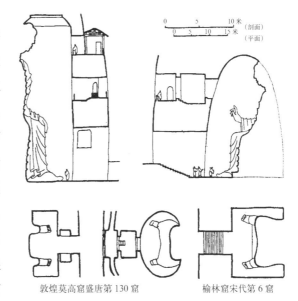

敦煌莫高窟盛唐第 130 窟　　　榆林窟宋代第 6 窟

图 5-3-51 大佛窟（萧默）

图 5-3-52 莫高窟第 130 窟大佛像（《敦煌建筑研究》）

①陕西省文物管理委员会贺梓城."关中唐十八陵"调查记[M]//文物资料丛刊·第3辑.北京：文物出版社，1980；陕西省文物管理委员会.唐乾陵勘查记[J].文物，1960(4).

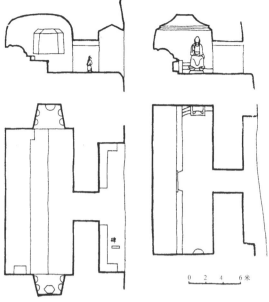

敦煌莫高窟盛唐第148窟　　　敦煌莫高窟中唐第158窟

图5-3-53　涅槃窟（萧默）

图5-3-54　莫高窟中唐第158窟佛涅槃像（《敦煌建筑研究》）

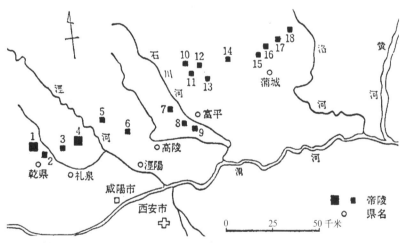

1.乾陵（高宗·武后）；2.靖陵（僖宗）；3.建陵（肃宗）；4.昭陵（太宗）；5.贞陵（宣宗）；6.崇陵（德宗）；7.庄陵（敬宗）；8.端陵（武宗）；9.献陵（高祖）；10简陵（懿宗）；11.元陵（代宗）；12.章陵（文宗）；13.定陵（中宗）；14.丰陵（顺宗）；15.桥陵（睿宗）；16.景陵（宪宗）；17.光陵（穆宗）；18.泰陵（玄宗）

图5-4-1　唐"关中十八陵"分布图（《文物资料丛刊》第3辑）

第四节　陵墓

继秦汉以后唐代掀起了中国第二次陵墓建设高潮。包括武则天在内，唐朝共二十一帝，除昭宗、哀宗葬在河南、山东外，陵墓都在关中渭北盆地北缘与高塬交界处，号称"关中十八陵"（其中武氏与高宗合葬）。它们自西而东绵延100余公里，排列成以长安为中心的扇形（图5-4-1）。王侯贵戚的墓也大都在此。①

唐代帝陵的特点是：

一、十八陵中除在高原平坦地段的献陵、崇陵、端陵以覆斗形土冢起"方上"式坟丘外，余皆借鉴魏晋南朝流行的"阴葬不起坟"的做法并予以发展，称为"不封不树"、"依山为陵"。这种做法在西汉已有个别出现，如渭南霸陵"因山为藏，不复起坟"，在唐代则创于唐太宗昭陵，史载"志存俭约"、"不烦费人工"、"足容一棺而已"，实际上仍有体量高大的坟丘，只不过都是利用自然孤山穿石成坟，其气势磅礴，较之人工起坟，甚或过之，而穿石成坟所费的人工，并无"俭约"可言。如高宗和武则天合葬的乾陵，以梁山主峰为陵山，高出陵前御道约70米，较之秦汉一般只高约20～30米的"方上"要雄伟得多。各陵以层峦起伏的北山为背景，南面横亘广阔的关中平原，与终南、太白诸山遥遥相对，渭水远横于前，泾水萦绕其间，近则浅沟深堑，前面一带平川，黍苗离离，广原寂寂，更衬出陵山主峰的高显（图5-4-2～图5-4-4）。

二、继续了汉代陵园四向开门的传统并更加发展，形成表征帝居的宏伟构图：在陵丘四周建方形围墙，称为内城，四面正中为门，设门楼，四角设角楼；南门朱雀门内建献殿，举行大祭典礼；朱雀门外是长达3～4公里的御道，即古之"神道"。御道最南端以一对土阙开始，阙后为门，向北离朱雀门约数百米至1公里是第二对土阙及第二道门，再由此门通向朱雀门

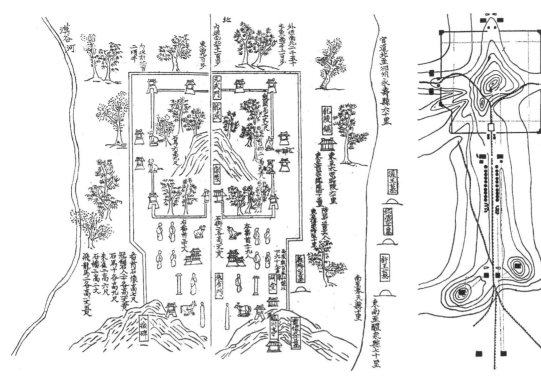

图 5-4-2 "唐高宗乾陵图"（宋·宋敏求《长安志图》）

图 5-4-3 陕西乾县唐乾陵总平面（《中国古代陵寝制度史研究》）

前的第三对土阙。在第一、二道门之间的广大范围分布众多的陪葬墓。太宗昭陵的陪葬墓最多，达一百六十七座。整个陵区范围十分宏大，昭陵和宣宗贞陵的范围周达 60 公里，超过了长安郭城。乾陵次之，周 40 公里，相当于长安。以下各陵周 10 公里至 30 余公里不等，各帝陵中以乾陵保存最好。乾陵的第二对阙利用御道左右高约 40 米的对峙二岗为基，阙本身高 15 米。第二道门与第三道阙之间左右列众多石刻。

三、精华荟萃的石刻艺术：在神道两侧列石刻，汉代已有，一般数量甚少；南朝形成制度，数量也不多；唐初在石刻题材、数目和位置上都不一致，其中"昭陵六骏"浮雕是唐代石刻最杰出的艺术作品之一；乾陵以后形成了一套新的制度，以后各陵大体因之，并一直影响到宋、明、清各代。以乾陵为例，由第二道门向北，在御道两侧自南而北列华表一对、翼马一对、浮雕鸵鸟一对、石马各附牵马人五对、石人十对。此外，乾陵在石人和第三道阙之间还有无字碑、

图 5-4-4 乾陵（楼庆西）

述圣记碑各一通。在第三道阙和阙北朱雀门前石狮之间左右共列六十一王宾石像。内城东、西、北三门与南门一样，门外也有石狮一对、土阙一对。北门土阙外又加立马三对，号为"六龙"，表明是帝宫的内厩。陵区广植松柏槐杨，将石刻衬托出来。这些石刻无疑丰富了陵区内容，扩大了陵区的控制空间，对比出陵丘的高大，对于渲染尊严和崇高的气氛起了很大作用。

可以看出这种陵制与长安城的规划思想相当一致，整个陵区相当于郭城，陪葬墓在"里

① 陕西省文物管理委员会．唐永泰公主墓发掘简报[J]．文物，1964(1)；李求是．谈章怀、懿德两墓的形制等问题[J]．文物，1972(7)；陕西省文物管理委员会．长安县南里王村唐韦洞墓发掘记[J]．文物，1959(8)．

坊"区；由二道门向北相当于皇城，石人和石兽则象征为帝王出行时的仪仗；朱雀门内的"内城"相当于宫城。陵园设计也同都城一样，渗透着严格的礼制逻辑，一切为了突出皇权的尊严。

唐代帝陵还有所谓"下宫"之设。先秦陵墓常于封土顶建享堂，是献祭之所。秦始皇除墓顶享堂外，又"起寝于墓侧"，作为死者灵魂日常"起居"的地方。"日祭寝"，每天都要祭献，享堂只用为一定时间举行大祭。唐代的献殿相当于前此的享堂，而称寝殿所在地为下宫。唐陵下宫多在陵山的南方偏西处，离陵山约五里，昭陵下宫距陵十八里。把下宫远离，是为了突出在献殿举行的正式祭典的重要性。

唐代帝陵在五代就大都被盗了。《新五代史·温韬传》说："韬在镇七年，唐诸陵在其境内者悉发掘之，取其所藏金宝……惟乾陵风雨不可发。"温韬可能还亲自到过地下墓室，他曾

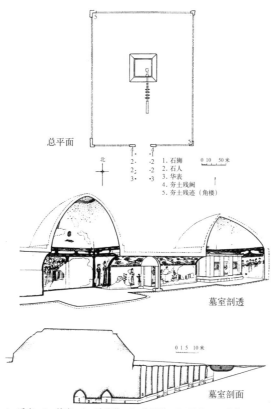

总平面

北

1. 石狮
2. 石人
3. 华表
4. 夯土残阙
5. 夯土残迹（角楼）

0 10 50米

墓室剖透

0 1 5 10米

墓室剖面

1. 后室；2. 前室；3. 后甬道；4. 前甬道；5. 天井；6. 水沟
图5-4-5　陕西乾县唐永泰公主墓（《中国古代建筑史》）

说，昭陵的地下宫殿"壮丽不异人间"。现唐代诸陵均未经正式考古发掘，墓葬地下部分的形制仍不明，仅从文献和试掘结果，知乾陵墓道全长65米、宽3.87米，填满了石条，"其石缝铸铁，以固其中"。

贵戚王侯的坟墓则有封土，大致有两种形式，一为覆斗形，一为圆冢。覆斗形墓的墓主地位较高，如懿德太子、李宪、武则天的母亲杨氏和永泰公主等。懿德太子墓是乾陵陪葬墓，"号墓为陵"；李宪曾让位于玄宗，死后以皇帝礼入葬，也号墓为陵，称惠陵；杨氏墓也曾一度号墓为陵（以上均未入于"十八陵"中）。这些仅次于皇帝身份的墓上有两层覆斗形封土堆，四周有方形围墙，四角有角墩，正南开门，门两侧向前连接围墙，墙尽端建土阙。阙外神道左右立石刻，自南而北一般是华表一对、石人二对、石狮一对。一般太子、公主墓地位稍低，只有单层覆斗，围墙范围较小，石刻中有石羊，如章怀太子墓。圆冢者品位更低，墓主是低一级的宗室王公贵戚和大臣，一般没有围墙和石刻。

从已发掘的几座大型唐墓如懿德、永泰、章怀及韦洞墓看来，无论是覆斗冢或圆冢，地下部分的形制都差不多，仅规模大小不同。[①]墓道均南北向，由平地向北斜下，露天开挖，然后继续斜下穿过一串筒券顶的过洞，过洞之间有二至七个"天井"。天井也是露天开挖葬后封土的。过洞和天井以后再以水平甬道联系前后墓室，后墓室偏西，与后甬道的关系呈刀状，在"刀"面部分放置刻成庑殿顶殿堂状的石椁。墓道、过洞、"天井"、甬道和墓室等表面全为砖砌，在壁面和顶部绘有壁画，题材是建筑、人物、龙、天体和装饰图案，石椁上也有精美的线刻人物和图案。前墓室四壁绘柱廊，阑额上有一斗三升和人字栱，柱间为宫女。懿德墓地下部分总长达100.8米。永泰墓近90米（图5-4-5）。

①转引自窦武．中国造园艺术在欧洲的影响[M]//清华大学建筑工程系．建筑史论文集·第三辑.1979.

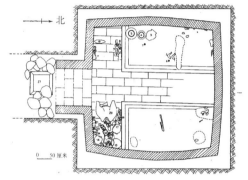

图 5-4-6 太原南郊唐墓平面、剖面及墓室壁画展开图（《文物》）

全墓形制和壁画的布局给人以这样的印象，即墓室的设计构思实得自生人的住所。最南第一过洞相当于宫院或邸宅的大门，诸多的"天井"像是重重院落，前后两座墓室可能就是前堂后寝的示意了。

一般墓葬不会有这么大的规模，如太原南郊一墓，只有一个墓室。墓室覆斗顶，四坡按方位绘青龙、白虎等四神，室内四壁也绘柱廊斗栱，柱间绘人物、树木（图 5-4-6）。

第五节 园林（住宅附）

一、概述

中国园林与欧洲园林遥相呼应，成为风格旨趣大相径庭的东、西两大园林体系。简言之，中国园林是自然式，取"有若自然"的自由式构图，欧洲园林是几何式（伊斯兰园林也是几何式），取几何规则式布局，"强迫自然接受匀称的法则"。17 世纪末，英国人坦伯尔（William Temple）爵士评论中国与西方园林说："可以有另外一种完全不规则的花园，它们可能比任何其他形式都更美。不过，它们所在的地段必须有非常好的自然条件，同时，又需要一个在人工修饰方面富有想象力和判断力的伟大民族……在我们这儿，房屋和种植的美，都主要表现在一定的比例、对称和整齐划一上；我们的道路和我们的树木一棵挨一棵地排列成行，间隔准确。中国人要讥笑这种植树的方法……中国人运用极其丰富的想象力来造成十分美丽夺目的形象，但是，不用那种肤浅地就看得出来的规则和配置各部分的方法……中国的花园如同大自然的一个单元。"①这段话虽出自他对于清代园林的印象，却也适用于各代。

在中国，建筑群的总体布局以至整座城市，都强调规则对称，但园林却是自由的。西方则刚好相反，建筑群和城市自由多变，而园林却规则谨严：笔直的道路、几何形的水池、地毯般的花坛，人工气息极强。这些情况造成了两个建筑体系内部的互补，也反映了两种文化对待自然的不同态度。显然，中国人尊奉的天人合一、天地为庐、"人法地，地法天，天法道，道法自然"等哲学思想，对中国园林的构思创意起了根本性的作用。

中国园林这一总的精神，早在园林出现之初的商周时代就已发轫，历三千多年而不断滋荣。在这一发展链条上，隋唐是一个重要时期。

商周已有所谓"圃"、"园"、"苑"、"囿"等词出现，都是指最初的园林，特点是范围很大，基本上纯任自然，放养野兽，并有耕作，除供帝王畋猎游乐外，也有经济生产的作用。秦代、西汉，以宫苑形态出现的皇家园林盛行，专属帝王，动辄包揽二三百里，尺度巨大，以真山真水为造园要素，内容已相当丰富；人工经营也更多，如苑内一些规模甚为巨大的离宫别馆等建筑组群，大苑中复有许多小苑。秦上林苑和西汉上林苑都是著名的苑。两汉贵族富商已兴建私家园林，规模虽较皇苑为小，却也是"诸宫观相连，延亘数十里"，造园手法取则皇苑；仍以自然山水为主，其中人力的加工，亦以形似地模仿自然为要，"十里九坂，以象二崤，深林绝涧，有若自然"。

魏晋社会动乱，人生多忧，促使文人士大夫更多地转向自然，多借托隐逸，寄情林泉，对自然的体察当比帝王富民更多一层意趣，感受也更精微了。以刘伶"吾以天地为栋宇"表达的这一代文人对自然的热爱，转化到文艺中，就是以陶渊明、谢灵运为代表的山水诗和诸多山水画的出现，这一形势，当然也对园林产生了影响，私家园林的性质已向士人园转化。与前此侧重于写实而粗放的园林比较，魏晋士人园林设计思想的主要成就即在于写意概念的建

立。此时，"有若自然"的"有若"已不再着意于形似，而更侧重于神似，即重在对自然体察基础上的提炼、概括和典型化。

从当时的画论中也可见出这种园林观的影子。如王微提出"神明降之"的理论，认为山水画的创作要避免完全被动的模仿，而应将画家的"神明"即主观的感情体验注入其中。宗炳提出观察自然应有"应目、会心、为理"的过程，即自然对象摄入于眼，应理会于心，再提炼成理。其他诸如"心师造化"、"迁想妙得"、"以形写神"、"气韵生动"等等，都说明了艺术家面对自然时应把持的一种主体能动心态。这样的作品，虽已不是自然本身，却更能表现自然的真趣，使人得以"卧以游之"。

到了隋唐，山水诗、山水画及其理论更趋成熟，园林也有很大进步，人们已不太着意于大尺度地"再现"真实的自然，而是以浪漫主义的手法，在人造园林的有限空间中去"表现"无限自然的真情实趣，小中见大，见微知著。这种造园思想，尤其在规模较小的私家园林中更具优势。它不但具有经济上的可行性，更具有美学上的巨大价值，意境更加深邃，情趣更为动人。

例如，唐代诗人兼造园家白居易就说过："翓予自思，从幼迨老，若白屋，若朱门，凡所止虽一日二日，辄覆篑土为台，聚拳石为山，环斗水为池，其喜山水病癖如此。"篑土、拳石、斗水，皆蕞尔小类，然而经过创作，却能为台为山为池，生动地道出了小中见大的意义。方干《于秀才小池》亦云："一泓潋滟复澄明，半日工夫筑小庭；占地无过四五尺，浸天应入两三星。鹢舟草标浮霜叶，渔火沙边驻水萤；才见规模识方寸，知君立意在沧溟。"以霜叶为舟、水萤为渔火，半日而就，数尺而已。这种盆景式的小庭，虽说不是正式的园林，但它的咫尺天下而"立意沧溟"的构思，却正与中国园林

的发展主流相通。

所以，仅仅以为中国园林为自然式还是不够的，它毕竟是人的创造，其中人的因素比起自然因素更值得注意。而人的创造，也不仅仅是对自然的模仿，真正的艺术创造并不在于表象的模仿，而是在既不忽视形又超出于形，更看重的是"神"的层次上进行的。

隋唐园林仍以皇家园林和私家园林为主。前者在许多方面与秦汉以来的宫苑相类，规模很大，园中建筑富贵华丽，以显示皇家的气派；后者的园主是贵族、官僚和文人，依园主地位或园林所在地点（城市或郊野）的不同而风格各异。贵族之园往往也多富贵之气，文人雅士之园则更富高雅的诗意。有的远郊山林之园具有质朴的野趣。唐代是私家园林大发展的时代，以艺术水平而论，私家园林尤其是文人雅士之园在某些方面似乎已凌乎皇家园林之上了。除以上两种园林外，唐代还有少数城市公共园林，如长安曲江。

隋唐园林实物已一无所存，只能主要依据文献略加介绍。

早在唐代，中国园林艺术就传入日本等近邻国家，并产生了巨大影响，17世纪后又传入欧洲，对西方园林也产生了影响，被尊称为"世界园林之母"，享有崇高的地位。

住宅是数量最多也是最基本的建筑类型，现存还有一些住宅资料，也附于本节一并介绍。

二、皇家园林

隋文帝得天下后，以大兴城北郊为禁苑，都城以外只在岐州营仁寿宫，避暑多居之。晚年自京师至仁寿沿途建置行宫十二所，此外无多营建。文帝比较节俭，曾因仁寿宫"颇伤绮丽"而切责主持其事者杨素。炀帝却是一个著名的奢侈荒暴之君，他在仁寿宫弑父以后，立即大

兴宫苑，于大业元年（605）三月在洛阳南（故寿安县，今河南宜阳县城）建显仁宫，同年六月开始营建著名的洛阳西苑，显仁宫也包括其内；又在长安、洛阳间置行宫十四所，在太原建晋阳宫，汾州有汾阳宫，开运河，建江都宫（在今扬州），"自东都至江都二千余里……离宫四十余所"（《大业杂记》）。晚年还在常州置宫苑，周十二里，并仿洛阳西苑，也在其中建小宫十六所。一直到隋亡前一年，还兴致不减地经营丹阳宫。

唐代仍以长安以北为禁苑，整个汉长安故城也包括在内，城内则建兴庆宫为离宫；并修复洛阳西苑，苑内新建上阳宫。两都以外，高祖改武功旧宅为武功宫，在高陵西改旧居庄舍为龙跃宫，长安西北郊建弘义宫，高祖为太上皇时徙居于此，改名大安宫。宜君建仁智宫，雩县有太和宫。此外，在长安正朝大宫太极宫和大明宫内也有范围广大的园林区。太宗时兴复隋仁寿宫，后改名九成宫，又名万年宫。唐代各地离宫别馆尚多，如汝州建襄城宫，临潼骊山建温泉宫，宜君置玉华宫，终南山中作翠微宫……不可尽记。隋唐离宫，最著名者应属隋唐洛阳西苑和唐长安兴庆宫。

洛阳西苑

西苑紧靠洛阳城西。长安和洛阳的宫城都偏在郭城北部，从园林与宫殿方便联系着眼，自然是将皇苑置于郭北为宜。长安的禁苑就是这样，这是由于长安以北直到渭河，数十里内并无大山，可以安置禁苑。而洛阳宫城以北几乎紧靠邙山，不宜兴建包括有广大水面的禁苑；以南以东为皇城和里坊，只有城西一带直至秦山，几十里内一望平阔，正宜建造禁苑。洛阳西苑与宫城有直接交通，"自大内开御道直通西苑，夹道植长松高柳。帝多幸苑中，去来无时，侍御多夹道而宿，帝往往中夜即幸焉"（《隋炀帝海山记》）。

西苑早已无存。明《永乐大典》有"隋上

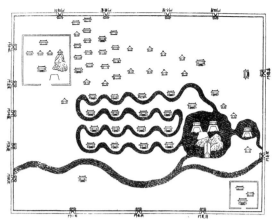

图5-5-1 明《永乐大典》"隋上林西苑图"

林西苑图"，不可信（图5-5-1）。关于西苑的文献颇多，但往往语焉不详，或有矛盾之处，取舍各文，大致可知隋代西苑周长约二百里，若假定为方形，面积竟是洛阳城的十三倍。记载可能不确，但也足见其范围的广大。苑内布局，大致可分南、中、北三区。南区凿有五湖，"每湖四方十里……湖中积土石为山，构亭殿，屈曲环绕澄碧，皆穷极人间华丽"；中区有一大湖，面积与南区各湖相差不多，称"北海"，"中有三山效蓬莱、方丈、瀛洲，上皆台榭回廊，水深数丈。开沟通五湖、北海，沟尽通行龙凤舸"；北区为诸多宫院，"有渠（称龙鳞渠）萦纡注（北）海，缘渠作十六院，门皆临渠，穷极华丽"，"置四品夫人十六人，各主一院"。每院还各置一屯，"屯内备养畜豢，穿池养鳞，为园种蔬，植瓜果，肴膳水陆之产靡所不有"，以供各院之需。此外，"游观之处复有数十"。据《唐六典》，隋西苑内还有十一所离宫，其宫名由各书所载知有景华、甘泉、积翠、显仁等名，应都包括在"游观之处复有数十"之内，都是一座座小宫，可能分布在前述三大区之周边。

可知西苑在许多方面继承了秦汉传统，如范围大、水面广阔、水中有蓬莱三山等。范围广大，必以自然真山真水为主。其浚池起山，虽必烦人工，但以其尺度之巨，必是依原有地势给以适当改造，人工与自然的比例，较之私家小园，究以自然为多。水中山岛用掘湖之土堆成，以土为主。有水有岛，高下相倾，适成对比，无疑提高了景观质量。

西苑内又有"动辄成群"的动物，植物种类也很多，还从事果蔬家畜生产，也含有秦汉囿的性质。

值得注意的是，在苑的布局上，有意识规划的成分比前代多了一些。诸如，北区靠近宫城，主要使用部分十六院都聚于此，人工因素较强，空间较为封闭，形成许多小的景区；中区北海则顿感空间开阔，三岛上的建筑是北区诸宫院的对景；南区五湖是以上二区的陪衬，自然气氛更强，但也有亭殿曲屈环绕。

西苑以水景为主，结合功能和地形，布置大小景区景点。

唐代改称西苑为东都苑或神都苑，范围可能有所缩小，韦述《两京新记》称其周围一百二十六里。大约在高宗时，在苑中部东侧即洛阳皇城外西南建造了上阳宫，正门、正殿皆东向，可能是考虑了与宫城、皇城的联系。高宗和武则天长期在此听政，武氏并薨于宫之仙居殿。王建有诗云："上阳花木不曾秋，洛水穿宫处处流；画阁红梅宫女笑，玉箫金管路人愁"。白居易的《上阳白发人》描述了上阳宫女的哀怨。

兴庆宫

唐长安兴庆宫在郭城东垣春明门内路北，又称南内，是一处城市离宫。此地原名兴庆坊，是李隆基登基前和四个弟弟共居的"五王宅"所在地。邸尽一坊之地，景龙末邸内有泉涌出为池。李隆基为帝后，开元二年（714）改邸为宫，十四年扩建，将坊北永嘉坊的南部包入，十六年玄宗曾移仗兴庆宫听政，二十年筑长安夹城，从兴庆宫可北连大明、南达曲江，天宝十一年（752）始筑高大宫墙。

据《唐六典》和宋·吕大防《长安城图》

①陕西省文物管理委员会.唐长安城地基初步探勘[J].考古学报,1958(3);马得志.唐长安兴庆宫发掘记[J].考古,1959(10).

之兴庆宫及考古发掘资料（图5-5-2），①知宫平面为南北纵长方形，东西1080米、南北1250米、面积1.35平方公里，比起长安、洛阳禁苑来说可说是微乎其微了，但仍几乎是北京明清宫城紫禁城的两倍，由此也可略见唐代建筑规模之宏大。全宫围以宫墙，中部一道横墙分宫为南北两区。南区即原五王宅旧地，旧池扩大为宽阔的龙池，构成园林区。沿南垣正门通阳门轴线向北，过明光门可达池南的龙堂，是为南区的主体建筑。南区西门称金明门（图5-5-3）。宫西南角跨墙作曲尺平面转角楼，题其南楼为"勤政务本之楼"，西楼为"花萼相辉之楼"。据说玄宗兄弟友善，改邸为宫时，给四个弟弟赐第于兴庆宫西邻的胜业坊和安兴坊，帝尝登楼，"闻诸王作乐，必亟召升楼，与同榻坐"，因以"花萼相辉"名之。龙池东南有长庆殿，东北有著名的沉香亭，玄宗与杨妃的故事即发生于此。北区为宫殿区，内部分成几座宫院，有西门、北门通宫外，南门称瀛洲门，通南区。龙首渠自东而西横穿宫殿区，在瀛洲门东开支渠与龙池相通。

兴庆宫是城市水景园，大池由人工挖成，又系王府改建，人工气息较强，应该有不少建筑，但宋代兴庆宫图上的建筑并不多，可能是根据唐代文献就有名的建筑所作的示意图。

其他离宫

九成宫在长安西北一百六十多里的麟游县，是唐在隋仁寿宫基础上修复的，宫周垣一千八百步（约2.7～3.2公里），"抗山冠殿，绝壑为池；跨水架楹，分崖竦阙。高阁周建，长廊四起；栋宇胶葛，台榭参差。仰观则迢递百寻，下临则峥嵘千仞"（《九成宫醴泉铭》）。李商隐《九成宫》又云："十二层台阆苑西，平时避暑拂虹霓"，可知是利用高险地形建造的华丽建筑群，地势高差很大，更利用高差在高处建筑高阁层台，低处则利用为池。"成"、"层"

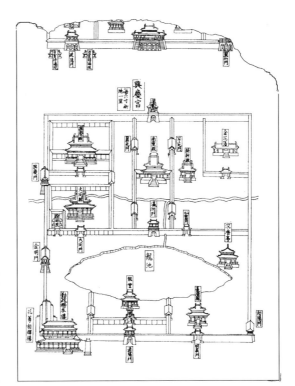

图5-5-2　宋绘唐长安"兴庆宫图"（宋·吕大防《长安城图》）

图5-5-3　兴庆宫平面设想图（《中国古典园林史》）

二字古可通，"九成"与"十二层台"云者，或泛指地势与楼台之高。

玉华宫在长安北百余里宜君县凤凰谷，贞观二十一年置。宫有五门九殿，但比较简朴，只有正门南风门覆瓦，余屋只葺以茅。其中紫微殿十三间，"文甓重基，高敞宏壮"，以花纹砖砌筑重层台基，稍壮观瞻。玉华宫后来改为佛寺，玄奘曾在此译经并逝于此。

华清宫在长安东昭应县（今临潼）骊山北麓。此地有温泉，北周宇文护曾造"皇堂石井"于此，隋文帝也修屋宇，并植松柏千余株。唐贞观十八年建为离宫，初名汤泉宫，后改温泉宫，天宝六年更名华清宫。宫"治汤井为池，环山列宫室，又筑罗城，置百司及十宅"。因宫在山北麓，宫门朝北。宫后骊山有芙蓉园、粉梅坛、看花台等以植物为主的景区，山腰放鹿，山上有瀑布，山顶主要是道观，有朝元阁、老君殿、长生殿等。长生殿因白居易《长恨歌》而名传后世。

三、城市公共园林

古代中国，除公众可以进入的天然风景区和寺观园林外，城市公共园林相当罕见，长安曲江是难得的一例。

长安东南角地势高起，但有一水入城，水

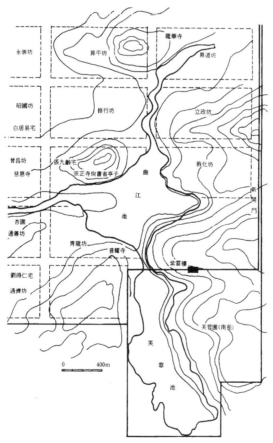

图 5-5-4　唐长安曲江示意图（《中国美术全集－建筑艺术编》）

道曲折，故名曲江。水面在此扩大，汇为一湖，称曲江池。在修建长安城时因湖面阻隔，城墙没有合围，缺东南二坊，此二坊之地连同城外附近地带便发展为曲江风景区。

这一区域早在秦汉就属于帝王苑囿范围，秦称恺洲或宜春苑，汉称乐游苑，隋称芙蓉园，唐代沿用，但也称曲江。唐代诗人往往喜欢以汉代旧名指称当时事物，故唐诗中屡见的"乐游原"、"乐游苑"，所指其实都是曲江。唐开元时曾凿黄渠，引水注入曲江池，并重造园林和建筑，曲江"遂为胜境"。

考古发掘曲江池为一南北长不规则形，东西最宽 500 余米、南北约 1360 米（图 5-5-4）。比起洛阳西苑动辄"四方十里"的湖面当然小得很多，但在长安这样缺水的城市附近，能有这样的水面也算是很难得了。湖在园区西部，湖周的布局现在已不甚清楚。据康骈《剧谈录》，知湖南有紫云楼，湖西有杏园或杏圃。杜甫《哀江头》写曲江说"江头宫殿锁千门"；《曲江对雨》又说"城上春云覆苑墙"，可见在园内还有许多围着苑墙的小宫苑。长安筑夹城后，皇帝可由夹城北自大明，中连兴庆、青龙，南由曲江园东北角而达曲江。据地理情状，这些小宫苑大约主要置在湖东北或湖东。若按《剧谈录》，南岸也有宫苑。湖北岸一带高地，是观眺的好地方，北望全城历历在目，宫阙的壮丽侧影可一览无余，南望则一带郊原，远及南山，故诗人常吟道："乐游形胜地，表里望郊宫；北阙连云顶，南山对掌中"。又云："川原缭绕浮云外，宫阙参差落照间。"唐诗多咏曲江，可一见其花红柳绿，莺啭蝶舞情状，洋溢着一片自然和煦的生气。

曲江虽有专属帝王的宫苑，也有广大园池供公众游赏，总体性质还是公共园林。每至佳节，常倾城而至，"满园赏芳辰，飞蹄复走轮"，蔚为盛况。中和、上巳、中元、重阳等节以至

图 5-5-5　虢国夫人游春图

每月晦日，更是全城竞趋之地。杜甫《丽人行》"三月三日天气新，长安水边多丽人"即咏曲江上巳之游（图5-5-5）。《剧谈录》也说："（曲江）花卉环周，烟水明媚，都人游观盛于中和、上巳之节。"王棨《曲江池赋》则记有中和、重阳天子降临赐宴群臣，"呈丸剑之杂技，间咸韶之妙唱"等盛况。天子达官游园时，常临时搭建帷幔，围出场地，称为"帷宫"。帷宫内搭建帐篷，称"帐殿"。唐《驾幸芙蓉园赋》记云："留连帐殿，弥望帷宫"，即指此等临时建筑。帷又称幄，帐又称帱。《剧谈录》记开元曲江上巳之游："上巳之节，彩幄翠帱，匝于堤岸。"宋人赵伯驹有一幅《汉宫图》，表现帝王出游，有一座两层楼殿，殿外即有临时搭建的帷幕，以隔绝马、轿和行人，唐代情状应与之相若。

湖西杏园是进士及第后会同年的地方，还要在湖中泛舟，称"曲江流饮"，"及第新春选胜游，杏园初宴曲江头。"宴后则同往慈恩寺塔题名赋诗。

安史之乱后曲江毁破，代宗时又拆曲江亭馆材木供扩建章敬寺之用。文宗咏杜诗"江头宫殿锁千门"句，大发感慨，思图恢复，大和九年（835）诏神策军将士千余人重修曲江，并鼓励公卿在此建邸。但当年文宗即罹"甘露之变"，自己也沦为宦官的阶下囚，重修之事当未克终。

曲江并不太大，大约只及今北京颐和园三分之二，景色亦以自然为主，但因紧靠城市，特别是作为中国古代难得一见的公共园林，文人赋咏特多，而颇负盛名。

四、私家园林

与前代相比，唐代是私家园林大发展的时代。私园的主人不外贵族和官僚，前者为皇亲国戚，虽身份高贵但不见得饱有才学；后者多进士出身，有高度文化修养，本身可能就是诗人或画家。因园主之不同，私家园林的风格也有所差别。大致说来，贵族园林偏重于华丽富贵，官僚而兼文人的园林则在意趣上更高一筹，尤其是经过他们手自擘划的，偏重于自然淡泊，拳石簪土，寄托情怀，往往小中见大，力求体现天地人生的真趣（图5-5-6）。

图 5-5-6　唐画《文苑图》

图 5-5-7　咸阳唐张去逸墓出土陶山及游山俑

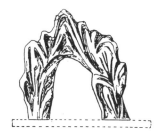

图 5-5-8　四川五代墓出土陶假山和附墙假山

唐代园林以长安、洛阳两都为中心。大致上，唐代前期长安私园较多，后期转向洛阳。尤其在文宗朝，在洛阳几乎同时出现了好几座著名的文人私园。

长安私园多在东郊和南郊。东郊地近宫禁，又处于长安与骊山温泉宫之间，灞、浐二水交流，号称"三辅盛地"。园主多为贵族，如高宗女太平公主、中宗女长宁公主和安乐公主，还有玄宗的几个儿子和女婿等。权相李林甫也有园在此。东郊的园往往规模甚大，风格相当华丽。安乐公主曾请求皇帝把故汉昆明池赐给她造园，不许，乃大役人夫在东郊自作定昆池，"延袤数里，累石象华山，引水象天津"，池中也仿宫苑筑蓬莱山，"飞桥象河汉，悬榜学蓬莱"，"幸睹八龙游阆苑，无劳万里访蓬莱"，全园"以侈丽相高，拟于宫掖而精巧过之"。太平公主的园林也很大，韩愈诗《游太平公主山庄》云："公主当年欲占春，故将台榭押城堙；欲知前面花多少，直到南山不见人"，形容其园规模之巨。

以此二例，可见这一类园林的旨趣颇有炫耀富贵的成分，"以侈丽相高"，近乎皇家园林，只是较皇园为小而已。

唐代私家园林常堆土置石成山，掘地作池，故常称为"山池院"或迳以"山池"称之。当时见于诗名的如司空曙《题玉真公主山池院》、王维《过崔驸马山池》、杜审言《和韦承庆过义阳公主山池五首》等。杜审言诗记义阳公主园"池分八水背，峰作九山疑"，确实有山有池，而且变化多端。此外，官署中也普遍构筑园林。《画墁录》说："（唐）省寺皆有山池……诸司唯司农寺山池为最。"在咸阳唐·张去逸墓曾出土有陶假山及游山俑（图5-5-7），四川也出土有稍晚（五代）的陶假山和附墙假山（图5-5-8），皆可一窥当时叠山情状。

长安南郊园林也很多。《画墁录》说："唐京省入伏假三日一开印，公卿近郭皆有园池，以至樊杜数十里间泉石占胜，布满川陆。"樊指樊川，在南郊，樊川又有韦曲、杜曲等乡村，是韦、杜两姓世居之地，故称"樊杜"。一般公卿文人多在南郊置园，如岑参、杜佑、韩愈、元稹、牛僧孺等，都有园于此。其中杜佑的园林，"亭馆林池，为城南之最"。这一带的园林以"泉石占胜"，不追求华丽富贵的气象。

王维的辋川别业是后一种园林的代表。王维（？～761），唐代著名诗人兼山水画家，安史之乱时陷房，平复后蒙特囿免罪，乃寄情诗画而长斋奉佛，自比佛经中著名人物维摩诘居士，因号摩诘，晚年得诗人宋之问蓝田别业而经营之。蓝田别业在长安东南蓝田县南二十里辋口，有辋水沦涟，故又称辋川别业。宋之问是初唐著名诗人，有诗《蓝田山庄》："辋川朝伐木，蓝水暮浇田；独与秦山老，相欢春酒前"，很有田园气息。王维得后甚爱之，日夕与好友裴迪咏游其间，写了许多述游诗，集合为《辋川集》，又曾在清源寺壁上画《辋川图》。朱景玄《唐朝名画录》评此画说："山谷郁郁盘盘，云水飞动，意出尘外。"二作享誉诗史画史，"辋川"一名也传之千古。但《集》中的诗、序皆恬淡超远，重在抒情而不大著笔于实境，倒没有多少园林情况的具体消息，《图》的真迹连同宋人的多种摹本也均不存，现今的石刻本可能只是摹本之摹，甚或纯然托空之作，不足为凭。虽如此，我们还是可以在被称作是"诗中有画、画中有诗"的王维诗作中略见其旨趣。

《集》中经常提到欹湖："空阔湖水广，青荧天色同；蚁舟一长啸，四面来清风"，"湖上一回首，青山卷白云"，可见其为广阔。景点多环湖而设，如临湖亭、柳浪、栾家濑、白石滩等。又"结宇临欹湖"，在各景点中置建筑。湖外则于山、谷、溪、原之间布列其他景点。王维性格淡泊萧散，诗、文皆清新恬静，其"明月松间照，清泉石上流"最为人称道，寥寥十

字，情语、景语，境界全出。竹里馆是辋川别业一景，王维《竹里馆》诗云："独坐幽篁里，弹琴复长啸；深林人不知，明月来相照"，充分表现了这些文人出世独立，不屑侧身尘世的心态。文如其人，园亦如其人，就王维的审美性格和修养，辋川别业之纯朴天真，与宫苑和贵族园自是不同。王维《山中与裴秀才书》述辋川别业及其环境："北涉玄灞，清月映郭；夜登华子岗，辋水沦涟，与月上下。寒山野火，明灭林外；深巷寒犬，吠声如豹。村墟夜舂，复与疏钟相间……"

辋川的野趣正与白居易的庐山草堂相同，可略见文人们的共同追求。诗人白居易（772～846）主张"文章合为时而发，歌诗合为事而作"，为文晓畅，为诗平易。他曾经营过杭州西湖、渭上南园、忠州东坡园、庐山草堂和洛阳白莲庄，所以也是一位造园家。其造园风格一如其诗其文，以自然质朴为尚。

庐山草堂在庐山香炉峰北遗爱寺侧，是白氏元和十年（815）贬为江州司马时自营的私园。据白氏自撰《草堂记》，园颇小，地势北高南低，最北高起层崖，最南下临石涧。北崖"杂木异草，盖覆其上，绿荫蒙蒙，朱实离离……又有飞泉"。崖南五步建草堂，"三间四埠……洞北户，来阴风，防徂暑也；敞南甍，纳阳日，虞祁寒也。木斲而已，不加丹；墙圬而已，不加白；碱阶用石，幂窗用纸，竹帘纻帏，率称是焉。堂中设木榻四，素屏二，漆琴一张，儒道佛书各三两卷"，质朴雅洁，至于极矣！又以剖竹引崖上泉自屋檐下注，"累累如贯珠，霏微如雨露，滴沥飘洒，随风远去"，水声雨影，极潇洒飘逸。堂前有平地，"轮广十丈，中有平台，半平地；台南有方池，倍平台"。再南就是石涧了，铺白石为出入道。小园四周不言有墙，只有山竹古松灌木。

白居易极爱草堂，甚而面对清泉白石起誓

终老于斯。草堂完全顺应自然，更以其质而小，与皇家贵族之园迥异，透露了中国文人失意时"退而独善其身"的心态。

洛阳在唐宋时代是私家园林的中心。据宋李格非《洛阳名园记》："方唐贞观开元间，公卿贵戚开馆列第于东都者，号千有余邸。"宅第旁都少不了建园，无非以"侈丽相高"的和以"泉石占胜"的两类。长宁公主在洛阳的园林，其"亭阁华诡埒西京"，"盛加雕饰，朱楼绮阁，一时绝胜"。但格调更高、对后代也更有影响的还是那些文人园林，如白居易白莲庄、李德裕平泉庄、裴度集贤里宅园和午桥庄、牛僧孺归仁里宅园等。白居易《池上篇》说"都城风土水木之胜在东南隅"，白莲庄所在的履道里以及集贤里、归仁里就都在洛阳东南部。

白莲庄是白氏于太和三年（829）告病归老后所居的宅园，在履道里西北角。园中有白莲池，后人即以此名园，白氏则称其为"西池"，大约在全园西部。园外西北有伊水流过，池应与之相通。白莲庄原为故散骑常侍杨凭宅，在白归老前已为白所得，白在苏杭任上多次携石、鹤等归以实此园，经营七八年始成。白氏《池上篇》诗及序专记此园，知园及宅总合约十七亩，其中建筑占三分之一，水面五分之一，竹丛九分之一。池约三亩多，中有三小岛，西岸与岛以平桥连，三岛间以拱桥连；中岛有亭。西岸建琴亭，北岸为书库，园之东部应为住宅。白居易性嗜石，太湖石、天竺石散处白莲庄中，又有青石三，方长平滑，可以坐卧。后又在池北增建水斋，经常卧息于此，导池水入斋内。其《家园三绝》云："沧浪峡水子陵滩，路远江深欲去难，何似家池通小院，卧房阶下插鱼竿"，即记此。白氏颇爱此斋，多次有诗提及，如"清浅敧澜急，宜缘清屿幽；直冲行径断，平入卧斋流"；"夹岸铺长簟，当轩泊小舟；枕前看鹤浴，床下见鱼游"，皆是。将水引入建筑，现代建筑

用得颇多，其实中国早已有之，最早出现于西汉，如司马相如《上林赋》云："醴泉涌于清室，通川过于中庭。"白莲庄是又一例证。

李德裕自其祖起三代为唐贵胄，父为宰相，德裕也两度为相，是唐代卓有建树的政治家和诗人。他在两都都有宅园。长安安邑坊私第"别构起草院，院有精思亭"，是李德裕独处代帝草诏为文之处。李德裕《长安秋夜》云："内官传诏问戎机，载笔金銮夜始归；万户千门皆寂寂，月中清露点朝衣"，记录了长安为相的忙碌生活。

李德裕洛阳之园名平泉庄，在城南三十里伊阙南。据李德裕《灵泉赋》，知此地平地出泉，故名平泉。此处有别墅五六座，都以平泉为名，可见是以地名名园。唐代私园多如此，不似后人多为园另赋专名。此地天宝末曾是一个叫乔处士的隐士隐居之地，李德裕重行建设。李德裕在宝历元年（825）在江南任上曾作一诗，题为《近于伊川卜山居将命者画图而至……》，"将命者"就是承担建设任务的工程主持人，透露了此园建设前先有规划图或设计图，以及创建的时间。李德裕有时回到洛阳，常讲学园中，但以后"出将入相，三十年不复重游"，最后终老崖州。他在此园居留的时间其实不长，却对它眷恋特深，曾作《平泉山居草木记》、《平泉山居戒子孙记》和诸多山居诗。所作歌诗，常铭于园石。

作为私园，平泉庄规模颇大，"周围十里，构台榭百余所"，可知建筑甚多，但主要仍是山水："泉水萦回，疏凿象巫峡、洞庭、十二峰、九派，迄于海门，江山景物之状"。山多峰峦起伏，水有湖池江峡，改造地形，缩写自然，以其小而见多，仿佛一幅立体的《千里江山图》。李德裕《戒子孙》云："经始平泉，追先志也，吾随侍先太师忠懿公，在外十四年，上会稽，探禹穴，历楚泽，登巫山，游沅湘，望衡峤。先公每维舟清眺，意有所感，必凄然遐想"，可见他早就

经历过许多山水，也必曾"意有所感"，规擘之初，未必不以己意出之，对于"将命者"的图纸，李德裕也必会提出自己的意见。

此园又以奇花异石著称，《草木记》所记此园独有的水旱植物就有七十余种，"其伊洛名园所有，今并不载"。金松翠叶金贯，粲然有光，原产天台山，李德裕索之于扬州某宅。又有"陇右诸侯供语鸟（鹦鹉），日南（越南）太守送名花"。李德裕也爱石，园中之石则得自泰山、巫山、富春严子陵钓台、太湖、庐山、天台山、八公山以及山东、湖南等地。又有所谓仙人迹、马迹、鹿迹之石。还有一条"巨鱼胁骨，长二丈五尺"，由海门送来，可能是巨鱼化石。

此园内容丰富，规模宏大，非特有权势者不能建。李德裕曾谆谆告其子孙慎永保之，除非"岸为谷，谷为陵，然后已焉，可也！"但实际上五代宋初园即荒废，故物被有力者取去。平泉兴废的典故，常为感慨人事者引。

裴度也曾两度为相，他的集贤里宅园"筑山穿池，竹木丛萃。有风亭水榭，梯桥架阁，岛屿回环，极都城之胜概"（《旧唐书·裴度传》）。白居易与裴度相善，有五百言长诗记此园，据诗可知园内有南溪、北馆、晨光岛、杏花岛、樱桃岛、水心亭、夕阳岭、开阔堂等景点。宋人李格非《洛阳名园记》所记的宋代湖园即此园之后。李格非盛赞湖园同具宏大、幽邃、人力、苍古、水泉、眺望等难相兼得的"六美"，可借以大略得知集贤里园概貌。综上，集贤里园以水景为主，水中有岛有亭，复有山岭可兼眺望。

裴度午桥庄在城南长夏门外五里，"花木万株，中起凉台暑馆，号绿野堂。引甘水注其中，酾引脉分，映带左右。度视事之隙，与诗人白居易、刘禹锡酾宴终日，高歌放言，以诗酒琴书自娱。当时名士，俱从之游"（《旧唐书·裴度传》）。

牛僧孺也是唐朝宰相，文宗大和六年（832）知淮南节度使时，居扬州，即有园林之好，"嘉木怪石置之阶庭，馆宇清华，竹木幽邃，常与诗人白居易吟咏其间"（《旧唐书·牛僧孺传》）。六年后居洛阳任东都留守，筑第于归仁里，另在城南别有一墅。此二园以白居易《太湖石记》所述之石闻名："公……游息之时，与石为伍。石有聚族，太湖为甲，罗浮、天竺之石次焉。今公所嗜者甲也。先是公之僚吏多镇守江湖，知公之心，惟石为好，乃钩深致远，献瑰纳奇，四五年间，累累而至。公于此物独不廉让，东第南墅，列而置之"。白居易对石很有研究，他品评异石说："撮而要言，则三山五岳，百洞千壑，㟏岈缩簇，尽在其中。百仞一拳，千里一瞬，坐而得之。"石在这里，已经不再是一块"顽石"，而是它所引发的关于千里江山的联想，一种小中见大的移情。东晋绘画理论家宗炳早就说过："竖画三寸，当千仞之高；横墨数尺，体百里之遥"。他还提出了"卧游"的欣赏理论，即山水画的艺术美，在于它能够启发人纵游真山真水的感受。牛、白所欣赏的奇石，原是一种自然之物，本无所谓美与不美，人们之所以在其中看出了美而宝之藏之，乃是把它们艺术化了，在其中看到了"三山五岳"，引发了自己曾经畅游过真山真水时的愉悦，更贴合了自己那一种"居庙堂之高，则兼济天下；处江湖之远，则独善其身"的情怀。如果没有"人"的主体作用，石也终归还是一块无情无绪的蠢顽之物而已。

归仁里东邻伊水，白居易《题牛相公归仁里宅新成小滩》云："伊流决一带，洛石砌千拳"，可知园内有池滩之属，系引伊水汇成。据《洛阳名园记》，此园宋时已归李姓，宋时"园尽一坊之地，广轮皆里许，规模为城中之冠……北有牡丹芍药千株，中有竹百亩，南有桃李弥望"。《记》中只言七里桧为牛相故物。

宋《闻见后录》说："今洛阳公卿园圃中石，刻'奇章'者僧孺故物，刻'平泉'者德裕故物"。僧孺、德裕二人，宦途颇相嫉恶，而爱石则一，身后又都不能保。

五、住宅

唐初名相魏征尚俭，"所居室宇卑陋，太宗欲为营第，辄廉让不受，泊寝疾，太宗将营小殿，遂辍其材为造正堂，五日而就"（《闻见录》）。但这样身为显宦而甘居陋室的例子不会太多，所以才有人特别提及。天宝中，杨玉环姐妹和杨国忠权倾一时，安禄山也恃宠骄奢，在长安大营第宅。安禄山宅"堂皇三重，皆象宫中小殿。房廊窈窕，绮疏诘曲，无不穷极精妙"（《长安志》）。肃宗的"中兴锐将"马璘营宅于皇城南长兴坊，"重价募天下巧工营缮，屋宇宏丽，冠于当时"（《长安志》）。《新唐书·马璘传》也说他"治第京师，奢甚，其寝堂无虑费线二十万缗"，以致此第在德宗朝以逾制太奢入官。尔后德宗赐群臣宴多在此第山池院中。

唐《营缮令》本来对住宅建筑规模有等级

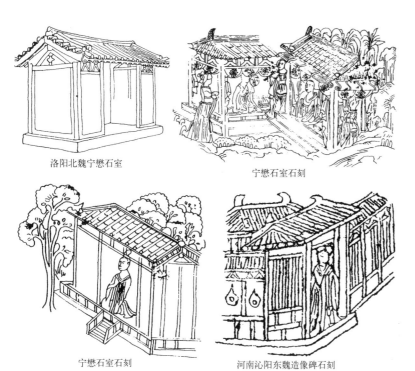

洛阳北魏宁懋石室　　宁懋石室石刻

宁懋石室石刻　　河南沁阳东魏造像碑石刻

图 5-5-9　北朝住宅形象（《中国古代建筑史》）

制的规定，"王公之居不施重栱藻井；三品堂五间九架，门三间五架；五品堂五间七架，门三间两架；六品七品堂三间五架，庶人四架而门皆一间两架"（《新唐书·车服志》）。但实际上未能全部遵行。

古之大宅称"第"，晋·周处《风土记》说："宅亦曰第，言有甲乙之次第也。一曰不由里门面大道者为第"。所谓"不由里门面大道"，即可在坊墙上开门，直接临向大街，不必经巷曲由里坊门出入，唐制只有经特许的三品以上大官才有此待遇。白居易《伤宅》云："谁家起甲第，朱门大道边？丰屋中栉比，高墙外回环。累累六七堂，栋宇相连延；一堂费百万，郁郁起青烟。洞房温且清，寒暑不能干；高堂虚且迥，坐卧见南山。绕廊紫藤架，夹砌红药栏；攀枝摘樱桃，带花移牡丹。主人此中坐，千载为大官……"可见面临大街的巨宅，规模往往有大至六七进以上者，每进中轴线上的建筑即为堂，六七进就有六七堂。堂也可能为楼屋，可眺观。进深如此之深，左右更可能并联多路。全宅以高墙围护，形成许多院落，院中则莳花树木。

历史悠久的中国住宅，除了明清两代以外，已很难完整保存下来，要了解它们，只能通过一些间接资料了。汉代有大量模仿实际住宅的陶制明器，在画像砖和画像石中也有表现。北朝也有一些形象资料。隋唐至宋则有不少绘画，也有一些明器。通过这些遗物，可以形象地了解当时的情况。

洛阳出土过一座宁懋石室（现藏美国波士顿美术馆），为北魏文物，从石室本身及室壁所刻图像及其他图像，可略见当时住宅的片断形象（图5-5-9）。此外，秦汉章中也提到过敦煌北魏坞壁住宅壁画（图5-5-10）。

隋·展子虔《游春图》是现存中国最早的卷轴山水画，画面中有两座四合院住宅。画面右部一宅院落方形，院前平地濒临江岸，院后依傍山坡。院前墙为竹篱，大门高起，有门扇，也是竹制。正房三间，中为堂屋，向前开敞，悬挂帷幔，左右两间开直棂窗。院子左右各有厢房，东厢房是一列草顶长屋（图5-5-11）。

画面左部一宅，东为平地，面向辽阔湖面，南面、西面都是山坡，北面山坡更高。为适应地形，将院门开在东侧，院子呈南北长的矩形。门屋高起，院内有矩形水池，沿池周设栏杆。这两座住宅都取院落形式，布局顺应地形环境（图5-5-12）。

唐·李思训《江山楼阁图》绘有一座四合院，所在地形与《游春图》左部一宅十分相似，布局也与之相近，向东开门，门屋高起，南北接廊，北侧廊并向东折出。门内为方院，正房在北，重檐歇山顶。门正对的西房也是歇山屋顶，但为单檐。南房被山石遮挡。此院虽地处乡野，但建筑级别较高，结构华丽，并有一定的园林化处理，不完全规整对称，可能是一座乡间别墅（图5-5-13）。

敦煌石窟唐宋壁画里也有多处院落住宅。如莫高窟晚唐第85窟一宅，以廊庑围合并分全宅为前后二院，前院横长，后院形状方阔，为主院，正中置一楼。全宅在前廊和中廊正中设大门和中门，廊屋不仅是走廊，也设有居住用的房间（图5-5-14、图5-5-15）。这样前后二院的布局，为中国四合院住宅所普遍采用，在北京和晋、冀、豫、陕等地区现存明清住宅还常可见到。北京四合院前院也呈横长方向，是从宅外进到主院的过渡空间，院中安排一些次要用房如厨房、仆房或客房。从此院通过一座垂花门式的中门到达方阔的主院，主院里设置主要用房。从敦煌壁画可知这种住宅在唐代实行的情况。实际上，分为前后院的住宅汉代已有，如四川出土画像砖中平面呈田字形的宅院。前院有助于保持内院的隐私性，也使它更加安静，同时，又体现了内外有别等一整套宗

图5-5-10 莫高窟北魏须摩提女故事壁画（《敦煌建筑研究》）

图5-5-11 《游春图》中的住宅1

图 5-5-12　《游春图》中的住宅 2

图 5-5-13　《江山楼阁图》中的住宅

图 5-5-14　敦煌壁画晚唐第 85 窟宅院（《敦煌建筑研究》）

图 5-5-15　敦煌石窟第 98 窟壁画住宅（《敦煌建筑研究》）

法礼制观念。南宋·陈元靓《事林广记》记述
这种住宅的使用情况说："凡为宫屋（此指住宅），
必辨内外，深宫固门。内外不共井，不共浴室，
不共厕。男治外事，女治内事。男子昼无故不
处私室，妇人无故不窥中门，有故出中门必拥
蔽其面。"壁画中的住宅正是这种社会生活的反
映。《事林广记》又记："迎送之礼……长者来
见……退则送上马，徒行则送于中门外。敌者（指
与主人地位相当者）来见……退则送上马，徒
行则送于中门外，无中门则送于大门可也。"虽
为南宋文献，也大体反映了唐代及以后各代的
情况，还说明有的住宅只有一座院子，没有中门。

据壁画故事，莫高窟第85窟所绘宅院为富
者所居，宅侧附厩院。厩院也分前后二院，前
院有"蜗牛庐"，是仆夫栖身之所。后院畜马。
厩院因要出入车马，用类似乌头门的大门。[①]此
后，直到五代和宋，在敦煌莫高窟壁画里多次
出现过类似的宅院画面。

可见唐代住宅与明清四合院住宅的总布局
大致相同，只是由于后来的风水之说，除王府外，
清代四合院宅门大都开在前左角而不居正中。

住宅可能有后园。西安西郊中堡村发掘了
一座盛唐墓，出土有九座陶屋、两座陶亭和一
个附陶假山的陶池。陶屋都是两坡悬山顶，三
间。据各件在墓中散布的位置和中国住宅一般
习惯布局，可能是一座三进住宅模型，其中三
座陶屋和一座陶亭为中轴线上的门屋和门内的
亭、前堂、后寝，另六座陶屋是前后三院的左
右厢房，剩下的一座陶亭和一座陶山池则在最
后兼为后园的一进（图5-5-16）。[②]四川一座
五代墓也出土过陶假山，还有一段陶墙，墙前
浮塑出假山。以上可见唐五代住宅园林应用假
山的情况。

有的别墅常结合湖光山色作园林化处理。
如唐《湖亭游骑图》，画面右侧一园，院门为随
墙门。院南，正对院门在湖岸建重檐攒尖顶方

①萧默.敦煌建筑研究·住
宅[M].北京：文物出版
社，1989.
②陕西省文物管理委员会.西
安西郊中堡村唐墓清理简
报[J].考古，1960(3).

图5-5-16 西安中堡村盛唐墓出土陶院宅（《中国民居》）

图5-5-17 《湖亭游骑图》（局部）

榭一座。院内有一高楼，两层，重檐歇山顶，
用以眺望。院西南角又有一重檐歇山顶厅堂，
厅西面临大湖，出轩。整个宅园都建在伸入湖
中的平台上（图5-5-17）。

① 祁英涛，杜仙洲，陈明达. 两年来山西省新发现的古建筑[J]. 文物参考资料，1954(11)；祁英涛，柴泽俊. 五台南禅寺大殿修复工程报告[M]. 北京：中国建筑科学研究院情报研究所《建筑历史研究》第一辑，1982.

② 梁思成. 记五台山佛光寺建筑[J]. 文物参考资料，1953（5，6）；祁英涛，杜仙洲，陈明达. 两年来山西省新发现的古建筑[J]. 文物参考资料，1954(11).

第六节 建筑单体、部件、装饰与色彩

隋唐时代，建筑的单体、部件和装饰也有迅速的发展，并已完全成熟。可惜的是隋唐木结构实物几乎损毁殆尽，现在仍得以完整保存的不过四座中小殿堂而已。仅这稀有的实例显示出来的造型水平已足以令人惊叹。另外，在石窟和墓室壁画里还可以看到许多建筑形象。《图画见闻志》叙唐宋画迹时说："设或未识汉殿、吴殿、梁柱、斗栱、叉手、替木、蜀柱、驼峰、方茎、颌道、抱间、昂头、罗花罗幔、暗制绰幕、猢狲头、琥珀枋、龟头、虎座、飞檐、朴水、膊风、化废、悬鱼、惹草、当钩、曲脊之类，凭何以画屋木也？"这一大堆建筑构件名称，体现了建筑画家对于对象的忠实态度，更说明当时建筑结构的成熟。事实上，从唐代建筑画，我们完全可以感受到它们是可以信赖的研究资料。其次，我们还能从砖石仿木结构的塔或从文献中，获得不少有关建筑单体、部件、装饰和色彩的信息。

这些材料给我们的总的印象是，唐代建筑从总体到单体以至局部，都具有一种统一的风格，雄浑阔大，格调昂扬，体现出一种可贵的健康而振奋的氛围，显现了大唐帝国的时代精神。

一、建筑单体

同在山西省境内的四座唐代木结构建筑，为现存中国最早的木构，弥足珍贵，尤其是南禅寺与佛光寺的两座大殿。此外，河北正定开元寺钟楼也是唐代建筑风格，上层可能还保存有唐代建筑原件。

殿堂

南禅寺大殿

南禅寺大殿在五台山西南，建于建中三年（782），属唐中期。[①]南禅寺是一座很小的禅宗寺庙，坐北向南。大殿是一座小型殿堂，建在月台上，三开间、通面阔11.75米；进深亦三间、10米。因进深不大，故内部无柱。梁架形式为"四椽栿（音 fu）通檐用二柱"，即前后二柱上置大梁（因长通四条椽子，故称"四椽栿"），梁上置二驼峰，再置比大梁短一倍的"平梁"。屋顶为单檐歇山式。由于平面近于方形，若采用庑殿屋顶，正脊将显得过短，结构也很复杂，采用歇山，比例就很合适，以后这成了方形或近于方形平面的殿堂普遍实行的处理方式。屋坡十分平缓，其屋架总高与前后撩风槫外跳头上的槫子的水平距离之比为1/5.15，是中国建筑最平缓者。

在殿内中心稍后，设平面为倒凹字形高0.7米的佛坛，坛周可以通行，坛上有佛教造像十七尊，都是唐代原塑，精美纯熟，虽经元代部分重妆，仍不失原貌，有很高的艺术价值（图5-6-1、图5-6-2）。

佛光寺大殿

佛光寺大殿在五台山西麓豆村，建于大中十一年（857），为唐晚期。[②]佛光寺是一座中型寺院，依山，坐东向西。大殿在寺的最后即最

图5-6-1　山西五台南禅寺大殿（孙大章、傅熹年）

东的高台地上，高出前部地面 12 ～ 13 米，殿后是就山凿出的陡崖。台地前有两重院落，前述乾符四年石幢就在前院。除大殿是唐代和前院北侧的文殊殿是金代建筑外，寺内现存其他房屋都是清代以后重建的。据文献记载，唐代曾在大殿的台地上建有一座三层弥勒大阁，会昌灭佛时毁去。现存大殿是灭佛后重建者。敦煌石窟五代第 61 窟《五台山图》中也绘出佛光寺，大殿作二层楼阁，可能只是原建大阁的示意（图 5-6-3）。

大殿是一座中型殿堂，立在低平台基上，面阔七间、通长 34 米；进深四间、17.66 米；正立面中间五间装板门，两端各一间和两面山墙的后梢间装直棂窗。殿内有一圈"金柱"（即外檐柱以内的一圈内柱）。这种平面方式宋《营造法式》称作"金箱斗底槽"。金柱把全殿空间分为两部分：金柱所围的空间称"内槽"，内槽四周金柱与檐柱之间的空间称为"外槽"。在后排金柱之间和南北二列金柱最后二柱之间设"扇面墙"，墙所围的面积为佛坛。坛高 0.74 米，上有三十多尊晚唐造像。此坛面阔五间，造像也分为五组：中部三间分置释迦、阿弥陀和弥勒坐像为主尊，左右均侍立弟子菩萨天王诸像；左右端两间分置乘象普贤和乘狮文殊。殿内并有两尊现实人物塑像，都是唐代原塑。殿内彩塑经近代重妆，色调已失古朴，但形体仍得到细心的保护，幸未大失其真。沿大殿后墙和两山，有明清塑造的几百尊罗汉。屋顶为单檐庑殿，屋坡也很缓和，比例为 1/4.77（图 5-6-4 ～图 5-6-7）。

空间的构成是建筑艺术有异于其他造型艺术的重大特点，佛光寺大殿为我们了解唐代建筑内部空间提供了几乎是唯一的一个重要实例。内槽空间较高，加上扇面墙和佛坛，更突出了它的重要地位，上面以方格状的"平棊"和四周倾斜的峻脚椽组成覆斗形仿佛帐顶的天花，天花下坦率地暴露明栿梁架。这些梁架既是结

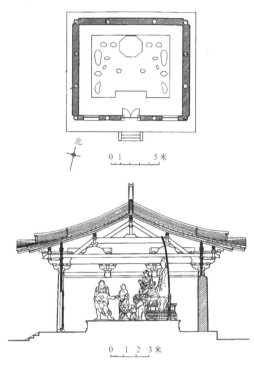

图 5-6-2　山西五台南禅寺大殿（《中国古代建筑史》）

图 5-6-3　莫高窟五代第 61 窟《五台山图》中的大佛光之寺（《敦煌建筑研究》）

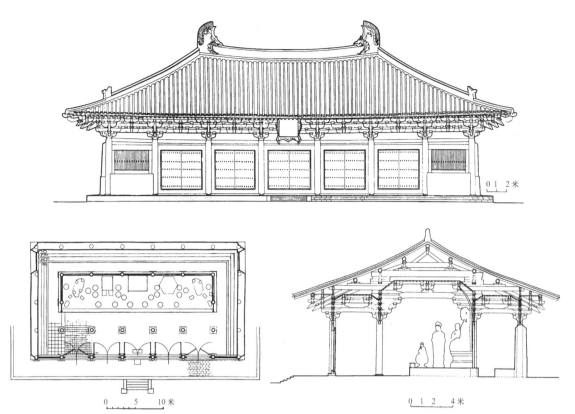

图 5-6-4　山西五台佛光寺大殿（《中国古代建筑史》）

图 5-6-5　五台佛光寺大殿（萧默）

图 5-6-6　佛光寺大殿局部（孙大章、傅熹年）

构的必需构件，又是体现结构美和划分空间的重要手段。梁上以三朵简单的十字交叉斗栱承平棋枋，斗栱之间为空档，空间在其间得以"流通"，空灵而通透。雄壮的梁架和天花的密集方格形成粗与细和不同重量感的对比。外槽空间较低较窄，是内槽的衬托，也在空间形象上取得对比。但外槽的梁架和天花的处理手法又同内槽一致，全体一气呵成，有很强的整体感和秩序感。所有的大小空间在水平方向和垂直

方向都力图避免完全的隔绝，尤其是复杂交织的梁架使空间的上界面朦胧含蓄，绝无僵滞之感。这一实例表明，唐代建筑匠师已具有高度自觉的空间审美能力和精湛的空间处理技巧（图5-6-8、图5-6-9）。

这座大殿很重视建筑与雕塑的默契，例如内槽的四片梁架把内槽空间划为五个较小的部分，每一部分都置有一组塑像。梁下用连续四跳偷心华栱，没有横栱，为塑像让出了空间。

图 5-6-7 佛光寺大殿内部（《中国古代建筑技术史》）

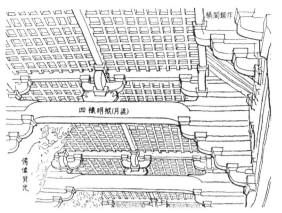

图 5-6-8 佛光寺大殿内部梁架仰视（《梁思成文集》）

①柴泽俊．三十年来山西古建筑及其附属文物调查保护纪略[M]//文物编辑委员会．文物资料丛刊·第4辑．北京：文物出版社，1981.

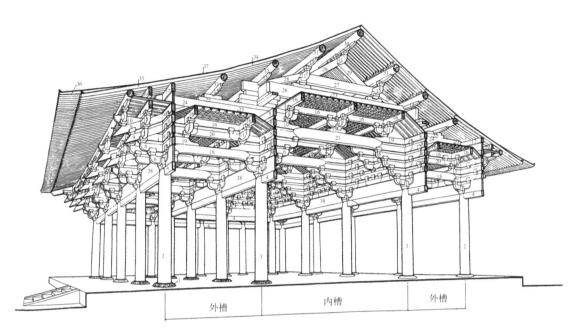

外槽　　　内槽　　　外槽

1.柱础；2.檐柱；3.内槽柱；4.阑额；5.栌斗；6.华栱；7.泥道栱；8.柱头枋；9.下昂；10.耍头；11.令栱；12.瓜子栱；13.慢栱；14.罗汉枋；15.替木；16.平棊枋；17.压槽枋；18.明乳栿；19.半驼峰；20.素枋；21.四椽明栿；22.驼峰；23.平暗；24.草乳栿；25.缴背；26.四椽草栿；27.平梁；28.托脚；29.叉手；30.脊槫；31.上平槫；32.中平槫；33.下平槫；34.椽；35.檐椽；36.飞子（复原）；37.望版；38.栱眼壁；39.牛脊枋

图 5-6-9 佛光寺大殿剖面透视图（《中国古代建筑史》）

塑像的高度也经过精心设计，使与其所在空间相适应，不致壅塞和空旷，同时也考虑了瞻礼者的合宜视线：当人位于殿门时，金柱上的阑额恰好可以不遮挡佛像背光，左右二金柱也不遮挡此间塑像的完整组群；当人位于金柱一线时，佛顶与人眼的连线仍在正常的垂直视野以内，不需要特意抬头。

广仁王庙正殿

广仁王庙正殿在山西芮城，建于太和五年（831），晚于南禅寺大殿四十九年，早于佛光寺大殿二十六年。①广仁王庙后来又称五龙庙，正殿是五间单檐歇山小殿，两梢间很窄，进深四椽，平面呈长方形，斗栱和梁架都是唐代原构（图5-6-10、图5-6-11）。

天台庵正殿

天台庵正殿在山西平顺王曲村，是一座三间见方小殿。村东倚高山，西临漳水，庵在村南高地上，志书上不见著录，现只存佛殿三间，

①古代建筑修整所. 晋东南潞安、平顺、高平和晋城四县的古建筑[J]. 文物参考资料, 1958(3); 柴泽俊. 三十年来山西古建筑及其附属文物调查保护纪略[M]// 文物编辑委员会. 文物资料丛刊·第4辑. 北京: 文物出版社, 1981.

图 5-6-10 芮城五龙庙大殿（罗哲文）

图 5-6-11 五龙庙大殿梁架（罗哲文）

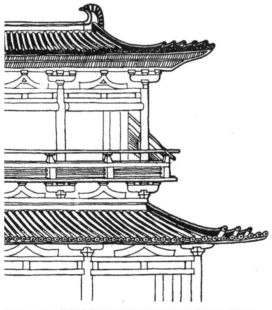

图 5-6-12 敦煌莫高窟初唐壁画有平座腰檐的楼阁（萧默）

殿前是一片平台。

殿的平面和结构形式与南禅寺大殿十分近似，但更小。深广各三间，通面阔 7.15 米，通进深 7.12 米，几呈正方形。梁架也是“四椽栿

通檐用二柱”，覆单檐歇山顶，正脊甚短，两山屋坡特长。屋坡仍甚缓，但比南禅寺大殿和佛光寺大殿稍陡，为 1/4。檐柱间只用阑额而无普拍枋，与其他三座唐殿同，是唐代普遍的做法。斗栱很简单，柱头斗栱是将四椽栿通过栌斗伸出为华栱（称“斗口跳”），跳头上置替木以承撩风槫；两层柱头枋上隐出重栱。当心间有补间斗栱一朵，形式与柱头斗栱同。其他间的补间为一斗三升。据其整体形象、屋顶坡度及斗栱，可暂将此殿断为晚唐。①

楼阁和台

唐代楼阁类建筑，前几节已有述及，如武则天的洛阳明堂和天堂，多层木塔和砖塔等，但唐代木构多层建筑已很少保存，文献多不能详述其情状，也未能由砖塔得到充分反映，在此通过壁画来补充我们的认识。

古代多层建筑，除多层塔以外，还有楼阁和高台。严格说来，“楼”和“阁”虽然都是指称两层以上的建筑，含意却有所不同。“阁”的上下层之间有平座，“楼”则没有。所谓平座，古时或称“阁道”，是上下层之间的一个水平结构层，平面挑出柱网平面之外，由斗栱支承，周边设勾栏（栏杆），成为围绕上层一周的露天走道。不管是楼是阁，上下层之间常有一重屋顶，称为“腰檐”。若有平座，腰檐当然置于平座下。还有一种虽无平座却有一圈直接置于腰檐之上的勾栏的楼。最简单的楼既无平座也无腰檐，特称为“竖楼”。还有个别的阁，只有平座而无腰檐。明清以后，此种称谓上的区别已不太严格，习惯上对于两层或两层以上的建筑可通称为楼阁，甚至有同一座建筑既名为楼又名为阁者。

敦煌石窟唐代壁画里的楼阁都只两层，几乎都有腰檐，又几乎全都是“阁”，有平座（图5-6-12）。腰檐可保护下层墙面，平座有利通行，它们都丰富了立面构图，因而建造较多。

由现存一些保存着唐代风格的辽代楼阁如蓟县独乐寺观音阁和应县木塔看来，在平座和腰檐内部通常是一个暗层，增加了结构的坚固性。壁画里有个别楼阁只设平座而无腰檐，见于莫高窟初唐第321窟和盛唐第217窟的净土变。竖楼则未见画出，但实际未必没有采用过。实际的楼阁也未必都是两层，如前已提及的明堂、天堂等，有的木塔高达九层，而木塔其实也就是一种楼阁。《唐两京城坊考》记长安曲池坊建福寺弥勒阁"崇一百五十尺"，怀远坊大云经寺"宝阁崇百尺"，都很高大，显然都超过两层。

唐代楼阁实例已无完整保存，只有河北正定开元寺内一座钟楼，传建于唐代，外观和内部结构的确呈现有较多唐代风格。钟楼平面呈正方形，面阔、进深各三间，单檐歇山顶，通高14米。其大木结构、柱网、斗栱都展示了唐代建筑风貌，上层木构件可能有相当部分仍是唐代原物。楼板中心开八角空洞，钟声可借助下层空间为共鸣腔，传向远方。值得提到的是开元寺的布局：现状东侧为钟楼，西侧为一座砖塔。塔称须弥塔，方形叠涩密檐九层，也是唐代风格。推测可能当年原状是中心塔式佛寺，与钟楼对称，在塔的西侧应另有藏经楼存焉，同时也体现了佛寺布局东钟西经的通常做法（图5-6-13～图5-6-15）。

敦煌壁画里还有一种台形建筑，在平面方形或多角形的砖砌高台座上，以平座承托一座单层小亭或小殿，没有腰檐。台座收分很明显，一侧设门，内部应有梯级以达上层（图5-6-16、图5-6-17）。这种台多作寺院里的钟楼或经藏，峙立在寺内两侧，起点缀作用。日本同时代寺院里还保存有这样的高台实物，如唐招提寺钟楼。台上建屋也可名之为楼或阁，而不管这座房屋本身是单层还是多层，如城楼，麟德殿的郁仪楼、结邻楼，含元殿的翔鸾阁、栖凤阁等。

图5-6-13　河北正定开元寺钟楼（萧默）

图5-6-14　正定开元寺钟楼檐角（萧默）

图5-6-15　正定开元寺钟楼内部（萧默）

事实上，唐代城楼的木构建筑本身几乎都只有一层。唐代还有一种木造高台，上无建筑，作乐台用，可于敦煌壁画和新疆吐鲁番阿斯塔那唐墓出土绢画中见到（图5-6-18）。

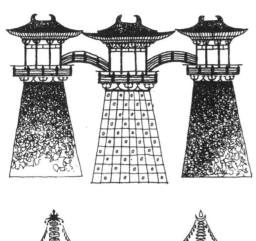

图 5-6-16 敦煌石窟唐代壁画台形建筑（萧默）

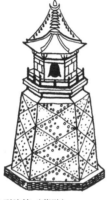

图 5-6-17 莫高窟初唐第 431 窟壁画三台（《敦煌建筑研究》）

敦煌石窟唐代壁画

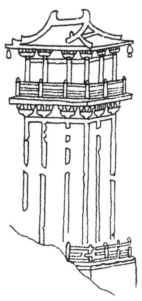

南响堂山石窟隋代石刻浮雕

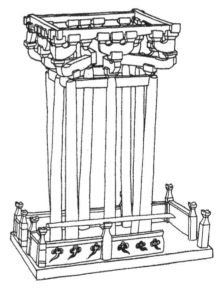

新疆吐鲁番唐墓出土木台模型

图 5-6-18 木台（萧默）

二、建筑部件与装饰

从南禅寺和佛光寺大殿和唐代壁画，[1]以及西安慈恩寺大雁塔门楣初唐所刻的殿堂形象（图5-6-19、图5-6-20），我们知道唐代建筑已有相当成熟的部件和装饰处理方法。

台基、台阶与勾栏

唐代中小型建筑的台基通常都是砖砌的素方平台，台下设散水一周，上述两座大殿实物就都是这样。壁画里的多数素方平台下都有一二层用砖砌筑的方脚。稍高级的台基最下雕刻覆莲，上承方脚，再上承较复杂的台壁，即台壁有上枋、下枋和间柱。这些枋、柱都处于同一平面。它们所围的方形面积则后退，嵌砌花砖，整体呈简单须弥座状（图5-6-21）。最高级的台基是须弥座，用砖或更多用石砌筑。须弥座本是印度的佛座，象征须弥山的坚固，可能受到了希腊的影响，在中国北朝用于佛座，以后也用于塔座并及于高级殿堂。须弥座用于塔座的最早实例是盛唐净藏禅师塔，稍晚有河南宝山灵泉寺的东、西二塔（唐中期），在敦煌石窟则早见于北魏壁画。从以上各例，知北魏至唐前期，须弥座的轮廓还比较简单。灵泉寺塔的须弥座虽较丰富，各层线脚仍由直线组成。中唐以后比较复杂，由下至上一般是覆莲状的圭脚、下枋、覆莲、带壶门的束腰、仰莲和上枋，其中覆莲和仰莲的轮廓线是曲线形的枭混和混枭（枭为凹，混为凸，上枭下混为枭混，反之为混枭）线脚。有时在它们和束腰之间又各加一道小方线脚。对于特别尊崇的高大建筑，须弥座下又增加一层方台。此时的方台称为基台，上面的须弥座则称基座，总称为台基。基台和基座的组合既增加了台基的总高度，又使每层保持了适宜人体的尺度，以及与上部建筑的适当比例（图5-6-22）。

在唐代壁画上，用于殿堂的须弥座只见于

①萧默.敦煌建筑研究·建筑部件与装饰[M].北京：文物出版社，1989.

图5-6-19　壁画台基台阶勾栏（《敦煌建筑研究》）

图5-6-20　大雁塔门楣初唐石刻佛殿（《梁思成文集》）

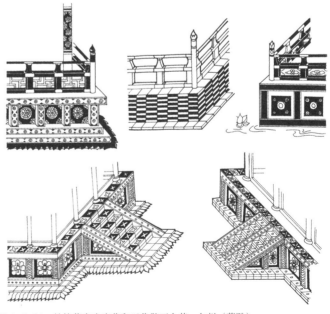

图5-6-21　敦煌莫高窟唐代和五代壁画台基、勾栏（萧默）

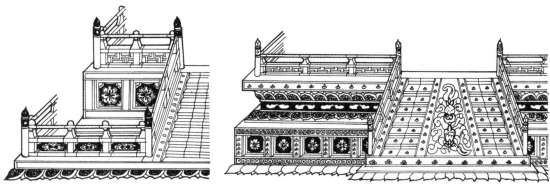

图 5-6-22 敦煌莫高窟唐代壁画多层台基、勾栏及须弥座（萧默）

中轴线上的主要殿堂。

台阶有三种，即阶级、慢道和御路。慢道就是一块由花砖或整石雕成的斜面。若两边为阶级，中间为慢道，则称御路。在明清宫殿中御路仍用得很多。

唐宋人称栏杆为勾栏。唐代木制勾栏仍保持了东汉传下来的做法，即由上而下横安寻杖（扶手）、盆唇和地栿，竖立瘿项（寻杖盆唇之间）和间柱（盆唇地栿之间）。寻杖手触，断面为圆形，盆唇和地栿断面长方。在间柱之间嵌装雕刻的或彩绘的花板，或安设北朝时已使用的万字勾片，也有的安设卧棂。勾栏转角处立高出于寻杖颇多的圆形断面望柱，望柱头上有雕饰；或不立望柱，仍用间柱、瘿项，此时寻杖和地栿应相交出头，谓之"绞井口"。所有主要构件接头处都以白铜皮钉包，木面则漆饰以朱红为主的颜色，效果华丽而和谐。

从大明宫的发掘可知，在特别高级的建筑中使用了石制勾栏。

柱枋、墙壁和门窗

柱子将建筑立面划分为单数开间，正中一间称当心间，左右依次为次间（由中间向两边以第一、第二为序）、梢间和尽间。大约从北朝晚期开始已有当心间最宽、尽间最窄的做法，隋唐壁画通常都是当心间最宽，左右各间较窄，初唐慈恩寺塔门楣石刻殿堂图和前述中、晚唐的几座殿堂实例都有这样的做法，但建于初唐的含元殿和麟德殿各间同宽。当心间加宽的做法突出了立面正中，又加密了转角处的柱距，对于造型和加强转角的刚性都很有利，唐代以后几乎成为通例。

阑额是柱头之间的水平构件。北朝有的建筑没有阑额，只在柱上栌斗之间有水平联系件。隋唐已普遍有阑额，设在柱头之间，且为上下两层，大大有利于整体构架的稳定。由于唐代斗栱补间铺作只有一朵或没有，所以阑额上没有普拍枋，前举兴教寺玄奘塔砌出普拍枋，是一个孤例。唐代阑额至角不出头，额下也没有雀替。

从唐代开始，出现了柱子的"侧脚"和"生起"的做法。侧脚是外檐立柱除了正中一间以外，都令"柱首微收向内，柱脚微出向外"，即不是完全垂直的而都向平面中心微微倾侧。生起是除立面正中一间外，其他柱子都稍微增高一点，距中心部位越远增高越多。南禅寺大殿和佛光寺大殿都有侧脚和生起。侧脚和生起使造型显得更富于韵味而不板滞，同时也增强了结构的稳定性。

在立面各间门、窗的周围，加用多条水平的和垂直的构件，称门窗立颊、心柱、门窗上额和腰串，与柱子、阑额和地栿相互联系。门多为版门，或有门钉、铺首。窗多为直棂，幂纸而不用窗扇。

斗栱

唐代与明清斗栱在结构上的最大不同，就

是唐代的第二层出跳华栱（垂直于屋檐方向的栱称华栱）内伸后即成为联系内外柱圈的乳栿（佛光寺大殿）或屋架大梁（四椽栿，南禅寺大殿），外伸则承托屋檐重量；明清的乳栿（清称桃尖梁）和屋架大梁都另有构件，不是华栱（清称"翘"）的内伸，斗栱在颇大程度上只是一种可有可无的附属品了。所以唐代斗栱在殿堂等高级建筑中担负着真实的传力任务，为结构所必需，比起后代，尺度都很壮硕，布局比较疏朗，体现出可贵的结构美，具有很高的审美价值。同时，斗栱以其繁富的形象和处于屋檐阴影笼罩下而产生的错落纷繁的光影，与上面简洁平整的屋面和下面的屋身都取得对比，又具有很强的装饰作用。

由敦煌石窟、龙门石窟、宁懋石室等所见十六国晚期至北朝的大量图像表明，北朝斗栱许多都不出跳，流行一斗三升和人字栱等比较简单的做法。初唐斗栱仍较简单，一般只伸出一、二跳（图5-6-23）。但经过初唐后极快的发展，盛唐斗栱已相当复杂成熟。柱头上的斗栱称"柱头铺作"。敦煌莫高窟盛唐第172窟南、北壁两幅净土变中的大殿，都使用了所谓"双杪双下昂重栱计心造"的柱头铺作，即向外伸出四跳，第一、二跳跳头是卷头向上的曲木华栱（杪），第三、四跳跳头是尖嘴斜下的直木下昂，各跳跳头都有横栱（计心），一、二、三跳跳头横栱重叠两层（重栱），第四跳跳头的横栱只能是一层，称作令栱，再上以替木承槫（又称桁，以后通常称檩）。这朵斗栱比佛光寺大殿的双杪双下昂隔跳重栱偷心造（跳头上无横栱谓"偷心"，每隔一跳偷心谓"隔跳偷心"）斗栱还要复杂一些（图5-6-24）。

用于柱头之间阑额上面的斗栱称补间铺作。唐代的补间都很简洁，大都只有一朵。初唐仍实行不出跳的人字栱，盛唐后普遍实行置在驼峰上的出跳斗栱，出跳数比柱头铺作要少。

龙门北魏石窟古阳洞歇山屋及斗栱　　　龙门北魏石窟路洞歇山屋及斗栱

敦煌十六国晚期至北魏阙形龛上的斗栱

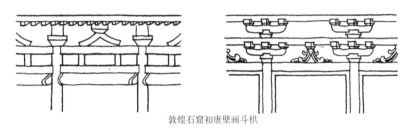

敦煌石窟初唐壁画斗栱

图5-6-23　十六国晚期至初唐斗栱（萧默等）

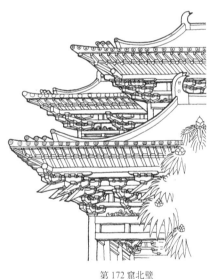

第172窟北壁　　　　　　　　　　　　第172窟南壁

图5-6-24　敦煌石窟盛唐壁画斗栱（萧默）

如上举莫高窟第172窟壁画殿堂的补间，是于驼峰上的栌斗出双杪，单栱计心，令栱中心出昂形耍头，整体与佛光寺大殿补间铺作的双杪偷心相似，但也比后者复杂。唐代斗栱除本身用材比较硕大外，总体尺度也很雄壮。佛光寺大殿栱的断面高30厘米、宽20厘米，全朵斗栱的总高达2.49米，相当于柱高4.99米的一半，比起明清斗栱的纤小孱弱，愈显气势非凡（图5-6-25）。

补间铺作只有一朵并较柱头铺作简单，加上斗栱尺度的宏大，使唐代建筑显得十分壮硕雄健。尺度宏大，又真实地承担檐部挑出，故

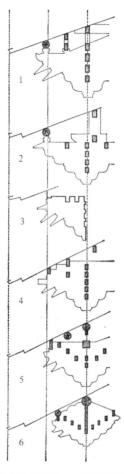

1. 五台山佛光寺大殿（晚唐）；2. 蓟县独乐寺观音阁下檐（辽）；
3. 大同华严寺薄伽教藏殿内之天宫楼阁（辽）；4. 应县木塔第一层（辽）；
5. 宋《营造法式》；6. 清官式做法
图5-6-25　由唐至清历代七铺作斗栱出檐比较（萧默）

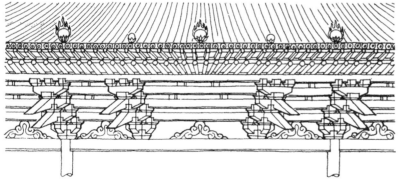

图5-6-26　敦煌石窟中唐第231窟壁画补间铺作加多的斗栱（萧默）

唐代建筑的出檐都颇为深远，所以人们常以"斗栱雄大，出檐深远"来形容唐代建筑，信是得其主旨。但自宋起，补间铺作越来越多，尺度渐趋缩小，形制也与柱头铺作一样，逐渐失去了斗栱的结构作用及结构美，至明清已流入繁琐了。从敦煌壁画，知此种趋势在唐代已有个别出现，如莫高窟中唐第231窟壁画所绘一殿，补间铺作为两朵，都从阑额上的栌斗出跳，形制也与柱头铺作一样。补间与柱头之间，另有三个驼峰（图5-6-26）。

斗栱是历代建筑变化最显著的构件，是鉴定建筑年代的重要依据。

屋顶及梁架

屋顶的内部是梁架，屋顶总体形象的形成有赖于梁架，所以要了解屋顶，必先了解梁架。梁架以多层横梁和各层梁头的短柱重叠而成。上一层梁都比下一层短，而上一层的短柱都比下一层长，由此形成了屋面的凹曲坡度。在各梁的梁头上，与各梁垂直置槫，把各片梁架联系起来并承受椽子的重量。最高一层梁最短，称平梁，唐代及唐以前的做法常在平梁上不立短柱，而由平梁两端斜上撑起人字形的叉手，承托脊槫，仍有三角架的遗意，如佛光寺大殿。即使立有短柱，也仍有叉手支撑，如南禅寺大殿和天台庵正殿。

唐代屋顶除硬山顶外，其他几种形式都已成熟，如庑殿、歇山、悬山、攒尖以及盝顶和盔顶等，皆见于实例及壁画。庑殿顶四向排水，又称四注顶、四阿顶，这种屋顶形象端庄稳重，最为尊贵，多用于中轴线上的主要殿堂。传说吴道子的壁画常画在这类建筑中，所以又称吴殿。歇山顶东汉末开始出现，至北朝渐多，是由上部两坡的悬山顶和下部四坡庑殿顶拼合而成，开始时在上下二部之间有一次跌落成两段式，唐代以后普遍改为连续坡面。歇山顶有九条屋脊即一条正

脊、四条垂脊（两坡部分两端）和四条戗脊（四坡部分四角），所以又称九脊顶（戗脊的前端缩小，又特称此缩小部分为岔脊）。它的形象比较生动，性格倾向活泼，常用在左右配殿或中轴线上的后殿，与庑殿建筑相得益彰。唐时歇山顶有称曹殿者，传说与画家曹不兴有关。殿堂类建筑凡平面方形或接近方形的，几乎都是歇山顶，保证了正脊长度，比采用庑殿顶有更好的造型比例。唐及宋代的歇山顶比起明清来，正脊较短而两山屋坡较长，再加上屋檐挑出较远，显得轮廓更加鲜明。

唐代屋顶的坡度比起后代都甚为平缓舒展，如南禅寺大殿屋架总高与前后撩风槫（斗栱最外跳头上的檩子）的水平距离之比为 1/5.15，佛光寺大殿是 1/4.77，天台庵正殿为 1/4，是全部古代建筑实例中坡度最平缓的几处，同时凹曲得也十分得体，绝不过分。唐以后坡度渐陡，如宋《营造法式》规定这个比例是 1/4 ～ 1/3，至明清而更甚，凹度也较显著，甚而有"陡如山（上部），平如川（下部）"之谚，上下坡度相差太大，远不如唐代的含蓄有致。

唐代屋顶正脊两端用很大的"鸱尾"为饰，尾尖内向，注重殿堂的整体轮廓，本身却甚简洁，是整个屋顶的重点装饰。鸱据说是海中一种能致雨而灭火的神物，用在屋顶上，有厌胜的意义。到中唐或晚唐时，鸱尾变为"鸱吻"，即做出以吻吞脊的形象，风格已渐趋繁丽。屋顶的其他各脊脊端也常有装饰，但比正脊较小而简（图5-6-27）。

屋顶上使用最多的是仰覆陶瓦。仰者称板瓦，覆者称筒瓦。瓦当都是圆形，大多为莲瓣纹，远比先秦及秦汉纹样为少（图5-6-28）。瓦当之间为重唇板瓦（图5-6-29）。初唐时在重要宫殿上已使用琉璃瓦，但只用于镶脊和剪边。大明宫含元殿和兴庆宫都出土有初唐的绿色和黄色琉璃瓦片。从敦煌壁画可知中唐已有了满

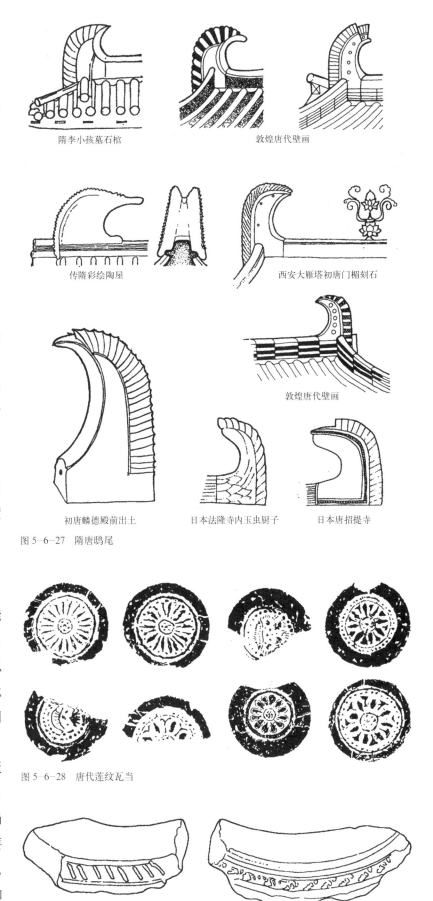

图 5-6-27　隋唐鸱尾

　　　隋李小孩墓石棺　　　　　　敦煌唐代壁画

　　　传隋彩绘陶屋　　　　　西安大雁塔初唐门楣刻石

　　　　　　　　　　　　敦煌唐代壁画

　初唐麟德殿前出土　　日本法隆寺内玉虫厨子　　日本唐招提寺

图 5-6-28　唐代莲纹瓦当

图 5-6-29　重唇板瓦（嵩岳寺唐代旧址出土）（《中国古代建筑技术史》）

图5-6-30 殿堂琉璃瓦屋顶（《敦煌建筑研究》）

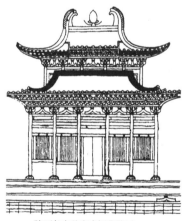

河南省博物馆藏陶屋

日本法隆寺金堂复原

图5-6-31 隋代屋顶（杨鸿勋）

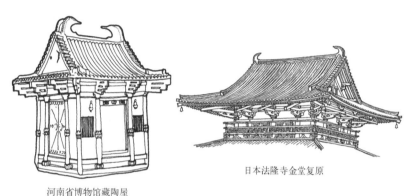

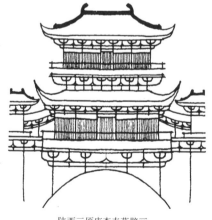

陕西长安县唐韦洞墓壁画

陕西三原唐李寿墓壁画

图5-6-32 唐代屋顶（《中国古代建筑史》）

① 萧默. 屋角起翘缘起及其
流布 [M] // 中国建筑学会
建筑历史学术委员会. 建
筑历史与理论. 第二辑. 南
京：1981.

铺的琉璃瓦,色彩更多,使用范围并及于佛寺(图5-6-30)。《新唐书·百官志》列有掌管"涂饰琉璃"等事的"掌冶署令"和"丞"。

值得注意的是唐代建筑仍未普及屋角起翘的做法。中原地区唐代墓葬壁画和砖塔实物大部没有角翘,敦煌唐代壁画里的建筑也几乎都是檐角平直没有角翘的,只有个别者起翘,内地壁画和塔起翘的例证稍多,南禅寺和佛光寺两座大殿实物也都有角翘。从这些迹象证明,唐代并行有角翘或无角翘两种做法(图5-6-31、图5-6-32)。北宋以后内地才开始普及角翘,但敦煌五代北宋壁画和北宋窟檐仍都平直无翘,这可能是由于敦煌地处边远,习惯做法延续时间较长所致。

角翘做法源于转角结构的变化,有其力学的根据。唐代建筑斗栱雄大,出檐深远,屋檐挑出主要靠斗栱来承担,椽子受力不大,相当于转角45°椽子的角梁断面不一定很大,此时无须在近角梁处的撩风槫上加用长三角形枕头木,角部的椽背也可能做到与角梁背取齐,所以角翘不是必需的。五代北宋以后,由于斗栱趋小,椽子受力加大,角梁的受力更大,才使角梁加厚加高,以致角翘做法趋于普及。[①]角翘也有显著的造型意义,使转角檐端成为一条曲线,柔美温润,意态轻扬,大大减轻了庞大屋顶的沉重感,无论在结构上还是造型上,角翘都是中国建筑的一大成就。佛光寺大殿檐端从立面中心起随着柱子的生起向两端逐渐高起,至角部再加上角翘的曲度,使得整条檐线都是柔韧的曲线,而且曲度很小,不易察觉,十分含蓄内在,是成功的范例。同样,佛光寺大殿屋顶的其他处理,如正脊两端、屋面两端都有生起,屋面由下而上中部凹进,曲度很有节制,表现了一种微妙含蓄而大度的可贵品质。大殿的鸱吻与檐柱有上下对位关系,加强了构图的有机性。

涂饰、彩画和雕饰

为了保护材料表面和美化建筑，从很早起在木面和墙壁抹灰面上就涂刷颜色，称为涂饰，木面上还发展为彩画。

汉代以来，除了灰色陶瓦屋顶外，外檐的色彩以红白二色为主：木面上涂赭红或土朱，土墙或编笆墙面抹草泥涂白。从魏晋起，就常有"白壁丹楹"、"朱柱素壁"的记载。隋唐仍是这样。《大业杂记》记隋代宫室"饰以丹粉"，即以红白二色涂饰建筑。白居易《游香山记》也说："赭垩之饰必良"。古人常称红色为"赭"，"垩"即白垩，白色。红白对比，明快清新，鲜丽而和谐。白壁衬出红色的木构件，也显示了结构之美。它们与素灰的台基和屋顶一起，使建筑充满淳雅庄敬，温暖醇厚的气度。

南禅寺大殿和佛光寺大殿仍是赤白涂饰。佛光寺大殿梁架上有近代涂饰的土朱，大概仍未失其真。在此殿北梢间木板门的背面，留有唐代工匠"赤白博士许七郎"的墨书题记。佛光寺大殿殿内阑额部分保留了唐代原建时的涂饰，是以土朱刷地，然后并排画上七个白色圆形。永泰公主墓及懿德太子墓壁画，是在通刷土朱的阑额上留出三四个白色长方形块，相当于隋唐时期的日本法隆寺也有类似处理。稍晚如敦煌几座宋初窟檐内部，以及苏州五代灵岩寺砖塔室内，也可见这种做法。

敦煌唐代壁画的大量建筑也都以红、白二色为主。详细而言，大都是除椽头、飞子头和栱、昂的前面等迎光部位着浅赭黄、斗和驼峰为石绿外，其他木面都是红色，所有抹灰墙面包括望板、栱眼壁和各枋之间均为白色。壁画建筑在驼峰和柱子上常有彩画，如驼峰绘卷草，柱身中部约当全柱高度四分之一或三分之一的一段绘团花图案，上下以水平线道为界，好似织品围裹的效果。

壁画里的木勾栏如有栏板，也绘以杂彩团花，称为华板。

由于实物的缺乏，以上资料不能给我们提供更详尽的信息，但从隋唐文献可知，当时施以彩画的部位大概还包括斗栱、门窗和藻井等处，且从初唐的较为质朴到以后渐转华丽。在敦煌盛唐壁画绘于窟顶的藻井或窟顶天花图案中，可略窥其华丽之迹（图5-6-33、图5-6-34）。

建于初唐的含元殿是唐代主要宫殿之一，巍峨壮丽，但其装饰却甚质朴。李华《含元殿赋》云："惟上圣之钦明，爱听政而崇德，去雕几与金玉，绌汉京之文饰……今是殿也，惟铁石丹素，无加饰焉"，仍只涂"丹素"（红白）二色而已。到开元中建的花萼相辉楼，装饰已趋增多，"攒画栱以交映，列绮窗以相薄。金铺摇吹以玲珑，珠缀含烟而错落。饰以粉绘，涂之丹腠，飞梁回绕于虹光，藻井倒垂乎莲萼"（高盖《花萼楼赋》）。朝元阁和广达楼也装饰得十分华丽："金铺烛耀，玉碣（柱础石）苔班，莲井雕梁之彩

图5-6-33 敦煌石窟（盛唐）窟顶藻井（《敦煌建筑研究》）

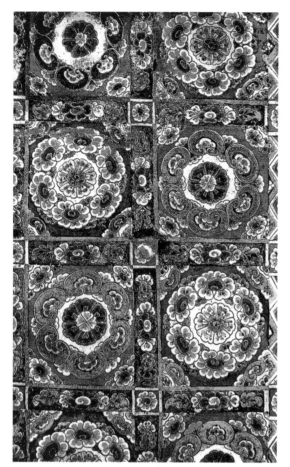

图5-6-34 敦煌石窟（盛唐）窟顶藻井（《敦煌建筑研究》）

错，绮窗网户之虚闲"（钱起《朝元阁赋》）；"材露桐柏，阶骈砆跌（wufu，足迹），应龙蜿蟺（盘旋曲屈）以骧宇，猛兽赑屃以乘桴，明珰藻耀于悬井，朱鸟骞翻于薄栌（斗栱），璇题景曜，银牓霞铺"（李濯《广达楼赋》）。

以上描述，有的是彩画，有的或许还是木雕。彩画或雕刻的纹样，唐代都盛行莲花主题，与佛教的盛行有关。佛经说"诸华之中，莲华最盛"，认为莲花象征纯洁清净，花落莲成，外美内秀而功德圆满，凡须弥座、铺地花砖、瓦当、莲座、柱础和藻井中心都广泛施用（图5-6-35～图5-6-39）。河南安阳修定寺塔塔身表面有现存最精美的建筑砖雕作品。塔建于初唐时期，砖砌，方形，单层，塔顶原状已不存，而满饰砖雕的塔身仍保存完好，计有雕砖三千四百四十多块（图5-6-40）。

壁画

隋唐壁画在中国画史上占有特别重要的地位。敦煌石窟（包括莫高窟、西千佛洞、榆林窟三处）从十六国晚期直到元代，

图5-6-35 西安兴庆宫出土唐代铺地方砖

图5-6-36 敦煌莫高窟唐代铺地方砖四种

图5 6-37　敦煌莫高窟唐代铺地方砖四种（《中国古代建筑图案》）

图5-6-38　西安出土唐代铺地方砖四种（《中国古代建筑图案》）

图5-6-39　山西永济万国寺唐代石础（罗哲文）

图5-6-40　河南安阳修定寺塔塔身（《中国古塔》）

延绵八百余年，现今保存壁画的洞窟仍有五百四十六座，隋唐窟占总数五分之三以上，画面总面积至少30000平方米。虽说石窟的开凿有明确的宗教目的，且与人们日常使用的建筑不同，石窟壁画与一般作为建筑装饰的壁画有所区别，但其制作之精、水平之高、留存之多，无疑可借以推见当时建筑壁画之盛况。隋唐佛教石窟壁画，气魄宏大、构图精审、设色温暖、格调昂扬、灿烂辉煌，充分反映了石窟艺术高峰时期的风貌，诚如鲁迅所说，唐代"可取佛画的灿烂"。

《历代名画记》和《寺塔记》等文献记述唐代佛寺壁画的情况甚多。吴道子最负盛名，一

生所画寺观壁画，在长安和洛阳者即有四百余间。"地狱变"是其最著名的作品之一，段成式称之为："惨淡十堵内，吴生纵狂迹。风云将迫人，鬼神如脱壁"。佛寺壁画的内容以佛教为主，也有其他题材。盛唐以后花鸟题材开始流行，边鸾为当时著名花鸟画家，曾在宝应寺壁上画牡丹，在资圣寺宝塔上四面画花鸟，还奉命在玄武殿画新罗国孔雀。

最著名的墓室壁画当推唐永泰公主墓、章怀太子墓和懿德太子墓等，在墓道、"天井"、过道和前后墓室，从壁面到室顶，都广施壁画，其构图、线描、色彩、形象刻画和气势、规模都达到相当高的水平。画中对于女性的刻画尤

山东嘉祥

山东沂南画像石墓

内蒙古和林格尔壁画墓渭水桥图壁画

图 5-7-1　东汉画像石上的梁式桥

图 5-7-2　东汉画像砖上的梁式桥与拱桥

其精细美妙，还绘有如宫阙等宏大的建筑。

至于直接施于木结构建筑上的壁画，随着隋唐建筑被破坏，现存实例难得一见，只有佛光寺大殿一处，在某些栱眼壁和佛座后背上保留少许，都是佛教题材，多已变色模糊。

与前代相比，隋唐壁画仍保持了注重表现现实生活的传统，以前那种狂扬恣肆的神仙题材和劝人诫世的儒学教化已经少见，佛教题材则大大增多。从绘画对象而言，仍以人物画为主，山水、花鸟尚不成气候。壁画从先秦开始，经秦汉魏晋入于隋唐，一直是中国绘画的主流。但从唐代开始，自魏晋发端的卷轴画渐为士人重视，宋代以后，绘画的重点已从壁画移入卷轴，绘画对象也从人物向山水、花鸟方向转变。所以，宋代以后壁画渐少，建筑彩画因而增多。

第七节　桥梁

出于实际生活的需要，人们很早就在水上架设木桥或在河溪中安放步石。据考古报告，新石器时代西安半坡的围沟上有过原始的桥。秦汉以前的桥梁现在都已不存，但从汉画像石、汉墓壁画和文献记载来看，大都是比较简单的梁柱式，即立柱上安放横梁，例如著名的秦汉渭水桥和汉代灞桥。《三辅黄图》云"始皇始造渭桥，铁墩重不能移"，可能有少数金属桥墩。神话说秦始皇欲造海桥以观日，"海神为之驱石竖柱"，说明产生此神话的时代多使用梁柱式桥。比起梁柱式桥，石拱桥更加坚固，也可以有更大的跨度，但它的施工难度更大，出现应较梁柱式晚，但在汉代壁画中已可见到它的某些踪影（图 5-7-1、图 5-7-2）。

最早见于记载的石拱桥当为《水经注·谷水》所述西晋旅人桥，"桥去洛阳宫六七里，悉用大石，下圆以通水，可受大舫过也。题其上云：'太康三年（282）十一月初就功，日用工七万五千人，至四月末止'"。据《洛阳县志》，此桥在明正统、万历间仍存，并有两次重修，现已不存。

现存最古老的桥也是石拱桥，即河北赵县安济桥，建于隋大业年间（605~617），为"隋匠李春之迹也"（唐·张嘉贞《安济桥铭》）。^①明隆庆《赵县志》也说为隋匠李春所造。

桥跨洨水，平时仅涓涓细流，但"每大雨时行，伏水迅发，建瓴而下，势不可遏"（《水经注》）。此水不通航，桥下无舟楫穿行，但河面较宽，所以桥孔不必太高而需有相当大的跨度。桥当南北大道，桥上交通以车马为主，所以桥面宜缓平无阶。综合以上考虑，安济桥大胆地在世界上首创了大跨弓形拱券式,桥下"豁然无楹"。拱券的弧跨达37.47米，矢高不到弧跨的五分之一，桥面中部宽8.51米。全桥用二十八道并列拱券组成，各券可逐道建造，模架重复使用，便于施工。为加强各券之间的横向联系，不使向外倾翻，除了在各道券之间以"铁腰"（两端宽中部细的铁件）嵌连外，在券背上设有五条横向铁拉杆，两端铆固，以串拉各券，又砌横向伏石一层。同时又借鉴木结构建筑的侧脚做法，两头桥脚宽度比桥顶宽度宽51~74厘米，使并列拱券自然向内挤紧，用心可谓周密。大券和桥面之间不是满砌，而在两肩各开二孔，称之为敞肩拱或空撞券，"两涯嵌四穴，盖以杀怒水之荡突"，洪水时具泄水功能，又减轻自重，减少工程量，在造型上也起重要作用（图5-7-3、图5-7-4）。

桥面是和缓的凸圆弧，在桥头处弧线则反向微微凹曲，非常优美舒展。桥面的圆弧半径较大，各券半径较小，一弛一张，弛者在上，张者在下，形成有力的承托对比关系。四个小拱和大拱的拱背标高由中间向两端逐渐下移，它们的轨迹连线就是桥面弧线。大、小拱的对比，显出了大拱的真实尺度，各拱的做法一致又强调了统一。

图5-7-3 河北赵县安济桥（罗哲文）

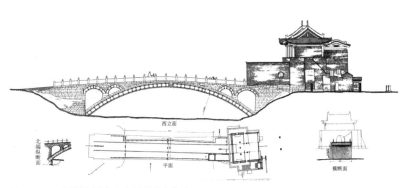

图5-7-4 安济桥实测图（《梁思成文集》）

小拱的通透使全桥又显得空灵轻巧，负重若轻。

安济桥所达到的艺术水平不断引起后人的激赏。唐《朝野佥载》称此桥"望之如初云出月，长虹饮涧"；宋·杜德源诗云"驾石飞梁尽一虹，苍龙惊蛰背一空"；元·刘百熙诗云"云从碧玉环中过，人在苍龙背上行"；明·祝万祉诗云"百尺长虹横水面，一弯新月出云霄"；将之比作飞虹、苍龙、玉环和新月，都渲染出了桥的舒展和轻灵。

安济桥的石栏杆也是极优秀的建筑石雕作品。据唐·张嘉贞《安济桥铭》称，"其栏槛橔柱，槌斫龙兽之状，蟠绕拏踞，眭盱翕欻，若飞若动"，知唐以前桥上就有石雕装饰。1954年桥下出土几块石刻栏板，正是"龙兽之状"，应是唐或唐以前原物，也是"剔地起突"（高浮雕）石刻的较早实例。栏板实心，板心施雕刻，其一是正面龙头，眭目巨唇露齿，状甚威猛，起突很高，口内有深暗的阴影，但颊部平浅，两侧以水浪、莲花围饰，整体横长方形，与栏板的方向相应。另一个是两条小龙相向，头各外转，恰填补了

①梁思成.赵县大石桥即安济桥[M]//梁思成.梁思成文集·第一集.北京:中国建筑工业出版社,1982.

图 5-7-5 赵县石桥栏板（《中国古建筑图案》）

身后的空白，势态生动而平衡。龙身圆转流利，显出龙的灵巧，足爪则劲挺硬直，突出龙的刚健，又巧妙地使它们穿行在圆洞中，更显得"若飞若动"。安济桥势若苍龙，以龙为饰，更增情趣。桥拱正中的龙门石上也刻有龙头（图 5-7-5）。

安济桥建成后，由隋至清各地模仿之作延续不断，达十余座之多，如河北井陉"桥楼殿"桥（隋），河北赵县永通桥（宋以前），山西崞县普济桥（金）、晋城景德桥（金）、周村桥（？）、凌空桥（金），以及远在贵州兴义的木卡桥（清）等，都是弓形拱桥，有的并有敞肩小拱。

中国建筑虽以木结构为本位，但体现在安济桥的石结构技术和艺术水平，并不在同时期以石结构为本位的欧洲建筑之下，甚至某些方面可能更有过之。大约迟至马可·波罗的时代，流行于中国的弓形拱桥技术才被带到欧洲，第一次具体的应用是 13 世纪末的法国罗讷河圣埃斯普特桥，14 世纪才得以推广。而敞肩拱的做法，要晚到 14 世纪晚期才为欧洲人所知。

第八节 家具

隋唐是我国家具史的一个大变革时期，上承秦汉，下启宋元，融汇国内各民族文化，大胆吸收外来文化，出现不少新型家具，特别是高型家具继续得到发展，大大丰富了中国古典家具的内容。隋唐家具注重构图的均齐对称，造型雍容大度，色彩富丽洒脱。

隋唐家具实物很少留存，但从墓室出土的家具模型、壁画、传世（或后人摹临）的绘画可以获得不少形象资料。大量的文献记载、诗歌及其他文学作品有关家具的描写，也都有重要参考价值（图 5-8-1）。

一、家具类型

隋唐家具仍分七大类，即坐具、卧具、承具、凭具、庋具、屏具和架具。

坐具

隋唐五代坐具十分丰富，并出现不少新品种。隋唐是席地坐与垂足坐并存的时代，继续发展的坐具和新出现的坐具主要是为了适应垂足坐，如凳类、筌蹄、胡床、榻以及椅类等。

凳类坐具如四腿八挓小凳，见于敦煌壁画。方凳见于章怀太子墓壁画和五代卫贤高士图。敦煌唐代壁画嫁娶图还绘有宽体条形坐凳，供多人同坐。还有一种圆凳，圆形坐面，下有凳腿，为西安西郊唐墓出土的彩陶说唱俑所坐。这时新出现一种平面呈半圆形称为"月样杌子"的垂足坐具，在唐画如《纨扇仕女图》、《调琴啜茗图》、《宫中图》、《宫乐图》和《捣练图》上皆可见到（图 5-8-2）。

筌蹄用竹藤编制，圆形，在南北朝时已出现在佛教活动中，隋唐流行于上层家庭。西安王家坟唐墓出土一件三彩持镜俑就坐在这样的筌蹄上，作腰鼓状，上下端及腰部都有绳状纹。筌蹄至五代演变为各式绣墩（图 5-8-3）。

胡床（马札）在隋唐继续流行。众多出土模型和壁画显示，隋唐的独坐式小榻多为壸门式。还有一种可坐多人的长榻，唐代称"长连床"，

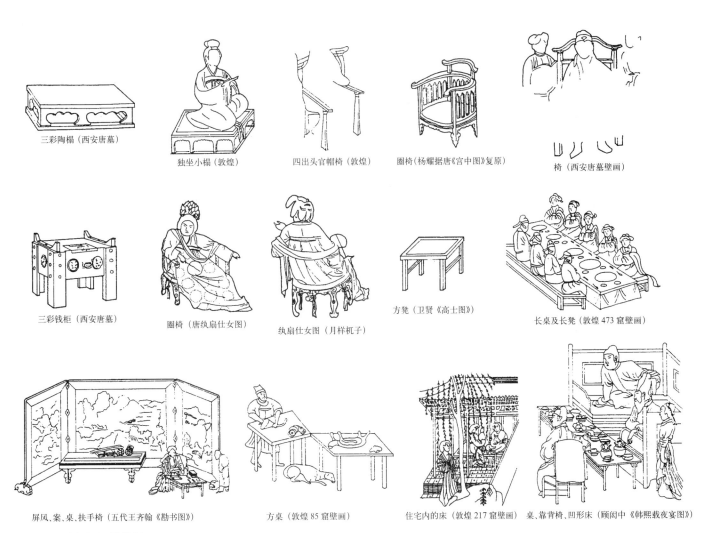

三彩陶榻（西安唐墓）

独坐小榻（敦煌）

四出头官帽椅（敦煌）

圈椅（杨耀据唐《宫中图》复原）

椅（西安唐墓壁画）

三彩钱柜（西安唐墓）

圈椅（唐纨扇仕女图）

纨扇仕女图（月样机子）

方凳（卫贤《高士图》）

长桌及长凳（敦煌473窟壁画）

屏风、案、桌、扶手椅（五代王齐翰《勘书图》）

方桌（敦煌85窟壁画）

住宅内的床（敦煌217窟壁画）

桌、靠背椅、凹形床（顾闳中《韩熙载夜宴图》）

图 5-8-1　隋唐家具（陈增弼）

图 5-8-2　唐《宫中图》（陈增弼）

图 5-8-3　唐墓出土的三彩俑（陈增弼）

如敦煌莫高窟第196窟所绘二僧共坐一榻即是。

在两晋南北朝时已透露出若干消息的椅子，至迟在唐代中晚期已经流行。当时多称"绳床"，特别为僧尼修禅讲经所必备。白居易诗云："坐倚绳床闲自念，前生应是一诗僧。"李白诗也说："吾师醉后倚绳床，须臾扫尽数千张。"这种可坐可倚的坐具实际就是椅子。稍晚在五代顾闳中《韩熙载夜宴图》中有靠背椅。《旧唐书·穆宗本纪》载："长庆二年十二月辛卯，上见群臣于紫宸殿，御大绳床。"此种皇帝专用的大尺度绳床，可能就是宝座。

圈椅出现于中晚唐，造型古拙，可从《纨扇仕女图》、《宫中图》中见到。

卧具

隋唐卧具仍以床和炕为主。

四腿床是一般的床式，新疆吐鲁番阿斯塔那唐墓出土一件，长2900毫米、宽1000毫米、高500毫米，用当地红柳制成，上铺柳条。敦煌唐代经卷本着色佛传图（藏大英博物馆）描写病者与死者灵魂升天情景，上绘一四腿床，与新疆出土的木床一样。

壸门床为高级床，是隋唐家具的代表类型。山东嘉祥英山一号隋墓壁画绘徐侍郎夫妇共坐在一张壸门床上。床后立屏，两侧侍女侍立，床前有直栅足杌，二人倚斑丝隐囊，观看杂戏

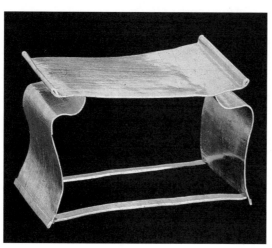

图5-8-4　法门寺出土的银案（陈增弼）

舞蹈。其壸门空朗，上部曲线作小连弧形，连接两侧陡泻的弧线，弯转有力。床框厚实，下部托泥轻巧，造型很有韵味。壸门床至唐代更为成熟，壸门曲线简洁有力，整体造型更趋匀称舒展。莫高窟唐第217窟得医图，绘一贵妇坐于壸门床上，旁立侍女抱幼婴等待医士诊病。敦煌着色佛传图上绘有摩耶夫人夜梦佛乘象入胎，夫人即卧于大门床上。壸门床面积很大，占据室内很大空间，生活活动都在床上进行。《开元天宝遗事十种》载："咸通九年同昌公主出，降宅于广化里，制水晶、火齐、琉璃、玳瑁等床，悉支以金龟银堑。"《隋唐嘉话》："太宗中夜闻告侯君集反，起绕床而步，亟命召之，以出其不意。"使用的都应是壸门床。

黄河以北，冬季寒冷，东北尤甚，多不用床而用炕。《旧唐书·高丽传》载："冬月皆作长坑（炕），下燃煴火以取暖。"记载虽短，却具有普遍意义。炕燃煤或禾，既取暖又用以炊事。

承具

隋唐承具处于高、低型交替并存时期。低型承具继承两汉南北朝已臻成熟的案、几。高型如高桌、高案，处于产生和完善的过程中，数量尚不多。

低型承具供席地坐时用，较低，约高350～500毫米，隋唐时仍广泛使用，如低案、翘头低案等（图5-8-4）。

高型承具为垂足坐或站立时所用，较高，约650～880毫米，隋唐时有所创造和发展，产生了一些新品种，如桌类，同椅类家具一样，对以后造成很大的影响。

莫高窟晚唐第85窟壁画楞伽经变绘有两张方桌，结构形式相同，均为方形桌面，四隅各一腿，直接落地，腿间无撑，造型简朴，没有任何装饰，注重功能。从图中屠师和狗的比例，桌高约80厘米，是迄今最早的方桌形象（图5-8-5）。

敦煌唐代壁画弥勒下生经变嫁娶场面常绘

有宴饮情状：帷幄中置一条形桌，四面垂帷，桌上布陈杯盘匙筷，男女分坐左右，从所绘尺度，桌长约2500～3200毫米。这种桌子与条凳共用，已为垂足坐式，为高型长桌，但因有桌帷腿部结构不得见。但有的壁画所绘长桌结构十分清楚，桌下立四条直腿，腿间无撑，其简朴情况与壁画所绘方桌一样。唐代尚无"桌"字，当时可能称为"台盘"。唐贞元十三年《济渎庙北海坛祭器碑》记云："油画台盘二，一方五尺，一方八尺。素小台盘一。"[①]唐尺一尺约合今30厘米，则上述之桌一为1500毫米、一为2400毫米，似指长度，应属长桌。

莫高窟盛唐第103窟维摩诘经变绘维摩诘坐在拔高的带斗帐和围屏的壶门小榻上，手持麈尾，倚弧形凭几。榻前置一几颇高，为与低型几案区别，姑且名曰高几。此高几画得相当仔细，几面由四块木板拼成，上绘清晰的褐色木纹，两端安翘头。几两侧曲形栅足上曲下直，排列较密，下有贴地横枨。此图形象说明几案是随坐具的加高而加高的。唐代高几国内尚无实物，但日本奈良正仓院收藏了一件相当于唐代的高几，与敦煌莫高窟第103窟不同的是直形栅足，不排除是遣唐僧从中国携归之物。

传世绘画《宫乐图》绘出唐时宫廷宴乐场面，当中置一壶门大案，两侧各有两位妇女坐在月样杌子上，还各有两个空置的月样杌。案面长方，漆成方格网状，有大边和抹头，转角为委角，饰以铜角花。案正面有壶门三洞，从人数看侧面应有六洞，近地处有交圈的托泥。在受力构件上做出壶门曲线，说明受力构件与牙板尚未分离。因是宫中使用之物，造型和漆饰颇富丽豪华。传唐阎立本《北齐校书图》的壶门大榻，与此大案结构、造型相近。

壶门大案从东汉和南北朝的坐榻及床演变而来，在唐代发展成熟。从绘画及壁画可知，带有壶门的家具在唐代使用很广，不仅用在承

图5-8-5　莫高窟晚唐壁画方桌（陈增弼）

具如大案、小案、双层案上，也用于坐具与庋具，五代仍有延续，至宋则为新的更简便和省工省料的梁柱结构所代替。

凭具

隋唐凭具沿袭两汉南北朝，有直形凭几、弧形凭几和隐囊。

河南安阳隋张盛墓出土有直形凭几模型，几身截面梯形，腿和底枨连成一体呈"山"字形，并在中部饰两道弦纹。日本正仓院所藏唐代凭几造型与此大体相类。新疆吐鲁番阿斯塔纳唐墓出土一件木质凭几（考古报告误为琴几），上绘漆画，是目前为止国内仅有的隋唐凭几实物。几面一字形，两端抹成弧状，木胎加彩漆绘并嵌螺钿，面上界分为七块，两端漆饰已脱落，中央五块尚清楚可辨，绘团花、折枝花和腾飞小鸟。双腿中部较细，上下两端扩大为方形，腿下有底枨。底枨两端抹圆，与日本正仓院所藏唐代凭几造型几乎全同。弧形凭几产生于东汉末，多流行于长江下游，隋唐仍在使用，但已近尾声。河南隋代张盛墓出土一件陶质弧形凭几模型，弧形扶手截面梯形，三曲足为兽腿。山西省博物馆藏有一件唐开元七年（719）

① （清）王昶《金石萃编·卷103》.

图5-8-6 陕西出土唐代银箱（陈增弼）

石雕天尊像，右手执扇和拂尘，左手扶曲形凭几，几腿为弧鹄，可见其使用情况。敦煌莫高窟初唐203窟壁画维摩诘图，维摩诘坐于壶门式小榻上，上覆斗帐，右手执麈尾，前置弧形凭几，几腿亦为兽腿形。

隐囊即巨形靠枕，隋唐上承南北朝"斑丝隐囊"，无大变化。山东嘉祥英山一号隋墓壁画绘有墓主徐侍郎夫妇坐于壶门式床上，其妇身后即倚靠一件隐囊，其体量、造型都与唐孙位《高逸图》一样。《高逸图》绘山涛、王戎、刘伶、阮籍四人。山、阮都倚着隐囊。王维《酬张谌》诗也提到隐囊："不逐城东游侠儿，隐囊纱帽坐弹棋。"普通百姓使用的隐囊比较简单，称"布囊"。《续玄怪录》卷四云："斜月尚明，有老人倚布囊坐于阶上，向月检书。"

皮具

南方皮具多用竹材，如笥、橱、箱、笼；北方多用木材，如箱、柜、匣、椟。因选材不同，加工工艺也不一样，造型也有差异。

唐代箱有木质、竹质、皮质三种，且有长方形和方形盝顶之别。陕西扶风法门寺出土的八重宝函（银箱），外几重皆为盝顶（图5-8-6）。

笥以竹或萑苇为之，是用以盛衣物、书画、饭食的矩形盛器。《大唐新语》卷四谓："则天朝，恒州鹿泉寺僧净满有高行，众僧嫉之。乃密画女人居高楼，净满引弓射之状，藏于经笥，令其弟子诣阙告之。"《隋唐嘉话》记虞世南曰："昔任彦升善谈经籍，时称为五经笥。"

隋唐的柜多为木制，以板作柜体，多横向放置，外设柜架以承托，有衣柜、书柜、钱柜等不同称谓。柜与箱、匣的不同在于体积较大。《开河记》云："大业中，诏开汴渠。开河都护麻叔谋好食小儿……城市、村坊之民有小儿者，置木柜，铁裹其缝，每夜置子于柜中，锁之。全家秉烛围守。"《朝野佥载》与《酉阳杂俎》都记有柜中藏人的类似故事。

书柜也称"文集柜"。白居易《题文集柜》诗曰："破柏作书柜，柜牢柏复坚。收贮谁家集？题云白乐天……自开自锁闭，置于书帷前。"有的书柜用珠宝玉石装潢，《杜阳杂编》曰："武宗皇帝会昌元年渤海贡玛瑙柜，方三尺，深色如茜，所制工巧无比。用置神仙之书，置之帐侧。"唐尺有大、小尺之分，据《唐六典》，日常用尺为大尺，一尺约合296毫米，三尺方柜长宽各约890毫米。

文献中也有关于钱柜的记载。《开元天宝遗事十种》记："王俒阘茸无大志，唯务金帛宝玩。为大柜，上开一孔，使足以受物。夫妻寝止其上。"能容两人睡卧其上，可见甚大。"上开一孔"就是在柜的上面开投放钱币的小孔。西安王家坟唐墓出土一件三彩釉的钱柜，由六块板组成。两侧板略高出柜面，两端有三角形翘起为饰。上板前沿中间设一小门，靠里端开有一个足可以投抛钱币的一字孔。小门可以抽开，门板侧面钉钮头锁。前面立板也钉钮头，可以锁住。柜架于四角呈矩尺形的柜托上，悬空防潮，不使钱币锈蚀。在柜体和托架上都有帽钉状凸起装饰。柜体正面设两个圆形兽面，柜体两侧也各设一个，除装饰外，似乎还示意辟邪（图5-8-7）。

橱也供贮食藏物，一般为竖向，并常设抽屉。《癸辛杂识》曰："昔李仁甫为长编，作木橱十枚，每橱作抽替匣二十枚，每替以甲子志之。凡本年之事，有所闻必归此匣，分月日先后次第之，井然有条。"《云仙杂记》："许芝有妙墨八橱，巢贼乱，瘗于善和里第。事平取之，墨已不见，惟石莲匣存"，是藏墨之橱。《广舆记》："庾易……长史袁录慕其风，赠以鹿角，书格、蚌盘、牙笔，易将连理几竹书格报之。"此云"书格"，即书橱。

图 5-8-7　王家坟唐墓三彩柜（陈增弼）

屏具

隋唐屏具有座屏、折屏两种，不仅挡风，还能分隔空间，衬托主体。在屏风上作画题字，更可衬托气氛。

隋唐已大量用纸，屏风扇一改过去在实板上作画的做法，而以纵横木梃形成田字框架，在两面糊纸，再在纸上作画题字，正如白居易《李素屏谣》所云："尔今木为骨兮纸为面"。迅速发展中的隋唐山水、花鸟画，自然会用之于屏风，于是，张藻松石、边鸾花鸟都成了屏风画的热门，与汉晋南北朝屏风画的人物故事和或纯装饰的漆屏不同。

折屏无下座，由多数扇组成，互成夹角立于地上。屏扇都取双数，盛唐后多为六扇，即所谓"六曲屏风"，李贺诗云"周回六曲抱银兰"。扇与扇之间用丝绳或称为"屈戌"、"屈膝"、"交关"等（即今所称"折铁"、"合页"或"搭钩"）的金属件相连。唐墓壁画和日本正仓院所存"羽毛篆书屏风"、"羽毛文书屏风"、"羽毛少女屏风"及"唐草夹缬屏风"等实物，都是唐代六曲屏风。折屏一般较矮，约高 1200～1650 毫米，先用较宽的木条做出四个边框，框中用木格作成日、目或田字格，再于其上糊纸、绢、纱或夹缬织物，或单面或双面。

座屏以下有底座，不折叠，与折屏有别，因需空面居中，故扇数多为奇数。《唐书·魏征传》云："征上疏有言疏奏。帝曰：'朕今闻过矣，方以所上疏，列为屏障，庶朝夕见之。'"《通典》："太宗疏督守之名于屏，俯仰视焉，其人善恶必书其下，州郡无不率理。"《唐书旧记》："元和四年秋……御制前代君臣事迹十四篇，书于屏。"这些大多是座屏。莫高窟盛唐第 217 窟壁画得医图和第 172 窟壁画净土变都有座屏，前者为独扇独幅屏芯，后者为独扇三幅。

架具

隋唐架具有衣架和书架。

隋唐衣架基本形象是高植两腿，中连以掌，上方有长形搭脑承架衣服，或木或竹。唐贞元十三年《济渎庙北海坛祭器碑》有谓："竹衣架四，木衣架三。"沈铨期诗云："朝霞散彩羞衣架，晚镜分光劣镜台。"五代《韩熙载夜宴图》中也绘有衣架。

书架大致是四腿落地，中连数层搁板，上存书籍、书卷。白居易《书香山寺》诗云："家醒满缸书满架，半移生计入香山。"唐·杨炯《卧读书架赋》云："两足山立，双钩月生。从绳运斤，义且得于方正。量枘制凿，术乃取于纵横。功因期于学术，业可究于经明。不劳于手，无费于目。开卷则气杂香芸，挂编则色连翠竹。"唐代书架的形象见于山西高平海华寺壁画，在修行的草庐内有一个书架，四腿落地，中横搁

①本节主要参考资料：朱云影．中国文化对日韩越的影响[M]．深圳：黎明文化事业公司，1981；朱容若．中日文化交流史论[M]．北京：商务印书馆，1985；太田博太郎等．日本建筑史[M]．日本：彰国社，昭和54；关野贞．朝鲜古迹图谱；张十庆．中日古代建筑技术的源流与变迁[M]．天津：天津大学出版社，1993；金正基．韩国的古建筑[M]．日本：近藤出版社，昭和56；藤岛亥治郎．朝鲜的建筑[M]．日本：世界建筑全集，第4集；藤岛亥治郎．朝鲜建筑史论[M]．日本：建筑杂志，昭和52；杉山信三．朝鲜的中世建筑[M]．日本：相模书房；关口欣也．高丽末李朝前期诘组系样式的系统[M]．日本：佛教艺术113号；关口欣也．朝鲜三国时代建筑与法隆寺金堂的样式系统[M]；金英泰．韩国佛教史[M]．北京：社会科学文献出版社，1993；江上波夫等．唐·新罗·日本[M]．日本：平凡社1980；李进熙．日本文化与朝鲜[M]．日本：昭和55．

板，上搁书卷和僧人日用什物，下为壶门立板，类似以后的博古架。

二、家具的装饰

大体有出木类和漆饰、镶嵌等类，有淡雅和富丽两种不同取向。

所谓"出木"，即在木面饰以桐油，或索性白茬，朴素无华，多为平民施用。士大夫追求返璞归真，有时也或用之，白居易《素屏谣》曾有描写，这时，出木也指单一色漆。

唐代家具漆饰继承两汉南北朝，又吸收各族及异域文化，从而形成开朗、豪迈、富丽的风格。其花纹前期以忍冬纹、折枝花和鸟纹为主，还有联珠纹、双兽纹。后期为之一变，忍冬纹很少见而流行团花和缠枝花等花鸟图案。唐代漆饰手法则有彩绘、螺嵌、平脱，密陀僧绘等，并新创了雕漆工艺。

金银平脱是从汉代贴金银片发展而来，做法是用极薄的金银片剪成图案，贴于器上，然后涂二三层漆，经研磨使金银片显露，成为闪光的纹饰。金银平脱是唐代工匠的创造，盛行一时，成为帝王享用的高级器物。《酉阳杂俎》曾记曰："安禄山恩宠莫比，赐赉无数，其所赐品目有：金平脱犀头匙筯、金银平脱隔馄饨盘、平脱着足叠子、银平脱破觚、银平脱食台盘。又贵妃赐禄山金平脱装具、玉合、金平脱铁面碗。"

螺钿应用于漆木器，在唐代有很大发展，有的在螺钿上加浅刻，增加表现层次。新疆吐鲁番阿斯塔那唐墓出土一件嵌螺钿木双陆局，长28厘米、高7.8厘米，曲尺形腿，腿间开壶门光洞，下有托泥。盘两长边中间为月牙形，左右各有六个螺钿花眼。盘中间有纵、横格线各两条，围成画面，上嵌云头、折枝花和飞鸟螺钿，总体与日本正仓院藏双陆局相似。

雕漆是唐代新创的装饰技法，是在木胎上先平涂薄漆数十道，再雕刻漆层成形。战国有类似做法，但是先在木胎上雕刻成形，然后上漆，与唐代不同。

彩绘是漆饰的主要技法，为历代普遍使用，唐代亦然。唐代家具上的彩绘可从传世唐画如《宫中图》、《宫乐图》、《纨扇仕女图》、《捣练图》上的壶门大案、月样杌子和圈椅等家具上看到。

第九节　中国与朝鲜、日本建筑文化因缘

中国古代文化得到高度发展，随之而来的就是以邻国为主要对象的对外传播。深厚的中国文化如水银泻地，在长期的传播过程中，形成了以中国为核心的东亚文化圈。包括在这一文化圈之内的，除了中国，主要有日本、朝鲜半岛、蒙古、越南及古代琉球等地域。在这一文化圈内，各地文化皆以中国文化为基调，表现出相当的同一性，同时又各具特色，在文化的发展演变上则带有系统的整体性、联动性等特点。东亚文化圈的各国许多带根本性的文化特征如汉字、佛教、儒学及其相应的政治法律制度，以及包括建筑在内的文化艺术等诸多方面，皆与中国息息相通。

在东亚文化圈中，尤以中国、朝鲜半岛和日本三者的关系最为密切和稳定，且最具代表性。①

如果暂不考虑以干阑居和稻作为主要标志的古百越文化向日本的传播，中国文化对日本的传播，也至迟从先秦已经开始。在建筑这一领域，若以在中国的影响下，朝鲜和日本建筑真正体系化的起步为标志，姑且以南北朝中国佛教建筑文化的传入为起点，中国建筑文化对朝鲜和日本的影响，至少持续了一千五百年。在整个传播过程中，尤以公元7～8世纪最具意义。繁盛的隋唐文化，以其强大的影响力，

将东亚诸国紧密地联结在一起，决定了这一系统的长期存在和发展的方向。建筑方面，除了都城与宫殿，则以佛教建筑的影响更为显著。总的来说，东亚建筑文化圈的形成，在颇大程度上正是以佛教建筑为基础和纽带的，这在中国、日本、朝鲜半岛三者建筑文化的关系中得到鲜明的反映。来自西域的佛教，在中国形成为中国佛教，然后进入朝鲜半岛，再流入日本，中国佛教建筑也随之传入。

作为东亚建筑文化圈上的一环，日本及朝鲜半岛的建筑皆表现出以下一些与中国建筑相通和共同的体系特征：（1）都采取了中国建筑以梁、柱、斗栱为特征的木结构体系，中国式的木结构技术为三者所共享。一些基于木结构的具体做法如侧脚、生起、推山、屋角起翘和反宇等，都为三者所共有。（2）都城、宫殿、佛寺等重要建筑，无论总体布局还是单体建筑形象，都大体来自中国并与之相类。（3）建筑艺术的形式和表现手法，在本质上同理同趣，表现出深刻的关联和相通。（4）建筑的发展演变表现出与中国建筑密切的联动性。可以说，中国建筑各时期的演化及其特色，在朝鲜和日本建筑上都有相应的反映。

当然，中国、朝鲜半岛和日本的建筑艺术自有其不同的个性。如就艺术风格而言，似可认为中国建筑雄浑壮丽，气象阔大，显出一种深沉的大陆气象；日本建筑则更为洗练简约，素朴优雅，呈现出精明细致的岛国格调；朝鲜建筑则兼具雄壮与精美二者之长。而就不同时期而言，朝鲜、日本借鉴中国建筑的途径和方式也有所不同。

因三地的历史和建筑史发展状况的不同，甚难对朝鲜半岛和日本吸收中国建筑文化的状况划分出一个普遍适合的阶段性标准。但为了叙述方便，我们仍大体按时代先后为序，依照宏观的发展态势，并采用中国朝代名称，试将其分为四期，即南北朝时期、隋唐时期、宋元时期和明清时期。因三地状况的不同，各期不免互有交叉和重叠。

一、南北朝时期

中国文化很早就影响到朝鲜半岛。《汉书·地理志》云："殷道衰，箕子去之朝鲜，教其民以礼义田蚕织作。"《东国史略》称："箕子率中国五千人避地朝鲜，诗书礼乐医巫阴阳卜筮之流，百工技艺，皆从焉。言语不能通，译而知之。"可见，殷周之际，包括百工技艺的中国文化即已传入此地。公元前108年，汉武帝于朝鲜半岛设乐浪等四郡，中国文化的影响进一步深入，史称乐浪文化。

中国与日本的交往，若考虑到"倭人"的源流，可上溯到公元前数百年的战国时代。[①]日本人的先祖至少包括原居中国东南的百越族系成分。史前日本与中国建筑的相似，莫如在日本新石器时代绳文文化晚期（止于公元前3世纪至公元前2世纪）出现的长脊短檐的干阑式建筑了。当时的铜铎上，就刻有它的形象。这种建筑样式，以后长期为日本大多数神社所遵循。而它在中国，则早已为百越人广泛使用，最早的遗址发现于浙江余姚河姆渡，距今已六七千年之久。[②]日本现存最古老最著名的神社三重县宇治山的伊势神宫，在几重栅墙里建有多座称为神明造的小殿，虽经五六十次重建，仍忠实保持最初的样式，都是干阑式建筑。屋顶两坡、悬山，虽已不是长脊短檐，但屋顶在山墙面仍挑出极深，以致要在山墙外另立一棵大柱加以支持，屋脊上有交叉的"千木"装饰。这些，与云南发现的滇文化干阑式小铜屋十分相似。直到今天，云南景颇族居住的干阑仍大致与它相同（图5-9-1）。另外，日本的所谓"鸟居"，即双柱间连以横木类似中国牌坊的门，也可能与越人

① 东汉王充《论衡》首先提到"倭人"，他说："（周）成王之时，越常献雉，倭人贡畅。"是说越人向成王献雉鸟，倭人献畅草（郁金香）。据研究，此之"倭人"实际也是越人即古称"百越"族系中的一支，居住在中国东南或华南，倭、越二字古同音同义，或谓倭、瓯同音，瓯即瓯越，即福建的百越。日本学者鸟越宪三郎在《倭族之源——云南》中也阐述了倭、越同源的观点，把原住在中国的倭人渡海到日本的时间定在越灭吴以后即公元前450左右，时属战国初期。日本许多学者也认为，倭人之东渡"最适当的路线是从中国长江下游的浙江省到日本九州西北"（转引自张世建编译. 日本学者对绳文时代从中国传去农作物的追溯[J]. 农业考古，1982（2）.）。越文化学者董楚平说："日本发现许多与吴越地区相似的文化因素，日本与吴越在人种、语言、民俗等方面的近似，都可以以吴越人直接东渡日本来解释"（董楚平. 吴越文化新探[M]. 杭州：浙江人民出版社，1988.）。

② 浙江省文物管理委员会，浙江省博物馆. 河姆渡遗址第一期发掘报告[J]. 考古学报，1978(1).

图 5-9-1 伊势神宫神明造

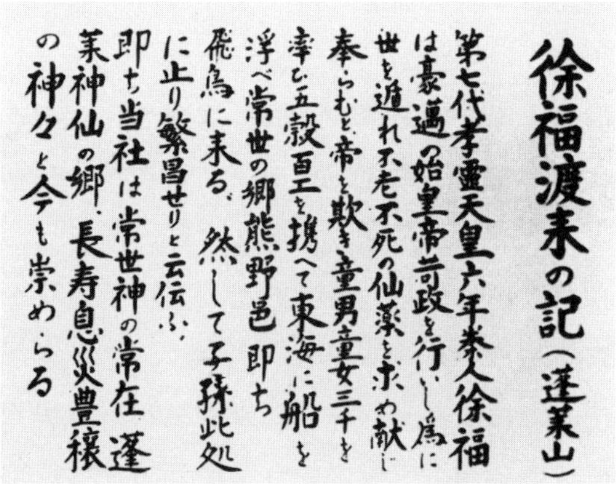

图 5-9-2 日本徐福东渡记牌（《陆上与海上丝绸之路》）

的寨门有更多关系。至今，在云南百越后裔诸族居住的地方，仍常可看到这种寨门。

倭人东渡以后，加入到日本原住民中，除带去了干阑式建筑外，还带去了稻作生产技术。以后的日本人，在很长的历史时期中，都自称自己为"倭人"。

即使不考虑上述这一段交往，日本与中国

的文化渊源，最迟也当始于秦始皇命徐福入海时（图 5-9-2）。

东汉初，佛教传入中原，以白马寺为始的佛教建筑随之在中国出现。南北朝时佛教已很发达，并开始以中国佛教的形式向外辐射，紧接着就有中国佛教建筑的对外传播，标志着以中国为中心的建筑文化圈的形成。在此过程中，朝鲜半岛无疑是中国建筑向日本的传输中介。

公元 313 年，乐浪为高句丽所灭，朝鲜半岛进入高句丽（前 37 ~ 668）、百济（前 18 ~ 660）和新罗（前 57 ~ 668）鼎足分立的三国时代，相当于中国东晋南北朝与隋唐之交，在日本则为古坟时代。三国中接受佛教最早的是唯一与中国接壤的高句丽，正值中国北朝。

高句丽和百济都与中国交往密切。高句丽因同中国接壤，与中国北朝关系尤密，在 668 年为唐高宗所灭之前，一直保持着东北亚的强国地位。关于高句丽的建筑，《魏志·高丽传》和《旧唐书》都有描述："其所居必依山谷，皆茅草葺舍，唯佛寺神庙及王宫官府乃用瓦"（《旧唐书》）。从现存高句丽古坟壁画所绘建筑形象，不难看出汉魏和北朝的影响，可知主要摄取的是中国北部的样式（图 5-9-3 ~ 图 5-9-5）。

百济虽曾遣使往中国北朝，但自 372 年向东晋朝贡后，与东晋、南朝的交往更为频繁，常由南朝招聘技艺人才。据朝鲜文献《三国史记》载，百济于公元 384 年从东晋输入佛教，佛教建筑也于翌年出现。当时的木构虽已不存，但考古及文献记载均表明，南朝建筑给予百济更大的影响。百济公州宋山里六号坟的墓砖，即有"梁官瓦为师矣"的铭文。《梁书·百济传》也记有："中大通六年（534）、大同七年（541），累遣使，献方物，并请涅槃等经义、毛诗博士并工匠画师等，敕并给之。"《三国史记》记百济末期的佛寺扶余王兴寺说："其寺临水，彩饰壮丽，王每乘舟入寺行香。"百济

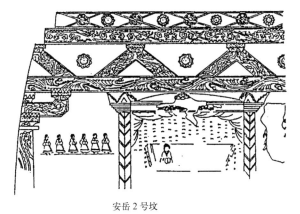
安岳 2 号坟

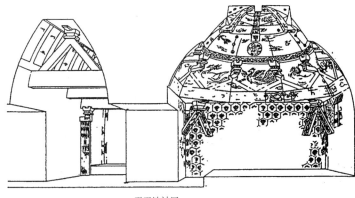
天王地神冢

图 5-9-3　高句丽古坟壁画中的建筑形象

图 5-9-4　高句丽古坟壁画中的建筑形象双檐冢殿堂图

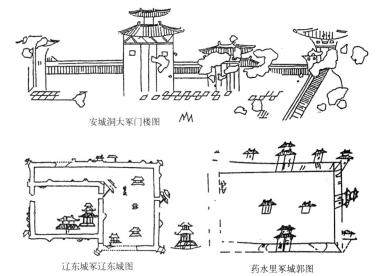
安城洞大冢门楼图

辽东城冢辽东城图　　　　药水里冢城郭图

图 5-9-5　高句丽古坟壁画中的建筑形象

遗存至今的建筑实物尚有扶余定林寺址五重石塔（又称大唐平百济塔）及益山弥勒寺址石塔（图 5-9-6）。

　　三国中处于半岛东南的新罗，接触中国文化最晚，佛教传入亦较迟，且间接通过高句丽。在与中国的关系上，新罗与南朝、北朝都有交往，6 世纪中叶以后，文化输入主要来自南朝。新罗佛寺中，创建于公元 553 年的皇龙寺规模最大，具有代表性。这是一座中心塔布局的寺院，其金堂面阔九间、进深四间。寺内中心塔方七间，九层，"铁盘以上高四十二尺，以下一百八十三尺"，共二百二十五尺，合 60 米以上，为朝鲜半岛最高之建筑。据朝鲜文献《三国遗事》，皇龙寺塔建于公元 643 年，是请百济工匠营造的：

"贞观十七年癸卯十六日，将建塔之事闻于上，善德王议于群臣，群臣曰请工匠于百济，然后方可。乃以宝帛请于百济，匠名阿非智受命而来，经营木石……率小匠二百人"。可见，在当时朝鲜半岛的三国中，百济的营建技术很高。此塔以后在蒙古军队的一次入侵战争中被毁（图 5-9-7）。新罗建筑遗存尚有建于公元 634 年的庆州芬皇寺塔，以小石砌成，形似砖塔，别具特色。

　　这一时期朝鲜半岛上的三国，各有偏重地摄取南朝和北朝的建筑文化，相互之间又形成一种复合交融的状态。

　　作为中国南北朝佛教建筑向日本传播的中介，百济、高句丽都起过相当的作用，但应首

图5-9-6 扶余定林寺五重塔（大唐平百济塔）　　　图5-9-7 韩国皇龙寺大塔模型（萧默）

推与中国南朝尤其与梁关系密切的百济。自5世纪中叶至6世纪末，百济技工包括建筑工匠络绎渡海赴日。552年，时当中国南北朝晚期，佛教从百济传入日本，日本也从古坟时代进入飞鸟时代(553～644)。据日本文献《日本书纪》载，577年，百济向日本贡纳造佛工及造寺工各一人。588年（当中国隋开皇八年），又送造寺工三人、炉盘工一人、瓦工四人及画工一人。日本大豪族苏我氏，即从这一年以百济工匠建造日本最早的佛寺飞鸟寺（又称法兴寺）。这些持有"金堂本样"的百济工匠（日本《元兴寺缘起》），为日本带来了中国先进的建筑技术与艺术。在飞鸟寺立塔心柱时，为表示日本对百济、间接地也是对中国建筑文化的尊敬，大臣以下皆身着百济服参列（日本《扶桑略记》）。以飞鸟寺为代表的佛寺的出现，使日本建筑进入了体系化阶段。

飞鸟时代建筑的成分甚为复杂。首先，作为文化之源的中国，南、北朝分立，作为传播

中介的朝鲜半岛，也呈三国鼎立状态。由于时间与地域因素的交叉，传播与交流过程的复杂，势必影响飞鸟建筑的性质及样式。但基本上可以认为，飞鸟样式与百济并通过百济与中国南朝的关系较为密切。4世纪初至5世纪后期，中国北方处于战乱之中，而以江南建康为都的南朝，被认为是汉文化的正统，或许更为外国所偏重，这可能就是上述现象出现的原因之一。

现存世界上最古老的木构建筑是日本奈良法隆寺，虽重建于7世纪末至8世纪初奈良时代前期，但在样式及技术上却与法隆寺重建大体同期的、反映初唐建筑样式的白凤式（如药师寺东塔）甚异。可以认为，法隆寺保持了初唐建筑直接传入日本之前来自朝鲜半岛的建筑形式，当为间接来自中国南北朝（尤其是南朝）和隋代（某些成分甚至可能更早）的建筑形式的再现。这一样式在日本称为飞鸟式，代表作除法隆寺的金堂、五重塔、中门及回廊外，还有法起寺三重塔（图5-9-8～图5-9-10）。

①（日）谷信一. 日本列岛人的造型意识 [M]. 日本：玉川大学出版社，1980.

值得注意的是日本早期的伽蓝布局，除大阪四天王寺与中国早期佛寺（如北魏洛阳永宁寺）轴线对称、前塔后殿的布局相同以外，还出现有飞鸟寺那样的一塔三殿的布局。至 7 世纪中，更出现了殿、塔左右并置的非对称布局，成为双塔式布局的先声，法隆寺即其典型代表（图 5-9-11）。

总之，这一时期中国、朝鲜和日本之间的文化关系，对于日本而言，中国是源，朝鲜是桥。日本学者曾经指出："朝鲜半岛及日本列岛均以中国文化为祖型，或者不如说存在着中国为祖父、朝鲜半岛为父、日本列岛为子这样的传承关系"。①

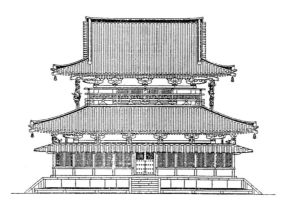

图 5-9-10 法隆寺金堂平、立面

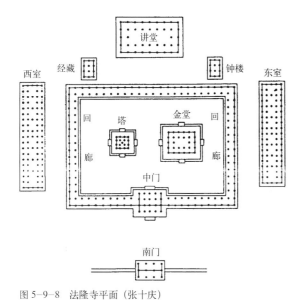

图 5-9-8 法隆寺平面（张十庆）

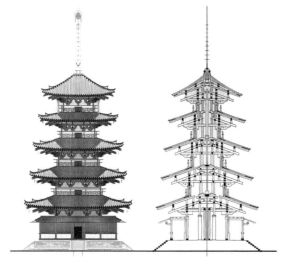

图 5-9-9 法隆寺五重塔剖面和立面（《人类文明史图鉴》）

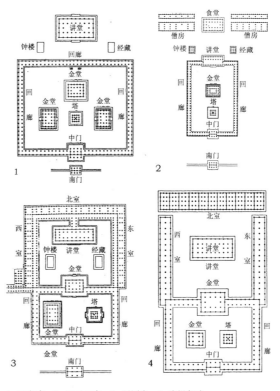

1. 飞鸟寺；2. 四天王寺；3. 川原寺；4. 南滋贺寺

图 5-9-11 日本早期伽蓝布局（张十庆）

二、隋唐时期

在本民族传统文化的基础上，以充满自信的心态吸收主要来自西域的外来文化所形成的唐文化体系，在 7 世纪至 9 世纪间，代表了当时世界文化的最高水平，其声威远播，对东亚尤其造成了强大的冲击。唐的律令法式，皆为朝、日诸国所效法。日本在公元 645 年起仿效唐朝，以君主登位行年号，称大化元年。朝鲜更自公元 650 年始，千余年奉行中国年号。所谓"万国衣冠朝长安"、"大道通往长安"，正就是大唐荣光的写照。

在朝鲜半岛上，地处半岛东南的新罗联合唐朝先后攻灭了百济和高句丽，由三国鼎立走向统一，公元 670 ～ 935 年，为统一新罗时代。高句丽部分遗民，于 7 世纪末加入了中国东北以靺鞨人为主的地方政权震国。8 世纪初，去震国号，为唐之忽汗州，又受唐册封，专称渤海，史称渤海国。渤海国的文化艺术吸收并融合了唐和高句丽的成分，典章制度与唐相似，都城亦仿长安建造（参见本章第一节）。

统一的新罗建都庆州，国内空前和平繁盛，更加积极地学习唐朝，使半岛文化蓬勃发展，迅速达到了朝鲜文化艺术的鼎盛时期。除在庆州建造了华丽的宫殿外，新罗的建筑艺术以遍

图 5-9-12 韩国佛国寺（萧默）

布全国的佛寺最有光彩，著名的如 7 世纪后半叶起先后建造的感恩寺、佛国寺、四天王寺、浮石寺、望德寺等。存留至今的尚有建于 752 年的庆州佛国寺及石窟庵（石佛寺）。佛国寺为廊院式布局，山门在中轴线前端，佛殿（现构重建于 1765 年）居中，殿前左右对置多宝、释迦二塔，殿后为讲堂，廊院左右转角分置经楼和钟楼（图 5-9-12）。石塔也多有保存，佛国寺的多宝、释迦二塔以花岗石砌成，形态秀丽，造型别致，精巧华美，与现存之石窟庵同是新罗佛教建筑艺术的珍品（图 5-9-13、图 5-9-14）。另如更早的感恩寺东西双塔亦存，造型优美，颇具唐风（图 5-9-15）。

这种回廊环绕、殿前东西置双塔的形式，是统一新罗时代寺院布局的主流，除感恩寺、佛国寺外，四天王寺、望德寺、千军里寺皆如此。与此大体同期建造的日本药师寺也是这样。双塔之制在中国南朝早有记载，此后，早至五代晚至宋辽，所存实例多有所见。在朝鲜和日本则盛行于 7 ～ 8 世纪，其中佛国寺双塔比中国保存的最早遗例杭州灵隐寺五代十国吴越双石塔（969）还早。

统一新罗的建筑艺术风格，是一种雄浑壮丽的唐风，即使从例如鸱吻等部件观，也都是唐朝风格（图 5-9-16）。同一时期日本所谓的"和样建筑"也与此相类，是以唐风为基调。但新罗朝的木构建筑今已无存，朝鲜半岛现存最古老的木构建筑遗物安东凤停寺极乐殿（建于以后高丽朝中期），或许尚存部分新罗朝的风格。

7 ～ 8 世纪的东亚，朝气蓬勃，充满变革，朝鲜半岛如此，日本列岛亦然。607 年，日本圣德太子首次派出遣隋使，开始了隋唐文化的直接输入。大化年间实行大化革新，进一步仿效中国，加强中央集权，遣唐使的派遣更为频繁。7 世纪后半叶，时值日本奈良时代前期，唐文化对日本的直接影响更为显著，以长安为中心

图 5-9-13　佛国寺东塔（多宝塔）（萧默）

图 5-9-14　佛国寺西塔（释迦塔）（萧默）

图 5-9-15　韩国感恩寺双塔之一

的丝绸之路西达地中海，东端则直达日本奈良平城京。关于唐文化对日本的巨大影响，日本建筑历史学家伊东忠太指出："世界第一的唐文化传入日本，这也是日本文化异常发达的原因"。[1]

都城是演出律令制度的中央舞台。随着唐律令制度的传播，都城文化也在东亚诸国展开。相当于中国唐朝时，日本才开始兴筑都城，先后以大阪难波京(7 世纪中叶)、藤原京(694 ~ 710)、奈良平城京（710 ~ 784）和京都平安京（793）为中心，演出了文化艺术繁荣的宏大场景，并于天平时代(729 ~ 749)达到日本古典艺术的巅峰。朝鲜半岛也以庆州为中心，形成灿烂的新罗文化，繁盛达两个半世纪。中国都城的构成理念，在日本和朝鲜都得以运用和发展。可以说，盛唐时代、奈良时代和统一新罗时代，是东亚三国古代文化艺术最辉煌的时期，三国共同以都城为中心，创造了东亚艺术史最灿烂的一页。

历史学家和建筑史学家多认为，无论是日本的难波京、藤原京、平城京、平安京，还是朝鲜半岛的庆州，其规划的方式都受到过长安很大的影响或者就是对长安的模仿。[2]

平城京面积有长安四分之一，南北约 4.8 公里、东西约 4.3 公里（不包括向东凸出的外京）。宫殿称平城宫，又称大内里（"大内"本是中国对宫城的称谓），位置与长安相同，在城内北部正中，方形，每面八町（每町约 120 米）。宫城正门称朱雀门，直南大街为全城纵轴，把全城划分为左京、右京两部。两部各有市场，称东市、西市，也与长安相同。全城每隔四町有大街相通，东西向九条，左京、右京各南北向四条，形成整齐的棋盘街。平城京建成后，飞鸟地方的大寺也纷纷迁到这里(图 5-9-17)。

平安京较平城京稍大，南北 5.3 公里、东西 4.5 公里。北部正中的平安宫，前半是朝堂院，其正门应天门及东西阙楼栖凤阁、翔鸾阁，从形制到名称，都来自唐朝的东西两都。朝堂院东北为天皇居住的内里。平安京沿用最久，作为日本的都城直到 19 世纪末（图 5-9-18）。

不同的只是平城京、平安京甚至一般的日本城市都没有城墙。据井上清的意见，这是因

图 5-9-16　朝鲜半岛出土鸱吻（罗哲文）

①（日）伊东忠太．日本建筑史的研究 [M].
②陈志华．外国建筑史 [M].北京：中国建筑工业出版社，1979．日本历史学家井上清在《日本历史》中也认为："平城京可以说是万事都仿效长安．是长安的翻版"。近又有学者认为其部分影响源于南北朝，这是可以理解的。因为长安本身就是南北各都城，尤其是北魏洛阳发展的结果。

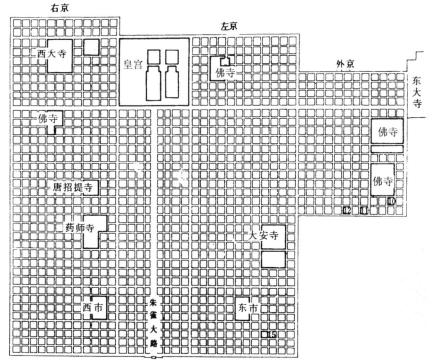

图 5-9-17　奈良平城京平面图（张十庆）

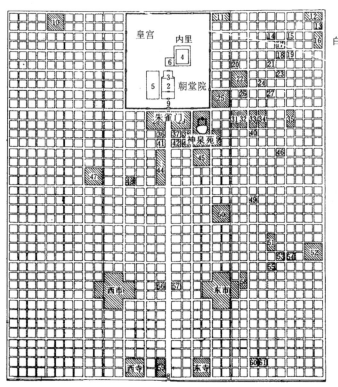

图 5-9-18　京都平安京平面图（张十庆）

为日本没有外族入侵的问题，城里居住的全都是贵族、官员和为他们服务的人，是一座座"没有市民的城市"。

除了宫殿以外，佛教建筑是最重要的建筑。

东亚的佛教，受中国影响极深。日本和朝鲜的佛教宗派，不论是赴日、赴朝的中国僧侣所开创，或是由其留学僧回国后所创建，皆与中国佛教息息相关。相应地，日本和朝鲜的佛寺建筑，也都是对中国佛寺的移植和发展。

日本从奈良时代开始，寺院营造日盛。这一时期的日本佛教，已形成所谓"南都六宗"，唐代的寺院形制不断传入，文献就载有日本入唐僧道慈曾"偷取西明寺（唐长安著名佛寺）结构之体"，回国后主持建造了平城京大安寺。这一时期，日本对唐文化的热情及吸收能力非常惊人，在不长的时期内，其建筑迅速从飞鸟式过渡到奈良时代前期以初唐样式为基础的"白凤式"，药师寺东塔为其代表作（图5-9-19、图5-9-20）；然后，又向盛唐样式发展，形成了所谓的"天平式"，中国和尚鉴真及其中国弟子主持建造的唐招提寺金堂（图5-9-21、图5-9-22）即其代表（现存金堂屋顶已经后代改动，较前加高）。建筑艺术的成熟和定型，终于形成了日本传统的古典样式，称为"和样"，其实就是唐代建筑样式的日本化。天平时期是日本佛寺建筑的最盛期，尤以天平十七年（745）奈良东大寺的建造达到顶点。宏伟巨大的东大寺金堂，规模甚至已超过当时唐朝最高等级建筑大明宫含元殿了，不但显示了日本人极大的宗教热情，同时也表明当时的日本建筑已不甘于落在唐朝之后了（图5-9-23）。

图 5-9-19 日本药师寺东塔

图 5-9-20 药师寺金堂内部

图 5-9-21 鉴真东征传绘卷

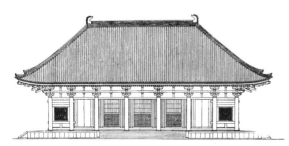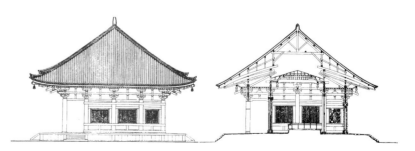

图 5-9-22 唐招提寺金堂立、剖面图

①萧默.敦煌建筑研究·佛
寺[M].北京：文物出版
社，1989.

日本平安时代（794～1185）初期，日僧
渡唐巡礼五台圣迹，遍访长安及各地名寺求法
者甚众。最澄于天台山学法，空海到长安密宗
佛寺青龙寺求法。以后二人相继回国，最澄开
日本天台宗，创比睿山延历寺；空海开日本真
言宗，创高野山金刚峰寺。密教的传播在日本
展开，密教的山地寺院及其独特的建筑也随之
兴起。当时在中国求法的还有日僧圆仁，曾用
中文写过一本日记，称《入唐求法巡礼行记》，
至今仍是研究中国晚唐文化的重要参考。

图 5-9-23　日本东大寺金堂

三、宋元时期

日本平安中期（894，值中国晚唐），停止了
遣唐使的派遣，至此日本吸收唐文化已告充实，
其文化开始表现独自的风格。此后三百年的藤原
时代，是日本所谓的国风时代，民族特色趋于浓
厚，风格上有较大转变，即从浑厚、宏大的唐风，
逐渐趋向于纤细和优美，体现了日本贵族的审
美趣味，同时也与佛教净土宗的盛行有关。敦
煌唐代"净土变"壁画，以佛寺来象征佛国净土，
寺院本身就是极乐净土在人间的再现。这一设
计思想，使净土寺院充溢着欢乐、优美和华丽的
气氛。日本的净土建筑以平等院凤凰堂和中尊寺
金色堂最为典型。凤凰堂建于 1053 年（当中国
北宋中期），被称为日本建筑的瑰宝、最杰出的
作品之一，中为阿弥陀堂，两翼向前围成倒凹形，
前临水池。这种布局方式在敦煌初盛唐壁画中常
见。唐朝的净土寺院现已不存，但可以从日本
凤凰堂这样略晚的净土寺院中看到它的影子（图
5-9-24、图 5-9-25）。①

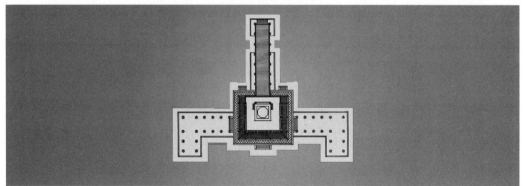

图 5-9-24　平等院凤凰堂（《世界文明史图鉴》）

图 5-9-25　凤凰堂屋脊上的凤
凰（《世界文明史图鉴》）

虽然停止了官方遣华使的派遣，但宗教、艺术和商业的交往，仍表现出日本对宋元文化的热情，并不亚于以前对唐文化的渴求。在佛教和佛教建筑上，特别体现为禅宗之东传。对纯正宋风禅寺的追求甚至直写，被当时日本人所看重。1345年，日本京都居"五山"第二的天龙寺落成之时，其开山师梦窗疏石即以"不动扶桑见大唐（中国）"称赞之（日本《梦窗国师语录》）。此时中日文化关系之密切，正如渡日宋僧大休正念在《石桥颂轴序》中所形容的："大唐国里打鼓，日本国里作舞"、"无边刹境，自它不隔于分毫"，两国文化，声气相通，在许多方面已达无所隔碍之境。

自佛教传入中国，即开始了中国化的过程。有唐一代，更是宗派林立，其中以禅宗最为中国化，对中国乃至日、朝等国，都产生了巨大影响。

6世纪禅宗由印度僧人达摩传入中国，至唐传至慧能与神秀，分为南北二宗，而以慧能的南宗影响更大。宋室南迁后，禅宗在南方达于烂熟。宋元禅宗由中日僧侣的相互往来涌入日本。当时禅宗的南宗又分为临济、曹洞二宗，以临济更盛。临济之下又出黄龙、杨岐二派，杨岐最盛。入宋僧荣西传临济宗之黄龙派至日，成为日本临济宗始祖；入宋僧道元则开日本曹洞宗之始。传入日本的禅宗共二十四流，其中曹洞宗三流，临济宗二十一流。临济宗除荣西之黄龙派外，其余二十流均为杨岐派，可见杨岐对日本的影响。

南宋偏安江左，都城临安（今杭州）一带为众多日本入宋僧巡礼游历之地，禅宗名刹集中于此。唐中叶百丈怀海首创禅居之法，五代吴越王首定禅寺，于是有了专门的禅寺，至宋而极盛。南宋宁宗时，曾对江南禅寺品定寺格等级，始有禅宗"五山十刹"之说。五山，即五座最著名的禅寺，分别在临安和明州（今浙江宁波），即临安的径山寺、灵隐寺、净慈寺，明州的天童寺和阿育王寺。十刹则是次于五山的禅宗大寺，也大多分布在这片地域。

随着宋元禅宗的传入，日本也以五山十刹的禅寺组织制度为范本，建立起自己的五山十刹，江南禅寺的建筑形制也随之移入。在此过程中，所谓"禅门清规"与《五山十刹图》成为日本禅寺的直接规范。

"清规"是禅寺所遵循的规制和约定，其中也包括禅寺的形制。禅门清规首创于唐百丈怀海，现存最早之清规为北宋崇宁二年（1103）的《禅苑清规》十卷。《禅苑清规》1203年传至日本。日本曹洞宗重要清规《永平清规》及《莹山清规》皆以此为本。与清规具有同样重要意义的《五山十刹图》，为日本入宋僧历访江南五山十刹时手绘的有关禅院礼乐及样式形制的图样。关于其具体传承有多种说法，一般认为它是日本大乘寺开山彻通义介所绘并携归之物。日本文献《本朝高僧传》卷二十一义介传记："正元元年（1259），遂入诸夏，登径山、天童诸刹，谒一时名衲，见闻图写丛林礼乐而归永平。"但此绘卷原本现已不存，现有若干《五山十刹图》均为室町时期的摹写本，内容相同，都源于此同一祖本，分藏各寺。《五山十刹图》绘卷的内容甚为广泛，描写十分详尽，可分为禅刹建筑、禅刹仪式和杂录三类，实为"清规"之图解，其目的完全是为了模仿南宋禅刹规矩制度以应用于日本。绘卷尤对建筑更为关心也最为详尽，篇幅约占全卷大半，包括伽蓝总体平面、各殿堂寮舍平面、样式、构造、做法甚至室内陈设用具等，并兼有实测尺寸，实为南宋禅刹建筑之图录。此图在今天，对于中国江南建筑史研究，实在具有宝贵的参考价值（图5-9-26）。

由此可足见日本禅宗建筑与南宋建筑的密切关系。

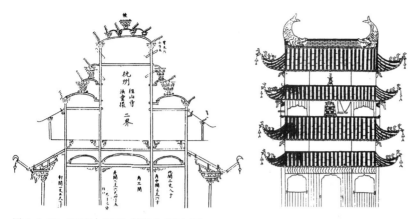

图5-9-26 《五山十刹图》（部分）（张十庆）

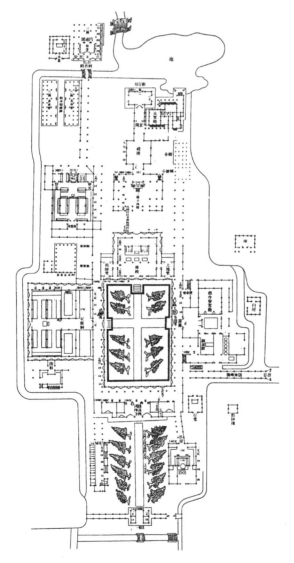

图5-9-27 建长寺图（张十庆）

日本最早的宋风佛寺有建仁寺（1202）、泉涌寺（1219）及东福寺（1236）等，皆为入宋僧所建，竭力模仿南宋伽蓝，尤其重视伽蓝规制。入宋僧俊芿在宋十二年，归国后造了泉涌寺。据《造泉涌寺观进疏》载："所以亲临中华之寺模，兼寻西干之古风，建立精蓝之依规，钦仰三宝之如法。若造寺之失规，则无由以立僧宗，若僧宗之不律，则无由以兴佛法。兴隆三宝，正法久住，正在伽蓝布局之依范。"可见伽蓝的形制，在古人看来不只是单纯的形式，而是关系到"兴隆三宝，正法久住"的大事。尽管泉涌寺主要是律宗之寺，并非纯粹禅寺，但仍追求宋风，故被誉为"亲模大宋仪则唯此一寺而已"（日本《泉涌寺不可弃法师传》），认为"大唐（中国）诸寺并皆如此"（日本《泉涌寺殿堂房寮色目》）。在宋朝样式的输入上，泉涌寺具有开创的意义。

日本更具纯正宋风的禅宗佛寺，系出于宋僧渡日。南宋淳祐六年（1246）宋僧兰溪道隆渡日，才建立了第一个纯正宋风的禅寺建长寺。日本《建长兴国禅寺碑文》有如下记载："十一月初八日，开基草创为始，作大伽蓝。拟中国之天下径山，为五岳之首，山以乡名，寺以年号，请师（即道隆）为开山第一祖。"现存古图"建长寺伽蓝配置图"，表现了典型的宋风禅宗伽蓝布局。在日本禅宗建筑发展史上，建长寺是一个里程碑，成为以后日本禅刹的范本。建长寺之后，宋风做法遂在全日流布。故赴日中国僧中，给予日本镰仓禅宗之隆兴以巨大推动的，实以兰溪道隆为最。渡日元僧一山一宁曾盛赞他是"此土（日本）禅宗之初祖"（《一山国师语录》）。此外，镰仓圆觉寺的开山宋僧无学祖元亦甚具影响（图5-9-27）。

南宋禅寺建筑的输入给日本建筑的发展带来了新的活力与推动，并在日本逐渐成熟和定型，最终成为与"和样"并列的日本另一传统建筑样式，史称"唐样"，又称"禅宗样"。现存重要者如功山寺佛殿、圆觉寺舍利殿、正福寺地藏堂及不动院金堂等（图5-9-28）。追本溯源，实为随五山十刹禅寺规制一起传入日本的南宋末至元初的江浙建筑。宋元五山十刹遗构虽已无存，却可从日本的这批建筑获得许多认识。

中日两国的禅文化，侧重点有所不同，追求和结果也颇异其趣。中国或更精于禅的思想，日本则专于禅的艺术。在建筑艺术上的表现，似以日本更具"禅趣"。日本的庭园和茶室，尤其是庭园里极具日本文化特色的"枯山水"，其高迈之风神、脱俗之风韵，与日本古人民族性格非常合拍，而更进一步醇化，于是以清丽恬淡枯寂雅洁为特点的禅风日益弥漫。所以在日本便有所谓："在某种程度上，禅造就了日本的性格，禅也表现了日本的性格"的说法。[①]

所谓"枯山水"园林，可以说就是一种大型的盆景，写意性极强：以耙出波纹的大片白砂象征浩瀚的大海，以"海"中美丽的石头象征为岛。岛的形态则顾盼多情，充满诗意。枯山水园林都不大，建造者多是禅僧，以较晚出的京都龙安寺石庭水平最高，相传建于1450年。京都东福寺的枯山水也很著名（图5-9-29）。

继新罗朝之后统一朝鲜半岛的是高丽王朝。高丽（918～1392）之兴相当于中国五代，历宋辽金元，至明初亡，其间四百七十余年，一直受到中国文化的影响。《高丽史》卷八十四有谓："高丽一代之制，大抵皆仿乎唐（中国）"。高丽朝与宋朝的关系最密切，所受影响亦最大。宋代以后，高丽作为中国元朝的属国将近一个世纪。高丽朝以佛教兴隆著称，立国后即定佛教为国教，史称佛教王朝，在京城开平建有十大寺刹。

禅宗之传入朝鲜半岛比日本早。当新罗朝佛教开始显出停滞迹象的时候，即从唐朝及时

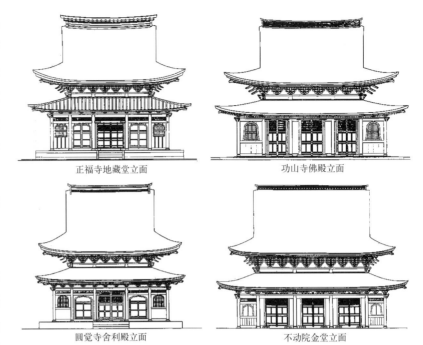

图5-9-28　所谓"唐样"或"禅宗样"佛殿（张十庆）

正福寺地藏堂立面　　功山寺佛殿立面

圆觉寺舍利殿立面　　不动院金堂立面

图5-9-29　东福寺枯山水庭园

传入了新兴的禅宗。8世纪末，最先由新罗入唐僧神行传入禅教北宗。9世纪初，入唐僧道义又传入南宗。道义的二传弟子普照亦入唐学禅，回国后开创宝林寺弘扬禅法，道义遂被尊为朝鲜禅宗的开山祖，其所传禅教南宗亦由此独盛。受唐代南禅各派分立的影响，新罗

① （日）铃木大拙[M]. 日本：筑摩书店.

图5-9-30 韩国敬天寺十层塔

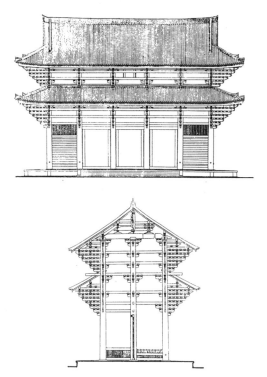

图5-9-31 东大寺南大门立、剖面

禅门也各有派，至高丽朝形成九山禅门。是时高僧辈出，宗门兴旺，各自传承九山家风。九山的祖师都曾留学中国，师承中国曹溪慧能一派。高丽中期禅宗曾一度不振，至高僧知讷（1158～1210）出乃得中兴。总的来说，新罗朝已启其端的禅宗和天台宗，是高丽朝佛教的两大流派。由于佛教隆盛，全国寺院遍布，禅寺尤多，建筑艺术有了很大发展。

高丽都城开平有壮丽的宫殿，取廊院格局，沿纵轴线从前到后顺列正门升平门、神凤门、阊阖门和会庆门。升平门有两层门楼。入会庆门即宫殿主院，正殿会庆殿面阔九间，规制宏丽。北宋人徐兢《宣和奉使高丽图经》述此殿"规模甚壮，基址高五丈余，东西两阶，丹漆栏槛，饰以铜花，文彩雄丽，冠于诸殿"。会庆殿之后诸多殿宇，"圆栌方顶，飞翚连薨，丹碧藻饰，望之潭潭然"。

高丽晚期，由于与元朝的特殊关系，重要的营建工程常从元朝请来工匠。《东国通鉴》卷三十七载："高丽忠烈王二年（1276）十二月，公主将修宫室，请工匠于元，发诸道工夫伐材输之京城。"精美的敬天寺十层大理石塔，建于1348年，也是来自元朝的工匠所造（图5-9-30）。

这一时期是日本和朝鲜建筑技术和样式发展变化最活跃的时期。

此时由中国传入日本的建筑样式，一种是前述来自于江南、随中国禅宗而传入的唐样即禅宗样；另一种是传自福建沿海一带的建筑样式，被史书不恰当地称作"天竺样"。天竺样的典型代表为奈良东大寺南大门，建于1199年（图5-9-31）。宋人陈和卿与日僧重源，在天竺样输入日本的过程中曾起过重要作用。虽然在日本建筑史上，纯粹的天竺样流传时间很短，但其细部样式及做法日后演变为一种装饰，颇具影响。

与日本相仿，朝鲜半岛高丽朝中期以前的建筑，基本上继承了统一新罗时代所吸收的唐朝样式，中期以后从中国输入了新样式，风格为之一变。先是，高丽朝与南宋交往，导入了中国华南地方的建筑样式，即所谓"柱心包式"；至高丽末期，又因与元朝的密切关系，移植了华北建筑的技术与样式，即所谓"多包式"。柱心包式与多包式两大建筑样式在高丽末期至朝鲜初期逐渐成熟与定型，终成朝鲜李朝五百年建筑样式的主流，影响及于近代。

以上关于日本和朝鲜建筑的所谓"样式"，皆以斗栱的配置形式，即以补间铺作的有无，作为区分的标准。日本的唐样和朝鲜的多包式为有补间铺作系，天竺样和柱心包式为无补间铺作系。朝鲜一般将斗栱称作"包"、"包作"或"贡包"，"柱心包"即只有柱头铺作而无补间铺作，"多包"则柱头铺作与补间铺作皆备。由此，日本的唐样与朝鲜的多包式、日本的天竺样与朝鲜的柱心包式，似乎颇有对应关系。然究其源头祖形，则又不完全对应。虽说天竺样与柱心包式大致源于中国南方主要是福建沿海一带的地方建筑样式，然二者结构体系有重大不同，即天竺样为穿斗式，柱心包式则为抬梁式。唐样与多包式都是抬梁式结构，却来源各异，唐样来源于宋末元初的苏浙，多包式则源自元朝的华北。补间铺作从无到有、从少而多，在中国本土，本是建筑发展过程中前后相继出现的，而日、朝建筑史研究则以补间铺作的有无作为区分建筑样式的标准，虽略显生硬，但多少也反映了日、朝建筑样式形成背景的特殊性。

现存高丽时代的木构建筑不多，柱心包式的仅有高丽中期的安东凤停寺极乐殿（13世纪，图5-9-32）、荣州浮石寺无量寿殿（13世纪，图5-9-33），高丽末期的修德寺大雄殿（1308，

图5-9-32 韩国凤停寺极乐殿

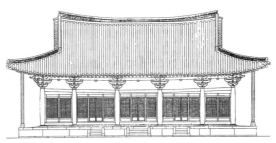

图5-9-33 浮石寺无量寿殿立面

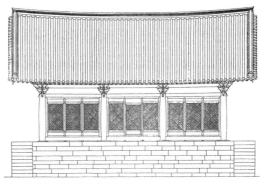

图5-9-34 修德寺大雄殿立面

图5-9-34）和浮石寺祖师堂（1377）；多包式则有心源寺普光殿（1374）和释王寺应真殿（1386）。

在中国，宋元以后建筑的补间铺作普遍增多，技术和样式都有很多演化，这不仅给日本

① （日）伊东忠太. 日本建筑史的研究 [M].

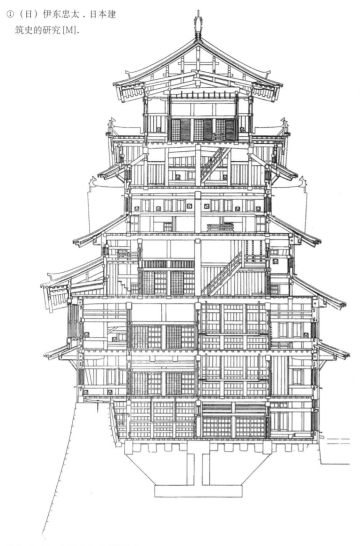

图 5-9-35　姬路城天守阁剖面

图 5-9-36　姬路城天守阁（《世界不朽建筑大图典》）

和朝鲜带去了新的技术，对建筑艺术风格也产生了颇大影响，皆由典雅宏丽的唐风向丰美秀丽的宋元风格发展。这个转化在日本表现得尤为突出。

四、明清时期

相当于中国明清时期，日本和朝鲜的建筑发展同中国一样，由以宫殿与佛教建筑为主渐趋多元。日本的安土桃山时代（1568～1598，相当于明朝后期）是日本建筑史上最充满生机的时代之一，艺术在很大程度上摆脱了宗教的束缚而转向人间，世俗的市民文化勃兴，产生了华美绚烂的桃山艺术，以堡垒式的"天守阁"为代表的城郭建筑（图5-9-35、图5-9-36），以及灵庙、书院等新兴建筑类型相继出现。从宗教转向世俗，是日本建筑史继佛教建筑传入以后的又一次大变革，可以说，真正充满日本民族自身气质的建筑艺术此时方始诞生。所以日本建筑史家伊东忠太才这样认为："真正意义上的日本建筑始于桃山时代。"①

此时日本建筑在造型、艺术风格和所反映的审美趣味上都有独特的表现，简单说就是简素与华丽并存，即既有素朴淡雅的茶室，又有金碧辉煌的灵庙，后者可以日光东照宫阳明门为代表（图5-9-37）。或许正是这种矛盾的共存，才真正表现和反映了日本艺术的性格和特色。值得注意的是，类似的变化趋势也在中国出现。人类文化本身或许有内在的一致性，放眼西方，正当东亚世俗文化勃兴之时，欧洲艺术也正经历着巴洛克与洛可可的历程。

中国给予日本佛教的最后一次较大的影响是所谓黄檗文化。明清时期，中日商船往来频繁，中国僧人渡日络绎不绝。日本在江户初期至享保年间（1716～1735），照例聘请中国僧人往长崎的所谓"唐三寺"（意即"中国三佛寺"，包括兴福寺、崇福寺和福济寺）任住持。
这三所寺院是前往长崎港的中国船主们为祈祷
海上平安所修建，住持均由中国僧充任。前此，
清顺治十一年（1654），福州黄檗山隐元禅师
受长崎兴福寺聘，率弟子东渡，为僧俗所景仰，
名重一时，并于 1659 年在宇治创日本黄檗山
万福寺，首开日本黄檗宗。黄檗宗寺院仍是中
国东南沿海一带的建筑样式，日本称之为"黄
檗样"。长崎唐三寺及隐元所创万福寺均为此
式，给日本建筑带来了一种异国趣味。据文献
记载，有的黄檗样建筑，甚至是在中国进行构
件加工，再船运至日本组装的。长崎崇福寺的
第一峰门，即舶自宁波。隐元和他带去的各种
人才，除了佛教以外，对日本文化还产生了多
方面的影响。这个时期的日本建筑甚至可概括
为黄檗建筑。

　　明末清初，给日本文化以甚大影响的另一
个中国人是明朝遗臣朱舜水。他于清顺治十六
年（1659）因抗清失败亡命日本，适当日本德
川幕府时。幕府奖励儒学，儒教建筑随之兴起，
而盛于江户时代（1603 ～ 1867），大体依据中
国明朝的文庙制度。朱舜水所做圣堂（孔庙）
模型，成为日本儒教建筑的规范。其门人安积
觉在 1707 年所著《朱氏谈绮》中，记录了从朱
舜水所得有关中国生活、仪礼特别是文庙的知
识，并图写解说。书中录有圣堂大成殿等甚多
建筑图样。

　　儒教在此时对朝鲜的影响更大，以致这个
时期的朝鲜建筑即可概括为儒教建筑时期。国
号朝鲜的李朝（1392 ～ 1910）是继高丽王朝以
后朝鲜半岛上的最后一个王朝，定都汉城（即
今首尔）。李朝五百年，正当中国明清两朝，文
化上受中国影响仍然很大，采取极端崇儒排佛
政策，故有所谓儒教王朝之称。汉城和开城、
平壤及各州郡皆遍立文庙，尤以汉城文庙（1600）
与开城文庙（1601）规模最大。文庙的规制，

图 5-9-37　日光东照宫阳明门

一如中国内地，以正中面南的大成殿为核心，
左右环以东西两庑，前方为神门，殿后为明伦堂。
现存汉城文庙大成殿（1602）、大邱文庙大成殿
（1605）、海州文庙大成殿及信州文庙明伦堂等，
都是李朝建筑的重要遗构。文庙之外，还有书
院及关庙。

　　高丽重佛，李朝尊儒，前者的佛寺与后者
的文庙各领一代风骚，体现了不同的时代特
色。至朝鲜时代，佛教已全无昔日的辉煌，
废诸宗为禅、教两宗，佛寺大多被拆，到世
宗时已减少至 36 所，禅、教二宗各占其半。
然李朝佛寺建筑也并非全无可观，如太祖时
创建的兴天寺和兴福寺，世祖时建立的大圆
觉寺等，规模仍很宏伟。李朝初期还模仿由
元朝石工所建的敬天寺大理石多重塔，在汉
城建造了大圆觉寺塔。

　　李朝时期的城郭和宫殿也多有成就。建于
1796 年的汉城水原城，是朝鲜最为完备的城郭。
现存的重要遗构还有开城南大门（1394）、首尔
南大门（1448，图 5-9-38）、平壤普通门（1473）、
大同门（1576）、全州丰南门（图 5-9-39）、
水原八达门（图 5-9-40）等。以都城汉城南
大门（崇礼门）规制最高，为五间重檐庑殿，

①陈志华 . 外国建筑史[M].
北京：中国建筑工业出版
社，1979.

图5-9-38 韩国首尔南大门崇礼门（萧默）

图5-9-39 韩国全州丰南门

图5-9-40 韩国水原八达门

图5-9-41 首尔景福宫门光化门（萧默）

余皆三间重檐歇山。

李朝在汉城建有四座宫殿，即景福宫、德寿宫、昌德宫及昌庆宫。景福宫和昌德宫最为重要。李朝太祖迁都汉城时最早营造的景福宫规模最大，初建于1394年，后毁，又于1867年于故址按旧规重建。总体布局与北京明朝紫禁城宫殿相似，具体而微。①景福宫正殿勤政殿重建于1867年，是现存诸宫中最大的大殿，装饰最为豪华，为朝鲜后期建筑艺术的代表作（图5-9-41～图5-9-44）。昌德宫是1404年营建的离宫，1610年重建，是李朝现存宫苑和造园艺术最珍贵的实例（图5-9-45）。

李朝时期的建筑是高丽朝中后期引入的多包式和柱心包式两大建筑样式的延续和发展。李朝后期，建筑的装饰化趋于极端，这其实也是中、日、朝三国建筑发展至后期的共通趋势（图5-9-46、图5-9-47）。这一点，从日本江户时代的东照宫和中国明清尤其东南沿海岭南地区的佛寺、祠庙等建筑上，都可看到相应的表现。

较高丽时期而言，李朝五百年留下的木构建筑较多，其中较重要的寺院如凤停寺大雄殿（李朝初期）、宝林寺大雄殿（李朝初期）、无为寺极乐殿（1476）、开心寺大雄殿（1484）、法住寺捌相殿（1624）、金山寺弥勒殿（1635）、双峰寺大雄殿（1724）等。作为寺院殿堂，法住寺捌相殿和双峰寺大雄殿的造型甚为特殊，分别是五层和三层的塔楼（图5-9-48、图5-9-49）。

中国传统风水观念在李朝十分盛行，极大影响了其环境观念和建筑的存在形式。

与西方和伊斯兰的几何式园林相较，中国园林和日本园林都是自然式，日本最典型的代表应首推桂离宫。

京都桂离宫是日本三大皇家园林之首，初步建成于1620～1625年（江户时代早期，中

图5-9-42 从景福宫宫门望兴礼门（萧默）

图5-9-43 景福宫兴礼门局部（萧默）

图5-9-44 景福宫勤政殿（萧默）

图5-9-45 昌德宫仁政殿（萧默）

图5-9-46 朝鲜的建筑彩画（罗哲文）

图5-9-47 朝鲜的室内彩画（罗哲文）

国明朝末期），以后成为天皇行宫。全园面积约五六万平方米，西倚岚山，地势平坦，其布局以中部偏西呈"心"字形的水池为中心，池中有三座大小不同的岛，仿自中国皇家园林"一池三山"的传统。园东部集中总称为大书院的建筑，是居住读书的地方。

岛上堆土山，上建小亭，以小石板桥或拱桥相连。沿岸大部分为茶室，如松琴亭、月波楼、赏花亭、笑意轩等，形态各不相同，而都同样简朴。茶室和书院都以空间小、用材简、风格朴，并与园林结合等手法，特别注重于创造一种"和、敬、清、寂"的氛围。全为木材，不施油彩，保持木质纹理（图5-9-50～图5-9-54）。

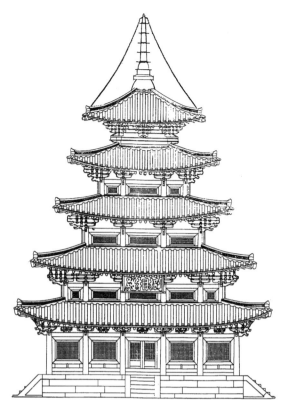

图 5-9-48 法住寺捌相殿立面（张十庆）

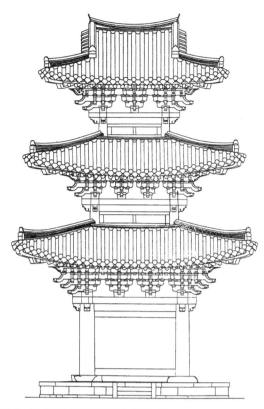

图 5-9-49 双峰寺大雄殿立面（张十庆）

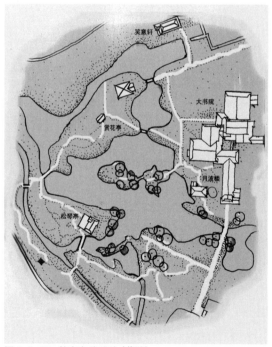

图 5-9-50 桂离宫总平面（萧默）

图 5-9-51 桂离宫一角（《世界名园百图》）

图 5-9-52 桂离宫古书院（刘杰）

图 5-9-54 桂离宫古书院之间（资料光盘）

图 5-9-53 桂离宫新书院（刘杰）

桂离宫是典型的回游园，依园路步行，可徜徉穿梭于山水之间，步移景异；或可舟游，似岛来迎。通舟的桥面隆起，所有建筑都环水而建，面向水池。池岸曲折，庭石、水钵、石灯散缀其间。

附表：中国与朝鲜、日本建筑文化交流分期表（以佛教建筑为主线）

时　期	中　国	朝　鲜　和　日　本	
南北朝影响时期	早期佛教建筑 （420 ~ 7 世纪初）	朝鲜	三国时代：高句丽、百济、新罗（472 ~ 668）
		日本	飞鸟时代（553 ~ 644）
隋唐影响时期	佛教建筑前盛期 （618 ~ 907）	朝鲜	统一新罗时代（670 ~ 935）
		日本	奈良时代、平安时代前期（673 ~ 885）
宋元影响时期	佛教建筑后盛期 （960 ~ 1368）	朝鲜	高丽时代（918 ~ 1392）
		日本	平安时代后期、镰仓时代（886 ~ 1332）
明清影响时期	佛教建筑衰颓期 （1368 ~ 1911）	朝鲜	朝鲜时代（1392 ~ 1910）
		日本	室町时代、桃山时代、江户时代（1333 ~ 1867）

第六章 五代宋辽西夏金建筑

小引

从 907 年唐亡至 1279 年元朝统一止，历三百七十三年，期间先有五代十国，然后是北宋和南宋，同时，北方先后崛起了少数民族政权辽、西夏、金和蒙古。

唐代末年黄巢起义失败，各藩镇首领拥兵割据。907 年，朱温代唐自立，建国号曰梁，史称后梁。从此直到 960 年，五十四年里北方先后换了五个朝代（后梁、后唐、后晋、后汉、后周），史家总称"五代"。同时或更早，在南方也出现了前蜀、吴、吴越、楚、南汉、闽、南平、后蜀和南唐等九个并列的割据政权，加上与后周同时、建都于太原的北汉，合称"十国"。五代十国，中国又陷于极大的混乱。

960 年，赵匡胤陈桥兵变，夺取后周政权，建立宋朝，十几年内，次第翦灭其他割据势力，重新统一中国至 1127 年，共一百六十八年，因建都北方，史称北宋。

辽是华北契丹族建立的国家，立国于 916 年，以后对北宋构成极大威胁。1125 年亡于金，共历二百一十年。

西夏是西北党项族（又称党项羌，羌族的一支）建立的国家，立国于 1038 年，1227 年亡于蒙古，共历一百九十年。

金是东北女真族建立的国家，立国于 1115 年。金灭辽后两年又灭北宋，占领了黄河流域，威胁南宋。1234 年金亡于蒙古，历时一百二十年。

南宋是北宋覆亡后于 1127 年由宋宗室赵构在南方建立的政权，与金长期对峙。蒙古人从 13 世纪初直入中原，相继攻灭西夏和金，1279 年南下，灭南宋，建立元朝。南宋历时一百五十三年。

在五代两宋约三百七十余年中，中国的封建社会继续向前发展。五代时北方战乱频仍，南方特别是江南相对稳定，经济发展较快。北宋统一中国后，实行了有利于生产的政策，农业很快恢复并实现了城市商品经济的繁荣。唐代户数十万以上的城市只有十几座，北宋时已增加到四十多座。

这一时期的社会经济发展有几个方面值得注意：一是农业的发展和城市商品经济的繁荣促使市民阶层兴起，市民阶层的审美意趣和文化心态对艺术包括建筑艺术的面貌产生重大影响。二是江南地区的经济发展较快，加以海上交通逐渐发达，国际贸易主要通过海路进行，代替了汉唐的穿通西北内陆的丝绸之路。这个时期新增的或迅速发展起来的城市如扬州、平江（今苏州）、明州（今宁波）、泉州等，都是东南沿海的港口城市。江南地区的经济在全国的比重继续上升，带来江南文化艺术事业的繁荣。三是崛起于华北、东北，继而先后统治整个华北的契丹族和女真族，原来经济落后，由于大力吸收汉民族先进的生产技术和文化，发展很快，逐渐进入了以定居农业经济为主的封建制度。以其统治华北为标志，实际上已进入了以汉民族为主的中华文化的范畴。

以上情况给建筑艺术带来了不小的影响：

一、建筑艺术风格发生了较大变化。与唐代相比，市民阶层的审美趣味使得这个时代的建筑风格更倾向于修饰矜持、华彩丰秾，较注重外在的物质表现，逐渐脱离了刚健质朴的性格，显得秀柔有余而雄浑不足。市井细民们更关心的是现实的世俗生活，满足于耳目之娱的物质世界，花团锦簇和儿女情长代替了豪迈奔放的慷慨悲歌。那种"醉卧沙场君莫笑，古来征战几人回"的建功立业的豪情，在很大程度上已经被"市列珠玑，户盈罗绮竞豪奢"的奢华及"今宵酒醒何处？杨柳岸、晓风残月"的伤感所取代。这种审美心理和艺术情怀的变化，是建筑风貌发生变化的内在契机。

二、这一新的发展契机向人们提示，一方面，五代两宋的建筑艺术将在唐代高度成就的荫庇下，沿着这一新的方向继续丰富和创造着自己，以致经过元代的相对沉寂，在明代中叶到盛清又酝酿出中国建筑艺术的第三个发展高潮。五代两宋可以说是隋唐开始的第二次建筑高潮的继续，也可以说是隋唐与明清这两次高潮之间的过渡。另一方面也不无遗憾地暗示了中国传统建筑艺术，在经过了唐代的高峰期之后，就全局而论已逐渐走上了因循的道路。因为新的契机同以儒学文化为核心的深厚传统相比，毕竟还不够有力，没有达到足以冲决唐代强大定式的程度。所以，宋以后的建筑多半是在已有成就上的某些调整，守成多于革新。这一倾向在明清的继续，终于使得以木结构和手工业操作为特点的中国传统建筑，在19、20世纪新的生产和生活方式及西方近现代建筑文化的强大冲击下，未能及时开拓出自己的全新局面。

三、江南经济文化的高速发展，使江南的建筑作品更多地登上了建筑艺术史的大雅之堂，并与早已成熟了的北方建筑分庭抗礼。在这个时期总的时代风格前提之下，江南建筑妩媚秀丽的风姿，有别于北方较为质直的倾向，更明显地体现了文化的地域色彩。其实，北方建筑与南方建筑风格的不同早已存在，只是到这个时期，南方留存的建筑实物大大增多，加深了我们的认识。例如华北的塔雄健浑厚，如燕赵壮士作易水悲歌，江南的塔则秀丽轻灵，似姑苏秀女唱江南竹枝，实在就是"胡马秋风塞北"与"杏花春雨江南"的外化。还可以认为，这种艺术风格的不同，肯定并非单纯的地理因素或单纯的经济因素所造成，而是地域文化整体差异的表现。联想到北方的戏曲和民歌所主要表现的激昂高亢的家国兴亡和忠奸大义，与江南同类艺术主要表现的令人柔肠寸断的儿女情长，建筑艺术风格的不同也就是当然的了。

四、辽、金建筑大力吸收了汉族建筑的成就，其中，辽更多地接受了唐代开朗雄健的作风，金则受北宋影响较多，倾向华靡精巧。它们的都城、宫殿、佛寺和塔都是这个时期建筑的重要组成。契丹和女真并没有自己固有的强大的建筑传统，所以，它们的成就仍是以汉民族为主的中国传统的组成部分，与其说具有自己的民族风格，倒不如说只是各自的地方风格。

这个时期的建筑艺术在品格上虽已开始呈现某种式微的迹象，以致顾炎武对此发出了"宋以下所置，时弥近者制弥陋"的慨叹，但每个时代毕竟仍有自己的成就。在这个时期，建筑艺术的处理手法比起前代是更加丰富了，在城市规划、各类型建筑和园林创作中都有对后世产生广泛影响的贡献，装修和装饰方法更加多样，一整套复杂的木结构做法和形制经过北宋的整理，体现在《营造法式》一书中，保证了建筑的基本水平，使宋、辽建筑表现出端丽、严谨的作风。而且，保存至今的两宋辽金建筑比起前代已大为增多，都是中国建筑艺术史上时代较早的遗例，它们的风格，比起明、清来，毕竟体现了更为本色的健康之美。所以，这个时期的成就仍然不能等闲视之。总体而论，唐、宋两朝都处在中国建筑艺术第二次发展高潮之中。

北宋都城汴梁和南宋都城临安及陪都平江的城市面貌与唐代两京不同，都是利用旧城改造而成，事先未曾按都城的要求和规模进行规划，所以不尽合于唐制，规模也比唐代两都为小。但因此也开启了一些新的规划手法，其中汴梁对后代影响尤大。它的宫城在全城中央，不同于唐代置于大城北部。这一方式被金中都所继承，并一直影响到元明清各代。由于城市面积较小，商品经济又使人口剧增，所以城市面貌的最大变化是建筑密度大大提高。商业街的兴起终于冲决了已实行千余年的里坊制，城市已不再兴筑坊墙，商店、住宅都面临街道，汴梁已启其端，临安、平江更见其盛。辽金各有好几座都城，规模都不大，辽城多仿唐，金则模仿汴梁，它们都带有较多的传统气息，比较方整，有集中的市，仍实行里坊制。

北宋宫城是利用唐汴州城里的旧有衙署改造而成，南宋偏安一隅，宫城也是唐临安州衙的改造，规模和气度均远不及唐。但汴梁的丁字形宫前广场很有成就，其影响从金元一直延续到明清。在宫城内用一条横街分划全宫为前后两大区的做法，也影响金、元，在明、清宫殿中仍有其影子。金中都宫殿仿自汴梁，据文献记载，营建时曾模写汴宫为范本，强调中轴对称，因为是事先规划所成，改进了汴宫的不足而更为规整。

存世的五代两宋佛寺祠祀比唐代大为增多，但规模比我们从唐代壁画和文献中得到的印象为小。塔保存更多，大都是八角形平面，无论砖塔或砖木混合结构塔大都追求毕肖地模仿木塔，精雕细刻，与朴质的唐塔有异。这一时期，辽代佛教建筑占有特别重要的地位，不但保存较多，更因其唐风而受到广泛的注意。著名的辽代佛宫寺释迦塔是中国现存唯一的高层木塔，也是世界最高的木结构建筑，仍保持着开朗雄健的作风。辽代砖塔多为密檐式，直接继承唐代密檐塔并有所改变。南方盛行砖木混合塔，颇多地方色彩。这个时期的佛教石窟仍以敦煌莫高窟最具建筑学价值，其他如四川大足石窟等也值得注意。

北宋陵墓的规制大致同于唐代，但规模、气势已大为逊色。南宋陵墓改前此的十字轴线构图为以纵轴为主，立一代新风，开启了明清的先声。西夏陵墓仍有保存，与宋陵有同有异。

两宋园林有很大发展，一种富有情致的士人写意园在私园中兴起，水平已超过皇家园林。南宋时，由于文人学士的集中和江南水乡幽美的自然环境，加以优越的气候条件，私家园林的中心从唐代的两京逐渐向江南转移。这一情况在明清的继续，促进了明清江南私家园林的发展，与华北皇家园林分庭抗礼，促成两大流派的成熟。

宋代住宅的情况主要在宋画中得到反映，仍以院落式为主。

宋画中绘有一些景观楼阁如黄鹤楼、滕王阁等，是一种风景性建筑。

这一时期的斗栱形式比唐代更为多样，但尺度逐渐缩小，布局趋于繁密，结构作用有所减退，装饰作用开始加强。屋角起翘在北宋已经普及，给建筑增添了一种飘逸轻秀的趣味。建筑的装修和彩画、雕饰等装饰形式相当多样并更加成熟，开启了明、清程序化装饰手法的先声。

此外，这一时期的桥梁资料保存下来的比以前丰富，在注意解决交通问题的同时，更着意于艺术造型。

五代两宋在家具方面的主要发展是最终完成了由席地而坐向垂足而坐的转化，高型家具大量出现，风格也一改唐代的富丽隆重，而以简约挺秀为主，为明代中国家具艺术的高峰作了充分的准备。

第一节 都城

这个时期最重要的都城是北宋汴梁、辽中京、金中都、南宋临安和陪都平江。

一、汴梁

北宋都城除汴梁（又称汴京或东京，今河南开封）外，名义上还有西京洛阳、南京应天府（今河南商丘）和北京大名府（今河北大名），共为四京，以汴梁为首都。汴梁战国时称大梁，是魏国都城，其后长期无闻，只是一个称作浚仪的县治或州治，直到隋炀帝开凿南北大运河，汴河与运河相通，才逐渐繁荣起来。隋唐时称汴州，唐建中二年（781）为宣武军节度使驻地，节度使李勉始修筑州城，城内的子城为州衙所在，可能也成于此时。唐末，黄巢起义军降唐的将领朱全忠受封为宣武军节度使，仍驻汴州。朱全忠原名朱温，降唐后赐名全忠，后又进封梁王，不久代唐自立，建国号为梁（即后梁），改名朱晃，为后梁太祖。建立之初即以原驻地汴州（此时改称汴梁）为都，后又迁都洛阳。后唐也都于洛阳，此后的后晋、后汉、后周仍都汴梁。后周世宗柴荣鉴于汴梁工商业发展，人口密集，"屋宇交连，街衢狭隘"，有过一次较大改造，除展拓原有街道和疏浚河道外，主要是显德二年(955)"京师四面别筑罗城"（即外城，又称新城），形成子城、内城（原州城）和外城三城相套的格局，城市面积扩大为旧州城的五倍。

汴梁在黄河南岸，离黄河与南北大运河交汇点不远，有汴河、蔡河、金水河、五丈河流经城市，号称"四水贯都"，并与运河相连，江南漕运可直接进入，交通十分方便，已成为全国经济和交通中心。北宋时，江南已相当富庶，都城广大人口的供应需借倚江南漕运，都城选址必应考虑到漕运的便利，当时长安、洛阳在唐末战乱中已经残破，所以虽然汴梁地势低平，无险可守，且黄河河床高出城市，时有溃决之虞，宋太祖仍决定继续以此为都。

汴梁遗址叠压在黄河历次决口的深厚淤泥和现代建筑之下，考古发掘十分困难，长期以来只能依据少许文献对其形制进行推想，直至近年通过考古探测，才略知其轮廓。[①]柴荣修筑的汴梁外城"周回四十八里二百三十三步"，开十三门，又有七座水门。宋朝曾重修外城，有少许展拓，并增筑马面。内城周长约二十里，约在外城中心，开十门，并有三座水门。从考古试探，知外城呈平行四边形，南、北墙为西北、东南走向，东、西墙略作西南、东北走向。东墙 7660 米、西墙 7590 米、南墙 6990 米、北墙 6940 米，总长 29180 米，按一宋里约合 559.872 米折算，合五十二里许，与史载宋城"五十里一百八十五步"基本相合（图 6-1-1、图 6-1-2）。外城面积虽比原州城大为展拓，但仍仅及唐长安的五分之

①丘刚，孙新民．北宋东京外城的初步勘探与试掘[J]．文物，1992(2)．

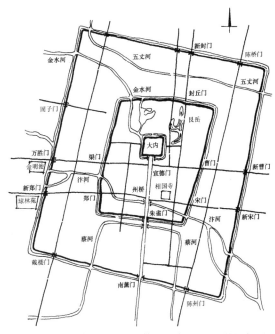

图 6-1-1 北宋汴梁复原平面（据《北宋东京外城的初步勘探与试掘》重绘）

三。子城大约在内城居中，宋称大内，又称皇城，是宫殿所在，相当于唐以前所称的宫城。子城周长仅五里，宋太祖改为大内后，对之有少许扩大，但也仅相当于唐长安太极宫宫城的百分之十几。蔡河出入于外城南墙，汴河从西向东南斜穿全城，金水河和五丈河在全城北部。四河与三重城墙外面的护城河相通。

据文献，大内四面正中各开一门，南面正门宣德门，又称宣德楼，或称端门，门左右各有一披门。宣德门南御道正对内城正门朱雀门和外城正门南薰门。此御道是最宽的一条干道，走向端直，为全城纵轴大街。在朱雀门北，跨汴河有州桥，桥北御道东西置太庙和社稷坛。现州桥和南薰门遗址已经探测，所形成的汴梁纵轴与现开封主要大街中山路正相重合。宋时似乎在州桥北岸有一条东西大街通向内城东墙的宋门和西墙的郑门，更向外延伸通向外城的新宋门和新郑门。在宣德门前也有东西大街分通内城的曹门和梁门，向外连通外城的新曹门和万胜门。二街应都是全城横轴。外城系因应工商业自然发展的状况而扩展，街道不一定端直。此外，在大内东有一条向北的大街，通向

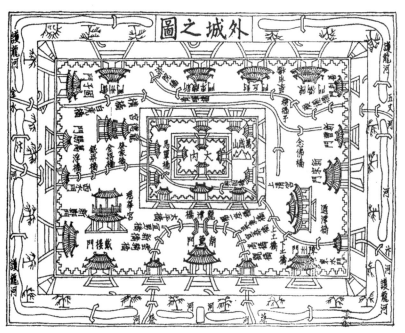

图6-1-2　南宋陈元靓《事林广记》插图汴京图

内城北墙的封丘门和外城的新封门，也是城市干道。据载，汴梁各门"皆瓮城三层，屈曲开阖，惟南薰、新宋、新郑、封丘正门，皆直门两重，以通御路"（清·顾炎武《历代宅京记》）。

综上，汴梁的布局与隋唐都城仍有传承关系，如三城相套、纵横轴线、大内正门与纵轴大街相直等。但因大内系沿袭唐州衙和五代宫殿故地，而处于城市中央地带，打破了曹邺以来七百余年皇宫居于全城北部中央的传统，开启了辽金至清各代的先例，实具有重要意义。这一创举看似与《考工记》不谋而合，并为以后各代所援引，其实当初不过是迁就原州衙旧状，并非有意为之。中国建筑文化强调法古尊祖，轻易不能变动，而在某种偶然情况下发生了不得已的变动以后，又往往成为后代新一轮法古尊祖的依据，何况还能从更古老的《考工记》中寻求先例，于是在以后成为新的定规。北宋以后各代的都城规划是这一现象的典型例证。

大内规模颇小，在城市中不够突出，为了改善这种状况，汴梁大大加强了宫前广场的艺术处理，才是北宋真正的创举和贡献，对后代影响极大。

汴梁与隋唐长安、洛阳还有一点不同，虽然大内相当于前代的宫城、外城即为郭城，但内城并不完全等同于前此的皇城。在隋唐皇城，只设置太庙、社稷坛和中央级衙署，不许市民居住，而汴梁在成为都城以前，内城已有大量居民，无法迁出，所以内城的大部分面积仍是居民区。这一情况在以后经规划而新建的各代都城中不再出现。

北宋后期在内城内大内东北营造宫苑，堆凤凰山。东北方位称"艮"（音gen），凤凰山以后改名艮岳，从江南长途搬运湖石和奇花异草以实艮岳，称作花石纲。

汴梁在城市面貌上与隋唐的最大不同是废除了里坊制。

里坊制的城市，居民被限制在一座座坊墙内，大街上只见坊墙，不见居户，市场局限在某几座坊内，入夜全城宵禁，交易停止。早在中唐时，由于商品经济的发展，已出现了破坏古典里坊制的趋势，长安城在邻近东、西市的坊内出现商店，晚唐更出现夜市，影响了宵禁的实行，以至于文宗不得不下令"京夜市宜令禁断"，实际是默认了京城以外地方城市夜市的存在。当时的扬州已是"十里长街市井连"、"夜市千灯照碧云"了。汴州是地方城市，又是漕运集散之地，禁令当更为松弛。北宋汴梁成为都城后，为整肃防卫，起初几年仍实行里坊和宵禁制，有东、西两市。但新的商品经济发展的现实迫切要求改变这种状况，拆除坊墙、分散市场，允开夜市已势在必行。太祖遂于乾德三年（965年）颁诏废除夜禁，仁宗又废报夜街鼓，并一举拆掉坊墙，彻底冲决了里坊制。从此，商铺和居户都可面对大街开门，在河道码头附近和交通要道形成繁华的商业街，如宣德门东的潘楼街、东华门土市子、州桥和州桥东的相国寺附近、内城东南汴河水门角门子和外城东南汴河水门一带等。东华门外市井最盛，因邻近大内，宫中日常所需常在此采办。甚至相国寺本身也成为市场，一月开放五次，"中庭两庑可容万人，凡商旅交易皆萃其中，四方赴京师以货物求售转售他物者，必由于此"（宋·王栐《燕翼贻谋录》）。朱雀门外有"鬼市子"，天未晓即开始叫卖。街上商铺、酒楼、邸店、衙署和居户混杂，鳞次栉比，熙熙攘攘，人烟辐辏，十分繁忙。汴梁还第一次出现了专业娱乐场所，称为"瓦子"，集中杂耍、杂剧、游艺、茶楼和妓馆，以资游冶。全城有五六处之多，其中演出百戏杂剧的地方又称"勾栏"，往往一处瓦子就有勾栏数十座。《东京梦华录》记某处瓦子"其中大小勾栏五十余座，内中瓦子莲花棚、牡丹棚、里瓦子夜叉棚、象棚最大，可容数千人"。"棚"

就是观众席。北宋后期，汴梁人口已大增，总数大约已达一百五十万到一百七十万，是当时世界第一大城，比唐长安的一百万多出一半以上，但汴梁面积只有长安一半稍多，故楼房较多，街道较窄，更增繁华景象。在汴梁，许多酒楼店肆通宵营业，昼夜喧呼不绝。宋人诗云："忆得少年多乐事，夜深灯火上樊楼。"樊楼是有名的大酒楼，由五座三层楼房组成，各有飞桥相通。酒楼门口常设彩楼欢门，以广招徕。以上等等，在《清明上河图》和《东京梦华录》中都有生动具体的描写（图6-1-3、图6-1-4）。

图6-1-3 清明上河图汴梁城门

图6-1-4 清明上河图汴梁街道

宋汴梁世俗化的繁华与隋唐长安的恢宏大度、严肃整饬以致显得单调的格调相比，更加富有市民气，更加世俗，但也更加热闹和生动多趣。这是中国城市的一大转折，从此以后，类似于现代城市的商业街道才成为普遍的现象。

二、临安

临安（今杭州）是南宋都城；城墙建于隋代，当时称杭州；五代时为吴越国都，称西府城。

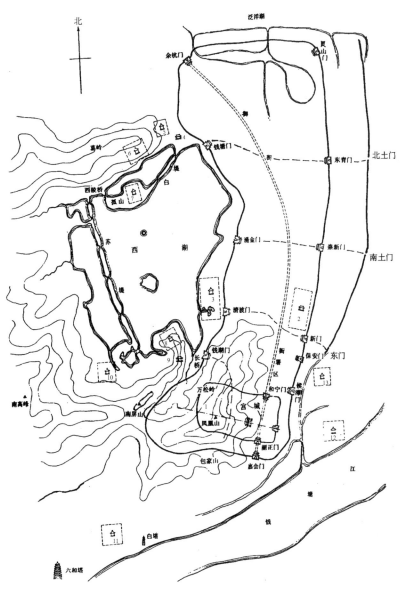

1. 大内御苑；2. 德寿宫；3. 聚景园；4. 昭庆寺；5. 玉壶园；6. 集芳园；7. 延祥园；8. 屏山园；9. 净慈寺；10. 庆乐园；11. 玉津园；12. 富景园；13. 五柳园
图6-1-5 南宋临安复原平面（据《中国古典园林史》改绘）

临安地形复杂，东南临钱塘江，西接西湖，城南有凤凰山和吴山，风景优美，植被繁茂，河运与海运十分便利，更兼六朝以来的开发，民富物殷。所以，南宋以此为都，改名临安，有临时行都之意，以示不忘恢复。临安城夹在江、湖之间，为南北狭长的不规则形，有十二座城门和五座水门。引水入城，在城中形成许多小河道。城内南端偏西凤凰山东麓有隋唐州衙所在的子城，周九里，南宋即以之充任宫殿，亦同汴梁称大内。大内以南门丽正门为正门，但丽正门前景短促，而自北门和宁门向北有一条大街纵贯全城，分三道，称御街，商店特别集中，是临安最主要的大街，城市的大部分都在北部，所以和宁门才是真正的正门。临安城垣随地形蜿转，城内街道也不求其工整，反映了一般南方江河丘陵地区的城市特色（图6-1-5）。

临安与汴梁一样，也是一座相当商业化的城市，其繁华可能更过于汴梁。里坊早已不行，虽有坊名，不过街巷名称而已。城内有"瓦子二十三座"，夜市更是兴旺，"杭城大街，买卖昼夜不绝，夜交三四鼓，游人始稀，五鼓钟鸣，卖早市者又开店矣"（《梦粱录·夜市》）。城内城外寺庙道观甚盛。沿西湖一带及城内，还有不少皇家及私家园林。

到南宋晚期，临安人口已增至一百二十余万人，"鳞鳞万瓦，屋宇充满"，"屋宇高森，接连栋檐，寸尺无空，巷陌壅塞"（《乾道临安志》），小街小巷曲屈弯转，不求端直。只有西湖一带和城内的园林，使空间略感宽松。

三、平江

平江（今苏州），在长江下游，南有太湖。大运河绕城而过，四周水网密布，海船可直达城下，航运条件极好，商业十分发达。

平江历史悠久。公元前514年，春秋时代

吴王阖闾命伍子胥在此建阖闾城，此城一直沿替不废，至今二千五百年之久，是中国延续最久的城市。据考古材料，现存古代城墙至迟是六朝时的遗迹。唐代平江已是繁华之都，白居易甚至称其繁雄远胜杭州。北宋时平江高度繁荣，但金兵入侵使城市遭到极大破坏，南宋又次第恢复，建为陪都。现存刻于南宋绍定二年（1229）的《平江图》碑相当准确地反映了南宋平江的面貌。

城呈南北较长的矩形，周约三十里，城墙略有转折，水流在城下绕为护城河。城墙砖砌，列建马面。据《平江图》碑，南宋时平江有五座城门，东面二门，北面、西面各一门，南墙西钝一门，称盘门。各城门旁都有水门一座，引水入城。五门中只有盘门有城楼，其余四门皆无，当是金人所破坏，其时尚未修复（图6-1-6、图6-1-7）。

平江的最大特点就是城内大小河道纵横密布，系就自然河网整修而成，砌有整齐的石岸，方向正直，与街道平行，构成井字网格，居宅商店就在街道与河道之间，常常是前街后河。河道总长达82公里，可往来舟楫运输货物，或以舟代步，十分便利，称为水街，与陆上街道一起构成水陆两套交通网络。城中广布水道在江南水网地区十分常见，如杭州、常熟、绍兴、同里镇都是这样，只是平江水道特别多且历史久远，严整而有规划，是其典型代表。平江水道在唐代已经形成，诗人们曾经写道："水似棋文交渡郭，柳如行障俨遮桥"（皮日休）；"处处楼前飘吹管，家家门前泊舟航"，以致"风日万家河两岸"（白居易）；"君到姑苏见，人家尽枕河"（杜荀鹤）。河中可以商贸，供应市民生活，"夜市卖菱藕，春船载罗绮"（杜荀鹤）。河上必有桥，使水陆街市相通，刘禹锡说"春城三百七十桥"，白居易云"红栏三面九十桥"，又云"东西南北桥相望，水道脉分棹鳞次"，可见其多。这些桥

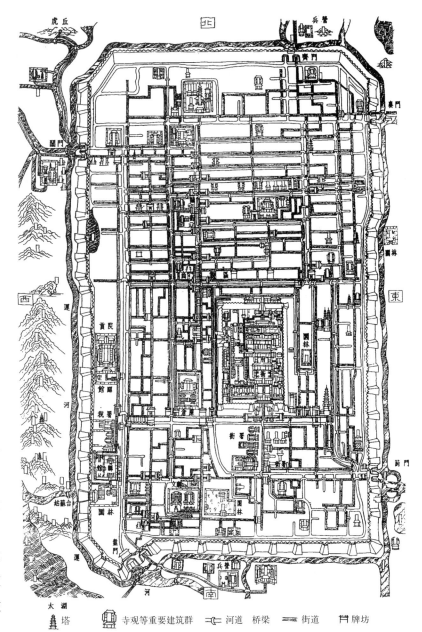

图6-1-6 南宋《平江图》碑（《中国古代建筑史》）

图6-1-7 苏州盘门（萧默）

图6-1-8 苏州水街（萧默）

图6-1-9 绍兴柯桥镇水街（张尧俊摄）

大都是弓形石拱桥，利于通航。波光桥影，粉墙红楼，风和柳柔，桨声咿乃，构成饶有风味的江南城市特有的秀丽风光。苏州以其水网密布和风物秀丽，以后曾被称为"东方威尼斯"（图6-1-8、图6-1-9）。

平江的子城在城内中心略偏东南，矩形，有城墙，规模颇大，是府治所在。仍以南门为正门，门取倒凹字形宫阙式，上有城楼，门南直对一条大街，街左右集中设置其他衙署，俨然也是宫城皇城的格局。可见中国的都城与州郡首府的布局原则是相通的，一样突出政权机构的权威。门前有一道横街，街两端各建一座牌坊，更强调了子城的地位。大型建筑群正门前的这种布局，以后为金、元、明、清所常用。子城西垣邻接商业最繁盛的南北大街，在子城西墙开门面临此街，门上有"观风楼"，寓观风谣察氓俗之意。

由于大运河绕城西南，故繁华的商业街区也偏于西部，其中最盛者即上述子城西边的大街，北起报恩寺，南达文庙和韩园，几乎纵贯全城。街上布满茶肆酒楼和谷米鱼禽干鲜果品店铺，以及江南最盛的丝店，行人往来如织。平江城并不特别重视街道网格的规整对称，但颇注重于街道的美化。许多高大建筑都面临大街，或是作为大街尽端的对景，街两旁还有坊门等装饰。高大建筑互相呼应，遥相引望，它们比较均匀地分布于全城，使全城的立体轮廓富于变化又显出整体的有机构成。观风楼就是上举繁华商业大街上的重要景观。报恩寺内的大塔（即今北寺塔）是此街北端对景。在此街两侧或跨街有二十多座"坊门"，形如牌坊，上额坊名，立在街口。虽名曰坊，实际所指是门内的街巷，也是街道上的重点装饰。明清以后牌坊特别发达，多柱多间十分复杂，就是从此类坊门发展起来的，成为街道和重要建筑入口处的点缀。这些寺、塔、楼、店、坊门，再加上拱桥帆影，园花岸柳，把这条十里长街装点得十分活泼多趣而富于生气。又如子城北有天庆观（现称玄妙观，南宋所建大殿仍存），与子城北墙上的齐云楼遥遥相对。齐云楼东有定慧寺罗汉院双塔，塔南又遥见妙湛寺塔，后者立于重要道路的转角处。

城外高地上也建有高塔，成为城市的标志或标示城门的点缀。如西北虎丘山上的云岩寺塔、西南天平山和灵岩山上的塔，离城几十里远就能看见。城西北阊门外的半塘寺塔和枫桥寺塔丰富了阊门的景色。西南盘门内的瑞光寺塔，也和盘门结合成丰富的构图。以后，这种做法在各地经常出现，塔的宗教意义已渐消退，其环境艺术的审美意义更加突出了。

五代吴越时，平江的园林就很兴盛，据宋代《平江图》，城内有私园和官署园林八处，还有一百多个寺观，寺观内也应有园，有的寺观就建在风景佳胜处。

平江反映了宋以后城市面貌的变化，也代表了南方和郡县城市的一些特点。

此外，《平江图》碑中的子城还真切反映了宋代衙署的情况。宋代衙署的布局常可见于当时各地方志书插图，如宋绍兴《严州图经》建德府子城图，宋《景定建康志》的府廓之图，其最典型者即《平江图》碑中的子城。从图碑可见，南宋衙署与后代衙署和王府布局的原则大致相同，其具体情况，将在本书第八章中结合明清衙署再行回顾。

四、辽南京

辽、金都城都在北方，工程主要由汉族匠师主持，布局仍多保存唐或北宋的一些特点，都属华北规整式城市，与江南商业性城市临安、平江的面貌不同。

公元 936 年，后唐河东节度使石敬瑭，割

包括幽州（今北京）在内的"燕云十六州"与契丹（后称辽），在晋阳即位，史称后晋（图6-1-10）。辽号称有五京，政治中心在今内蒙古的上京临潢府（今内蒙古巴林左旗）和中京（今内蒙古宁城）。幽州虽称南京，只是名义上的，实际并不是辽国的都城。此外还有东京（今辽阳）和西京（今大同），共为五京。

辽中期以后的政治中心实为中京，建于辽圣宗统和二十五年（1007），有外城、内城和宫城（亦称皇城）三重城垣。内城在外城内中心偏北，宫城在内城中心北部，宫城南墙正中正门阊阖门直南一条大街是城市中轴，全城相当规整对称，明显受到唐长安的影响（图6-1-11）。

辽南京大致还沿用唐幽州城旧地，方形，共八门，子城就是唐幽州官衙，又称宫城，供辽国主巡幸时暂驻，偏在城西南一隅（图6-1-12）。

辽南京仍实行里坊制，《王文正上辽事》说："城中坊閈（han，即坊门）皆有楼"，仍具有唐的传统。商业集中在城内北部称为"市"

括号内为现地名

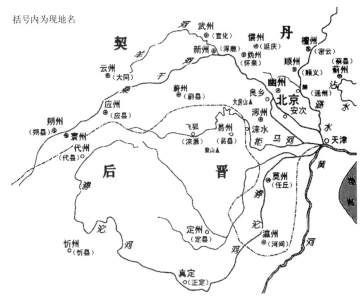

图 6-1-10　燕云十六州（萧默）

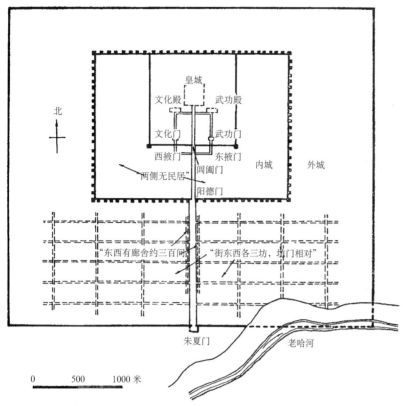

图6-1-11 辽中京平面(《中国建筑艺术史》)

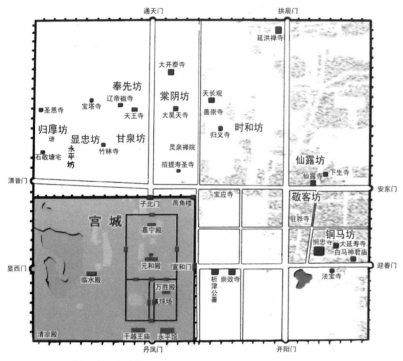

图6-1-12 辽南京(燕京)(萧默)

的坊内,共二十六坊。《契丹国志》说:南京城"户口三十万,大内壮丽。城北有市,陆海百货,聚于其中。僧居佛寺,冠于北方。锦绣组绮,精绝天下"。《辽史》也说"燕城北有市,百物山偫(zhi,积聚),命有司治其征"。此时,北宋汴京和江南工商更加发达的城市已废除了里坊制。

城外东北今北海琼华岛、团城一带,是南京的园林区,建瑶屿行宫,金继之。

辽代实行比较开明的"以国制待契丹,以汉制待汉人"的政策,并不强迫汉人改变自己的生活方式,汉、契丹、奚、渤海和女真等族友好相处。

辽帝倡导佛教,南京天宁寺据载始建于北魏,遗存至今的塔则建于辽末,是砖砌密檐式塔优秀的代表之一,后文将具体介绍。

五、金中都

宋金结盟共攻辽,战后,宋向金输纳"岁币",收回原幽州,改称燕山府。但为时不长,1125年金彻底灭辽,次年北宋也亡,金国统治了长江以北大半个中国,也拥有五都,前期都上京会宁府(今吉林阿城)。海陵王完颜亮于贞元元年(1153)从偏远的上京迁都燕山府,改称"中都",今天所称的北京才第一次成为一个具有全国性意义的都城,距今已有850余年了。金以后历元、明、清三朝以至今天,除了元初的38年、明初的52年和民初的21年共111年外,北京一直都是全中国的都城。

金中都在北京西南广安门一带,系金天德三年(1150)在辽南京城旧基上扩建而成,东、南、西三面城墙从辽城外拓,西、南二墙扩出更多,显然含有使宫城、皇城比较居于全城中心的意思。外城方正,面积与汴梁相近。每面三门,两两相对大街直通,组成三横三纵的网络。

各门三道，南墙中门丰宜门五道。皇城在外城内中央稍偏西南，周九里许。宫城在皇城北部。宫城的东、西、南墙也就是皇城的城墙，各墙于正中开一门，南门左右有掖门。从南面正门丰宜门往北，过皇城正门宣阳门，直抵宫城正门应天门为全城轴线，也称御道。皇城内御道两边有整齐排列的衙署和太庙，皇城内应无居民。这些，都明显是唐和北宋的传统。事实上，中都的确是模仿汴京规划的。《元一统志》就说："海陵……筑燕京，制度如汴"（图6-1-13）。

金中都的轴线并不像汴梁在宫城正门前即行终止，而是更向北延伸至宫城北门和外城北门，在宫城北门与外城北门之间，中轴线上或其附近，利用辽建的高大建筑天宁寺塔作为轴线北段的有力收束。这是一个值得注意的发展，对元大都和明清北京在中轴线北部设置钟楼、鼓楼可能有直接影响。

在中都东北离宫区建造大宁宫，从汴梁艮岳运来的大量太湖石，是今北京各公园太湖石的来源。在西北郊如今颐和园址、香山、玉泉山和钓鱼台也都建有离宫，所谓"燕京八景"——居庸叠翠、玉泉垂虹、太液秋风、琼岛春阴、蓟门飞雨、西山积雪、卢沟晓月、金台夕照，就是在金代见称于世的。

金中都在城外四郊分南、北、东、西各建南郊坛（天坛）、方丘坛（地坛）、朝日坛和夕月坛，继承了汉唐传统，是明清北京建立四坛之始。

中都城内有六十二坊，居住居民。

1214年，金中都为蒙古占领，金迁都南京（今开封）。

契丹和女真原来都是游牧民族，本身没有自己多少建筑文化，都大力向汉族学习，它们的建筑成就仍是以汉民族为主体的中国传统的组成部分。相对于辽更多接受了唐的传统来说，金所受北宋的影响显然更多。

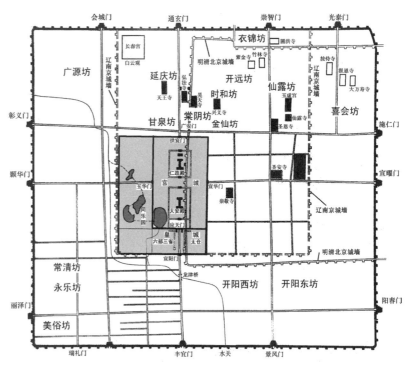

图6-1-13　金中都（萧默）

第二节　宫殿

汴梁宫殿

汴梁宫城当时称大内，又称皇城，东为东华门，西为西华门，二门之间的东西向横街将全宫分为南北二部。南部正中有以大庆殿为中心的一组宫院，正对南面宫城的正门即宫阙宣德门。宫院本身由四周廊庑围成，最前为大庆门和左、右日精门，中部大庆殿九间，接左右耳房各五间，殿前东西廊庑上有左、右太和门。大庆殿"凡正旦至大朝会策尊号则御焉"（《石林燕语》），即大朝。宋代宫殿称谓与隋唐有所不同，是以正殿而不是宫阙为大朝。殿后有中廊通后阁，成工字形相连，阁后设后门通横街。北部中间是以紫宸殿为中心的一个较小些的宫院。据《石林燕语》，"紫宸殿在大庆殿后少西"，二者不在同一轴线上。每诞节及每月朔望皇帝御紫宸，相当于唐的常朝。紫宸殿西是垂拱殿院，为日朝，使用最多。

①傅熹年.山西省繁峙县岩山寺南殿金代壁画中所绘建筑的初步分析[M]//建筑理论及历史研究室编.建筑历史研究·第一辑.北京:中国建筑科学研究院情报研究所,1982.
②侯仁之,吴良镛.天安门广场礼赞[J].文物,1977(9).

大庆殿庭之西又有文德殿庭,前为文德门,院庭内东有鼓楼、西有钟楼。文德殿本身也是工字殿,性质和用途与大庆殿近似。

宫城内还有许多其他院庭,分作寝宫、大宴、讲读和庋藏图书之用。宫城最北部有后苑(图6-2-1)。①

汴梁宫殿圈在旧衙署中,受旧有建筑限制,面积狭小,三朝轴线不能一气呵成,又多出了一个与大朝相似的文德殿院,总体布局缺乏规律性,单体建筑的规模气势也大不如唐。但工字殿的广泛应用对于金、元宫殿有直接影响,横穿东西华门的大街也很有特色,在金、元、明、清宫城中可以看到它的影响。

汴梁宫殿最值得重视的是宫前广场的规划。②

从曹邺开始,各代都城的中轴线都通过宫城正门,在此形成宫前广场,宫城正门即宫阙是广场的构图焦点。但在汴梁以前,这种广场没有更多的艺术处理。汴梁的宫前广场则大大丰富了:御道由南而来,过内城正门朱雀门在汴河上架州桥,是宫前广场的起点;自此向北大道分为三,中道皇帝专用,两边为朱红杈子、满植莲荷的水道和一般人行的旁道,再外植果树杂花并建东、西长廊。长廊南头起自州桥北的文、武二楼,北头至接近宣德门处分向左右折转,至左右掖门处终止,整个宫前广场呈丁字形。

州桥和文武二楼提示了广场的起点,长廊、道路和水沟造成许多指向宣德门的透视线,低平的长廊也是高大宫阙的陪衬,广场至北端方向横转,使宫阙的前面十分开阔,这些,都大大加强了广场的表现力。

广场的焦点宣德门继承隋唐宫阙形制,平面呈倒凹字形,中央正楼单檐庑殿顶,左右斜廊连东西方形平面的"朵楼",由朵楼南折有行廊与阙楼相接,阙楼外侧有二重子阙,整体形象十分壮观,造成了宫前广场的高潮。徽宗赵佶绘有一幅《瑞鹤图》,今仍存,所绘即为此楼,但所示仅为屋顶,未见其全貌。此楼又经政和八年(1118)扩建,中央门洞由三道改为五道。辽宁省博物馆藏传世品北宋铜钟,铸有宫阙形象,有门五道,应就是改建后的宣德楼:在倒凹字形平面的城墙上建单檐庑殿顶的中央门楼,左右斜廊连左右朵楼,由朵楼南出以行廊连左右阙楼,阙楼有二重子阙,平面长边与正楼平行,仍同唐长安和洛阳的宫阙。朵楼和阙楼屋顶也是单檐庑殿。据记载,屋顶都用琉璃瓦(图6-2-2)。

山西繁峙岩山寺南殿西壁金代壁画中有一

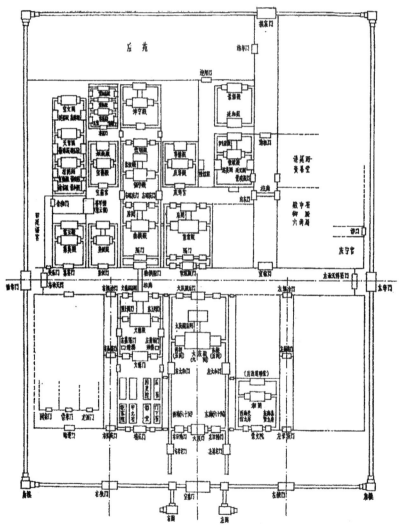

图6-2-1 汴梁宫城平面(据《宋会辑稿》、《禁扁》等绘,傅熹年复原)

座宫殿，其宫阙形象也与上述相近，应同是北宋阙制的反映（图6-2-3）。[①]

这一创造性设计对后代影响很大，金中都直接仿照汴梁，元明清也大致同此，只是宫阙位置前移到了皇城正门以外。

汴梁作为金朝南京，宫殿大体沿宋宫之旧，正门左右各有太庙和社稷坛，与以后明清北京太庙、社稷坛位置相同（《历代宅京记》）。

临安宫殿

临安以原州治为大内，比汴宫简陋得多，前朝大殿仅五间，正面向前扩出三间，殿后有"其制尤卑"的"拥舍"七间，名延和殿，与前殿合成工字殿。虽名为大殿，其实只相当于衙署的"设厅"（即大厅）。大殿无常名，随其用途而临时改名，也是一个奇怪的做法，如行册礼时即名大庆，朔望视朝则名紫宸，常朝则曰垂拱，策士则称集英等。各名皆同汴梁相应殿名。工字殿外四面围合廊庑，东西廊各二十间，南廊九间，其中三间为院门。

辽中京宫殿

辽中京（今内蒙古宁城）宫殿正门称阊阖门。北宋路振曾作为朝廷特使出访中京，他写的《乘轺录》专记这次出访的见闻，中云："阊阖门楼有五凤，状如京师（指北宋西京洛阳），大约制度卑陋"。可见阊阖门仿洛阳宫阙五凤楼，只是规模较小。此门现已经考古发掘，报

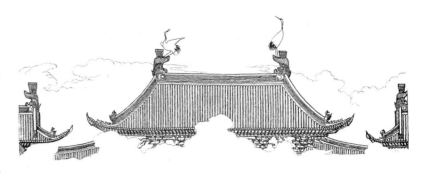

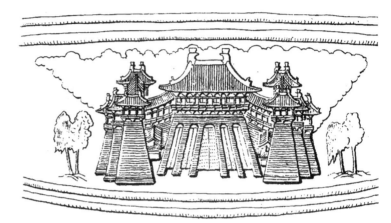

图6-2-2 宋徽宗《瑞鹤图》和北宋铜钟表现的宣德门（傅熹年摹）

告称：在阊阖门址之南80米，大道（即中轴道）与一条东西向之大路相交叉，路宽约15米，[②]也说明此门平面是倒凹字形的，凹字两臂约长80米。

金中都宫殿

金中都和中都宫殿都受到汴京的直接影响。在建设前曾派画工"写京师（指汴京）宫室制度、阔狭修短，尽以授之左丞相张浩辈，按图

①傅熹年.山西省繁峙县岩山寺南殿金代壁画中所绘建筑的初步分析[M]//建筑理论及历史研究室编.建筑历史研究·第一辑.北京：中国建筑科学研究院情报研究所，1982.

②辽中京发掘委员会.辽中京城址发掘的重要收获[J].文物，1961(9).

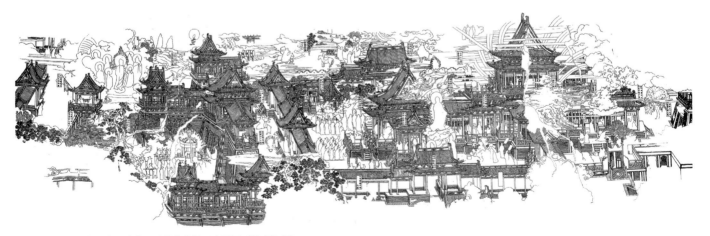

图6-2-3 山西繁峙岩山寺南殿西壁金代壁画宫殿图（傅熹年摹）

修之"(《金图经》)，所以制度大致如汴梁而更为规整，宫前广场几乎完全是汴梁的翻版：皇城正门宣阳门上为重楼，下开三门。进门过鸭子桥是宫前广场的起点，中间御道甚阔，道旁的水道两岸植柳，再左、右是人行道，最外夹建长廊。长廊南端建文武二楼，向北各二百间，立三门相对，东西各通入府、省和太庙，在宫城正门应天门前各东、西转一百余间，过左右掖门止。应天门规模很大，面阔十一间，平面继承了隋唐以来的宫阙，呈倒凹字形，下开五门，凹字左右前端为阙，各有两个子阙，屋顶全用琉璃瓦（图6-2-4）。

宫城内部也仿自汴梁，但纠正了汴宫的不足，如前后两座宫院大安殿院和仁政殿院都坐落在中轴线上，改正了汴宫紫宸殿在大庆殿"少西"的缺点。大安、仁政二殿后部可能也各有中廊连接后殿，成工字形。工字殿的后殿是二层楼阁，同于汴宫。上述繁峙岩山寺金代壁画画出一座宫殿，前有宫阙，内有回廊大院，极可能就是中都宫阙、宫殿的写照（图6-2-5、图6-2-6）。据建筑史学家傅熹年复原研究，

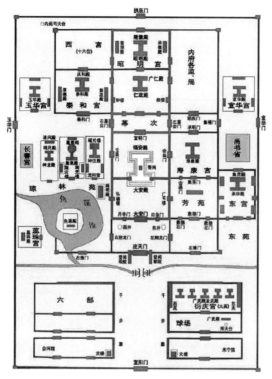

图6-2-4 金中都皇城宫城示意图（北京宣南文化博物馆）

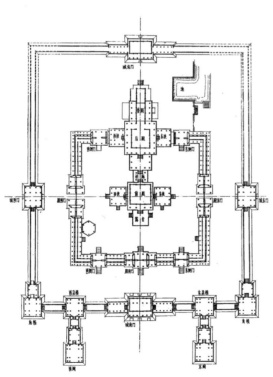

图6-2-5 山西繁峙岩山寺南殿西壁金代壁画宫殿图复原平面
（傅熹年复原并绘）

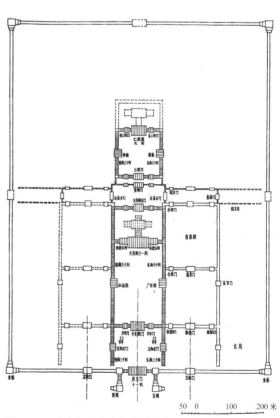

图6-2-6 金中都宫城平面（傅熹年复原）

大安、仁政二院之间有一横长过院，四面都是门，按照汴宫做法，可能通过东、西门会有连接宫城东门宣华门和西门玉华门的横街。[①]南宋范成大《揽辔录》称大安殿为"前殿"，相当于大朝，以决国之大事，举行大典；仁政殿是"常朝"，"朔望则坐而视朝焉"。又据明·孙承泽《春明梦余录》记金宫"正中曰皇帝正殿，后曰皇后正位"，似乎仁政殿又相当于后寝。若果然，元宫就是对金宫的直接继承了，并一直影响到明清。

南宋《事林广记》载有一幅描绘中都宫殿的《帝京宫阙图》，图中宫城分三路，西路北部有蓬莱阁等楼台池沼。但图上所注"应天门"实际是大安门，宫阙应天门应在其南注为"燕山府"的地方（图6-2-7）。

西夏兴庆府宫殿

西夏在其都城兴庆府（今宁夏银川）建造过宫殿。早在西夏第一位皇帝嵬名元昊（因先世曾受唐赐姓，后又受宋赐姓，故又称李元昊或赵元昊）建国前，他的父亲嵬名德明即"大役民夫，于敖子山大起宫室，绵亘二十余里，颇极壮丽"（《西夏书事》卷九）。元昊称帝后，又在兴庆府"城内作避暑宫，逶迤数里，亭榭台池，并极其胜"（《西夏纪》卷十一）。

西夏的主体民族党项羌，隋唐以前居青海东南部，隋唐时渐向东北方迁移，最后据有了陕西北部、宁夏及甘肃全境和新疆东部、内蒙古西部。关于党项羌的建筑情况所知甚少，《旧唐书·党项羌传》记其"居有栋宇，其屋织犛牛尾及羊毛覆之，每年一易"。又，在西夏《番汉合时掌中珠》中，既有木构建筑名称，也有"毡帐"等词，可略知旧为游牧时有庐帐居住习俗。建国后向汉族学习，"得中国土地，役中国人力，称中国位号，仿中国官署，任中国贤才，读中国书籍，用中国车服，行中国法令"（《续资治通鉴长编》卷十五），可见其宫室建筑大约

多为汉式。但一般民居仍仅为土屋。《宋史·夏国传》记其居室"皆土屋，惟有命者得以瓦覆之"。西夏宫殿今都不存，仅有部分遗迹。

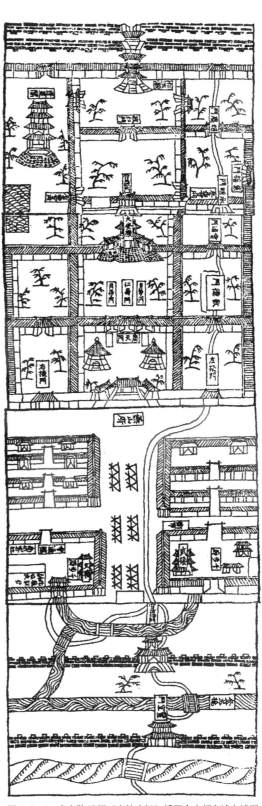

图6-2-7　南宋陈元靓《事林广记》插图金中都皇城宫城图

①傅熹年. 山西省繁峙县岩山寺南殿金代壁画中所绘建筑的初步分析[M]//建筑理论及历史研究室编. 建筑历史研究·第一辑. 北京：中国建筑科学研究院情报研究所，1982.

①本节主要参考资料：梁思成，刘敦桢．大同古建筑调查报告[J]．中国营造学社汇刊，第10卷，第3、4期合刊，1933；林徽因，梁思成．晋汾古建筑预记略[J]．中国营造学社汇刊，第5卷，第3期，1935；梁思成．正定调查纪略[J]．中国营造学社汇刊，第4卷，第2期，1932；梁思成．蓟县独乐寺观音阁山门考[J]．中国营造学社汇刊，第3卷，第2期，1932；刘敦桢．河北省西部古建筑调查纪略[J]．中国营造学社汇刊，第5卷，第4期，1935；刘敦桢．河南省北部古建筑调查记[J]．中国营造学社汇刊，第6卷，第4期，1937；杜仙洲．义县奉国寺大雄宝殿调查报告[J]．文物，1961(2)；祁英涛，杜仙洲，陈明达．两来山西省新发现的古建筑[J]．文物参考资料，1954(11)．等等。

第三节　佛寺祠庙（石窟附）

这一时期遗存至今的佛寺和祠庙总计五十余处，比唐代大大增多，①其中约有十处大致保存着原来的总体平面布局，如北宋河北正定隆兴寺、山西太原晋祠、辽代天津蓟县独乐寺、山西应县佛宫寺、辽金山西大同华严寺和善化

图6-3-1　莫高窟第61窟北宋《五台山图》佛寺（《敦煌建筑研究》）

图6-3-2　莫高窟五代第61窟北壁中心塔式佛寺（《敦煌建筑研究》）

寺，南宋福建泰宁甘露庵等。从文献和图碑、壁画中还可以找到一些有关总体布局的资料。佛寺布局仍有以塔为中心和以佛殿为中心的两种方式，而以后者为主。祠庙则都不建塔，近似以佛殿为中心的佛寺。佛寺和祠庙又都与宫殿、衙署、宅第有不少共通之处。

上述五十余处遗例包括当时所留木构单体建筑七十余座，为我们研究其空间构图，体形处理等艺术手法提供了宝贵资料，其中五代五座，北宋和辽、南宋和金皆三十余座，建造的时间充满整个五代两宋，平均每五年就有一座出现。其单体建筑类型有单层殿堂，也有二层楼阁，按屋顶形式则有庑殿、歇山和悬山，从地域来说以华北晋冀二省较多，其他分散在辽、豫、甘和苏、浙、闽、粤等省，较唐代大为广泛。

以下，我们将先从总体布局角度加以概述。

一、以塔为中心的佛寺

以塔为中心的佛寺布局早期甚多，隋唐后渐少，但宋、辽仍有出现，在敦煌五代、北宋、西夏的壁画中均有表现，如莫高窟五代第61窟西壁《五台山图》中的万菩萨楼和大法华寺左侧某寺，同窟北壁经变画中亦画有一寺，又如西夏的几处壁画（图6-3-1～图6-3-3）。更早的例子如前章所举中唐第361窟北壁所绘壁画二例，中心塔不在院落正中而退于后侧，塔前空间开阔，便于从院庭中仰视（参见图5-3-10、图5-3-11）。

这个时期中心塔式佛寺现存实例如山西应县佛宫寺（辽）、河北涿县普寿寺（辽、金）、内蒙古巴林左旗庆州佛寺（辽）等（图6-3-4）。它们的院庭都是纵长矩形，山门在院庭前面正中，塔在院庭中轴上，偏后，塔前左右或有钟楼、鼓楼，塔后都有大殿。佛宫寺塔即著名的释迦塔，又称应县木塔，通高达67米。

由山门后柱至塔中心的水平距离约71米，仰视大塔，恰可看到塔顶仰莲以上的全部塔刹。庆州佛寺现只存七级砖塔一座，由遗址可知平面形式与佛宫寺类似，但后殿是工字形相连的两座大殿。普寿寺山门后的七级砖塔也是辽代建造，塔后高台上有后代建筑的大殿及殿前的左右配殿。

二、以佛殿为主的佛寺

以佛殿为主的布局是佛寺的主流，在敦煌壁画中占绝大多数。莫高窟五代第146窟北壁一画，表现了它的主要特征，作为全寺中心的主要大殿位于院庭中轴线上。壁画上的佛殿大都是单层，小寺只有一座，大寺前后顺序布置二、三座。主殿也可能是两层楼阁（图6-3-5、图6-3-6）。此外，从五代壁画所见，佛寺的山门还有并建三座楼阁的形式，都是二层、三开间，中间一座较高较大（图6-3-7）。

以佛殿为主体的佛寺布局实例，现存主要如河北正定隆兴寺（北宋），天津蓟县独乐寺（辽），辽宁义县奉国寺（辽），山西大同善化寺（辽、金）、华严寺（辽、金）等。南方著名建筑则有福州华林寺和宁波保国寺，但华林寺只剩下了一座大殿，保国寺的总平面以后也有很大改变，拟在后节介绍单体建筑时再加叙述。

主要佛殿经常偏于后部，而不一定在寺院前部。辽代佛寺的主佛殿常建在大台上，高出众殿以上。

独乐寺不大，现存山门和门内主殿观音阁都建于辽代。观音阁二层，设计时也考虑到观赏效果。阁通高23米余，由山门后檐柱至阁中心水平距约43米，相当于阁高的两倍，人眼与阁顶的连线与水平线形成的垂直视角正是观赏全阁的最佳视角，可以看到阁的屋面，不致被深远的出檐完全遮挡（图6-3-8～图6-3-11）。

图6-3-3 宋代第307窟前室西壁西夏绘佛寺（《敦煌建筑研究》）

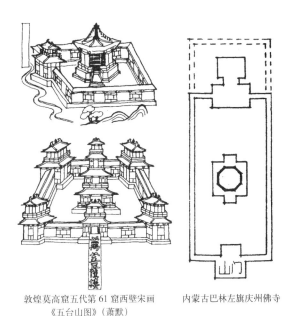

敦煌莫高窟五代第61窟西壁宋画　　　　内蒙古巴林左旗庆州佛寺
《五台山图》（萧默）

图6-3-4 中心塔式佛寺（萧默 等）

图 6-3-5　敦煌莫高窟五代第 146 窟壁画佛寺（萧默）

图 6-3-6　五代第 146 窟北壁药师经变（《敦煌建筑研究》）

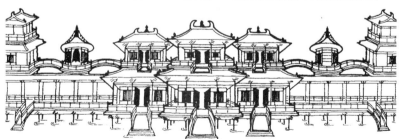

图 6-3-7　敦煌莫高窟五代第 61 窟壁画佛寺之山门（萧默）

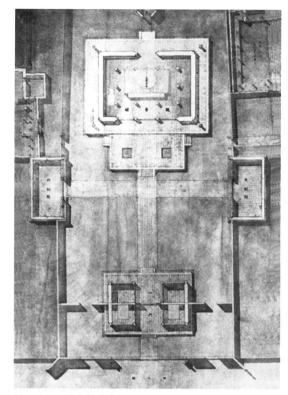

图 6-3-8　独乐寺平面

图 6-3-9　天津蓟县独乐寺观音阁（萧默）

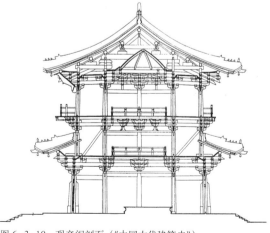

图 6-3-10　观音阁剖面（《中国古代建筑史》）

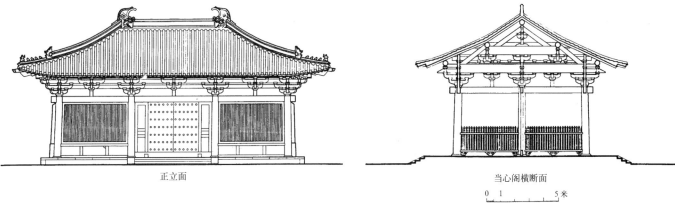

正立面

当心阁横断面

0   1   5米

图 6-3-11 独乐寺山门（《中国古代建筑史》）

在建筑的观赏中，若观者与建筑的距离是建筑高度的二倍，垂直视角 27°，即为欣赏建筑单体的最佳垂直视角。[1]如果距离过近，就不能看到对象的整体形象，人眼须上下搜索；过远，则天空等无关的景物进入视野过多，主体难以突出。观音阁的高度及阁与山门的距离，恰到好处地满足了观赏的要求。

奉国寺现存主殿大雄殿是辽代原物，建在寺院后部高台上。寺院总体布局已有部分改变。据古代文献，原布局的前段类似独乐寺，楼阁为山门内的第一座建筑。中轴线上由南而北是三门五间、观音阁一座、七佛殿九间（即今大雄殿）、法堂九间。院庭周绕廊庑，其中一百二十间内各塑佛像，谓之贤圣堂。庑间配殿有东三乘阁、西弥勒阁及伽蓝堂等。此外寺内还有客堂、僧寮、帑藏、厨舍等附属建筑，可能都置于侧院。金代文献描述此寺曰："宝殿穹临，高堂双峙，隆楼杰阁，金碧辉焕，潭潭大厦，楹以千计，非独甲于东营，视它郡亦为甲也"。其"高堂双峙"所指应为三乘阁和弥勒阁，"隆楼"应指观音阁，宝殿就是保存至今的七佛殿（图 6-3-12、图 6-3-13）。

善化寺是辽、金名刹，其总体布局现在还保存得比较完整：最南为山门五间，兼作天王殿，在门屋左右间塑四大天王像；门南隔街为照壁；门北三圣殿五间，内奉华严三圣即毗卢

图 6-3-13 辽宁义县奉国寺全景（罗哲文）

舍那佛和文殊、普贤二位菩萨；再北院庭最大，在大台上有主殿大雄宝殿，七间，左右有体量甚小的朵殿各三间；院庭周绕廊庑，仍有迹可循，在三圣殿前东西廊上原有配殿；大雄宝殿前东西廊上的配殿都是楼阁，西边一座尚存，名普贤阁。大雄宝殿及二朵殿为辽建，现存其余建筑皆建于金。大雄宝殿体量最大，它前面的院庭也最大，显然是全寺的构图重点（图 6-3-14 ～图 6-3-23）。

上举奉国寺和善化寺都以楼阁为主要大殿的左右陪衬，此种做法也常见于敦煌唐宋壁画，应是当时常见的形制。楼阁竖向感较强，体量都不大，又采用形式较富变化的歇山顶，与大体量、庑殿顶、性格较为严肃的大殿形成大小、方向、丰简和性格上的对比。尤其辽代佛寺大殿常建在高台上，气势更为雄强。善化寺大

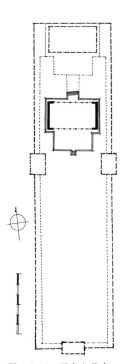

图 6-3-12 辽宁义县奉国寺总平面复原（据《文物》6102 期改绘）

[1] H·Blumenteld 的《城市设计中的尺度》及 PaulZueker《都市与广场》，转引自白佐民.视觉分析在建筑创作中的应用[J].建筑学报，1979(3).

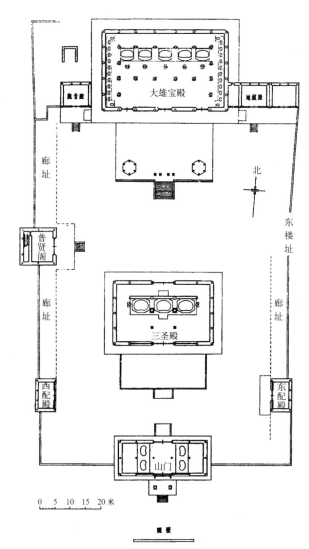

图 6-3-14 山西大同善化寺总平面(《中国古代建筑史》)

图 6-3-15 善化寺全景

图 6-3-16 三圣殿侧视大雄宝殿(孙大章)

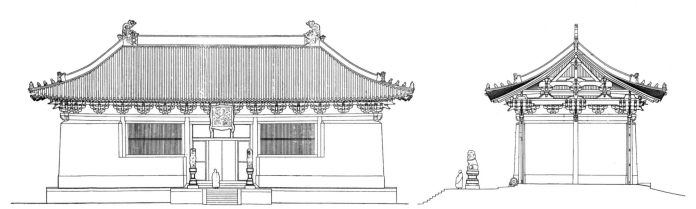

图 6-3-17 善化寺山门(《中国营造学社汇刊》)

图 6-3-18 善化寺三圣殿（《中国营造学社汇刊》）

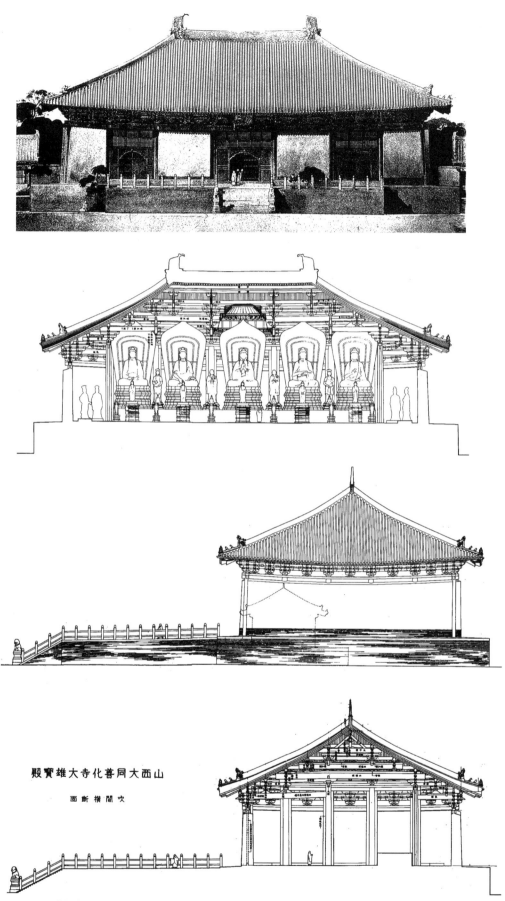

山西大同善化寺大雄宝殿

次間横断面

图6-3-19 善化寺大雄宝殿（中国营造学社）

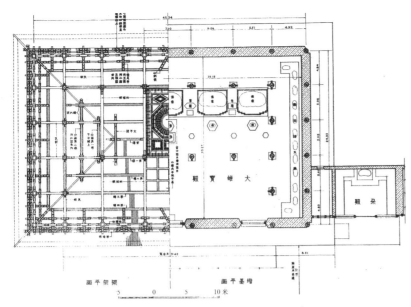

图6-3-20　善化寺大雄宝殿平面及仰视平面(《中国营造学社汇刊》)

图6-3-21　善化寺普贤阁(罗哲文)

图6-3-22　善化寺普贤阁立面(《中国营造学社汇刊》)

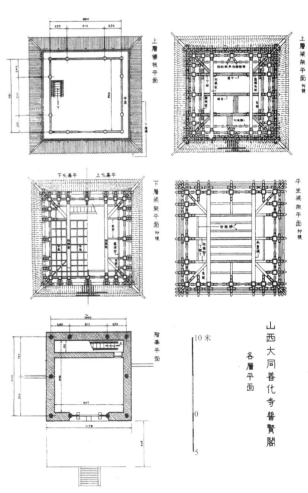

图6-3-23　善化寺普贤阁各层平面(《中国营造学社汇刊》)

图6-3-24 山西大同华严寺大殿正（东）面（孙大章、傅熹年）

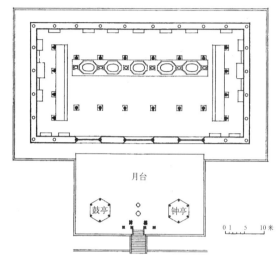

图6-3-25 大同华严寺大雄宝殿平面（《中国营造学社汇刊》）

图6-3-26 华严寺薄伽教藏殿（罗哲文）

对页
①萧默．敦煌建筑研究·佛
寺[M].北京：文物出版
社，1989.

图6-3-27 华严寺薄伽教藏殿模型（北京古代建筑博物馆）

雄宝殿左右各有一座小小的朵殿，进一步衬托出大殿的高大。以后又在殿前月台前沿正中加建牌坊一座，台上左右还各加建一小亭，虽都不是辽、金原物，却在形式和体量上更加强了这种对比。"对比"是建筑艺术创作不可或缺的手法。对比以后而不见杂乱，整体又显出高度的和谐，则尤为重要。可见古代匠师在创作时，除注意于每座建筑物本身的权衡外，更精心于各单体建筑之间的"关系"。"美在关系"，是所有艺术创作的核心课题，对于建筑艺术的创作，无论是单体造型还是群体布局，尤其显得重要。

奉国寺和善化寺都将全寺重心安排在后部，更加含蓄、内在而温文，与许多西方建筑突兀而起，外在而暴露的作风大异，是中国人注重含蓄的审美心态及佛教的冷静内省在建筑艺术上的反映。

华严寺和隆兴寺也都是辽、宋巨刹，其布局原则与上举各寺相类，强调规整对称，含蓄内在，对比而和谐，但又有各自的特点。

华严寺东向。"契丹好鬼贵日，朔旦东向而拜日，其大会聚视国事，皆以东向为尊，四楼门屋俱东向"（《五代史·四夷附录》），说的是辽代初营上京临潢府宫殿的事，反映契丹人的原始宗教习俗。从华严寺的东向，可知它在佛寺建筑中也有所体现。华严寺现存主殿大雄宝殿建在大台上，初建于辽，重建于金，单檐庑殿顶，面阔九间、宽53米，进深五间、27米，面积1431平方米，是中国现存最大的佛殿。它的右前方即东南方有薄伽教藏殿，亦东向，辽建，五间，单檐歇山顶，也建在大台上。若以大雄宝殿所在的轴线为全寺主轴，似可推测在主殿左前方即东北方原来应该还有一座与薄伽教藏殿相对称的建筑，三殿呈品字形，总体作横向布局，规模很大（图6-3-24～图6-3-29）。

隆兴寺则特别强调纵深布局，在东西仅几十米、南北长达360米的狭长地段上布置殿堂，由南而北原有主要建筑山门、大觉六师殿（仅存遗址）、摩尼殿、佛香阁和弥勒殿，以佛香阁为主殿。在摩尼殿以南，寺东西宽仅约60米，至佛香阁区域扩为100米。阁内有高达24米的铜观音像，铸于北宋开宝四年（971），原阁应与之同时，但现存已是后代重建的了。阁左右有御书楼、集庆阁两座较小的楼阁，与大阁有弧形阁道相通，也是后代重建的。其前又有慈氏阁和转轮藏殿两座形式相近、东西相向的楼阁为配殿。此二阁为北宋原建，平面基本方形，皆二层，下有腰檐，腰檐正面向前伸出"雨搭"，腰檐上为平座，顶覆重檐歇山。这一群楼阁如众星拱月，衬托出主体建筑佛香阁的辉煌气势（图6-3-30～图6-3-38）。

摩尼殿也是北宋原建，成于1052年，平面和形状特殊，是在方形殿堂上覆重檐歇山顶，殿身四面各出一抱厦。抱厦各覆单檐歇山，歇山山面向外。这种抱厦称为"龟头屋"。

在摩尼殿与慈氏阁等二阁之间，清代加建了一座围以围廊的戒坛殿，位置迫促，殊为不伦。

在此，我们还要介绍敦煌石窟榆林窟第3窟一幅西夏壁画所绘佛寺。西夏大约在11世纪60年代占领敦煌，直至1227年亡于蒙古。榆林窟第3窟北壁西方净土变绘于西夏晚期，晚于隆兴寺，图中所绘佛寺的形式与隆兴寺由摩尼殿至佛香阁一段（包括其配殿）十分近似。其屋顶样式、层数、间数和相对位置，甚至像摩尼殿这样很少见到的形制，都在壁画里得到相当仔细的描绘。壁画形象与隆兴寺关系密切，应非偶然，正是西夏与中原文化交融的反映，说明西夏晚期建筑的汉化程度（图6-3-39～图6-3-42）。[①]

此外，甘肃酒泉文殊山石窟也有经西夏重绘的壁画，其重要洞窟千佛洞东壁弥勒上生经变所绘佛寺，也全是汉式建筑。在主殿后面以中廊连接后殿，呈工字形，更屡见于宋、元的宫殿祠

图6-3-28 华严寺薄伽教藏殿立面（《中国营造学社汇刊》）

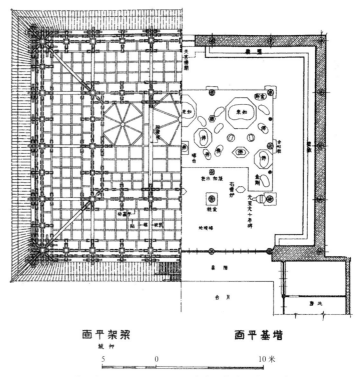

图6-3-29 华严寺薄伽教藏殿平面及仰视平面（《中国营造学社汇刊》）

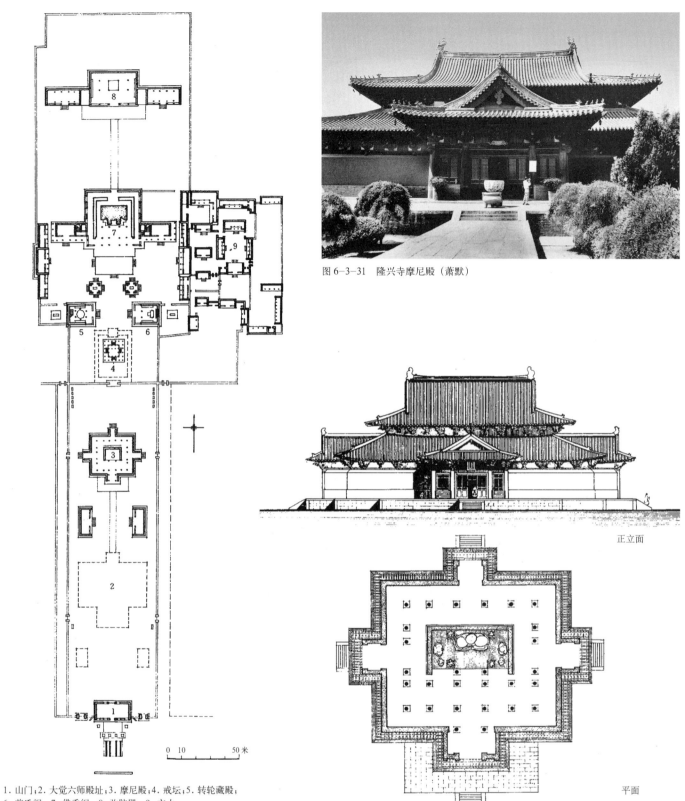

图 6-3-31　隆兴寺摩尼殿（萧默）

正立面

平面

1.山门；2.大觉六师殿址；3.摩尼殿；4.戒坛；5.转轮藏殿；
6.慈氏阁；7.佛香阁；8.弥陀殿；9.方丈

图 6-3-30　河北正定隆兴寺总平面（《中国美术全集．建筑艺术》）

图 6-3-32　隆兴寺摩尼殿立面、平面（《华夏意匠》）

图6-3-33 河北正定隆兴寺慈氏阁（萧默）

图6-3-34 隆兴寺转轮藏殿（萧默）

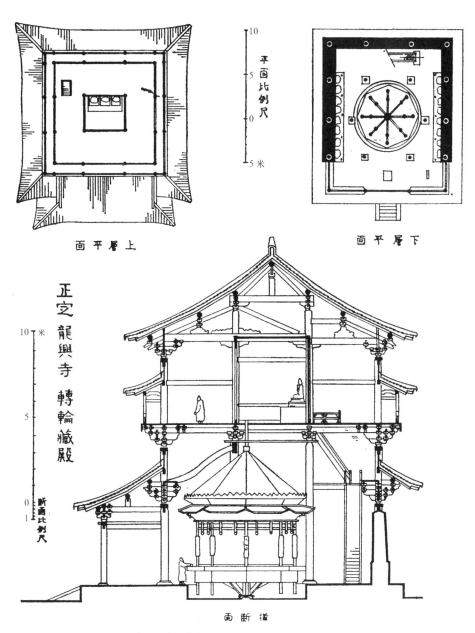

图6-3-35 隆兴寺转轮藏平面、横剖面（《梁思成文集》）

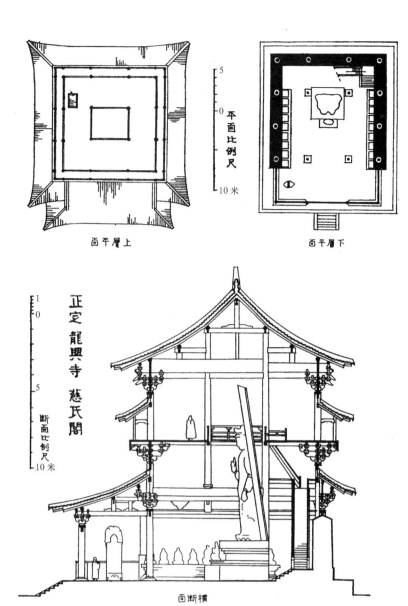

图 6-3-38　隆兴寺佛香阁大佛（萧默）

图 6-3-36　隆兴寺慈氏阁平面、横剖面（《梁思成文集》）

图 6-3-37　隆兴寺佛香阁及东配楼（萧默）

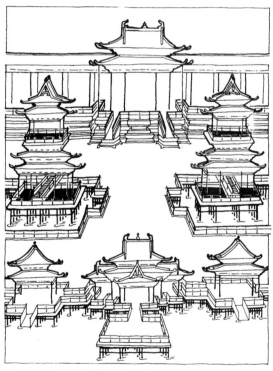

图 6-3-39　甘肃安西榆林窟西夏第 3 窟壁画佛寺（萧默）

图 6-3-40　十字殿，榆林窟西夏第 3 窟北壁西方净土变局部（孙儒涧、孙毅华）

图 6-3-41　榆林窟西夏第 3 窟北壁西方净土变局部（孙儒涧、孙毅华）

图 6-3-42　榆林窟西夏第 3 窟南壁西方净土变局部（孙儒涧、孙毅华）

庙。西夏尊奉佛教，其国主元昊本人"晓浮图学"，多次向宋朝求赐佛经，还广造寺院，修建佛塔。甘肃武威西夏《重修凉州护国寺感应塔碑铭》称，西夏"释教尤所崇奉，近自畿甸，远及荒要，山林溪谷，村落坊聚，佛宇遗址，只椽片瓦，但仿佛有存者，无不必葺。"榆林窟和文殊山的西夏壁画，就是这种宗教气氛下的产物。

福建泰宁甘露庵建于南宋，在一个半露天的巨大岩洞内。岩洞深27米、开口处宽32米、高37米，洞底前低后高。庵有四座殿堂，蜃阁位于中心，单檐歇山顶，阁前有两层木平台。平台正中建小亭，置韦驮像，相当于一般佛寺的天王殿。由蜃阁两侧的台阶可登至后面的上殿，阁、殿之间左右是观音阁和南安阁。上殿是单层，二阁其实也是单层，覆重檐歇山顶，很小，只因二阁的地板以下又有一重腰檐遮覆柱脚，所以形似楼阁，也以"阁"名之。除以上四座建筑外，利用岩洞两旁空隙分置僧舍厨厕（图6-3-43）。

这座佛庵虽小，且地形复杂，但设计者利用地形高差，辅以平台，布置了多座建筑，总平面仍然均齐对称。

从以上诸例可见，以佛殿为中心的中轴对称布局在当时佛寺建筑中的盛行，有的像善化寺比较方正，也可如华严寺向横向发展，又有隆兴寺那样的纵深串连。它们给人以不同的氛围感受，华严寺雄放豪迈，隆兴寺深邃含蓄，显示了古代匠师倾注在群体布局上的才思。

三、祠庙

留存下来较重要的祠庙遗例是太原晋祠，此外还能见到某些保留在碑刻上的祠庙图像如山西汾阴后土祠等。

早自西汉，山西汾阴（今万荣县西南）就是历代皇帝祭祀后土之神的地方，汉武帝已在此建祠，与当时的甘泉泰一祠一起，是西汉前期的两个祭祀中心，分别是以后地坛、天坛的滥觞。汉以后各朝虽在都城南北郊分建天地二坛，但帝王仍常到汾阴行礼，故汾阴后土祠

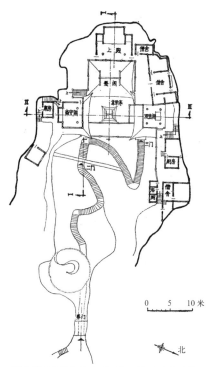
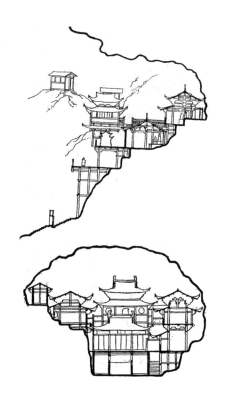

图6-3-43　福建莆田甘露庵总平面及纵、横剖面（《建筑历史研究》）

时兴时废，不绝如缕。北宋景德三年（1006），后土祠最后一次重建，可惜毁于明代的水灾。所幸万荣县仍保留下一块刻于金天会十五年（1137）的庙像图碑，十分真切地反映了宋金时后土祠的布局和建筑形式。①

古代还有五岳（泰、衡、华、恒、嵩）、四渎（江、河、淮、济）的祭祀，都分别立庙。济渎庙在河南济源县，现存遗址遗构是北宋开宝六年（973）以来的规制。中岳庙在河南登封，如今所见是清代重建重修后的面貌，但该庙保存的一块金承安五年（1200）重修中岳庙图碑，也如实反映了当时的规划。通过以上三例，可使我们了解到宋金祠庙建筑的一般概况。

据后土祠庙像图碑，后土祠是规模相当大的一组建筑群，其主体部分为一平面呈日字形的巨大廊院。日字正中一横即主殿坤柔殿，九间，重檐庑殿顶。坤柔殿后以中廊连寝殿，合成工字形。二殿左右各有斜廊接东西回廊。廊院正前方有坤柔门，门、殿之间庭院内有名为路台的方形平台一座，台东西各立乐亭一座，台北殿前有方形水池。在廊院左右各有南北紧连的四个小院，它们都通过东、西回廊与主院相连。在整个这一区域的前面复有前后串连的三个大院，第三院的东西又各凸出一个小院。三个前院的中轴线上各建门屋，院内左右建楼阁或殿堂。包括三个前院在内，总体四周围以高大院墙，墙覆瓦顶，四角有歇山顶角楼。全庙最前部又有一重院子，南墙上立三座棂星门，式样与《平江图》碑中的相近。全庙最后部围以半圆形围墙，中轴线上有两座高台，台上建屋（图6-3-44、图6-3-45）。

庙像图碑第一次详尽表现了古代大型建筑组群的完整格局，具有重要的史料价值。后土祠规模巨大，气势磅礴，布局严谨，疏密有序，重重庭院为高潮的出现作了充分的铺垫，是一个典型的国家级大型建筑群。可以看出它的总体布局方式与宫殿、大寺并无根本的不同。日字形回廊院在敦煌石窟唐代壁画已可见到，宋、金宫殿如汴梁大庆殿院等也是，左右各接一串小院也是唐代以来的传统，可见于唐·道宣《戒坛图经》寺院插图，工字形平面屡见于宋、金宫殿，前殿后寝更是早已有之。路台之名又可见于金中岳庙碑，在《东京梦华录》中称作露台，应即露天舞台之意。书中记汴梁神保观祀二郎神时"于殿前露台上设乐棚……作乐"，可见是酬神歌舞之所，实在与敦煌壁画佛殿前四周围以勾栏的露天舞台没有什么不同。同书又说"其社火呈于露台之上，所献之物动以万数"，故又可为献物台。

登封金代重修的中岳庙与后土祠十分相似，也有工字殿、路台和角楼等，只是规模较为简小，

① 王世仁. 记后土祠庙貌图碑[J]. 考古，1963(5).

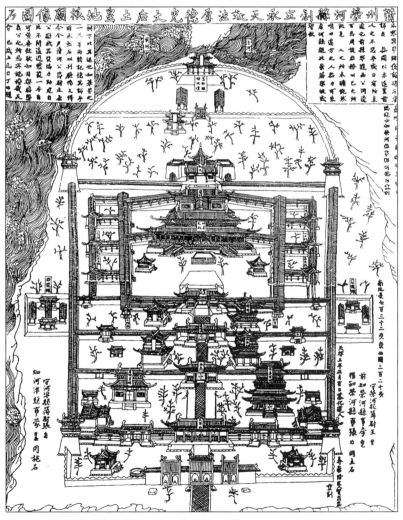

图6-3-44　山西万荣金刻后土祠庙像图碑（王世仁摹）

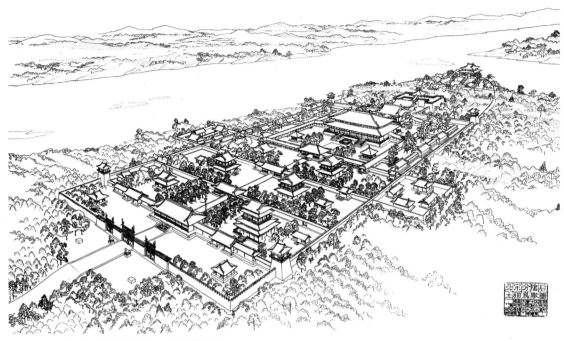

图6-3-45　后土祠复原鸟瞰（《中国古代建筑史》）

又在主院峻极门（天中阁）、峻极殿间多出一座小殿。济渎庙与中岳庙相似，规模也比后土祠小，主殿前也有一座小殿。主殿渊德殿后及中廊仅只有遗址，后部寝殿仍存。中国帝王、方士，以人的模式拟之自然，把自然也划分为各种等级，以"皇天后土"体制最高，五岳视同天帝的三公，四渎视同天帝的诸侯，所以中岳庙和济渎庙虽也是国家级祠庙，品位较后土祠为低（图6-3-46～图6-3-50）。

晋祠在太原西南。晋地向称为唐，西周初，成王之弟叔虞封唐。据《水经注》，至迟北魏时就有"唐叔虞祠"。现在的晋祠以圣母祠为中心，圣母祠的主体建筑圣母殿祀叔虞之母姜氏，属地方级祠祀，本身规模比上述三庙小得多。但圣母祠前方左右还分列众多其他祠庙，分祀叔虞、关帝、文昌、公输、水母、东岳、三圣等，因而总体规模也很可观。圣母祠西邻悬瓮山，地形西高东低，建筑依势坐西面东。沿圣母殿中轴线由前至后有水镜台（即戏台，面向后）、会仙桥、金人台、对越坊、献殿、左右钟鼓二楼、

"鱼沼飞梁"和圣母殿。圣母殿和鱼沼飞梁都建于北宋，献殿重建于金，其他都是后代所建（图6-3-51、图6-3-52）。

献殿是露台即献物台的转变，台上建屋即名献殿，仍保持一些露台的痕迹，如四面无墙、仅以栅栏区隔（图6-3-53）。所谓"飞梁"是架在一座名为"鱼沼"的方形小池上的十字平面石桥，十字中心扩为方台。敦煌石窟唐宋壁画中相类者极多，都在大殿前，殿前有水池，名净土池，池心立平台，四向通桥，是净土宗信奉的阿弥陀经所说佛国有七宝池八功德水的表征，鱼沼飞梁也应取法于此。中国的祠庙和道教建筑常取法佛寺，这也是一个例子。

圣母殿五间，重檐歇山顶，前檐进深两间，是极少见的做法，十分宽敞。殿内龛中置圣母像，龛侧和沿墙有著名的宋塑三十八身美丽的侍女和女官像。她们性格活泼，顾盼有致，颦笑自如，活现了现实生活中的人间真情。此外，殿内还有四身男侍像（图6-3-54～图6-3-59）。

圣母祠浓荫四布，曲水回合，有周柏隋槐、

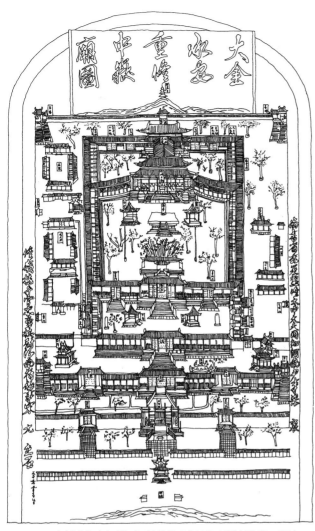

图 6-3-46 金刻"中岳庙碑"（汪礼清据《中国营造学社汇刊》重绘）

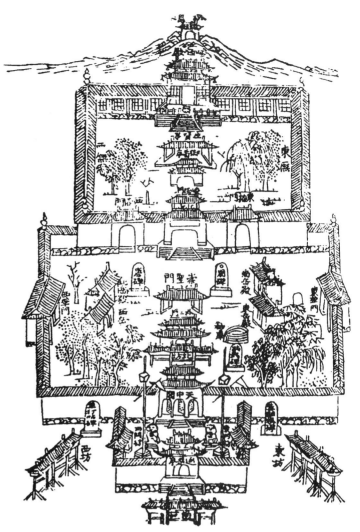

图 6-3-47 清刻"中岳庙图"（《中国营造学社汇刊》）

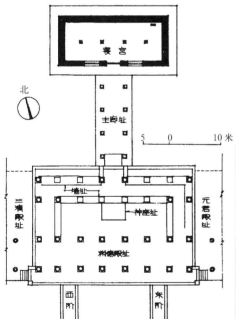

图 6-3-48 河南济源济渎庙渊德殿及寝殿平面

图 6-3-49 河南中岳庙正门天中阁（罗哲文）

图 6-3-50 中岳庙峻极殿（罗哲文）

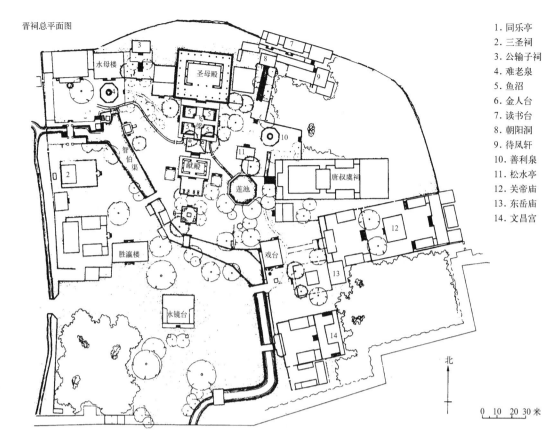

晋祠总平面图

水母楼
圣母殿
智伯渠
献殿
莲池
唐叔虞祠
胜瀛楼
戏台
水镜台

北

0 10 20 30 米

1. 同乐亭
2. 三圣祠
3. 公输子祠
4. 难老泉
5. 鱼沼
6. 金人台
7. 读书台
8. 朝阳洞
9. 待凤轩
10. 善利泉
11. 松水亭
12. 关帝庙
13. 东岳庙
14. 文昌宫

图 6-3-51 太原晋祠总平面 (《中国古建筑大系》)

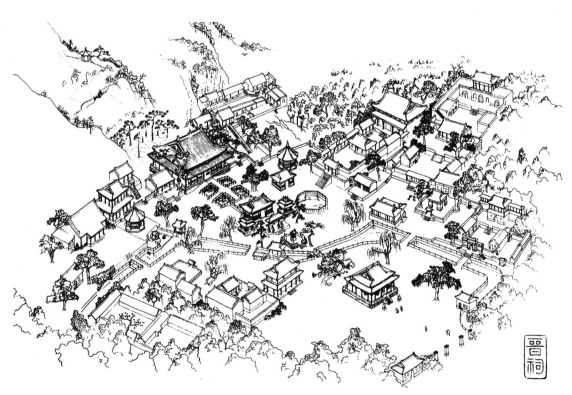

图 6-3-52 晋祠鸟瞰 (《中国古代建筑史》)

图 6-3-53 山西太原晋祠献殿（罗哲文）

图 6-3-54 晋祠圣母殿（孙大章）

图 6-3-55 晋祠圣母殿模型（北京古代建筑博物馆）

图 6-3-56 圣母殿前廊梁架（萧默）

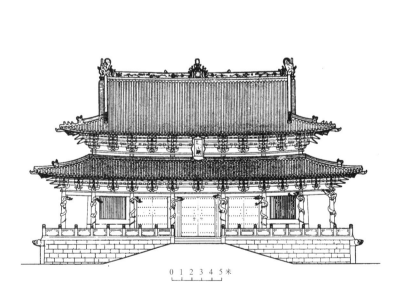

图 6-3-57 晋祠圣母殿平、立、剖面图（《中国古建筑大系》、《中国古代建筑史》）

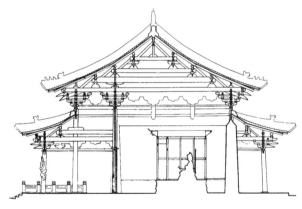

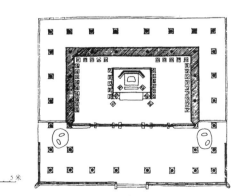

图6-3-58 宋代彩塑宫女两身（罗哲文）

图6-3-59 圣母殿殿额（萧默）

晋水三泉，自古以来就是晋中胜游佳处。这里庙会极多，据《晋祠志》载，平均每六天就有一次，实际上已成为一个社会娱乐中心，宗教气氛并不强烈。与此相适应，圣母祠本身没有围墙，它与周围众多祠庙的外部空间融合在一起。开敞的献殿，波光潋滟的鱼沼飞梁和造型空灵轻扬的圣母殿，都渲染了开朗活泼的氛围。

四、石窟

五代、北宋以至西夏和元代，在敦煌莫高

窟和安西榆林窟继续开凿石窟。四川大足石窟的凿造至宋代达到鼎盛，但窟室本身的建筑意义无可足述。

敦煌五代和北宋前期流行背屏式窟，其形制特点是平面方形，覆斗顶，四壁不再开龛而在窟室中央偏后置倒凹字形平面的中心佛坛，可以绕坛回行，坛后沿留出一面直通到顶的石壁，即所谓"背屏"。彩塑造像都在坛上，背屏前居中设主尊，菩萨、弟子、天王、金刚力士胁侍左右。塑像从前此的壁龛内搬出来置于坛上，与人的距离更近了，体量也较原在佛龛中加大了许多，使得背屏式窟比唐代覆斗窟扩大了许多，面积约100～200平方米，相当于一座小型方殿。可以看出，背屏式窟正是对于佛殿的更加肖似的模仿。倒凹字形佛坛是佛殿中常可见到的，背屏则相当于佛殿里的扇面墙或佛像的背光。这种窟形已个别地见于晚唐，五代北宋较多，成为这一时期的代表窟形。同覆斗窟一样，背屏窟也不见于印度，是石窟艺术进一步中国化的产物（图6-3-60～图6-3-62）。

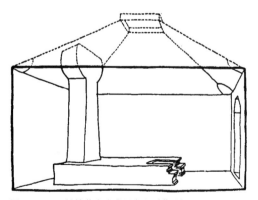

图6-3-60 敦煌莫高窟背屏式窟（萧默）

图6-3-61 莫高窟背屏式窟室(五代第61窟)(《敦煌建筑研究》)

①萧默.敦煌建筑研究·洞窟形制[M].北京：文物出版社，1989.

图6-3-62 莫高窟背屏窟（宋代第55窟）(《敦煌建筑研究》)

敦煌的西夏、蒙元石窟仍以较小些的覆斗窟为主。①

敦煌莫高窟的岩面在五代、宋时期经过大的整修，重建和新建了不少窟檐，并重新连通栈道，其中四座宋初建造的窟檐至今保存完好，较多保持了唐代风格（图6-3-63、图6-3-64）。

第四节 建筑单体、结构与空间

在现存全部七十多座建筑单体中，我们选择了较为重要的三十座加以分析，重点在于从中找出结构的发展与艺术处理的互动关系。

一、总述

图6-3-63 莫高窟宋代第427窟窟檐（《敦煌建筑研究》）

这些单体的基本情况可见附表。中国古代建筑的专业名词术语繁多，在阅读附表以前，有必要对一些最基本的概念略加解释：

（一）面阔与进深

面阔以立面上由檐柱所分隔的间数表示，一般都是单数。各间按位置各有专名，即正中一间称当心间，左右依次为次间（由中而边以第一、第二为序）、梢间和尽间。大约从北朝晚期开始已有当心间最宽的做法，隋唐通常都是当心间最宽，左右减窄。当心间加宽的做法突出了立面

图6-3-64 莫高窟宋代第437窟（下）和第444窟窟檐（萧默）

正中，又加密了转角处的柱距，对于造型和加强转角的刚性都很有利，宋以后几乎已成通例。

进深是指建筑平面上与面阔垂直方向的划分，有两种表示方法：一是如同面阔以"间"数表示，如二、三、四、五间等，但因建筑内部中心部位的横向（在此指与面阔垂直的方向）列柱和山面檐柱的数目往往不一致，位置也不一定相直，所以又有另一种表示方法，即依屋顶椽数而定。从建筑正面檐柱上面的檐枋（宋称枋，明清称檩，又称桁）开始，每两枋之间的水平距离即作为一"椽架"，因屋顶前后坡一般对称，所以椽架都是双数，如四、六、八、十、十二椽架等。表中采用第二种表示方法。所列面阔与进深的尺寸是指总面阔与总进深，以柱中至柱中计，以米为单位，建筑面积则是它们的乘积。

（二）屋顶形式

已经介绍过，不再赘述，需要补充的是关于"副阶"的概念。所谓副阶，是在主体建筑以外四周附建的一圈单面坡屋顶的空间，一般深两椽。主体的屋顶与副阶屋顶一般皆上下两层，成为重檐。副阶的空间可以与主体建筑合一，即在主体建筑的檐柱一线没有区隔，外墙放在副阶檐柱处，如正定隆兴寺摩尼殿、苏州玄妙观三清殿等；更多的是作为主体的一圈外廊，外墙仍置于主体檐柱处，副阶檐柱无墙；也有部分与主体建筑空间相重，如晋祠圣母殿正面副阶就与主体建筑前二椽架空间合一，前墙退到前金柱一线，使前廊进深为四椽架。

（三）梁

梁在宋代称"栿"（音 fu），是沿进深方向在柱上架设的水平承重构件，依其长度和位置的不同又有不同称谓，一般依支承它的两个柱子之间的椽数定名，如三椽栿、四椽栿、六椽栿等。若栿的一头搭在檐柱上，长为两椽，特称为乳栿。表中所谓"梁架主要结构形式"系对该建筑中部数片主要梁架的描述，如某进深

八架椽的殿堂，可能是"前后乳栿对四椽栿用四柱"，即该片梁架有前后两根檐柱，中间有两根内柱，共四柱，檐柱和内柱的距离为二椽，上架乳栿，内柱之间的距离为四椽，上架四椽栿等。依此类推。

（四）柱

最外一圈柱子统称檐柱，依地位又可称为前、后和山面檐柱。内柱名称较复杂，四架椽屋一般没有内柱，六架和八架椽屋最多可有两列内柱，称为前、后金柱；十架和十二架椽屋最多可有四列内柱，靠近檐柱的称前、后老檐柱，内部的称前、后金柱。

（五）缝

为明确某片梁架在建筑中的位置，就以"缝"的名称来标明，如"明间缝"是指明间两侧的梁架，"次间缝"是指次间外侧的梁架。

（六）减柱和移柱

例如十架椽屋只有两排内柱，或八架椽屋只有一排内柱，比一般减少了一排或两排内柱，此布列方式即称减柱；一般的内柱都置于双数椽下，且与前后檐柱对位，若内柱在前后方向置于单数椽下，或左右方向偏离檐柱一线，此布列方式即称移柱。个别建筑的柱子既作减柱，又有移柱。山西朔县崇福寺弥陀殿为七开间八架椽屋，按一般做法，殿内前、后应各有六根金柱，但此殿前金柱只有四根，其中两根移到了次间正中，是减柱与移柱并行的例子。减柱和移柱都出之于内部使用功能或艺术处理的需要，使得梁架发生许多复杂的变化。有的专家依构架类型用"殿堂造"、"厅堂造"、"奉国寺型"等来描述梁架，不称"减柱"或"移柱"。本书不打算过多深入纷繁的构架领域，故仍按习惯称谓使用这两个名词。

有了以上基本知识，下面的叙述就比较容易了。对这些殿阁就造型和空间处理进行观察和分析，可以了解到当时建筑的一般情况。

名称及地点	年代（公元）	面阔与进深	面积（平方米）	深／阔	屋顶	层数	梁架主要结构形式
龙门寺西配殿 （山西平顺）	后唐 925	三间四架	9.87×6.80=67.1	1/1.45	单檐悬山	1	四橡栿通檐用二柱，现存最早悬山顶
大云院大殿 （山西平顺）	后晋 940	三间六架	11.80×10.10=119.2	1/1.17	单檐歇山	1	前四橡栿对乳栿用三柱
镇国寺大殿 （山西平遥）	北汉 963	三间六架	11.57×10.77=125	1/1.07	单檐歇山	1	六橡栿通檐用二柱
华林寺大殿 （福建福州）	北宋 964	三间八架	15.67×14.58=228	1/1.07	单檐歇山	1	前后乳栿对四橡栿用四柱，南方最早木构
敦煌427窟檐 （甘肃敦煌）	北宋 970	三间 （附岩建）	6.76		单檐庑殿	1	乳栿后尾插入崖壁，可视为未完成的殿屋
独乐寺观音阁上层 （天津蓟县）	辽 984	五间八架	19.12×13.36=255	1/1.43	单檐歇山	2	前后乳栿对四橡栿用四柱，中空套筒
独乐寺山门 （天津蓟县）	辽 984	三间四架	16.57×8.76=145	1/1.89	单檐庑殿	1	四架橡屋分心三柱
保国寺大殿 （浙江宁波）	北宋 1013	三间八架	11.91×13.35=159	1/0.89	单檐歇山	1	前三橡栿后乳栿用四柱，移柱造
元妙观三清殿 （福建莆田）	北宋 1015	三间八架	15.00×11.80=177	1/1.27	单檐歇山	1	前后乳栿对四橡栿用四柱
奉国寺大殿 （辽宁义县）	辽 1020	九间十架	48.20×25.13=1211	1/1.92	单檐庑殿	1	前四橡栿后乳栿用四柱，减柱造
广济寺三大士殿 （天津宝坻）	辽 1024	五间八架	24.43×18.28=447	1/1.34	单檐庑殿	1	前三橡栿后乳栿用四柱，移柱造
晋祠圣母殿 （山西太原）	北宋 1023～1032	五间八架	26.90×21.24=571	1/1.27	重檐歇山	1	上檐前乳栿对六橡栿，用三柱，下檐前四橡栿，余三面乳栿
华严寺薄伽教藏殿 （大同）	辽 1038	五间八架	25.65×18.46=473	1/1.39	单檐歇山	1	前后乳栿对四橡栿用四柱
隆兴寺摩尼殿 （河北正定）	北宋 1052	七间十二架	33.32×27.08=902	1/1.23	重檐歇山	1	上檐前后乳栿对四橡栿，下檐一圈乳栿，各面出龟头屋
开善寺大殿 （河北新城）	辽 1123	五间六架	25.80×14.43=372	1/1.79	单檐庑殿	1	前乳栿对四橡栿用三柱，次间缝分心三柱，最早推山
隆兴寺慈氏阁上层 （河北正定）	北宋 11世纪	三间六架	12.04×11.39=137	1/1.05	重檐歇山	2	四橡栿对乳栿用三柱，四橡栿下有辅助柱
善化寺大雄宝殿 （山西大同）	辽 11世纪	七间十架	40.54×24.95=1011	1/1.62	单檐庑殿	1	前四橡栿后乳栿用四柱，减柱造
玉皇庙玉皇殿 （山西高平）	北宋 11世纪	三间六架	11.20×11.70=131	1/0.96	单檐歇山	1	前乳栿对四橡栿用三柱
隆兴寺转轮藏殿上层 （河北正定）	北宋 12世纪初	三间六架	13.36×12.75=170	1/1.05	重檐歇山	2	四橡栿对乳栿用三柱，四橡栿下有辅助柱
少林寺初祖庵 （河南登封）	北宋 1125	三间六架	11.14×10.70=119	1/1.04	单檐歇山	1	前乳栿后一橡半栿对中二橡半栿用三柱，移柱造
佛光寺文殊殿 （山西五台）	金 1137	七间八架	31.56×17.60=555	1/1.79	单檐悬山	1	前后乳栿对四橡栿，减柱同时移柱，全殿内仅四柱
华严寺大雄殿 （山西大同）	金 1140	九间十架	53.90×27.50=1482	1/1.96	单檐庑殿	1	前后三橡栿对四橡栿用三柱，移柱造

名称及地点	年代（公元）	面阔与进深	面积（平方米）	深／阔	屋顶	层数	梁架主要结构形式
善化寺三圣殿 （山西大同）	金 1128～1143	五间八架	32.68×19.30 ＝631	1/1.69	单檐庑殿	1	心间六椽栿对乳栿，用三柱，次间后金柱移前，为五椽栿对三椽栿用三柱，前金柱皆减
善化寺山门 （山西大同）	金 1128～1143	五间四架	28.14×10.04 ＝283	1/2.80	单檐庑殿	1	分心三柱
崇福寺弥陀殿 （山西朔县）	金 1143	七间八架	40.94×22.30 ＝913	1/1.84	单檐歇山	1	前后乳栿对四椽栿用四柱，减柱同时移柱
甘露庵蜃阁 （福建泰宁）	南宋 1146	三间四架	9.50×5.10＝48	1/1.86	单檐歇山	1	前乳栿，后结合佛龛用穿斗，分心三柱
善化寺普贤阁上层 （山西大同）	金 1154	三间四架	9.80×9.80＝96	1/1.00	单檐歇山	2	四椽栿通檐用二柱
晋祠献殿 （山西太原）	金 1168	三间四架	13.00×7.00＝91	1/1.86	单檐歇山	1	四椽栿通檐用二柱
玄妙观三清殿副阶 （江苏苏州）	南宋 1179	九间十二架	43.87×25.47 ＝1129	1/1.72	重檐歇山	1	副阶一周乳栿，上檐前后乳栿对四椽栿
云岩寺星辰殿 （四川江油）	南宋 1181	三间六架	16.55×16.91＝280	1/0.98	重檐歇山		未详

二、屋顶形式及在总平面中的位置

二十九座建筑（除莫高窟窟檐这个特例之外）的屋顶中，最多的是歇山顶，共十九座，占总数三分之二，如果把没有列入表中的其他建筑也考虑进去，所占比例更大。其次是庑殿顶，共八座，不到三分之一，悬山顶只有两座，没有硬山和攒尖顶。但这个时期存留下来数以百计的塔全是攒尖顶，壁画中所见许多亭式建筑也是如此，殿堂也可能会有少数攒尖顶。硬山屋顶是晚至明清才出现的简单屋顶，而且多不用于殿堂。

庑殿顶建筑两山的屋面坡向中部，坡线若向上延伸，与地面可形成一个类似金字塔式的构图，有很强的稳定感，加上轮廓的简洁，更多予人以恢宏大度的感受，很适合作为主殿和中轴线上的其他门、殿。表中八座庑殿顶建筑中的三座就是大寺的主殿，即奉国寺、华严寺和善化寺，这三座大殿又是全部实例中最大的建筑，远远超过其他实例，面积都在1000平方

米以上。华严寺大殿达1482平方米，是中国最大的佛殿。奉国寺大殿为1211平方米。善化寺大雄宝殿为1011平方米。其余五座有一座是中小型寺院的主殿，即开善寺；有两座是主殿前后的大殿，也是中轴线上的重要殿堂，即广济寺三大士殿和善化寺三圣殿；还有两座分别是独乐寺和善化寺的山门，也都在中轴线上。

它们全都是单檐，但从其他资料可知也有重檐，如后土祠坤柔殿等。重檐庑殿是最尊贵的体制，使用较少。

歇山屋顶造型比较丰富，轮廓更多变化，它的山尖部分，辽宋时常是敞开的，空灵剔透，减轻了屋顶的沉实感，这些都与庑殿顶形成对比，所以常用作大寺的左右配殿或中小型寺院的主殿。十九座实例中即有十三座是中小寺庙的主殿，见于大云院、镇国寺、华林寺、独乐寺、保国寺、元妙观、晋祠、玉皇庙、初祖庵、崇福寺、甘露庵、玄妙观、云岩寺等；有三座是大寺的配殿，即隆兴寺的慈氏阁、转轮藏殿和善化寺的普贤阁等；有一座在大寺的次要轴线

图 6-4-1 山西平遥镇国寺大殿（罗哲文）

图 6-4-3 山西朔县崇福寺弥陀殿（罗哲文）

图 6-4-4 崇福寺弥陀殿模型（北京古代建筑博物馆）

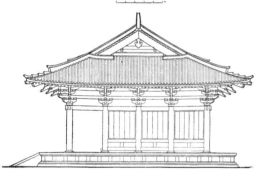

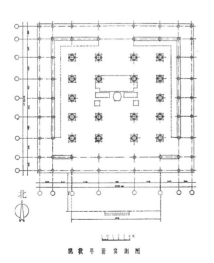

图 6-4-2 福州华林寺大殿（郭黛姮）

图 6-4-5 苏州玄妙观三清殿（《中国古建筑》）

上，如华严寺的薄伽教藏殿，对主殿也起陪衬作用；另有两座是中轴线上主殿之前的次要殿堂，即隆兴寺摩尼殿和晋祠献殿（图6-4-1～图6-4-7）。

浙江宁波保国寺大殿建于北宋大中祥符六年（1013），是南方仅次于福州华林寺大殿（北宋，964）的古老木构建筑实物。[①] 保国寺初建时就在山门后，大殿月台前开有净土宗寺院常有的净土池。后院中轴线上为法堂，堂前一侧的十六观堂也反映了净土宗的特点，但此寺也具有天台宗的性质。寺院深藏在山谷间，从山脚并不可见，须步行山道里许几经转折方才

① 郭黛姮主编. 东来第一山——保国寺[M]. 北京：文物出版社，2003.

①参见建筑意·第四辑[M].
江南名刹保国寺.

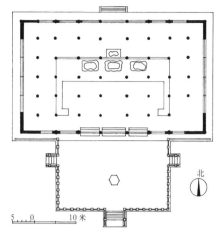

图6-4-6 苏州玄妙观平面（《营造学社汇刊》）

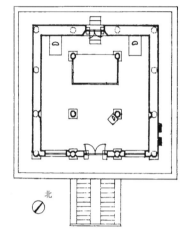

图6-4-7 河南登封少林寺初祖庵平面

图6-4-8 宁波保国寺现状鸟瞰

图6-4-9 保国寺大殿（萧默）

显现，充分显示了"深山藏古寺"的含蓄意境。但现存布局主要成于清代，大殿也在康熙二十三年（1684）重修，在中部宋代构架四周添加了一圈构架，将原来面宽三间、进深三间的单檐建筑，改成了面宽五间、进深五间的重檐殿宇。

宋建宁波保国寺大殿平面进深（13.35m）竟大于面阔（11.91m），极为罕见。内部四柱，当心间特大，达5.7m，次间仅及当心间一半稍多，为3.1m，可能是古建次间比例最小的一例了，其意图是尽量使柱子向左右让开，以突出佛像所在的空间。同时，两个前金柱又向后移进一椽，使当心间结构为"前三椽栿后乳栿用四柱"。这种"移柱造"的做法，使当心间的前间接近正方形，可以在此做出斗八藻井，以压低和装饰前部空间，与佛像所在的"彻上露明造"即不设天花藻井的高大空间形成对比。斗八藻井上下也各有斗栱，承托八楞半圆形藻井顶。柱子为瓜棱柱，有明显侧脚；梁栿、阑额均斫成两肩卷杀的月梁形。这些，都接近或吻合宋《营造法式》，并承袭了某些唐代作风（图6-4-8～图6-4-11）。①

从表中也可见到，歇山顶中三开间的中小型建筑占很大比例。全部十五座（不算莫高窟窟檐）三间的建筑，就有十三座是歇山。这十三座建筑除了甘露庵蜃阁和晋祠献殿的平面为长方形以外，其他十一座的平面都接近于方形（暂以进深与面阔之比大于1∶1.3者为接近方形的标尺），其平均值为1∶1.07。开间数较多而平面近于方形的殿堂还有圣母殿和摩尼殿两座，平面比值1∶1.27和1∶1.23，也都是歇山。平面为长方形的歇山顶建筑共六座，三间到九间不等。而全部八座庑殿顶建筑都是明显的长方形，平均平面比值为1∶1.87，其中包括三间的独乐寺山门，其平面比值为1∶1.89。方形和接近方形的平面之广泛采用歇山顶，是由造型和结构要求决定的；

接近方形的平面，从四角向平面中心引45°斜线，所交出的正脊将十分短促，且交点落在当心间两片梁架以内，构造将难以施行。若改为歇山，可以保证正脊两端落在当心间两片梁架上，通常还在两端增加一个支持山尖部分的辅助小梁架，来增加正脊长度。同时，这个时期的歇山正脊两端，还有一段从辅助梁架悬挑出来的长度，谓之"出际"，可使正脊更加加长，以保证正脊之长与通面阔之间有合宜的比例。

此外，敦煌莫高窟第53窟北宋建造的窟前建筑，面阔三间，据复原研究也是歇山顶，正脊长度有合宜的比例（图6-4-12）。[①]

楼阁也常是歇山顶，表中四座楼阁全是。其中观音阁的平面比值是1∶1.43。另如普贤阁、慈氏阁和转轮藏殿，为1∶1或1∶1.05，都是配殿；可见它们都有尽量减少体量，不使面阔太大，同时又强调其竖向感的倾向，以便与体量较大、横

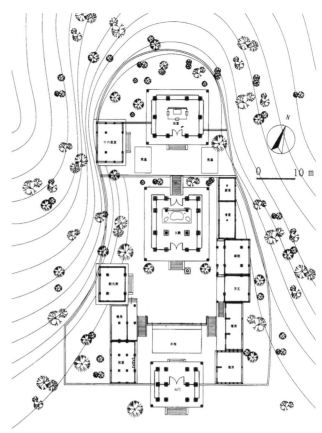

图6-4-10 保国寺宋代平面图（郭黛姮）

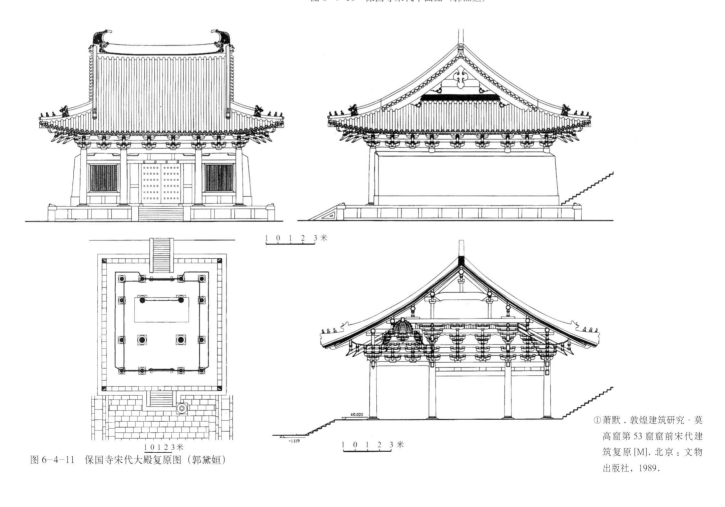

图6-4-11 保国寺宋代大殿复原图（郭黛姮）

①萧默．敦煌建筑研究·莫高窟第53窟窟前宋代建筑复原[M]．北京：文物出版社，1989．

向感较强的主殿加强对比。这一方式，我们早在敦煌唐代壁画中就已见到了。

在庑殿顶建筑中，只有广济寺三大士殿的平面稍接近于方形，其平面比值为1：1.34，所以它的正脊在比例上就显得十分短促，但因其面阔为五间，正脊两端仍可在当心间以外，构造仍是可行的（图6-4-13、图6-4-14）。

中国现存最早的悬山顶建筑实物是山西平顺后唐龙门寺西配殿，还有一座是佛光寺金代建造的文殊殿（图6-4-15）。这种屋顶不受平面比例限制，但其艺术表现力较弱，两座实例都只作配殿。未列入表中的尚有四五座，都在山

图6-4-12 莫高窟第53窟窟前建筑（萧默复原并绘）

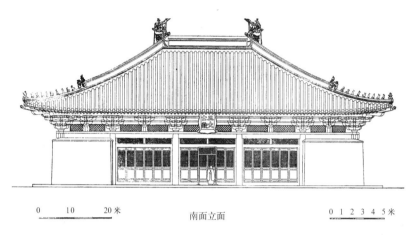

0　10　20米　　　南面立面　　　0 1 2 3 4 5米

图6-4-14 宝坻广济寺三大士殿（《梁思成文集》）

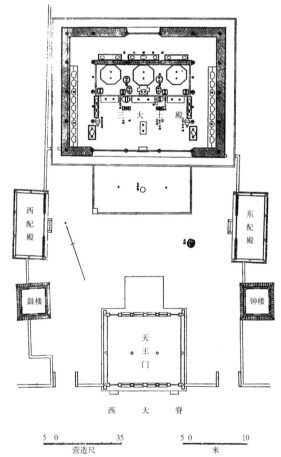

5 0　　　　35　　　5 0　　　　10
　营造尺　　　　　　　　米

图6-4-13 天津宝坻广济寺总平面（《梁思成文集》）

图6-4-15 山西五台佛光寺文殊殿（孙大章、傅熹年）

西潞安县，也只作为小寺的主殿或在主殿前后。

古代匠师确实是以其作品，显示了他们丰富而精微的形式感受能力。

三、内部空间

中国建筑采用木结构，木结构的特点是构架的整体性极强，以致某一局部的甚至不太大的变动，也可能引起整体构架发生显著的改变，真可谓"牵一发而动全身"了。所以与西方砖石结构建筑相比，单体建筑的外部形象和内部空间处理都受到极大限制。但仔细审察，其内部空间仍是相当丰富的，匠师们能在木结构的限制所造成的困难条件下，根据创造对象的各种不同要求，殚精竭虑，付出巨大的努力，实属难能可贵。

空间与塑像的良好关系

中国现存古代建筑绝大多数是宗教建筑，殿堂内一般都供奉着佛、菩萨或神仙塑像，建筑如何与塑像密切配合，使二者契合无间，成为内部空间处理的突出问题。一般来说匠师们都做到了：（1）使塑像所处的空间特别高大，以空间的对比来强调它的重要性；（2）尽量使塑像处在一个相对独立的、具有较强的完整感的空间内；（3）塑像前景争取尽量开阔，减少遮挡，以便于瞻视并保证有足够的礼拜场地。

殿堂都是接近平面纵轴处（即与面阔平行的轴线，一般为长向）空间最高，塑像都安排在这个区域而稍偏后。若采用天花，也是接近平面中心安置塑像的区域最高，更多是在此安设藻井，使空间愈加增高，并以其装饰性进一步突出塑像。在塑像下都有佛坛，以加大人们仰瞻塑像时的垂直视角，增加神佛的庄严感。同样重要的是，佛坛造成了一个与凡人活动区域相对独立的特殊空间，并加强了众多造像的群体感。一般都在佛坛后侧建扇面墙，或是利

用塑像的巨大背光来分割空间，若扇面墙在左右向前围合，空间就更显完整。佛坛和三面围合的扇面墙若在广殿中的体量不大，就成为佛龛（图6-4-16）。

六架椽屋空间

若进深只有六架椽，往往前部完全无柱，只在佛坛后沿的扇面墙内设柱，以减少塑像前的遮挡，如大云院大殿（三间）。扇面墙将室内分成前大后小两个空间，在前部立坛造像，空间完整开阔，光线充足。玉皇庙玉皇殿（三间）的梁架方向恰与以上二例相反，它保留了前金柱而取消了后金柱，这是因为此殿设了前廊，

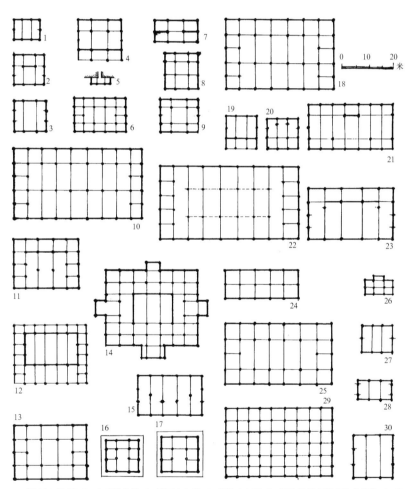

1.龙门寺西配殿；2.大云院大殿；3.镇国寺大殿；4.华林寺大殿；5.敦煌莫高窟第427窟窟檐；6.独乐寺观音阁；7.独乐寺山门；8.保国寺大殿；9.元妙观三清殿；10.奉国寺大殿；11.广济寺三大士殿；12.晋祠圣母殿；13.华严寺薄伽教藏殿；14.隆兴寺摩尼殿；15.开善寺大殿；16.隆兴寺慈氏阁上层；17.隆兴寺转轮藏殿上层；18.善化寺大雄宝殿；19.玉皇庙玉皇殿；20.少林寺初祖庵；21.佛光寺文殊殿；22.华严寺大雄宝殿；23.善化寺三圣殿；24.善化寺山门；25.崇福寺弥陀殿；26.甘露庵蜃阁；27.善化寺普贤阁；28.晋祠献殿；29.玄妙观三清殿；30.云岩寺星辰殿

图6-4-16　五代两宋辽金重要殿堂平面示意（萧默）

门窗安在前金柱一线，殿内空间仍然完整，并有足够的深度。少林寺初祖庵（三间）殿内每缝梁架都有前后柱，前部二柱虽然仍在正常位置，但后部二柱以移柱手法向后移了半椽，结构为"前乳栿后一椽半栿对中二椽半栿用四柱"，佛坛也随之后移，同样起了开阔前景的作用。

八架椽屋空间

进深若为八架椽，如前面完全没有柱子，将会出现较多的六椽栿，在结构上产生困难，此时经常是采用减柱法或移柱法来安排柱子。

保国寺大殿（三间）内部四柱，总面阔仅11.9米，当心间就占了5.7米，次间3.1米，仅及当心间的一半稍多，其意图是尽量使柱子向左右让开，以突出佛像所在的空间。两个前金柱又向后移进一椽，使当心间结构为"前三椽栿后乳栿用四柱"。同时，移柱也使当心间的前间接近正方形，可以在此做出天花藻井，以压低前部空间，与佛像所在的"彻上露明造"即不设天花藻井的高大空间形成对比。

崇福寺弥陀殿（七间）的正中五间只有两个前柱，它先是减去二柱，再移动余下的二柱，当人立于大殿当心间殿门时，这两根柱子丝毫不遮挡坛上的三尊塑像。在这列柱子上面，匠师们大胆使用了两层大内额，额间设大驼峰，构成纵向梁架，虽然压低了前部空间，但并不遮挡瞻仰佛像的视线。其他梁架都搭在这条纵向梁架上，使所有的大梁都没有超过四椽架长，结构为"前后乳栿对四椽栿用三柱"（图6-4-17）。

佛光寺文殊殿（七间）减柱最多，若按一般做法应设的十二根柱子减掉了八根，只留下了四根，两根后金柱在当心间，两根前金柱在次间外侧，在这两列金柱上各用了一列形如桁架的纵向梁架，承托各间横向梁架，内部空间十分开阔。

善化寺三圣殿（五间）也如弥陀殿一样，

图6-4-17　朔县崇福寺弥陀殿内部（罗哲文）

同时使用了减柱和移柱两种手法：当心间缝只设两个后金柱，减去两个前金柱，结构为"六椽栿对乳栿用三柱"。在后金柱一线砌扇面墙，此墙长通次间，墙前坛上设三尊坐像，每间一尊。次间缝也减去了前金柱，同时又减去中柱，为了使荷重更大的次间梁架保证安全，并承载庑殿顶山面屋顶及正脊两端的重量，将后金柱向前移动一椽，结构为"五椽栿对三椽栿用三柱"。但此殿以后重修时，在当心间缝的六椽栿下各加了两根辅柱，损伤了原设计的意图。

广济寺三大士殿（五间）当心间的两个前金柱从正常位置后移一椽，使进深方向从前至后分成三椽、三椽、二椽三部。此二柱距塑像较近，遮挡较多，不一定是好的处理。

大于八架椽屋空间

屋深大于八架椽时，鉴于木材的强度，一般必须有前内柱，但也力求减少，最好前内柱只有一列。

奉国寺大殿（九间）进深十架椽，它的前部柱列在进深四椽处，使所有栿长都不超过四椽，结构为"前四椽栿后乳栿用四柱"。

善化寺大雄宝殿（七间）与奉国寺大殿相似。

华严寺大雄宝殿（九间）进深十架椽，是全部实例中最大的殿堂，通面阔达53.9米，通进深达27.5米，十架椽，同样只用两列内柱。为了使布局前后对称，以简化构造和施工，它的前后两列内柱都从正常位置向内移进一椽，剖面图上从前至后成三椽、四椽、三椽的比例，结构为"前后三椽栿对四椽栿用四柱"。居中的栿也未超过四椽长，但已达13.5米，空间也最高，用以安置塑像是合宜的。此殿扇面墙以后的空间也因此比一般殿堂宽出一椽，大大减少了长达50余米巷道的狭迫感（图6-4-18）。

在这个时期的遗例中，只有南宋苏州玄妙观（《平江图》碑中署此为天庆观）大殿三清殿（九间）内，柱网严格纵横对位，一根不减不移。此殿进深达十二架椽，内柱多达四十根，众柱林立，空间效果不佳。

重檐建筑空间

重檐殿堂可举晋祠圣母殿和隆兴寺摩尼殿为代表。

圣母殿（七间）总进深达十二架椽，但因是重檐，最外一圈有两椽深的副阶，所以上部歇山顶的构架仍为八架椽。它的结构特点是上檐的前檐柱只有半截，未通达地面，同时只有前金柱而无后金柱，结构为乳栿对六椽栿，主体空间在左、右、后三面沿檐柱一线设墙，前墙则退进到前金柱。下檐前廊在副阶檐柱上搁置四椽栿，栿尾插入前金柱内，在此栿上又置一层三椽栿，上檐的半截子前檐柱就压在这条栿上，造成此殿前廊深达四椽，较一般廊深加宽一倍，十分宽敞，满足了此殿创造一个开朗活泼气氛的意图。殿内没有一根柱子，圣母像置于中心龛内。

摩尼殿（七间）平面中心面阔五间进深十架椽的屋顶是一座完整的歇山，是为上檐，结构为前后乳栿对四椽栿。下檐即围绕中心的一圈副阶的单坡顶，总体构成歇山重檐。但它的外墙未按一般做法设在上檐檐柱一线，而转放到副阶檐柱，所以虽有副阶却没有周围廊，殿内空间相当宽广。此殿外墙完全不开窗，光线仅从斗栱之间的小小明窗射入，内部比较幽暗，外观也较沉重，与圣母殿大不相同。不过它的

四座龟头屋有效地减弱了外观的封闭感。龟头屋在五代两宋曾盛行一时，尤其黄鹤楼、滕王阁等大型风景建筑和园林建筑使用更多。

楼阁空间

楼阁的内部空间可以独乐寺观音阁为例。观音阁（五间）进深八架椽，内部置一圈金柱，位置正常。外观两层，但腰檐和平座形成一个暗层，所以结构实为三层。阁内有高达16米通三层的观音塑像。阁采用套筒式结构，平座层和上层都是中空的。此中空空间周绕由金柱向内出挑斗栱承托的两层勾栏，人们可围绕两层勾栏在大像的中部和上部瞻仰塑像。平座层勾栏平面长方，上层勾栏平面收小，形状改为长六角形。在大像头顶还有更小的八角形藻井。由下仰视，两层勾栏至藻井层层缩小，平面形式发生有规律的变化，富有韵律感且增加了高度方向的透视错觉，建筑和塑像配合非常默契。上层除藻井外，内外槽都有"平棋"即以小方木组成的格网天花，外槽平棋较低，内槽提高与藻井底平，强调了观音塑像所在的空间（图6-4-19）。

通过以上分析，我们可以深切感受到古代匠师的杰出才思。他们在建构某一建筑之前，必已对其在组群中的作用和地位作过通盘考虑。

图6-4-18　大同华严寺大雄宝殿内部（《中国佛教之旅》）

图6-4-19　蓟县独乐寺观音阁内部（罗哲文摄）

在确定了基本规模和形式以后，又进一步结合具体功用，运用梁架的丰富变化，克服木结构的局限，合理有效地组织内部空间，而臻至美。其游刃于全局的魄力，明察于毫微的精严，都足令人叹赏。

在这个基础上，匠师们还要对建筑的部件、装饰与色彩作进一步的艺术构思。

第五节　建筑部件、装饰与色彩

在技术已经完全成熟，经验积累相当丰富的基础上，适应这个时代大量营建的需要，北宋出现了两本建筑技术专著，一为宋初大匠喻浩所著《木经》，一为北宋末的《营造法式》，前者为民间著作，后者为官书。《木经》早佚，只在沈括的《梦溪笔谈》中稍有提及；《营造法式》仍存。

《营造法式》由李诚奉旨编修。李诚（？～1110），字明仲，郑州管城（今河南郑州）人，任职成事郎将作监十三年，属工部，掌管宫殿、城郭、府第、佛寺等营缮事务。为便于管理工料，规范建筑做法，李诚奉旨编修《营造法式》，历二十余年，至元符三年（1100）书成，崇宁二年（1103）颁行，是中国古代少有的建筑技术专书，对今天了解建筑的艺术处理手法也有重大参考价值。《营造法式》的内容除类似于现代工程定额的"工限"和"料例"之外，还包括各种做法，即建筑各部件的形制，并附有插图。在此，我们主要依据实例，参以《营造法式》，对建筑的部件、装饰与色彩加以综述。

一、柱子的侧脚与生起

柱子的侧脚和生起在唐代已经开始，这个时期仍广泛采用，只有很少的实例（如敦煌窟檐和莆田元妙观三清殿）不用。所谓"侧脚"即除平面中部的柱子外，其他柱子在柱首保持柱网原位的情况下令柱脚向外微出，全柱向平面中心微微倾侧；"生起"即除平面中部的柱子外，其他柱子都略微增高，距平面中心越远增高越多。《营造法式》对此有很具体的规定，如侧脚尺寸在正面为柱高的1%，山面为0.8%；三间生起二寸、九间生起八寸等，间数越多，生起也越高。实例的数值或高或低，不完全与规定相符，以晋祠圣母殿的侧脚和生起最为显著。

侧脚和生起是固结构架的需要，使得各构架聚敛为一个整体的坚固而柔韧的网架，尤其有利于抵抗突发的水平外力如地震和飓风。同时，侧脚和生起又是造型的重要手段，前者使垂直线条不再完全垂直，各柱不再完全平行，后者使包括屋檐在内的各水平线条也不再完全水平和平行，但又绝不过分，全屋显出一种富于内蕴的气质，含蓄而温婉。

二、屋面举折、生起、推山、出际和屋角起翘

中国建筑的屋面在进深方向呈凹曲面，上陡下缓，古称反宇，大约自汉末已有施行，大大软化了大片屋面的僵直感，在造型上有很大作用。这种屋面的造成其实并不复杂，是由各槫的高度决定的，即上一个槫间高差总比下一个槫间高差略高。宋代以后将形成凹曲面屋顶的方法称为"举折"。"举"指由檐槫至脊槫的屋架总高度，"折"指由檐槫至脊槫各槫高度确定的方法。《营造法式》的原则是先定举高，规定规模较大的建筑举高比例较小，为全进深的1/4，较小的建筑比例较大，为1/3，其间依据情况的不同又有变通之法。总举高确定后，在"侧样"即横剖面图中画出总举坡度线，然后再定"折屋"。折屋由上而下进行，即紧靠脊槫的下一槫的高度由总举坡度线下降二槫间水平距离的1/10，再连接此槫槫背至檐槫槫背为第二坡度线，再下一槫则从此线下降1/20，然后画第三坡度线，第三次下降为1/40，如此类推以至檐槫，最后得出一条上陡下缓的屋面折线。在槫背铺椽和望板，以望板上的苫背（瓦底垫泥）再加调整，铺瓦，最后形成凹曲屋面。实例诸屋顶除位于岩洞内不虞风雨的甘露庵蜃阁举高为1/4.4比较平缓外，其他大都与《营造法式》基本相符，如大型建筑奉国寺大殿和开善寺大殿，为1/4和1/3.9，小殿初祖庵为1/3.18（图6-5-1）。

无论是规定还是实例，宋、辽屋顶比唐代已有渐趋陡峻的倾向（唐代南禅寺大殿和佛光寺大殿的举高分别是1/5.15和1/4.77），但比起明清仍较为平缓舒展，凹曲的弯度也不过分，显得自然从容。总的来说，自唐至清，屋顶坡度呈由缓向陡的发展态势。这种发展态势也反映在宋、清屋面的凹曲线生成方法的不同：

宋代的"举折"是先定总举高，再从上而下定各槫高度，可以保证屋顶不至过于陡峻。明清正好相反，是从下而上依越来越陡的一定比例依次确定各檩（即宋代所称的槫）高度，最后得出脊檩之高，也就是总举高不是预先确定的，屋坡往往过于陡峻。

生起不但实行于柱，也实行于屋顶，即屋面在横向并非水平，也是一条凹曲线，中间低两端高。做法是在同一列连续的槫靠近两端的槫背上，加一件长三角形的"生头木"，内低外高，椽子铺在上面，自然就形成了屋面两头的生起。唐佛光寺大殿已有此做法，生头木较短。辽奉国寺大殿的生头木很长。还有一种做法不用生头木，而是调整靠近山面的各槫下面的短柱高度，使各槫本身就不是水平的，内低外高，北宋隆兴寺摩尼殿就属此种。配合着屋面的生起，正脊自然也是中低外高的曲线。

为了纠正庑殿顶大殿由于透视变形而产生的正脊缩短的错觉，正脊常向山面稍微推出，称为"推山"。推山最早出现于辽，但现存辽代实例所见不多，如辽代庑殿顶建筑独乐寺山门、广济寺三大士殿、善化寺大雄宝殿都未见用，只见于开善寺大殿。开善寺大殿的推山由紧接檐槫的下平槫即开始，以上各槫依次加大推出量，做法已甚成熟，估计当时一定还会有其他建筑也

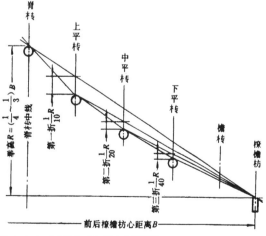

图6-5-1 《营造法式》规定的举折法

① 萧默.屋角起翘缘起及其流布[M]//中国建筑学会建筑历史学术委员会.建筑历史与理论·第二辑.南京：江苏人民出版社,1981.

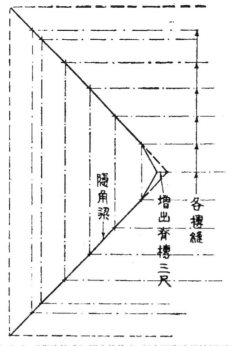

图 6-5-2 《营造法式》规定的推山（《中国营造学社汇刊》）

曾使用，只是没有保存下来而已。金代实例也见有庑殿顶屋面的推山，《营造法式》也有规定，在明清建筑中有更广泛的应用（图 6-5-2）。

庑殿推山带来的一个副产品就是庑殿垂脊（与正脊相交的四条斜脊）成为双曲线，使得从任何一个方向包括转角 45° 的方向看去都永远是一条曲线。

"出际"是加长歇山屋顶正脊的办法。在正脊端部梁架外侧，另加一个支持伸长了的正脊的辅助小梁架，称"采步金"，各桁再由采步金悬出，形成一个小悬山顶，此悬出的长度即称"出际"，《营造法式》对此也有规定。需要说明，与清式相比，宋式歇山顶正脊从梁架增出的长度较少，且山花部分常不封闭，屋顶造型比例合度，并显得较为开朗活泼。清式歇山正脊增出很大，使得山花面积加大，又用山花板完全封闭，山花板的外皮只比山面檐檩中线退进一檩径，加上清式建筑挑檐不大，整个屋顶似不如宋式的轻灵秀柔，显得严肃有余甚至生硬。

屋角起翘此时已很普遍。从结构来考察，

屋角起翘与斗栱的发展有很大关系。自汉唐而宋金，斗栱有明显缩小的趋势，外挑的距离缩短了，屋檐的伸出从主要依靠斗栱出挑来承担逐渐改为主要由椽子来承担，转角 45° 的椽子受力尤大，逐渐加粗加高，成为角梁。为了使正侧两面的椽头上皮到转角部与角梁上皮取齐，在近角处的椽子必得逐渐抬高，于是在近角处的檐枋上加用一条长三角木，外高内低，椽子放在上面，就出现了角翘。角翘在造型上有很好的效果，它使屋檐变得十分轻灵。早在汉代，转角屋脊的尽端已有用瓦件砌出上翘的形状者，可见角部翘起的构思早就产生了。所以与其说角翘是结构发展的产物，毋宁说它是结构和造型处理综合发展的结果。唐代角翘尚不普及，宋、辽遗物除边远地区如敦煌的几座窟檐和一座亭式小塔（慈氏塔）外，都已有了角翘。从现有实例看，宋、辽时北方角翘比较缓和，南方则较高扬。苏州玄妙观三清殿和泰宁甘露庵的角翘都很高峻。三清殿或经后代重修，但甘露庵诸屋顶都是原建，足见当时的情状。[①]

所有以上处理，都是屋顶的重要造型手段。与西方建筑相比，屋顶是中国建筑最富表现力的部分，匠师们以其精审微妙的形象创造能力，创造出以上各种手法，大大减轻了庞大屋顶的沉重感。在屋顶上几乎找不到一条完全平直的线条和一片庞大僵滞的平面，所有的线和面都是微微弯曲的、柔韧的、轻扬的，流露出活泼的生命力（图 6-5-3）。

三、斗栱

檐下的斗栱，正当屋顶和屋身两个较为简洁的大面之间，本来就容易受到人们的注意，更加檐下阴影遮映，越发引人入胜，所以，原本是出于结构需要的斗栱也就具有了造型

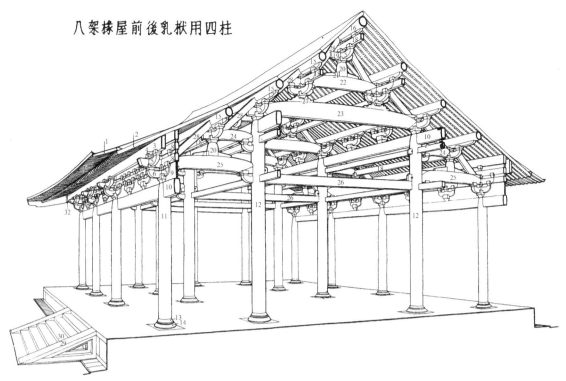

八架椽屋前後乳栿用四柱

1. 飞子；2. 檐椽；3. 撩檐枋；4. 斗；5. 栱；6. 华栱；7. 栌斗；8. 柱头枋；9. 栱眼壁板；10. 阑额；11. 檐柱；12. 内柱；13. 柱櫍；14. 柱础；15. 平槫；16. 脊槫；17. 替木；18. 襻间；19. 丁华抹额栱；20. 蜀柱；21. 合楷；22. 平梁；23. 四椽栿；24. 剳牵；25. 乳栿；26. 顺栿串；27. 驼峰；28. 叉手、托脚；29. 副子；30. 踏；31. 象眼；32. 生头木

图 6-5-3 根据宋《营造法式》所绘大殿剖透图（《中国古代建筑史》）

上的意义。斗栱以其繁复深密与上下简洁大面适成对比，以其凹凸错综强调了阴影的起伏进退，有很强的装饰美。宋、辽斗栱已十分繁多，有时在一座建筑中可以用到十几种到几十种。应县木塔用到的斗栱竟有六十余种之多。斗栱形状变化多端，零件冗杂，对于非专业学人，常滞碍难明，在此也不拟过多涉及（图 6-5-4）。读者如欲更多了解，可参看有关建筑技术史的专著。

首先，与唐代相比，宋、辽斗栱已开始由雄大壮健、疏朗豪放的风格向纤小细柔的方向发展，时代越晚，这个趋势越加明显。这说明斗栱的装饰作用日益被人们所重视，但另一方面，斗栱的结构美也逐渐减弱，从艺术上来说，不能不说是一种得不偿失。这一倾向，也是时代审美趣味的不同所使然。

其次，补间铺作的数目也日益加多，形象趋于复杂。唐代的补间铺作除敦煌石窟中唐第231窟所见一处特例外，一般都只有一朵，形制比较简单，或不出跳，或起跳点比柱头铺作高，故出跳数比柱头铺作少。到宋代，补间铺作已增至两三朵，起跳点和出跳数也同柱头铺作一样了。

由于补间铺作的加多增高，补间栌斗的下降，辽、宋时已普遍使用了普拍枋。普拍枋压在阑额和柱头上面，断面扁宽，可以承托颇大的补间栌斗，又可起到箍结各柱类似圈梁的作用。普拍枋和阑额至角柱处大都已经出头，也有利于结构的紧固。唐代通行两条阑额，宋时多减为只有一条。

补间铺作日趋复杂的极端现象就是所谓"斜栱"，在敦煌五代石窟壁画中已可见到，但未见五代实例，而曾在辽、金一度十分盛行。所谓

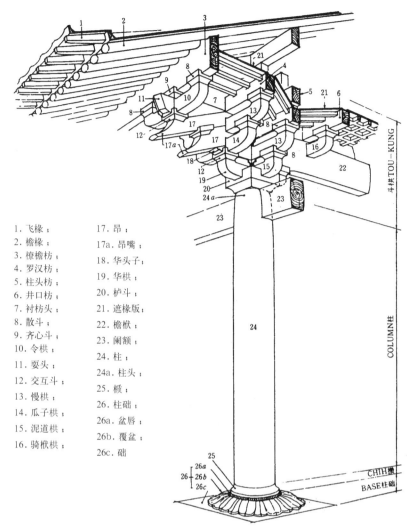

1. 飞椽；
2. 檐椽；
3. 橑檐枋；
4. 罗汉枋；
5. 柱头枋；
6. 井口枋；
7. 衬枋头；
8. 散斗；
9. 齐心斗；
10. 令栱；
11. 要头；
12. 交互斗；
13. 慢栱；
14. 瓜子栱；
15. 泥道栱；
16. 骑栿栱；
17. 昂；
17a. 昂嘴；
18. 华头子；
19. 华栱；
20. 栌斗；
21. 遮椽版；
22. 檐栿；
23. 阑额；
24. 柱；
24a. 柱头；
25. 栿；
26. 柱础；
26a. 盆唇；
26b. 覆盆；
26c. 础

图 6-5-4　宋式建筑柱头铺作斗栱（《中国古代建筑史》）

斜栱，是华栱在沿进深方向向内、外出跳的同时，又在左右45°方向（或30°和60°方向）也实行出跳。金代建造的善化寺三圣殿的斜栱最为繁复，向正面和左右45°方向都伸出三跳华栱，一朵斗栱，在立面上竟出现了十五个正斜华栱头。斜栱的用意完全在于装饰，结构上殊无必要。但这种装饰并不一定就美，且因构造过于复杂，以后也就不再多用（图6-5-5、图6-5-6）。但斗栱向纤弱琐细方向发展的趋势并未终止，到了明、清，终于大部丧失了朴质的意趣，蜕化成完全虚假的装饰，也就失去了美的大部分依据。这个发展趋势也是不平衡的，一般来说越接近中原腹地越明显，边远地区保留传统较多，如辽代建筑就有很强的唐代风格，敦煌的几座北宋窟檐和一座慈氏塔，甚至还表现出中唐以前的作风。

年代较早的如平遥镇国寺、蓟县独乐寺观音阁，斗栱较多保存唐风，尺度雄大，构造简洁，没有普拍枋，也不用斜栱（图6-5-7～图6-5-9）；而较晚的如隆兴寺摩尼殿、佛光寺文殊殿和崇福寺弥陀殿等，则呈现出变化的迹象（图6-5-10～图6-5-12）。

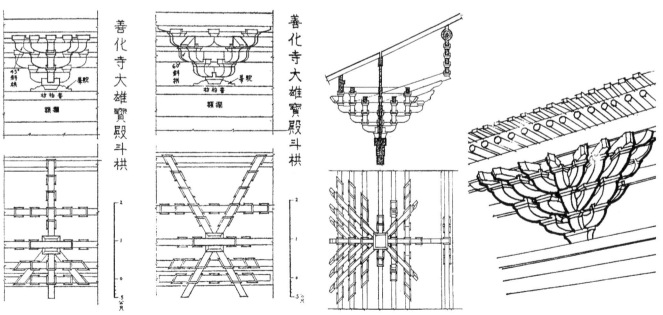

图 6-5-5　斜栱：善化寺三圣殿次间补间铺作（《中国营造学社汇刊》）

图 6-5-6　斜栱（《中国营造学社汇刊》）

图 6-5-7　平遥镇国寺大殿斗栱（萧默）

图 6-5-10　正定隆兴寺摩尼殿斗栱（萧默）

图 6-5-8　蓟县独乐寺观音阁斗栱（孙大章）

图 6-5-11　五台佛光寺文殊殿斗栱（萧默）

图 6-5-9　保国寺大殿前檐补间铺作（左侧前墙为清代所加）（郭黛姮）

图 6-5-12　朔县崇福寺弥陀殿斗栱（罗哲文）

图 6-5-13　华严寺薄伽教藏殿天宫壁藏（《中国营造学社汇刊》）

图 6-5-14　薄伽教藏殿天宫楼阁（罗哲文）

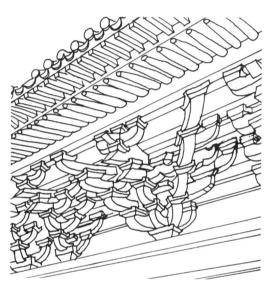

图 6-5-15　斜栱：华严寺薄伽教藏殿天宫壁藏上层当心间补间（杨荞华）

　　在此要补充辽代一座重要建筑模型的情况，即华严寺薄伽教藏殿内的天宫壁藏。所谓壁藏，即藏经橱。此殿壁藏做成天宫楼阁状，故名天宫壁藏。壁藏沿殿内左、右、后三壁布设，全木构，两层，至后壁中央断开，以让出后窗，而以拱形飞桥连接。全部壁藏共三十八间。最下为须弥座基座，下层为经橱，上有腰檐、平座和勾栏。上层屋顶每隔三间耸起一间，作单檐歇山顶，各檐下都有斗栱。飞桥上也有殿，三间，左右挟屋各一间，也是歇山顶，挟屋歇山跌落一级。这是一座极其精美的建筑模型，十分真切地再现了当时建筑尤其是斗栱的面貌。

斗栱尺度仍相当雄大，但补间铺作已完全同于柱头铺作，栌斗都坐在普拍枋上，为"七铺作双杪双下昂重栱造"，即出跳四次，第一、二跳为华栱，第三、四跳为下昂，跳头有两层横栱。上、下檐补间每间三朵、平座每间两朵（图6-5-13～图6-5-15）。

四、装修

　　木装修分施于外檐和内檐，外檐装修如建筑物外围的门窗和栏杆，宋、辽的内檐装修主要是室内的天花和藻井。

门窗

汉唐以来，门多为单扇或双扇板门。双扇门上常有铺首。从《洛阳伽蓝记》中所记北魏洛阳永宁寺塔，知至迟到北朝，已在重要建筑的板门上饰以排列成行的门钉，敦煌唐代壁画的门仍多如此，未见有明、清广为盛行的格门（明、清称格扇门）。五代、宋时，格门开始出现并流行，上海博物馆藏五代白釉建筑形瓷枕，四面均作格门状，可知格门至迟在五代已经出现，宋代使用更多，是装修发展史上的一件大事。

格门又称格子门，在《营造法式》中有记载，与板门的最大区别就是将门扇分成上下两个部分，下部为板，上部则嵌以透光木格。显然，格门不但有利于室内采光，同时也以其精巧而多样的格子式样，大大增加了建筑立面的装饰性，成为建筑的重要装饰手段之一。这种装修风格的变化不仅体现在格门上，其他如窗子、栏杆、藻井等等也莫不如此。可以说，这一变化透露了自中晚唐已启其端、宋代更为增益的建筑艺术总体风格大转变的趋势。从此，中国建筑艺术开始脱离了秦汉的朴拙、隋唐的雄浑，而趋向于精巧繁丽了，格门的出现只是这大转变的局部反映而已。由于装修的这一发展，宋代木工已分化出大、小木作两个专业：前者制作梁架柱枋，后者专事装修，比前者更加精细，要求更高的技艺。

《营造法式》卷七小木作格子门条内，有"每间分作四扇（如梢间狭促者只作二扇），如檐额及梁栿下用者或分作六扇造，用双腰串（或单腰串造）"之语。所谓"腰串"，即横向木条，安装在门扇四周由木条围成的框内，以分割上下，类似清代所称的"抹头"，只不过抹头之称也包括框的上、下横木。单腰串的做法即清代的"三抹头"，是格门中最简单的，只将门分为上、下两部，下部称障板，上部即门格。河北涞源

阁院寺文殊殿（辽）、涿县普寿寺塔（辽，砖刻）、山西朔县崇福寺弥陀殿（金），都使用单腰串格门（图6-5-16）。双腰串即清代的四抹头做法，两条腰串都安在门扇中部，相距较近，所围的面积较小，为横长方形，称腰华板，即清代之绦环板。五代瓷枕所绘建筑的格门即为双腰串，山西侯马董氏墓（金）的砖刻格门也一样。三腰串即清代的五抹头，除门扇中部外，在最底部或最上部还有一条腰华板，更为华丽，当时可能实际存在过，但用得不多，所以《营造法式》未曾提到，仅见于墓室，如山西孝义吐京墓（金）中的砖刻格门。至于清代用于最高级建筑的六抹头，有上、中、下三条绦环板，此时大概尚未实行。

《营造法式》所谓"……梁栿下用者或分作六扇造"，是用在梁栿以下，显然是设于室内以分割空间，清代称为隔断。《营造法式》还说到"殿内截间格子"、"堂阁内截间格子"、"截间带

图6-5-16 弥陀殿单腰串格门（罗哲文）

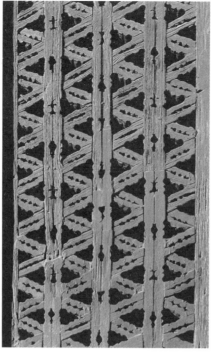

图6-5-17 弥陀殿殿门木格两种（罗哲文）

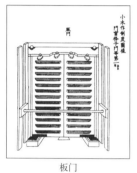

板门

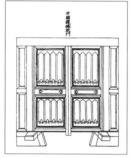
软门

截间带门格子

图6-5-18 《营造法式》门

①萧默.敦煌建筑研究·住宅[M].北京：文物出版社，1989.

门格子"等等，所指都是隔断，还没有出现像明、清的"罩"那样更为空透的半隔断。

格门的木格式样，《营造法式》中只提到四斜球纹、方格眼等有限的几种，实物则丰富得多，如斜方格眼、龟背纹、十字纹、正斜三交梃花、菱花、球纹变体、柿蒂、簇纹填华、龟纹十字锦、亚字勾交、卐（音wan）字纹、拐子纹等，还有各种无以名之的样式，可能多达数十种（图6-5-17）。侯马董氏墓在一面墙上砖刻六扇格门，同时出现三种格心。从格心式样之多，亦可想见当时人们的心态：要在这个新发现的装

饰天地里尽情炫示，琐细而华丽，不胜其繁。但在同一面墙的格门上呈现多种格心，有失喧哗，并不见其美。

障板有时仅为平板，有时也施用木雕，多在壶门内雕刻纹饰，如侯马董氏墓在障水板壶门内雕牡丹、芍药、菊、莲、葵花等花卉以及各种人物故事。

腰华板当然也是施加雕饰的地方，亦见于董氏墓。

据《营造法式》小木作制度记载，当时除格门外也有板门，即用几块竖向厚板拼合，板后横向连以多条称为"穿带"的木条。此外还有软门、乌头门等名称。所谓"软门"，其实也是一种板门，只不过不全用厚板，而是四边做框，"用双腰串或用单腰串"，四边框与腰串之间镶装木板，较板门轻巧。它是板门演变为格门的一种过渡形态，未得推广便为格门取代。乌头门用于院墙。其名最早见于《洛阳伽蓝记》，用为永宁寺北门。《唐六典》规定，六品以上才许用乌头大门。据《营造法式》，乌头门又名"阀阅"。关于"阀阅"，《史记》说："人臣功有五品……明其等为阀，积日曰阅"；《汉书》注云："古者以积功为阀……经历为阅"，故乌头门并非一般的大门，它的使用，含有旌表门第的意思，类似后世之牌坊。在《营造法式》附有乌头门图样，在许多宋画如《高宗北使图》、《龙舟图》中也可见到。据《营造法式》，其做法是先立两根挟门柱，栽入地内，顶套金属套筒（即"乌头"），柱间连以横木，下装两扇门扇。门扇下段有上下各一条腰华板，其间障板称障水板，上部为直梃条，可见其实并不复杂。宋以后乌头门又称棂星门，宋元以至明清都只许用在如文庙、陵墓、道观等重要场合。但敦煌唐代壁画所绘数座乌头门，有的只是普通院门甚至厕门，并未见其高级（图6-5-18～图6-5-20）。①

从敦煌石窟五代、宋壁画可见，窗与墙的

组合仍同于唐，即在门、窗周围增加多条水平和垂直的构件，即立颊、上额、腰串和心柱，与柱子、阑额和地栿相连。实例中格门和窗多通间开设，往往没有这么多的构件。

宋代的窗仍以直棂窗为主，直棂依棂条断面有板棂和破子棂两种：前者断面扁方；后者断面为三角形，是将方形断面的棂条沿对角线一破为二，尖角朝外，平面向内，以便糊纸。《营造法式》还载有所谓阑槛钩窗，即带有靠背栏杆用于临水建筑的窗，窗扇心安格子。窗扇有转枢，可以左右开启，开启后即可在窗前面水眺望（图6-5-21）。这一时期凡用格门的建筑，多用横披，即横贯门上的格子窗。前举阁院寺文殊殿和崇福寺弥陀殿都有横披。横披的窗格常不用直棂而式样繁多。

勾栏

宋代称栏杆为勾栏，或作钩阑。《营造法式》载有"单勾栏"与"重台勾栏"两种，实物以单勾栏居多。单勾栏的形式与唐代略同，由上而下横安寻杖（扶手）、盆唇和地栿，在寻杖、盆唇之间施瘿项云栱，或撮项云栱，或斗子蜀柱，其下再立间柱；盆唇、地栿和间柱之间用华板。重台勾栏是在盆唇与地栿之间加用称作为束腰的横木一条，束腰以上仍有间柱和华板，称大华板，以下无间柱，安通长的小华板。敦煌壁画中的宋代勾栏仍多只在转角处或台阶起止处用高起于寻杖以上的望柱，同于唐，但实例中则有望柱与檐柱对位、间间都有的，如大同华严寺薄伽教藏殿辽代壁藏平座以上所见。华板的样式甚为丰富，壁藏所用华板即多达三十四种，几乎间间不同（图6-5-22、图6-5-23）。

宋画李唐《晋文公复国图》所绘建筑是典型的唐、宋式样，其勾栏平段和转角均无望柱，寻杖、盆唇和地栿相交后出头，系所谓"把头

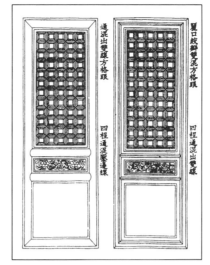
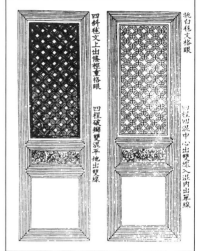

图6-5-19 《营造法式》方格及球纹格门门扇四种

图6-5-20 涞源阁院寺文殊殿格门（《建筑史论文集》）

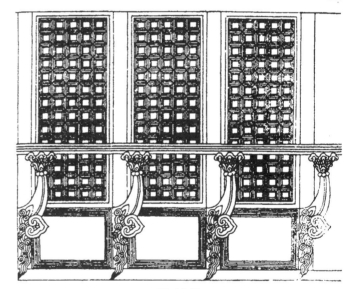

《营造法式》

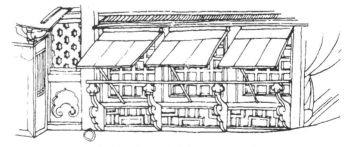

宋画《雪霁江行图》（《中国古代建筑史》）

图6-5-21 阑槛钩窗

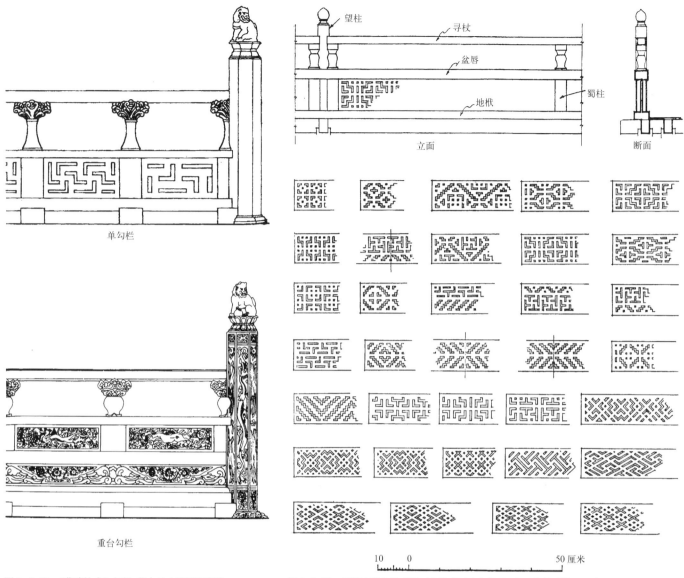

图6-5-22 《营造法式》勾栏（《中国古建筑图案》）

单勾栏

重台勾栏

望柱

寻杖

盆唇

地栿

蜀柱

立面

断面

10 0 50厘米

图6-5-23 华严寺薄伽教藏殿天宫壁藏平座勾栏（《中国营造学社汇刊》）

绞项作"。只在台阶起步处竖立望柱。此做法唐代已见。

天花和藻井

这个时期多数大殿都没有天花，梁架完全暴露，显现出结构之美，《营造法式》称为"彻上露明造"。但也有设天花者，虽在一定程度上遮挡了梁架结构，却使殿内空间感较为完整。一般在佛座或宝座之上，常做成藻井，上界面高起于天花，以强调重点，并增加空间变化。

天花主要有两种，一称平闇，一为平棋。平闇即以方木条组成较密而小的方格网，上面覆盖平板，可见于辽独乐寺观音阁。唐佛光寺大殿也使用平闇，只是格网上没有平板。平棋类似于清代的"井口天花"，格子为方形或矩形，较疏而大，背板上装贴彩画或木雕纹饰。《营造法式》卷八提到有十三种纹样，如盘球、斗八，叠胜、琐子、簇六球纹……并提到"其华文皆间杂互用（华品或更随宜用之）"（图6-5-24）。

前此之藻井，如东汉山东沂南画像石墓或敦煌北朝石窟窟顶，都是所谓"斗四"，较为简单，即在方形各边中点搁平面斜转45°的方木，构成一较小方形，其上再重复一次构成一更小方形，最上覆平板。宋代则发展为"斗八"，即在方形上将四角抹斜，构成八角，再上支架八楞，覆八角攒尖收顶，显然进一步走向复杂化。辽代的独乐寺观音阁上层藻井和应县佛宫寺释迦塔第五层藻井，是现存最早斗八藻井实例，仍比较简洁。前者只在攒尖的八个三角形内作三角形小格，后者也只在此施背板并作彩画。但有的非常复杂，根据《营造法式》所述复原的斗八藻井，在下层正方上以出跳斗栱承托上层收小了的八角，八角上又有出跳斗栱，承托更收小了的八楞弧形顶。宁波保国寺大殿（宋）的斗八藻井，上下也各有斗栱，承托八楞半圆形顶。最复杂的是应县净土寺（金）当心间的藻井：在方形四面都以极细木料做出建筑模型，以为"天宫楼阁"，天宫楼阁本身的斗栱与藻井的斗栱尺度相同，井顶覆平板，上有雕龙，全体施造极尽精美繁丽之能事（图6-5-25～图6-5-30）。

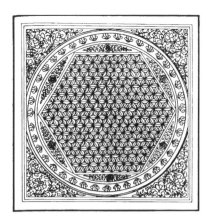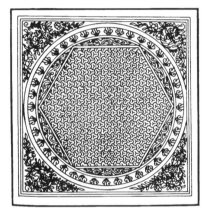

图6-5-24 《营造法式》各式平棋图案（《中国古建筑图案》）

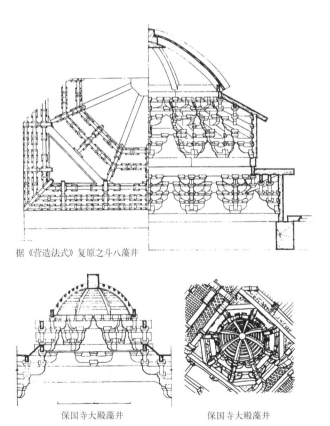

据《营造法式》复原之斗八藻井

保国寺大殿藻井　　　　保国寺大殿藻井

图6-5-25 宋式藻井（《中国古代建筑技术史》、《中国古代建筑史》）

图6-5-26 宁波保国寺大殿藻井（喻维国）

图 6-5-27　大同善化寺大雄宝殿藻井（罗哲文）

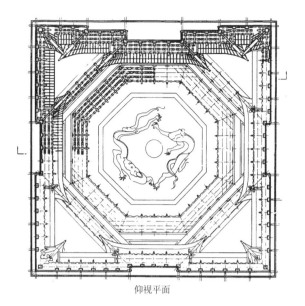

仰视平面

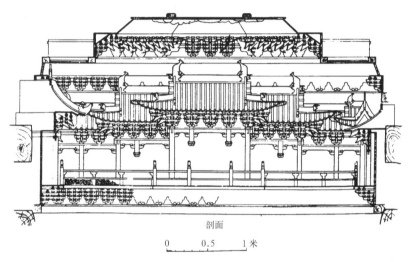

剖面

0　　　0.5　　　1米

图 6-5-29　应县净土寺大殿藻井（《中国古代建筑史》）

图 6-5-28　保国寺大殿前进深藻井（萧默）

图 6-5-30　应县净土寺大殿藻井（罗哲文）

五、彩画

随着建筑风格之渐趋繁丽，五代、宋的建筑彩画有着划时代的发展，改变了唐以前建筑色彩较为朴质的面貌，为明、清彩画的发展高峰作了充分的准备。

在介绍这个时期的彩画之前，有必要先对"叠晕"一词略作解释。"晕"（或"晕染"）早在南北朝时即已产生，系同一色相而明度顺序变化的施色方法，以绿为例，即从黑色起，依次为最深的绿、深绿、绿和浅绿直至于白的系列改变。许嵩《建康实录》记南朝梁张僧繇画"凹凸花"，"远观常如凹凸，就视即平"，就是"晕"的画法，相传是由西域传来的，以加强体积感。但当时只用在绘画上，色彩明度变化无需梯次分明，还不能算是"叠晕"。唐以后，建筑彩画借用这一技法，并使明度变化呈边界分明的阶梯式，更加图案化，即为"叠晕"。叠晕所用各色并非同色加白，而是利用各色不同的比重以淘澄法沉淀取得，这在《营造法式》"取石色之法"中有所叙述，并各色异称。以青为例，最浅者称青华，稍深为三青，再深二青，最深大青。绿、朱二色类推。此种制色方法，较之同色加白更为鲜丽，且不易变色。叠晕的产生是中国建筑彩画史的一件大事，其广泛应用，大大增加了色相的深浅变化，同时又不失其和谐统一。

《营造法式》记载彩画种类颇多，按色彩效果分，大体可别为三类：

（一）"五彩遍装"。在构件边缘用青或绿叠晕轮廓，内以朱色衬底（或用朱色叠晕轮廓，青色衬底），底上画五彩花纹，有时并用金，非常华丽。

（二）以青绿色调为主，包括多种做法。"碾玉装"的边缘叠晕与五彩遍装相似，但只用青或绿，不用朱。以绿色轮廓为例，轮廓内在绿华地上描花，以深青剔地。若轮廓为青，则上例各处皆青绿互换，总之不外青绿二色。"青绿叠晕棱间装"即整个以青绿相间对晕，不绘花纹，又有多种绘法。所谓"对晕"，以斗栱青色叠晕为边作例，令浅色向内，内部则用绿色叠晕，令浅色向外，青、绿之间界以白线，此又特称为"两晕棱间装"。若外棱为绿，棱内用青，最内又为绿，均为叠晕，称为"三晕棱间装"。或也可略有红色，即从外至内排列秩序为青、红、绿，谓之"三晕带红棱间装"。实例中，青绿叠晕棱间装在当时并未普遍，到明、清方得以发展。

（三）以暖色为主。若通刷土朱，用青或绿作叠晕轮廓，称"解绿装"。若在解绿装的基础上于土朱地上画花纹，即称"解绿结华装"。若以白为轮廓，内通刷土朱，则只称"丹粉刷饰"，而在斗栱的昂和栱的下面及耍头正面刷黄丹，以变化色调。若土朱改为土黄则称"黄土刷饰"。山西垣曲金代墓葬的斗栱，刷饰红地白边或白地红边，也属此类。此种只用赤、白二色的刷饰又称"赤白刷饰"，金以后已不多见。

此外，《营造法式》还提到一种"杂间装"，是一种各式彩画配合使用的原则和方法，如五彩间碾玉、青绿三晕棱间装间碾玉之类，目的是"相间品配令华色鲜丽"。

《营造法式》提到的彩画纹饰样式甚多。花纹即有海石榴花、宝相花、莲荷花、团科等九品，琐文有六品，飞仙二品，飞禽三品，走兽四品，云文二品等共二十六品，每品又有多种。在所附二百五十余幅彩画图样中，有一半为单个纹样。从实例看，此时彩画题材是以植物花卉及几何文为主。

《营造法式》将最为华丽的五彩遍装和青绿碾玉列为上等，主要用于宫殿寺观的主要殿堂；青绿棱间、解绿和结华列为中等，多用于次要殿堂和王府、园林；丹粉赤白等列于下等，用

①南京博物院.南唐二陵[M].
北京:文物出版社,1957.

于一般屋舍。

这个时代已有一些彩画实例留存下来,其重要者如南唐二陵墓室(943、962)、苏州云岩寺塔(吴越,959)、敦煌石窟宋初四座窟檐中的三座(970、976、980)、辽宁义县奉国寺大殿(辽,1020)、大同华严寺薄伽教藏殿(辽,1038)、河南白沙一至三号宋墓(1099年及稍后)等,再加上《营造法式》(1100)中所附图样,都可供研究。

以上实例,除云岩寺塔外,大都类于五彩遍装。现依时间先后综析如下。

南唐二陵的阑额有两种构图:一在满涂的红地上通绘缠枝牡丹;一为由一列菱形纹组成一整二破的二方连续图案,菱形内有团花。阑额尚未出现明、清广为盛行的中为枋心、两端为藻头(清又称找头)加箍头的三段式布局。柱子除柱顶绘覆莲外,与阑额相同,也是上述两种布局。全体色调以朱红为主(图6-5-31～图6-5-34)。①柱身满绘花卉的做法,更早还可在河北北响堂石窟第7窟(北齐)的佛龛壁柱上看到。河南登封初祖庵大殿(1125)石柱也满刻海石榴花,下述白沙宋墓也是如此。

云岩寺塔的阑额,构图系以朱色绘出上、下宽道,中间用同宽朱色将构件分成几个长方格,格内留白块。此种朱白二色的组合画法,也应属于"丹粉刷饰",其构图又称"七朱八白"。值得注意的是,在阑额两端塑出了凸起的如意头形。在保国寺大殿的阑额上,也有"七朱八白"彩画(图6-5-35、图6-5-36)。

敦煌莫高窟窟檐室内保存有较完整的彩画,是迄今所能见到的最完整最早的木结构建筑彩画实例。与南唐二陵相比,阑额也没有枋心、藻头、箍头之分,其中一座并与二陵之一的构图相似,也是由一整二破的菱形图案组成,彩画题材同为花卉或几何文,色调也以朱红为主,柱顶也绘覆莲。以上都可见出其与南唐的继承关系。

图6-5-31 南唐二陵李昪陵柱子彩画(《南唐二陵》)

图6-5-32 南唐钦陵阑额彩画(《南唐二陵》)

图6-5-33 南唐钦陵斗栱柱头彩画(《南唐二陵》)

不同的是在柱子中部加用仰覆束莲，其余地上统刷朱色，没有满饰彩画。窟檐其他众多横向或竖向木构件如椽条、直棂窗的上额、腰串（下槛）及门窗左右立颊等，也与柱子相似，即在构件两端绘花瓣向内的莲瓣，构件中间绘花瓣双向的束莲。有的阑额构图与云岩寺塔相似，也是"七朱八白"，此种做法，似有损于构件的视觉完整，不见其美，以后并未见广泛流传。窟檐的栱间及其他所有非木构件的编笆抹灰部位，均绘佛教题材的人物鸟兽壁画，与木构上的花卉和几何文相映（图6-5-37～图6-5-40）。[1]

奉国寺大殿的梁上彩画，在两端已有明、清广为出现的箍头，即竖向的几条线道。箍头以内为一整二破三尖向内或重叠的五尖向内莲瓣，以青绿色为主，再内为红地上绘青绿色缠枝牡丹连续图案，广用叠晕，梁底绘飞天或凤鸟，柱上已无彩画（图6-5-41、图6-5-42）。

华严寺薄伽教藏殿梁上的彩画已颇接近于明、清彩画，尤与旋子彩画相似。有箍头并加长了藻头；藻头的红地上以青绿绘出一整二破的早期"旋花"。枋心上下以粉青界边，中于红地上绘写生牡丹。柱上也无彩画（图6-5-43）。

除红地外，以上二殿彩画转向以青绿色调为主。

白沙宋墓在阑额或平板枋两端，也有箍头线，线道以里，有被称为"角叶"的饰样，有的似源于莲瓣纹，即上下相对两个"半莲瓣"的简化，可见出它与敦煌窟檐的继承关系（尤其在某些构件如平板枋和檐枋的中部，有类似窟檐的束莲），有的又颇似如意头。柱头或有仰莲，或只以横向线道与柱身区分。墓的柱身有由一整二破菱形花组成的连续图案（图6-5-44～图6-5-48）。[2]

在《营造法式》所附二百五十几幅彩画图样中，约一半是分别用于阑额、平棋、斗栱、栱间板、梁、椽子和飞子等构件上的适合图案，施用的部位相当广泛。但除栱间板上有时出现

图6-5-34 南唐钦陵柱子彩画（《南唐二陵》）　　图6-5-35 苏州云岩寺塔塔内彩画（罗哲文）

图6-5-36 保国寺大殿阑额"七朱八白"彩画（萧默）

图6-5-37 莫高窟宋代第427窟窟檐内部（《敦煌建筑研究》）

①萧默.敦煌建筑研究·窟檐[M].北京：文物出版社，1989.
②宿白.白沙宋墓[M].北京：文物出版社，1957.

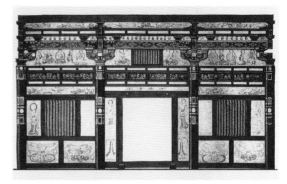

图 6-5-39　莫高窟宋代第 427 窟窟檐内檐彩画（孙儒涧摹）

图 6-5-38　莫高窟宋代第 431 窟窟檐内部（《敦煌建筑研究》）　　图 6-5-40　莫高窟第 431 窟窟檐内部彩画（孙儒简摹）

图 6-5-41　奉国寺大殿彩画（《中国古代建筑技术史》）

图 6-5-42　奉国寺大殿彩画（《中国古代建筑技术史》）

图6-5-43 华严寺薄伽教藏殿彩画（《中国古代建筑技术史》）

图6-5-46 白沙宋墓墓门彩画（《白沙宋墓》）

图6-5-47 白沙宋墓墓室斗栱柱头彩画（《白沙宋墓》）

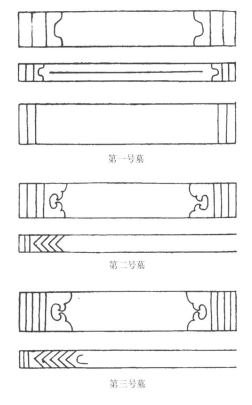

第一号墓

第二号墓

第三号墓

图6-5-44 白沙宋墓阑额和平枋彩画（《白沙宋墓》）

图6-5-45 白沙宋墓彩画（《白沙宋墓》）

图6-5-48 白沙宋墓墓室室顶彩画（《白沙宋墓》）

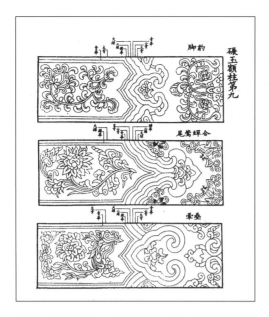

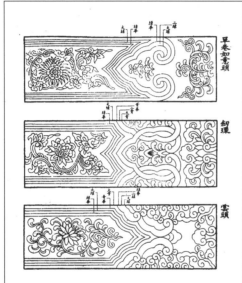

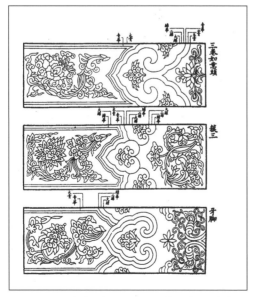

图6-5-49 《营造法式》梁枋彩画（宋《营造法式》）

人物外，都是花卉和几何文。所绘阑额，不再通绘一种纹饰，除不见"箍头"外，强调了两端与中段的区分，形成了藻头与枋心的三段构图。藻头与枋心的区分方式多种多样，总轮廓有的是一个尖角，向外或向内；有的是一整二破三个尖角，均向内。后者已与明清彩画的总构图十分接近了（图6-5-49～图6-5-54）。

此外，可资参考的还有河北定县北宋开元寺塔塔内的彩画（图6-5-55）。

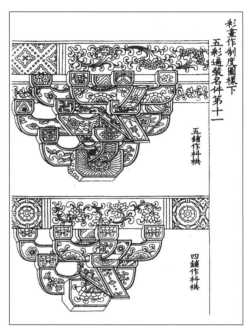

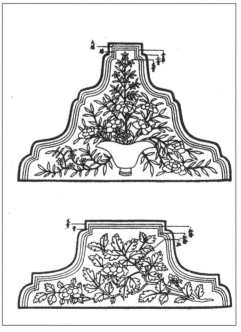

图6-5-50 《营造法式》斗栱及拱间板彩画

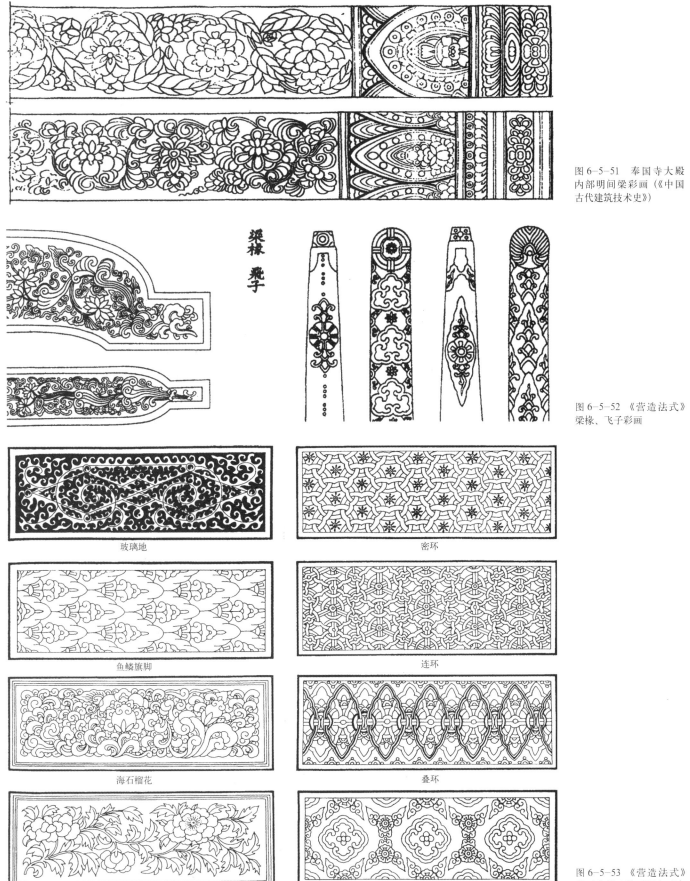

图 6-5-51 奉国寺大殿
内部明间梁彩画（《中国
古代建筑技术史》）

梁椽 飞子

图 6-5-52 《营造法式》
梁椽、飞子彩画

玻璃地

密环

鱼鳞旗脚

连环

海石榴花

叠环

牡丹花

玛璃地

图 6-5-53 《营造法式》
彩画纹样八种（引自《中
国古建筑图案》）

四出

银锭

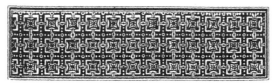
方棋四出

簟纹

罗地龟纹

六出龟纹

图 6-5-54 《营造法式》彩画纹样六种（引自《中国古建筑图案》)

图 6-5-55 定县开元寺塔塔内壁画（罗哲文）

综上，可以明显见出五代、宋时期建筑彩画的发展：

（一）大约以 10 世纪与 11 世纪之交为界，以前的彩画的施用几乎包括柱子立面的全部，以后渐渐发展为只施用在阑额以上（即清代所谓"上架"部位），柱子全为红色。柱上施以彩画的做法也见于唐，显然前期继承了唐代而更事踵华，是建筑向着繁丽华奢的方向发展的明显表现。后期在柱子上多无彩画，使繁简有所对比，强调了屋身的坚实感，突出檐下阴影部分丰富的光、色、形的变化，是彩画渐趋成熟的表现。这个时期的斗栱也多有彩画，明、清则只作叠晕对晕，不加纹饰，是"叠晕棱间装"的继承，繁简更为有度。

以上分析仅就重要建筑而言，至于一般建筑，无论早期晚期都极少施用或不施彩画，有的甚至连刷饰也没有。

（二）彩画色调从以红黄暖色为主渐转向以青绿冷色为主。明清时这种趋势更为发展，檐下的青绿彩画与黄色琉璃瓦、红色屋身及白石台基的对比，大大加强了建筑色彩的整体表现力。

（三）彩画题材以花卉和几何纹为主，且花卉接近写生花的画法。花卉的大量出现应与这个时期花鸟画的盛行有关，与同时期的其他器物例如瓷器上的植物图案也不无关联。也有少量动物图案和人物图案（图 6-5-56、图 6-5-57)。明、清彩画在大木构件上大量出现动物如龙、凤等图形，植物纹如旋花等则趋向程式化。

（四）构图相当自由，尤以早期为甚，相同图案可在不同部位施用，同一部位可以通用各种不同图案。晚期则逐渐趋于程式化，其中尤以阑额构图的变化最为明显：箍头和藻头从无到有，藻头逐渐定型，箍头加藻头与枋心的三段式构图逐渐成形，藻头从短到长……都是其发展的证明。这一趋势在元、明、清继续发展并最终完成。

藻头的构思始终强调的是构件的端头，即不同方向构件连接的"节点"处。结合我们对秦汉以前同样用在节点处的铜制"金钉"的认识，可以认为它正是金钉的遗痕或转化，即以绘画来代替真正的金属连件。所绘纹样为莲瓣或如意头，虽仍作尖形，却已是软性轮廓，不再是金钉的折线尖齿。这一转化，在意匠上为明、清彩画的构图作好了准备。

藻头的长短在《营造法式》中已有规定，为"长加广之半"，即长为阑额高度的一倍半。此时梁材断面为长方形，阑额颇高，去掉两端藻头，枋心不显过长。以后，梁材断面渐转成正方，额枋（即宋的阑额）变窄，为不使枋心比例过长，明、清不再固守"长加广之半"的做法而加长两端，使两端与枋心各占三分之一的长度。

（五）叠晕与对晕的运用是这一时期的又一成就，到明、清成为主要的配色方法。

六、雕饰及琉璃

唐代建筑雕刻技术已经成熟，五代、宋、辽、金总结前代的成果，木、石、砖雕广泛用于建筑装饰，脊饰也由唐代的鸱尾变为鸱吻。

石雕

直接用在建筑上的和作为建筑环境装饰的石雕，都是建筑石雕。建筑石雕最早可见于殷墟出土可能是柱础的动物形石刻（有的可能用在门槛下面），以圆雕刻出大形，表面再施以薄浮雕和线刻。从商周青铜器纹饰之精美，已可想见当时雕刻的水平。汉墓中有画像石，画像砖，石制墓门上也常饰雕刻，技法以阴线刻画和宋代所称的"减地平钑"为主。汉代也有浮雕和圆雕，浮雕可以河南密县打虎亭一号汉墓墓门铺首为代表，圆雕如许多陵墓的石兽。从山西大同出土北魏帐柱础石、江苏南京南朝诸墓石兽、河北赵县隋安济桥栏板、河南登封唐代圣

穿枝牡丹

缠枝花纹

穿枝牡丹

缠枝花纹

图6-5-56 宋代瓷器纹饰四种（《中国历代装饰纹样大典》）

图6-5-57 《营造法式》飞仙及飞走图案

龙水纹

宝相花

图6-5-58 《营造法式》石雕柱础两种（《中国古建筑图案》）

苏州罗汉院大殿压地隐起童子牡丹纹

长清灵岩寺大殿压地隐起莲瓣纹

太原晋祠圣母殿剔地起突兽形

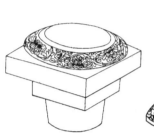
罗汉院压地隐起牡丹纹

罗汉院压地隐起牡丹纹

长清灵岩寺大殿剔地起突水龙纹

河南汜水等慈寺大殿剔地起突兽形

图6-5-59 宋代石雕柱础七种（引自《中国古建筑装饰图案》）

德感应碑等例，以及不可胜记的诸多唐代石塔表面的雕饰，均可见魏晋隋唐建筑石雕的高度发展，几乎全部石雕技法都已出现。北魏帐柱础石的圆雕和浮雕，及其极精美的透雕，令人叹为观止。南朝圆雕石兽的矫健，安济桥栏板浮雕构图的妥帖，龙身穿插的巧妙，也都给人以深刻印象。

但中唐以前，直接施用在建筑上的石雕尚不十分发达，随着建筑日趋华丽，至五代、宋得到很大发展。据《营造法式》石作功限条，凡柱础、殿阶基、勾栏、压阑石（台基边沿）、角石（用在台基转角处）……均可施以石雕。《营造法式》还附有石雕图样，计柱础八种、角石四种、须弥座二种、角柱二种、压阑石二种、螭首一种，用于重要殿堂地面心的斗八图样一种，勾栏二种，勾栏的望柱三种，望柱头和望柱础各二种，门帖石二种，此外，还有用在园林中的"流杯渠"二种（图6-5-58～图6-5-66）。

《营造法式》对于石雕技法作了总结，归纳为四种，即素平、减地平钑、压地隐起和剔地起突。

图6-5-60 《营造法式》石雕阶基叠涩座角柱（《中国古建筑图案》）

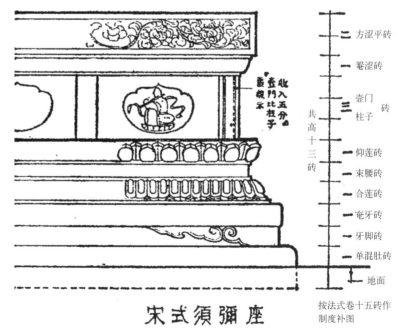
宋式须弥座

二 方涩平砖
一 毫涩砖
三 壶门柱子砖
一 仰莲砖
束腰砖
合莲砖
奄牙砖
牙脚砖
单混肚砖
地面

共高十三砖

按法式卷十五砖作制度补图

图6-5-61 《营造法式》石雕须弥座（《梁思成文集》）

南京栖霞寺五代舍利塔座（《中国古建筑图案》） 《营造法式》

图 6-5-62　石雕　角柱

剔地起突狮子角石

图 6-5-64　南京栖霞寺塔勾栏（萧默）

剔地起突龙云角石

压地隐起海石榴花角石

图 6-5-63　《营造法式》角石（《中国古建筑图案》）

图 6-5-66　河南巩县（今巩义市）宋陵石刻朱雀（罗哲文）

图6-5-65　栖霞寺塔基座压地隐起石刻（吴庆洲）

所谓"素平"，以前多认为只是平整无饰的石面，不算石雕，近人研究认为，素平实际上就是阴纹线刻，是在平整石面上阴刻线条纹饰。[1]其线型匀整一致如铁线描者，在汉画像石上已多有所见，唐代的代表作可举慈恩寺塔的门楣线刻殿堂和几座贵族墓的石椁门扉。有所变化并不匀整的线型也见于汉代，如打虎亭汉墓门扉，除铺首为浮雕外，余地及边框的云气纹均有粗细变化。宋代作品可见于山西长子县法兴寺大殿的门框及内柱，刻卷枝花。《营造法式》所载殿堂内地面心斗八图样，可能也是以素平完成的。素平手法以线条流畅和构图疏密得当见长，绘画性多于雕刻性，与减地平钑一起，都最宜于保持构件本身的完整形象，不至于喧宾夺主，这有利于某些承重构件如柱子等保持其刚劲有力的形态，故而历久不衰。

减地平钑是在平整石面上留出形象，效果如同剪影，凸起的形象和凹下去的"地"都是平的，故又有人称其为"平雕"或"平浮雕"。在凸起的形象上也可再加阴刻线条，以增加造型感。这种雕刻手法在汉画像石上也曾广泛采用，题材多为历史人物故事、羽人、飞仙和建筑。魏晋多刻佛教故事。唐宋以后尤其是宋，施用于建筑上题材转为花鸟。减地平钑的构图原则应注意"地"不可留得太多，以突出饱满丰富

的主题形象。宋代现存作品可以河南巩县（今巩义市）宋永熙陵望柱、登封中岳庙的天王庙碑碑侧及苏州罗汉院柱础等为代表。

用于建筑雕刻的压地隐起是浅浮雕的一种，仍是力求保持建筑本身的完整感而与一般浅浮雕有所区别，其各部分的高点都在同一平面上，且不宜太高，一般不超过2厘米；若有边框，边框与各高点也在同一平面上；与减地平钑一样，构图宜饱满，留地不可太多。它与减地平钑的区别是图案的外轮廓为柔曲的弧面，力求圆和，图案本身则重叠穿插，有一定立体感，"地"可为平面，也可刻成微微的曲面，艺术效果比减地平钑显得丰富。五代的精品可举栖霞山舍利塔的塔基为例，刻凤鸟莲花。宋代优秀作品如初祖庵大殿石香案的束腰，刻连续海石榴花。

剔地起突是高浮雕，或称半圆雕，装饰主题从建筑构件表面凸起较高，"地"则层层凹下，前此的打虎亭汉墓铺首、大同北魏柱础、安济桥隋代栏板都是其杰出作品。北魏柱础且还大量采用所谓"穿枝过梗"的透雕手法，刻出玲珑剔透的游龙和流云，但整个圆形柱础仍保持很强的整体感。其方形础下石的侧面则为减地平钑，上面四角刻圆雕小童。宋代作品可举巩县永裕陵上马台为例。上马台的一面为台阶，

①徐伯安，郭黛姮.雕壁之美，奇丽千秋——从"营造法式"四种雕刻手法看我国古代建筑装饰石雕[M]//清华大学建筑工程系建筑历史教研组.建筑史论文集·第二辑.北京:清华大学建筑工程系，1979.

台面和三个侧面都有雕刻，侧面各以剔地起突刻一龙，其他面为减地平钑刻流云，龙身矫健，主题突出。

以上各种手法可以相互配合应用，应注意的是必须有所节制，恰到好处，只施用在重点处，全体仍应以平整石面为主，以尽量保持建筑本身的大形，决不能动辄满饰，或滥用剔地起突。这个时代的建筑石雕，大致都符合这个原则，不像某些清代作品，过滥过繁，功倍愈拙。

这个时期总体施用的优秀石雕作品，如江苏南京南唐栖霞寺舍利塔的基座和塔身、四川成都后蜀王建永陵的棺台、河北赵县北宋陀罗尼经幢和福建泉州开元寺南宋的两座石塔基座。

其实，除了以上四种手法以外，建筑雕刻还应包括圆雕，只是它多是独立的作品，主要用于建筑环境的创造，而较少施之于建筑本身，所以《营造法式》未予收入。此类作品，在美术史中均有述及，本文不再多赘。

木雕

中国建筑向以木结构为主，故木雕是其最基本的装饰方式之一。战国之"丹楹刻桷"，表明木雕很早已在建筑上应用。《洛阳伽蓝记》所记北魏永宁寺，也有"雕梁粉壁"之词。《拾遗记》记十六国"石虎于太极殿前起楼……屋柱皆隐起为龙凤百兽之形，雕斫众宝，以饰楹柱"，可能是当时建筑木雕之最奢者。但总体说来，从秦汉直到盛唐，木雕使用仍相当节制，中唐以后稍为繁丽。随着建筑在五代、宋以后的渐趋繁细，木雕得到迅速发展，所谓"雕梁画栋"，以后成为形容建筑华美的习惯用词。

《营造法式》对木雕有专节记述，所载有混作、雕插写生华、剔地起突卷叶华、剔地洼（凹）叶华等四类，除混作为圆雕外，其余几类的具体雕造方式解说得都不够明晰。借用石雕名词，

似有以下五种，即素平（阴纹线刻）、减地平钑（平雕）、压地隐起（浅浮雕）、剔地起突（高浮雕或半圆雕）和混作（圆雕）。此外还有与以上各法配合使用的透雕。

《营造法式》又称阴纹线刻为"实雕"，"若就地随形雕压出华文者谓之实雕"，用在如悬山或歇山山面博风板下的"垂鱼、惹草"等不须强调纹饰之处（图6-5-67）。

剔地凹叶华是"先于平地隐起华头及枝条（其枝梗并交起相压），减压下四周叶外空地"。既称"先于平地"雕刻花样，可见花样高点皆不能高出此"平地"，相当于减地平钑。此种雕法的叶面应凹下，叶缘高起，以突现花纹轮廓，故称为"凹叶华"，但也可雕成"平卷叶"。此条又称"亦有平雕透突（或压地）诸华者"，即此种平雕的花饰亦可局部结合透雕，仍然压地。

《营造法式》所称"剔地起突卷叶华"可能包括浅浮雕与高浮雕两种，是较复杂的刻法，除剔下即压下地面外，花纹本身须"叶内翻卷，

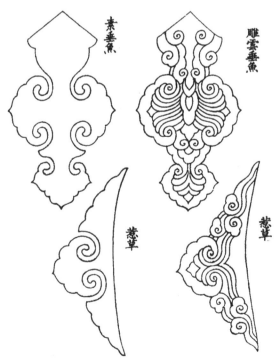

图6-5-67 《营造法式》垂鱼、惹草

令表里分明。剔削枝条须圜混相压"，真实感和立体感更强。其起突较少者即为浅浮雕。此种雕法也可与"透突"即透雕结合使用。

平雕和浮雕使用范围最广，如梁额、格子门腰华板、木勾栏的华板、所谓"椽头盘子"，以及天花板等处。椽头盘子与圆椽头同大，事先雕好安于椽头，此做法至明清已被彩画代替。

混作应即圆雕，用在勾栏望柱头、角神（在大角梁下）和雕作缠龙柱。圆雕多是事先雕造，再安装在构件上。

至于《营造法式》所说的"雕插写生华"，只提到它的花样系写生花，并提到施用于栱眼壁，未曾具体说明雕镌方法，想必也脱不出线刻、平雕或浮雕的范围。栱眼壁大致呈三角形，又须随单栱或重栱的轮廓随势造型，不宜雕作几何纹或连续图案，自由构图的写生花应较为适合。

钩阑华版

椽头盘子

泥作缠柱龙

图6-5-68 《营造法式》木雕图案

《营造法式》于木雕纹样举出混作八品（包括神仙人物、龙凤动物等）、写生花五品、卷叶花三品、凹叶花七品等共二十三品，附有图样，看来仍以植物纹为主（图6-5-68）。《营造法式》将装嵌在格子门窗上的各式格心和藻井、平棋等归入装修类，若将其也包括于木雕，就更有多种几何文。

木雕的构图仍以饱满为原则，地不可留得太多，《营造法式》所附图样也皆如此。木雕的施用同样以不损伤构件本身的整体感为宜。但太原晋祠北宋圣母殿的缠龙柱分段刻成，龙身缠柱，即有凸起太高之嫌，不如明清众多石刻华表浮雕缠龙或曲阜孔庙大成殿盘龙石柱仅凸起少许为佳。

山西应县净土寺大殿藻井四周的天宫楼阁、大同华严寺薄伽教藏殿内"壁藏"所刻建筑模型，以及四川江油云岩寺的"飞天藏"，都是这个时期与小木作结合的木雕精品。从许多宋、金墓葬饰以砖雕的仿木建筑表面，也可看出此时木雕的盛况。《营造法式》也附有天宫楼阁佛道藏、转轮经藏、天宫壁藏等复杂图样（图6-5-69、图6-5-70）。

砖雕

广义的砖雕包括三种制作方式，即制坯时事先模制或浮塑纹饰后再行烧造，或在模制、浮塑并烧好后进行雕凿加工，或在烧好的平砖上施用完全的雕凿。宋以前的砖雕以模制或坯上浮塑为主，宋代已出现完全雕凿的更精细的做法。

《营造法式》于砖雕记载甚少，仅见于卷二十五诸作功限二，在砖作条内附带言及。其中对砖块的加工称"砟事"，砟事内的"事造剜凿"即完全雕凿而成的砖雕。砖雕样式分地面斗八、龙凤、花样、人物、壸门、宝瓶等类。地面斗八用在殿堂内，其他所用部位如"阶基、城门座、砖侧头、须弥台座"之类，文字很简略。从敦

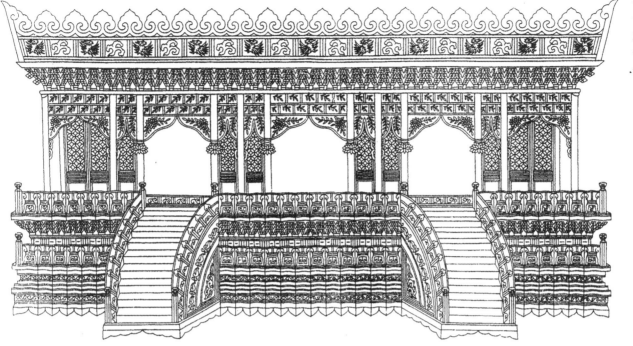

图6-5-69 《营造法式》山花蕉叶佛道帐

煌石窟出土的地面砖和阶基，可知唐宋时广为施用花砖，图案以十字对称的浮塑莲花纹为主，皆为模制（图6-5-71～图6-5-73）。除此之外，砖雕的使用以须弥座为主，其上的花饰可能多为雕凿。《营造法式》卷十五砖作制度中有须弥座条，梁思成先生据此在《营造法式图注》中绘出了它的图形。

砖雕纹饰的雕凿方法应与木雕或石雕相近。

五代、宋施于建筑上的砖雕实物多在砖塔和砖心木檐塔，也见于宋、金砖墓。它们都是仿木结构，其雕造的方法和水平，足以显示当时砖雕技术的面貌。以原建于南宋的杭州六和塔为例，所有的须弥座束腰上都有一组砖雕，内容有海石榴、荷叶花、宝相花、牡丹花等十余种，宛转翻落，生动写实；还有凤凰、孔雀、鹦鹉、山鹊等飞禽，狮子、麒麟、狻猊、獬豸等动物，又十余种，或伫立，或飞翔，或奔跃，神态具足；另有飞仙、嫔伽等像，飘逸优美；此外还有回纹、云纹、

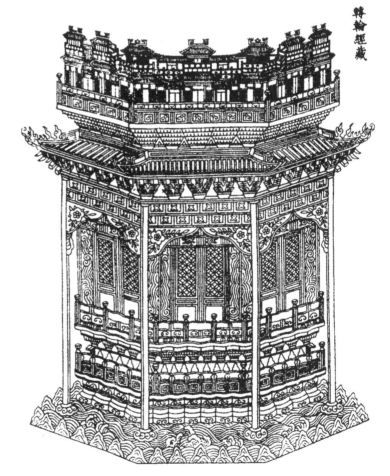

图6-5-70 《营造法式》转轮经藏

①王士伦．杭州六和塔[J].
文物，1981（4）．

图6-5-71 辽宁朝阳北塔砖雕（萧默）

图6-5-72 宋代花砖

图6-5-73 敦煌莫高窟宋代莲花纹
花砖

图6-5-74 金代带翼坐龙铜雕（北
京房山区金陵遗址出土）（萧默）

如意、团花等几何图案。这组砖雕，与《营造法式》所附彩画图样十分相似。①

《营造法式》还提到"刷染砖瓦基阶之类"，可见在素砖或砖雕台基上还可能再刷饰色彩。其具体施色情状，除刷涂"墨煤"即灰黑色外，可能也有彩色，似可由敦煌同期石窟广泛施行的彩塑须弥座坛台想见。

此外，还有金属雕刻装饰，典型者如北京金陵出土者（图6-5-74）。

琉璃

五代宋的建筑装饰还有琉璃瓦。《营造法式》卷十五有"琉璃瓦等"、卷二十七有"造琉璃瓦并事件"等条，记述了琉璃的制作工艺，又多见如"斫事琉璃瓦口"、"出光琉璃瓦"等语，皆可得窥宋时继续使用琉璃的情状，主要用在屋顶。

屋顶正脊两端置鸱吻（图6-5-75），是建筑的重点装饰。鸱吻由唐以前的鸱尾演变而来，改前此的单纯鱼尾形为张口吞脊，如可能在宋、辽时期重装的唐佛光寺大殿、辽蓟县独乐寺山门、北宋山西榆次永寿寺雨花宫、辽大同华严寺薄伽教藏殿壁藏、北宋初祖庵及西夏八号王陵出土者，敦煌石窟五代宋壁画中也有描绘，均作龙吻吞脊状。

鸱吻之名首见于五代刘昫撰《旧唐书》卷五高宗本纪下："大风毁太庙鸱吻"。形象资料则首见于四川乐山凌云寺摩崖中唐石刻，尚颇简率，据此，鸱吻之名及其实行恐早在中唐以前。宋·黄朝英《靖康汀素杂记》引《倦游杂录》云："自唐以来，寺观殿宇，尚有为飞鱼形尾上指者，不知何时易名鸱吻，状亦不类鱼尾。"可见鸱吻在宋代还未能完全普及，致引人诧异。

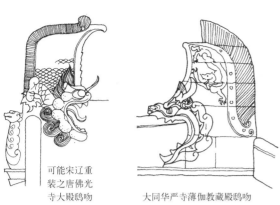
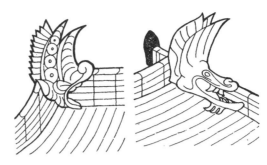

可能宋辽重
装之唐佛光
寺大殿鸱吻　　　大同华严寺薄伽教藏殿鸱吻　　　　　敦煌莫高窟宋代壁画鸱吻

图6-5-75　宋、辽鸱吻（引自《中国古建筑图案》及萧默绘）

第六节　佛塔（石幢及景观楼阁附）

一、总述

这个时代是佛塔建造的繁荣期，取得了多方面的突出成就，是建筑艺术的重大收获，遗存的塔当以百计，其中优秀作品不下几十座，分布的范围比唐代大得多，北起辽宁、内蒙古，东至江浙闽赣，南达滇粤，西迄甘宁，尤以晋冀北部、辽宁、内蒙古一带和长江三角洲这两大地区的作品更引人注目。

塔的类型还是以楼阁式与密檐式居多，现存的多砖石结构。密檐塔主要分布在辽国金国地区，北京天宁寺塔是其典型作品。非常可贵的是这个时期保存下来的两座木塔，最著名者为山西应县佛宫寺释迦塔，楼阁式，高达67米，是世界最宏伟的木构建筑，艺术价值极高。还有一些前代少见的砖身木檐楼阁式塔，主要流行在江南。此外，以晚唐九顶塔为滥觞的华塔在宋、辽曾兴盛一时。

砖塔的结构比唐代有较大改进，前此盛行的单层空筒至此已被双层套筒取代。双层套筒是外壁内有一圈回廊，回廊围绕砖砌塔心，塔心与外壁间在每层地面处以砖砌叠涩相接。南方砖塔大多在回廊里设梯级，塔心各层砌出塔心室，而北方砖塔大多将梯级砌在塔心内。塔的平面多

由方形改为多边形，一般是八角形，也有六角形。各层所开的门也由前此的上下一贯改成逐层转换。这些，都有利于结构的坚固，如两层套筒之间在结构上的相连大大加强了塔的整体性，近乎圆形的多边形利于抗震，逐层转换的塔门分散了薄弱点。同时，形制的改变也丰富了造型。

一般来说北方的塔多浑厚雄壮之气，江南则倾向挺拔清秀。受着时代审美趣味的影响，不论北方还是南方，其总的风格比起唐代已更加繁缛和华丽，砖石塔则更加详尽而琐细地模仿木结构，这种趋势越到晚期越加盛行，炫耀物质的外在力量，以至于达到了损伤体现材料本性的朴质之美的程度，有时甚至显得轻浮而伧俗。开封佑国寺一座以铁色琉璃砖砌成的"铁塔"，泉州开元寺一对极"忠实"地模仿木结构的石塔，可能就是这种矫饰作风的典型。虽然大多数宋、辽佛塔还是美丽动人的，但由于体现着市民趣味的审美趋向的冲击，终于没能找到自己的符合砖石结构本性的出路。到了这个时代的末期，传统佛塔似乎已基本走完了自己的历史路程，延至明、清，在佛塔上已看不出多少创造性的努力了。

在我们具体分析佛塔的个例之前，准备先宏观地谈谈塔的选址问题。

有一些佛寺仍延续东汉北朝以来中心塔式布局，塔位于寺院山门内中轴线上大殿以前，

寺建在何处，塔也建在何处，如山西应县佛宫寺、河北涿县（今涿州市）普寿寺、内蒙古巴林左旗辽庆州佛寺等。

还有一些塔继承南北朝已开始的双塔做法，一寺立有两座塔①，多在寺内主殿前两侧，如杭州灵隐寺（五代吴越）、苏州罗汉院（北宋）、锦州崇兴寺（辽）、泉州开元寺（南宋）等。北京房山云居寺双塔（辽）则位于全寺两侧。有的在山门前两侧，如安徽宣城广教寺（北宋）。这些双塔，形象及体量近似，双双对峙，高耸于众屋之上，丰富了整体轮廓。双塔的宗教意义恐来源于《法华经·见宝塔品》关于释迦、多宝二佛并坐于多宝塔的描述。山西太原蒙山开化寺遗址的两座单层塔，即名释迦、多宝，建于北宋，但此二塔位置紧邻、基座相连，似可不列入"双塔"之列。

另有一些塔与寺院轴线没有什么对应关系，依地形随宜布置在寺内或寺外附近地段。

由于塔的巨大体量和高耸的体形，人们对于佛塔除了宗教感情的寄托以外，必会同时希望它们与周围的环境能有密切的联系，相互衬托呼应，共同构成环境艺术的整体审美对象。佛宫寺在现应县城内偏西北部，应县西、北两面城墙都曾向内缩进许多，若恢复当年的城墙，佛宫寺就几乎位于当初城市十字街的交点上，高达60余米的大塔巍然矗立于低矮的众屋之上，必定是城市的构图中心，又以其暖红色调的塔身与城内大片青灰色的房屋形成对比，为古城增色良多。建于辽代晚期的辽南京（即北京）天宁寺塔选址在城市之北，与城内的宫城相直，成为远望宫城的借景。金中都更强调了这个关系。天津蓟县白塔晚于城内独乐寺，大致位于寺内最大建筑观音阁中轴线的南向延长线上。南宋平江府报恩寺塔正对城内长达数里的一条最繁华的商业大街。这些，都说明了塔在城市居民的观念中已超出了纯粹的宗教意义。

明代所刻蓟县《白塔寺碑》云："夫塔非于蓟无系也……古建都启土，每封望为镇主，塔为蓟望……"，认为白塔是蓟州之"镇主"，一镇所寄，众望所归，不可等闲视之也。清代关于郑州开元寺宋塔的碑记也说："是塔也，古之遗也，郑之镇也，其废其兴，不得谓与一州气运无关也。"这些，无非都是人们以神学的方式来表达对自己钟情的建筑的骄傲罢了。应该说这种观念明、清以前早已有之，所以塔的选址不只是考虑了它在寺庙中的位置，还要考虑到更大范围的环境效果，其中除了与附近建筑的关系以外，注重的就是与自然形势（包括人造自然即所谓"第二自然"）的充分结合。

平江的云岩寺塔、灵岩山塔、天平山塔都建在城外山上，更增其高，成为城市外围的显著标志。宋画《江山秋色图卷》画出了一座建在山谷里的小城，附近山顶建一高塔。城门开在谷口，另一座城门在山谷上游，门上都有城楼。将城市选址在山谷内实际并不合理，可能只是画家的想象，但在城市附近高处建造高塔，作为城市的远方标志，却在宋代及以后十分通行。

六和塔在临安城外西南方，建于月轮峰上，前临钱江，"舟楫幅辏，望之不见首尾"，"塔高九级五十余丈，撑空突兀，跨陆俯川"，"海船夜泊者，以塔灯为指南"，后此塔毁，南宋重建，仍在原址。四川南充在嘉陵江滨，江水自西南向东北流去，在城市对面即江右岸两座小山之间的山坡上，建有一座白塔，为方形九层砖塔，成为上游下游行船的标志，也是城市隔江的对景。塔建于北宋开国的建隆元年（960），号称宋代第一塔。此后类似的做法在临河城市十分常见，如安徽歙县西北隔江山麓之塔、广西梧州南面隔江山顶一塔、重庆东面不远长江北岸之塔、湖南衡阳北郊湘江转弯处的回雁塔、江苏扬州东南角运河湾道处的文峰塔，等等。

临安保俶塔在西湖北岸宝石山顶，隔西湖

与南岸南屏山的雷峰塔遥遥相对。它们处在从北、西、南三方包围西湖的马蹄形山岭的东侧开口处，是"风水"所认为的"水口"地带，东向俯临临安城，与湖光山色相映成画，与城市显然也存在着有机的联系。

作为审美主体的人，赋予佛塔超出宗教意义以外的环境艺术的审美要求。宗教产生了塔，艺术则使塔超越了宗教。

塔的形式，大致可分为七种，即单层木塔、楼阁式木塔、砖身木檐楼阁式塔、砖石结构楼阁式塔、砖石密檐塔、华塔以及窣堵波与楼阁相结合的复合式塔。

二、单层木塔

敦煌石窟五代、宋壁画所绘佛塔甚多，有木、砖石、砖木混合等多种结构，有单层也有多层（图6-6-1）。但现存历代单层木塔只有一座，即敦煌慈氏塔。[①]

慈氏塔原在莫高窟东面10余公里的荒山中，因无法保护，现已移到莫高窟前。塔木造，八角单层亭式，很小，直径只有2米多，每间面阔仅1米许，不计移建后所加基座，通高仅5米许。此塔虽体量不大，处理却相当丰富：一圈八个檐柱间用土坯砌八角塔心，在塔心外壁四个斜面塑天王立像。柱头斗栱上承平直不起翘的屋檐，与同期的四座敦煌窟檐一致。攒尖顶上塔刹已佚，现按同期壁画复原，自下而上为覆钵、相轮、华盖和宝珠。塔心室方形穹顶，绘壁画。柱皆小八角断面（即方形微抹四角），也同于窟檐，但柱子有侧脚，说明时代比窟檐略晚，推测应建于北宋前期，约公元1000年。不论是作为木塔还是木亭，它都是现存最早的实例。

全塔造型小巧玲珑，比例得体，以秀美取胜，符合小建筑应有的性格。细部则硬朗有力，柔中见刚（图6-6-2、图6-6-3）。

二层木塔　　　　二层木塔　　　　单层木塔

图6-6-1　敦煌石窟宋代壁画所绘之塔（萧默）

①萧默.敦煌建筑研究·莫高窟附近的两座宋塔[M].北京：文物出版社，1989.

图6-6-2　敦煌慈氏塔（萧默）

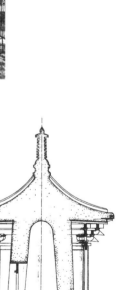

平面

平面比例尺
0　　1　　2米

立、剖面比例尺
0　　1　　2米

立面　　　　　　　　　　　　剖面

图6-6-3　敦煌三危山慈氏塔（萧默）

①陈明达.应县木塔[M].
北京:文物出版社,1966.

三、楼阁式木塔

楼阁式塔本来就是基于木结构楼阁创造出来的,就文献和壁画中所见,也以木结构为多,但由于木材保存之不易(其实大部分损坏并不是由于自然原因,而是人为的焚毁,尤其是战争的破坏),所以在全部古塔中只有一座得以保存,即山西应县佛宫寺释迦塔,①是中国建筑艺术最优秀的作品之一。

应县古称应州,在辽西京大同南近畿地带。佛宫寺释迦塔习称应县木塔,为辽兴宗的皇后之父建于清宁二年(1056)。塔八角形,外观五层,但底层又扩出一重"副阶"(围绕主体而建的一周外廊),也有屋檐,所以共有六重屋檐,底层二檐组成重檐。以上四层每层之下都有一个暗层,所以结构实为九层,暗层的外观是平座。底层平面在副阶柱以内是外壁、回廊、内壁和八角塔心室。以上各层相应于下层的外壁和内壁,也有内外两圈柱子,构成双层套

筒。外圈二十四根檐柱,每面三间,二层以上四正面为门窗,四斜面原为墙,墙内有斜撑,后也改为门窗。塔外各层平座以斗栱挑出,沿平座边缘设勾栏。内层八根内柱,无墙,只有栅栏区隔,光线明亮,围绕着每层正中的佛坛佛像。坛上藻井使坛所在的空间较高。各层檐柱和其下的平座檐柱在一条直线上,但比下一层檐柱略退进,各柱又微向内倾斜,形成下大上小的稳定体形。底层完全不开窗的外墙、副阶的增出和重檐,都加强了全塔的稳定感。一周空廊则以上各层平座取得呼应。平座和各檐下的斗栱形制繁多,达六十种(图6-6-4～图6-6-8)。

金代重修时在各暗层内部广泛加用斜撑,形成四道刚性水平箍。楼梯设在外圈套筒内,逐层旋转,荷载分布均匀。这些,再加上稳定的体形,都增强了塔的坚固性,故历经几次大的地震以及枪伤炮击,均屹立不倒,至今已保存九百余年。

图6-6-4 应县佛宫寺释迦塔(孙大章)

图6-6-5 应县木塔(《中国古代建筑史》、《人类文明史图鉴》)

图 6-6-6　释迦塔局部（孙大章）

图 6-6-7　释迦塔内部构架（罗哲文）

图 6-6-8　释迦塔内部佛像（罗哲文）

副阶柱处直径 30.27 米，外檐柱处接近 24 米。包括两层台基和塔刹，全塔共高 67.3 米，约为副阶直径的二倍许，比例相当敦厚壮硕，故虽高峻而不失凝重。各层塔檐基本平直，仅微微显出曲线。它的平座层在造型上特别重要，以其水平横向与腰檐协调，与塔身对比，又以其材料、色彩和处理手法与腰檐对比，与塔身协调，是腰檐和塔身的必要过渡。平座、塔身、腰檐重叠而上，区隔分明，交代清晰，明确了层数，强调了节奏。凸出在外的平座更大大丰富了塔的轮廓线。平座又增加了横向线条。六层屋檐、四层平座和两层台基共有多达十二条水平带，与大地呼应相亲，使木塔稳稳当当地坐落在大地上，绝不过事突兀，平实而含蓄。微微有些角翘的各层屋檐和全塔的沉实风格也十分和谐。

塔刹立在莲座上，以铁制成，下部为鼓状，较为厚重。中部几层相轮已较空巧。顶部刹尖是一串小小宝珠，直插苍穹。在相轮和刹尖之间是圆光，由两片圆形镂空铁板十字相交组成，立面轮廓仍较宽大，与相轮保持很好的联系，但处理手法又十分轻灵，是相轮和刹尖之间的恰当过渡。

释迦塔内部底层幽暗，塔心室内有高达 12 米的佛像，大佛金身在黑暗中熠熠闪光，具有宗教的神秘感。为了增加佛前空间深度以便瞻仰，在外墙南向正门两侧，墙壁伸向副阶，形成一个小小的"门厅"，手法十分简练。上面几层明亮而宽阔的空间，与底层的幽暗取得对比。沿着各层平座，可极目远眺，登临者的身心也随之融合在自然之中。

释迦塔敦厚浑朴，是中华民族伟大民族精神的艺术体现，具有永恒的审美价值。

四、砖身木檐楼阁式塔

敦煌石窟北朝壁画里已绘有砖身木檐楼阁式塔，可见出现甚早，但所见实例却迟至五代、宋，而且主要存在于江南地区，是这一地区的代表塔型。其例如上海龙华寺塔、浙江松阳延庆寺塔、江苏苏州瑞光寺塔、松江兴圣教寺塔、苏州报恩寺塔、浙江杭州宝俶塔、雷峰塔和六和塔等。就结构方式而言，此种塔又常称为砖木混合塔。

它们的共同特点是在砖砌仿木结构的塔身外加建木构腰檐、平座和勾栏，外观像是一座木塔。建于北宋的塔保留唐代传统较多，如龙华寺塔、延庆寺塔、兴圣教寺塔等，塔身仍是单层套筒，各层为木楼板，兴圣教寺塔的平面还是方形。但北宋瑞光塔和其他南宋塔都已是

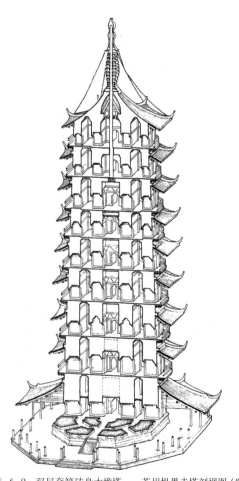

图6-6-9 双层套筒砖身木檐塔——苏州报恩寺塔剖视图（《中国古代建筑技术史》）

双层套筒和八角形平面，比单层套筒和方形平面更为坚固，楼梯设在外层套筒内的回廊里，塔心砌出小室。这些，都和以应县木塔为代表的楼阁式木塔相似（图6-6-9）。砖身木檐楼阁式塔五代以后在江南的盛行，应与人们的审美心理有关。当时虽可能仍崇尚木塔，但木塔不易保存，砖塔的出檐比例又较为短促，秀柔之气不足，于是实行了砖身木檐，以为补救，有利于塔的维修和长存，又维持了木塔出檐深远的外观，体现江南的秀丽风格。

上举八例中，雷峰塔（北宋）已经倒塌，宝俶塔（北宋开宝年间，968～976）各檐全毁，剩下的只是砖砌塔身，显得尖而瘦高，已大非原貌。其他六塔仍存，但有的经过后代较大改造。

龙华寺初建于三国吴赤乌十年（247），毁于黄巢起义战火。唐皮日休《龙华夜泊》诗云："今寺犹存古刹名，草桥霜滑有人行；尚嫌残日清光少，不见波心塔影横"。可见寺早就有塔，皮氏时已不存。现塔为北宋太平兴国二年(977，此时江南仍是"十国"时代)吴越王钱弘俶重建，是上海最古老的建筑。塔位在龙华寺山门以南，七级，连塔刹高40米余，八角，单层套筒，但内部却仍是方室。它的各檐和平座都经过重修，除檐角特别高举为明、清江南风格外，大体仍保持了原貌。塔身每面各三间，每层有四面的当心间为门洞，开门方向各层相错，内部方室也随之错转45°。另四面当心间为砖砌假直棂窗。与佛宫寺释迦塔相比，龙华寺塔的细高比较小，塔刹更挺然高举，约当全塔高的五分之一，以八条铁链与各角相连，更显高峻，清丽玲珑，秀美可爱，与江南风物颇相和谐，而与释迦塔令人肃然起敬的感受大为异趣。其他江南各塔，也大都具此特点。龙华寺塔和释迦塔，是南北建筑风格的典型代表，同属中国建筑艺术史上最优秀的作品之列（图6-6-10）。

延庆寺塔在松阳西屏镇，是近年报道的一座未经后代改动的北宋楼阁式塔，砖木混合结构，平面为较为少见的六角形，造型良好，有较高艺术价值和历史价值。[①]塔建于北宋早期咸平五年（1002），七层，总高约30余米。砖砌塔身保存较完好，只是木构斗栱、塔檐、楼板和勾栏大部残损。塔刹铁制。此塔下部周围原有颇为宽深的副阶，已无存，但柱子位置及基座尚有遗迹。复原底层塔身和副阶屋顶可有单檐、重檐两种方案，以重檐可能性较大。这个时期江南诸塔如有副阶，副阶屋顶多与底层塔身屋顶合一，无重檐，而延庆寺塔若为重檐，为江南少见，而同于应县木塔。以上各层皆有平座和腰檐，出檐深远，屋角起翘和缓，有较多唐代作风，整体风貌玲珑秀美而舒展大度。内部一至五层塔心以砖实砌（仅底层有很小的塔心室），似乎是唐代木塔中心柱的仿造，可以说是单层与双层套筒之间的过渡。六、七两层中心置刹柱，伸出则是刹杆。阶级砌在塔壁与塔心间，可登临（图6-6-11）。

瑞光寺初建于吴赤乌四年（241），十年建塔,屡毁屡建,最后重建于北宋天圣八年（1030）前后，而寺院全毁。塔八角七层，五层以下塔内都是砖砌双层套筒，外部为木构腰檐和平座；六七两层全为木构，内有塔心柱，全塔木构部分多经后代重修。底层四面开门，二三两层八面开门，四层以上又转为四面开门，方向则如龙华寺塔做法逐层旋转，另四面为砖砌假直棂窗。全塔不计已佚的塔刹高42.3米，再加上塔刹，应比龙华寺塔高出许多，而其比例高挺，风格秀丽，仍与龙华寺塔一致。瑞光寺塔在苏州盘门里，与盘门一起构成了美丽的景观（图6-6-12）。

兴圣教寺相传建于五代后汉乾祐二年（949），塔则建于北宋熙宁元祐间（1068～1094），元代寺毁，现仅存塔。塔方形九层，又称方塔，

图6-6-10　上海龙华寺塔（萧默）　　　图6-6-12　苏州瑞光寺塔（罗哲文）

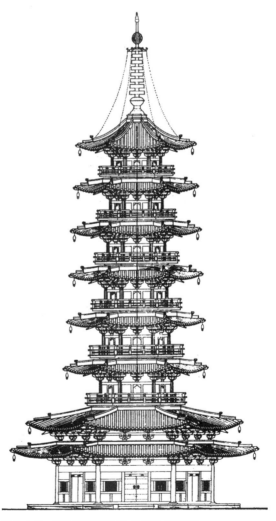

图6-6-11　延庆寺塔复原立面（《文物》9111期）

① 黄滋. 浙江松阳延庆寺塔构造分析[J]. 文物，1991（11）.

①梁思成.杭州六和塔复原状计划[J].中国营造学社汇刊,第5卷,第3期,1935.

各层有平座,塔檐连线为柔美的曲线,总高48.5米。底层四周有副阶,副阶屋面与底层屋面相续为一。以上各层内部为单层空筒,每层用木楼板,沿用着唐以来的旧法。其甚小的细高比和高举的塔刹,同样具有江南佛塔共有的秀丽性格(图6-6-13)。

报恩寺相传初建于三国吴赤乌年间(238~251)。寺内南朝梁时已有塔,十一层,北宋初毁,元丰间(1078~1085)重建,南宋初复毁,绍兴间(1131~1162)又重建,即现存报恩寺塔。塔峙立在大殿之后,九层八角,

图6-6-13 上海松江兴圣教寺方塔(罗哲文)

图6-6-14 苏州报恩寺塔(萧默)

图6-6-15 杭州六和塔现状(孙大章)

是平江城内重要一景,在《平江图》碑中曾经刻出,现称北寺塔,仍是苏州城内主要大街人民路北端的重要对景。塔内部也是双层套筒,八角塔心内各层设方形塔心室,木梯级设在外壁与塔心室之间的回廊中,逐层错转,各层有平座勾栏,底层有副阶,这些,都与释迦塔相仿。在回廊上部砖砌斗栱,塔心室顶砖砌斗八藻井。外貌砖砌塔身每面三间,当心间为门,木构部分经清光绪年间重修,檐角高耸,又在平座上加了许多擎檐柱,已较多改变了原样。副阶的檐子和第一层塔身的檐子系一坡而下,没有重檐,同于兴圣教寺塔和六和塔,看来是江南佛塔副阶比较通行的做法。副阶柱间连有墙,平面直径30米,与释迦塔相近;外壁直径17米。塔全高连同铁刹达76米,比释迦塔高出将近9米,其中铁刹占全高五分之一。全塔虽尺度巨大,但因层数比释迦塔外观多出四层,细高比仍较小,又加檐角高举,在宏伟中仍蕴含着秀逸的风韵(图6-6-14)。

六和塔在钱塘江北岸,现存塔体系南宋隆兴元年(1163)重建,七层八角,双层套筒,塔心室和回廊内有砖砌斗栱,底层有副阶,以上各层都有平座。六和塔的平面和结构与报恩寺塔十分相似,全塔高可达60米。可惜此塔经光绪年间拙劣的重修,已大大改观,将原来平座层也加了屋檐,成十三檐,六层平座实际不能登临,内容与形式严重脱节。又因平座层较塔身层低,致外观各层高矮相间,极为混杂,不符合建筑逻辑,十分臃肿,俗丑不伦(图6-6-15)。1934年在梁思成主持下进行了六和塔复原研究工作,根据充足,论证严谨,所得复原图应属可信。复原后的六和塔底层屋顶和副阶屋顶相续为一,是上部诸层的稳定底座,各檐檐端连线呈微膨的曲线,塔刹高举,在雄伟中不失清秀雅丽,体现出了此类佛塔的原有风貌(图6-6-16、图6-6-17)。①

图 6-6-16　六和塔彩色复原图（《中国营造学社汇刊》）

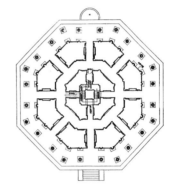

图 6-6-17　六和塔复原图（《梁思成文集》）

总之，江南此类塔都共同体现了一种秀美清丽的性格。

此外，北方也个别地出现过砖木混合结构塔，如河北正定天宁寺灵霄塔。

史载灵霄塔始建于唐，但从现状观，应是宋、金时物。这是一座十分奇特的塔，主要在于两点，一是下部四层作楼阁式，上部五檐却是密檐式；二是下部为砖木混合结构，即以砖砌塔身、平座和斗栱，以木材构筑塔檐，上部五檐却全是木构。以上两点均属特例，尤以木材构

架密檐极不寻常，原建是否如此，抑或只是原塔上部倒掉后重修时另加木构，现已不得而知了。但从造型论，除了能给人些许新颖之感外，上下二部的形式变化，总觉有违建筑逻辑，不够自然而显怪异。但此塔轮廓缓和柔韧，尚令人满意。又此塔上部六檐有中心木柱通贯，保持了唐代以前木塔的结构法（这在日本相当于唐代的诸多木塔中十分多见），也是难得的例证。因上部为木，此塔又俗称"木塔"（图 6-6-18、图 6-6-19）。

图6-6-18　河北正定天宁寺灵霄塔（萧默）

图6-6-19　天宁寺灵霄塔内部（耿海珍）

五、砖石结构楼阁式塔

砖石结构的楼阁式塔，一种比较简洁，只是大体模仿木结构，以河北定县开元寺塔为代表；另一种是相当精细的模仿，如杭州闸口白塔、开封佑国寺塔和福建泉州开元寺双塔，因过于注意仿木细部，忽视总体造型，效果往往并不太好。但也有的处理得十分得当，如山东长清灵岩寺辟支塔。

定县开元寺塔建于北宋咸平四年（1011），八角十一层，双层套筒，梯级设于塔心，高达84米，是中国最高的古塔。除一、二层之间有平座外，其他各层均无。各层外壁四正面开门，四斜面浮雕假窗。檐下没有斗栱，塔檐只是砖叠涩挑出。全塔檐端连线柔和，上部收分渐著，通体简洁无华，以比例匀称见长，是造型优秀的作品之一。定县处于宋辽边界，此塔常为宋兵瞭望所用，故又称料敌塔，它伟岸的身躯和丈夫气的气质，与这个身份十分合拍（图6-6-20）。

闸口白塔在杭州钱塘江北岸，今钱塘江大桥东一座仅高3米的小石丘上，八角九层，不计塔下高1.3米的基台，仅高12.8米，石刻，完全精细地模仿木塔，实在只是一座木塔模型。基台上是简单的须弥座，束腰处刻《尊胜陀罗尼经》，座上塔的底层无副阶，再上各层塔身皆有平座、勾栏和腰檐，包括斗栱及瓦垄、瓦头，最上铁制塔刹已残（立面图所绘为复原推测）。各层塔身每面仅一间，隅柱皆圆形，下三分之一为直柱，以上向内圆和收小，是宋《营造法式》所载的"梭柱"。四正面刻门，门侧各立槏柱，四侧面刻佛教造像或经文。此塔底层全宽仅2.07米，全塔细高比达1/6.21，可说是所有楼阁式塔中最为细瘦的例子了，感觉过于细弱，可能因是石塔之故，实际的木塔大约不致如此（图6-6-21）。

图6-6-20　河北定县开元寺塔（罗哲文）

①梁思成. 浙江杭县闸口白塔及灵隐寺双石塔 [M] // 梁思成. 梁思成文集·第二集. 北京：中国建筑工业出版社，1984.

离闸口白塔不远，在西湖北岸灵隐寺大殿前两侧也有石塔一对，亦八角九层，做法及高度几乎与此塔完全相同。灵隐寺双塔约建于北宋建隆元年（960）稍后，闸口塔应与之同时。①

开封佑国寺塔建于北宋皇祐元年（1046），八角十三层，高 54.66 米，塔为实心，无塔室，仅底层一门内有梯级曲折而上。此塔造型颇不成功。底层全宽仅约 10 米许，细高比 1/5.47，仅稍粗于闸口白塔，却因塔身从下到上收分过大，上部更显细弱。各层檐端的轮廓连线虽仍呈弧形，但弧度很小，有如直线，显得僵滞。在它以前开封曾有一座开宝寺木塔，也是八角十三层，建成不久即被烧毁，据传佑国寺塔即仿开宝寺塔建造。开宝寺塔为北宋著名匠师喻浩所造。喻浩来自杭州，他造的塔可能会带有较强的江南风格，清秀挺拔，比例较为细瘦，此塔可能受其影响。但砖材建筑自应有其本身的权衡，地区不同也应有不同的格调，东施效颦，终不为美，何况更增其甚。但佑国寺塔通身包贴深褐色琉璃面砖，砖上浮印图案，斗栱等构件也用同色琉璃制作，具有较高的工艺水平。因其色如铁，俗称铁塔（图 6-6-22）。

庆州白塔在内蒙古巴林左旗辽庆州城内城遗址西北部，建于辽兴宗重熙十八年（1049）。塔所在寺院为纵长方形，塔即位于山门内，塔后原有工字形大殿，现寺院全毁，仅存白塔。白塔为砖建仿木结构楼阁式，八角七层，下有不高而颇宽广的基台基座。各层间都有砖砌斗栱承托的腰檐和平座。每层塔壁砌作三间四柱，各层四正面的当心间为券门，次间为佛教人物雕刻。底层四斜面当心间刻假直棂窗，以上各层斜面每间砌一门形小龛，内有浮雕。各层塔身涂白。塔全高约 50 米，底层直径 20 余米，各层塔檐檐端连成斜度不太大的斜线，与曲线相比，显得强劲豪迈。塔顶在粗壮的刹座上为同样壮硕风格的金属塔刹，与全塔结合得很好。

图 6-6-21 杭州闸口白塔（《梁思成文集》）

图6-6-22 开封佑国寺塔（《中国古建筑》）

图6-6-23 内蒙古巴林左旗庆州白塔（罗哲文）

图6-6-24 呼和浩特万部华严经塔（张青山）

图6-6-25 呼和浩特万部华严经塔局部（《中国古塔》）

由于材料的限制，腰檐挑出不多，但平座出挑更少，斗栱密而且小，浮雕也不深，所以总的形象颇为清晰明朗。白塔丰富的细部处理显然受到了时代细腻作风的影响，但全体仍不失其豪健清新，也是北方民族精神风貌的化出，不愧为中国建筑的佳作之一。庆州曾是辽代皇帝经常游猎的地方，并葬有圣宗，故建庆州城为陵邑。以后道宗、兴宗也葬于此（图6-6-23）。

此外，内蒙古还有万部华严经塔，也是较好的作品。塔在呼和浩特东郊，传建于辽圣宗时（983～1031），较庆州白塔稍早，同为八角七层砖建楼阁式（图6-6-24、图6-6-25）。

云岩寺塔建于吴越钱弘俶时，当后周显德六年（959），号称江南第一古塔，坐落在苏州城外西北虎丘山上，八角七层，约高47米，双层套筒，木梯设在回廊内。塔内塔外都用砖详尽地砌出斗栱、挑檐、柱枋、门窗、平座、腰檐和藻井。此塔砖砌挑檐不深，而平座出挑过大，与挑檐相比有些过分，斗栱也嫌过大，所以有眉目不清之感，加上壁面繁密的仿木构件，显得局促，工倍愈拙。此塔因以后地基的不均匀沉陷，已成斜塔（图6-6-26）。

建于北宋太平兴国七年（982）的苏州罗汉院双塔比云岩寺塔优胜多多，二塔同式，并与时代相近的上海龙华寺塔一致，都是八角七层，单层套筒，用木楼板，内部方室随层旋转45°，塔外每层四门四窗的位置也随之层层相错。二塔比例也与龙华寺塔相近，都相当瘦高，但出檐较深，再加上极高的几乎占到全高三分之一

图6-6-26 苏州云岩寺塔（萧默）

图6-6-27 苏州罗汉院双塔（罗哲文）

的铁铸塔刹和起翘很高的檐角（不知是否后代重修时所改），风格相当清秀。日本和朝鲜相当于唐宋时代的古塔，塔刹比例也颇高，与此塔类似。二塔下层原都有副阶一圈，已不存。二塔东西对峙，相距10余米，塔北20米处中轴线上遗有方形大殿遗址一处（图6-6-27）。

山东长清灵岩寺辟支塔重建于北宋嘉祐间（1056～1063），八角九层。最下石基座各面刻地狱变。九层塔身除以简单的双跳华栱挑出屋檐外，仅一至三层有较屋檐挑出为少的平座，所以没有云岩寺塔那样眉目不清的感觉。塔身四面开圆券门，另四面砌直棂假窗。塔包括塔刹全高约54米，底层径约14米，细高比为1/3.85，相当挺拔而并不过分，非常得体，加上圜和温婉的弧形轮廓线和挺拔高举的铁制塔刹，总体造型可称上品。塔刹细瘦，覆钵下的砖砌刹座尺度颇大，与塔顶连接较好，但覆钵似觉稍小。山东接近江南，辟支塔的风格可能受到南方的影响，但并无高耸的檐角，仍具北方伟岸风度（图6-6-28）。

图6-6-28 （右）山东长清灵岩寺辟支塔（萧默）

图6-6-29 福建泉州开元寺双塔（孙大章、傅熹年）

图6-6-30 泉州开元寺双石塔之一（《中国古代建筑史》）

图6-6-31 开元寺塔石刻武士（罗哲文）

泉州开元寺双石塔分别建于南宋绍定元年（1228）和嘉熙二年（1238），高44米和48米，均八角五层，塔心为八角实心柱，无中心塔室。塔内不砌梯级，以木梯上下。塔外壁各面均为三间，其中四面当心间辟门，另四面当心间开方龛，位置随层互易。塔底有八角形须弥座和石刻勾栏绕塔一周，以上各层在下层的脊上直接立勾栏，没有外挑的平座。双塔形制几乎完全相同，其最大的特点是用石头详尽地模仿木构件，诸如柱枋、斗栱、椽子以至屋顶上的瓦垄、瓦头，通通用石头雕出，可见其用功之苦。此塔檐角翘起较高，铁刹也很高耸，但并不能给人以清秀的美感。除了石刻的木构外表予人以虚伪矫饰的印象外，比例也很欠考究；腰檐太窄，檐子又太薄，檐下却托着硕大无朋的斗栱；刹的下部则太细，不能稳稳当当地与塔顶结合。其实这些都应是设计者必须用心的地方，却把精力浪费到抄袭繁杂的木构件上了。如果说以砖来模仿木构已经是事倍功半不得已而为之，那么把石头完全当木头来使用就更缺乏内在的逻辑根据了。倒不在于石头比木头更加费工费力，而是在设计者的心目中，似乎全然没有意识到建筑材料对于建筑形式的作用，意识到石头建筑应该是个什么样子，从而作出自己的创造。但统观这个时代的诸塔，无论砖砌、石造，甚至铁铸、陶塑，又有哪一座不是模仿木构？只是这两座石塔更见其甚罢了，反映了塔的艺术创造力已渐趋衰竭（图6-6-29～图6-6-31）。

从隋代河北赵州安济桥观，很早以前中国本已就有非常符合石材建筑本性的优秀作品，但以后并未得以延续，在木结构高度发达的惰性作用下，凡砖石佛塔以至殿堂，都处处模仿木构，而且愈来愈甚，直到明、清，终于也没能发展出符合砖石材料本性的应有的风格，这不能不说是中国砖石建筑的悲哀。

但这个时期砖石楼阁式塔,也有在此课题上作出较大努力者,如宁夏银川北郊海宝塔。海宝塔在坐西向东的海宝寺内,位于两座大殿之间的中轴线上。塔九层,下有方形基台和基座,通高54米。基台高5.7米,每边长19.7米,正面(东)有台阶直上,沿边砌砖栏;基座高4.2米,每边长15米,上面也有砖栏。塔入口设在基座正面,外有木构小抱厦。进门迎面为龛,龛两边有通道上登。以上九层塔身从基座收小,平面作四向正中略微外凸的十字形,底层方约10.6米,外凸0.54米。各层在外凸部开券门,两侧各开券顶龛,沿门、龛边沿砌出简单方线,门、龛下叠涩三层砌出交圈线脚。各层分划不用斗栱,也只是简单的叠涩,每层叠涩用砖七层,由四层顺砖和三层菱角牙子砖相间砌成。塔顶也很别致,不用须弥座刹座及覆钵、相轮、华盖、宝珠等一系列通常采用的部件,而是在一段过渡体上耸起四坡顶,最上以绿色琉璃砌出平面方形的葱头形刹尖。塔内有方形塔心室,四面以拱券通向各层券门,每层隔以楼板。

海宝塔的比例甚好,若不计基台基座,九层塔高实为44.1米,细高比为1/4.16,比较适宜,挺拔而不过于纤细,匀称而端庄;全塔外轮廓也呈柔和弧线,上部弧度略大,不显僵直;基台基座放大,全塔十分稳定。除了这些以外,此塔最大的成就还在于它符合材料本性的别出心裁的形式处理,设计者并没有把精力浪费到精细地抄袭木结构楼阁的细部上去,而重在砖石结构造型本身的权衡:各檐不用斗栱,不追求木结构的深远出檐,只是砖砌叠涩,挑出不多;塔身壁面随弧转的轮廓各各斜收,上部斜收更明显;各门、龛形状采用拱券,不照抄木结构的板门和直棂窗样式;通体非常简洁,几乎没有任何外加的装饰,干净利落,大胆创造出各面凸出的十字平面,以很简练的手法取得造型的丰

图6-6-32 银川海宝塔(张青山)

富,同时增加了竖向线条和阴影,以强调挺拔感;塔顶部分的处理也很有创造性,与简练的塔身十分相宜。总之,海宝塔是这个时期佛塔建筑的重要收获(图6-6-32)。

对于海宝塔的建造年代有不同意见。可能因为西北方言的音讹,海宝塔又被称为黑宝塔、赫宝塔。最早记载此塔的文献明弘治《宁夏新志》称:"黑宝塔在城北三里,不知创建所由。"清康熙《重修海宝塔记》则谓:"惟相传赫连勃勃曾为重修,遂有讹为赫宝塔者。"赫连勃勃,匈奴人,十六国时大夏国的创立者,407～424年在位。大夏曾据有今陕西北部和宁夏,有人据此认为海宝塔创建于十六国,称其为"最早的中国佛塔"之一,明、清方志也多认为它是"汉晋间物"。又有人认为它创建于明代。另有人将它定在乾隆四十三年(1778)。分歧之间相差竟达一千三百多年。我们认为,从其形制分析,应是砖石楼阁式塔成熟期的产物,不可能早到十六国,而乾隆四十三年只是重修,并非原建的年代。

它的卓越的艺术成就，也不大可能出现在佛塔已呈衰颓之势的明、清，故似应建于西夏，即约在公元11、12世纪。但它的葱头形刹尖除与西宁承天寺塔十分相似外，未见于它处，后者重建于清嘉庆二十五年（1820年），故前者可能是清康熙、乾隆两次重修时所补作。

六、砖石密檐塔

这个时期最早的密檐塔遗例是建于南唐（937～975）的南京栖霞寺石塔。塔八角五檐，高仅15米。它吸取了唐代某些小塔的做法，在塔下用须弥座为基座，座上又有仰莲式平座，与唐代的密檐塔只有一层低低的素平台基颇不相同。这种基座和平座在辽、金密檐塔中曾盛行一时，并愈趋华丽，栖霞寺塔实开风气之先。

栖霞寺塔体量不大，故各檐都由整石刻成，挑出颇深，檐下只用混肚线脚，不雕斗栱，柱枋雕刻也简单有节，整体权衡包括敦实的塔刹都甚为得体，虽大体仍仿自木构，却未曾大失石材的本性以及小塔应具有的一种婀娜风度，艺术价值很高。此塔尽管在仿木构件上极力简化，但石面上却不吝施用浮雕：基台、基座的各横带上分别刻适合花纹和动物，须弥座束腰各间内有释迦八相，间柱上刻力士；第一层塔身正背面刻石门，四斜面为高浮雕天王，另两面刻文殊、普贤；以上各层檐下八面各有小圆龛两个，内刻坐佛。这些，都是五代雕刻精品（图6-6-33、图6-6-34）。

所谓释迦八相，是指释迦牟尼生前生后的八件大事，即入胎、降生、宫中嬉戏、出游四门、出家、成道、降魔、涅槃等，塔上各面分刻八相，是纪念释迦的一生。与此相类的做法也常见于其他佛塔，如将八角塔各隅柱砌成塔形，或在各面砌出八个小塔等，在辽代密檐塔中所见甚多。

江南密檐塔极为罕见，这个时代的其他密

图6-6-33　南京栖霞寺塔（《中国古代建筑史》）

图6-6-34　南京栖霞寺塔（萧默）

①林徽因，梁思成．平郊建筑杂录续[J].中国营造学社汇刊，第5卷，第4期，1935.

檐塔几乎都在北方辽国或金国地域，是辽、金的代表塔型。

辽、金密檐塔几乎都是砖建，其通常的造型是：平面八角，砖砌实心，不能登临，在塔身四面砌假门；基座特别繁复，最下一层为须弥座，座上再加一道束腰，承砖雕斗栱挑出平座，再上接一圈勾栏，最上又有二至三层砖砌仰莲才是塔身；首层塔身特高，上部密檐层层相接，多数是十三层，檐端连线或轻微卷杀内收，或直线斜收，或直上直下，都比较劲直；最上是砖砌塔刹。这是雄健和细密两种风格的奇妙混合体。一方面，高大的基座、高峻而劲挺的一层塔身、上部密接的层层横线和敦厚的塔刹、比较劲直的檐端连线，以及整体凝重雄伟的体态，都显示了北方民族勇健豪放的气质，而与江南水乡的温婉秀丽大不相同。另一方面，不免于时代风尚的熏染，比起唐代密檐塔来，细部繁复细密，不但基座特别复杂，布满雕刻，塔身或精确地砌出柱枋门窗，或布满砖雕佛教造像，各层塔檐以砖砌出椽子、望板、瓦头、瓦垅，檐下大多充填斗栱（少数为叠涩），有许多塔的八个角柱砌作幢式小塔，象征释迦八相。但由于前一种风格仍属主流，细密的雕饰对它并没有过多损伤，各密檐下都没有塔身，虽有斗栱，也不显得檐出短促，予人的总印象仍然是明朗的、健康的，是塔史上值得肯定和重视的又一收获。

河北昌黎源影塔八角13层，高约30米，塔身第一层各面和各角砌出城阙和许多楼阁、小塔，象征天宫楼阁，也象征释迦八相，风格繁富而处理得体，是辽塔的优秀作品（图6-6-35、图6-6-36）。

北京天宁寺塔也是此式塔的优秀作品之一，建于辽末，曾经明代重修，八角十三层，高达57.8米，每檐之下有繁密的斗栱，檐端连线微有收分，作圆和的卷杀。第一层塔身不似源影

图6-6-35 河北昌黎源影塔（罗哲文）

图6-6-36 源影塔局部（罗哲文）

塔饰满建筑，而充填众多的佛菩萨像，代表辽塔的普遍做法（图6-6-37、图6-6-38）。①

河北涿县普寿寺塔建于辽太康三年（1079），八角七层，较为高瘦，比较挺拔，惜近年已毁。

山西灵丘觉山寺塔也建于辽末，为大安五年（1089），与天宁寺塔十分相像，但比例较为瘦挺，檐端卷杀也更显著，造型似较天宁寺塔更胜一筹（图6-6-39）。

金代也多仿照辽代建造密檐塔，其优秀作

图6-6-37 天宁寺塔局部（《中国古建筑大系》）

图6-6-38 天宁寺塔（《中国古建筑大系》）

图6-6-39 山西灵丘觉山寺塔

品可举山西浑源圆觉寺塔与正定临济寺青塔。

圆觉寺塔建于金正隆三年（1158），八角，总高约30余米，基座虽仍略同于辽，但不像天宁寺塔那么繁密，比较简洁。此塔颇有创造性，造型的最大特点体现在塔身和塔檐上：第一层塔身比一般密檐塔更高，第一层檐与第二层檐的距离也较远，以上再叠落六层密檐，最上又伸出一段才是塔顶，总体轮廓丰富多变，其韵律的跳动，仿佛乐曲的变奏。细部处理也很有节制，除底层檐下有复杂而庞大的斗栱外，以上各檐都不用斗栱，只用砖叠涩挑出，叠涩上砌出一排椽头，在阳光照耀下点点闪光。塔刹铁制，上有一鸟，可随风转动（图6-6-40、图6-6-41）。

正定临济寺是禅宗五大流派之一临济宗的祖庭，创于唐，也是日本临济宗的源头。寺内大殿前中轴线上的青塔原建于唐，为临济宗开创人玄义的墓塔，重建于金大定间（1161～1189），又称澄灵塔。塔八角密檐九层，总高33米，各部造型与天宁寺塔相差不多，而以比例修长、体态清秀见长，是又一佳作（图6-6-42、图6-6-43）。

辽宁北镇城内崇兴寺双塔也是辽、金密檐塔的著名作品。寺早废，双塔仍较完好。双塔东西相距40米，形制相同，各高约30余米，皆为典型的辽、金密檐塔，八角，密檐重叠十三层。与天宁寺塔不同的是除底层外，以上各檐檐下仅为叠涩挑出，不用斗栱。北镇医巫闾山是契丹族的发祥地，山中有众多与耶律氏有关的辽文化遗迹（图6-6-44）。

与崇兴寺双塔相似的塔还有辽阳白塔，建于金大定二十九年（1189），亦八角密檐十三层，高40余米，密檐下也是叠涩，但塔身底层较一般密檐塔更高（图6-6-45）。

辽宁朝阳凤凰山云接寺塔也建于辽，密檐十三层，高32米。其最大特点是一反宋、辽通行的八角形平面，而与唐塔一样，为方形。此

图 6-6-40　山西浑源圆觉寺塔（萧默）

图 6-6-41　圆觉寺塔局部（萧默）

图 6-6-42　河北正定临济寺青塔（萧默）

图 6-6-43　青塔局部（萧默）

图 6-6-44　辽宁北镇崇兴寺双塔之一（罗哲文）

图 6-6-45　辽宁辽阳白塔（罗哲文）

塔塔门设于基座，塔身每面中央刻佛像，像左右各砖刻十三层密檐塔一座，共八座，象征释迦八相（图 6-6-46、图 6-6-47）。朝阳城内也有南、北两座方形密檐塔，都是十三层密檐，近年在北塔内发现唐代彩画，可知原塔建于唐代，辽时包砌，才改为密檐塔。据此，朝阳这几座方塔可能都是唐塔的改造，或者只是受了北塔的影响（图 6-6-48 ～图 6-6-50）。

图6-6-46 辽宁朝阳云接寺塔（罗哲文）

图6-6-47 云接寺塔塔身雕饰（罗哲文）

图6-6-48 辽宁朝阳南塔（萧默）

图6-6-49 朝阳北塔（萧默）

图6-6-50 朝阳北塔塔身雕饰（萧默）

北京有两处著名塔林，即北郊的银山塔林和西郊的潭柘寺塔林，包括辽、宋以至元、明的许多砖塔，多为八角或六角密檐式，其中有塔身平面呈弧面者（图6-6-51～图6-6-55）。

此外，内蒙古宁城辽中京遗址的白塔高达74米，仅次于高84米的定县开元寺塔，是中国第二高塔。塔身八个隅柱砌作塔幢形，象征释迦八相（图6-6-56）。

真正完全仿唐的密檐塔可举洛阳白马寺齐云塔，方形，外观和内部结构都是唐式，造型颇佳，俨然一座唐塔，没有一点辽、金的意味，然而实际是建于金大定十五年（1175）。洛

图 6-6-51　北京银山塔林（萧默）

图 6-6-52　银山塔林（萧默）

图 6-6-53　银山塔群某元塔之弧身（萧默）

图 6-6-54　潭柘寺塔林之一（明代日僧德始塔）
（萧默）

图 6-6-55　潭柘寺塔林之二（塔林之主塔广慧通
理塔）（萧默）

图 6-6-56　内蒙古宁城辽中京白塔（罗哲文）

阳为唐代东都，唐文化的影响应更为久远（图 6-6-57）。

西夏也建有密檐式塔，如宁夏贺兰拜寺口塔，建于西夏中晚期即公元 12 世纪中叶至 13 世纪初。[①]拜寺口有东西二塔并列，相距 80 米，同为砖建十三级八角密檐式，其中西塔造型比例较好。西塔现状无基台基座，塔身直接出自土中（也许基台基座已埋于地下），共十三层密檐。各檐不用斗栱，以砖砌叠涩。西塔与辽、金密檐塔的最大不同在于塔刹。现刹尖已毁，仅存八角形须弥座的刹座和相轮十一层。比例颇为粗巨的刹座和相轮形制，与此时或稍后西

① 宁夏回族自治区文物管理委员会办公室，贺兰县文化局. 宁夏贺兰县拜寺口双塔勘测维修简报[J]. 文物，1991(8).

①刘敦桢.云南之塔幢[M]//
刘敦桢.刘敦桢文集·三.
北京：中国建筑工业出版
社，1987.

图6-6-57　洛阳白马寺齐云塔（罗哲文）

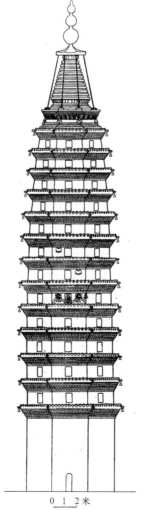

图6-6-58　宁夏贺兰拜寺口西塔（《文物》9108期）

藏萨迦派实行的"噶当觉顿"式喇嘛塔相近。全塔残高36米，若按噶当觉顿式样复原塔刹的华盖和宝顶，则原高应在41米上下。塔底层平面直径7.6米，全塔细高比约为1/5.4，与开封佑国寺塔相同，但因为是密檐式，上部并不过细，轮廓弧转也颇显著，所以并不显得过于瘦高，造型尚称合宜。由门洞可进入塔心室，室内平面圆形，底直径2米，上面收小。刹座内有圆形小室，中藏绢画佛像等西夏文物。小室正中有木质刹柱穿上，柱上有西夏文字和梵文（图6-6-58）。

西南各省也有密檐式塔，均明显保守唐代作风，如四川宜宾旧州坝白塔，建于北宋晚期大观三年（1109）以前，方形，十三檐，檐下无斗栱，只砌叠涩，皆同于唐，但内部则为双层套筒，知实建于宋。甚至晚到明、清，云南也还建造类似唐塔的方形密檐塔，如昆明妙湛寺塔（明）、昆明大德寺双塔（明）、凤仪县飞来寺双塔（清）、昆明常乐寺塔（清末）等。①云南等地属于边远地区，距华北和江南均甚遥远，而距唐代文化中心两京长安和洛阳较近，其塔更多地类似唐代，应与其地缘文化和文化滞后的情况有关，但毕竟不再有大唐的气魄，各塔也只是徒具形似而已，详细推求，艺术品格皆不足论。

七、华塔

华塔是大约起源于晚唐而在宋、辽、金时代流行一时的一种新塔型，最早遗例应推山东济南大约建于晚唐的九顶塔，尚不够典型。宋、辽、金时华塔臻于成熟，遗例约十余座，大多在北方，一般为砖砌，个别为土塔，绝大多数是单层，如敦煌华塔、河北丰润车轴山寿峰寺塔、山西五台山佛光寺附近果公和尚墓塔、河北正定广惠寺华塔、北京长辛店镇岗塔等。此外，四川大足宝顶山石窟毗卢舍那道场窟的石刻塔及大足北山石窟转轮藏窟中石刻转轮藏、江油飞天藏殿中的木构飞天藏等，也都具有华塔的意味。

典型的华塔以其比例巨大、呈花蕾状或饱满若沾满水分之笔尖状的锥形塔顶为特征。塔顶表面有层层仰莲，在众多莲瓣上各立小塔一座。有时，更多强调的是塔顶莲瓣上的小塔，甚至发展为天宫楼阁，如四川诸例。据研究，华塔是《华严经》所述"莲华藏世界"的表征。《华严经》印度龙树造，东晋时传入中国。法藏曾为武则天宣讲华严，大得宠信，正式开创了华严宗；盛唐中宗时，华严大盛。敦煌中唐壁画里已出现华严经变，至晚唐五代北宋更多，总计约三十幅，都表现了经文描述的"莲华藏世界"，或称"华藏世界"、"华藏世界庄严海"、"华严世界"等。图中画一大海，海里浮现一朵大莲花，花中心为毗卢舍那佛，周围有里坊式小城几十座，每一小城就代表"如微尘数"的一个小世界，整体就是莲华藏世界。可以认为，具有多重莲瓣和小塔的巨大塔顶，就是这种"世界"的立体表征，与壁画的区别只是把一座座小城改为一座座小塔。在巨大塔刹的最高处往往又有较大的小塔一座，即为毗卢舍那佛所居。佛经中又有所谓"梵网经莲华藏世界"，据说是"有千叶之大莲华，中台有卢舍那佛，千叶各为一世界。卢舍那佛化为千释迦居于千世界"（《梵网经》），就更与其相符了。[1]

敦煌华塔在莫高窟东南附近一条山泉旁的台地上，约建于北宋乾德四年（966），是现存华塔中年代之早仅次于九顶塔者，也是少见的土塔之一，形制最为典型。塔八角单层，通高9米余，下有逐层收小的三层八角须弥座。塔身的一个正面辟真门，通入方形塔心室，余三正面为假门，门双侧各以泥土浮塑生动的升龙，至门顶交捧宝珠，四斜面原有附壁泥塑天王，已不存。檐下有泥塑的简单斗栱。塔顶浮塑莲瓣七层，每层上下相错，下三层每层十六瓣，

上四层每层八瓣，共八十瓣。瓣尖上立小方塔，下三层隔瓣一座，上四层每瓣一座，共五十六座，极顶有一较大方塔。所有浮塑都不太高，全塔总体造型浑厚朴实，具有土建筑应有的性格（图6-6-59、图6-6-60）。[2]

①萧默. 敦煌建筑研究·莫高窟附近的两座宋塔[M]. 北京：文物出版社，1989.
②萧默. 敦煌建筑研究·莫高窟附近的两座宋塔[M]. 北京：文物出版社，1989.

图6-6-59　敦煌华塔（罗哲文）

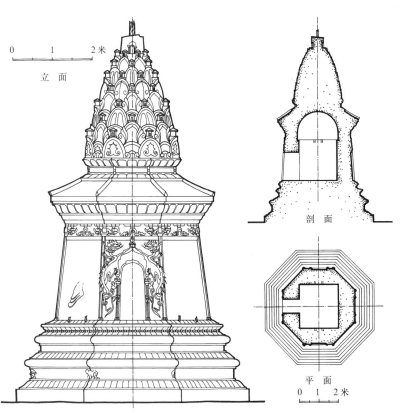

图6-6-60　敦煌华塔（萧默）

图 6-6-61　五台山呆公和尚墓塔（罗哲文）　图 6-6-62　正定广惠寺华塔（萧默）

①宋焕居 . 丰润车轴山寿峰寺 [J]. 文物，1958(3).
②赵正之 . 五台山 . 雁北文物勘察团报告 [R] .
③梁思成 . 正定调查纪略 [J]. 中国营造学社汇刊，第 4 卷，第 2 期，1932.

图 6-6-63　广惠寺华塔复原立面（《古建园林技术》总第 55 期）

河北丰润寿峰寺塔建于辽重熙间（1032 ～ 1055），砖砌，高达 27 米，其外形和细部与敦煌华塔十分相似，仅塔顶为重叠的砖刻九重小塔，每小塔内有佛像一身。①

五台山呆公和尚墓塔为六角砖塔，建于金泰和五年（1205），锥形顶上有砖刻五重莲瓣，亦上下相错排列，瓣上也有小塔。此塔的莲瓣外翻过甚，不如敦煌华塔自然熨帖（图 6-6-61）。②

河北正定广惠寺俗称花塔寺，寺中华塔亦砖砌，建于金大定年间（1161 ～ 1189），是唯一一座多层华塔，由中央一座八角 3 层楼阁式主塔和四隅各一座单层长六角形亭式小塔毗连组成，其组合方式颇类似于金刚宝座塔，但从主塔的塔顶观察，应仍为华塔。主塔第三层骤然收小，上承锥顶。锥顶轮廓微凸，表面浮塑莲瓣、小方塔及象、狮等属，各莲瓣和小塔亦上下相错。小塔共 5 层，计四十座，锥顶以伞形尖顶作结，全高 40.5 米。可惜此塔四隅的小塔在日军侵华战争中已毁（图 6-6-62、图 6-6-63）。③

北京房山镇岗塔也是金代砖塔，锥顶有小塔 7 层，每层十六座，总体形象同敦煌塔和丰润塔相像，只是没有莲瓣。华北的华塔，知名的还有北京坨里花塔和河北涞水庆华寺华塔（图 6-6-64 ～图 6-6-66）。

在大足宝顶山毗卢道场窟内后壁，倚壁雕刻单层八角亭式塔一座，只见五面，故不能绕行。塔下刻蟠龙和须弥山顶着的八角形仰莲和上枋，转角处有四力士承托上枋。枋上为莲座，每莲瓣上刻一坐佛，再上为八角亭，亭柱刻蟠龙，正面柱间为毗卢舍那佛说法场面。檐上刻七座两层小楼直达窟顶，转角处和各面正中各一座。楼上下层均有小佛像一尊。此窟窟外门楣刻有"毗卢道场"四字。毗卢舍那佛是"华严世界"的主尊，再参以塔的形制，故此塔显然也是华塔，

图6-6-64 房山镇岗塔（《中国古塔》）

图6-6-65 北京坨里花塔（萧默）

图6-6-66 河北涞水庆华寺华塔（孙大章）

檐上的多座楼阁即"华严世界"中的许多小世界。莲瓣上有小佛也见于日本唐招提寺金堂由鉴真弟子义净所造的毗卢舍那佛像：在台座的八层莲座各瓣上各绘释迦佛（现存两瓣），代表毗卢舍那佛在华藏世界所化的"千释迦"。

大足北山转轮经藏窟是大足石窟精华所在，窟室中央刻八角形亭式"转轮藏"一座，形制类似毗卢道场的华塔，亭顶也刻有许多祥云托起的楼阁和塔，直通窟顶，只是亭内中空。所谓"转轮藏"，原是中安巨轴可以转动以藏经典的多角经橱，此窟的"转轮藏"为石刻，不能转动，仅仿其意而已，但由其形制，应也可称之为华塔。以上两例都凿于南宋时代，约为12～13世纪。[①]四川江油云岩寺初建于唐，现存建筑为清代重建，但其星辰殿中的飞天藏可能仍是宋代遗物。"飞天藏"也是转轮藏，木制，直径7.5米，高10.3米，全体可绕断面直径0.5米的木轴旋转。藏下有座，中为八角藏身，上部刻制构图丰富的天宫楼阁，与大足北山的转轮藏相类（图6-6-67、图6-6-68）。[②]

北山转轮经藏窟

宝顶山石窟毗卢道场窟

图6-6-67 重庆大足石刻转轮经藏（吴庆洲、萧默）

据佛教的判教体系，《华严经》是佛对已有深厚根底的菩萨所说的经，义理极为艰深，其中的"华严世界"，本是臆说，转化成壁画，表现为建筑，是将抽象的文字演变为可见的造型艺术形象。故所谓华塔，虽然仍是建筑，却并不是基于物质功能的要求来建造的。所以，"建

① 重庆大足石刻艺术博物馆.中国大足石刻[M].重庆，香港：重庆出版社，香港万里书店1991.
② 四川古建筑[M].成都：四川科学技术出版社，1992.

①宁夏回族自治区文物管理委员会办公室，青铜峡市文物管理所．宁夏青铜峡市一百零八塔清理维修简报[J]．文物，1991(8)．

图6-6-68　云岩寺星辰殿飞天藏(《四川古建筑》)

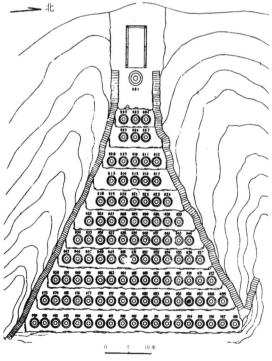

图6-6-69　宁夏青铜峡"一百零八塔"(《文物》9108期)

筑"虽然可一般地被认为是既具物质功能又具精神功能，但针对某一具体建筑物而言，却又须具体分析，不可一概而论了。

最后，关于华塔，我们还可举出另一个奇特的例证，即宁夏青铜峡由108座小塔有规律组合而成的塔群。塔群位于峡口山黄河西岸一处向东的坡地上，坐西朝东。造塔者先随山势凿石为十二阶。最下一阶约高5米，以上各阶高约2～3米，共高约32米。最下一阶最长，为54米，以上逐阶缩小，总体呈三角形。各阶深度约5米许，总深59米。阶面铺方砖，阶侧砌砖石护壁。各阶皆列置小塔，从上至下，小塔数为1、3、3、5、5、7、9、11、13、15、17、19，均为"阳数"，共108座。最上一座最大，残高5.04米，底部直径3.08米，其他107塔大小相近，一般残高2～2.5米，塔底直径1.9～2.1米。各塔现状均包砖，作窣堵波即覆钵式，即下为多折折角十字平面或八角形平面塔座，上置覆钵塔身，最上原应有塔刹。不同阶的小塔形状略有不同，共分四种。在砖砌塔表的里面又发现土坯砌筑的塔，也是窣堵波式，土坯表面抹白灰绘红色线道，现仍可见在塔座塔身相接处绘作仰覆莲瓣。在土坯塔内出土有砖雕佛像和泥制模印小塔等西夏文物(图6-6-69～图6-6-71)。①

图6-6-70　青铜峡"一百零八塔"(张青山)

图 6-6-71 一百零八塔局部 2（张青山）

图 6-6-72 敦煌壁画所见五代至西夏窣堵波式塔（萧默）

关于塔群的年代，明《宁夏府志》说"（青铜峡）有古塔一百零八座，不知所始"，已称它为"古塔"，现从土塔内出土的许多西夏文物，可基本肯定建于西夏（1038～1227），但外面所包砖面，大概是清顺治五年（1648）重修时所为。

据我们对所谓"华塔"含义的解释，一百零八塔显然也是"华严世界"的一种表征，全群可以说是华塔的一个特例，最上大塔即毗卢舍那佛的居处。民间传说塔群是为纪念明代阵亡将士一百零八人而建，是对"华严世界"缺乏理解的杜撰。

八、窣堵波及窣堵波与楼阁结合的复合塔

窣堵波式塔又可称为覆钵式，以具有覆钵形塔身为特征，最接近于印度窣堵波原型。自中国有塔以来，此种塔型虽所见不多，却绵延不断，从酒泉、敦煌和吐鲁番的北凉小石塔，

到隋、唐、宋、辽、西夏，代有出现，敦煌唐代以至西夏壁画里绘有其形象（图 6-6-72 并参见图 5-3-45）。在云南大理崇圣寺千寻塔内发现的唐代小铜塔，以及北京潭柘寺塔林金、元时代的塔，也有窣堵波式（图 6-6-73、图 6-6-74）。西夏以后至元、明，在西部地区更发展为藏传佛教称为"喇嘛塔"的塔型，并流播到内地。上举 108 塔的土坯小塔都是窣堵波式。窣堵波式塔在西夏黑城子（内蒙古西部居延海附近）土城遗址内也有，土筑，已与元、明喇嘛塔无大差异。

窣堵波与楼阁的结合，其实早在汉魏塔的初期即已流行，以后发展为楼阁式塔，是在楼顶置一座大大缩小了的窣堵波为塔刹，仅作为佛塔的标志和装饰。此处所指与之有别，虽也是在楼阁上面加建窣堵波，但窣堵波的尺度很大，不仅是装饰而且成为塔体的一个重要组成部分，可视为窣堵波式塔与楼阁式塔的复合，

图 6-6-73　唐代小铜塔（罗哲文）

图 6-6-74　潭柘寺塔林中的金、元之窣堵波式塔（萧默）

图 6-6-75　天津蓟县白塔（萧默）

图 6-6-76　北京房山云居寺北塔（《中国古塔》）

图 6-6-77　云居寺北塔局部（萧默）

图 6-6-78　宁夏贺兰宏佛塔（张青山）

故特称之为复合塔。

蓟县白塔在天津蓟县城内，北距独乐寺约百米，大约正在独乐寺中轴线的延长线上，始建于辽（916～1125），也许与独乐寺的建造（984）同时，虽经后代多次重修，仍保持原状。此塔的最大特点是下部为八角楼阁式，上部却是覆钵式，通高 30.6 米。塔下基座较高，其上以砖石砌出仿木平座的斗栱和栏杆。平座上为八角大亭样塔身，单层，各隅砌出辽代常见的塔形隅柱，南门内为佛龛。塔身之上覆以重檐（故也可视为密檐式），再上以八角座承巨大覆钵，再以八角刹座承"十三天"（十三重相轮）和铜制刹顶（图 6-6-75）。

云居寺在北京西南房山区涿鹿山东麓，距北京 75 公里。寺坐西朝东，原在寺院南北各有一座建于辽天庆年间（1111～1120）的砖塔，对称夹峙在寺的两侧，现仅存北塔。北塔也是楼阁式与覆钵式的复合，是在八角形基座上建楼阁式砖塔两层，两层之间有斗栱、腰檐和平座，此上再置巨大覆钵和十三天，通高 22 米。与蓟县白塔的不同只是塔身为两层，各层皆只一檐（图 6-6-76、图 6-6-77）。

云居寺北塔下有基台，台四角各有一座小石塔，总体呈金刚宝座式组合。有的小塔凿于唐代，显然是从他处移来。

宁夏贺兰县宏佛塔在银川北 20 公里，与上举二塔尤其云居寺北塔非常相似，也是下为楼阁式，上为覆钵式，但楼阁为三层，各有斗栱、腰檐和平座。上部覆钵下有巨大的多层十字折角平面基座。塔顶已失大半，只存十字折角刹座和两层相轮。包括埋在土内 1.7 米的基座在内，残存总高 28 米许。在塔身空室内发现有大量西夏文雕版、文书和木简，以及多幅西夏绢画，知此塔建于西夏。同时又发现宋绍圣元年（1094）铸造的货币，可肯定建于 1094～1227 年。[①]近年，此塔已经修复（图 6-6-78）。

中国的塔实际上以楼阁式木塔最多。木塔顶上不能承受很大重量，所以窣堵波都大大缩小了，以致现存较多的砖石仿木楼阁式塔的塔刹比例也都不大。但也有个别例证显示，即使是木塔，也可能有较大的窣堵波。如敦煌莫高窟第 61 窟和安西榆林窟第 33 窟的五代壁画中就有这种塔的形象，但在结构上甚不合理，似乎表现的是在窣堵波与楼阁结合过程的初级阶段一种简单生硬的结合。它在五代仍有出现，透露了事物发展的不平衡性。[②]

上举三例窣堵波与楼阁复合塔都是砖石结构，上部可以承受尺度很大的窣堵波，造型符合结构逻辑，所以并没有予人以简单生硬的感觉，可以认为是 10 世纪末至 12 世纪新出现的一种塔型。但因元、明以后喇嘛塔的大量出现，

这种塔型并没有继续得到发展，以致成为罕见的实例，更足珍贵。

通过对于五代两宋时期诸塔的巡礼，可以感觉到，以其类型之丰富和造型之成熟，实在可说是佛塔的盛期，无论与隋唐或元明相比，都更加多样。元明以后，佛塔虽仍有建造，艺术上却已无法与之相提并论了。

九、石幢

石幢是一种佛教建筑小品，形象与塔有些相似。宋代石幢与唐代相比，风格也倾向华丽，著名的可以河北赵县陀罗尼经幢为代表，总体造型虽然复杂，但幢身中部仍保留着经幢所必不可少的幡盖（图 6-6-79、图 6-6-80）。

对页
①宁夏回族自治区文物管理委员会办公室，贺兰县文化局.宁夏贺兰县宏佛塔清理简报[J].文物，1991(8).

本页
①萧默.敦煌建筑研究·塔[M].北京：文物出版社，1989.

河北赵县陀罗尼经幢　　山西寿阳兴福寺幢　　山西阳曲广化院幢　　昆明地藏庵幢

图 6-6-79　宋代及以后的石幢（《中国古代建筑史》、《刘敦桢文集》）

图6-6-80 赵县陀罗尼经幢中部幡盖（楼庆西）

十、景观楼阁

中国的文化精神，特别重视人与自然的融洽相亲，楼阁尤其能体现这种特色。天无极，地无垠，在广漠无尽的大自然中，人们并不安足于自身的有限，要求与天地交流，从中获得一种精神升华的体验。嫦娥、羽人、飞仙是反映这种追求的神话幻想，楼台观榭的建造则是运用现实的物质手段体现这种追求的实践。由此，我们就能理解为什么"仙人"常和"楼"联系在一起了。所以中国的楼阁与欧洲古代的楼房在精神风貌上明显不同：后者用砖石砌造，只开着不大的窗子，楼外没有走廊，内外相当隔绝，强调垂直向上的尖瘦体形，似乎对大地不屑一顾。中国的楼阁则相对开敞，楼内楼外空间流通渗透；水平方向的层层腰檐、平座和栏杆大大减弱了竖高体形一味向上升腾的动势，使之时时回顾大地；凹曲的屋面、翘弯的屋角避免了僵硬冷峻，优美地镶嵌在大自然中，仿佛自身也成了天地的一部分，寄寓了人对自然的无限留恋。有许多诗文都表达了楼阁的这种人文精神。"白日依山尽，黄河入海流，欲穷千里目，更上一层楼"（王之涣）；"落霞与孤鹜齐飞，秋天共长天一色"（王勃）；"晴川历历汉阳树，芳草萋萋鹦鹉洲；日暮乡关何处是，烟波江上使人愁"（崔颢）这些名句，都道出了诗人们登楼远观，荡涤胸怀，浴乎天地之间的真切感受。从颇富意境的各种楼名，也可见出这层意思，如望海楼、见山楼、看云楼、得月楼、烟雨楼、清风楼、吸江阁、凌云阁、迎妲阁、夕照阁等，皆是。

楼阁式木塔其实也是楼阁，如前举之应县释迦塔，也很能体现这种文化精神。

历史上的楼阁，除了建在佛寺、宫殿之中，享有盛名的大都具有游观性质，多建在风景佳胜之地或园林中，例如江南三大名楼黄鹤楼、滕王阁、岳阳楼等。它们常选址于城市边缘临江或临湖地段，适合眺望，宜于"得景"，并与城市联系密切，尺度和造型都经过精心构思，建筑与自然有和谐的呼应。楼阁本身也补充了自然之美，成为被观赏的对象，称为"成景"。

岳阳楼在湖南岳阳洞庭湖西岸。相传三国鲁肃曾在岳阳建阅兵楼。刘宋时已有关于岳阳楼的诗文，自唐以来，诗文更盛，如李白："楼观岳阳尽，川回洞庭开"；杜甫："昔闻洞庭水，今上岳阳楼"；孟浩然："气蒸云梦泽，波撼岳阳楼"等。宋庆历五年（1045），巴陵郡守滕子京重修岳阳楼，致书请范仲淹撰《岳阳楼记》，使"楼名益重于天下"。但当年的岳阳楼早已不存，文中有"岳阳楼不知出落于何代何人"，可见当时已不详其始。

黄鹤楼在湖北武昌长江南岸，相传也始建于三国，然见于文献则以《南齐书》为最早。唐代黄鹤楼名声始盛。唐代诗人崔颢《登黄鹤楼》诗云："昔人已乘黄鹤去，此地空余黄鹤楼。"唐·阎百里述此楼"重檐翼角，四闼霞敞，坐窥井邑，俯拍云烟，亦荆吴形胜之最也"。宋画《黄鹤楼图》再现了宋楼的面貌。图中黄鹤楼坐于城台之上，台下绿树成荫，远望烟波浩渺。中央主楼两层，平面方形，下层腰檐左右出为歇山面向前的龟头屋，前后出中廊与配楼相通。上层屋顶为十字歇山，突出于众屋之上。两座配楼横在主楼前后，均单层，覆重檐歇山顶。所有各楼与城台之间都有斗栱平座。全体屋顶错落，翼角嶙峋，气势雄壮。宋以后，黄鹤楼曾屡毁屡建，以至于清。可惜《黄鹤楼图》已毁于日本侵华的淞沪之役了（图6-6-81）。

滕王阁在江西南昌赣江江干，初为唐滕王李元婴于永徽四年（653）建，以其封号命名，自王勃名篇《滕王阁序》出，乃名满天下。后经历代重修重建达二十八次，阁址因之也有变动，唐宋旧迹早已崩坍入江。今存宋画《滕王阁图》是现知最早的滕王阁图本，反映了宋阁的形象，其体态之雍贵，结构之精丽，绝非后代重建者所能媲美。从《滕王阁图》所见，阁立于高大城台之上，为纵横两座二层楼阁丁字相交，均重檐歇山顶。横阁两层，下有腰檐，上覆重檐歇山。左右出两层高的配阁，单檐歇山，下层并出小雨披。纵阁上层亦重檐歇山，下层前端向江面伸出横向单层抱厦，单檐歇山。此阁共有二十八个内外转角，结构轻巧，造型华美。阁内各层虽硕柱林立，但空间宏敞流通，上下楼层又都有平座栏杆，便于眺望，江波浩渺，水天一色，一览而尽有之（图6-6-82，图6-6-83）。

五代《闸口盘车图》绘出一座水磨房，是功能性很强的建筑，人们也将之加以艺术化的处理，使成为镶嵌在自然景色之中的美丽画面。磨房两层，面阔三间，下层木柱架立水上，上层开敞，内部历历可见，覆歇山顶，有斗栱。屋顶前坡凸出一座山面向前的歇山顶，后部出一长屋，也是歇山，构成后臂较长的十字脊。在磨房左右伸出较低的耳房，也以歇山面向外。整体形象丰富而美丽，成为山河一景（图6-6-84）。

宋·郭熙《早春图》中的一座寺观，在山间布置许多高下起伏的楼阁，同样体现了中国人注重人与自然相亲的艺术精神（图6-6-85）。

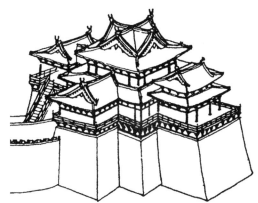

图6-6-81　宋画《黄鹤楼图》中的黄鹤楼（傅熹年）

图6-6-82　宋画《滕王阁图》

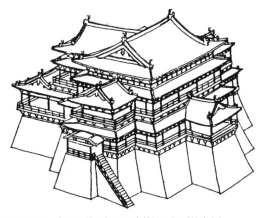

图6-6-83　宋画《滕王阁图》中的滕王阁（傅熹年）

图6-6-84 五代《闸口盘车图》

图6-6-85 宋·郭熙《早春图》

第七节 陵墓

经考古发掘的五代陵墓，主要有南唐李昇钦陵、李璟顺陵和前蜀王建永陵。它们都是南方地方统治者的陵墓，规模比唐代帝陵小得多。南唐二陵依山为陵，墓室保存尚好。前蜀永陵有土堆坟丘，墓室形制颇为少见。北宋帝后诸陵在河南巩县（今巩义市），地面形制基本沿袭唐代，但规模气势远逊唐陵。南宋陵墓在浙江，原是临时厝置棺椁的地方，因此陵制有很大变化，成为明、清陵制的先声。西夏也有完整的王陵，基本仿自宋陵，也有自己的特点。辽、金帝王都不起坟，陵寝制度不明，但两宋辽金的普通墓葬已发掘甚多，在砖墓室中详尽地模仿地上生人住屋，是它们的共通特点。

一、五代陵墓

南唐二陵在南京市南郊，二墓相邻，都在一座小山的南麓，依山为陵不另起坟，其地上形制已不明，地下都有前中后三个方形砖石墓室，以甬道相连，各室左右各附耳室。后室最大，耳室也多。二陵全长皆21米余。与唐代已知的大墓墓室比较，南唐主要特点是四壁并不用壁画画出柱枋斗栱，仿木构件均以砖石砌出，并绘以建筑彩画。其次，唐代盛行的刀形墓室已经消失，棺椁就置于墓室中央的中轴线上，如同北朝已有的做法。[1]

前蜀王建永陵在成都市西郊。成都盆地少山，永陵墓室由平地起造，上堆高约15米、直径80余米的圆形坟丘。墓室石砌，纵长方形，虽有前中后三部，但不用甬道，三部相连，空间贯通，区分并不明显，全长23.4米。墓室结构为圆券，先以多道壁柱连圆拱组成拱肋，再于肋上铺砌石板。三部中以中部最大，内有一巨大的纵长矩形石棺台，上置棺椁。棺台为一须弥座，束腰各壶门内浮雕伎乐二十四人，演奏各种乐器；由地下现出圆雕武士十二人，都只现上身，作用力扶持棺台状，是五代雕刻的力作。后部高起为石床，中置王建石坐像。墓室中突出棺台，其他部分概从简略，尽端置墓主石像，形制较为少见，纪念性较强，是较好的设计构思，但坐像尺度过小，颇不相称（图6-7-1～图6-7-3）。

二、两宋陵墓

北宋九帝，除当了金人俘虏的徽、钦二帝外，余七帝都葬在河南巩县，加上被追封为"宣祖"迁葬于此的始祖陵，共为八陵。八陵及其所附后陵集中在洛河东南岸今芝田镇一带。[2]现地面遗迹尚大部保存，地下未经发掘，情况不详。

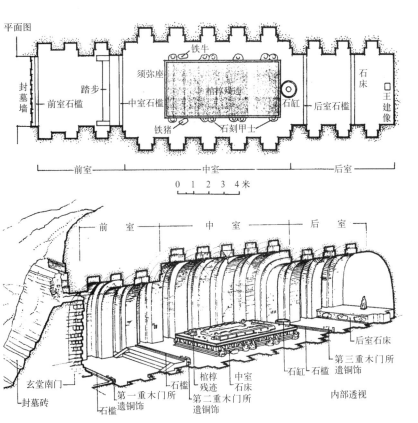

图6-7-1 成都前蜀王建永陵（《中国古代建筑史》）

图6-7-2 成都王建永陵墓室（白佐民、邵俊仪）　图6-7-3 王建墓棺台石刻伎乐（罗哲文）

陵区西北濒河，东南为嵩山，地势东南高西北低，但神道仍正南向，与一般陵墓背高面低的形势大为不同，大大削弱了陵的气势，这是宋陵布局的最大弱点（图6-7-4）。南宋赵彦卫《云

①南京博物院．南唐二陵发掘报告[M]．北京：文物出版社，1957.
②郭湖生，戚德耀，李容淦．河南巩县宋陵调查[J]．考古，1964(11).

麓漫钞》述北宋诸陵云："皆东南地穹，西北地垂。东南有山，西北无山，角音所利也。"所谓"角音所利"是风水堪舆家的说法，以姓氏归于宫、商、角、徵、羽五音，皇帝姓赵，属角音，以致必得如此，方为吉利。风水之说，魏晋开始即有形势宗与理气宗两大流派，对于中国建筑都颇有影响，甚至成为传统建筑理论的一个重要组成部分。形势宗中多有合乎科学或艺术原则的合理因素，对建筑或建筑环境的选择与改造起了有利作用，但也有其不合理的方面。理气宗迷信成分更多，强调生辰八字姓名等事，往往造成不良后果，"角音所利"云云，就属理气宗的说法。关于风水之说对建筑的影响，本书第五编将有专题论述。

北宋陵墓的形制与唐代相近，但不依山起坟，而是在墓上起"方上"，作两层或三层方形棱台，四周围墙，称为"神墙"，墙四面各开一门，上建门楼，四角有角楼，各门外列石狮一对，南向为正门。正门与方上之间置献殿，是正式奉祭的地方。由正门南出为神道，神道最前端分列一对土阙，称"鹊台"，疑即"阙台"的别称。中部又有一对土阙，称"乳台"，鹊台和乳台上原来都有木构建筑。在乳台和正门之间神道两旁布列望柱及石刻瑞禽异兽、蕃使和文武臣僚，门前立武士，门内立宫女。石刻作风写实而繁缛，与唐的浑实壮健颇有不同。这整个区域称为"上宫"，与唐代的称谓相同（图6-7-5～图6-7-7）。

宋陵规模远小于唐陵，以真宗永定陵为例，神墙范围约240米见方，仅及唐乾陵四

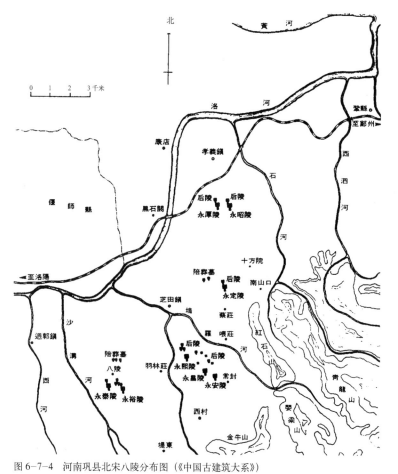

图6-7-4　河南巩县北宋八陵分布图（《中国古建筑大系》）

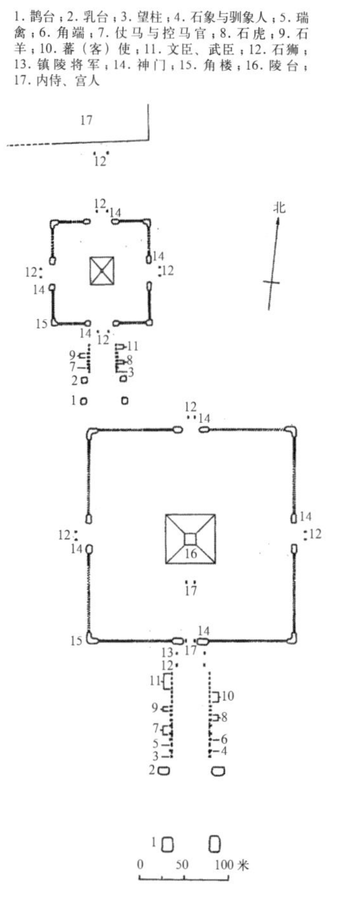

1. 鹊台；2. 乳台；3. 望柱；4. 石象与驯象人；5. 瑞禽；6. 角端；7. 仗马与控马官；8. 石虎；9. 石羊；10. 蕃（客）使；11. 文臣、武臣；12. 石狮；13. 镇陵将军；14. 神门；15. 角楼；16. 陵台；17. 内侍、宫人

图6-7-5　巩县北宋永昭陵（《中国古建筑大系》）

墙范围的四十分之一。陵台高度、神道长度也相应缩减。

附葬的后陵在帝陵外西北近处，制度同于帝陵而更小，石刻中去掉了蕃使，有的没有鹊台。

与唐陵一样，侍奉死者灵魂"日常所居"，"朝暮上食，四时祭飨"的地方叫"下宫"，但位置与唐不同，都放在上宫的西北方，多在后陵以北。

南宋陵墓在会稽，与秦汉以来直到北宋的陵制大有不同。据周必大《思陵录》具体记载之高宗永思陵[①]：下宫位列上宫之前，二者在同一纵轴线上，各绕围墙，墙外复绕竹篱；下宫前有棂星门，门内为殿门、前殿、后殿和后殿左右的挟屋，院左右有东西廊，布置与普通宫院没有太大区别；上宫前有鹊台，以后为殿门和仍称为献殿的主殿。献殿平面凸字形，后部凸出一屋称龟头屋；棺椁就置于此屋地下，四周石壁围护，上盖石板铺方砖。永思陵虽名为陵，却没有坟丘。

这种陵墓在当时不过是权宜之计，准备日后归葬故土，但这个特例却冲决了千余年来的传统，废止了四向辟门的围墙和陵墓的十字轴线构图，而强调层层殿宇的纵深构图，给明、清提供了先例，是中国陵制的转折点。从这个事例，我们又一次体会到了中国建筑尤其是与帝王直接相关的官方建筑的保守性格。法古尊祖，除非有不得已的理由，制度轻易不能改变；而发生了变化的特例，又成为下一朝代又一轮法古尊祖的依据；陈陈相因，前进比较缓慢。

三、西夏皇陵

西夏皇陵在西夏都城兴庆府（今宁夏银川）西贺兰山东麓。贺兰山南北走向，长达五百余里，东面俯临银川平原，远望黄河。西夏皇陵

图6-7-6 河南巩县宋永昭陵神道（罗哲文）

图6-7-7 宋陵石象生（罗哲文）

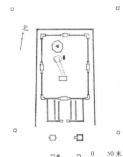

图6-7-8 西夏八号皇陵总平面示意（《西夏文物》）

共有九座帝陵，七十多座陪葬墓，分布在东西窄南北长大约50平方公里的范围内。较早的陵偏南，依次向北发展，陪葬墓分散在各帝陵周围。[②]

各陵皆坐北朝南，最南是一对鹊台，土筑方形，其上曾有阙楼；次为二三座碑亭，分列两边，各亭规模和形状都不一样；再北为横长方形的"月城"，南墙正中为门，门侧各有门台；月城内御道两侧列两对或三对石像；月城以北紧接平面纵长方形、东西宽于月城的内城；内城四面中央辟门，各门左右也有门台，四角各有角台；内城中有献殿和陵台。各陵墓室不在中轴线上而偏向西北，通向墓室的地下墓道也斜向西北，其填土稍隆起于地面，清晰可见；陵台也不在中轴线上同样偏向西北，但不在墓室的正上方，而偏后10余米，所以不是封土，可能同样具有堪舆的用意。所谓陵台其实是密檐塔式的建筑，黄土夯筑，包砖，八角，逐层

①陈仲箎. 宋永思陵平面及石藏子之初步研究[J]. 中国营造学社汇刊，第6卷，第3期，1935.

②吴峰云. 西夏陵园建筑的特点[M]// 西夏文物. 北京：文物出版社，1988.

图 6-7-9 西夏王陵（资料光盘）

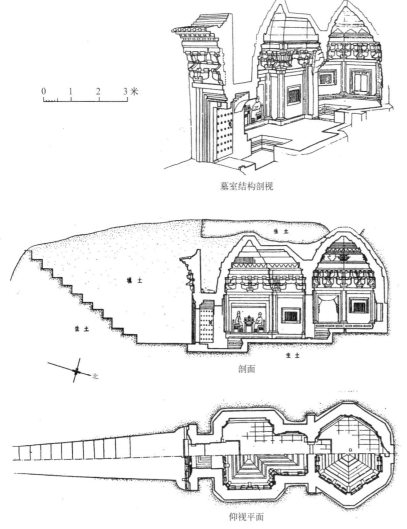

墓室结构剖视

剖面

仰视平面

图 6-7-10 河南禹县白沙宋墓一号墓（《中国古代建筑史》）

收小，共七层，每层有木檐。在内城外面东、北、西三面又围以外城，外城后部两角和前部两个结束点各建角台。晚期外城范围缩小，而角台仍孤立在原处，以标示陵园范围（图 6-7-8、图 6-7-9）。

总的来说，西夏皇陵与北宋陵制相似，但规模更小，陵台不作"方上"。西夏陵墓可能帝后合葬，故没有单独的后陵，也不建下宫。神道缩短了，在神道处增加了月城。据八号陵的发掘，墓室仅为土室而在四壁立护墙板。

四、一般墓葬

这个时期的一般墓葬已发掘很多，砖室墓以愈来愈精细地模仿木构地面建筑为特点。以砖砌出仿木构件的墓室已在晚唐出现，如内蒙古和林格尔土城子唐墓；五代继续，如河南伊川后晋墓，但还比较简单；到辽、金、北宋时，中原及其附近地区已十分盛行，而且越到后来越趋繁细，其风格转化与我们从地面建筑如砖石塔上看到的情况相同。

北宋墓葬可以河南禹县白沙一号墓为例。[①]一号墓建于元符二年（1099），前后墓室中连甬道（中廊）呈工字形，是流行的地面建筑样式。前室横长方形，后室六角。从墓门到前后两个墓室都有复杂的砖砌仿木构件，八角柱柱下有铤脚，柱顶阑额上砌出普拍枋和出两跳的斗栱，后室室顶还砌出藻井，其他如板门、直棂窗等都一一砌出。墓内有壁画，前室前部绘门卫，后部绘主人"开芳宴"场面，甬道绘佃户交租，后室绘卧室场景（图 6-7-10）。

辽初期砖墓里的柱枋斗栱仍多为绘出，同于唐。辽中期重熙以后则完全模仿北宋，以砖砌出柱枋斗栱门窗，甚至还有雕砖桌椅，也画有"开芳宴"等壁画。

中原地区金代砖墓继承了北宋中晚期中原

一带砖墓的作风，并更加繁复，斗栱有的出至三跳。建于金大安二年（1210）的山西侯马董氏墓是其典型。[①]董氏墓墓室平面方形，除柱枋斗栱和八角藻井外，还精细地雕刻了须弥座、格子门、垂花廊和屏风，构件上刻图案、花卉、人物为饰，繁富至极，是研究当时建筑装修装饰的极好资料。此类金代砖墓在山西最多，河南、甘肃也有（图6-7-11、图6-7-12）。

董氏墓墓室后壁上方有砖雕戏台一座，是歇山面向前的龟头屋，台上有五个杂剧砖俑正在"作场"，是古代戏曲史的重要资料。

南方宋墓以矩形砖券顶为主，也有的在顶上盖石板。

对页
①宿白.白沙宋墓[M].北京：文物出版社，1957.

本页
①畅文斋.侯马金代董氏墓介绍[J].文物，1959(6).

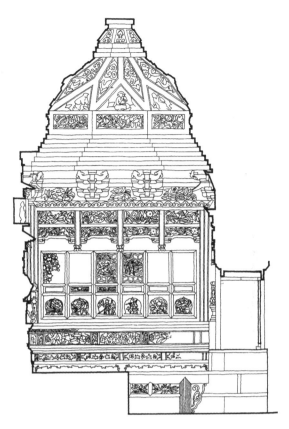

图6-7-11　山西侯马金代董氏墓（《中国古建筑图案》）

图6-7-12　山西侯马董海（左）和董明墓室（杨道明、徐庭发）

① 参见李泽厚.美的历程 [M].北京：文物出版社, 1981；曹汛.诗人园、画 家园和建筑家园 [J].美术 史论,1984 (2).

第八节　园林（住宅附）

"垂髫之童，但习歌舞；斑白之老，不识干戈"（《东京梦华录》），是宋代社会情况的简要写照。

史家论艺，往往唐宋并举。的确，与魏晋以前相比，唐宋文艺的创新与成就及其对后世的影响，在整个中国文艺史上占有突出的地位，元明以后基本上只是对唐宋余绪的继承或在唐宋已开辟的格局上进一步充实提高而已。但是，若就文艺思想来说，两宋与唐尤其是中唐以前，实在有着重大的不同。简言之，中唐以前充满建功立业激情的豪迈刚健，洋溢着家国情怀的激越慷慨，至中晚唐已发生变化，到了两宋，已转而为对人的更细腻、更世俗也更生动的个性的表现。结合两宋经济实力的增长，出现了两种文化趋向，即一方面是市民文化的崛起，一方面是文人文化的繁荣。

市民文化侧重于市井细民的声色耳目之娱，生动而通俗；文人文化则重在体现文人士大夫性灵超逸之旨，隽永而高蹈。前者的表现如名目繁多的公共民俗活动，酒楼的喧呼，瓦子勾栏的杂耍、"说话"和杂剧的演出，在建筑中则是对华靡精巧的追求；后者的表现如文人诗、士人园、禅风的炽盛和文人画的酝酿。这两种审美趣味有很大差别，所以欧阳修说："夫举天下之至美与其乐，有不得而兼焉者多矣。故穷山水登临之美者，必之乎宽闲之野、寂寞之乡而后得焉；鉴人物之盛丽，夸都邑之雄富者，必据乎四达之冲、舟车之会而后足焉。盖彼放心于物外，而此娱意于繁华，二者各有适焉。然其为乐，不得而兼也"（《欧阳文忠公文集》）。二者的审美倾向虽然各异，但都是随着社会和经济情况的变化，特别是商品经济的繁荣所引发的个人价值观的表现，只不过由市民和文人阶层的不同，而表现出俗、雅有异的格调而已。

宋代园林就是在这种文化背景下发展起来的，[①]它主要仍分为皇家园林和私家园林两种，尤以体现文人超逸意趣为主旨、被称为士人园的私家园林为主流。

一、私家园林

概述

唐代以前，中国园林以皇家园林为主流，那时的私家园林还不多，造园手法也取法皇园。中唐以后的园林，不在于体现"居庙堂之高"的权威或"竞起楼台以相高"的富贵，转而追求"处江湖之远"的旷达和田园山水之闲适的士人（或称文人）私园崛起，给园林艺术注入了一股清新的气息。到了宋代，士人私园建造数量急剧增加，借重于文人思想的成熟以及文人诗、山水画的成就，水平有很大提高，私园反超过了皇园而跃居主流。此后一直到元、明、清各代，主要以文人园林面目出现的私家园林，艺术水平处于领先地位，轮到皇园要向私园取法了。

宋代园林现已无存，我们只能从文字材料如各种园记、笔记、地方志和诗词中去了解。宋代私家园林主要集中在京师地区的汴梁、洛阳以及江南的临安、平江、吴兴等地。汴梁园林在《东京梦华录》中已载有十七八处，《枫窗小牍》除去与前书重出者尚有五处，加上《汴京遗迹志》、《宋东京考》、《东都志略》、《宋史·地理志》、《玉海》等书及其他笔记，当近百数之多。而未著录于册的，应该还有一些。《枫窗小牍》就说，汴梁园林"不以名著，约百十"。此外，还有不少附属在寺观、衙署、宅第以至酒楼茶肆不以专名名之的园林存在。

洛阳是隋唐东都旧地，唐代已有一些著名私园，经唐末五代战乱毁掉不少。宋时园地易主，重行恢复，故"洛阳园池，多因隋唐之旧"，其中见于北宋李格非《洛阳名园记》者有十九处之多，实际非"名园"的园林应远不止此数。

临安早在唐代已是花团锦簇之乡，到了南宋，皇族士人耽于偏安，造园之风更甚于汴。田汝成《西湖游览志》云："至绍兴建都，生齿日富，湖山表里，点饰浸繁。离宫别墅，梵宇仙居，舞榭歌楼，彤碧辉煌，丰媚极矣。"从吴自牧《梦粱录》已见有园林四十余所，周密《湖山胜概》所记亦超过四十，加上其他，见于著录的园名即达百数以上。其中有一些属于皇家，但临安皇园，往往甚小而多，与私园无甚差别。

平江园林在《平江图》碑上已有不少。苏舜钦以罪废后，于城南买废园筑"沧浪亭园"。至今虽景物有改，而园名依旧，是苏州现存园林最古者。

吴兴即今湖州市，在临安、平江之间太湖南岸，从周密《吴兴园林记》知作者"常所经游"的园林即有三十六所，以叶氏石林"万石环之"最有特色。其实太湖周围，不仅以上三地，诸如嘉兴、昆山、吴县、常熟、镇江等地，宋时也都广有园林，反映了江南经济的高度发展。此后一直到明清，不断增益，精华荟萃，以后总称为"江南园林"，几乎成了私家园林的同义语，与华北的皇家园林相辉映。

艺术特点及造园手法

关于宋代私园的特点，大略言之，可注意者有三，一曰士人园，二曰诗意园，三曰写意园。前者系指造园宗旨，次者指出造园者的心态和总的创作方法，后者重在具体手法。

士人园 士人即文人。所谓士人园，是指明私家园林的造园目的在于满足文人学士的精神要求。中国文人不像权贵，耽沉于酒色台榭的奢华；也不似市井商人，满足于敛财营利，追逐于浅俗的耳目之娱。作为一个阶层，中国文人的心态复杂而矛盾得多，其积极方面，贯串了儒家"达则兼济天下"的宏大抱负，追求

在政治上一展怀抱，经世济民，致君尧舜；另一方面，自觉不自觉地走向反面，所谓"退则独善其身"，向往的是所谓"曾点气象"的那种"暮春者春服既成，得冠者五六人，童子六七人，浴于沂，风乎舞雩，咏而归"（《论语》）的悠游闲适，身心和畅，物我两得，自然平和，内在而深沉。潜在于文人内心的这一对矛盾经常处于斗争之中，仕途得意，前者便成为主导的方面；而每当前程叵测之际，后者就成为主导。但更多的时候二者兼具，既有匡正天下之志，又遗世独立，对世事纷扰和个人命运产生深深的怀疑和忧惧。这后一方面，体现在文人文化上，就具体化为文人诗、文人画和士人园。文人诗魏晋时已有陶渊明为代表，另有阮籍、嵇康等竹林七贤，他们的生活理想，表现于对田园山林隐逸遁世的向往，故又称为所谓田园诗、山水诗和隐逸诗。在那危机四伏，充满恐怖与杀戮的时代，陶氏痛吟不如归去，道出了文人的心声。但唐代尤其是中唐以后已经不同，庶族文人可以通过科举步入上层，宋代更完全不论门第，整个士人地位有了很大提高，廓清了学而优则仕的道路；"终宋之世，文臣无欧刀之辟"（王夫之《宋论》），也并无动辄杀身之祸。然而文人们通过文人文化表现出的空漠孤寂仍是那样深沉。如果说魏晋的"归去"还属于政治上的退避，具有现实的迫切感，宋代文人的要求解脱，则具有更为本质的意义，是一种对整个人生的深刻的伤感与厌倦。是故士人园在魏晋时随着文人诗的出现已经兴起，经过唐代的发展，至宋而大兴了。在士人园中，当然就被要求按士人的审美标准来实现，疏淡风雅，自然和畅。苏舜钦说："形骸既适，则神不烦；观听无邪，则道以明。返思向之汩汩荣辱之场，日与锱铢利害相磨轧，隔此真趣，不亦鄙哉！"（《沧浪亭记》）。此之真趣，正是文人所追求的清高脱俗的诗意（图6-8-1、图6-8-2）。

图6-8-1 宋文同《墨竹图》

图6-8-2 宋苏轼《枯木竹石图》

诗意园 所谓诗意园，指士人园通过一种诗意化的方法来体现文人意趣，在此不妨先来考究一下宋园的园名和园中景物的题署。唐代私园题署多只是以地名名园，如辋川别业、平泉山庄、集贤里园等。有的园名和园中景物题名也只是依照其外在的主要特征，如草堂、白莲庄及辋川别业里的竹里馆、文杏馆等。宋园则不同，题署词语大都是借景物而自抒胸臆，更多地直接表现文人的意趣追求，富有诗意。例如北宋晁无咎在济州营造的归去来园，从园名到园中景物命名如"松菊"、"舒啸"、"寄傲"、"倦飞"等，"尽用陶语名之"（《愧古录》）。晁无咎自号归来子，他自叙此园说："庐舍登临

游息之地，一户一牖，皆欲致归去来之意，故颇择陶词以名之……日往来其间则若渊明卧起与俱"（《鸡肋集》）。司马光筑独乐园，其园名本身也显出了园主一副超然自嘲，外谦而实傲的调侃姿态。司马光自号迂叟，他说"独乐乐，不如与众乐乐"，是王公大人有力者能为之乐；"饭蔬食饮水，曲肱而枕之，乐在其中矣"，是圣贤有德者能悟之乐，此均为君子之乐；"叟愚，何得比君子？自乐恐不足，安能及人？"故名己园为"独乐"。"况叟之所乐者，薄陋鄙野，皆世之所弃也……必也有人肯同此乐，则再拜而献之矣"（《独乐园记》）。故作反语，透露出一片清高自许之气。他在《独乐园七题》诗中说明了园中亭台题名的所指："读书堂"寄意董仲舒，"钓鱼庵"追慕严子陵，"采药圃"托为后汉隐士韩伯休，"种竹斋"为说出"何可一日无此君"的王子猷，"浇花亭"为白乐天，"弄水轩"为杜牧之（杜有《池州弄水亭》诗），"见山堂"则寓陶渊明"悠然见南山"。这些，都点出了文人所仰慕、欣赏、追求的品格与境界。这种所谓"皆世之所弃也"的自得其乐，正是愤世嫉俗耻与俗人为伍的文人情怀。沈括自记年三十许时"尝梦至一处，登小山，花木如覆锦，山之下有水，澄澈极目，而乔木翳其上，梦中乐之，将谋居焉"，此后竟一年梦游数次，"习之如平生之游"。一再受贬谪以后，过京口（今镇江），见一园，"恍然如梦中所游之地"，遂得之而卜居，名之为"梦溪"，表达了脱离宦海浮沉终老林泉梦想的实现。在梦溪园中，心目之所寓者，惟琴、棋、禅、墨、丹、茶、吟、谈、酒等之类，谓之"九客"，显然是失意文人的生活情调（《梦溪自记》）。

此外，现知宋园内许多题署如探春、赏幽、风月、秀野、洁华、啸风、巢云、濠上、花信等等，皆可一瞥园主对于理想和诗意生活的追求。

私园题署，为景色点题，自此以迄明清，均一脉相承，成为造园艺术的重要表现手法之一。

自来言中国园林，均不忘"诗情画意"一语，故分析诗意园，不可不谈到画意。但此之"画意"，在唐宋非特指文人画，因为迟至南宋以前，"文人画"的特定概念尚未成立。

所谓文人画，题材以山水、花鸟为主（说到园林，特别要注意山水画）。山水画在魏晋已经出现，水平尚低，或水不容泛，或人大于山，实难与山水诗并肩。五代北宋，山水画蔚为大观。北宋郭若虚《图画见闻志》说："若论佛道、人物、仕女、牛马，则近不及古；若论山水、林石、花竹、禽鱼，则古不及近。"这时以荆浩、李成、关全、范宽、董源等为代表的山水画家，重在全景式大尺度地把握对象，表现了人们对自然的热爱，并不涉及特定的文人观念，所以还不能称之为文人画。到北宋末徽宗画院，以诗题命画，才要求画中体现出某种主观诗情。至南宋马远、夏珪，创作倾向由全景式的大构图转向"剩水残山"，一角一枝地片断而精细的描绘，诗情的表现更为突出。只有到了元代，以倪云林为代表的绘画潮流，"逸笔草草，不求形似……聊以写胸中逸气耳"，这才正式确立了文人画的地位。文人画不以客观再现对象为主，却重在抒写文人的主观意兴，因而特别看重笔情墨趣对情感的直接表现，山水只不过是被借重的题材。"故山水之胜，得之目，寓诸心，而形于笔墨之间者，无非兴而已矣"（沈周）。画"意"则以简为上，"愈简愈入深永"（沈颢）；"一变为简率，愈简愈佳"（钱杜）。色彩也追求简淡，"意足不求颜色似"，简淡之色更有利于意足，自此以后水墨画便独擅文人画坛。与北宋早已在文人园林中出现的诗意题署相类的诗文题跋，要晚到元代才在文人画上出现，诗、书、画、印相结合，溢为充盈的文人情感。由此观之，与

图6-8-3　宋范宽《溪山行旅图》

其说是文人画促成了士人园，莫如说是士人园促成了文人画。

但这并不是说在作为特定画派的文人画还处于酝酿阶段的唐宋时代，士人园中就没有"画意"的存在。所谓"画意"，是指人们在营造园林过程中，对原有山水地貌加以改造，以典型化的创作方法，凝炼地再现大自然美好景色的结果。这一过程，正与山水画的创作相通。中国文人往往能诗会画善文，唐宋有些文人园主，本来就是画中高手，主持工程也必定会以画意入园。而且，诗情、画意亦本有相通之处，即"诗中有画，画中有诗"之所谓也（图

图6-8-4 宋马远《踏歌图》

6-8-3、图6-8-4)。

需要说明，唐宋士人园中的诗情与画意，仍应以诗情为主。诗情代表心态，画意侧重方法。必先具有心态，方可言及方法，心态实起决定作用，画意则此心态的外化。故本书对此类士人园仍以"诗意园"称之。

写意园 我们已经阐述了宋代私园中士人园、诗意园的性质，应当更进一步加深对园林景物本身的具体认识。可惜宋园已无一存，诸园记于此也未尝特别措意，且中国古人为文往往重抒情而轻状物，重人事而略景境，间有涉及者，亦皆简略疏阔。前曾有人据此类文字致力于"复原"原貌的工作，揣测成分太大，费力而难以为信。有鉴于此，我们不打算继续此

种"复原"工作，仅拟探讨其大概面貌，即从所谓园林四要素的水面、山体、栽植和建筑等方面入手，对之略作陈述。其总体精神，可先拈出二字以概括，曰"写意"。

园中通常都有水面，而且常以面积颇大的水面为中心，环水疏布景点。如文彦博洛阳东园"水渺弥甚广，泛舟游者如在江湖间也"。水岛上有二堂。水外也有二堂，堂间另有水有石。王拱辰洛阳环溪园，是以南北二池东西复连以溪构成为环，环中岛上构洁华亭，缘环侧布列凉榭、多景楼、风月台等景点。唐裴度宅园至宋仍存，更以水知名，径以"湖园"名之，"园中有湖，湖中有堂，曰百花洲"。湖之北有大堂，称四并堂。李迪洛阳松岛园的布局也是以水池为中心，"南筑台，北构堂"。吴兴沈德和园"堂前凿大池几十亩，中有小山，谓之蓬莱"。沈宾王园有五座水池，可能扇列如半环，故曰"三面皆水，极有野意"。

在各园记中，虽也有一些类似汉魏屡见的"构石为山"的提法，但予人总的印象却是用石颇少，而以土质为坡坨阜岗的做法为主，尤以北方为著，所以明代王世贞指出："盖洛中有水，有竹，有花，有桧柏，而无石"。近人童寯也说："李格非记洛阳名园，独未言石，似足为洛阳在北宋无叠山之证。"的确，在《洛阳名园记》中，不但未见叠山，几乎连"山"字，以及"丘"、"阜"等字也很少见到，而独多言"台"。论为园之理，园林地形必有高有下，高者为山为岗，下者为池为溪，绝无有水无山之理，故此似应考虑到许多所谓的"台"，可能就是土山。《尔雅》说"四方而高曰台"，即一般理解的突兀高耸几何形体的台；但《释名》所说"台，持也，筑土坚高能自持也"，是指一种广义的台，或台地。李格非的"台"，可能就是广义的用法，此似可于刘氏园中得到证明："西南有台一区，尤工致，方十许丈也，而楼横堂列，廊庑回缭，阑楯周接，

木映花承，无不妍稳"。台而言区，上有整组楼堂廊庑，面积颇大，似乎就是土山。如果能作这样的判断，则洛阳园林应也不乏土山。其中，很多都是适宜远望园内外景色的地方，有借景作用。如环溪风月台，"以北望，则隋唐宫阙楼殿，千门万户，迢遥璀璨，延亘十余里，则左太冲十余年极力而赋者（指《三都赋》），可瞥目而尽也"。又如独乐园见山台，"洛城距山不远，而林薄茂密，常若不得见。乃于园中筑台，构屋其上，以望万安、轩辕，至于太室，命之曰见山台"。或如邙山山麓的胡氏园（或系水北园，文意未明）的玩月台，"其台四望，尽百余里，而萦伊缭洛于其间，森木荟蔚，烟云掩映，高楼曲榭，时隐时见"。此外如富弼园的赏幽台、梅台、天光台，环溪秀野台，松岛池南之台，湖园的梅台，同具登借之义，其中许多可能都是土山。推而及之，某些观景建筑，可能也是置于土丘高处，如富弼园，"登四景堂，则一园之景胜，可顾鉴而得"。环溪多景楼，在风月台之南，"以南望，则嵩高、少室、龙门、大谷，层峰翠崦，毕效奇于前"。

丘、阜、岗之类称谓，在江南诸园记中颇多见。如苏舜钦苏州沧浪亭，"崇阜广水，不类乎城中"。此园原是五代孙氏故园，"坳隆胜势，遗意尚存"，苏氏得之，利用原有土阜，乃"构亭北崎，号沧浪焉"。崎是长形之山。朱长文苏州乐圃有见山岗，岗上有琴台，循岗北走至西圃草堂，"堂西南有土而高者，谓之西丘"。沈括镇江梦溪有"土耸然为丘，千本之花缘焉者，'百花堆'也。丘腹置庐，颠置茅舍，名岸老堂"。又，"封高而缔，可以眺者，'远亭'也"，是以土堆高成山而缔构小亭。

可以肯定，不论南北，宋园中都有堆置的山岗，但确实少言构石，透露出是以土山为主。土山形势逶迤厚重，重在整体意境，而不像明清园林多以怪石叠山，偏重本身的形式，这是

宋园与明清园的区别之一。

但宋园并非全然无石，尤其江南，用石也不少，如吴兴叶氏石林，竟有"万石环之"，而以之名园。石林中"佳石错立道周"，其中有巨石名罗汉岩，"石状怪诡，皆嵌空点缀，巧过镌刻"。韩侂胄的韩氏园有太湖三石，名之为峰，"各高数十尺，当韩氏全盛时，役千百壮夫，移植于此"。沈德和园也有类似三石，"堂前凿大池……池南竖太湖三大石，各高数丈，秀润奇峭，有名于时"。据此，宋园之用石，大多单植孤立，或列植成组，作为独立的观赏对象，类乎唐代用石方式，少有叠石成山者。

明清多见的叠石成山，大约在南宋末才开始流行，如《吴兴园林记》之俞子清园，"盖子清胸中有丘壑，又善画，故能出心匠之巧"，所筑假山，时重天下，"峰之大小凡百余，高者至二三丈，皆不事恒钉（不见人工堆叠之迹）。而犀珠玉树，森列旁舞，俨如众玉之圃，奇奇怪怪，不可名状"，显然是聚石叠成。又记有更大的假山："浙右假山最大者莫如卫清叔之园，一山连亘二十亩，位置四十余亭，其大可知矣"。丁氏园中也有假山。丁葆光的西园"筑山凿池"，为"寒岩"，以"岩"名之，也是叠石所成。

宋园的栽植，有许多是以一两种植物为主作大片栽培，而间以其他。尤重种竹，如沧浪亭，"（亭）前竹后水，水之阳又竹，无穷极"；梦溪"有竹万个"；洛阳归仁园"有竹百亩"，富弼园五亭皆"错列竹中"，吕文穆园"木茂而竹盛"，独乐园也多竹。松岛园则以松为主，中有树令数百岁者。吴兴沈德和园以果树为主，"林檎尤盛"。莲花庄"四面皆水，荷花盛开时，锦云百顷"。菊坡园以菊名，多至百种。兰泽园"牡丹特盛"。牡丹号称花王，洛阳牡丹，更是名冠天下，有近百种，天王院花园子"盖无它池亭，独有牡丹数十万本"。但花园子只是花家集中育花之地，不必归入园林。

有的园林并植多种花卉草木，如洛阳李氏仁丰园，"洛中花木无不有"。"洛中花木，有至千种者"，其"桃、李、梅、杏、莲、菊，各数十种。牡丹、芍药，至百余种……"又洪适在波阳筑盘洲园除巨竹外，更有花卉草木，列名四五十种之多。

栽植之于园林，其重要性自明，宜乎聚散成章，不可杂乱无序，又需明察时序变化，使园中景色常存常新。宋园中以一二种植物为主大片种植者，或较之繁多种类，自有其简约疏淡之美。

竹子在中国，除形体色彩具有的茂盛青翠光洁之美外，又特别被文人赋予了一种比德的意义："虚心密节，性体坚刚，值霜雪而不凋，历四时而常藏，颇无夭艳"，"未出土时便有节……及凌空处尚虚心"，"虚心异众草，劲节逾凡木"。本来虚心或有节，只是竹子的自然生态，通过"比德"，转化成了高尚的道德和品格。所以，自竹林七贤以来，竹子便成了文人嗜爱之物，以致"何可一日无此君"了。苏轼说："可使食无肉，不可居无竹；无肉使人瘦，无竹令人俗。"宋园多竹，也从一个侧面反映了它的士人园性质。

宋园的建筑比起明清，品类较少，布局亦疏，多为单栋出现，少如后代聚成大片、一眼望去楼亭不断的做法。但在宋代建筑布设上，已明显见出景物相互之间以及远近之间的有机联系，诸如借景、对景、隔景、障景、漏景等等手法都已有广泛应用。其中关于借景已见于前述土山。关于对景前文中也多次提到，或堂与小山隔湖相望，或在堂前地面（或水中）列湖石相对，或堂与湖中岛上建筑相望等。现再举洛阳苗帅园一例，以概其余。苗帅园"有池，宜莲荇。今创水轩，板出水上。对轩有桥亭，制度甚雄侈。"轩是指一种开朗高敞的建筑，园林中多见。水轩板出水上，应是柱立水中，上铺板，板上

再筑轩，此也可称之为榭，可能还会有短桥通向岸上。这种处理，在宋画中常见，极轻灵潇洒，可四面见景。池之一侧对轩有桥，桥上起亭，与轩恰成对景。二者形体对比，又丰富了池园景色。

综上所述，宋代士人园貌继续了唐代士人园的作风，以疏简为本，淡雅恢阔，手法上更加成熟。其人工景物如建筑、叠石、精巧的装修和过于绚丽的栽植等，都似乎不多，而以恬淡疏野为尚，比起较多人工修饰、建筑密集、叠石繁富、空间细碎的清代私园颇有不同。总之，宋园重在写意，以格调论，应高过清园。

《洛阳名园记》说："洛人云，园圃之胜不能相兼者六，务宏大者少幽邃；人力胜者少苍古；多水泉者艰眺望"，提出了宏大、幽邃，人力、苍古，水泉、眺望这三组对立的范畴，显示出宋人在园林艺术上，从实践到理论，已具有相当的水平。

二、皇家园林

北宋皇家园林并不发达，甚至不如私园，长期以来，仅有大内宫苑及城外四面各一座行宫御苑，至北宋末徽宗时，才短时间出现过稍有规模的艮岳。南宋也没有类似汉唐那样的大规模皇家园林，临安除大内御苑可能稍大外，其余诸多行宫御苑多为分散在西湖周围的小园，其中有些由私人宅园改作，有的以后又赐给私人，应与私家园林没有太大差别。诸多御苑实物都已不存，记载又颇朦胧，在此均不再赘，仅略举宋郭忠恕《明皇避暑图》及赵伯驹《汉宫图》以示一班（图6-8-5、图6-8-6）。其实例可稍予提及者为汴梁金明池与艮岳。

汴梁有四座行宫御苑，皆完成于宋代初年，即琼林苑、玉津苑、宜春苑、含芳苑，分居城外西、南、东、北四面，以西面新郑门外琼林

苑中的金明池较为知名。新郑门是汴梁城市横轴的西端起点，为全城设有御路的四大城门之一。琼林苑在门外街南，是皇帝为新科进士举行"琼林宴"的地方。太平兴国元年（976）在道北挖凿大池，引汴河水入，名金明池，作为琼林苑的附园。据记载，金明池周九里许，大致方形，每边约合1000米。现存宋画《金明池夺标图》真实保存了当时原貌。画左为南，下为东。《东京梦华录》记载，池南岸建有砖石临水高台，台上为宝津楼，"车驾临幸观骑射百戏于此"。台北过棂星门和称为"骆驼虹"的木柱拱桥，可通池中央方台。骆驼虹两端各立木华表一对。方台上有"五殿"，即四面各一殿，以圆廊相通，中央一高楼，与四殿以十字廊相连。池南岸高台以东有临水殿，突向池内，皇帝观夺标和赐宴于此。高台以西有射殿。池外四边都是苑墙，池、墙之间别无更多建筑。

金明池原是皇帝检阅水军的地方，类似汉武帝的昆明池，以后水军操演变为龙舟夺标竞赛，每年三月初一日起上巳期间许士庶纵赏，池中"五殿"许"伎艺人作场，勾肆罗列左右"。池东岸是士民观夺标处，沿苑东墙皆酒食店舍；西岸比较安静，许捕鱼。看来金明池还颇有公共园林的性质。但从园林艺术角度衡量，金明池除宝津楼和五殿一区比较可观外，四岸岸线太直，岸线以外缺乏大片空地，全园一览无余，变化不足。按布局，似乎金明池主要入口设在东面（图6-8-7）。

艮岳在汴梁大内外内城东北部。此处原来地势低下，据说方士言于徽宗，宜少增高之，方可皇嗣永继，徽宗纳其言运土填高。政和七年（1117）正式兴筑园林，役散军万人筑山，经五年基本建成，称凤凰山；因在大内东北，方位属艮，故全园又称艮岳，或称华阳宫。其大势可由徽宗《艮岳记》、祖秀《华阳宫记》和张昊综合二记撰成的另一《艮岳记》以及《宋

图6-8-5　郭忠恕《明皇避暑图》

图6-8-6　宋赵伯驹《汉宫图》

图 6-8-7 宋《金明池夺标图》

史·地理志》等文见之。艮岳以山为主，偏在全园东部。北山称万岁山，周十余里，最高峰高达九十步（约130米），上有亭曰介亭，分东西二岭，岭上以介亭为中心对称置二亭。在万岁山南有寿山，两峰并峙，列嶂如屏。万岁山和寿山之间岗阜连属，前后相续。园西部多水，园门在西墙，榜曰华阳宫。

艮岳景点甚多，其中必也有可取之处，但就总体而言，却是不值得肯定的。首先，汴梁本是平地，凭空以人力起造如此大规模的山峦，就是一种愚不可及的行为。大凡皇家大苑，应选址于真山真水，再稍辅之以人力；若是私家小园，可以人力堆叠假山或开池蓄水，多是小尺度经营，以小观大而已，未若以艮岳之大而全由人工造作者。徽宗在《艮岳记》中自诩："……不知京邑空旷坦荡而平夷也，又不知郛郭寰会纷萃而填委也。真天造地设，神谋化工，非人力所能为者"，其实都是妄谬之语。造山时大量使用了江南太湖、灵璧之石，"舳舻相衔于淮汴，号花石纲。置应奉局于苏（州）……民预是役者，中家悉破产，或鬻卖子女以供其需"，断桥凿城，百方罗致来京，耗尽国力民力。仅就艺术创造而言，艮岳之起也违背了园林创

作的规律，山来无脉，岭去无归，虽百般精巧，终于不免做作。又在寿山"山阴置木柜，绝顶深池，车驾临幸，则驱水工登其顶，开闸注水而为瀑布"，尤愚蠢至极。周密《癸辛杂识》记载，万岁山有大洞数十，放了几万斤卢甘石，天阴时能造出云雾弥漫的样子，也是小题大做。

艮岳造成不几年，靖康元年（1126）金人再来，园中山禽水鸟十余万尽数投入汴河中，毁房拆木作燃料，大鹿数十悉充军食，湖石凿而为炮，全园毁于一旦。

像艮岳这样的做法，对以后并没有产生多大影响，惟艮岳幸存湖石，以后由金人辇至燕京，成了今日北京各园景石的主要来源。

三、住宅

五代、宋的绘画中有不少住宅形象，仍以院落为主。

院落住宅是中国住宅最基本的构成形式，早已见诸汉明器和画像砖、画像石，隋唐绘画《游春图》、《江山楼阁图》和敦煌石窟壁画中也有不少表现。敦煌莫高窟五代第98窟的一座住宅与上章所举晚唐第85窟的十分相似，只是主院中不是楼，而是平房，很像是保存下来的明清北京四合院。

类似北京四合院布局的住宅在宋张择端《清明上河图》长卷中也可以见到。例如，画面最左端城内路北一家药铺"赵太丞家"西邻的一宅：大门开在左前角即东南角，进门西转为横向前院，过前院再从中门转北进入方阔的主院，布局与今北京四合院完全一样。大门开在东南角可使住宅内部更为安静隐秘，空间更多变化，同时也有风水上的原因。人们认为东南巽方代表春夏之交，富于生气，是最吉利的方位，门开在这里，能给主人带来好运。此种布局，称为"坎宅巽门"。此宅对面一宅也是

前后二院，但院门在北，开在正中，为随墙门（图6-8-8）。

宋·刘松年《四景山水图》冬景中一座四合院，也是前后两院。前门是简单的随墙门。中门比较复杂，门本身为悬山顶，左右各接一座屋顶较低、进深较小的歇山顶耳房；门后又接出一座抱厦，卷棚顶。主院以廊庑围成，正房没有画出，左右厢房各三间。此宅处在优美的山水环境中，前门以之前为空地，再前连接一座木拱桥。院子一侧紧接江河，其厢房以吊脚柱架立水中，临水开落地长窗，可欣赏山光水色（图6-8-9～图6-8-12）。

图6-8-8　《清明上河图》住宅

图6-8-9　《四景山水图》住宅

图6-8-10 《四景山水图》住宅

图6-8-11 《四景山水图》住宅

图 6-8-12 宋·刘松年《四景山水图》冬景中的四合院

图 6-8-13 宋《文姬归汉图》府邸

宋·萧照《中兴祯应图》绘有王府一座，正门在前墙正中，规模较大，面阔三间进深一间。门屋正中一间没有台基，可通行车马，称"断砌门"。前堂前出宽大抱厦，完全开敞。

宋《文姬归汉图》所绘一宅也很大，大门面阔三间进深二间，开在前墙正中。宅分左中右三路，中路至少有前后二院。画面只绘出了前院，正对大门是中门，面阔三间，总宽比大

门大，进深可能也是三间。在前院左右廊上各有偏门，通向左、右二路（图 6-8-13）。

住宅常结合湖光山色作园林化处理，如上述刘松年《四景山水图》冬景宅院的厢房。还有更加园林化的，如此画春景中的一宅。从前屋正中，以廊接临水敞厅，成工字屋。敞厅前面是平地，再前以桥伸向水中一座方形歇山顶水榭。前屋左右也有廊，连接左右厢房。正房未画出。

①傅熹年.王希孟《千里江山图》中的北宋建筑[J].故宫博物院院刊, 1979(2).

图6-8-14 刘松年《溪亭客话图》

图6-8-15 五代卫贤《高士图》

刘松年《溪亭客话图》也绘出水中一榭，方形，歇山顶，以桥通岸。在水榭左右山墙和后墙开很大的空窗，下有栏杆，可凭栏眺望水景（图6-8-14）。

五代卫贤《高士图》绘出园林一角，周围竹篱围护，内置一厅，歇山顶，屋檐周围附加竹席雨搭（图6-8-15）。

宋·李嵩《月夜看潮图》画一两层楼阁，歇山顶。楼下面向大江的一侧伸出宽大月台，山面接低廊，围成院落。廊子向外完全开敞，内为长窗。楼上也完全开敞，面向院落的一面以两层的平顶阁道连通其他建筑(图6-8-16）。

李嵩还有一幅《高阁焚香图》，也表现了同样的意境。高阁两层，建在一座带斗栱、勾栏的木结构平台上，上层下有腰檐和平座勾栏，上覆重檐歇山顶。阁前正中伸出一座面阔一间的两层抱厦，下层为门厅，上层开敞，覆卷棚顶。高阁一侧面临湖山景色，平台上建葡萄架，沿台有人凭栏焚香瞭望（图6-8-17）。

总之，不论是小型住宅还是权贵富豪的别墅山庄，或以水榭傍水，或以楼阁和高台观山，都很注意将美好的自然景色纳入的生活。

宋代青年画家王希孟的《千里江山图》是一幅风景画长卷，画有许多乡野村舍。其中半岛上的一座村庄，后负山岭，左右低岭环抱，选址符合风水的理想模式。村中心是一所大院，后部三面围合，正中一座歇山楼阁；前部一列长屋，正中三间较高较大，左右各接出两间耳房。长屋与后部三合屋两端接以竹篱，围成方院。此院房屋都是瓦顶，村中其他房屋有瓦顶也有草顶，作自由布置。半岛尽端临湖，村民们没有忘记在这里建造两座小亭，便于眺览。各屋依地形建造，有些建在吊脚柱上。①

另有一座小村，也在半岛上，村门竹篱围护，村中有工字屋。村前有廊桥一座，供休息观望。

图6-8-16 宋·李嵩《月夜看潮图》

图6-8-17 宋·李嵩《高阁焚香图》

又有一村,以竹篱围合的一宅为中心。宅正屋为工字屋。工字的一竖为草顶,工字前横左右接建草顶耳房。宅前有一座跨水吊脚楼,可能是磨房。村侧水中有攒尖方榭(图6-8-18~图6-8-21)。

《清明上河图》所绘城外风光,画面下部有两栋工字屋,其中一座在山墙开直棂窗,以加强室内采光通风。沿街房屋多为铺面房,还有的在山墙扩出单坡房,或在正面接出平顶以扩大交易面积。图中还画出了城外的小村,多草顶屋(图6-8-22)。

南宋赵伯驹《江山秋色图卷》也表现了不少村野风光。有一座山顶小村,以廊桥、栈道引入。村中多是不太规则的四合院。有的房屋沿崖建造,为吊脚楼。

另有一宅,宅门设在山麓,门两侧院墙土筑,过门登上台阶,经爬山廊,通入三合院。

此宅后面山顶有一村庄。山路由台阶、栈道和带有屋顶的廊道通至山顶。村中房屋都沿等高线布置,在山顶平地上建大屋和楼阁。

小型住宅

中型住宅

大型住宅

村落

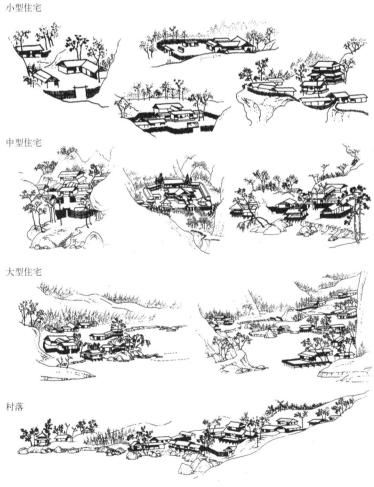

图6-8-18 宋·王希孟《千里江山图》中的乡村建筑(傅熹年)

图 6-8-19 《千里江山图》

图 6-8-20 《千里江山图》

图 6-8-21 《千里江山图》

有一座水滨小村，村路商旅骡马来往于途。村舍多为小店，有的以土墙围成小院，有的用吊脚柱架立水中，面水开敞，可资旅人眺望。

也有孤立的村舍，三开间，以竹篱围成不规则小院（图6-8-23～图6-8-26）。

图6-8-22 《清明上河图》

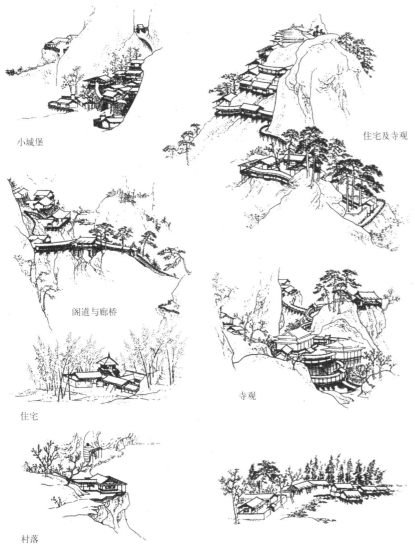

小城堡

住宅及寺观

阁道与廊桥

住宅

寺观

村落

图6-8-23 南宋赵伯驹《江山秋色图卷》中的乡村建筑（傅熹年）

图6-8-24 《江山秋色图卷》

图6-8-25 《江山秋色图卷》

图 6-8-26 《江山秋色图卷》

第九节 桥梁

今天保存下来这一时代的桥梁仍不太多，比较著名的是泉州的洛阳桥（北宋）、安平桥（南宋），潮州的广济桥（南宋~明），太原晋祠的鱼沼飞梁（北宋），北京的卢沟桥（金）等，除卢沟桥是连续石拱桥外，都是梁式石桥。鱼

①杜连生. 宋《清明上河图》虹桥建筑的研究[J]. 文物，1975 (4).

图 6-9-1 太原晋祠鱼沼飞梁（罗哲文）

沼飞梁和卢沟桥艺术水平较高。当时还有许多木桥，在宋画中经常可以见到，有的十分精彩，如《清明上河图》中的虹桥、《千里江山图》中的长桥，《金明池夺标图》中的"骆驼虹"等。

所谓"飞梁"是架在一座名为"鱼沼"的方形小池上（方池为沼）的十字平面石桥，十字中心为方形平台，全部石制，梁式。飞梁纵向为平桥，横向左右斜下，形如大鸟展翅，可能这就是它得名的原因。飞梁之名首见于北魏《水经注》中关于唐叔虞祠的记述，但对于位置形制语焉不详。现存之飞梁大约与晋祠圣母殿同建于北宋天圣年间（1023~1032）。鱼沼飞梁丰富了晋祠的景观内容，也是对佛寺中常有的净土池的模仿，即佛经所说佛国有七宝池八功德水的表征（图 6-9-1）。

北宋末张择端所绘《清明上河图》上的汴梁虹桥为木结构，是这个时期最卓越的桥梁作品，以桥下无柱和拱形桥身为显著特点。[①]它有两组宽约 0.4 米的巨木拱骨，每组横向（沿桥宽度方向）十道，每道纵向四根。两组拱骨互相交错，即此组拱骨的中点为彼组拱骨的端点，反之亦然。在此组的各端点下与彼组的各中点上插入横向梁木，再用铁箍箍紧，互相固济，形成拱形。但桥虽如拱，而结构并非拱式。非拱非梁，颇难命名，有人直呼为"虹梁结构"，也有人称之为"叠梁拱"。依图中人物按比例估计，此桥净跨约20米，矢高约5米，桥宽约8米。桥上有木勾栏，栏下连以通长的封护板，再下就是完全暴露的拱骨了。勾栏和封护板近桥头处随桥面垫土呈反曲状，便于同陆地相接，同时也是凸曲的桥面与陆地的适当过渡，具有实用和造型两方面的意义，与隋赵县安济桥手法一致，是中国桥梁比较通行的做法。桥头各立木华表一对，上刻仁立的仙鹤，以其竖向与桥的横向对比，是全桥构图的有机组成，也是给予登桥者的提示。以华表或其他建筑如亭、楼、牌坊等置于桥头，也见于金明池骆驼虹和《千里江山图》中的长桥，其实古代早已有之[①]，至今仍然通行。全桥木面皆涂红，惟各横梁梁头

饰以金属兽面板，作结构关键点的重点装饰。此桥除卓越而超常的结构构想外，最值得称道的艺术成就乃在于完全暴露结构。结构本身所具有的巧妙机理同时也是富于图案意味的造型要素，设计者向人们充分地显示了自己的杰出才思（图6-9-2）。

据《东京梦华录》，汴梁东水门外汴河上有虹桥，"其桥无柱，皆以巨木虚架……宛如长虹，其上、下土桥亦如此"。可见汴梁当时至少有三座虹桥。汴河是漕运要道，虹桥无柱，拱顶距水可有6米以上，利于舟楫通行。且汴河漕运事关京师供应，不可因施工长期断航，而虹桥为大木架就，一切都可预先制成，在河上只是安装，可使用浮台施工，工期很短。

虹桥又名飞桥，其发明据说在北宋明道中（1032～1033），首见于山东青州。《渑水燕谈录》云："青州城西南皆山，中贯洋水限为二城。先时跨水植柱为桥，每至六七月间山水暴涨，水与柱斗率常坏桥，州以为患……明道中

① 《古今注》云："……华表木也，大路交衢悉施焉，或谓之表木。"《水经注·谷水》："又东南屈经建春门石桥下，桥首建两石柱。"《洛阳伽蓝记》记宣阳门外洛水上浮桥："南北两岸有华表，举高二十丈，华表上作凤凰似欲冲天势。"

图6-9-2 《清明上河图》中的虹桥

① 《沙州志》："吐谷浑于河上作桥，谓之河厉，长百五十步，两岸垒石作基陛，节节相次，大木更相镇压，两边俱来，相去三丈，并大材，以板横次之，施钩栏，甚严饰。"《秦州记》："枹罕在河夹岸，岸广四十丈，又熙中（405～418）乞佛于河上作飞桥，桥高五十丈，三乃就。"枹罕在今甘肃黄河、洮河相交处。

夏英公守青，思有以捍之。会得牢城废卒有智，思叠巨石固其岸，取大木数十相贯，架为飞桥，无柱。至今五十余年，桥不坏。""飞桥"之名也见于更早的文献，如《沙州志》及《秦州记》等北朝史料，行于甘青地区；桥下无柱，且为木构，都与虹桥相同，只是所指系悬臂桥，即从两岸以大木层层相叠，向河心渐次伸出相会，与虹桥结构有别。①但悬臂结构与叠梁拱都以多根大木并排横联构成，也可能与虹桥有传承关系。今存甘肃渭源灞凌桥即由两岸伸出悬臂，中部却采用了虹桥结构，可以说是叠梁拱与悬臂结构相结合的标本。与灞凌桥近似的还有兰州握桥（现已不存，据载灞凌桥即仿自握桥）和兰州兴隆山桥，都在甘肃，可证叠梁拱确与悬臂桥有关。与汴梁虹桥几乎完全相同的叠梁拱木桥在浙闽等省也有发现。以上各桥都是清或清末甚至近代所建，说明叠梁拱结构并未失传。

北京卢沟桥建于金大定二十九年至明昌三年（1189～1192），是现存最古老的连续石拱桥。桥架于永定河上，全长266.5米，宽7.5米，共11孔。永定河河面甚宽，水量不定，枯水时仅涓涓细流，雨至辄山洪迅发，故不通航，拱高不需太大而拱数须多。桥面基本水平，以利车马通行。匠师们将正中一拱跨径微微加大，矢高增加，由此向两头对称地逐拱递减，桥身显出中间略高两头渐低的平滑曲线，各拱也显出渐变韵律，用很经济的手法消除了平桥的僵直感。桥上石栏各望柱头上刻形象各异姿态生动的狮子，各拱中间龙门石上刻龙头，皆是艺术家的匠心所在，部分金代原物仍有保存。桥两端各有清康熙所立石刻华表一对、石碑亭一座，署"卢沟晓月"，为京师八景之一（图6-9-3～图6-9-7）。碑亭顶已佚。

北宋末天才画家王希孟的《千里江山图》中有数座桥梁，以长桥最为突出，有很高的艺术价值。长桥为木构梁柱式，每片梁架以三柱横向联系构成。桥自两岸华表处起，向中心伸延各十余间，桥柱逐渐加高，至中心为一座二层十字平面廊阁建筑，总长约1公里许。桥面

图6-9-3 清代版画《卢沟桥图》

图6-9-4　北京宛平卢沟桥（萧默）

图6-9-6　卢沟桥柱头石狮（萧默）

图6-9-5　清"卢沟晓月"碑亭

图6-9-7　元画《卢沟运筏图》（局部）

直通廊阁上层，十字中部复突起重檐方亭。舟船可以从增高的桥中部通过。廊阁下层接近水面，可用作码头，有梯通达上层，供乘客上下；上层可供桥上旅人休息，也是商家设肆之所，建筑设计上考虑得十分周详。中心廊阁无疑是全桥构图的重心；水面辽阔，廊阁不大不足以显其气势，不高不足以装点山河，所以采用十字平面以加大体量；二层以上正中复耸起重檐以丰富和增高体形，繁简得当，重点突出，成

为江河一景。廊阁空灵剔透，凌空水上，本身也是观景佳处，又与全桥取得协调。造桥者不只是解决交通问题，同时也是在创造一件艺术作品，表达自己对生活的美好感情。

文献所载北宋时吴江利往桥，也是木构长桥，桥上有亭曰垂虹，今已不存。利往桥"湖光海汇，荡漾一色，乃三吴之绝景也……苏子美尝有诗云'长桥跨空古未有，大亭压浪势亦豪，非虚语也"（北宋·朱长文《吴郡图经续记》）。

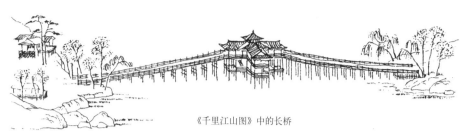

《千里江山图》中的长桥

图6-9-8　宋画中的廊桥（傅熹年）

《江山秋色图卷》中的廊桥

图6-9-9　李嵩《水殿招凉图》

图6-9-10　浙江绍兴八字桥（罗哲文）

据研究，王希孟画中的长桥可能就是利住桥的写照。[1]

唐代已经开始了在桥上建造廊亭的做法，而且不限于木桥，如浙江会稽云门寺前有石桥，桥上有丽句亭，曾有唐宋人题诗句多首。白居易《登香山寺记》也说："登寺桥一所，连桥廊七间。"敦煌初唐壁画绘有简单的盝顶亭桥。宋画除《千里江山图》外，还见于李嵩的《水殿招凉图》、赵伯驹《江山秋色图卷》。在洛阳苗帅园中，也是"对轩有桥亭"。此后，一直到清代，此类廊桥经常出现，成为桥梁建筑艺术处理的重要手段。前述之兰州握桥、兴隆山桥和渭源灞凌桥等，也都有纵贯全桥的廊屋，广西、湖南、福建有更多实例（图6-9-8、图6-9-9）。

此外，还值得介绍一下浙江绍兴城内的八字桥和河北井陉桥楼殿。

八字桥建于南宋绍兴二十六年（1156），当河道汇流处，主河道南北向，次河道自东流入，沿河道为街巷。桥跨主河道上，东端沿河道向南北两方落坡，西端从西、南两方落坡，因此桥南向平面略成八字，故名。桥高5米，净跨4.5米，梁式，石梁略作月梁形。此桥虽然又小又简单，但结合河道和街巷灵活安排，也颇见匠心（图6-9-10）。

桥楼殿桥是一座险峻奇绝之桥，架设在苍岩山中两面高达70米的峭壁之间，可能建于宋代。桥下一大券，跨10.7米，两肩各有一个如隋赵州安济桥般的敞肩小拱，各跨1.8米。桥上建有一楼，两层，五开间周围廊，称桥楼殿，是福庆寺主殿。寺不知始建于何时，据称隋代已有。寺内其他现存建筑皆明清所为。桥下谷底有阶路通过，在桥上下望，行人如蚁。阴雨天，桥似飘渺云中，昔人曾咏此景云："天光云影共桥飞"（图6-9-11、图6-9-12）。

第十节　家具

　　萌芽于汉晋，发展于隋唐的高型家具，在两宋已经普及并出现更多形制，如高桌、高案、高几、抽屉桌、折叠桌、高灯台、交椅、太师椅、折背样椅等，大大丰富了传统家具的类型。低型家具已退出历史舞台。中国家具的这种根本性的变革，至此算是完成了。

　　宋式家具的艺术风格以造型简约挺秀为特点，与唐代的富丽豪华颇有不同。

　　家具由矮型普遍转向高型，从床上转至地下，势必要求对于结构和榫卯作出调整和创新。可以看出，宋代家具无论结构还是榫卯，都还处于发展之中，未臻成熟。例如无束腰式结构的桌案，前后尚保留横枨；有束腰式结构脱胎于唐壶门大案的大桌，尚保留贴地的一周托泥或管脚枨；高几尚有不合理的花式腿间枨，椅子也有与脚踏连为一体的复杂做法；榫卯的霸王枨尚不成熟，椅子的座屉也还使用"两格角榫"做法。这些，都反映出宋代榫卯的探索过程，为明代家具的高度成熟铺设了基石（图6-10-1）。

坐具

　　方杌也称方凳，所见多无束腰式，如《春游晚归图》中的上马杌子、《西园雅集图》中下有托泥的方杌和《小庭婴戏图》中的四平齐式方杌。宋代有束腰式方杌，虽尚未见，但从四平齐式方杌可推断其应已存在，因为后者正是从束腰式方杌发展而来的。

图6-9-11　河北井径桥楼殿桥（罗哲文）

图6-9-12　桥楼殿（罗哲文）

　　圆凳从唐五代圆凳发展而来，宋《浴婴图》中有鼓腿膨牙式圆凳。

　　墩大多是藤墩或者藤墩的变化。《秋庭婴戏图》绘有两件嵌螺钿的六开光漆墩，显然是由藤墩转植而来的。螺钿镶嵌十分精美，代表宋代螺钿镶嵌的水平。

　　条凳唐代已多见，宋代更加普及，如在《清

对页
①傅熹年.王希孟"千里江山图"中的北宋建筑[J].故宫博物院院刊，1979(2).

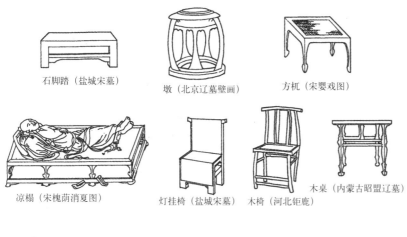

石脚踏（盐城宋墓）　　墩（北京辽墓壁画）　　方机（宋婴戏图）

凉榻（宋槐荫消夏图）　　灯挂椅（盐城宋墓）　木椅（河北钜鹿）　　木桌（内蒙古昭盟辽墓）

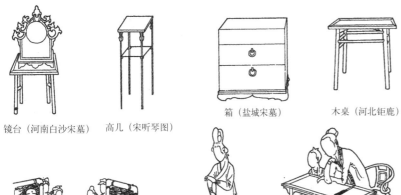

镜台（河南白沙宋墓）　高几（宋听琴图）　　　箱（盐城宋墓）　　木桌（河北钜鹿）

桌、椅、脚踏、屏风（河南白沙宋墓）　　油桌（河南堰师宋墓）　　条案、交椅（宋蕉荫击球图）

图6-10-1 宋、辽、金家具（陈增弼）

图6-10-2 《韩熙载夜宴图》

明上河图》中的食摊、酒楼，到处可见。

春凳是条凳中较为精致的一种，有软性坐屉，在《清明上河图》中赵太丞家药铺门口放有四张。以后明代春凳由外转内，似乎专用于绣阁闺房。

在五代顾闳中《韩熙载夜宴图》中已经见到靠背椅，后流行于北宋，至南宋已普及。宁波东钱湖有南宋石椅（图6-10-2，图6-10-3）。从众多的宋墓壁画和出土的宋椅看，宋代靠背椅多为搭脑出头，且向两侧伸出很多，与宋官帽的展翅幞头异曲同工。

宋代有一种"短其倚衡"的"折背样"椅，见于《十八学士图》和《孟母教子图》，特点是靠背极矮，甚至与扶手齐平，又称四平齐式扶手椅。此式椅属于一种过渡形式，是明清大量出现的玫瑰椅的前身。

高背扶手椅在唐代出现，宋代仍然流行。

两宋与北方辽金的战事频繁，因而可以折叠、重量轻、搬运方便的交椅获得很大发展。交椅与马扎都是折叠坐具，其不同是后者无靠背，前者有靠背。依靠背的不同，交椅还有横向靠背、竖向靠背、圆形靠背等不同类型，使用广泛。

宋代圈椅不论结构或造型都比唐代大大简化，为明清圈椅的完善进行了有益的探索。

宝座专属于帝王后妃。宋代宝座凡两见，即《历代帝王像》中赵匡胤的龙头宝座和太原晋祠圣母殿内圣母坐下的凰头宝座（图6-10-4）。

卧具

占满房间的壶门大床不见了，代之而起的是更灵活、更轻便、更实用的床。简朴的竹榻凉床有了发展，《槐荫消夏图》中的木制凉床，既适用又轻便。五代《韩熙载夜宴图》中的家具已有架子床，也有凹型坐榻。宋代此类家具与之相同。北方天寒，蚊蝇较少，不太需要支

图6-10-3 宁波东钱湖南宋石椅（陈增弼）　　　　　　　图6-10-4 太原晋祠圣母殿北宋凤纹宝座（陈增弼）

承蚊帐的架子，故《夜宴图》中的架子床反映的是江南的情况，北方使用的是围子床，更多的则是火炕。

围子床在辽、金墓中都有出土，如内蒙古解放营子辽墓。大同阎德源墓也出土过围子床模型。

承具

宋代是承具大发展的时期。

由于发展的不平衡，一些矮型家具在宋代仍继续使用，如圆腿矮桌、花腿矮桌和各种炕桌等。炕桌与北方普遍使用火炕有关。但高型承具已是宋代的主流。

方桌已经普及到普通人家。在《清明上河图》中的食摊和酒肆里，可以见到许多方桌。肴桌、条桌也十分普及。在上层或士大夫家庭新出现了琴桌，具有代表性的如《听琴图》中的琴桌。在《听琴图》和元画《五学士图》中还有高几。

壶门式大桌明显脱胎于唐代的壶门大案，宋代又有新的发展，如《西园雅集图》和《半闲秋兴图》中的壶门大桌，可以看出由繁向简演变的轨迹。

花腿式承具与壶门也有关系，如唐代的月样机子。两宋花腿式造型在承具上有更多使用，不仅在王齐翰《校书图》中可见，还见于扬州五代墓出土的花腿式木榻，辽金墓葬出土的床、榻、桌、案等更多。明代花腿式桌案与宋、辽此式家具直接有关。

曲腿式承具由汉唐曲腿式案拔高而成，两宋时有了新发展，对腿部进行了加工和美化。稍晚《五学士图》中的高几，对腿部曲线的设计就很富意匠，成为宋、元时代高几的代表。这些创意，以后在明、清家具中受到重视（图6-10-5～图6-10-8）。

庋具

两宋时期，箱、柜、橱等传统庋具的结构比唐代更简洁更适用，如增加了抽屉。河南方城宋墓出土了附有三层抽屉的石柜，白沙宋墓出土了有五层抽屉的小柜橱，在苏州瑞光寺塔则发现了五代螺钿经箱，都是代表。

宋《村童闹学图》绘有书格架，其中有三层搁板，上置书、画。《五学士图》中的书橱为盝顶式。但这些绘画上的家具形象可能掺杂着画家的主观成分，只能视作参考（图6-10-9～图6-10-12）。

图 6-10-5　河南白沙宋墓壁画（《白沙宋墓》）

图 6-10-6　《蕉荫击球图》

图 6-10-7　西夏墓出土木桌（陈增弼）

屏具

宋代屏风承袭唐风，但屏上多绘海水，是宋代的新时尚，如河南白沙宋墓开芳宴图中主人背后的两座座屏。有的在屏上挥写书法，还有的使用大理石做屏芯。辽、金墓葬出土的屏风也多为座屏。

宋代折屏资料很少，《十八学士图》中绘有一件八扇屏，仅作三折。

架具

宋代架具有较大发展，白沙宋墓和山东高唐金墓都有高束腰三弯腿式的面盆架，大同金墓出土一件木质六足面盆架模型，均有代表性，束腰处雕"卍字不到头"纹，三弯腿，腿间有变化的牙板，与壁画盆架基本相同。

衣架自古变化不大，只是在腿与腿之间的连接件上有些变化，五代《韩熙载夜宴图》绘有衣架。不少宋墓有用砖浮砌出的衣架造型。

巾架搭放面巾，白沙宋墓的壁画中可见一例，描绘十分写实。

镜架搭挂铜镜，又称镜台，也以白沙宋墓壁画中的形象最为典型。镜架置于桌上，架上有七枚卷头蕉叶，架面有一铜镜（图6-10-13）。河南新郑宋墓壁画中也有相似的镜架。

常州南宋墓出土镜箱上有镜架，下有抽屉，置放梳妆用具。

灯架搁在桌上仍为矮灯座，若立在地上则应为高架。后者有待实物出土。

总之，宋代家具与唐代相比，后者多富贵之姿，前者较注重于实用，风格简洁，与宋代建筑包括建筑装饰逐渐向华靡方向发展不完全同步。宋代家具的此一作风为明继承，并发展为中国家具艺术的高峰。家具之倾向繁丽，应晚至清中期以后。

图 6-10-8 元画《五学士图》

图 6-10-11 苏州瑞光寺塔出土五代嵌螺钿盝顶箱（陈增弼）

图 6-10-9 《村童闹学图》

图 6-10-12 浙江瑞安慧光寺塔出土北宋堆漆描金盝顶箱（陈增弼）

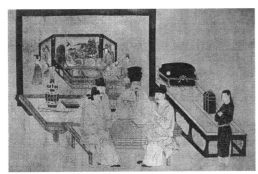

图 6-10-10 《重屏会棋图》

图 6-10-13 白沙宋墓壁画中的镜架

第七章　元代建筑

小引

13 世纪初，北方蒙古族崛起。1206 年，蒙古首领成吉思汗率部远征欧亚大陆，在本部以西包括中亚、西亚直到俄罗斯和东欧的辽阔地域，建立了四个汗国。1234 年蒙古灭金，1271 年即南宋咸淳七年、蒙古忽必烈至元八年，在中国建立元朝，定都大都（今北京）。1279 年灭南宋，统一全国。从 1271 年到 1368 年亡于明，元朝历时 98 年。

在元代，同历史上几次少数民族统治者入主中原的情形一样，先进的以汉民族为主体的中原文化传统并没有从根本上受到冲击。作为中国文化的一部分，元代建筑艺术仍然在唐宋成就的基础上延续发展，在历史上留下了自己的足迹。

蒙古人在长期的草原生活中先后建造了和林与开平两座都城，元朝建立后又兴建了仅次于唐长安的中国第二大帝都元大都及其宏伟的宫殿范围。元朝统治者接受了汉族的儒学传统，大都建设就鲜明体现了儒学的审美理想。大都的宫殿也继承了宋、金的传统并有所发展，成就比较突出，但宫苑中不免保持着某些草原民族的生活习俗。

佛寺、道观和祠祀仍继续建造。据"主掌浮图氏之教"的宣政院统计，至元二十八年(1291)时，全国有佛教寺院二万四千余所。由现存实例可以知道，有些佛寺是官方主持建造的，传统的气息较浓，布局、造型和结构都比较规整，属于官式做法。另一些由民间匠师修建，往往有更多的灵活性。此后直到明清，遗存下来的建筑实例更多，表现的"官式建筑"与"民间建筑"的风格分野也愈加鲜明。前者主要在华北一带，后者更多反映在南方各地。但这并不意味宋代及宋代以前建筑文化就没有官方与民间之区别，只是当时的民间建筑多已不存难窥全貌而已。

在传统的宗教建筑以外，从元代开始，在西藏建造的藏传佛教（俗称喇嘛教）建筑留存渐多。元代统治者特别尊崇藏传佛教，由此加强了汉藏建筑文化的交流，给西藏建筑注入了中原的因素，也在中原留下了以喇嘛塔为代表的藏式风格建筑。这将在本书第十二章再作介绍。

大约从唐代开始，已经有来自伊斯兰教发源地阿拉伯和波斯的商人在中国活动，主要经由海道，故多汇集于东南沿海口岸，宋、元更加增多，被称为"蕃客"，"皆以中原为家，江南尤多，不复回首故国也"（周密《癸辛杂识续集》上，《回回砂碛》）。他们是以后回族的先祖。来到中国以后，仍固守其伊斯兰信仰，"虽适异域，传子孙累世不敢易焉"（吴鉴《重修清净寺碑记》），造成了伊斯兰教在全国的流布，在大都、和林、广州、泉州、杭州、扬州、定州、鄯阐（昆明）等地广建伊斯兰寺院，以至"近而京城，远而诸路，其寺万余，俱西向以行拜天之礼"（《重建礼拜寺记碑》），给中国建筑又增加了一种类型。这些建筑的形式主要源于西亚。现存唐代伊斯兰建筑已如凤毛麟角，元代是伊斯兰建筑发展的重要时期，宋代留存至今者也都经过元代改造，所以一并在本章介绍。

由于蒙古人的西征，一大批从波斯及其他中亚各国俘掠来的阿拉伯平民和工匠，以及由中亚征调来的军队，主要从陆路经新疆来到中国。他们也都信奉伊斯兰教，与前此的"蕃客"一起，并加入一些其他民族成分，在元末明初逐渐形成一个新的民族共同体，即中国的回族。在新疆，早在10世纪和11世纪之交(北宋前期)，维吾尔人的先祖回鹘人已逐渐接受伊斯兰教。元末，在新疆的某些蒙古人也参加进来，并在以后逐渐融入维吾尔族。维吾尔族和回族的伊斯兰建筑，现存作品主要属于明清两代，前者基本采用波斯中亚风格，后者已经中国化，对此，将在第十三章再行叙述。

元代还有基督教聂思托里派(当时或称也里可温教或十字教，唐代则称景教)的传播。据《马可波罗游记》，在大都、镇江、杭州、泉州、扬州、温州等地都曾建有基督教教堂，现都已不存。

元代建筑装饰和家具延续两宋，并有所发展，处于宋代与明清之间的过渡阶段。

总的来说，元代建筑艺术介于中国建筑第二次发展高潮(唐宋)与第三次发展高潮(明至盛清)之间，起着承上启下的作用。成就虽难与那两次高潮比肩，但以大都及其宫苑为代表的元代建筑成果以及新建筑类型的出现，仍然令人瞩目。

第一节　都城与宫殿

一、庐帐与"斡耳朵"

北方民族很早就使用称为"穹庐"的毡帐为居室。西汉时出嫁乌孙的细君公主曾作歌云："吾家嫁我兮天一方，远托异国兮乌孙王，穹庐为室兮毡为墙，以肉为食兮酪为浆。"汉·桓宽《盐铁论》说："匈奴处沙漠之中，生不食之地……无坛宇之居……以穹庐为家室。"《汉书》："匈奴父子同穹庐卧"，颜师古注云："穹庐旃帐也，其形穹隆故曰穹庐"。《盐铁论》又说："匈奴……织柳为室，旃席为盖。"唐·慧琳《一切经音义》释穹庐曰："戎蕃之人以毡为庐帐，其顶高圆，形如天，象穹隆高大，故号穹庐。王及首领所居之者可容百人，诸余庶品即全家共处一庐，行即马橐驼负去，毡帐也。"据蒙元时到过漠北的法国国王路易的使者、鲁不鲁克的传教士威廉所著《鲁不鲁克东行记》的记载，当时的草原蒙古人仍是："其居穹庐，无城壁栋宇，迁就水草无常"，称为"行国"。[①]

以上可见古代穹庐的情状。敦煌石窟唐五代壁画中绘有穹庐，圆形穹顶，上有圆形天窗供采光和出烟，地上铺毡，内壁可见交叉骨架，可能用红柳木条构成，应即"织柳"。[②]宋画《文姬归汉图》也画有穹庐，十分具体(图7-1-1、图7-1-2)。

元代皇帝用作宫殿的毡帐都很大，特称为"斡耳朵"。《柏朗嘉宾蒙古行纪》所述贵由汗登极的紫红大帐，"大得足可以容纳两千多人"，有些夸大，但直径也可达30米以上，支柱以金

① (法)威廉.鲁不鲁克东行记[M].耿升，何高济译.北京：中华书局：1985.

② 萧默.敦煌建筑研究[M].北京：文物出版社，1989.

图7-1-1　宋画《文姬归汉图》中的庐帐

片相裹，又称金帐。帐内设高台。台上为皇帝宝座，用象牙雕刻而成，镶金珠宝石。台前有三道阶级，中间一道为皇帝专用。斡耳朵南向三门，中门也为皇帝专用（图7-1-3）。

一般贵族的斡耳朵也颇不小，据《鲁不鲁克东行记》，"一个富足的蒙古人的斡耳朵……安放在用棍条编织成的圆形框架上，顶端辐辏成小小的圆环，上面伸出一个筒当作烟囱"。框架上覆以大毡，往往为白色，并涂白粉、白黏土或骨粉使其更白。也有的覆黑毡。"烟囱四周的毡子，他们饰以种种好看的图案"。因游牧或征战，每当迁徙，"牛马橐驼，以挽其车"，每辆车运载一座毡帐，用二十二头牛，"一辆车的轮距为20英尺"，幕帐置于车上，还要向四处

"至少伸出5英尺"（这样算来，一座大帐的直径约为10米）。延袤十余里，宽可达其半的车队，浩浩荡荡在草原上行进，在威廉看来，"像是一座城市向我移来"。

"斡耳朵"的原意为"中央"。《鲁不鲁克东行记》说，大汗的军帐，"看来像一座伸延在他驻地四周的巨大城池……用他们的语言说，一座宫廷叫斡耳朵，它的意思是'中央'，因为它总是在百姓的当中。不过例外的是没有人把自己安置在正南，因为宫廷的门是朝正南开的。但是按照地形，他们可以随意向左右伸延"。这是说，在大汗的斡耳朵的正前方，不能安设其他帐房。

蒙古人即使在修建了城池和木结构的宫殿以后，也仍在建造斡耳朵。《元朝秘史》说："蒙古行国，以射猎为生，骤变城郭，则以为非便……故用军环绕，以备围宿。"《元史新编》说："元代宫殿之外，别有帐殿，名斡耳朵。金碧辉煌，层层结构，棕毳与锦绣相错，高敞轩幪，可庇千人，每帐所费钜万……每新君立，复别置帐殿，帝帝皆然，其靡费更在宫室之上。宫殿可百年轮换，而帐殿则屡朝展易也。"各帝的斡耳朵既不沿用也不拆除，若"一帝弃世，则以此帐属后妃守之，或二后共守一帐，嗣后子

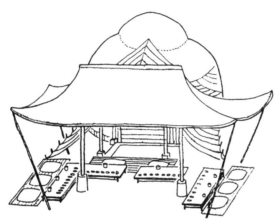

图7-1-2 古代绘画中所见穹庐（傅熹年）

图7-1-3 "斡耳朵"想象图（《人类文明史图鉴》）

图7-1-4 蒙古包（《中国民居》）

孙世有守帐之人"。此类斡耳朵大都在开平。

直到现在，游牧的蒙古或哈萨克、柯尔克孜、塔吉克等民族，仍在使用毡帐，称为蒙古包，应即古之穹庐。一般的蒙古包直径约4～6米，壁周高度不足2米，仍用木条编成交叉骨架，上部用木条支撑中间的"套脑"即环形木圈，除木圈和木门外通包以羊毛毡。晚间木圈上也常覆毡。地上均铺毡，坐卧其上，家具很少也较低矮。蒙古包小者内部无支柱，大者在木圈下立四根木柱支撑（图7-1-4～图7-1-6）。

二、和林与开平

从成吉思汗1206年即可汗位至1271年忽必烈定都大都，其间六十余年，蒙古初期的几位可汗，曾建造过和林与开平两座都城。

和林城初建于成吉思汗十五年（1220），在今蒙古国乌兰巴托西南400公里，以城西有哈剌和林河得名。1235年前后与蒙古灭金同时，窝阔台继位为本部大汗，定都和林，大兴土木，修筑城垣并建造木结构宫殿。据到过和林的威廉所记，和林城围约十五里，为不甚规则之长方形，四面各开一门，门外各关厢均为市场，大汗的宫殿万安宫在城内西南，有周长约二里的高大宫墙围绕。城内还有十二座佛寺和道观、两座清真寺和一座基督教聂思托里派教堂。汉族宣德人刘德柔督领建城之役，"立行宫，

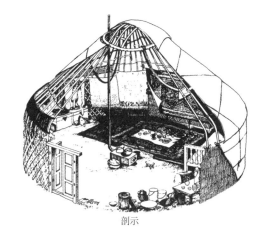

剖示

图7-1-5 蒙古包（《新疆民居》）

图7-1-6 大型蒙古包内部（《中国民居》）

①贾洲杰.元上都调查报告
[J].文物,1977(5).

改新帐殿,城和林,起万安之阁,宫闱司局。"
(元·元好问《刘德柔先茔神道碑》,《造山集》
卷二十八),其中一定不乏汉族建筑。

1255年,由汉人刘秉忠规划,在今内蒙古
多伦附近忽必烈的封地建造开平城。1260年忽
必烈继位为世祖,1263年加开平为上都,遗址
至今仍较完好。[①]上都的形势"龙岗据其阴,滦
水经其阳,四山拱卫,佳气葱郁……山有木,
水有鱼盐,百货狼藉,畜牧蕃息"(王恽《中堂
纪事》)。全城分外城、皇城和宫城三部分。外
城方形,每面2200米,面积大于和林,城墙土
筑。皇城在外城内东南,其东、南二墙即外城
城墙,亦方形,每面1400米,占全城面积百分
之四十,城墙土筑包石,有马面。宫城在皇城
内北部正中,南北620米,东西570米,面积
约当今北京明清紫禁城之半,城墙土筑包砖。
外城的西南部有较多街道和建筑,北部是一条
东西向山岗,没有街道,只在山岗中部偏南有
大院落,院内空旷,整个北部可能是御苑所在。

据记载苑内曾有竹宫,有缠龙竹柱,髹
金竹漆,劈竹涂金作瓦,高达百尺,以彩绳牵固,可容
"千人"。御苑以外的较大范围可能只布置毡帐。
外城两部之间有东西土墙一道相隔离。皇城内
街道非常整齐对称,据文献和遗址,城内东南
角有孔庙,西南角有一处寺院,东北角为规模
颇大的龙光华严寺,西北角为乾元寺。宫城南
门称阳德门,又称午门,再南有很大的广场。
宫城其他三面围绕夹城一道,石砌,厚1.5米。
宫城内置丁字街,通向南、东、西三门,丁字
交点以北有大殿基址,城北墙正中的建筑基址
类似阙形建筑,呈倒凹字平面,城内其他空间
散布众多零散小院。阙形建筑的台基与城墙等
高,台内无门,可能是被称为大安阁的遗址。
大安阁常作为主殿,据元·虞集《跋大安阁图》,
"取故宋熙春阁材于汴,稍损益之,以为此阁,
名曰大安。既登大宝,以开平为上都。宫城之内,
不作正衙,此阁岿然遂为前殿矣。规制尊稳秀杰,
后世诚无以加也"。上都各城城门都有半圆形或
方形的瓮城。1272年世祖迁都大都后,上都即
作为陪都,元帝例于每年夏秋归住于此,并陆
续营建各自的斡耳朵(图7-1-7)。

从上都的建设,可知已吸收了不少中原传
统,但不如辽、金,尤其将例作宫城入口的阙
放在宫城最后,更是特例。对于中国传统的继承,
以后在大都建设中方有更充分的体现。

除和林、开平以外,蒙古在漠北还建有其
他一些城市,上都附近即有应昌路、大宁路、
集宁路等城。

三、元大都

在加开平为上都的同时,为了加强对全国
的统治,世祖已决定将政治中心南移,号燕京(即
金中都旧城,元初称燕京路总管大兴府)为中
都。但在蒙金战争中,此城遭到很大破坏,故

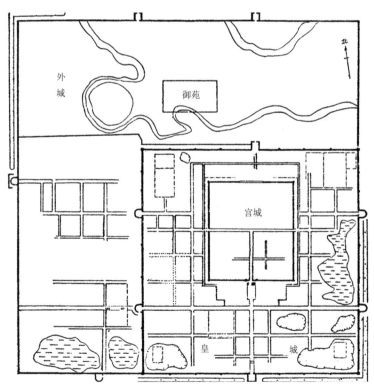

图7-1-7 内蒙古多伦元上都开平平面(贾洲杰)

又决定在中都东北以琼华岛（即今北京北海琼华岛）一带金代离宫为中心，另建新城，仍命刘秉忠主持规划。1267年开始建设，1272年基本建成，名曰大都。以后大都即成为全国的政治中心，中都被拆毁，上都供皇帝行幸。

为何选中金中都故地为都，对于蒙古人来说，显然具有靠近根据地的考虑，何况这里具有诸多地理上的优势，早在商周时就已是燕国的都城，历代相继，已成华北重镇。大都坐落在华北平原北端称为"北京湾"的地方，西有太行山，北横燕山，二三百万年以前曾是一片大海，以后逐渐成陆。往南直达河洛，数千里内一望平川，交通无阻。向北可通过燕山长城的南口、古北口和喜峰口三条关隘要道，连接朔北、漠北、西北、辽东和滨海地区。北京实在是沟通南北交通的要害之地，中原文化、草原文化和东北文化在这里交汇，自古具有多元的色彩。古人常用"幽州之地，左环沧海，右拥太行，北枕居庸，南襟河济，诚天府之国"来称赞她（图7-1-8、图7-1-9）。

元大都是可以与隋唐长安及明清北京齐名的著名城市。它们都是严格按照预先的规划建设起来的，其布局之严整、规模之宏伟、建筑之壮丽以及对后世的影响，堪称中国古代最重要的三大帝都。

规划者在北宋开创、历金代延续，将宫殿区置于城内中央的形制基础上，更力图按照《考工记》所记周王城的规划原则来建设。遵守《考工记》"方九里，旁三门，国中九经九纬，经涂九轨，左祖右社，面朝后市"等规定，是大都规划的最大特点。

大都规模很大，东西6700米、南北7600米，基本方形，远大于辽南京和金中都，比起北宋汴梁来，也有过之，约与唐东都洛阳相近。其东、西墙分别与以后明清北京内城的东、西墙大体在同一直线上，南墙较后者南墙往北近二

图7-1-8 北京地区形势图

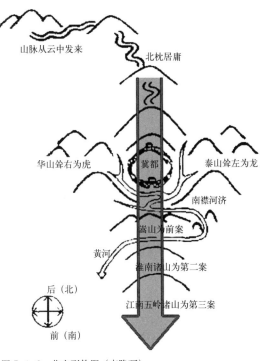

图7-1-9 北京形势图（李路珂）

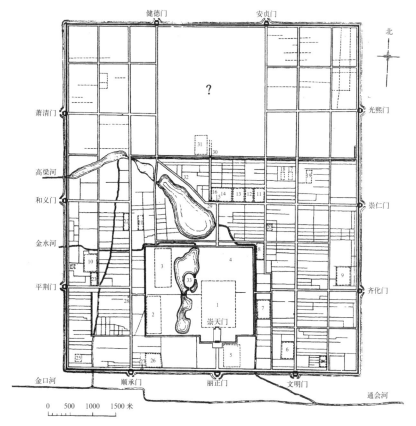

1. 大内；2. 隆福宫；3. 兴圣宫；4. 御苑；5. 南中书省；6. 御史台；7. 枢密院；8. 崇真万寿宫（天师宫）；
9. 太庙；10. 社稷；11. 大都路总管府；12. 巡警二院；13. 倒钞库；14. 大天寿万宁寺；15. 中心阁；
16. 中心台；17. 文宣王庙；18. 国子监学；19. 柏林寺；20. 太和宫；21. 大崇国寺；
22. 大承华普庆寺；23. 大圣寿万安寺；24. 大永福寺（青塔寺）；25. 都城隍庙；26. 大庆寿寺；
27. 海云可庵双塔；28. 万松老人塔；29. 鼓楼；30. 钟楼；31. 北中书省；32. 斜街；33. 琼华岛；
34. 太史院

图 7-1-10　元大都复原平面图（《中国古代建筑史》）

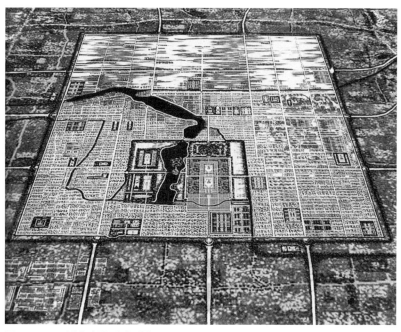

图 7-1-11　元大都鸟瞰图（网载）

里，北墙较后者北墙往北约五里。除北面二门外，其他三面均开三门，正门称丽正门。正对各门有大街，在二门之间及沿城内一周也各有一条大街，除被宫殿区阻隔和城内湖泊打断外，各大街皆纵横相通，基本上是九经九纬。城墙全为夯土，有马面，四角有角楼。为防雨，城墙曾用芦苇蓑护，所谓"草苫土筑"。元末，在每城门外加设瓮城。皇城在城内南部，正门称棂星门。皇城内在全城中轴线（与明清北京中轴线同一）上有宫城，又称大内，正门称崇天门。皇城之北鼓楼一带是最主要的市场。在皇城外左右都城东西城门齐化门和平则门内分建太庙和社稷坛。这些，都明显与《考工记》的规定相符。总体来说，在中国城市史上，大都最接近《考工记》所提出的理想(图 7-1-10 ～图 7-1-12)。

《考工记》的说法不仅具有形式上的意义，它更是中国封建社会最高统治者的美学理想在城市艺术上的反映。方正的城市外廓，以贯串全城南北的中轴线为对称轴的东西对称格局，皇宫位于全城中轴线上的显赫地位，严格的纵横正交的街道网格，以及以左"祖"、右"社"作为宫殿的陪衬，这些，都浸透了皇权至上等级严格的宗法伦理政治观念。统治者追求的理性秩序在这里起了直接的作用，是他们理想的社会模式在现实中的表现。

自曹邺至唐，皇城宫城都在大城北部，北宋与金则在大城中心，大都则改在大城偏南，应该说也有地形上的原因。大都利用金代琼华岛离宫的天然水面太液池附近区域布置皇城，不宜再向北去；而在大都西南是金中都的废墟，为了避开旧城，大都南墙必得在金中都北墙以北，这就是皇城居于城内偏南的原因（图7-1-13）。大都的中轴线在太液池以东而不是在池西（并依太液池以北的什刹海东岸的位置确定），显然也是出于避开旧城的意图。

刘秉忠是汉族儒士，其先世历代为辽、金衣冠仕族，受儒学礼制之说影响甚深。在传统儒学中，本身就存在着某些因素，有利于儒士跨越"夏夷"畛域，以其政治理想为入主中原的少数民族统治者服务，这就是"用夏变夷"的观念。[①]在元代，这一观念的实质便是以先进的中原文化去影响和改造建立在游牧经济和军事掠夺上的蒙古贵族的统治方式。早在忽必烈即位之初，著名理学家汉人郝经就曾以北魏孝文帝之迁都洛阳"为用夏变夷之贤主"，鼓励他将政治中心南移，说"燕都东控辽碣，西连三晋，背负关岭，前临河朔，南面以莅天下"（《郝文忠公集·班师议》及《便宜新政》）。蒙古贵族霸突鲁也认为："幽燕之地，龙蟠虎踞，形势雄伟，南控江淮，北连朔漠，且天子必居中，以受四方朝觐，大王果欲经营天下，驻跸之所，非燕不可"（《元史》卷一百一十九《木华黎附霸突鲁传》）。刘秉忠尝以"典章礼乐法度三纲五常之教备于尧舜……思周公之故事而行之，在乎今日，千载一时不可失也"等言劝喻世祖（《元史·刘秉忠传》），颇得世祖赏识。因此，秉忠参用被列入周礼的《考工记》作出的大都规划，得到颇思有所作为的世祖首肯，也就是很自然的了。

其实早在宋代，大儒朱熹就曾对北京的地理形势，以全国为范围，从"风水"的角度做过论述，认为是建都的最好地方。他说："冀都正是个天地中好个风水。山脉从云中（晋北）发来，前则黄河环绕，泰山耸左为龙，华山耸右为虎，嵩为前案，淮南诸山为第二重案，江南诸山及五岭为第三、四重案，故古今建都之地莫过于冀。所谓无风以散之，有水以界之也"（《朱子全书·地理》）。只是当时南宋偏安江南，不可能实现朱熹的理想。但他的这一论断可能对郝经、霸突鲁、刘秉忠辈发生过影响。

大都十一个城门，每门都建城楼，城外有

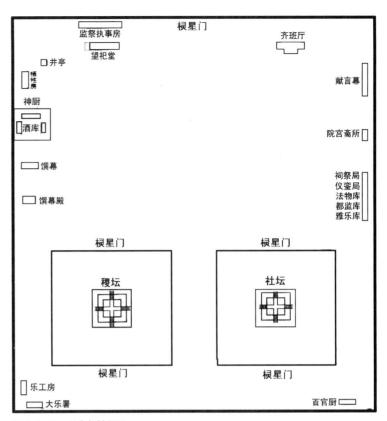

图 7-1-12 元大都社稷坛

图 7-1-13 金中都、元大都位置图（虚线范围为辽南京）（《中国古建筑大系》）

①萧功秦.元代理学散论——对理学在外族入主时代的社会政治作用的考察[M]//中国哲学·第13辑.北京：人民出版社，1984.

① (意) 马可·波罗. 马可·波罗行记[M]. 冯承钧译.

瓮城，它们和角楼、城墙一起，组成了城市外围丰富的立体轮廓。在城内几何中心建中心台，"方幅一亩"，台稍偏西建鼓楼，其北又有钟楼。由中心台向东的大街，正对外城东面中门崇仁门。鼓楼和钟楼都颇高大，"层楼拱立夹通衢，鼓奏钟鸣壮帝畿"（张宪《登齐政楼》，《玉笥集》卷九）。这些高大的建筑有规律地分设在各主要街道和关键部位，成为主要大街的对景和统率各地段的构图中心，使整座城市成为一个有机的艺术整体。在城市中心大街交会处建钟鼓楼的格局，成了以后明清华北许多城市的普遍形式。

大都的街道以南北向为主，大街宽二十四步（37米），小街十二步。在它们之间布置东西向的胡同，宽5～6米。胡同之间的距离都是五十步（77米），非常整齐。在此修建民宅，并规定"以赀高及居职者为先"。这些人财力充裕，建筑质量可以保证，所以这条规定，显然也含有使他们得以优先占据通衢要地，从而保证市容的意义。城内分划为五十坊，但只是一种地段行政单位，并无汉唐那样的坊墙。

与元大都同时的欧洲，还正处在一个封建割据的分裂局面中，不可能出现像大都这样气度非凡的大帝都。马可·波罗就称赞大都"其美善之极，未可言宣"。他描绘此城"街道甚直，此端可见彼端，盖其布置，使此门可由街道远望彼门也。城市中有壮丽宫殿，复有美丽邸舍甚多"，"各大街两旁，皆有种种商店屋舍，全城中划为方形，划线整齐，建筑屋舍……方地周围皆是美丽道路，行人由斯往来"。① 时人黄文仲《大都赋》亦云："论其市廛，则通衢交错，列巷纷纭，大可以并百蹄，小可以方八轮。街东之望街西，仿而望佛而闻，城南之走城北，出而晨归而昏。"

但大都街道并不都是井字方格，沿着湖岸走向也有斜向街道。由于湖泊的阻隔，大都也有一些丁字街。大都北面只设二门，与南面三门不相正对。对此，民间又演化出所谓哪吒城的传说。元末人长谷真逸的《农田余话》就说："燕城系刘太保定制，凡十一门，作哪吒神，三头六臂两足。"元人张昱也写道："大都周遭十一门，草苫土筑哪吒城；箴言若以砖石裹，长似天王衣甲兵"（《张光弼诗集》）。但此说似乎经不住推敲。实际上，中国建筑组群向以南向为尊，入口都争取放在南面而将北面封闭，使为屏障。由小及大，大都之不设北墙中门，恐与此环境心理有关，由此又演化出"王气"之说，认为北面正中应该封闭，以防走泄。所以，大都规划在尽量采用《考工记》所述原则的同时，也根据自身条件和要求，有一些变通处理，并非一概奉行不渝。

城市中有丰富的水景是大都面貌的又一特色。在大都兴建以前，这里已有一系列自然水面，从西北山中流来的高粱河汇成积水潭和海子（今积水潭和什刹海，面积较现湖面大），再南又流入太液池（今北海和中海，南海其时尚未开拓），金代离宫就在太液池区域。大都规划者成功地利用了北方不可多得的水面，把它们组织到城市布局中，太液池被包入皇城，积水潭和海子包入大城。元代著名科学家郭守敬又引白浮泉之水入城，加大了积水潭和海子水量，使得通惠河可以开通。通惠河自海子以东南流，沿东皇城根南下出城，再东去通州，与南北大运河相接，使来自江浙的大船可一直驶入大都，停泊在海子内，"舳舻蔽水"（御批《历代通鉴辑览》），"川陕豪客，吴楚大贾，飞帆一苇，径抵辇下"，商贾云集。于是海子东岸的鼓楼和北岸斜街日中坊一带，"率多歌台酒馆"（《日下旧闻考》卷五十四），又有米市、面市、绸缎市、珠宝市、鹅鸭市、果子市，成了最繁华的商业中心。海子周围又多园林寺观，传说有十座寺刹最为著名，故海子又称什刹海。万春园是元时进士及第后会同年的地方，净业寺荷花有名，时人有"波从寺门碧，莲似晚天虹"之句为形容（《帝京景物略》：《饮净业寺堤上》）（图7-1-14）。

古代重要城市，往往重视结合水面，如秦咸阳"渭水横渡，以象天汉；横桥南渡，以法牵牛"；隋东都洛阳"洛水贯都，以象河汉"；宋汴梁的"四水贯都"，等等，城市都与河流结合。元大都利用原有地貌组织水面，既解决城市供应和交通，又美化城市景色，丰富城市生活，还改善了气候，是大都建设的又一成就。

图 7-1-14　元大都积水潭（模型）（萧默）

四、大都宫殿苑囿

史籍记载，参与大都规划的还有也黑迭儿。也黑迭儿是阿拉伯人，官至庐帐局总监，领诸色目人匠总管工部。至元三年（1266）奉旨负责大都宫殿苑囿的建设，"魏阙端门，正朝路寝，便殿掖庭，缦庑飞檐，具以法"（欧阳玄《圭斋文集·马合马沙传》）。从他的作品可以看出，他对中国传统建筑有深刻的了解，他所遵循的"法"仍然是唐宋以来宫殿的传统，并在此基础上有所发展。

大都宫殿现已不存，但元代陶宗仪《辍耕录》和明初萧洵《故宫遗录》对之有较详的记载。《辍耕录》的资料来自元将作监所记详细制度，《故宫遗录》则来自本人实地考察，均可信。

据记载和考古资料，大内宫城建在太液池以东全城的中轴线上。在太液池西岸与大内相望，南北建隆福、兴圣二宫以为别宫，分居太后、太子。这三组宫殿形成品字形，太液池穿插其间。在大内之北另有御苑。以上宫苑都在皇城内，专属于帝王，独立性很强。皇城内除了某些直接服务于皇室生活的机构之外，衙署都分散在城内各处，说明元初的行政组织还不十分完备。

宫前广场的设计，仍遵循北宋汴梁和金中都的方式，取丁字平面，但位置与前代有所不同，不是放在宫城正门外而是移到了皇城正门之前。这是因为大都的都城南墙要避开金中都北墙，所以大城南门与宫城正门的距离并不很远，在大城南门与皇城正门之间还必须留出相当大的距离，以作东西往来的通道和皇城的前景，于是剩下的由皇城正门到宫城正门之间的距离就更局促了。设计者因势利导，索性将丁字形广场前移到皇城正门外，而在皇城正门与宫城正门之间设计了第二个广场。第二个广场的前部有金水河，上跨石桥三座，名周桥，系源于北宋汴京的州桥。后部终点为宫城正门崇天门，又称午门，也沿袭隋唐以来各代的传统做法，设计为倒凹字形平面的宫阙：正中建城楼，以斜庑连左右角的朵楼，又由此二朵楼向南以回廊连左右角"高下三级"的角楼，十分威严壮丽。这样的改动使宫前广场成为前后两个，在本来比较紧凑的地段上反而增加了一个纵深空间层次，倒使空间序列更丰富了。前后两个广场是整个宫殿轴线的序曲。丁字形广场在前，有如序曲的前奏，其中又分两个段落：丁字的一竖狭长，引导感很强，引出横向气势壮阔的皇城正门。后一个广场以宫阙为对景，气氛紧

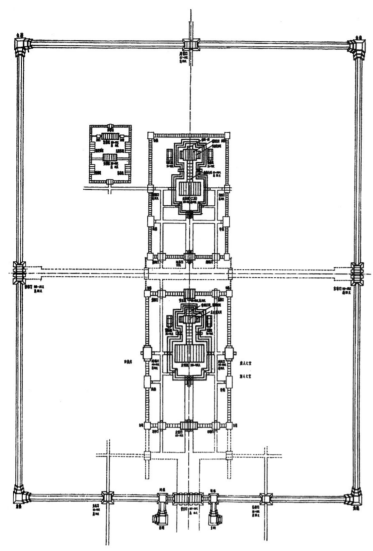

图7-1-15 元大都大内复原平面图（傅熹年复原）

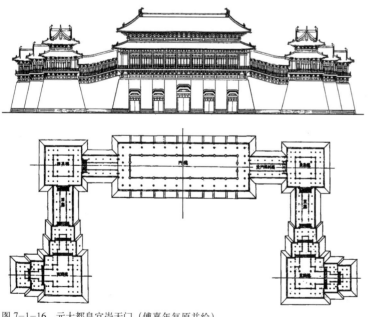

图7-1-16 元大都皇宫崇天门（傅熹年复原并绘）

迫威压，有力地渲染了皇权的尊严。这一系列空间处理手法，在建筑艺术上是十分成功的，以后为明清北京所继承，并得到更充分的发挥。

大内东西四百八十步（约740米），南北六百十五步（约947米），其东西宫墙与今北京紫禁城东西墙相重，南墙在后者南墙之北，约当今太和殿一线，北墙也在后者北墙之北，整座宫城面积与明清紫禁城相当（图7-1-15）。

宫城由高而厚的城墙包围。南面三门，正中崇天门即前述宫阙，有五个门洞，左右各一掖门。东、西、北各一门。各门都建有城楼，城四角各有角楼，城墙包砖（图7-1-16）。

宫城内依轴线前后各以周庑围成两个大院，周庑四角有角楼。

前院名大明宫，是朝会大院，通过大明门和左右各一掖门进入。院内以大明殿为中心，殿前广场宽阔，殿后有南北向中廊通大明后殿，组成一工字形，坐落在三层的工字形白石高台上。石台每层周边围以石栏。后殿面阔五间。在后殿两旁，左右各接三间挟屋，殿后又凸出香阁三间，使工字略呈土字形。台下对称置文思、紫檀两座配殿。院北庑正中为宝云殿，殿左右也各有一座掖门。周庑共一百二十间。在周庑东西门之南建钟楼和鼓楼。大明殿面阔十一间，据载达二百尺（约合62米），比现存明清故宫太和殿还稍大。马可·波罗记此殿"宽广足容六千人聚食而有余（有所夸大）……此宫壮丽富赡，世人布置之良，诚无逾于此者。顶上之瓦皆红黄绿蓝及其他诸色，上涂以釉，光泽灿烂，犹如水晶，致使远处亦见此宫光辉"。大明殿丹墀前植青草，"世祖建大内，移沙漠莎草于丹墀，示子孙无忘草地也"（《玉山雅集》）（图7-1-17、图7-1-18）。

在前后院之间有横街，左右通向宫城之东、西华门。

后院名延春宫，地点约当今之景山位置，

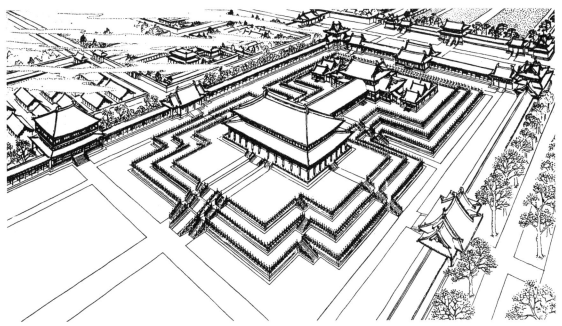

图7-1-17 元大都皇宫大明殿建筑群（傅熹年复原并绘）

图7-1-18 元大都大明殿（模型，藏首都博物馆）（萧默）

当时是一平地。延春宫为皇帝日常居寝所在，面积可能稍小，形制大体同前院，也有二殿呈工字形。惟其前殿为二层高阁，名延春阁，阁前"丹墀皆植青松"。周庑北面不开门。后院外左右可能布置东西六宫，都是一些小院，应为后妃所居（图7-1-19）。

可以看出，以上布局明显有着宋、金宫殿的影响，如东西横街在前后院庭之间、殿堂取工字形平面等。元代后期在延春宫往北至宫城

北门厚载门之间又建有一座清宁宫，"宫制大略如前，宫后引抱长庑，远连延春宫，其中皆以处嬖幸也。外护金红阑槛，各植花卉异石。又后重绕长庑，前虚御道，再护雕阑，又以处嫔嫱也。又后为厚载门"（《故宫遗录》）。清宁殿前还有"山子"及"月宫"诸殿宇（《元史·顺帝本纪》）。按萧洵所说，厚载门内并有高阁飞桥舞台，上具歌舞，"市人闻之，如在霄汉"。综上，清宁宫或许是花园性质。若如此，元大

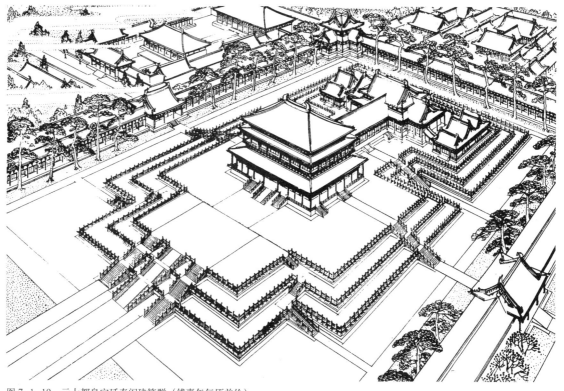

图7-1-19　元大都皇宫延春阁建筑群（傅熹年复原并绘）

都宫城中轴线上的这一系列安排，正是明清紫禁城前朝、后寝、御花园及东西六宫的先声。

宫城内其他地方分布附属建筑，玉德殿位于宫城西北部，为便殿，以奉佛为主，有时并兼听政。

隆福宫和兴圣宫的主要院庭布局同宫城院庭相似，皆以工字殿为中心，但规模小得多，仅有宫墙围绕，没有城墙（图7-1-20）。

太液池烟波浩渺，中有二岛，北岛较大，元时称万岁山（即今北海琼华岛），其巅广寒殿相传建于辽代；山半布置其他殿宇亭室，引水汲至山顶再导入山腰石刻龙嘴中仰喷而出；山上山下遍植花木，列置金代由汴梁运来的太湖石，又畜奇禽异兽。全山"峰峦隐瑛，松桧隆郁，秀若天成"（《辍耕录》）。马可·波罗谓此山木石建筑俱绿，称此为"绿岛"。南岛称"圆坻"，即今之团城，上建仪天殿，有石桥北通万岁山，东西各以木桥通大内西华门和太液池西岸，所以圆坻是皇城内

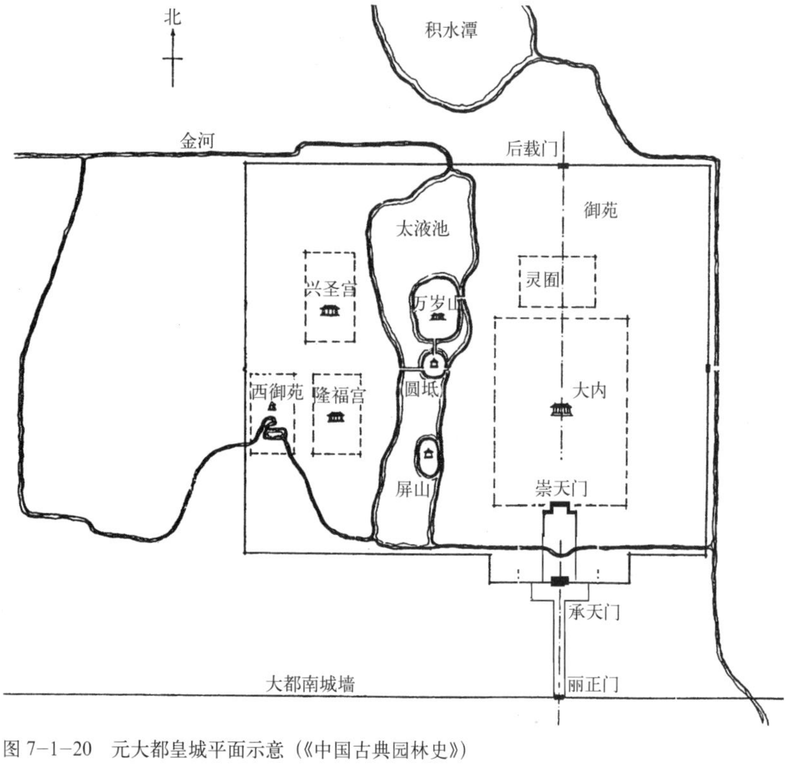

图7-1-20　元大都皇城平面示意（《中国古典园林史》）

北

积水潭

金河

后载门

太液池

御苑

兴圣宫

万岁山

灵囿

圆坻

大内

西御苑

隆福宫

屏山

崇天门

承天门

大都南城墙

丽正门

各宫院苑囿之间往来必经之地（图7-1-21）。

太液池区域的水面、绿化及二岛的主要建筑在大都建设前即已形成，规划者成功地利用这一有利条件，将其置于三组宫殿的居中位置，以它活泼优美的性格与宫殿的严肃规整取得对比，又与宫殿内部的花园相呼应。

至于大内以北的禁苑，文献所述不明，已难窥其面目了。

元代"建都定鼎，树阙营宫，以为非巨丽无以显尊严，非雄壮无以威天下"（元《圣旨特建释迦舍利灵通之塔碑文》)，显然十分重视建筑艺术的精神功能。大都及其宫殿都围绕这一中心意图进行建设，它对《考工记》和唐宋传统的继承与创造，为明清北京及其宫殿建筑艺术的高度成就，打下了坚实基础。

大都宫殿苑囿的设计为皇帝家族的居住游乐提供了最好的条件，却使普通居民的生活受到很大限制。钟楼"一更三点，钟声绝，禁人行"（《元典章·刑部》禁夜条）。范围广大的皇城占据了整个城市南半部，北部又有海子的阻隔，虽曾在海子和太液池之间有意识地填筑了东西大街，但大都东西城之间的交通还是十分不便的。这些缺憾在当时不被重视，却一直影响到今天对于北京城的使用。

元代宫殿的单体建筑造型，具有一些特点。如工字殿进一步成熟和定型，工字殿挟屋一般已固定设置在后殿两侧，不像前代那样随意。元代寺观和民居有的也采用工字平面，如下面将要述及的北京东岳庙，以及北京后英房住宅遗址。[①]

工字后殿向后凸出一座香阁，也成为元代的定式。香阁的屋顶均以歇山山面向外，即龟头殿式，又称拿头殿。

宋、金绘画中常见十字脊屋顶在元代仍很盛行，不但见于绘画（如永乐宫壁画，图7-1-22)，元宫中也颇不少，如兴圣宫后苑正

①中国科学院考古研究所元大都考古队，北京市文物管理处元大都考古队.北京后英房元代居住遗址[J].考古，1972(6).

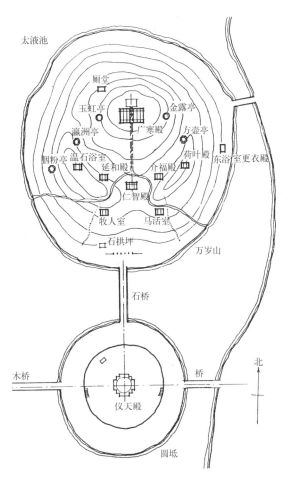

图7-1-21 万岁山及圆坻平面（《中国古典园林史》）

图7-1-22 永乐宫纯阳殿壁画宫殿

中之延华阁，即为一五开间见方的重檐十字脊殿阁，脊上正中立金宝瓶。延华阁后两侧的芳碧亭和徽青亭，也是重檐十字脊。十字脊形式较为活泼，多用于园林建筑。

元宫中还有棕毛殿、畏吾尔殿等名。据《故宫遗录》，"延华阁……又东有棕毛殿。皆用棕毛，以代陶瓦"。前引文献提到的斡耳朵，"棕毳与锦绣相错"，其棕毳就是棕毛，大都宫殿中的棕毛殿可能与此有关。畏吾尔殿在延华阁西，六间，但形象不明，可能与当时畏吾尔族的建筑形式有关。

第二节　佛道寺观

中国的佛、道和民间各种祠祀，虽宗教观念有所不同，但这些不同还不足以使得各种宗教建筑发生根本的差异，甚至就总体格局而言，寺庙、道观和祠祀倒是相当一致的。这一方面是因为中国人尤其是中国的知识分子，本来就相当缺乏严格的宗教观念，没有过分地陷入宗教的迷狂。在上层社会，占统治地位的思想仍然是儒学的理性，即使在蒙古族统治的元朝也是这样。元朝的一位皇后就曾说过："自古及今治天下者，需用孔子之道。舍此他求即为异端。佛法虽好，乃余事耳"（《辍耕录》）。在社会底层，人们虽然有较多的宗教追求，但儒家倡导的忠孝节义毕竟仍是思想的主流。人们对于宗教往往不求甚解，多半只限于提出诸如消灾免祸、祈福求吉等带有很强现实性的要求，而并不在乎是哪种宗教。另一方面，木结构的限制，也使得各种宗教或准宗教建筑，不大可能有很多的不同。

所以，沿着宋、金的传统方式建造的元代寺观祠祀，互相之间没有太大差别，与前代相比也没有显著的变化。只有官方与民间风格有一定不同。殿宇遗例虽然不少，但能保持其总体布局的仍不算多，现择其较重要和较有特色的综介如下。

永乐宫　在山西芮城县，传为唐代道教祖师吕洞宾的故居，初为吕公祠，金末改祠为观，元中统三年（1262）重建，是规模极大的道观大纯阳万寿宫的下宫（上宫在下宫北二三十公里的九峰山上，已毁于日军炮火）。20世纪50年代，因修建三门峡水库，永乐宫原址为淹没区，故迁建于以东20公里的山西芮城城北。宫主体为三进院落，在狭长的基地上顺次置宫门、无极门和三清（又称无极）、纯阳、重阳三殿（迁建前，宫墙后另有邱祖殿遗址）。值得注意的是，庭院只有院墙围绕，没有一般院落常有的周庑和配殿。前后三殿规模以三清为最大，以后依次缩小，各殿殿前庭院深度及月台、甬道宽度也依次缩小，即殿前的纵深距离依殿的总面阔和高度而定，在尺度上显出韵律并获得了合宜的视觉效果。三殿内都绘有壁画，是元代绘画精品，在美术史上占有极其重要的地位。壁画依内容的重要性分别布置，前殿绘道教诸神，中殿绘纯阳真人吕洞宾一生神迹故事，后殿为全真教主王哲的生平事迹。三殿内除正中置神龛或神台外别无他物。三殿的前檐采光面都较大，利于进光，为观赏壁画创造了良好条件。从建筑的整体布局到局部处理都注意了与壁画的契合。壁画里还绘出了许多建筑形象，如黄鹤楼、宫殿、住宅等，是研究建筑史的有用资料（图7-2-1～图7-2-6）。

永乐宫的空间布局颇堪玩味。宫门内长长的甬道两侧狭窄的夹垣与林木，将人引入一个幽邃深沉的境界。通过甬道至无极门前，倏然出现一个横长小空间，是前部狭长空间的反衬与结束，也是对无极门内开阔空间的暗示与铺垫。

无极门内豁然开朗，三清殿以超乎寻常的距离屹立在远处，其体量足以遮挡背后的殿堂，

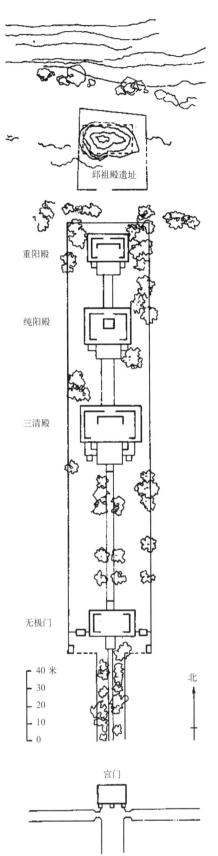

重阳殿

纯阳殿

三清殿

无极门

邱祖殿遗址

宫门

图7-2-1 山西芮城永乐宫平面（《中国古建筑大系》）

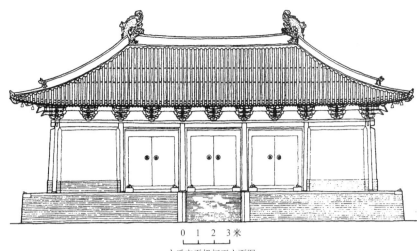

0 1 2 3米

永乐宫无极门正立面图

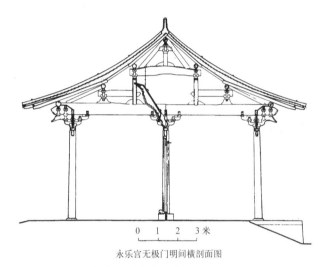

0 1 2 3米

永乐宫无极门明间横剖面图

图7-2-2 永乐宫无极门（《中国古建筑大系》）

图7-2-3 永乐宫无极门模型（北京中国古代建筑博物馆）

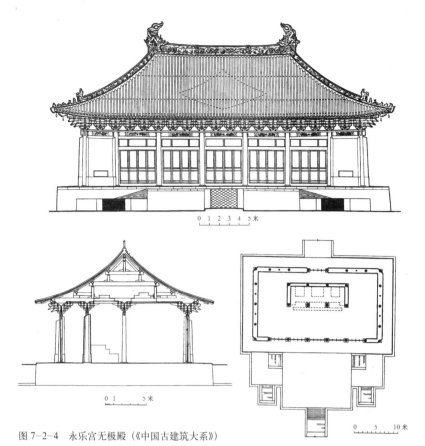

图7-2-4 永乐宫无极殿（《中国古建筑大系》）

没有配殿和廊庑，透着一种超然的空灵。三清殿后空间渐小，仍然没有配殿廊庑陪衬。在整组建筑的最后，也没有一般四合院住宅或佛寺常有的横长形堂舍或楼阁作有力而坚实的结束，有意造成渐渐减弱的空间韵律，最终落入一片空寂。

而室内壁画的宏伟构图和飞动的线条，却与室外的恬淡空寂截然不同，宏丽、纷繁，将人引入一个广大而遥远的仙界，似乎那原本虚无的仙界倒是充实而富有生气的，而现实的人间却是空寂的。在现实的空寂和仙界的充实造成的反差之中，宗教信仰找到了自己的立足之地：只有通过孤寂的道家修炼生活，才能到达"真实"的彼岸（图7-2-7）。

儒家、道家、释家的建筑艺术思想区别颇大。儒家在本质上是入世的，免不了大事礼仪，儒家建筑便以入世的手法宣扬入世，铺陈宏丽，

图7-2-5 永乐宫无极殿（三清殿）

图7-2-6 永乐宫纯阳殿（萧默）

图7-2-7 无极殿壁画道教神仙（罗哲文）

以壮声威。佛家是出世的，向往西方极乐净土，否定人生的真实存在。道家思想较为庞杂，宋·马端临在《经籍考》中说："道家之术，杂而多端，盖清净一说也，炼养一说也，服食又一说也……庄周之书所言者，清净无为而已，而略及炼养之事，服食以下所不道也"，可知道家最核心的思想乃是清净无为，惟清心寡欲，炼身养性才能羽化登仙，本质上也是出世。元代道教全真派"以识心见性为宗，损己利物为行"，尤重清净。佛道二者的最终归宿都是出世，佛寺和道观的设计思想无非两种方式，其一是通过入世达到出世，如渲染佛寺即西方净土的缩影；故所谓"刹"，就既可指佛国，也可指佛寺，以寺庙的宏丽端庄透露佛国的庄严安乐。道家则以道观的铺陈，影射仙界的幸福。这种方式在城市敕建的官式寺观中采用较多。另一种方法则着意创造一种清静空寂的气氛，不求其大，不求其丽，甚至不求其端严对称，极富民间建筑性质，可算是以出世求出世。这种方法多见于名山胜境中的山林寺观。与佛寺相比，似乎道观更多采用后一种方法。永乐宫地处僻静，却仍为官式，其建筑群布局手法，在端庄之中又带有颇浓的清静空寂的一面，设计思想颇为复杂，实际上是两种方法的结合。永乐宫这种不过于突出建筑的方式，可能也与力求突出壁画的意图有关。

现存芮城博物馆的元泰定三年《修建大纯阳上宫碑记》记上宫云："烟岚郁其上，溪水洋其中……杏桃夹岸，松竹盈门，比晋室之武陵，但少渊明一记耳，其为幽人逸士之居宜哉。"可见也是以幽寂为尚。

然而就中国建筑与西方或伊斯兰建筑相比较，无论儒释道何者，都强烈贯穿着一种安详静谧的气息，不求体量体形的突兀变化和空间、光影的强烈变幻，这又与中国人的整体文化性格有关了。

北岳庙 在河北曲阳城内，始建于北魏宣

图7-2-8 河北曲阳北岳庙德宁殿（楼庆西）

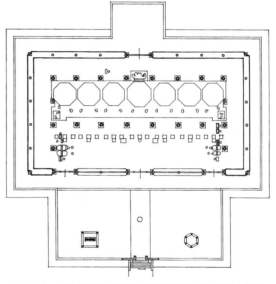

图7-2-9 河北曲阳北岳庙德宁殿平面（《中国古建筑大系》）

武帝时，祭祀北岳恒山，历代相沿并重建重修，直到清顺治年间才将北岳祀典改在山西浑源。北岳庙内保存有原寺图碑：最南为神门，次为牌坊，称朝岳门，再北是一座平面八角三重檐的高大亭阁，称敬一亭，再北为凌霄门、三山门和正殿德宁殿。现存只有德宁殿是元代遗构。

德宁殿建在高大台基之上，前有月台，台基和月台四周有白玉石栏杆。大殿规模宏大，面阔九间、进深六间，覆绿色琉璃瓦重檐庑殿顶，室内空间高敞宏阔，结构雄伟严谨，外观古朴壮观，是现存元代建筑遗构中体量最大，等级最高的一座。殿内保存有壁画，东西两壁绘巨幅"天宫图"，很可能仍为元人旧迹（图7-2-8、图7-2-9）。

①梁思成.晋汾古建筑预查纪略 [M]//梁思成.梁思成文集·第1卷.北京:中国建筑工业出版社,1982.

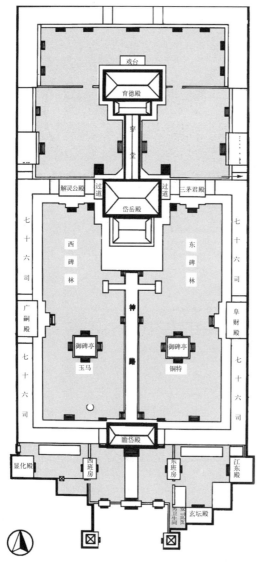

图 7-2-10　东岳庙现状平面图（萧默）

东岳庙　在北京朝阳门外，初建于至治二年（1322），是祭祀东岳泰山的地方，可以归于礼制建筑，但中国的此类建筑往往多为道士主持，所以也可算作道教建筑。全庙规模较大，现存殿宇虽均系清代重建，但仍较多地保有元代的总体格局。基地南北狭长，前部也如一般佛寺，原有山门、钟楼、鼓楼、二门，二门以内是庙的主体。后部以廊庑、配殿四面围合成院，包围着中轴上以正殿、中廊、寝殿连成的工字殿为主体的几座殿宇。元·虞集《东岳仁圣宫碑》记此庙当时建制，"作大殿……明年作东西庑。东西庑之间特起如殿者四，以奉其佐神之尊贵者"。这种廊院布局方式是唐宋以来建筑群组合的基本型式，工字殿则是元代所常见（图 7-2-10～图 7-2-14）。

以上各例均属官式建筑，规模较大，制度谨严，传统气息较强。而地处偏远的小型寺观却常有一些生动的艺术处理，表现了民间匠师的创造性，如广胜下寺、水神庙和圣姑庙等。

广胜下寺　在山西洪洞，建筑物基本上都是元代修建或重建的。其后殿重建于至大二年（1309）。①寺建在前（南）低后高的山坡上，有前后二院。从寺前经陡峻的台阶登抵山门，再经前院到后院，地势逐级升高。前院广阔开朗，多植树木，除后部的前殿及月台外，没有其他建筑。后院建筑密集而较为封闭，由前后大殿、左右配殿和钟、鼓楼围合成传统四合院。前后二院性格对比明显（图 7-2-15）。

此寺单体建筑多不合乎官式做法。如单檐歇山顶的山门，在屋顶下自前后从檐柱伸出通长的垂花雨搭，雨搭在山面并不交圈，造型别开生面。又如紧接体量甚大的前殿左右山墙，建体量颇小的钟、鼓楼；现钟、鼓楼都是清代重建的，用华丽的十字脊亭式屋顶，前殿则用简单的悬山屋顶；大与小、简与繁的强烈对比，使前院唯一的建筑立面显得丰富多致。由广胜

图 7-2-11　东岳庙瞻岱殿神将（萧默）

图 7-2-12 东岳庙回廊院（萧默）

图 7-2-13 东岳庙岱岳殿（萧默）

图 7-2-14 东岳庙岱岳殿中廊与后
殿（育德殿）（萧默）

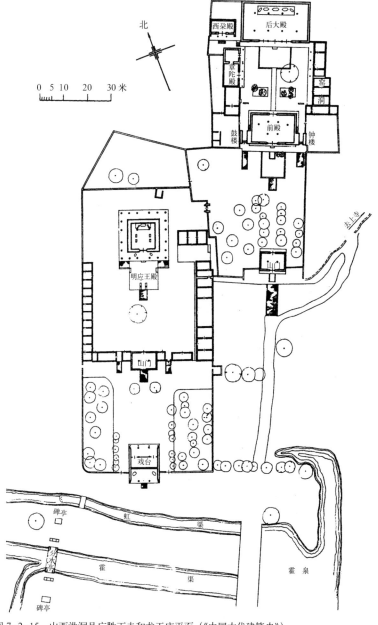

图 7-2-15 山西洪洞县广胜下寺和龙王庙平面（《中国古代建筑史》）

很少见到。

山门、前殿和后殿的木结构也有一些不同一般的做法，除仍沿用辽、金已出现的减柱、移柱手法之外还采用了大内额、大昂尾，使用自然弯曲木材，可见匠师们不拘成法。类似的现象在山西众多元代殿宇中相当普遍。

水神庙 即龙王庙，在广胜下寺右前即西南侧，是一组方形院落。其唯一的大殿明应王殿建于泰定元年（1324），[①]面阔进深皆五间，重檐歇山周围廊。殿虽不太大，而宏大的斗栱和深远的出檐，加以方形平面造成的高峻屋顶，使造型颇为雄伟舒展，是中国龙王庙建筑中最宏大和最古老的一座。殿下有高台基，前连月台，月台前沿正中有一单间悬山顶牌楼门，门下坡道通向前庭。牌楼门强调了明应王殿的重要性，以本身的小尺度对比出大殿的宏伟气势，同时也使整组建筑的轮廓顿显生动，是画龙点睛之笔（图 7-2-18）。

明应王殿内有著名的元代壁画，表现了当时戏剧演出的场面。其中南壁东侧所绘"大行散乐忠都秀在此作场"，是美术史和戏剧史的重要资料。元代山西的戏剧艺术有很大发展，城乡寺庙祠祀都不只是宗教活动场所，还是各色人等凭借庙会酬神和节日自娱的地方，所以山西元代祠祀类建筑中常有戏台，一般都建在山门外，与山门相对，或设在山门内与大殿相对。水神庙山门外的前院也有戏台一座，面朝山门。

牛王庙戏台 在山西临汾，庙原为祠祀建筑，创于元，现存建筑只有庙南的乐楼即戏台仍为元构，始建于至元二十年（1283），重修于至治元年（1321）。戏台平面略方，四角各一柱，前二柱为石质，有浮雕。台内斗八藻井较为华丽。全台作亭式，前面及两侧前部开敞，作为台口；背面及两侧的后部筑墙。这种不分前后台的方式，流行于金元舞亭或乐楼。

下寺空间的大开大合和体形体量的强烈对比造成的一种豪放高迈的气势，在山西其他地方的寺庙中也常可感受到，透露出晋襄大地的一片风情，至今犹体现在高亢激越的晋剧和粗犷而振奋的威风锣鼓之中。晋中、晋南一带佛寺，就常见在山门一线左右夹建体量颇小而体形高耸的钟、鼓二楼，轮廓错落，变化剧烈，如交城玄中寺和重建于元代的平遥镇国寺等（图 7-2-16、图 7-2-17）。这种做法在山西以外

①梁思成. 晋汾古建筑预查纪略 [M] // 梁思成. 梁思成文集. 第 1 卷. 北京：中国建筑工业出版社，1982.

图7-2-16 山西交城玄中寺（罗哲文）

图7-2-17 山西平遥镇国寺山门（萧默）

图7-2-18 山西洪洞龙王庙明应王殿（《中国建筑》）

圣姑庙 在河北安平城北门外，建于大德十年（1306），整个祠庙建在高台上，以高大的工字殿为中心，旁边簇拥着一些体量较小的建筑（图7-2-19）。

中国传统建筑群的典型布局大多内向，即以周边建筑围成内部庭院，外实内虚，组群的外向立面比较简单。但圣姑庙却着重外向，人们从各个方向在很远的地方就能够看到它，屋

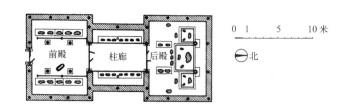

图 7-2-19 河北安平圣姑庙平面及全景（赵玉春）

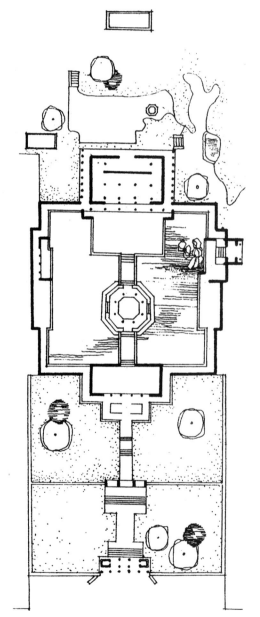

图 7-2-20 昆明圆通寺平面（杨莽华）

顶交织，轮廓生动，很有表现力。

此外，保留较多唐代布局的昆明圆通寺也值得一提。

圆通寺 在昆明市区，始建于南诏，时当唐代，现存建筑主要是元代及元以后的遗存。最南为山门，沿甬道经牌坊至前殿。前殿兼为一座回廊院的前门，院左右回廊间有配殿，中轴线上串连多孔石桥、八角大亭、甬道和大殿。大殿面阔五间，周围廊，前有月台，为元延祐七年（1320）重建（图 7-2-20、图 7-2-21）。

圆通寺最大的特点是回廊院内除建筑以外全是水面，与敦煌唐代壁画净土变里的佛寺十分相似，可能保存了唐代初建时的布局。

其他较著名的元代佛寺建筑尚有浙江武义延福寺大殿（重建于延祐四年，1317）、浙江金华天宁寺大殿（重建于延祐五年）、上海真如寺正殿（建于延祐七年）、江苏吴县寂鉴寺的两座石屋（至正十八年，1358）和石殿（至正二十三年，1363），以及江苏吴县洞庭东山杨湾庙正殿等。

从 8 世纪起，佛教已传入西藏，以后，佛教与西藏固有的原始宗教"苯教"结合，发展为现称之藏传佛教，俗称喇嘛教。早在 13 世纪初即元朝建立和征服南宋以前，蒙古就领有了西藏，藏传佛教也为蒙古人所接受，得到极大尊崇。由于上层的提倡，迅即在蒙古地区广泛流行，

图 7-2-21 昆明圆通寺（张青山）

得到普遍信仰。元代在大都等内地也建造了一些藏传佛教建筑，大都是所谓喇嘛塔，现保存完好而富有特色者如北京妙应寺白塔、居庸关过街塔、镇江云台山过街塔等。关于这些建筑，将在第十二章中结合西藏和蒙古建筑再行详述。

第三节 伊斯兰教建筑

一、伊斯兰教的传入

伊斯兰教是世界三大宗教之一，公元7世纪初产生于阿拉伯半岛。唐高宗永徽二年（651）阿拉伯帝国正式派遣使节来长安，伊斯兰教有可能同时传入中国。唐代至宋代，中国与阿拉伯之间的交通有海陆两条路线。海路由波斯湾经马六甲海峡和南海到达广州、泉州、杭州、扬州等地。阿拉伯商人曾在世界海上贸易中起过很大作用，当时主要经由海路来华，集中居住在中国沿海口岸，不少人留华不归，与当地汉人通婚。陆路则循丝绸之路经波斯、阿富汗到达新疆天山南北，再经河西走廊到达长安。唐肃宗曾借大食（阿拉伯）军队平定安史之乱，就是经由陆路。许多大食兵在平乱后也落籍中国。不管经由什么途径来到中国，来华后仍信奉伊斯兰教，使伊斯兰教在中国传播。

中国人最早知道伊斯兰教建筑也是在唐代。天宝十年（751），高仙芝率军与大食战，随军杜环被俘，在西亚、中亚生活多年，归来撰《经行记》，部分保留在《通典》中，其中即有关于阿拉伯哈里发倭马亚王朝（661～750）时西亚和中亚的片断资料。《经行记》称："大食有礼堂，容数万人"，所说的应就是礼拜寺。中国最早的伊斯兰教建筑也有可能始建于唐，如广州怀圣寺及其宣礼塔。

从波斯人伊本·库达特拔的《邦国道里志》（848年成书）和阿拉伯人《苏莱曼东游记》（851年成书），可知9世纪中叶外国穆斯林在广州、杭州、扬州等地的商业和宗教活动情形，可能也会建造伊斯兰教建筑。及至宋代，由于陆上丝路为突厥、契丹和党项等民族所阻滞，海路成了唯一的交通，宋廷在沿海港市设市舶司及蕃坊，以管理涉外商教事务。沿海地区继续建造清真寺，北宋元丰（1078～1085）间在宁波即建有两处，南宋末1275年，西域人普哈丁在扬州建仙鹤寺。

13世纪初，蒙古帝国崛起并席卷欧亚大陆，大批阿拉伯、波斯和中亚的穆斯林东渐中国内地，统称大食人，又被称作"答失蛮"（波斯语 Danishman），属色目类，与汉蒙等族杂居通婚，开始了回族的形成过程。据波斯伊尔汗朝史家拉·杜丁·法杜拉在《史集》中的记载，元代中国十二个省份中，已有八省有穆斯林活动。中亚呼罗珊地方13世纪的著名学者阿剌丁在《世界征服者传》一书中更具体记述说："盖今在此种东方地域之中，已有伊斯兰教人民不少之移殖，或为河中与呼罗珊之俘虏挈至其地为匠人与牧人者，或因签发而迁徙者。其自西方赴其地经商求财，留居其地建筑馆舍，而在偶像祠宇之侧设置礼拜堂与修道院者，为数亦甚多焉"。[①]

元代，伊斯兰教最盛之处仍在沿海。元·吴澄《送姜曼卿赴泉州路录事序》述泉州说："番货远物，异宝奇玩之所渊薮，殊方别域，富商巨贾之所窟宅，号为天下最"（《吴文正公集》卷十六）。综合元碑资料，可知当时泉州至少已建有6座清真寺（图7-3-1）。[②]元世祖承袭宋制，在泉州、广州、杭州、庆元（宁波）、温州、澉浦、上海等城设市舶司，并起用外域来华穆斯林管理商务与教务。其时广州的蕃坊制较之宋代更加严密，清真寺便是蕃坊中穆斯林社会生活的中心。摩洛哥旅行家依宾拔都他(Ibn Battutah)在1340年来华，他在游记中写道："中

① 瑞典·多桑.多桑蒙古史[M].冯承钧译.北京：中华书局，1962.
② 庄为玑，陈达生.泉州清净寺史迹新考[M]//福建泉州海外交通史博物馆，泉州历史研究会.泉州伊斯兰教研究论文选.福州：福建人民出版社，1983.

①参见杨永昌.漫谈清真寺
[M].银川:宁夏人民出版
社,1981.

图 7-3-1　古代绘画中的泉州城（汪礼清）

国之皇帝为鞑靼人，成吉思汗后裔也。各城中皆有回教人居留地，建筑教堂为礼拜顶香之用"，并记广州蕃坊情况曰："城中有一地段，是穆斯林居住的地方，那里有一座大清真寺和一所小清真寺，有市场，有法官和谢赫（教长）"。不但在广州，其他聚有穆斯林的城市，也很有可能在穆斯林社区采用蕃坊组织。这时，又兴起了重建古寺之风，包括中国最早的几座清真寺广州怀圣寺及宣礼塔、泉州圣友寺和杭州真教寺等，都重建或初建于元。宁波宋元丰年间的两座清真寺也是元代重建的。广州斡葛斯墓可能也建于元代。

二、元代及元以前的伊斯兰建筑

在通过几个实例介绍元代伊斯兰建筑之前，有必要对中国最早的清真寺广州怀圣寺加以回顾，它可能始建于唐，至迟始建于南宋。

广州怀圣寺　怀圣寺内现存一匾，具体提到该寺"建于唐贞观元年"（627）。此说已被多数史家所否定，因为是年正当穆罕默德被迫迁居麦地那的第六年，阿拉伯半岛大部分地区都还没有皈依伊斯兰教，不可能远在广州传教立寺。现存寺内最早碑刻为元至正十年（1350）郭嘉《重建怀圣寺碑》。此碑也说此寺"世传自李唐迄今"。以后，明清人不断重复这种说法，却没有提供更多证据，故陈垣、白寿彝、冯家升都认为怀圣寺的始建要晚到 12 世纪的南宋。然而，9 世纪中叶阿拉伯人写的《苏莱曼东游记》，又确记当时的广州"有回教牧师一人，教堂一所"，虽未明言怀圣寺，却透露了唐代广州确有伊斯兰建筑的可能。所以，怀圣寺的始建年代，即使可以排除初唐，却不能完全否定唐代的可能性。[①]现存寺内建筑都是明、清甚至民国重建，只有一座宣礼塔，虽经重修，却仍是原物。寺坐西向东，塔在寺的右前（东南）角（图

7-3-2、图 7-3-3）。

此塔故称番塔，以后又称光塔或怀圣塔。有关的最早文献为南宋方信孺的《南海百咏》（成书于开禧二年即 1206 年前），首倡"番塔始于唐时"之说，当然也没有太多根据。现主要根据塔的形象，参考史家的看法，只能说现存之塔至迟不会晚于 12 世纪末的南宋，距今至少也有八百余年了，以后没有大的改动。《南海百咏》咏光塔诗云："半天缥缈认飞甍，一柱轮囷几十围；绝顶五更铃共语，金鸡风转片帆归。"南宋岳珂在《桯史》中追忆绍熙三年（1192）自己十岁时在广州的情形，也提到此塔，记述更为详尽："高入云表，式度不比它塔，环以甓，为大址累而增之，外圜而加灰饰，望之如银笔。下有一门（误，应为二门），拾级以上，由其中而圜转焉如旋螺，外不复见其梯磴……绝顶有金鸟甚巨，以代相轮"。两处记载都与现存之塔十分相同，可以作为时代的证明。元郭嘉碑也记塔顶曾有一随风转动"翘翼半空"的"金鸡"，或即候风鸟，明清一再坠落于飓风，乃改为如今之宝珠。

光塔砖砌抹灰，外观若一圆柱，分上下两段，下段较高而粗，上段较低而细，均有收分，极顶挑出叠涩两圈，再以葫芦样宝珠收束，底部直径 8.85 米，总高 35 米余。在两段相错的圆形平台周边设有围栏。塔底有前后二门，各有一磴道相对盘旋而上，至圆台处合为一门，阿訇可由磴道上至圆台召唤信徒礼拜。郭嘉碑又记曰："蜗旋蚁陟，左右九转"，十分贴切。塔为宣礼之用，兼作导航，夜间宣礼或导航都应举灯，故名光塔。清道光《南海县志》卷二十七称塔高"凡一十六丈五尺"，合公制在 50 米以上，是中国最高的宣礼塔，现塔已部分埋于地下。

进一步分析光塔的形制，可知塔确实不可能建于 12 世纪以前。阿拉伯最初的伊斯兰宣

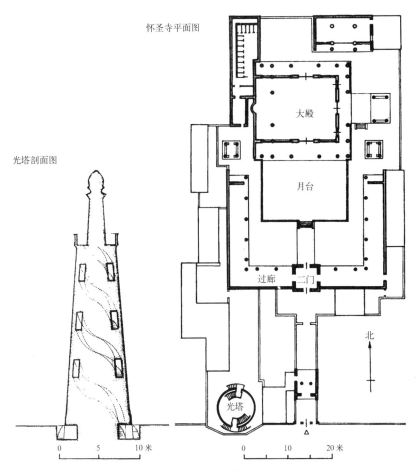

图 7-3-2 广州怀圣寺平面及光塔剖面（《中国古建筑大系》）

图 7-3-3 广州光塔（孙大章、傅熹年）

① The Hall at Lin Ku Ssu.Nanking.Arts. Copen-hagen.1935.

礼塔多以基督教堂方形平面的钟塔为蓝本。11世纪波斯的宣礼塔仍多为方形，如沙维赫塔（Saveh，1014年）及达姆根塔（1026年）。虽然9世纪中的伊拉克萨玛拉（Samara）穆答瓦克尔寺塔，平面是圆形，但附塔磴道露天，呈螺旋状。与之相似，埃及土伦大寺（876年）塔下方上圆，也是露天的螺旋磴道。此种塔的原型，甚至可上溯至公元前二千年以前的西亚苏美尔观象台，为方形多级台体，可有单向或双向的折旋露天磴道。到了12世纪，波斯和中亚才开始盛行圆柱形宣礼塔，环绕塔心柱的螺旋磴道不再露天，其外有向上收分的墙体围护，像一根大柱，如伊斯法罕的伊·阿里礼拜寺塔，其塔顶收成圆锥。体量更大更优美的宣礼塔是布哈拉城卡兰大寺的塔，高46米，内有一百余级螺旋磴道。显然，怀圣寺的圆柱形塔体及螺旋磴道，同12世纪波斯和中亚的宣礼塔更为相似，这是考证此塔建造时代不可忽略的因素。塔位于寺之东南隅，也同中亚卡兰大寺的塔、寺关系相仿，后来新疆吐鲁番额敏大寺（建于1778年）的塔、寺关系也与此一致，而西亚更早些的宣礼塔一般都建在礼拜寺的中轴线上。综上，怀圣寺塔的原型主要在中亚，并很可能也建于12世纪。

然而光塔主要只具有历史价值，从艺术审美的角度，实在并没有太大的意义。这是可以理解的，来华的阿拉伯商人，不见得都是艺术家。此又不独光塔为然，凡元代建造的清真寺，往往如此，反映了中国早期清真寺的初始状态。

上都紫堡 在上都附近，约建于忽必烈时（1260～1295），全砖砌造。从20世纪初西方人所摄照片上可以观察到，平面为方形，四面墙的正中都辟有凹廊拱门，为双圆心券，其上门墙略高出于其他墙面，穹顶较低，没有鼓座。紫堡墙面有拼砖饰带，而未见琉璃面砖痕迹。显而易见，这些都是10至13世纪中亚伊朗突厥式伊斯兰建筑的典型特征。它被称为"忽必烈紫堡"，推测是元代初年的一座皇家礼拜殿或某色目人的玛札（坟墓）（图7-3-4：1）。①

广州斡葛斯墓 位于广州市北桂花岗，是广州穆斯林最崇敬的圣地，逢宗教节日必先谒此墓，"而西域诸国服其化，每航海万里来粤，以得诣坟拜为荣。虽极尊贵者至此，亦匍匐膜拜于户外，极致其诚敬焉"（清《广州府志》）。

正方形的墓室坐落在平地上，全用砖砌，西墙正中开拱门，门外有清代附建的卷棚顶小厦。墓室内在方墙四隅上部以菱角牙子逐层叠涩外挑，形成三角形穿隅，以接圆形穹隆顶，做法与杭州真教寺相同。穹隆顶在外面也可以看得见，顶尖以宝珠形作结；外观四墙上部一周砖砌装饰带，再上砌一列像"山花蕉叶"那样的雉堞，总体形象仍是西域式样，没有"中国化"。墓内外的壁面全部抹灰饰面，墓外四周空地上散布着许多信徒墓（图7-3-4：2）。

此墓的建造年代不可确知。《广州府志》说它建于唐，墓主人是穆圣的母舅苏哈白赛，他还是怀圣寺和光塔的创建人；"其坟筑拱顶，形如悬钟，人入内，语声相应，移时方止，故俗称为响坟"。《旺各斯大人墓志》也说它是"西方至圣之母舅"的坟墓，名字却叫旺各斯（或斡葛斯、宛各斯），他在唐贞观六年先到长安，受到太宗礼遇，归真后葬在广州。清《重修先贤赛尔德墓寺记》则谓此墓主人名叫赛尔德，建于唐贞观三年。目前还没有其他更为可信的材料，而仅凭上述，实难确知墓主究竟何人，更难以令人信服建于唐代且早到贞观。若依其穿隅的构造方式，以及还没有像明清回族伊斯兰建筑那样完全采用中国传统木结构形式这两点来判断，应该晚不过元代，或许与清净寺的重建和真教寺的始建同期，即建于14世纪初。

①孙宗文. 我国伊斯兰寺院建筑艺术源流初探[J]. 古建园林技术, 1984(1, 2, 3).

②"清净寺"阿拉伯文纪年石刻译文[M]// 福建省泉州海外交通史博物馆, 泉州市泉州历史研究会. 泉州伊斯兰教研究论文选. 福州: 福建人民出版社, 1983.

上都紫堡

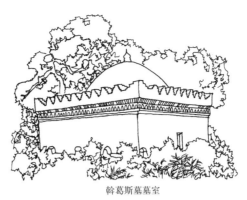

斡葛斯墓墓室

图 7-3-4　上都紫堡与斡葛斯墓墓室（赵玉春）

泉州清净寺　清净寺原称圣友寺，据该寺 17 世纪初阿拉伯文碑记，始建于北宋大中祥符二、三年（1009～1010），重建于元至大三年（1310）。此寺从元代起一直被称为清净寺，其实清净寺是泉州另一座清真寺，建于南宋绍兴元年（1131），后毁，却将寺名误冠于此。①但时代已久，约定俗成，似乎也不必再改回去。

寺现存门殿和礼拜殿（名奉天殿）遗址各一座，礼拜殿坐西朝东，门殿在其东南，南向面对东西方向的大街（图 7-3-5、图 7-3-6）。

据门殿内石墙上的阿拉伯文碑铭，门殿为来自波斯设拉子城的艾哈默德·本·穆罕默德·古德西在至大三年所建，②由前部两重券龛和后面一间方室组成，面宽 6.5 米，进深 12.5 米，用辉绿岩石材和花岗石砌筑。门殿的四重门券皆为尖拱券，前两重门券内各有半穹隆顶，后两重门券之间即方室，上覆穹隆顶。尖拱弧券均有四个圆心，拱冠的圆心在券外，是波斯 10 世纪以后一种典型的二次曲线四心圆。半穹隆顶和穹隆顶的角隅都以抹角石形成方圆过渡（严格来说是方形与八角形的过渡），是一种早期做法；当时在波斯和中亚已广泛采用更合理的抹角拱龛和"姆卡那斯"（菱角牙子叠涩与拱龛的结合）来处理了。全部门殿上面砌作平台，四周建雉堞，连雉堞前墙高 20 米。平台兼作宣礼台和望月台。从整体到局部，门殿基本上可看作是中世纪中亚的式样。

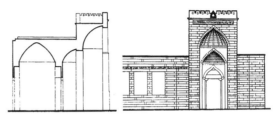

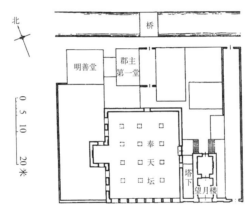

图 7-3-5　福建泉州清净寺（圣友寺）

图 7-3-6　福建泉州清净寺（孙大章、傅熹年）

礼拜殿（奉天殿）在寺内西部，平面矩形，面阔五间进深四间，西墙中部向后凸出一间龛室，信徒面向此龛朝向麦加礼拜。现顶及柱已佚，仅余花岗石条砌成的四墙和石柱础。前墙尚存尖拱券门，券下门楣以上刻阿拉伯文《古兰经》格言。据遗迹，此殿的结构应是在立柱上架设密梁平顶，不大可能是穹窿顶。平顶是阿拉伯、波斯和中亚干燥地区经常采用的，也用于礼拜寺，可以根据寺院规模随宜增减，以容纳众多教徒，以后新疆之礼拜寺亦都如此，至今犹然。

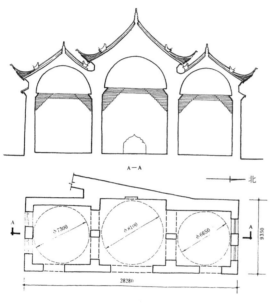

图7-3-7 杭州真教寺（凤凰寺）无梁殿（《中国古代建筑技术史》）

图7-3-8 杭州凤凰寺屋顶（喻维国）

一般来说，伊斯兰礼拜寺的总体布局比较自由，除大殿朝拜方向必须向着麦加外，没有别的方位和轴线要求，更不要求对称，寺门也可根据寺址环境随宜布置。清净寺主要保持了来自西方的伊斯兰建筑传统风格，仅在局部装饰花纹上有中国式主题。

杭州真教寺 又名凤凰寺，传创于唐，两毁于宋，重建于元延祐年间（1314～1320），与清净寺之重建同期。明·田汝成《西湖游览志》和清康熙九年《真教寺碑》更进一步指明："有大师阿老丁者来自西域"，而"为鼎新之举"。也有的说创于元至元十八年（1281，明弘治六年《杭郡重修真教寺碑记》）。

寺坐西向东，原来的规模要更大些；在清代和民国，中轴线上由前至后顺置寺门、宣礼楼、中廊、礼拜殿和窑殿，殿与殿之间还有短廊相接。现宣礼楼、中廊已无，寺门和礼拜殿也是近代重建的，只有最后的窑殿仍是元代的原物。

窑殿砖砌，并列三间，有半圆券洞相连；前墙均开半圆拱门，当心间后壁正中开圭门式圣龛。每间平面均为方形，上覆半圆穹窿顶，当心间的顶直径8.3米，距地14米；其他两间顶的直径分别为7.5和6.7米。各方室与圆顶之间以平砖和菱角牙子交替出挑为过渡，转角处由下而上逐层出挑，形成三角形穹隅，使上口连接成为圆形，较清净寺门殿合理。此种做法在波斯和中亚11世纪前后的伊斯兰教建筑中盛行一时，以后进一步发展成抹角拱龛（图7-3-7、图7-3-8）。

除以上数例，元代清真寺广泛采用砖砌穹窿顶，如江苏松江清真寺中门及后窑殿，窑殿穹窿顶直径4.2米，顶尖高5.4米。河北定县清真寺后窑殿(1343)穹窿顶直径3米，高近6米。

元代伊斯兰建筑的穹窿与两汉以来中国原有的穹窿有本质的不同，后者为叠涩，跨度一般仅 3 米左右；前者为发券，跨度可达 8 米以上（元以后有的跨度更大）。元代的穹顶技术，是传自外域伊斯兰建筑，而非中国原有叠涩的传承或发展。但外域技术传入以后又有了中国的特点，透露出从此已开始了中国化的倾向。如穹隅不用抹角拱龛，只作叠涩挑出，清净寺门殿更只是抹角梁；门券券型以半圆为多，较少波斯中亚的双心圆和四心圆尖券。此外，外墙表面不用波斯中亚已广泛使用的琉璃面砖。值得注意的是，伊斯兰建筑的中国化作风不但表现在以上一些比较侧重于技术的方面，在外观上更为明显。如真教寺窑殿的三个穹隆顶并没有显现在外，而分别覆以砖砌攒尖顶，正中为八角，两边六角，上覆以瓦，屋角高翘，完全模仿中国传统木结构建筑样式。以砖来模仿木结构早已开始，如北魏以来的诸多楼阁式和密檐式砖塔。此种倾向，至宋已形成定势。这是一种值得重视的现象，说明传统的巨大滞后力量，已经阻碍了砖石结构对符合其材料和结构本性的形象的探索与创造。勉强套用木构形式，艺术上是不值得肯定的。所以，对于所谓中国化，应加以具体分析，不能一味肯定。从真教寺窑殿可见，这种内为砖石拱券、外部套用木构形式的做法，到元代已不限于塔，进而更扩及到了殿堂。

明清此种殿堂更多，而且多出现在佛寺，称"无梁殿"（或取其音而套用佛教语言称"无量殿"）。在南京灵谷寺、苏州开元寺、江苏句容宝华山隆昌寺、山西太原永祚寺、山西五台圆通寺等佛教寺庙中，都有这样的大殿。

与怀圣寺、清净寺、真教寺并称为中国清真四大古寺的，还有扬州仙鹤寺。寺创自南宋咸淳年间（1265～1274），是穆罕默德十六世孙普哈丁建造的，明洪武二十三年（1390）重建。现存仙鹤寺和扬州普哈丁墓园已完全采用中国木结构建筑，与江南传统建筑相同，且颇具扬

州园林趣味，在此不再赘述。

元末明初，由早已定居中国的"蕃客"和元代来华的"答失蛮"后裔为主体，加上其他民族成分，正式形成回族。明清回族伊斯兰教建筑，沿着元代已经出现的中国化道路继续发展，而臻于成熟。其特点是除了寺中各建筑的内容构成、总平面布局和装饰题材仍都符合宗教的特殊要求外，其单体建筑的做法和形象均采用木结构汉式建筑方式，并加以丰富和创造，取得了较高成就。

伊斯兰教还有一条经由新疆的陆上传播路线。新疆第一个皈依伊斯兰教的是建国于葱岭内外的哈喇汗王朝的统治者、维吾尔人的先祖、回鹘人沙土克·波格拉汗（殁于 955～956 年，当五代末）。经宋、元、明各代，到了明代中叶，新疆已完全伊斯兰化了。新疆现存最早的伊斯兰建筑是蒙古察合台汗国（察合台的后裔也是今维吾尔族的组成成分之一）大汗吐虎鲁克·帖木尔的陵墓。明清维吾尔伊斯兰建筑更多，主要采取源于波斯中亚的形式，也融进了新疆本土的一些特点，是独具特色的重要建筑成果，丰富了中华民族建筑艺术的内容。

关于新疆维吾尔族和中国回族伊斯兰教建筑，将在本书第十三章详述。

第四节　建筑装饰与色彩

元帝国幅员广大，民族众多，但总体而论，除西藏地区业已兴起的藏传佛教建筑外，仍以继承和发展汉族传统建筑为主流。但是在大都宫殿中，却保留了较多草原蒙古民族的住居习俗，反映到建筑内外尤其是室内装饰上，有一些特殊的做法。元朝宫殿虽已完全无存，但在元·陶宗仪《辍耕录》和明·萧洵《故宫遗录》等文献中，仍可见到许多记载。现存元代建筑虽然不少，但艺术成就比较突出的却并不多，

①柴泽俊.山西琉璃[M].北京:文物出版社,1991.

现择其重要者如山西芮城永乐宫等,结合文献关于元宫的记载,对元代建筑装饰与色彩简介如下。

一、琉璃

琉璃之用于建筑,唐代渐多,宋代则在重要建筑上普遍施用,并得到元代的继承,在明清官式建筑上更为盛行。

元代宫殿广泛使用琉璃瓦。据马可·波罗所记,大明宫"顶上之瓦皆红黄绿蓝及其他诸色,上涂以釉,光泽灿烂,犹如水晶,致使远处亦见此宫光辉",色彩最为鲜丽。但元宫色彩最为特殊的却是白色琉璃瓦的使用。文献明确提到使用白色琉璃瓦顶的是兴圣宫正殿兴圣殿,"覆以白磁瓦,碧琉璃饰其脊";兴庆殿后的延华阁为重檐十字脊顶,"白琉璃瓦覆,青琉璃瓦饰其檐,脊立金宝瓶"(《辍耕录》),都是以白琉璃为心的蔛边做法,不同的是,一以绿饰脊,一以青饰檐。

白色琉璃瓦也许在元代曾流行一时。永乐宫纯阳殿壁画绘有大量建筑形象,其中大多数屋顶都是白色,有些有绿色或蓝色蔛边。白琉璃瓦似乎比绿色、蓝色还要高级,例如,壁画中有一组建筑,两厢屋顶为绿,正殿为白。这种情况在对宫殿的记载中也可见到,上述延华阁屋顶为白色,而其后的左右各一座附属建筑为重檐十字脊亭,"覆以青琉璃瓦,饰以绿琉璃瓦,脊置金宝瓶"(《辍耕录》),即青琉璃瓦心绿蔛边。

唐宋辽金以至以后的明清,皆以黄、绿二色居多,特殊者也用蓝色,也有少数用黑,但以白色琉璃瓦覆于大型殿阁,则仅见于元。这似乎与蒙古民族以"黑车白帐为家"的习俗有关。朱红色为主的屋身,下有白玉石台座,上覆以白心青绿蔛边琉璃瓦顶,的确是一种独特的形象。

元代琉璃制作以山西最著,在诸凡品类、造型、工艺、色彩等各个方面,均有较大发展。黄、绿、蓝、白、红、赭、酱、褐等色都能制作,大大丰富了屋顶的色调。[①]

永乐宫三清殿、纯阳殿和重阳殿的屋顶,都是灰瓦心琉璃脊,最华丽的是主殿三清殿。三清殿的两个鸱吻高达2.8米,整体为一条巨龙曲折盘绕,红泥作胎,施孔雀蓝釉。正脊两面在绿釉地上凸起金黄色二龙戏珠、升龙、降龙、丹凤朝阳和莲花、牡丹。四条庑殿垂脊也在绿地上凸起金黄色牡丹,脊前端置饿兽,兽前有仙人走兽五枚。在灰瓦屋面上有绿琉璃瓦组成的菱形。此种做法,以后在明清皇家园林中常见。三清殿后面的二殿,鸱吻尾尖明显向外,近于明清,不知是否后代所加。屋脊本身都很简单,但从纯阳殿,仍可明显看出是以预制的琉璃脊件代替了唐宋用瓦叠砌的做法。自此,脊的装饰就有了更大自由,可以按照要求预制出各种饰样,开启了明清屋脊的新道路。明清的官式建筑,不但琉璃屋脊,即使所谓"黑活"即青瓦屋脊,也都不再用瓦叠砌而采用预制的脊件,脊身断面更增加了多种线脚变化(图7-4-1、图7-4-2)。

山西的许多庙宇仍留有元代琉璃脊饰,如平遥百福寺山门、潞城李庄文庙大成殿、晋城玉皇庙的鸱吻、垂兽和其他瓦件等。五台山佛光寺金代建筑文殊殿的琉璃屋脊也是元代重修时所加。

此外还应该看到,元代建筑雕刻仍在发展,北京护国寺千佛殿月台角石上的狮子,圆雕与浮雕结合得很好(图7-4-3)。

二、彩画

作为明清彩画最基本的类型，旋子彩画经过宋、辽、金、元历代长期发展逐渐成熟。辽代所建山西大同华严寺薄伽教藏殿，业已出现了初级的旋子彩画：阑额两端各有两条相邻的箍头线，然后为一整二破青绿叠晕旋花藻头（明清多称为找头），最中为写生花枋心，整个梁枋已明显呈三段式构图。在此以前，或全梁统绘一种纹饰，无梁头枋心之别；或梁头仅略作角叶形（即二破）并加多条相邻的箍头线，与梁身稍有区分。彩画在元代的继续发展，可以永乐宫三清殿外檐阑额为例。三清殿的阑额两头绘两条箍头线，但两条线道并不相邻，其间用八个弧形线组成一个总体呈横长方形的八瓣框线，即明清所称"盒子"；内箍头线以内绘角叶藻头，再以内为枋心。其构图顺序，已与明清彩画完全一样，只是盒子所占部位较藻头为长，与明清相反；藻头也仅作角叶形，没有明清的丰富。盒子与箍头线之间以及角叶，均绘作青绿叠晕旋花。枋心于朱色地上以圆雕手法塑二龙戏珠。拱间板在绿线道内浮塑坐龙流云。此外，阑额头的盒子加藻头的长度较枋心稍短，也与明清全额三分有所不同。三清殿中部五间较宽，尽间较窄，故尽间的额头与枋心也相应减短，但其比例仍与中间五间同，说明元代已注意到了额头与全额长度之间的关系。纯阳殿的大梁，两侧和梁底也有四瓣或八瓣盒子。

永乐宫的斗栱及柱头枋等的彩画已甚模糊，但仍可看出都有边楞线，内画五彩花卉或几何纹。此做法为宋代常见，而与明清仅作涂饰不绘花纹不同（图7-4-4）。

北京出土的元代建筑，某些木构件上残存彩画，两端绘箍头盒子及一整二破旋花藻头，可见旋子彩画更加成熟。

图7-4-1 永乐宫无极门鸱吻（萧默）

图7-4-2 永乐宫无极殿鸱吻（萧默）

图7-4-3 北京护国寺千佛殿角石（《中国古代建筑图案》）

图7-4-4 永乐宫无极殿斗栱及阑额彩画（罗哲文）

三、宫殿的室内装饰

宫殿室内装饰以地衣壁衣之类最引人注意。地衣即地毯，壁衣即壁毯，汉代甚至先秦已有，唐宋沿用，但未有元代宫殿施用普遍者。元宫主殿大明殿"文石甃地，上借借茵"。延春阁、兴圣殿、隆福宫天光殿等，也皆"文石甃地，借以毳裀"（《辍耕录》）。即先以刻有花纹的石料铺地，再铺上地毯，有的并明确指为多重。诸殿地面所用石料"皆用沪州花版石甃之，磨以核桃，光彩若镜"，寝殿内"席地皆编细簟，上加红黄厚毡，重复茸茸，至寝处床座，每用裀褥，必重数叠，然后上盖纳失失，再加金花贴薰异香"（《故宫遗录》）。重叠多层地毯的做法，恐怕是蒙古族庐帐居生活的余韵。先砌文石再铺地毯，也见于西亚建筑。

蒙古贵族向以帐殿为宫室，帐殿皆"上下用毡为衣"，故元朝宫内也特多壁衣。据载，每至冬日，大明殿前殿内均饰以黄猫皮壁幛，香阁则用银鼠皮壁幛、黑貂暖帐。延春阁寝殿两侧挟屋则用黑貂壁幛。有些宫殿壁上还饰以绢素，绘图形，如大明宫寝殿，"四壁立，至为高旷，通用绢素冒之，画以龙凤"；其后的香阁，"通壁皆冒绢素，画以金碧山水"；又，隆福宫内，"四壁冒以绢素，上下画飞龙舞凤，极为明旷"。

此外，在诸寝殿内，"壁间每有小双扉，内贮裳衣，前皆金红推窗，间贴金花"（《故宫遗录》），似与中亚的影响有关。中亚的居住建筑，往往在室内以石膏板隔成许多小龛，有的甚至通壁皆是，用来贮衣物，至今新疆维吾尔族民居仍多如此。

殿堂内的色调与殿的用途、地位有关。作为大朝会之用的大明殿，以金黄色调为主；朱红色大柱上有"起伏金龙云……绕其上"，壁上饰黄猫皮壁幛，地上的"重茵"可能也是与之和谐的色调，再加上"藻井间金绘饰……中盘黄金双龙"，更增加了气氛，效果可谓金碧辉煌，

华贵而隆重。大明殿两侧的配殿，"壁草色鬃，绿其皮为地衣"，即用草绿色漆壁，以染成绿色的皮毛为地毯，用"镂花龙涎香间白玉"饰柱，烘托出室内的融融春意，与大明殿的华贵形成对比。寝殿则壁上糊绢，绘山水，部分又饰银鼠皮壁幛，气氛宁静雅洁。兴圣殿的室内以白色为主，"张白盖帘帷，皆锦绣为之"。广寒殿柱上刻有蟠龙，使"矫蹇于丹楹之上"，又用"重阿藻井……凿金为祥云数千万片，结于顶，仍盘金龙"（《辍耕录》）。

延春阁也有"中盘金龙"的藻井。藻井，是汉民族建筑的传统装饰。

第五节　家具

元代中国最高统治者虽是蒙古族，但传统文化没有中断，家具仍在宋、辽的基础上缓慢发展，是宋、明之间一条不很明显的纽带。

元代匠师在承具上做了两种尝试。一种是桌面不探出的方桌。其形象见于元冯道真墓壁画，高束腰，桌面不伸出。但这种家具工艺比较复杂，特别是束腰与桌面、与腿子的结合构造，故只是昙花一现，没有在明代延续下来。

另一种尝试是抽屉桌。山西文水县北峪口元墓壁画，绘有一件设有两个抽屉的桌子，造型奇特。桌面下设抽屉的创意，以后为明代所继承，沿用至清。

此外，苏州张士诚母墓出土一件银镜架，取折叠式，纹饰十分丰富，是一件豪华的家具。这种镜架也为明代所继承与发展。山西雁北地区一些元墓还出土了一些家具模型，有矮桌、矮案、交椅等，因为是陶质，所以造型都很粗重。

《事林广记》中两幅木刻图上有元蒙官员起居、宴饮的场面，可见交椅、桌案、罗汉床、双陆棋盘和长形脚踏，都是难得的元代家具形象。